甲醛生产技术

李彦祥　主　编
王雪岭　叶子茂　副主编

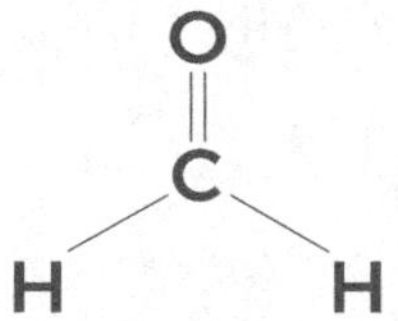

FORMALDEHYDE
PRODUCTION
TECHNOLOGY

化学工业出版社
·北京·

内容简介

《甲醛生产技术》充分反映了我国甲醛行业当代技术水平和技术成果。1993 年至今 30 多年来，我国甲醛行业发展中的先进的生产理念，以及新工艺、新技术、新设备和先进的配套技术已全面纳入本书之中。本书注重理论联系实际，突出实用性，重视保护知识产权，并把先进技术尽量描述得清楚、具体，给出丰富的实用数据或实例。本书有很强的实用性，希望能对甲醛生产企业起到很好的指导作用，对生产技术持续发展有所启发。

本书可供我国甲醛生产企业、科研院所、大专院校及管理部门的人员参考阅读。

图书在版编目（CIP）数据

甲醛生产技术 / 李彦祥主编 ; 王雪岭 , 叶子茂副主编. -- 北京 : 化学工业出版社, 2026. 2. -- ISBN 978-7-122-49798-7

Ⅰ. TQ224. 12

中国国家版本馆 CIP 数据核字第 20263TS832 号

责任编辑：张　艳　　　　装帧设计：王晓宇
责任校对：李雨晴

出版发行：化学工业出版社
（北京市东城区青年湖南街 13 号　邮政编码 100011）
印　　装：北京建宏印刷有限公司
787mm×1092mm　1/16　印张 24　字数 595 千字
2026 年 2 月北京第 1 版第 1 次印刷

购书咨询：010-64518888　　　　售后服务：010-64518899
网　　址：http://www.cip.com.cn
凡购买本书，如有缺损质量问题，本社销售中心负责调换。

定　　价：198.00 元

本书编写人员名单

主　　编　李彦祥（全国甲醛行业协作组　原常务副理事长）

副 主 编　王雪岭（江苏道尔顿石化科技有限公司　总工程师）

　　　　　叶子茂（全国甲醛行业协作组　副理事长）

总 顾 问　李正清（全国甲醛行业协作组　原常务副理事长）

顾　　问（按姓名汉语拼音排序）

陈　琦　段恒斌　龚和平　华全军　李　峰　李瑞林

施云琅　张忠良　周斌贤

编写人员（按姓名汉语拼音排序）

陈满意　陈明修　陈书华　洑骏超　龚鹏豪　顾益均　胡　波

华全军　李常华　李超蕾　李　峰　李彦祥　李　尧　李迎山

李忠昊　梁四喜　刘　晶　刘艳琳　齐全福　祁　璠　唐家源

田高文　王立安　王卫华　王雪岭　谢荣涛　闫　利　叶子茂

审　　核　张忠良（原上海溶剂厂　甲醛车间主任）

　　　　　施云琅（原上海溶剂厂　副厂长）

　　　　　李彦祥（原广州溶剂厂　厂长）

　　　　　李　峰（全国甲醛行业协作组　原秘书长）

　　　　　彭　涛（全国甲醛行业协作组　常务副秘书长）

　　　　　黄建军（宁夏欣奥化工有限责任公司　董事长）

　　　　　陈明修（原广州溶剂厂　甲醛车间主任）

终　　审　李彦祥　张忠良　李　峰

谨以此书献给

中国甲醛工业创建七十周年

暨全国甲醛行业协作组成立四十二周年

前言

我国甲醛生产始于20世纪50年代，在党和政府的关怀和扶持下，通过几代“甲醛人”的不懈努力，我国甲醛工业从无到有、从小到大，成为了我国化学工业中的一个重要行业。“十三五”期间我国甲醛工业实现了跨越式发展，特别是到2020年，我国甲醛生产能力已达到4000万吨，年消费3500万吨，成为世界甲醛生产和消费第一大国，我国甲醛行业在保障国民经济又快又好发展中起到了重要作用。

1993年，全国甲醛行业协作组编著出版了第一部书——《甲醛生产》，该书总结了20世纪90年代之前我国甲醛生产基本理论、工艺技术和实用技术，针对性强、实用性好，深受甲醛行业工程技术人员及职工的喜爱，她在我国甲醛工业发展历程中发挥了重要作用。30多年来，我国甲醛工业发展迅速，新工艺、新技术、新设备相继问世，原书已不能满足广大职工和业内同仁工作上的需求。为了完成我国甲醛行业广大职工和业内同仁多年来的共同夙愿，2020年，在业内同仁们的积极推动下，决定编著出版《甲醛生产技术》一书，使我国甲醛行业的生产技术等诸多方面的实践与理论成果得到充分的传承和发扬。我们邀请了多位行业内资深专家编著该书，经过不懈努力，《甲醛生产技术》终于问世了。这是我国甲醛行业史上一项重大成就。

《甲醛生产技术》突出了科技图书应有的传承性、科学性、先进性和实用性。本书采用成熟的理论、工艺技术、实用技术，结合当今新的理论、工艺、实用技术，力求其内容正确、可靠，有科学或实践的依据。本书充分反映了我国甲醛行业当代技术水平和技术成果。1993年至今30多年来，我国甲醛行业发展中的先进生产理念，以及新工艺、新技术、新设备和先进的配套技术已全面纳入本书之中。

《甲醛生产技术》面向我国甲醛生产企业、科研院所、大专院校及管理部门主要读者群体，注重理论联系实际，突出实用性，重视保护知识产权，并把先进技术尽量描述得清楚、具体，给出丰富的实用数据或实例。本书有很强的实用性，希望能对甲醛生产企业起到很好的指导作用，对生产技术持续发展有所借鉴和启发。

《甲醛生产技术》全书共分十三章，内容包括：绪论（由陈书华、刘艳琳、李彦祥、李尧、祁璠和闫利等编写）、生产方法与化学反应（由王雪岭和胡波等编写）、银法甲醛生产（由王雪岭和胡波等编写）、铁钼法甲醛生产（由王雪岭和胡波等编写）、甲醛生产设备（由王雪岭、洑骏超、李常华、刘晶、华全军、陈满意、李忠昊、谢荣涛、顾益均和王卫华等编写）、催化剂（由龚鹏豪和李超蕾编写）、阻聚剂（由梁四喜编写）、甲醛仪表与控制（由齐全福和王立安等编写）、产品标准（由龚鹏豪和李超蕾编写）、甲醛生产分析（由田高文编写）、甲醛产品贮存与运输（由田高文编写）、安全生产与管理（由李彦祥和李迎山编写）、环境保护与节能减排（由李彦祥、李峰、李尧、王雪岭、唐家源、陈明修、叶子茂编写）。此外，还有附表（由王雪岭编写）等内容。

本书的出版恰逢我国甲醛工业创建七十周年和全国甲醛行业协作组成立四十二周年华诞之际，谨以此书献给全国甲醛行业和生产企业及相关单位。在此向为本书做出贡献的同仁和部分文章的共同作者表示致谢。

本书由李彦祥先生、张忠良先生和李峰先生最终审定。

本书的出版得到了行业内新老专家的积极参与，得到了上海禾益净化设备制造有限公司、南通均元化学工程科技有限公司、无锡市贝润风机制造有限公司、潍坊恒方机械设备有限公司、上海四喜化工有限公司、深圳市博瑞兰特科技有限公司、浙江双峰锅炉制造有限公司、江苏道尔顿石化科技有限公司、广州化工交易中心有限公司和应急总医院等单位的资助及原上海溶剂厂施云琅老先生、朱忠信先生和顾志健先生对此书编写工作的支持，在此感谢。

我们希望《甲醛生产技术》能对您有所帮助，能满足您的需求，值得您经常使用。本书在编著出版过程中，不妥之处在所难免，敬请读者指正，不胜感谢。

编者

2025 年 10 月

目录

第一章　绪论

甲醛（formaldehyde）是最简单的脂肪醛，它由一个碳原子、两个氢原子和一个氧原子构成，分子式：CH_2O。

碳的原子序数为 12，它的电子排布及电子构型：

1s	2s	2p		
↑↓	↑↓	↑	↑	

$(1s)^2(2s)^2(2p)^2$

碳原子外层为$(2s)^2(2p_x)^1(2p_y)^1$四个电子，（2s）中一个电子跃迁到（$2p_z$）轨道中，然后一个 s 与两个 p 轨道 sp^2 杂化，形成三个能量相当的 sp^2 杂化轨道。三个轨道具有平面三角形的结构，如图 1-1 所示，剩余的 p 轨道与这平面三角形垂直。三个 sp^2 杂化轨道分别于两个氢原子 s 轨道和氧原子的一个 p 轨道形成三个 σ 键，余下碳原子的一个 p 轨道和氧的一个 p 轨道彼此重叠起来形成一个 π 键。因此，碳氧原子的一个 σ 键和一个 π 键形成羰基的双键，如图 1-2 所示。但由于氧的电负性吸引电子的能力很强，所以羰基是一个极强的基团，具有一个偶极矩，甲醛偶极矩 μ 为 $7.56\times10^{-30}C\cdot m$[2.27D，$1D=3.334\times10^{-30}C\cdot m$(库仑·米)]。负极在氧的一边，正极在碳的一边，电子云分布的示意图，如图 1-3 所示。

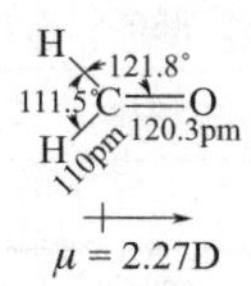

图 1-1　分子结构

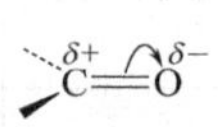

图 1-2　形成双键

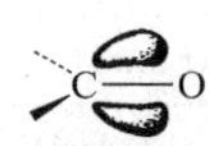

图 1-3　电子云分布示意图

正是由于这一分子结构使甲醛具有其固有的理化性质。

第一节　甲醛的物理性质

分子式：CH_2O；

分子量：30.03；

结构式：

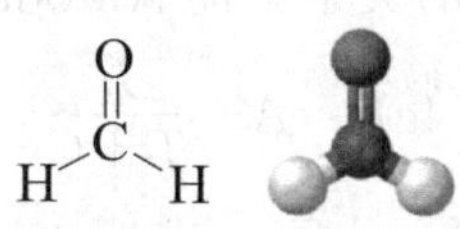

美国化学文摘（CA）的登记号（CAS）：[50-00-0]；

EINECS 登录号：[200-001-8]。

1. 纯甲醛的物理性质

常温下纯甲醛是一种无色气体，具有强烈刺激性、窒息性气味。甲醛气体是可燃性气体，闪点－53℃，着火温度为430℃，它与空气混合能形成爆炸性混合物，爆炸极限7.0%～73.0%（体积分数）。其主要物性数据见表1-1。

表1-1　纯甲醛主要物性数据

项目	数据
密度(－80℃)/(g/cm^3)	0.9151
(－20℃)/(g/cm^3)	0.8153
沸点(101.3kPa)/℃	－19.0
熔点/℃	－118.0
临界温度/℃	137.2～141.2
临界压力/MPa	6.81～6.66
临界密度/(kg/m^3)	266
气化热 H_V(19℃)/(kJ/mol)	23.0
生成热 $\Delta H_f^\ominus$(25℃)/(kJ/mol)	－116.0
标准自由能 $\Delta G_t^\ominus$(25℃)/(kJ/mol)	－109.7
比热容 $C_p^\ominus$/[J/(mol/K)]	35.2
熵 $S^\ominus$/[J/(mol·K)]	218.6
燃烧热/(kJ/mol)	561～569
空气中爆炸极限,上限/下限(体积分数)	7.0/73
着火温度/℃	430
黏度(－20℃)/(mPa·s)	0.242
溶解热(在水中)/(kJ/mol)	63.0
(在甲醇中)/(kJ/mol)	62.8
(在正丙醇中)/(kJ/mol)	59.5
(在正丁醇中)/(kJ/mol)	62.4
表面张力/(mN/m)	20.70
体积膨胀系数/K^{-1}	2.83×10^{-3}

它在较低的温度下能与非极性溶剂（如甲苯、醚、氯仿、醋酸乙酯等）以任何比例混溶，其溶解度随温度的升高而减小。

纯甲醛液体在－118℃时能凝固成白色片状的固体甲醛。

纯甲醛液体的饱和蒸气压和温度的关系可按Antoine方程式，即式(1-1)计算：

$$\lg P = A - \frac{B}{T+C} \tag{1-1}$$

式中　P——蒸气压，Pa；

　　　T——温度，K；

A，B，C——Antoine 常数，可参考下面给出的数值。

温度/K	A	B	C
163.76～250.86	4.28176	959.430	－29.758

2. 甲醛水溶液的物理性质

（1）水溶液中甲醛的状态　甲醛气体溶于水的同时放出约 15kcal/mol 的热量而成为一水合物——亚甲基二醇 $HOCH_2OH$。其可以通过如下反应式脱水缩合成一系列聚氧亚甲基醇（多聚甲醛）：

$$CH_2O+H_2O \rightleftharpoons HOCH_2OH$$

$$2HOCH_2OH \rightleftharpoons HO(CH_2O)_2H+H_2O$$

$$HOCH_2OH+HO(CH_2O)_2H \rightleftharpoons HO(CH_2O)_3H+H_2O$$

$$HOCH_2OH+HO(CH_2O)_3H \rightleftharpoons HO(CH_2O)_4H+H_2O$$

因此，甲醛水溶液是以游离甲醛、甲醛一水合物和一系列水合物缩合物聚氧亚甲基醇 $HO(CH_2O)_nH$ 的形式存在。随着甲醛浓度的增加，亚甲基二醇所占的百分比就减小，而高聚合物所占的百分比随之增大。在含有相当于 35％甲醛（质量分数，下同），温度为 35℃的水溶液中约有 30％的亚甲基二醇和 70％的 10 碳和 10 碳以上链接的聚氧亚甲基醇。甲醛水溶液中单体甲醛的数量是极少的。例如 30％甲醛水溶液中在 60℃时所存在的游离甲醛还不到 0.03％。即使在浓甲醛水溶液中单体甲醛含量也不超过 0.1％。

根据这两个基本溶液反应的热量数据并结合冰点下降法和亚硫酸盐分析测得的溶液组成计算出它们的热效应。

$$HOCH_2OH+HOCH_2OH = HOCH_2OCH_2OH+H_2O \qquad +0.87\text{kcal} \tag{1-2}$$

$$HOCH_2OH+HO(CH_2O)_nH = HO(CH_2O)_{n+1}H+H_2O \qquad +0.59\text{kcal} \tag{1-3}$$

注：冰点下降法是通过测定聚合物稀溶液的冰点较之纯溶剂冰点的下降值来计算聚合物溶质分子量的方法。

甲醛在水溶液中的状态就决定了甲醛水溶液的性质。

（2）甲醛水溶液的沸点　甲醛水溶液的沸点基本上不随其溶液浓度的改变而变化。在大气压下，含甲醛 55％以下的甲醛水溶液其沸点在 99～100℃。25％甲醛水溶液的沸点为 99.1℃，35％甲醛水溶液的沸点为 99.9℃。

（3）甲醛水溶液的甲醛分压　甲醛浓度为 0％～40％的甲醛水溶液，在温度为 0～80℃时的甲醛分压可由经验方程式(1-4) 求得：相对误差在 5％～10％，计算值和实测值基本上是一致的。

$$P_F=0.1333Fe^{-F^a\left(a_0+\frac{a_1}{T}+\frac{a_2}{T^2}\right)} \tag{1-4}$$

式中　P_F——甲醛分压，kPa；

F——甲醛浓度（质量分数），％；

T——温度，K；

e——自然常数，2.71828；

a——0.8760±0.00950；

a_0——12.0127±0.055；

a_1——3451.72±17.14；

a_2——248257.3±5296.8。

在101.3kPa和不同温度下测得的某些甲醛水溶液的相平衡数据列于表1-2。

表1-2　甲醛水溶液的甲醛分压　　单位：kPa

温度/℃	甲醛浓度(质量分数)/%				
	10	20	30	35	40
10	0.024	0.038	0.049	0.053	0.056
15	0.036	0.057	0.075	0.083	0.090
20	0.052	0.085	0.113	0.125	0.137
25	0.075	0.125	0.167	0.187	0.206
30	0.105	0.180	0.245	0.275	0.304
35	0.147	0.256	0.353	0.398	0.442
40	0.202	0.360	0.502	0.569	0.634
45	0.275	0.499	0.705	0.803	0.899
50	0.371	0.685	0.9780	1.119	1.258
55	0.494	0.929	1.341	1.541	1.740
60	0.652	1.247	1.820	2.101	2.378
65	0.852	1.657	2.443	2.831	3.218
70	1.104	2.182	3.250	3.780	4.310

(4) 甲醛水溶液的气液相平衡数据　工业上制备的甲醛水溶液都含有不同含量的甲醇，几组甲醛-甲醇-水溶液的相平衡数据列于表1-3。

表1-3　甲醛-甲醇-水溶液的气液相组成

液相	气相	
甲醛/甲醇浓度(质量分数,下同)/%	甲醛浓度(摩尔分数)/%	甲醇浓度(摩尔分数)/%
30/7.5	17.0	12.8
30/15	16.3	23.0
37/7.5	20.3	18.7
37/15	11.9	21.9
50/7.5	26.7	25.8
50/15	11.4	21.7

注：测定压力为101.3kPa (1atm)。

(5) 甲醛水溶液的单体甲醛浓度　在25～80℃范围内，含甲醛35%～55%和甲醇0～14%水溶液中单体甲醛浓度可由方程式(1-5)近似求得：

$$m=100-1.23\sqrt{F}+(1.44-0.0164F)M \tag{1-5}$$

式中　m——游离单体甲醛浓度（摩尔分数），%；

F——甲醛的浓度（质量分数，下同），%；

M——甲醇的浓度（质量分数，下同），%。

(6) 甲醛水溶液闪点　工业甲醛水溶液的闪点随其甲醛和甲醇的浓度增加而下降，

表 1-4 列出 37%甲醛水溶液不同醇含量时的闪点变化。

表 1-4　工业甲醛水溶液的闪点

甲醛浓度/%	甲醇浓度/%	闪点/℃
37.2	0.5	85
37.1	8.0	67
37.2	10.1	64
37.1	11.9	56

(7) 甲醛水溶液密度　工业甲醛水溶液的密度与溶液中的甲醛和甲醇的浓度呈线性函数关系，可由方程式(1-6) 近似求得：

$$D=[1.119+0.003(F-45)-0.0027M]\times[1.0+0.00055(55-t)] \tag{1-6}$$

式中　D——甲醛水溶液密度，g/cm^3；

F——甲醛的浓度，%；

M——甲醇的浓度，%；

t——温度，℃。

(8) 甲醛水溶液折射率　含 30%～50%甲醛和 0～15%甲醇的工业甲醛水溶液，其折射率可由式(1-7) 近似求得：

$$n_D^{18}=1.3295+0.00125F+0.000113M \tag{1-7}$$

式中　n_D^{18}——折射率；

F——溶液中甲醛的浓度，%；

M——溶液中甲醇的浓度，%。

(9) 甲醛水溶液黏度　含甲醛浓度 30%～50%和甲醇浓度 0～12%的工业甲醛水溶液，在温度为 25～40℃时，其黏度可用式(1-8) 近似求得：

$$\eta=(1.28+0.039F+0.05M-0.024t) \tag{1-8}$$

式中　η——动力黏度，mPa·s；

F——溶液的甲醛浓度，%；

M——溶液的甲醇浓度，%；

t——温度，℃。

(10) 甲醛水溶液膨胀率　工业甲醛水溶液的膨胀率列于表 1-5。

表 1-5　工业甲醛水溶液的膨胀率

温度/℃	甲醛浓度/%	甲醇含量/%	膨胀率/%
20～70	37.0	1.0	0.00049
6～36	37.0	8.0	0.00047
10～44	37.0	10.0	0.00057
8～44	37.0	12.0	0.00057
35～65	50.0	1.0	0.00062

(11) 甲醛气体在醇类和水中的溶解热　23℃下甲醛气体在甲醇、正丙醇、正丁醇和水中的溶解热列于表 1-6。

表 1-6　甲醛气体在醇类和水中的溶解热

溶剂种类	溶解热/(kcal/mol)
甲醇	15.0
正丙醇	14.2
正丁醇	14.9
水	14.8

第二节　甲醛的化学性质

甲醛具有羰基，由于氧的电子效应，使与它连接的碳原子带有正电性，碳原子很容易与一系列亲核试剂发生反应，即为羰基的亲核加成反应。亲核试剂可以是极性很强的带负电性的碳原子、氮原子和氧原子。

1. 与含碳亲核试剂加成

（1）氢氰酸加成　在碱性溶液中，甲醛与氢氰酸发生加成反应先生成羟基乙腈，然后生成羟基乙酸。

$$CH_2O+HCN \longrightarrow HOCH_2CN \longrightarrow HOCH_2COOH$$

甲醛与氯化铵、氰化钠反应生成 α-氨基腈，经水解可以制备 α-氨基酸。

$$CH_2O+NH_4Cl+NaCN \longrightarrow NH_2CH_2CN \longrightarrow NH_2CH_2COOH$$

（2）与乙炔加成　工业上，在乙炔铜、乙炔银或乙炔汞催化下通过加压使乙炔与甲醛反应生成丙炔醇与丁炔二醇，丁炔二醇加氢得 1,4-丁二醇，然后 1,4-丁二醇失水生成 1,3-丁二烯。

$$HC\equiv CH+CH_2O \longrightarrow HC\equiv CCH_2OH$$

$$HC\equiv CH+2CH_2O \longrightarrow HOCH_2C\equiv CCH_2OH$$

$$HOCH_2C\equiv CCH_2OH+2H_2 \longrightarrow HOCH_2CH_2CH_2CH_2OH \quad \text{1,4-丁二醇}$$

$$HOCH_2CH_2CH_2CH_2OH \longrightarrow 2H_2O+CH_2=CHCH=CH_2 \quad \text{1,3-丁二烯}$$

（3）与苯酚的反应　在碱性催化剂（氨、氢氧化钠、碳酸钠）或酸的作用下，苯酚与甲醛缩合生成酚醛树脂。

在碱作用下，苯酚形成酚盐，由于酚盐负离子的电子离域，可使苯环上原羟基的邻位和对位上的碳带上负电荷，对甲醛的羰基进行亲核加成，生成 2,4-二羟甲基苯酚盐。

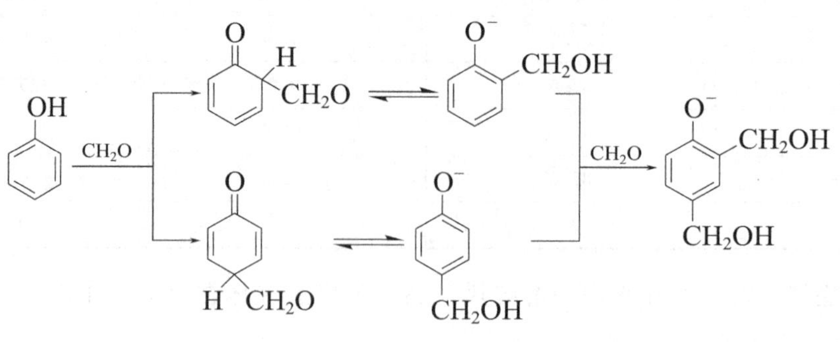

酚盐还会与羟甲基酚盐发生迈克尔加成，生成如下化合物。

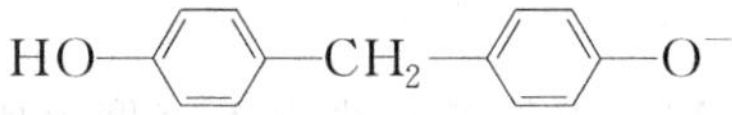

上述反应可连续进行，最终生成酚醛树脂。

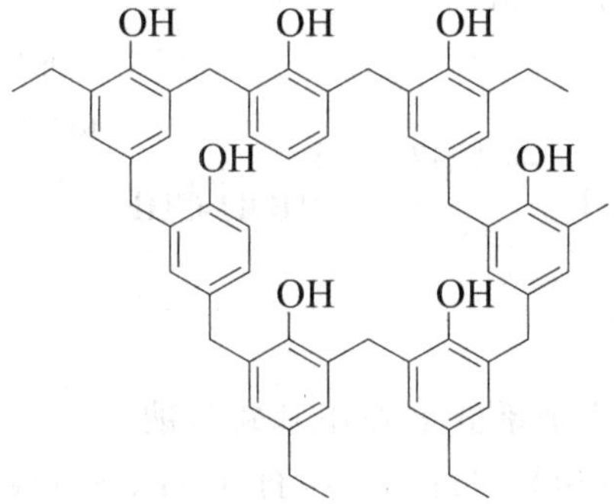

2. 与含氧亲核试剂加成

（1）与水加成　甲醛溶于水，与水加成生成亚甲基二醇。

$$CH_2O + H_2O \rightleftharpoons HOCH_2OH$$

（2）与甲醇加成　甲醛在酸性催化剂（阳离子交换树脂或酸）下与一份甲醇加成生成半缩醛，进而再与一份甲醇缩水生成甲缩醛。

$$CH_2O + CH_3OH \longrightarrow CH_3OCH_2OH$$

$$CH_3OCH_2OH + CH_3OH \longrightarrow CH_3OCH_2OCH_3 + H_2O$$

（3）与乙二醇加成　在酸性催化剂（阳离子交换树脂）下，甲醛与乙二醇反应，缩合生成二氧五环。

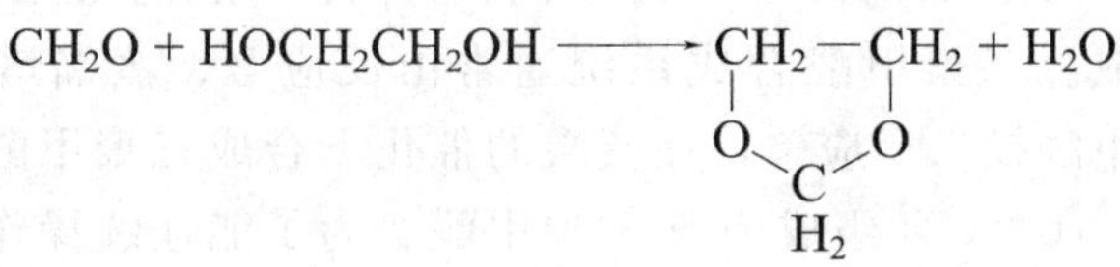

（4）与聚乙烯醇加成　乙烯醇聚合生成聚乙烯醇，聚乙烯醇不稳定，在硫酸的催化下与甲醛反应，缩合成维尼纶。

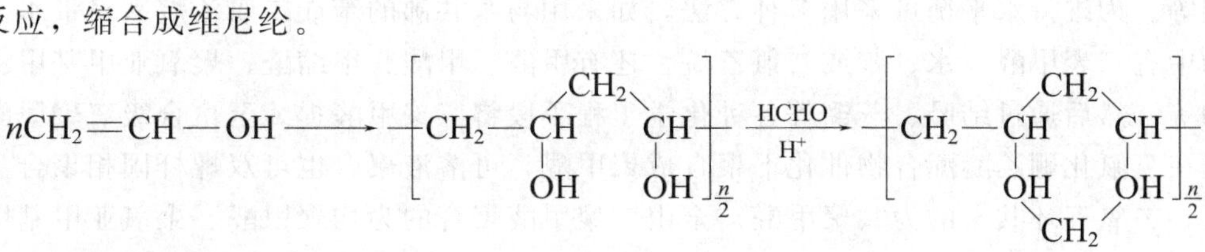

3. 与含氮亲核试剂加成

（1）与氨加成　甲醛与氨加成反应生成环六亚甲基四胺（乌洛托品）。

$$6CH_2O + 4NH_3 \longrightarrow (CH_2)_6N_4 + 6H_2O \qquad 81kcal/mol$$

（2）与尿素（脲）加成　工业上，尿素与甲醛在中性或弱碱性介质（即 pH≥7）中进行加成反应，生成比较稳定的羟甲基脲。

$$H_2NCONH_2 + CH_2O \longrightarrow H_2NCONHCH_2OH \qquad \text{单羟甲基脲}$$

$$H_2NCONHCH_2OH + CH_2O \longrightarrow HOCH_2NHCONHCH_2OH \qquad \text{二羟甲基脲}$$

$$HOCH_2NHCONHCH_2OH + CH_2O \longrightarrow HOCH_2NHCON(CH_2OH)_2 \qquad \text{三羟甲基脲}$$

在酸性介质（即 pH<7）下羟甲基脲之间和羟甲基脲与尿素之间进一步缩聚生成脲醛树脂。

（3）与三聚氰胺加成　甲醛和三聚氰胺在高温下缩聚生成三羟甲基三聚氰胺缩聚物，进而生成三聚氰胺甲醛树脂（密胺树脂）。

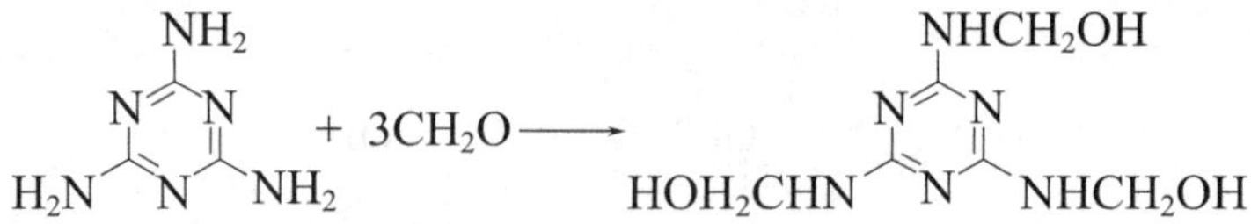

4. 与含硫亲核试剂加成

甲醛与亚硫酸钠加成反应生成酸式氧亚甲基硫酸钠。

$$CH_2O+Na_2SO_3+H_2O \longrightarrow HOCH_2OSO_2Na+NaOH$$

由于上述反应中甲醛能生成等物质的量的氢氧化钠，因此该反应作为定量分析甲醛含量的方法。

5. 羰基的自身加成（甲醛的聚合）

甲醛的聚合可以看作羰基的双键打开，带有负电荷的氧和另一分子的羰基碳原子发生亲核加成，生成一系列线性聚合物和环状聚合物。

（1）多聚甲醛（paraformaldehyde）合成　50%～55%甲醛溶液减压浓缩成85%甲醛溶液，喷雾造粒或用其他方式制成粒状物，获得85%水溶性低聚甲醛。成粒的低聚甲醛可在振动流化床干燥器中进一步干燥制成92%～96%多聚甲醛。在造粒前可加入胺类等助剂。

$$n(HOCH_2OH) \longrightarrow HO(CH_2O)_nH+(n-1)H_2O$$

① 三聚甲醛的合成。三聚甲醛合成系统通常由反应釜、蒸馏塔和冷凝器组成。55%（质量分数，下同）浓甲醛投入反应釜，在硫酸的催化下合成三聚甲醛。三聚甲醛与水形成共沸物，共沸物沸点为91.3℃，组成70%三聚甲醛。为了能连续操作，必须保持蒸馏塔塔顶馏出物的量与进料浓甲醛的量相等，塔顶馏出物中的水必须与进料浓甲醛中的水和反应生成水相等。为维持水平衡可采用多种方法，如采用与水共沸的苯或二氯乙烷来夹带水。塔顶馏出物中有三聚甲醛、水、苯或二氯乙烷，还有甲醛、甲酸、甲缩醛、聚氧亚甲基甲二醚的低聚物等。然后通过结晶、蒸馏等各种化学工程手段将三聚甲醛提纯至聚合级三聚甲醛，三聚甲醛在三氟化硼乙醚配合物催化下聚合成聚甲醛，可溶液聚合也可双螺杆固相聚合。与三聚甲醛，二氧五环共聚的为共聚甲醛，全由三聚甲醛聚合的为均聚甲醛。聚氧亚甲基甲二醚的低聚物可作聚甲醛分子量的调节剂。

$$3CH_2O \longrightarrow (CH_2O)_3 \qquad 45kcal/mol$$

三聚甲醛熔点约63℃，为无色晶状物，沸点115℃。

② 四聚甲醛的合成。四聚甲醛同样也是在酸催化下，甲醛生成四聚甲醛。熔点112℃，沸点约170℃。

$$4CH_2O \longrightarrow (CH_2O)_4$$

a. 线性聚合物（linear polymers），在蒸发条件下它们解聚成单分子甲醛气体。

b. 低聚氧亚甲基二醇（lower polyoxymethylene glycols），分子式：$HO(CH_2O)_nH$，聚合度 n 在2～8，甲醛含量77%～93%，熔点120～170℃，在丙酮中溶至不溶，难溶于

水，溶于稀碱和稀酸。

c. 多聚甲醛（paraformaldehyde），分子式：$HO(CH_2O)_nH$ 聚合度 n 在 6～100，甲醛含量 91%～99%，熔点 80～120℃，在丙酮中溶至不溶，易溶于水、稀碱和稀酸。

d. α-聚氧亚甲基（alpha-polyoxymethylene），分子式：$HO(CH_2O)_nH$。聚合度 n 在 100～300，甲醛含量 99.0%～99.9%，熔点 170～180℃，不溶于丙酮中，极难溶于水，难溶于稀碱和稀酸。

e. β-聚氧亚甲基（bata-polyoxymethylene），分子式：$HO(CH_2O)_nH$，聚合度 n 在 100～300，甲醛含量 98%～99%，熔点高达 165～170℃，不溶于丙酮中，极难溶于水，难溶于稀碱和稀酸。

③ β-聚氧亚甲基醇的衍生物

a. 聚氧亚甲基醇二乙酸酯（polyoxymethylene diacetates），分子式：$CH_3COO(CH_2O)_nCOCH_3$，聚合度 n 在 2～200，甲醛含量 37%～93%，熔点高达 165℃，$n>10$ 不溶于丙酮，不溶于水、难溶于稀碱和稀酸。

b. 低聚氧亚甲基醇二甲醚（lower polyoxymethylene dimethyl ethers），分子式：$CH_3O(CH_2O)_nCH_3$。聚合度 n 在 2～200，甲醛含量 72%～93%，熔点高达 175℃，$n>10$ 不溶于水、$n>15$ 不溶于稀碱，难溶于稀酸。

c. γ-聚氧亚甲基（高聚氧亚甲基醇二甲醚）[gamma-polyoxymethylene（higher dimethyl ethers）]，分子式：$CH_3O(CH_2O)_nCH_3$，聚合度 n 在 200～500，甲醛含量 93%～99%，熔点高达 160～180℃，不溶于丙酮、水和稀碱，难溶于稀酸。

d. δ-聚氧亚甲基（delta-polyoxymethylene），分子式：$CH_3O(CH_2O)_nCH_2CH(OH)OCH_3$。聚合度 $n>100$，甲醛含量 96%～97%，熔点高达 150～170℃，不溶于丙酮、水和稀碱，难溶于稀酸。

e. ε-聚氧亚甲基（epsilon-polyoxymethylene），分子式：$(CH_2O)_nH$，聚合度 n 可能$>$100，甲醛含量 99.7%～99.9%，熔点高达 195～200℃，不溶于丙酮和水。

f. 高分子量聚氧亚甲基（high molecular weight polyoxymethylene）分子式：$HO(CH_2O)_nH$。聚合度 n 为 500～5000，甲醛含量 99.9%～100%，熔点高达 170～185℃，不溶于丙酮和水，极难溶于稀碱和稀酸。

（2）环状聚合物（cyclic polymers，在蒸发条件下它们不解聚）

a. 三聚甲醛［trioxane（alpha-trioxymethylene）］，分子式：$(CH_2O)_3$，聚合度 n 为 3，甲醛含量 100%，熔点 61～62℃，溶于丙酮、水、稀碱和稀酸。

b. 四聚甲醛（tetraoxane），分子式：$(CH_2O)_4$，聚合度 n 为 4，甲醛含量 100%，熔点 112℃，溶于丙酮、水、稀碱和稀酸。

（3）与含 α-氢原子的醛和酮的羟醛缩合反应　甲醛没有 α-碳原子和 α-氢原子。而其他醛和酮，如乙醛、丙醛等具有 α-氢原子和 α-碳原子，其 α-碳原子与甲醛的羰基发生羟醛缩合反应生成单羟基或多羟基醛，醛基再通过康尼查罗反应或加氢还原成羟基，这就是制备季戊四醇、三羟甲基丙烷等多元醇的方法。

① 季戊四醇的合成。乙醛与甲醛在碱金属或碱土金属氢氧化物催化下合成季戊四醇，反应分两步，首先 3 份甲醛与一份乙醛羟醛缩合生成三羟甲基乙醛，三羟甲基乙醛再与甲醛进行康尼查罗反应生成季戊四醇。

$$CH_3CHO+CH_2O \longrightarrow HOCH_2CH_2CHO \qquad \text{单羟甲基乙醛}$$

$$HOCH_2CH_2CHO + CH_2O \longrightarrow (HOCH_2)_2CHCHO \quad \text{双羟甲基乙醛}$$

$$(HOCH_2)_2CHCHO + CH_2O \longrightarrow (HOCH_2)_3CCHO \quad \text{三羟甲基乙醛}$$

$$(HOCH_2)_3CCHO + CH_2O + NaOH \longrightarrow (HOCH_2)_4C + HCOONa \quad \text{季戊四醇}$$

② 三羟甲基丙烷的合成。正丁醛与甲醛在三乙胺的催化下羟醛缩合成2,2-二羟甲基丁醛，2,2-二羟甲基丁醛在雷尼镍催化下加氢还原成三羟甲基丙烷。

$$CH_3CH_2CH_2CHO + 2CH_2O \longrightarrow CH_3CH_2(HOCH_2)_2CCHO \quad \text{双羟甲基丁醛}$$

$$CH_3CH_2(HOCH_2)_2CCHO + H_2 \longrightarrow CH_3CH_2(HOCH_2)_3C \quad \text{三羟甲基丙烷}$$

③ 新戊二醇的合成。由异丁醛与甲醛在碱性催化剂下经羟醛缩合成羟基新戊二醛，再与过量的甲醛在强碱条件下发生康尼查罗反应生成新戊二醇。

$$(CH_3)_2CHCHO + CH_2O \longrightarrow (CH_3)_2C(HOCH_2)CHO$$

$$(CH_3)_2C(HOCH_2)CHO + CH_2O + NaOH \longrightarrow (CH_3)_2C(CH_2OH)_2 + HCOONa$$

④ 吡啶的合成。甲醛、乙醛和氨在温度350～550℃，铝或硅-铝催化剂下经过以下一系列反应生成吡啶、甲基吡啶。

甲醛与乙醛羟醛缩合成单羟甲基乙醛，再脱水生成丙烯醛。

$$CH_3CHO + CH_2O \longrightarrow HOCH_2CH_2CHO \longrightarrow CH_2=CHCHO + H_2O$$

丙烯醛与氨亲核加成以及丙烯醛、乙醛和氨亲核加成，脱水脱氢分别生成甲基吡啶、吡啶。

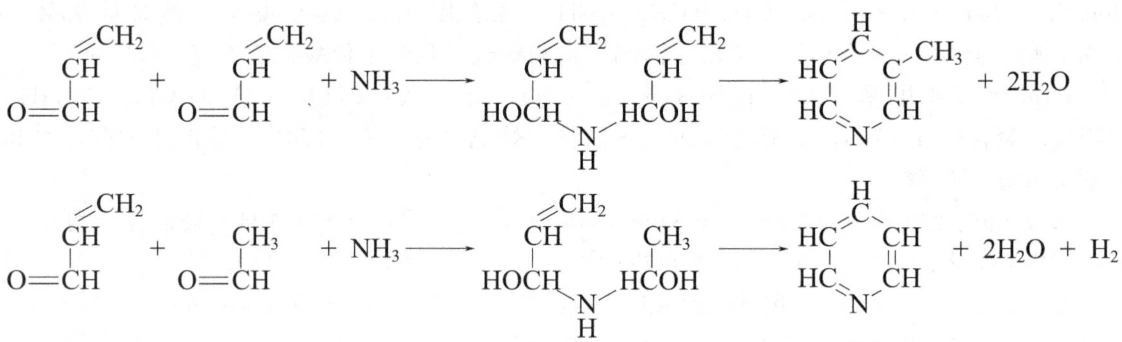

⑤ 丙烯酸（酯）或甲基丙烯酸（酯）的合成。醋酸（酯）的α-氢原子与甲醛发生缩合，接着进行脱水，从而生成丙烯酸（酯）。也可以用丙酸（酯）缩合生成甲基丙烯酸（酯）。

$$CH_3COOH + HCOH \longrightarrow CH_2=CHCOOH + H_2O$$

此合成的关键是选择合适的催化剂，其可以有效地降低或避免部分副反应的发生和提高反应的选择性和收率。

6. 氧化与还原反应

（1）氧化反应　甲醛可进一步氧化成甲酸，再进而氧化成CO_2和H_2O。

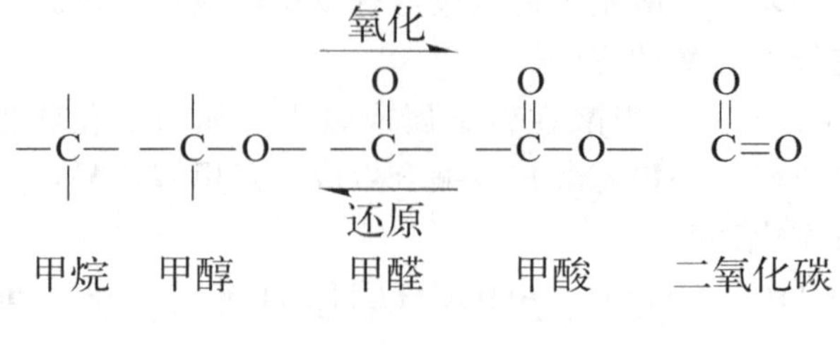

$$CH_2O + 1/2O_2 \longrightarrow HCOOH$$

$$CH_2O + O_2 \longrightarrow CO_2 + H_2O$$

（2）康尼查罗反应　没有 α-氢原子的醛在强碱的作用下发生分子间氧化还原反应生成羧酸和醇的过程称为康尼查罗反应。由于甲醛羰基的两边都是 H，所以最活泼。在醛类中甲醛还原性最强。它总是先被 OH 进攻，从而成为 H 的供体，本身被氧化成羧酸，其他的醛还原成醇。在季戊四醇等的制备中，待 α-氢原子全部羟醛缩合完毕，最后在碱性条件下剩余的醛基通过康尼查罗反应被甲醛还原成羟基，甲醛氧化为甲酸，就是利用甲醛这一性质。

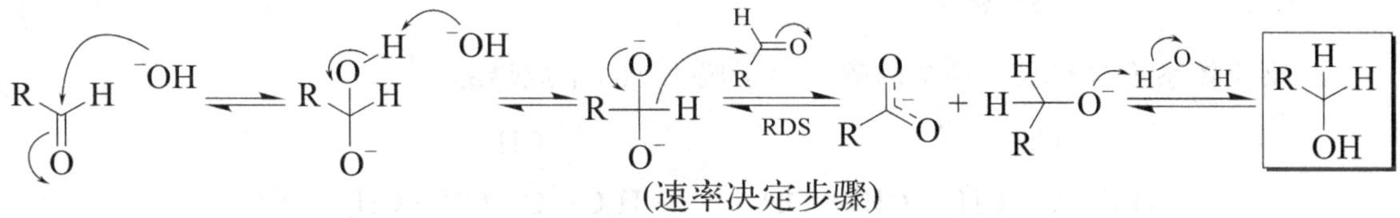

在甲醛水溶液中甲醛自身氧化还原成甲酸和甲醇，是分析甲醛水溶液甲酸或甲醇浓度上升的可能原因之一。特别是在研究甲醛生产过程的反应热如何充分利用中，对甲醛康尼查罗反应有了更深的了解，通过热力学分析获悉甲醛在高温时不发生康尼查罗反应，只有温度低于 450℃才产生康尼查罗反应。

$$2HCHO + H_2O \longrightarrow CH_3OH + HCOOH$$

（3）银镜反应　硝酸银溶液滴加氨水，先生成氢氧化银沉淀，继续滴加氨水，氢氧化银沉淀消失成为银氨络离子，无色透明液体。再加入甲醛水溶液，加热，就会在玻璃试管的壁上生成银镜，同时释放出 CO_2。这就是银镜反应。

$$AgNO_3 + NH_3 \cdot H_2O \longrightarrow AgOH\downarrow + NH_4NO_3$$

$$AgOH + 2NH_3 \cdot H_2O \longrightarrow Ag(NH_3)_2OH + 2H_2O$$

$$CH_2O + 4Ag(NH_3)_2OH \longrightarrow 4Ag\downarrow + (NH_4)_2CO_3 + 6NH_3 + 2H_2O$$

7. 与异丁烯加成

醛与烯烃在酸性条件下发生的缩合反应称作 Prins 反应，是一类历经氧鎓离子中间体的烯烃与羰基的加成反应。作为一种形成 C═C 键的有效方法，可获得不饱和醇、二醇、烷基取代的二氧杂环己烷和共轭烯烃等产物。甲醛与异丁烯在酸性条件下加成生成异戊二烯。反应如下：

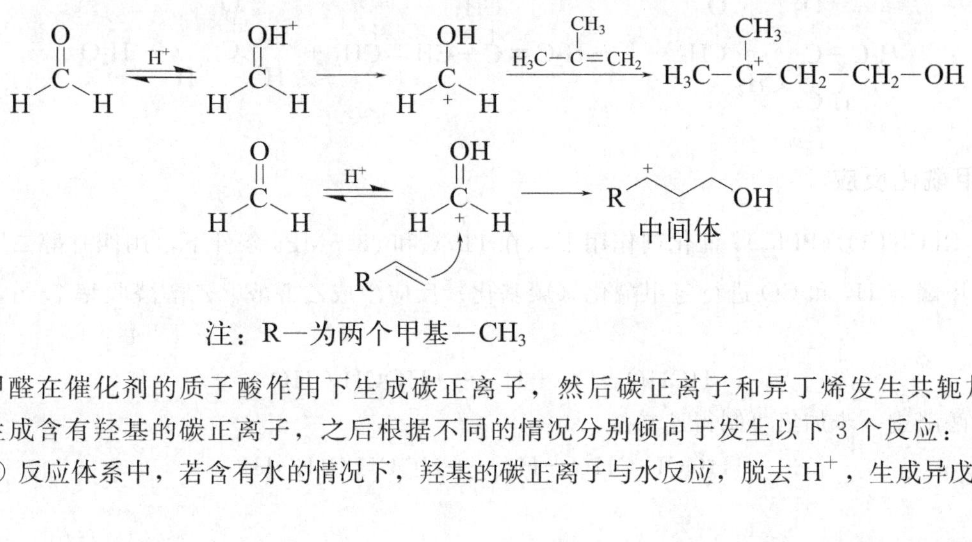

注：R—为两个甲基—CH_3

甲醛在催化剂的质子酸作用下生成碳正离子，然后碳正离子和异丁烯发生共轭加成作用，生成含有羟基的碳正离子，之后根据不同的情况分别倾向于发生以下 3 个反应：

① 反应体系中，若含有水的情况下，羟基的碳正离子与水反应，脱去 H^+，生成异戊二醇。

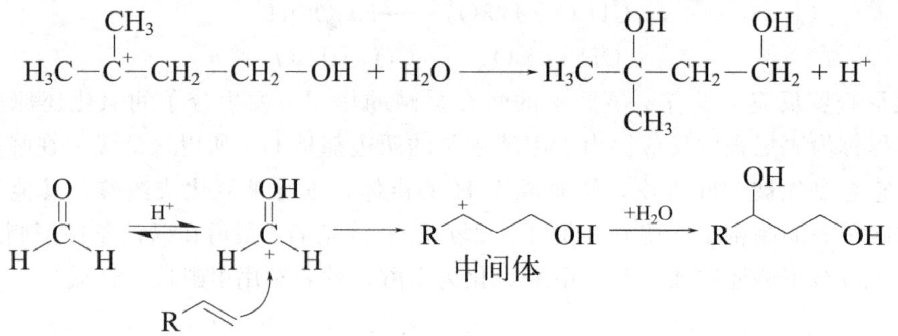

② 反应体系不含有水，羟基的碳正离子脱去 H^+ 生成烯醇。

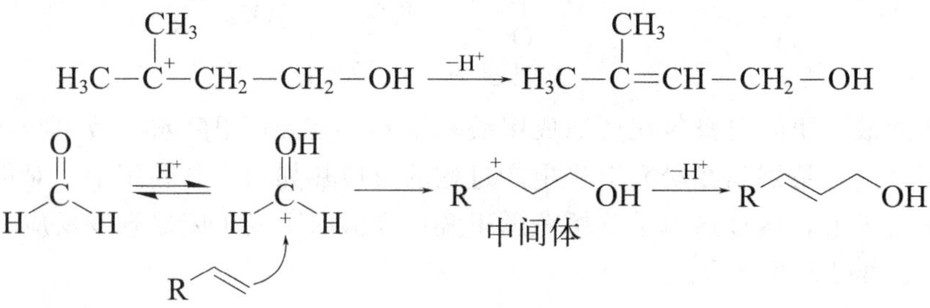

③ 在甲醛过量下，羟基的碳正离子与甲醛缩合生成 4,4-二甲基-1,3-二氧六环。

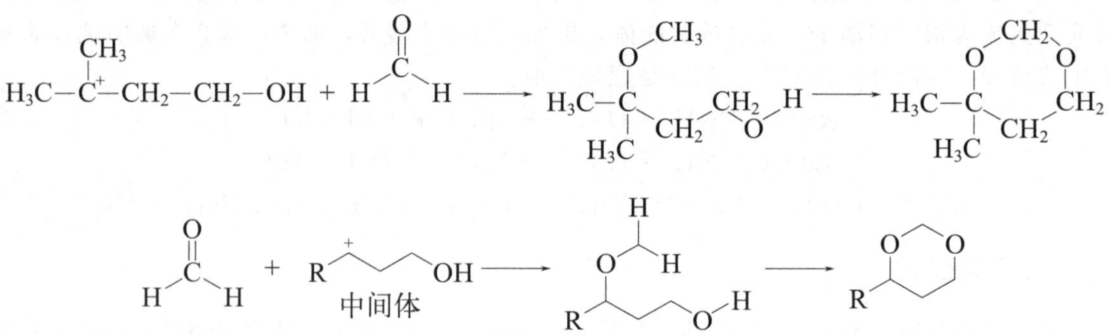

4,4-二甲基-1,3-二氧六环 300～650℃热分解成异戊二烯。

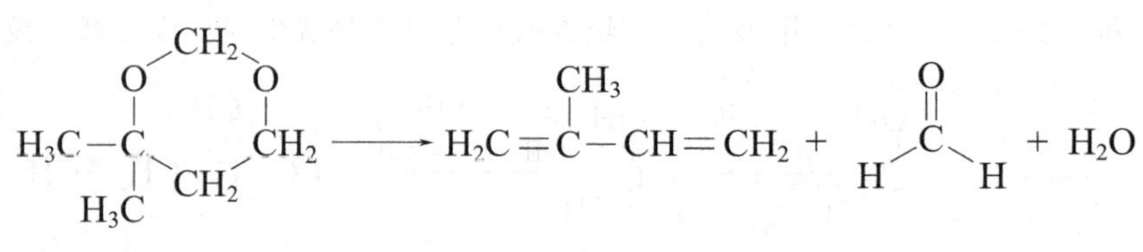

8. 氢甲酰化反应

在 $RhCl(CO)(PPh_3)_2$ 催化剂作用下，在 110℃和 28.5MPa 条件下，用四甘醇二甲醚为溶剂，甲醛与 H_2 和 CO 进行氢甲酰化（羰基化）反应生成乙醇醛。乙醇醛收率 73%，选择性 78%。

$$HCHO+CO+H_2 \longrightarrow HOCH_2CHO$$

乙醇醛进一步加氢可制得乙二醇。

$$HOCH_2CHO+H_2 \longrightarrow HOCH_2CH_2OH$$

第三节　甲醛的应用

生活中每当提到甲醛，大家往往会流露出惊恐的神色，基本联想到的都是新装修的房间、办公室充斥着甲醛的味道，长时间待在含有甲醛的环境中会对人体健康造成严重威胁，甚至存在致死风险。但是，甲醛作为一种基础化工原料，在生产生活中有着不可或缺的作用。下面将对具体应用进行深入探证。

甲醛是甲醛亚硫酸氢钠在60℃以上分解释放出的一种物质，它无色，有刺激气味，易溶于水。35%～40%的甲醛水溶液（俗称福尔马林），具有防腐杀菌性能，可用来浸制生物，给种子消毒等。杀菌性能的主要原理是构成生物体（包括细菌）本身的蛋白质上的氨基能与甲醛发生反应。

甲醛属于用途广泛、生产工艺简单、原料供应充足的大众化工产品，是甲醇下游产品中的主干，30%左右的甲醇都用来生产甲醛。但甲醛是一种水溶液，从经济角度考虑不便于长距离运输，所以一般都在主消费市场附近设厂，进出口贸易也极少。

甲醛下游主要产品（衍生物）可归纳为19大产业链（图1-4）：有机合成原料产业链、合成树脂产业链、橡胶助剂产业链、溶剂产业链、医药产业链、农药产业链、药物中间体产业链、表面活性剂产业链、日用化学品及中间体产业链、胶黏剂产业链、染料产业链、纺织染整助剂产业链、造纸化学品产业链、水处理化学品产业链、饲料和食品添加剂及中间体产业链、皮革化学品产业链、混凝土外加剂产业链、涂料产业链和缓释肥料产业链。

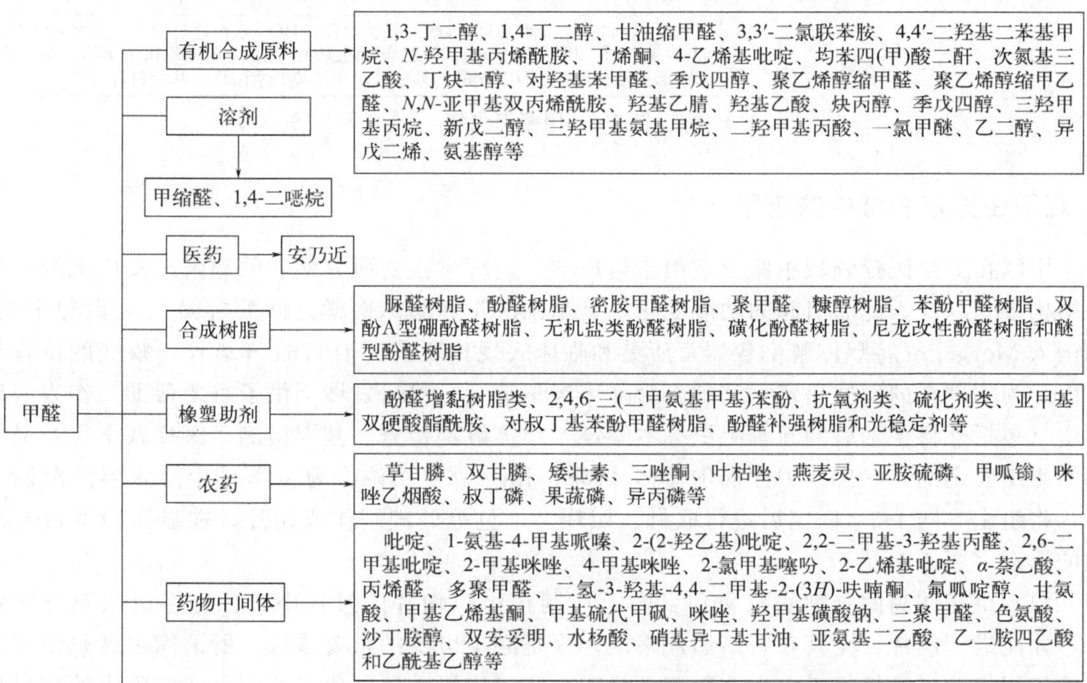

图1-4

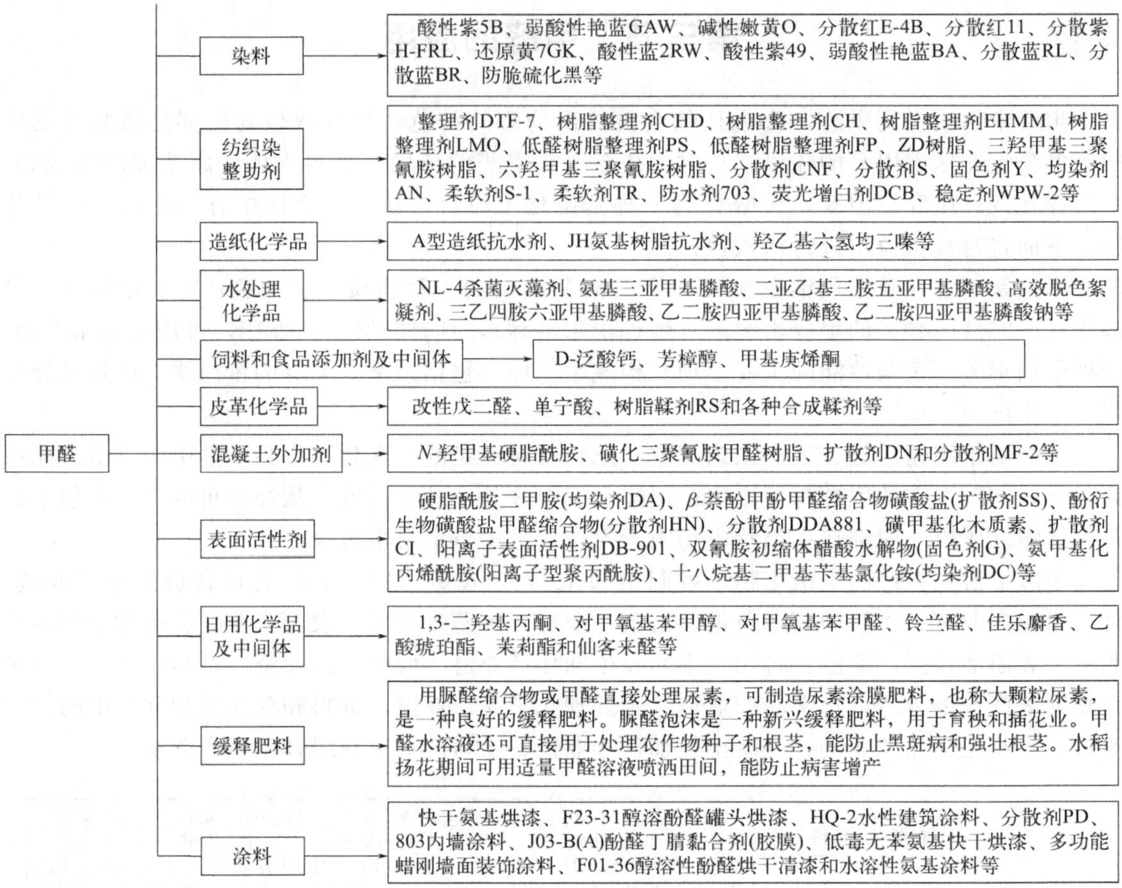

图 1-4　甲醛衍生物

1. 在卫生医疗领域中的应用

甲醛在卫生医疗领域中广泛应用于病理学。病理学主要研究疾病的病因、发病机制、形态结构改变以及因此而引起的功能变化，是基础医学和临床医学之间的桥梁。18 世纪中期，德国人 Morgagni 将尸体解剖各器官所见和临床表现相联系，于 1761 年著作《疾病的位置与原因》为病理学的发展奠定了基础。为临床医学治疗、科研发展提供了重要帮助，作为病理学中（包括外科手术后的新鲜组织标本固定、尸体解剖检查、基因检测、医疗教学等）最常用的组织固定剂——10％中性福尔马林（formalin）就是由浓度为 40％的甲醛水溶液配制而成。将组织（图 1-5）固定后进行取材、切片、染色等处理制作成切片，在显微镜下观察细胞的形态（图 1-6）。

（1）甲醛作为固定剂的意义和目的　在制作组织切片的过程中，首先将组织充分固定后，才能进行制片，尤其对石蜡切片来说，这是必不可少的重要步骤。所谓固定就是使要观察的组织构造尽量接近于它生前的正常状态，将组织浸入某些化学试剂，使细胞内的物质尽量接近其生活状态时的形态结构和位置。因为机体死亡后血液循环停止，细胞逐渐死亡，组织变形；在无冷藏的条件下更会因其病原微生物的迅速繁殖而腐败，组织结构被破坏，不利于形态学的诊断。

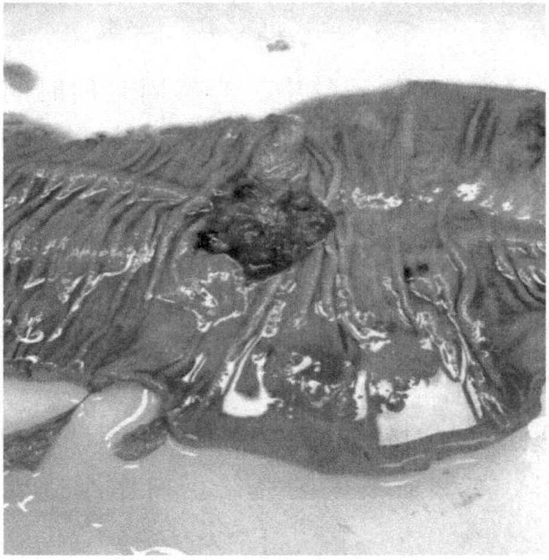

图 1-5　手术后未固定肠管组织

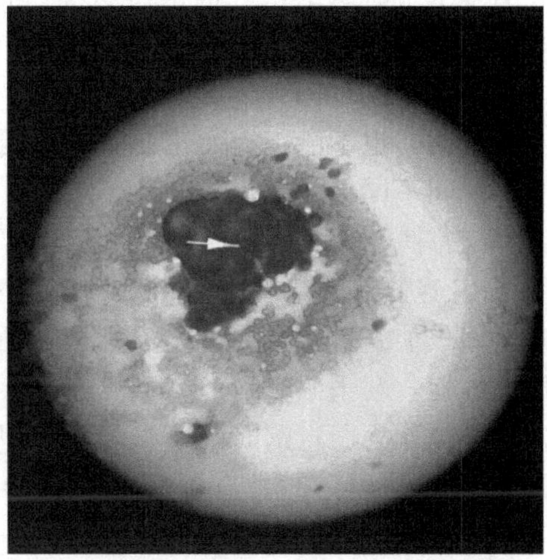

图 1-6　固定、制片后显微镜下肿瘤细胞

甲醛作为固定剂的作用如下：

① 迅速防止组织、细胞的死后变化，防止自溶与腐败，以保持组织和细胞与正常生活时的形态相似。

② 将细胞内的蛋白质、脂肪、糖、酶等各种成分转变成不溶性物质，以保持它原有的结构与生活时相仿。

③ 使组织中的各种物质沉淀和凝固起来而产生不同的折射率，造成光学上的差异，以便染色后易于鉴别和观察。

④ 固定剂兼有硬化作用，使组织硬化，增加组织硬度，便于制片。固定能使细胞的正常的半液体状（胶体）变为半固体状（凝胶），有固化作用。使其可经受随后的组织处理过程。

⑤ 防止细胞过度收缩或膨胀而失去其原有形态、结构。

⑥ 经过固定的组织，能对染料产生不同的亲和力而着色清晰，便于辨认。

（2）固定的对象和方法　构成细胞的主要物质是蛋白质，它分散在细胞内，所以固定的主要对象是蛋白质，用化学药品使蛋白质沉淀或凝固下来，至于细胞内的其他成分，如脂肪、碳水化合物等，用一般固定剂进行固定。但需要观察特殊物质时，就需要用特殊方法将成分固定下来。

（3）固定时的注意事项　由于固定目的是尽量使组织和细胞保持与生活时相仿的成分和形态，因此，固定的组织越新鲜越好。固定时的注意事项为：

① 固定液的量，甲醛用于固定组织时，固定液要足量，一般应为组织块总和的 4～5 倍，也可达 15～20 倍。而且应在组织取下后立即或尽快将其放入适当固定液中。对于有特殊要求组织（如神经染色及酶组织化学染色等）的固定，要比一般的组织固定严格，在固定的过程应特别注意。组织块的大小、固定时间、固定温度都应考虑。酶组织化学染色组织应置于冰箱低温下进行固定；在配制混合固定液时，应了解每种固定剂的理化性质，一般说氧化剂不要与还原剂配合以免引起化学反应，失去固定作用，但是亦有例外的氧化剂和还原剂混合固定液，其要求在临用时配制。

② 固定液的穿透性，一般固定液在 24h 内不能穿透厚度＞2～3mm 的实体组织或

0.5cm 的多空疏松组织，可根据组织类型而不同，组织要得到良好的固定原则上不应超过 4mm，3mm 更为合适。

③ 固定时间，大多数组织应固定 24h，然后保存于 70%乙醇中。当然固定的时间也不是固定不变的，也不能一概而论，它与固定液的种类、组织块大小、温度等有关，不同的固定液固定时间不同，一般为 3～24h。

④ 固定温度，大多数组织可在室温 25℃下固定，在低温 4℃固定时固定时间相应延长。

⑤ 固定容器，固定容器宜相对大些，防止组织与容器粘连产生固定不良。大组织标本保存时多用玻璃容器，瓶底常垫以棉絮，使固定剂能均匀渗入组织块。并在固定期间轻轻搅动或摇动容器，利于固定液渗入。

(4) 甲醛作为固定剂时的不良影响　甲醛作为固定剂时对组织也会有一些不良影响：

① 使用甲醛固定时常有甲醛色素的异常沉积（如和血液中的血红蛋白作用造成色素沉积）；

② 包括会引起不同程度的细胞内物质损失，不同固定剂和固定方法会引起不同程度的细胞内蛋白质、黏多糖、脂类、核酸和低分子量物质的损失，因此应根据研究目的的不同选择相应合适的固定液和固定方法，使研究的物质损失达到最小；

③ 可引起不同程度的组织皱缩；

④ 影响个别特殊染色的结果（如水溶性猩红 S 的染色）。

2. 特种甲醛的应用

为有别于工业甲醛，原广州溶剂厂开发出的兽用甲醛、电子甲醛和试剂甲醛等多个甲醛产品统称为特种甲醛。兽用甲醛、试剂甲醛和电子级甲醛等甲醛产品直接针对终端用户，不同产品要求不同，生产方法不同，用途也不一样。

(1) 兽用甲醛　兽用甲醛生产必须根据《兽药管理条例》和《兽药生产质量管理规范》（简称“兽药 GMP”）进行生产活动，兽用甲醛是动物消毒剂药品，前提是必须取得“兽药 GMP”证书和兽药生产许可证才能生产销售。没有取证生产的产品是假药，对产品进行没收销毁，对相关责任人进行处理。兽药 GMP 证书的领取，必须有具备符合“兽药 GMP”要求的硬件和软件，其要素主要为机构与人员、厂房与设施、设备、物料、卫生、验证、文件、生产管理、质量管理、产品销售与回收等方面。“兽药 GMP”检查验收项目共 232 项，其中关键项 65 项，一般项目 167 项。在相关部门专家组查验时，关键项不得有不合格项，基本符合项也不得超过 4 项，一般项目不符合率不大于 15%，否则查验不通过，专家组不向相关部门推荐。对从事化工生产的企业，要申请“兽药 GMP”证，从事兽药生产，从多个方面要进行转型，同时至少有两个品种才能申请“兽药 GMP”证。笔者结合申请兽药 GMP 证时的经历，对“兽药 GMP”相关内容简要描述如下：

① 在“机构与人员”项中，关键项“004”兽药生产管理部门负责人和质量管理部门负责人应具备兽医、药学等相关专业大专以上学历，并具备兽药生产、质量管理经验。关键项“016”质量检验人员持有省级以上兽药监察机构核发的培训证。对一直从事化工生产的人员素质提出较高要求，必须配备相应资质的人员，这些是前提条件。

② 在“厂房与设施”项中，对生产厂房、洁净室、仓储区、辅助室和检验室的设计布局提出与化工生产完全不同的要求，对空气流动、洁净度、湿度、温度和水质都有较高要求。厂房与设施是兽药生产的硬件，化工企业生产厂房必须专业改造，新建厂房需经专业机

构设计和施工才能符合要求，厂房与设施投入占整个申请“兽药 GMP”证书投入的 60%以上。

③ 在“设备”项中，对从事甲醛生产的企业，在兽药原料甲醛的生产有一定优势，一般工业甲醛是不符合兽药原料甲醛的要求的，兽药原料甲醛对甲醛液中的杂质有较高要求，原料甲醛必须再经过处理才能符合要求，这套处理设备要有一定投入，原料甲醇也要再处理，然后按兽药成分进行配药、定量分装、喷码、贴标。这些设备都是定型设备，市场上可采购。

④ 有以上前提和硬件，余下项是以管理为主，物料、卫生、验证、文件、生产管理、质量管理、产品销售与回收等管理人员和生产检验人员，必须经专业培训，具备相关经验，其中文件、产品销售与回收、投诉与不良反应报告的管理，从事兽药生产比化工生产重要很多。整个兽药生产的管理比化工生产要严格细致。在整个“兽药 GMP”证书申请过程中，也是对相关人员的一个培训过程，由具备相应资质和化工生产经验的人员参与申请“兽药 GMP”，然后再从事兽药的生产与管理，较为妥当。“兽药 GMP”证书有效期一般为五年，到期前需申请复验，日常生产是否严格按“兽药 GMP”要求管理，也是证书到期复验时检查的重要内容。

兽用甲醛作为消毒防腐药。主要用于栏舍、用具、孵化器等熏蒸消毒，标本防腐；亦用于胃肠道制酵，以及种子消毒。消毒后的种子，不能作为人畜食料，严禁用兽用甲醛对食品浸泡防腐。

(2) 试剂甲醛　原广州溶剂厂生产的试剂甲醛以分析纯甲醛为主，化学纯试剂甲醛要求较低些，其指标如表 1-7 所示。试剂甲醛生产过程中，关键是严格控制甲醛溶液中的杂质，其中对氯化物指标控制是难点，一般将专用甲醛原料再精加工，严格控制好氯化物这一指标，其余杂质基本都符合要求。试剂甲醛的产销量很少，直接生产销售也必须取得相应的资质，工业甲醛生产厂家专门对试剂甲醛生产和取证进行一笔投入，不是很经济，可利用部分兽用甲醛设施设备对试剂甲醛进行生产。

表 1-7　试剂甲醛质量指标（GB/T 685—2013）

名称	分析纯	化学纯
甲醛含量(以质量分数计,下同)	37%～40%	36%～40%
色度	≤10	≤20
灼烧残渣/%	0.003	0.005
酸度(以 H^+ 计)/(mmol/g)	≤0.005	≤0.005
氯化物(Cl^-)/%	0.0001	0.0003
硫酸盐(SO_4^{2-})/%	0.0004	0.001
铁(Fe)/%	0.0001	0.0003
铅(Pb)/%	0.0002	0.0005

试剂甲醛作为一种化学试剂，用途很广泛，利润很高，但产量很少，销售渠道长。试剂甲醛适用于化学试剂专业生产厂家生产销售，甲醛生产厂可为其提供半成品试剂甲醛，从其高利润中分取一杯羹。

(3) 电子级甲醛　电子行业用甲醛在原广州溶剂厂简称电子级甲醛，主要用在电子化学品制造和电子元件生产过程中作为清洗剂等。原广州溶剂厂自 2008 年开发和销售电子级甲醛后，产量和用户渐渐增多，综合用户要求。原广州溶剂厂制定了相应的产品标准，原广州溶剂厂生产的所有特种甲醛产品中，电子级甲醛对杂质要求是最高的，生产工艺相对试剂甲醛和兽用甲醛又有一定特殊性，更特殊的是对吸光度指标的控制。吸光度是指光线通过溶液或某一物质前的入射光强度与该光线通过溶液或物质后的透射光强度比值的对数，影响它的因素有溶剂、浓度、温度等。吸光系数则与入射光的波长以及被光通过的物质有关。只要光的波长被固定下来，同一种物质，吸光系数就不变。当一束光通过一个吸光物质（通常为溶液）时，溶质吸收了光能，光的强度减弱。吸光度就是用来衡量光被吸收程度的一个物理量。吸光度的检测采用分光光度计进行检测，参考某厂制定的指标，主要检测三种不同波长的吸光度：波长 λ 为 210nm 时吸光度≤0.4；波长 λ 为 227nm 时吸光度≤0.12；波长 λ 为 250nm 时吸光度≤0.02。为保证这三个指标符合要求，选用了专用工艺和设备对影响上述三种吸光度的物质进行处理。

3. 在汽车装饰中的应用

甲醛在汽车装饰（图 1-7）中，主要用于地毯、内饰地毯和汽车墙面装饰、皮革制品。

图 1-7　汽车内部装饰

（1）甲醛用于汽车装饰的示例　4,4′-亚甲基二苯基二异氰酸酯（4,4′-diphenylmethane diisocyanate）呈白色或浅黄色固体，属于有毒物品，是一种芳族异氰酸酯。它由苯胺与甲醛缩合，然后进行光气化反应而生产的。4,4′-亚甲基二苯基二异氰酸酯主要用作氯丁橡胶、丁苯橡胶、天然橡胶、人造丝、棉织物、尼龙以及金属的黏合。

（2）甲醛用于汽车装饰的注意事项

① 汽车美容装饰：首先需要谨慎选材，装饰市场鱼龙混杂，目前市场没有相关明文规定；

② 开窗通风：在行车过程中，大多数人习惯使用空调而不常开窗换气，导致车内通风不畅，一些有毒有害物质迅速累积，直接损伤车内人员身体健康。

4. 在配件中的应用

在我国，聚甲醛（polyformaldehyde，POM）应用分布在日用消费品（占 38%）、电子电气（占 28%）、工业配件（占 13%）、汽车配件（占 9%）、其他领域（占 12%）等。

在国外，聚甲醛在电子电器和汽车配件的比例较高，汽车配件比例最高达到 28%。

（1）聚甲醛用于汽车配件（图 1-8）的示例　聚甲醛是热塑性、结晶性高分子聚合物，被誉为“夺钢”“超钢”，广泛用于制造汽车内外部把手、曲柄等汽车配件。

图 1-8 聚甲醛用于汽车配件

（2）聚甲醛用于其他工业配件的示例 聚甲醛具有类似金属的硬度、强度，在很宽的温度和湿度范围内都具有很好的自润滑性、良好的耐疲劳性，并富于弹性，此外它还有较好的耐化学品性。主要用于油泵轴承座、叶轮燃气开关阀、电子开关零件、紧固体、接线柱镜面罩、电风扇零件、加热板和仪表钮、录音录像带的轴承和各种管道和农业喷灌系统以及作为冲浪板（帆船）及各种雪橇零件、手表微型齿轮、体育用设备的框架辅件等配件（图 1-9）。

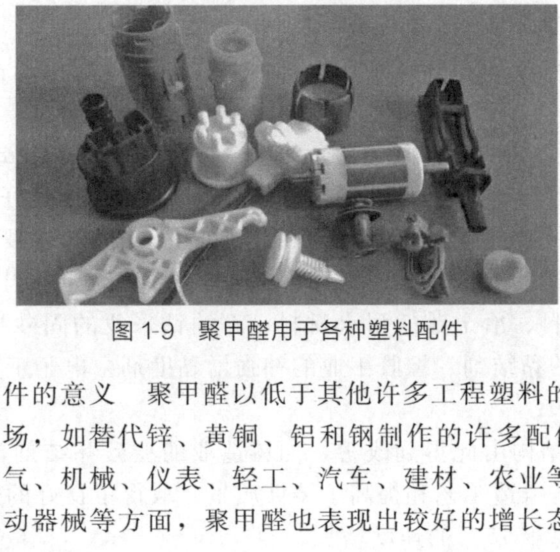

图 1-9 聚甲醛用于各种塑料配件

（3）聚甲醛用于配件的意义 聚甲醛以低于其他许多工程塑料的成本，正在替代一些传统上被金属所占领的市场，如替代锌、黄铜、铝和钢制作的许多配件。聚甲醛自问世以来，已经广泛应用于电子电气、机械、仪表、轻工、汽车、建材、农业等领域。在很多新领域的应用，如医疗技术、运动器械等方面，聚甲醛也表现出较好的增长态势。

5. 在覆铜板中的应用

甲醛与苯酚经缩合而成的高纯度线性热塑型酚醛树脂（high purity linear thermoplastic phenol formaldehyde resin），可用于半导体、计算机的覆铜板等（图 1-10，图 1-11），广泛适应于电子、电器、宇航等行业。新型酚醛树脂产品不仅应用于玻璃纤维增强塑料、酚醛层压板、酚醛模塑料、集成电路电气电子器件的塑封、特殊的耐热绝缘材料及民用电器，还可作为半导体封装材料中的固化剂，是环氧塑封材料的硬化剂。

图 1-10 酚醛树脂用于纸基板

图 1-11 酚醛树脂用于覆铜板

（1）几种主要的基材 铜箔基板根据树脂体系（酚醛树脂、环氧树脂、聚四氟乙烯）以及补强材料（纸、玻纤布）大致分为 11 种，并且分别应用于不同领域。若按补强材料（纸、玻纤、毡玻纤布）的使用主要分为三类：

① 纸基板是以牛皮纸为补强材料，涂敷树脂后压合而成，主要包括：XPC、FR-2、FR-3。其耐热性较差，主要用于电话、电视等产品。

② 电子布基板是以电子布为补强材料，其优点在于具有良好的耐热性、绝缘性及尺寸稳定性，主要包括：FR-4（主机板和通信板材）；FR-5、G-10 及 G-11（主要用于通信板材）；GT、GI（特殊应用）。

③ 复合基板是以电子布与玻纤毡或牛皮纸组合作为补强材料，其主要包括：CEM-1（电子布与牛皮纸）、CEM-3（电子布与玻纤毡）。

其中，FR-4 凭借其电子布耐热、绝缘等优势，在铜箔基板市场占有量最大，约占整个市场 60%～70%。

（2）酚醛树脂的应用 在我国，随着近年来酚醛树脂（phenol formaldehyde resin，PF）市场开发的深入及先进工艺的提升，酚醛塑料的应用消费也已显示出良好的发展势头。古老的酚醛树脂因其独特的价格性能比，至今仍在热固性材料中独占鳌头。主要有以下方面：

① 汽车、电子、建筑、冶金、铸造等行业对工业用 PF 的需求明显增加；

② 铸造业的砂型材料、冶金业的耐火材料、石油钻采业的固砂材料、建筑业的绝热和装饰材料、木材加工业的黏结剂、橡胶工业的补强增黏助剂、电子工业的塑封材料等均显示出对酚醛树脂的特殊要求；

③ 一些行业的产品结构由此得到改善，如铸造业的型砂黏结剂，自我国国内大量改用酚醛树脂后，明显改善了铸造工艺和提高了铸件质量，取得了良好的效果。目前，铸造用酚醛树脂的消费需求正以每年 15%的速度增长。

（3）酚醛树脂的注意事项 酚醛树脂是无色或黄褐色透明固体，因电气设备使用较多，也俗称电木。耐热性、耐燃性、耐水性和绝缘性优良，耐酸性较好，耐碱性差，力学和电气性能良好，易于切割，分为热固性塑料和热塑性塑料两类。合成时加入不同组分，可获得功能各异的改性酚醛树脂，具有不同的优良特性，如耐碱性、耐磨性、耐油性、耐腐蚀性等。

酚醛树脂一般含有游离酚和甲醛，量有多有少。在酚醛树脂中，对用于浸渍用的 Resol 酚醛含未反应的酚$>10\%$；对用于环氧树脂固化的 Novolak 树脂，苯酚$<1\%$；对胶黏剂，甲醛量应在 2%～4%；对低分子量树脂（主要是 Novolak），是无甲醛的，酚量也低；固体

Resol 树脂含有少量甲醛和苯酚。

国外一般在多于 5%游离酚的树脂均标上头盖骨毒性，含 1%～5%苯酚的树脂对身体有害，并标上“St. Andrews Cross”；一般<0.2%游离酚的树脂被认为是无毒的。

对未固化的酚醛树脂应避免与皮肤直接接触，或吸入蒸气雾气或灰尘。Novolak 基的树脂常含有六次甲基四胺，因此使用时要注意，否则会引起皮疹和皮炎。

固化酚醛树脂是完全无毒无害的，美国食品药品监督管理局（FDA）允许酚醛涂料和酚醛模压件可与食品接触。

6. 在板材中的应用

脲醛树脂（urea-formaldehyde resins）又称尿素甲醛树脂，呈半透明的热固性树脂。脲醛树脂是甲醛与尿素在催化剂（碱性或酸性催化剂）作用下缩聚成初期脲醛树脂，然后再在固化剂或助剂作用下形成不熔、不溶的末期热固性树脂。固化后的脲醛树脂颜色比酚醛树脂浅，呈半透明状，耐弱酸、弱碱，绝缘性能好，耐磨性极佳，价格便宜。它是胶黏剂中用量最大的品种，主要用于木材加工业和各种人造板的制造中（图 1-12）。

图 1-12　脲醛树脂用于板材

（1）几种主要的板材

① 实木指接板（integrated board）也称集成板，集成板是将经过深加工处理过的实木小块像“手指头”一样拼接而成的板材，由于木板间采用锯齿状接口，类似两手手指交叉对接，故称指接板。由于原木条之间是交叉结合的，这样的结合构造本身有一定的结合力，又因不用再上下粘表面板，故其使用的胶极其微量。

② 纤维板（high density board wood）也称密度板和纤维板，纤维板是将木材、树枝等物体放在水中浸泡后打碎压制而成，是以木质纤维或其他植物纤维为原料，施加脲醛树脂或其他适用的胶黏剂制成的。按其密度的不同，分为高密度板、中密度板、低密度板。密度板由于质软耐冲击，强度较高，压制好后密度均匀，也容易再加工，在国外是制作家具的一种良好材料，但缺点是防水性较差。中、高密度板，是将小口径木材打磨碎加胶在高温高压下压制而成，为现在所通用。纤维板是以植物纤维为主要原料，经过热磨、施胶、铺装、热压成型等工序制成。纤维板有密度大小之分，密度在 450kg/m^3 以下的叫作低密度板纤维板，密度在 450～800kg/m^3 之间的叫中密度纤维板，密度在 800kg/m^3 叫作硬质纤维板。密度板主要用于成品家具的制作，同时也用于强化木地板、门板、隔墙等。

③ 刨花板（particleboard）是将木材加工过程中的边角料、木屑等切削成一定规格的碎片，

经过干燥，拌以胶黏剂、硬化剂、防水剂等，在一定的温度下压制而成的一种人造板材。实木颗粒板，是由木材或其他木质纤维素材料制成的碎料，施加胶黏剂后在热力和压力作用下胶合成的人造板，是以刨花板的工艺生产的板材，是刨花板的一种，属于均质刨花板。

④ 三聚氰胺板（melamine plate）也称双饰面板和一次成型板，它的基材也是刨花板，由基材和表面黏合而成的，表面贴面主要有国产的和进口的两类，由于是经过防火、抗磨、防水浸泡处理的，使用效果与复合木地板相似。

⑤ 木工板（woodworking board）俗称大芯板，它是具有实木板芯的胶合板，其竖向大芯板抗弯压强度差，横向大芯板抗弯压强度较高。

⑥ 多层实木板（multi-ply solid board）以纵横交错排列的多层胶合板为基材，表面以优质实木贴皮或科技木为面料，经冷压、热压、砂光、养生等数道工序制作而成。由于多层实木板具有不易变形的特点及良好的调节室内温度和湿度的优良性能，面层实木贴皮材料又具有自然真实木质的纹理及手感，所以选择性更强。多层实木板具有结构稳定性好，不易变形。由于纵横胶合、高温高压，从内应力方面解决了实木板的变形缺陷。在生产过程中使用自制的优质环保胶，使产品的甲醛释放限量达到国家的标准要求，绿色环保。

（2）脲醛树脂的注意事项　高摩尔比的脲醛胶由于甲醛含量高，在生产和使用中会对人的眼睛和呼吸系统产生强烈的刺激作用，长期接触可能会致癌。

环保型的脲醛胶的毒性很小，但在使用时要戴好防护手套，不要误入眼、口中，剩余物要及时清洗，防止固化后污染环境。

7. 在餐具中的应用

三聚氰胺-甲醛树脂（melamine formaldehyde resin，MF 树脂），全名为三羟甲基三聚氰胺树脂，又称密胺甲醛树脂、密胺树脂，是由三聚氰胺粉末与甲醛在微碱性条件下经缩聚反应而成的水溶性树脂。MF 根据不同的用途，采用不同的生产工艺条件，可生产出不同的系列产品，广泛应用于涂料和黏结剂、模塑剂、层压板、装饰板、织物整理剂、纸张处理剂、水泥减水剂、阻燃剂等领域。

（1）三聚氰胺-甲醛树脂用于餐具中的示例　三聚氰胺-甲醛树脂在餐具中，主要用于密胺餐具（又称为仿瓷餐具）是一种塑料制品（图 1-13）。

图 1-13　三聚氰胺-甲醛树脂用于餐具

（2）三聚氰胺-甲醛树脂用于餐具中的注意事项　合格的密胺餐具几乎没有游离态三聚氰胺及甲醛单体，不会对人产生危害。同时，加热温度不可超过 120℃，不可在微波炉内加热、高温使用或盛装油类食品等，尽量避免在酸性条件下使用。密胺餐具的使用寿命一般是两到三年，在使用过程中，餐具一旦出现开裂、变色、变形、刮花等现象，应立即停止使用。

按照《食品安全国家标准　食品接触用塑料材料及制品》（GB 4806.7—2023）规定，食品接触用三聚氰胺与甲醛聚合物的特定迁移总量限量［SML（T），以甲醛计］为 15mg/kg。

8. 在日用化学品中的应用

甲醛在日用化学品中主要作为防腐剂（图 1-14），保护化妆品免受革兰氏阴性菌和阳性菌侵扰，在较低剂量下发挥持久有效的防腐性能。

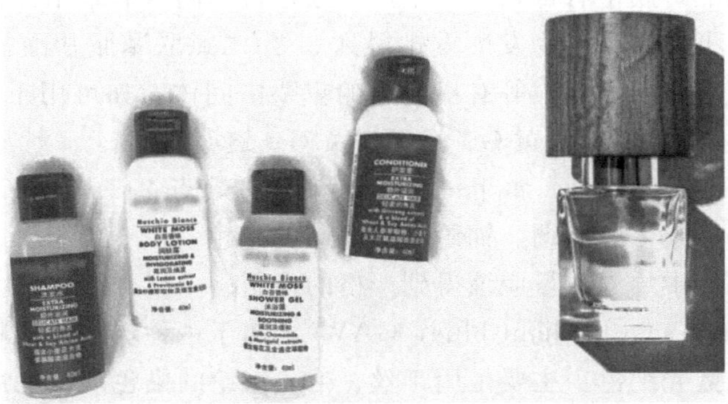

图 1-14　甲醛用于日用化学品

（1）甲醛用于日用化学品的示例

甲醛在日用化学品中，用于：

① 配制茉莉、紫丁香的香精，调配香水；

② 日化香精的原料；

③ 百花香型香皂和日用化妆品的香精；

④ 高级化妆品和皂用的香精；

⑤ 去头屑香波；

⑥ 地毯清洁剂；

⑦ 汽车和飞机挡风玻璃的防雾剂；

⑧ 润湿剂等。

（2）甲醛用于日用化学品的注意事项　日用化学品长久置于空气中易氧化，应贮于密闭容器及阴凉处。

9. 在染料和有机颜料中的应用

甲醛在染料和有机颜料中，主要应用于染料、有机颜料的中间体（图 1-15，图 1-16）。染料的传统用途是对纺织品进行染色，颜料的传统用途是对非纺织品进行着色。甲醛用于有机颜料预分散体中的树脂，有机颜料预分散体用于涂料、水墨、涂料印花等等，和人们的日常生活息息相关。

图 1-15　甲醛用于染料

图 1-16　甲醛用于颜料

(1) 甲醛用于染料和有机颜料的示例　3,3′-二氯联苯胺（3,3′-dichlorobenzidine），呈现灰色至紫色固体结晶，属于有毒物品。生产方法是将邻硝基氯苯用锌在碱性条件下偶联还原，然后在酸性条件下使还原产物发生重排得到 3,3′-二氯联苯胺盐酸盐。主要用作染料中间体，是生产二偶氮黄、二偶氮橙等有机颜料的重要中间体，如可用于生产耐晒黄 GR、耐晒黄 GG、联苯胺黄 HR、联苯胺黄 G、永固橘黄 G、透明黄等。

酸性紫 5B（acid violet 5B），属于一种化工染料，熔点 245～250℃时，具有一定致癌性。主要用于半羊毛、羊毛、丝绸、锦纶（尼龙）的染色。由于酸性紫 5B 具有致癌性，因此在羊毛、丝绸和锦纶中的添加量应该得到严格的控制。

弱酸性艳蓝（weak acid brilliant blue，GAW），属于一种弱酸性染料，在浓硫酸中呈现黄绿色，稀释后呈现蓝光红色。主要是用于丝、毛、锦纶的染色，也能用于皮革的染色。

碱性嫩黄 O（AURAMINE O），又称金胺（AURAMINE O），呈现黄色均匀粉末状，属于有毒物质。生产方法是由 *N*,*N*-二甲基苯胺与甲醛进行缩合，经蒸馏、结晶精制后，用硫磺、尿素与氯化铵进行氨化，而后过滤、干燥即得成品。用途有：

① 用于蚕丝、棉、腈纶、羊毛等的染色，也可用于直接印花，由于其日晒牢度太差，其在纺织品上的应用已经在减少；

② 用于皮革、纸张、涂料、麻和黏胶等的染色；

③ 可用于油漆等的着色；

④ 制备色淀和油墨等。

(2) 甲醛用于染料和颜料中间体的注意事项　甲醛用于染料和有机颜料中间体时，有以下注意事项：

① 不少染料和颜料及中间体都会具有毒性，因此，其含量应该得到严格控制；② 由于染料和颜料对人体健康存在一定危害性，有些染料和颜料会使用环保材料，环保级别越高，甲醛含量就越少，甲醛含量过少，染料和有机颜料的牢固色的性能便会降低，因此，甲醛的含量应该保持在适度范围内。

10. 在纺织染整助剂中的应用

甲醛在纺织业中，主要用于染色助剂及树脂整理剂（图 1-17，图 1-18）。染色助剂是在织物染色的过程中所使用的助剂，能够提高织物染色的效果，属于印染助剂的一种。染色助剂包括匀染剂、固色剂、分散剂、荧光增白剂和柔顺剂等。树脂整理剂主要用于防止或改善织物在穿着过程中出现的收缩或折皱现象，在其印染加工后用合成树脂进行化学整理，如防缩、防皱树脂整理。

图 1-17 甲醛用于纺织物染色

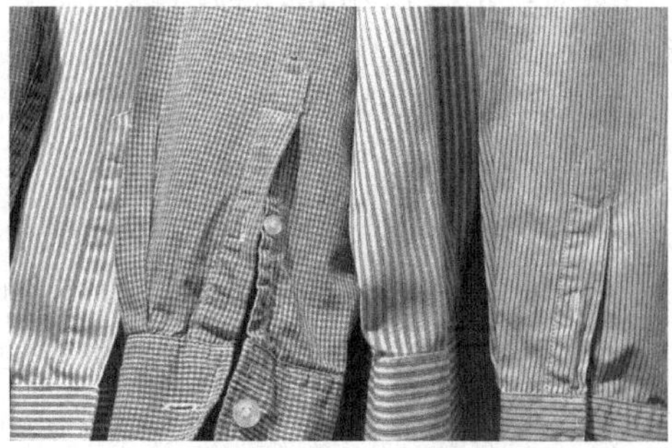

图 1-18 甲醛用于防皱衬衫

(1) 甲醛用于染整助剂的示例和意义

① 几种主要的染整助剂

a. 表面活性剂。匀染剂大多数是水溶性的表面活性剂，是在纤维纱、线或织物的染色过程中，为促使染色均匀，不产生色条、色斑等疵点而添加的物质。以甲醛为原料生产的匀染剂 AN (levelling agent AN)，也叫尼凡丁，是黄色油状或膏状物。性能主要有：具有优良的乳化、匀染性能，对酸、碱和硬水均较稳定，在碱性和中性溶液中可与其他离子型活性物混用；在毛、麻、丝、合成纤维中作匀染剂，提高浓度即为理想的剥色剂；作酸性络合染料的匀染剂，可降低染浴中硫酸用量，减少织物强力损伤；作中性染料、还原染料的匀染剂；作羊毛、锦纶织物的剥色剂，用于羊毛的剥色和匀染，可改进织物的外观；在冰染染料的染色和印花中能改进织物的耐磨牢度。

b. 增白剂。由甲醛下游多聚甲醛生产的荧光增白剂 DCB (fluorescent whitening agent DCB)，是淡黄色粉末，具有微红紫色荧光。用途主要有：用于白色腈纶的增白和浅色纤维的增艳。不宜与亚氯酸钠漂白剂同浴使用，但能耐双氧水漂白剂及含有还原剂的漂白剂；用于醋酸及三醋酸纤维，聚酰胺纤维及聚酯纤维的增白处理，用量为 1%～1.2%。

c. 固色剂。通过甲醛与双氰胺在氯化铵存在下缩合而成的固色剂 Y (fixing agent Y)，是双氰胺甲醛树脂的水溶性初缩体，属于树脂型阳离子表面活性剂，呈现厚稠透明的胶状液体。性能主要有：在染料中加入固色剂 Y 含量为 2%～10%时，可以提高染料的牢度；溶于水，在 4 倍量的 50℃水中为澄清溶液；可以和阳离子和非离子型表面活性剂，或阳离子型合成树脂初缩体混合，但不能和阴离子型染料或表面活性剂混合；在醋酸和甲酸或氨的溶液中稳定，在硬水、强酸、强碱等产生沉淀；水溶液遇食盐、硫化碱等能析出白色的沉淀。

d. 整理剂。整理剂 DTF-7 (finishing agent DTF-7)，又称新型少醛 PP 整理剂 (new PP finishing agent with less aldehyde)，是三聚甲醛加入乙二醇，再加催化剂量的盐酸，在常温下搅拌而制成的。整理剂 DTF-7 无甲醛的刺激气味，呈现无色透明黏稠液体。作为适用于长织物的较好整理剂，优点主要有：使用整理剂 DTF-7 整理的织物毛型感强；在用量减少一半的情况下，回弹性、抗皱性指标均优于 2D 树脂 (dimethylol dihydroxy ethylene urea resin)；工作液稳定，少有甲醛气味。使用量较 2D 树脂减少一半，整理费可以减少 30%。

② 甲醛用于染整助剂的意义　服装的面料生产，为了达到防皱、防缩、阻燃等目的，或为了保持印花、染色的耐久性，或为了改善手感，就需在助剂中添加甲醛。因此，甲醛用于染色助剂，主要使用在纯棉纺织品上，市面上也出现了较多的“纯棉防皱”服装或免烫衬衫。

甲醛用于染整助剂的意义主要有：

a. 用于染色助剂时，甲醛能够使纺织物色泽鲜艳，保持印花、染色的持久性；

b. 用于整理剂时，甲醛能够使棉织物防皱、防缩、阻燃。

（2）甲醛用于染整助剂的注意事项　甲醛用于染整助剂时，有以下注意事项：

① 重视水质。水质是影响加工质量的重要影响因素，水杂质含量、硬度、含其他金属离子、色度、浑浊度和其他污染物的差异很大，硬度小于100mg/L对染整加工的影响很小；

② 把关染化料的质量。保证染化料质量是保证减少回收、保证重染一次成功的关键，染化料要封存标样，新进染化料也要按标样打样验收，检查其色光等等；助剂则检查其固含量、颜色、黏度、pH值、物理常数（折射率、熔点、沸点、浊点）等；

③ 提高环保意识。限制非环保产品的使用。例如儿童内衣的游离甲醛含量不能超过 20×10^{-6}，甚至要达到无检水平，以保障消费者的健康。

11. 在造纸化学品中的应用

甲醛在造纸化学品中，主要用作抗水剂、湿增强剂等（图1-19）。纸制品防水剂具有抗酸、抗碱、耐硬水、水溶性强、乳液稳定、可任意比例水稀释不分层、不破乳、不结块、保质期长、固含量高、分散性好等众多性能。湿增强剂是指增加纸张湿强度所用的化学助剂，主要有热固性脲醛树脂（thermosetting urea formaldehyde resin，UF）、三聚氰胺-甲醛树脂（melamine-formaldehyde resin，MF）以及聚酰胺环氧氯丙烷树脂（polyamide epichlorohydrin resin）及它们的改性物等。

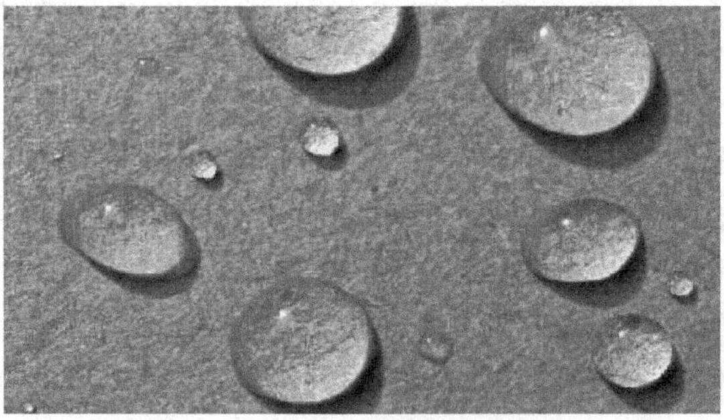

图1-19　甲醛用于纸张防水

（1）甲醛用于造纸化学品的示例

① A型造纸抗水剂（A waterproofing agent used for paper），属于化工助剂，呈现透明或半透明溶液或淡黄色黏稠膏状物。合成方法是由三聚氰胺与甲醛进行羟甲基化反应，然后加入甲醇进行醚化，再加入尿素，反应后经脱醇、后处理而得。主要用途是用于涂布加工纸涂料中作为抗水剂，能够提高涂层抗水性、印刷适性、耐张性以及提高涂层的湿强度。

② JH-氨基树脂抗水剂（JH-amino resin water proofing agene），属于化工助剂。主要用途是：

a. 用于涂布加工纸张涂料中的抗水剂，与其他成分相容性好；

b. 用作纸张湿增强剂和表面施胶剂、织物防皱防缩整理剂。优点是无增稠、絮凝、气泡等现象，使得涂料具有良好的流动性和化学稳定性。

③ 纸防 1 号（One paper proof）属于一种高效抑菌剂。性质主要有：

a. 碱值（以 KOH 计）≥606mg/g；

b. 黏度 0.25～0.35Pa·s（25℃）；

c. 相对密度 1.15～1.17；

d. 1%水溶液的 pH 值 9.5～11.5；

e. 乙醇胺含量≤7.4%。

合成方法是由甲醛和有机胺制得三嗪类化合物，再与稳定剂及除臭剂复配而成。主要用途是用作造纸涂料、乳化水溶液、金属加工用液及淀粉悬浮液的防腐剂。优点是毒性低、成本低、使用安全、使用方便等。

（2）甲醛用于造纸化学品的意义

① 作为防水剂可以防止胶版印刷时因湿润药剂引起的掉毛和污版的现象发生，同时提高广告纸和标签纸的抗水性能。随着涂布纸的需求量增加和胶版印刷的高速化，甲醛防水剂越来越受到造纸行业的重视；

② 通常情况下，在不添加助剂时，纸张被润湿后其强度仅为干燥时强度的 5%～10%。添加湿增强剂之后，纸张的固着力提高，强度也会变大。

12. 在水处理化学品中的应用

甲醛在水处理化学品中，主要应用于水处理絮凝剂（图 1-20）、阻垢剂、灭藻剂（图 1-21）等。水处理絮凝剂是用于除去或降低水中浊度或悬浮物，使其产生大颗粒的凝聚体，加快水中杂质和污泥沉降速度的化学药品，主要分为有机絮凝剂和无机絮凝剂。阻垢剂是具有能分散水中的难溶性无机盐、阻止或干扰难溶性无机盐在金属表面的沉淀、结垢功能，并维持金属设备有良好的传热效果的一类药剂。灭藻剂适用于循环冷却水系统、油田注水系统、冷冻水系统中，作为非氧化性杀菌灭藻剂，黏泥剥离剂使用，也可用作腈纶纤维染色的均染剂及用于纺织加工前的柔滑和抗静电处理。

图 1-20 甲醛用于水处理絮凝剂

图 1-21 甲醛用于灭藻剂

（1）甲醛用于水处理化学品的示例

① 高效脱色絮凝剂（poly diallyl dimethyl ammonium chloride） 呈现无色、浅色或淡黄色透明黏稠液体，属于一种新开发的水处理剂。其中的 CW 系列高效脱色絮凝剂是一类

集脱色、絮凝、降化学需氧量（COD）、生化需氧量（BOD）等多种功能于一体的阳离子有机高分子量聚合物，俗称双氰胺甲醛缩聚物（dicyandiamide formaldehyde polycondensate）。高效脱色絮凝剂的主要用途有：

a. 应用于染料厂高色度废水的脱色处理，适用于具有活性、酸性等的染料品种的废水处理；

b. 应用于纺织、印染、油墨等工业废水的处理；

c. 作为造纸用补强剂、施胶剂等。

② 氨基三亚甲基膦酸（nitrilotrimethylene triphosphonic acid） 呈现无色或淡黄色透明液体、白色结晶性粉末，属于有机膦阻垢缓蚀剂。由三氧化二磷、氧化胺、甲醛溶液等制备而成。主要用途有：

a. 用于火力发电厂、炼油厂的循环冷却水、油田回注水系统，可以起到减少金属设备或管路腐蚀和结垢的作用；

b. 在纺织印染等行业用作金属离子螯合剂，也可用于金属表面处理剂等。

③ NL-4 杀菌灭藻剂（dichlorophen） 呈现红棕色液体，固体产品为白色结晶，有毒性，属于杀菌除藻剂。合成方法是由对氯苯酚与甲醛反应而得，缩合反应在溶剂甲醇（或乙醇）中进行，以硫酸为催化剂，反应温度控制在−5℃以下。主要用途有：

a. 作为杀菌灭藻剂，在大型化肥厂冷却水系统中使用，药效比较长；

b. 作为杀菌剂，也应用于农业、医药、肥皂制造当中，是一种抗螨虫药物。

（2）甲醛用于水处理化学品的意义

甲醛用于水处理化学品，主要的意义有：

① 絮凝剂。主要有无机絮凝剂、有机高分子絮凝剂和微生物絮凝剂，都是处理各种污水用的，絮凝剂的作用就是使水与杂质快速、较为彻底地分离开。

② 阻垢剂。具有优异的屏蔽、抗渗、防锈性能，良好的阻垢、导热性，优良的耐弱酸、强碱、有机溶剂等性能，附着力强，且膜层光亮、柔韧、致密、坚硬。

③ 灭藻剂。有很好的杀菌灭藻能力，能有效地阻止藻类繁殖和增长，并有分散和渗透作用，能渗透并去除黏泥和剥离附着的藻类，还有一定的去油能力。

13. 在皮革化学品中的应用

甲醛在皮革化学品中，主要应用于鞣剂和皮革上光剂（图1-22）。鞣剂，又称鞣料，能与生皮蛋白质（胶原）结合，并使其转变为革的物质。鞣剂一般按化学组成分为无机类鞣剂、有机类鞣剂和合成类鞣剂三大类。醛鞣剂的品种很多，有甲醛、戊二醛、双醛淀粉、糖醛、双醛纤维素等。其中，甲醛和戊二醛应用较广。皮革上光剂能够在皮革表面上形成一层

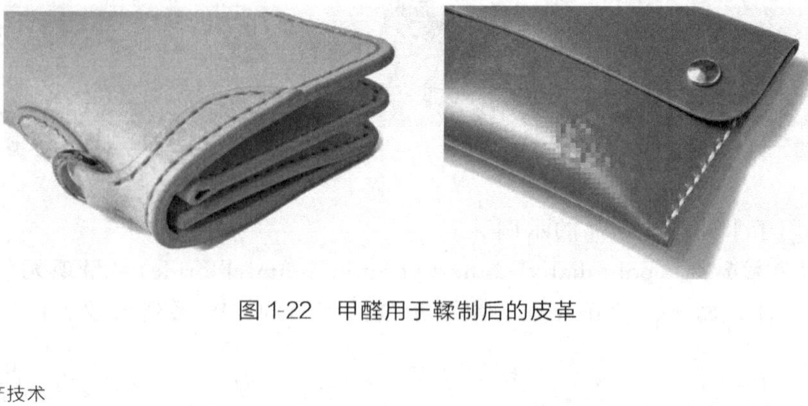

图1-22 甲醛用于鞣制后的皮革

光亮膜，应用于皮革顶层涂饰剂、合成革涂层、人造革涂层、真皮表面等领域。

（1）甲醛用于皮革化学品的示例

① 三聚氰胺-甲醛树脂（1，3，5-triazine-2，4，6-triamine，polymer with formaldehyde）呈现无色透明状，属于热固性树脂。合成方法是以三聚氰胺和甲醛为原料经羟甲基化反应，再进行缩聚反应制成。主要特点有：

a. 化学活性较大、胶接强度高、耐水能力高、热稳定性高、低温固化能力较强、耐磨性好、固化快、不需加固化剂；

b. 三聚氰胺-甲醛树脂成品比脲醛树脂成品硬度和耐磨性好，相比之下，对化学药物的抵抗能力、电绝缘性能等都好；

c. 储存期短、易变质，制成粉状可延长储存期限。三聚氰胺-甲醛树脂被广泛应用于皮革复鞣剂、织物整理剂、水泥减水剂、泡沫材料和纤维材料等。

② 甲缩醛（methylal）呈现无色液体，气味类似氯仿，用作皮革上光剂。合成方法是以甲醇和甲醛为原料，通过液相缩合法或反应精馏法制成。主要性能有：

a. 具有良好的溶解性、低沸点、与水相溶性好；

b. 具有良好的去油污能力和挥发性。在应用方面，皮革上光剂的配方加入甲缩醛后，可以改善溶剂性能、提高质量，并且挥发快、使用方便，另外，甲缩醛的水溶性特征，对提高乳化蜡的稳定性起到了很大的作用。

（2）甲醛用于皮革化学品的意义

① 用甲醛鞣后的毛皮，毛被洁白、皮板柔软，皮革里面的质感得到改善，成品皮革的表面细致、皮革细腻、手感平滑，耐碱、耐氧化剂，此外还能够节约成本；

② 甲醛在皮革中还是一种有效的交联剂，其相比于其他醛类物质更具有不可替代性。因此，甲醛作为皮革化学品合成的一种主要原材料，在短时间内还是很难被替代。

14. 在建筑业中的应用

甲醛在建筑业中，主要应用于外加剂、黏合剂等。工业用黏合剂主要用于彩印包装、建筑装饰及木器家具方面，以达到物与物的联结复合。黏合剂可分为水溶型、热熔型、溶剂型、乳液型和无溶剂液体型。建筑胶黏剂是建筑工程上必不可少的材料，在建筑装饰装修过程中，主要用于板材黏结，墙面预处理，壁纸粘贴，陶瓷墙地砖、各种地板、地毯铺设黏结等方面（图 1-23 和图 1-24），提高了防水性、密封性、弹性、抗冲击性等一系列性能。

图 1-23　甲醛用于壁纸粘贴

图 1-24　甲醛用于陶瓷墙地砖粘贴

（1）甲醛用于建筑业的示例和意义

① 几种主要的外加剂、黏合剂和胶黏剂：

a. 混凝土外加剂（concrete admixtures），指的是为改善和调节混凝土的性能而掺加的物质。主要的功能类别有：改善混凝土拌合物流变性能的外加剂，包括各种减水剂、引气剂和泵送剂等；调节混凝土凝结时间、硬化性能的外加剂，包括缓凝剂、早强剂和速凝剂等；改善混凝土耐久性的外加剂，包括引气剂、防水剂和阻锈剂等；改善混凝土其他性能的外加剂，包括加气剂、膨胀剂、着色剂、防冻剂、防水剂和泵送剂等。

b. 水性涂料，指的是用水作溶剂或者作分散介质的涂料。水性涂料包括水溶性涂料、水稀释性涂料、水分散性涂料（乳胶涂料）3 种。其中，水溶性涂料不含甲醛，稀释性涂料、水分散性涂料（乳胶涂料）含甲醛。水性建筑涂料是根据分散介质的种类不同对液体建筑涂料进行分类而产生的一类建筑涂料，主要特征有：环保性，本身无毒、无味，不会对人体造成伤害；易得性；低廉性。

c. 三聚氰胺-甲醛树脂用于建筑业时，主要用作胶黏剂，使用时不用添加固化剂，加热或常温均能使其固化，并且黏结强度高。

② 甲醛用于建筑业的意义：

a. 含甲醛的建筑涂料用水基型黏合剂是当代黏合剂的发展趋势之一，具有无溶剂释放、符合环保要求、成本低廉、不燃烧、安全性能高等优点，含固量高达 50%～60%；

b. 三聚氰胺-甲醛树脂的化学活性高、热稳定性好、耐沸水、耐化学性好、电绝缘性能好，能够用于制造塑料贴面板，广泛用于建筑领域。

（2）甲醛用于建筑业的注意事项

① 混凝土外加剂在工程中的应用越来越受到重视，外加剂的添加对改善混凝土的性能起到一定的作用，但外加剂的选用、添加方法及适应性将严重影响其发展；

② 随着现代木材加工以及建筑业的发展，酚醛树脂黏合剂的需求也在增长，另一方面也会因为甲醛含量而影响人们生活质量；

③ 甲醛制成的三聚氰胺-甲醛树脂固化后硬度大、不易弯曲、不易伸展，几乎没有柔软性，因此，与被粘接的柔性材料性能不匹配，也就不能起到良好的粘接作用。

第四节　前进中的我国甲醛工业

在第一个五年计划期间，我国开始了大规模的工业建设。我国甲醛工业的发展主要分为五个时期：

1. 20 世纪 50～60 年代

（1）20 世纪 50 年代　在 20 世纪 50 年代期间，我国以甲醇为原料，浮石银作催化剂的银法生产甲醛是我国甲醛工业的起步阶段。主要体现在：

① 1956 年 12 月。由苏联专家指导、化学工业部化学工业设计院设计的我国第一套甲醛生产装置在上海溶剂厂兴建，装置设计能力为 0.3 万吨/年的工业甲醛，采用浮石银作为催化剂，由甲醇氧化脱氢制得 36.7%（质量分数）的甲醛水溶液。该装置采用负压生产，系试验性生产装置。虽然装置的技术水平较低，但在当时我国化学工业基础薄弱，资金、技术和建设经验都相当缺乏的条件下，为我国甲醛工业的创立，迈出了可贵的一步。

② 1955～1957 年。我国研制成功脲醛树脂和酚醛树脂胶黏剂，此类胶黏剂对提高木材利用率和促进木材综合利用的发展，有着极为重要的作用，因此相继在木材工业中被大量应用，同时也促进了甲醛工业的发展。

③ 1957 年以后。吉林、北京和天津相继建成了以甲醇为原料的浮石银法甲醛生产装置。上海溶剂厂也扩大了生产规模，建成了万吨级的甲醛生产装置；

④ 1958 年至 20 世纪 60 年代初。根据原化学工业部的安排，原化工部西南化工研究院开展了天然气（甲烷）氧化法制取甲醛的科研工作，取得小试和中试成果并通过鉴定。

⑤ 1958 年。沈阳化工研究院、吉林化工研究院、中国科学院北京化学所、成都工学院等单位开展了甲醛气相均聚甲醛的研究。

⑥ 上海溶剂厂甲醛装置的规模已扩大到 2.0 万吨/年。到 20 世纪 50 年代末，我国工业甲醛的总生产能力达 4.0 万吨/年，总产量近 3.5 万吨/年，初步建立了我国的甲醛工业。产品主要用于生产乌洛托品、季戊四醇、脲醛树脂和酚醛树脂等。

(2) 20 世纪 60 年代　在 20 世纪 60 年代期间，我国甲醛工业仍然处于起步阶段。主要体现在：

① 1963 年 11 月。我国第一家引进成套设备和专利技术的北京维尼纶厂正式破土动工，该厂以聚乙烯醇和甲醛为原料，生产聚乙烯醇缩甲醛纤维（商品名为“维纶”），同年，长春应用化学研究所与沈阳化工研究院开始研究由三聚甲醛制共聚甲醛。

② 1964 年。第一套由西南化工研究院开发天然气（甲烷）氧化法制取甲醛的 500 吨/年规模的工业装置在重庆合成化工厂建成投产，此后在国内开始推广，先后建成 12 套生产装置，其中大港油田、胜利油田规模较大，为 0.1 万～0.15 万吨/年。由于天然气（甲烷）氧化法制甲醛的甲醛浓度仅为 30%（质量分数），且酸度和铁含量超标，其应用受到局限。随着我国甲醇法制甲醛供给能力的增加和天然气价格的上涨，该法失去了经济优势，逐步被淘汰而退出了市场。

③ 1965 年以后。由于维纶工业和木材加工业的兴起和发展，甲醛需求量增加，北京、苏州、青岛、济南和广州等地建成了一批采用浮石银作催化剂的甲醛生产装置。

④ 1966 年。上海溶剂厂再建一套 2.0 万吨/年甲醛生产装置。

⑤ 1969 年 12 月。由于开发聚甲醛树脂等对浓甲醛的需要，我国自行开发了“铁钼氧化物”催化剂，进行了小试和中试，我国第一座采用铁钼催化剂生产甲醛的装置在河南安阳建成投产。

在这一时期，我国甲醛生产绝大部分均采用以浮石银为催化剂的银法生产工艺。在工艺流程和生产设备等方面也作了些改革，如由负压生产工艺改为正压生产工艺、由浓甲醇加水调配后蒸发改为浓甲醇直接蒸发后配以配料蒸气以制取原料气、采用玻璃纤维过滤器净化空气等。

(3) 20 世纪 60 年代末期　20 世纪 60 年代末期，我国甲醛生产厂达到 11 家，生产总能力扩大到 11.0 万吨/年。但装置的规模较小，平均每套生产能力还不到 1.0 万吨/年。20 世纪 50 年代末至 60 年代末期间，我国甲醛产能年均增速为 10.75%，产量年均增速为 8.89%。

2. 20 世纪 70～80 年代

(1) 20 世纪 70 年代　我国甲醛工业无论在能量利用方面还是在催化剂的改进方面都有

了很大的提高，实现了多项技术的创新，使银法甲醛的生产技术有了根本性的改变，是我国甲醛工业日趋成熟的发展阶段。主要体现在：

① 1970 年，北京维尼纶厂率先将甲醛尾气作为锅炉燃料，用于装置的生产过程，为甲醛尾气的利用开辟了一条途径。之后，济南、广州、苏州、北京和上海等地相继采用了这一技术。同年，北京维尼纶厂又采用双反应器的工艺流程，并应用本征控制的原理将一个反应器的热水用来蒸发甲醇，既利用了反应热，又实现了反应温度的稳定控制。

② 上海溶剂厂自 1964 年起分别与华东化工学院（现华东理工大学）、中国科学院长春应用化学研究所共同研制共聚甲醛，1970 年取得成功，填补了国内该领域的空白，并建成聚甲醛车间，当年投入生产，产量 80 吨。

③ 1973 年，由吉化公司中心实验室和北京化工研究院共同起草制定了我国第一个甲醛质量标准——工业甲醛部颁标准。

④ 1974 年，复旦大学在上海溶剂厂开始研制电解银催化剂。1975 年，复旦大学在上海溶剂厂和苏州助剂厂将研制的电解银催化剂用于甲醛生产。与此同时，北京维尼纶厂也针对该厂研制的电解银催化剂进行了多次工业性试验。之后，化学工业部和纺织工业部先后联合组织“电解银催化剂应用学习班”和“电解银生产甲醛经验交流会”，使电解银催化剂生产甲醛的技术得到推广，3 月 18～31 日，中共中央在北京召开“全国科学技术大会”。复旦大学、北京维尼纶厂等单位研制的电解银催化剂生产甲醛项目获奖。原料甲醇单耗从每吨甲醛消耗超过 500kg 下降到 500kg 以下，连续使用时间约 2～4 个月，有的企业达到 6 个月左右，接近国外同类催化剂的一般水平（20 世纪 80 年代初行业年均甲醇单耗下降到 470kg/t 以上）。

⑤ 1978 年，广州溶剂厂率先推出余热炉，利用反应热产生蒸汽，并于 1979 年得到推广。之后，化学工业部及时召开“甲醛生产节能技术经验交流会”并组织推广工作。

⑥ 1979 年，我国第二座铁钼法甲醛装置——天津第二石油化工厂 0.7 万吨/年生产装置建成投产。但是，当时我国铁钼法生产甲醛的技术水平不高，在催化剂的质量和工艺、设备等方面都存在着较多问题，未能体现铁钼法应有的优势。

20 世纪 70 年代，我国甲醛工业不仅在银法甲醛生产技术方面有很大的提高，而且在生产能力上也有了较大的发展。在兰州、南京、上海、安徽、吉林、广东江门、四川、重庆、贵州等地一批生产厂的甲醛装置先后建成投产。1970 年至 1980 年期间，我国甲醛产能年均增速为 7.73%，产量年均增速为 7.18%。

（2）20 世纪 80 年代　电解银催化剂在甲醛生产中继续得到推广并在应用水平上不断得到提高。甲醛装置的设备和生产控制也有了新的变化。节能降耗工作也有了新的进展，随着反应热和尾气燃烧热的利用和推广，大部分甲醛装置由原来的“耗汽型”转为“不耗汽型”和蒸汽自给有余的“外供汽型”装置。主要体现在：

① 1983 年 4 月，芜湖木材厂完成利用高浓度甲醛制取脲醛预缩液（UFC-60）的工作，并通过省级技术鉴定。11 月为加强全行业的情报工作，决定创办行业情报刊物——《甲醇与甲醛（化工技术情报）》。同年，吉林化学工业公司建成 300 吨/年的新戊二醇生产装置；上海溶剂厂研制粉状低聚合度多聚甲醛，并投入小批量生产。

② 1985 年，上海溶剂厂和华东化工学院（现华东理工大学）自动化研究所合作进行“甲醛生产过程两级微机优化控制系统”在工业装置上进行开环离线调优和两级微机自适应优化闭环控制试验。

③ 1986年2月，为反映甲醛行业刊物的特点，期刊《甲醇与甲醛（化工技术情报）》更名为《甲醛与甲醇》。同时，衡阳第三化工厂与天津大学化学工程研究所合作开发的选用250Y型板波纹及13X型网波纹填料的新型填料塔在该厂的甲醛装置吸收系统上投用。同年12月，由化工部科技局组织对上海溶剂厂的"甲醛生产过程两改微机优化控制系统"进行技术鉴定。

④ 1988年5月19日，由北京化工研究院和上海溶剂厂等单位共同起草制定的中华人民共和国工业甲醛溶液的国家标准，经中华人民共和国化学工业部批准，并经国家标准局编号、发布，于12月1日开始实施，标准编号为GB 9009—1988。

在甲醛产品的品种规格上，有关甲醛企业积极开展相关工作，取得了成果。为满足市场对浓甲醛的需求，1980年北京维尼纶厂甲醛装置采用甲醛尾气燃烧后的烟道气代替配料蒸气进行浓甲醛的研制，得到50%左右的浓甲醛。1984年，芜湖和上海的甲醛装置共同完成采用尾气循环法制取52%浓度甲醛的中试工作。这些都为银法生产浓甲醛提供了相关的技术和经验。同年上海溶剂厂开发了粉状低聚合度的多聚甲醛。1986年，芜湖建成一条1万吨/年的脲醛预缩液（UFC-60）生产线。

为适应木材加工业发展的需要，林业系统的内蒙古根河、福建三明等单位先后从挪威泰诺公司引进银法甲醛生产装置及其技术。上海和苏州的甲醛产品还被评为国优产品，分别获国家优质产品质量金奖和质量银奖。

这一时期，由于木材加工业和甲醛下游产品发展的需要，我国甲醛工业又有了较大的发展，衡阳、湘潭、成都、厦门、福州等地一批生产厂的甲醛装置建成投产。20世纪80年代末，我国工业甲醛生产厂家达50多家，生产总能力80万吨/年。1980年至1990年期间，我国甲醛产能年均增速为8.2%，产量年均增速为5.65%。

3. 20世纪90年代

银法生产甲醛和铁钼法生产甲醛同时发展，是我国甲醛工业的快速增长阶段。这一时期是我国改革开放的重要时期，也是我国经济步入全球一体化快速发展的重要阶段。我国甲醛工业也和其他行业一样，通过经济体制改革，促进了生产力的提高和行业的高速发展。我国甲醛工业在规模、技术上都取得了重大突破，跨入了世界甲醛工业之林，成为世界甲醛第一生产大国，为我国化学工业的发展做出了重要贡献。主要体现在：

① 20世纪90年代，由于我国经济的快速发展，木材加工业、建筑建材业、塑料工业、化学工业、电子电器业、轻工业等方面对脲醛树脂、酚醛树脂、三聚氰胺甲醛树脂、乌洛托品、多元醇、多聚甲醛、聚甲醛、吡啶、二苯基甲烷二异氰酸酯（MDI）等甲醛下游产品的社会需求量大幅度增加和小氮肥厂转产等因素推动了我国甲醛工业的快速增长，1990～1999年的十年间，生产总能力翻了两番。

② 随着我国铁钼法生产技术的发展和对引进装置生产技术的消化、吸收与改进，逐渐使我国铁钼催化法甲醛装置达到了国际同类装置的先进水平，及生产装置通过了"瓶颈"设备的改造，都扩大了产能，原料甲醇单耗进一步下降，由20世纪90年代中期的500kg/t左右，下降到425～435kg/t的水平。先进企业则达到420～430kg/t的国际先进水平。与此同时，我国银催化法的甲醛装置也有了快速的发展。一大批银法甲醛装置也相继建成投产，其反应器等关键设备不断地得到改进，银催化剂的制备和应用水平也有了新的提高，生产控制技术有了长足的进步，原料甲醇单耗进一步下降，由20世纪90年代中期的460kg/t，降到455kg/t左右的水平，其中不少企业已达到450kg/t左右的水平，先进企业则达到445～

440kg/t 及以下水平，已接近国际 430kg/t 左右的先进水平。银催化法的甲醛装置除了传统的银法工艺以外，改良的银法工艺、本征控制工艺、尾气循环工艺和甲醇循环等多种银法工艺也竞相发展，使我国的甲醛工业形成了多元化的生产格局。20 世纪 90 年代末，我国甲醛生产厂家达 130 多家，生产总能力 1000 万吨/年。

③ 江阴市华燕石化机械装备有限公司始建于 1998 年，从事甲醛装置的制造，拥有丰富的甲醛制造的经验，已建甲醛装置数百套。华燕公司研制的 1 万～10 万吨/年新工艺尾气循环法甲醛成套设备，采用集散式控制系统（DCS），具有工艺控制先进的优点，安全性能好，物耗、能耗达到国际先进水平。甲醛产品的浓度可在 37%～55%之间选择（产品单耗采用烟道气循环高浓度工艺装置可达到 0.424t/t，采用银法装置可达到 0.440t/t～0.445t/t）。

④ 20 世纪 90 年代末期我国工业甲醛执行的产品标准是以质量分数 37%的甲醛产品为基础制定的国家标准，即 GB/T 9009—1998。工业甲醛的质量大部分都能达到优等品标准，有的企业还根据用户和自身的要求，严格控制甲醇含量等指标。

1990 年至 2000 年期间，我国甲醛产能年均增速为 20.07%，产量年均增速为 16.08%。

4. 2000 年至 2009 年

进入 21 世纪，我国甲醛工业进入高速发展时期。主要体现在：

（1）2000 年 4 月　第三套铁钼法甲醛装置 1.5 万吨/年在南京金圣溶剂厂投产。5 月，采用本征控制方法的 16 万吨/年单套银法甲醛装置在河北省文安县凯跃化工有限公司建成投产。

（2）2001 年 7 月　云天化引进波兰 ZAT 公司 1 万吨/年共聚型聚甲醛装置建成投产。同年，上海石化鑫源化工实业有限公司开发研制的羟基乙腈项目通过上海市经委主持的新产品生产技术鉴定。

（3）2002 年 8 月 1 日　全国甲醛行业协作组与北京苏佳惠丰化工技术咨询有限公司共同创建的“我国甲醛行业信息网”注册，并于 2004 年 3 月正式运行。

（4）2004 年 7 月 5 日　“全国甲醛行业协作组五届三次理事会”在深圳市召开。会议对本届理事人选的调整进行了确认，会议对行业技术交流活动作了研究，决定了 2004 年行业年会的有关事宜。并对业已完成出版过渡的行业刊物《甲醛与甲醇》进行了规范管理，明确了全国甲醛行业协作组与北京苏佳惠丰化工技术咨询有限公司在主办、协办行业刊物《甲醛与甲醇》的有关事项。组建行业刊物《甲醛与甲醇》编委会、《我国甲醛行业信息网》指导与监督管理委员会、全国甲醛行业协作组技术经济委员会。

（5）2005 年 10 月　美国甲醛化学工序顾问公司对德国、加拿大和中国台湾、临沂等地的四家公司的电解银催化剂做出评估比较，结果显示我国电解银催化剂产品性能已经达到国际先进水平。

（6）2006 年 8 月　全国甲醛行业协作组在浙江省嘉兴市召开《我国甲醛工业五十年发展历程》一书的编委会会议，在有关单位的协助和支持下，就《我国甲醛工业五十年》一书的编纂工作和业已完成的初稿以及该书的编辑、印刷、出版、发行等事宜进行了审查和研讨。

（7）2006 年 9 月　上海复旦大学针对临沂市和平贵金属催化剂有限公司（现名临沂鹏科金属科技有限公司）产品进行分析测试，专家对数据分析后确认产品性能优异。

（8）2000 年至 2009 年期间　江苏恒茂机械制造有限公司（现名江苏道尔顿石化科技有限公司）已建甲醛生产装置数百套，传统工艺 120 余套，尾气循环工艺 70 余套，改造项目

20余套。我国甲醛产能年均增速为16.85％，产量年均增速为22.23％。这是我国甲醛工业快速增长时代，主要体现在：①生产工艺和产品规格单一的格局已被打破；②装置规模趋向大型化；③节能降耗取得明显成效。

5. 2010年至2020年

在这一期间，我国甲醛工业进入“黄金”发展时期。主要体现在：

（1）2010年4月　临沂市和平贵金属催化剂有限公司产品经化学工业催化剂和硫酸质量监督检验中心检测，各项指标优异，银纯度在99.998％以上。9月，临沂市和平贵金属催化剂有限公司与中石化南化集团研究院合作，通过一系列的技术论证和大量的实验数据，起草了《甲醇制备甲醛用电解银催化剂》行业标准，并于2012年12月发布，2013年6月1日正式实施。

2011年3月，临沂市和平贵金属催化剂有限公司委托临沂市科学技术信息研究所进行科技查新，确认该产品生产技术处于国内领先地位。

（2）2013年11月　临沂市和平贵金属催化剂有限公司（现名临沂鹏科金属科技有限公司）和江苏恒茂机械制造有限公司（现名江苏道尔顿石化科技有限公司）由全国甲醛行业协作组授予“创新研发基地”，并颁发能效领跑者奖。

（3）2016年5月　全国甲醛行业全面展开“危险废物管理及处理处置情况”的调研。

（4）2017年　我国银法甲醛生产工艺已名列世界前茅，生产装置和技术已出口到东南亚等地。

（5）2018年底，全国甲醛行业协作组刊物《甲醛与甲醇》移到广州，明确了全国甲醛行业协作组与广州化工交易中心有限公司在主办、协办行业刊物《甲醛与甲醇》的有关事项。

经过几代“甲醛人”的艰苦奋斗和不懈努力，我国甲醛工业从无到有、从小到大，成为我国化学工业中的一个重要工业（表1-8）。

表1-8　我国甲醛工业的发展过程

年份/年	能力/(万吨/年)	产量/(万吨/年)	开工率/％	年份/年	能力/(万吨/年)	产量/(万吨/年)	开工率/％
20世纪50年代末	4.0	3.5	87.5	2008	2314	1492	64.48
20世纪60年代末	11.1	8.2	73.87	2009	2489	1584	63.64
1965	4.5	3.6	80.0	2010	2600	1720	66.15
1975	19	15	78.95	2011	2992	1954	65.31
1980	40	30	75.0	2012	3157.2	2422.6	76.73
1985	60.5	46	76.03	2013	3573	2123	59.42
1990	88	52	59.09	2014	4604.5	2927.5	63.58
1995	210	128	60.95	2015	4445	2720	61.19
2000	548	231	42.15	2016	4456	2800	62.84
2004	1035.1	625	60.38	2017	4233	2703	63.85
2005	1232	791	64.20	2018	3894.5	2531.2	64.99
2006	1539	1077	69.98	2019	3760	2542.35	67.62
2007	2044	1200	58.71				

注：产品为37％甲醛水溶液。

2020年底统计，我国甲醛生产企业共有503家，其中银法甲醛企业占93.05%，铁钼法甲醛企业占6.95%；生产能力共有4620万吨，其中银法甲醛企业占89.11%，铁钼法甲醛企业占10.89%。2010～2019年期间，我国甲醛产能年均增速为4.18%，产量年均增速为4.43%。

从地域分布来看，西藏自治区仍未建设甲醛装置。因减水剂配方的改变，导致北京市的甲醛装置停产。

我国甲醛生产企业主要集中在山东（产能占25.7%）、河北（产能占8.4%）、四川（产能占6.9%）、江苏（产能占6.8%）、安徽（产能占6.2%）、新疆（产能占5.9%）、广东（产能占4.7%）和广西（产能占4.5%），见表1-9和表1-10。

表1-9　我国甲醛行业的统计

地区	产能/(万吨/年)	企业/家	地区	产能/(万吨/年)	企业/家
山东	1186	200	内蒙古	93	7
河北	390	23	上海	58	2
四川	320	34	云南	46	6
江苏	312	19	甘肃	40	1
安徽	288	24	山西	39	4
新疆	271.5	24	辽宁	28	4
广东	218	20	湖南	25	4
广西	207	23	黑龙江	21	3
河南	202.5	25	青海	20	1
浙江	190	19	江西	13	2
宁夏	178	8	吉林	12	1
湖北	130	17	天津	7	1
陕西	124	8	海南	5	1
重庆	99.5	8	贵州	3	1
福建	93	13	合计	4620	503

注：统计5万吨/年及以上装置套数。

表1-10　我国甲醛行业主要企业及装置分布

企业名称	装置地址	产能/(万吨/年)	工艺	下游产品
山东联亿新能源科技股份有限公司	临沂市	300.0	银法	甲醛预缩液
香港建滔集团	广州市、韶关市、清远市、江门市、太仓市、常州市	86.0	银法	酚醛树脂
广东利而安化工集团	玉林市、惠州市、云浮市、广州市	65.0	银法	脲醛树脂
新疆天业集团有限公司	石河子市	64.0	铁钼法	1,4-丁二醇
上海申星化工有限公司	闵行区	53.0	银法	

续表

企业名称	装置地址	产能/(万吨/年)	工艺	下游产品
金沂蒙集团	临沂市	40.0	银法	脲醛树脂
菏泽润泉化工有限公司	菏泽市	40.0	银法	甲缩醛
南通江天化学品有限公司	南通市	28.0	铁钼法	多聚甲醛
		10.0	银法	
江苏三木集团有限公司	宜兴市	36.0	银法	甲缩醛、多聚甲醛、季戊四醇、氨基树脂
兖矿鲁南化工有限公司	滕州市	12.0	铁钼法	聚甲醛
		24.0	银法	
云南云天化股份有限公司	昭通市	15.0	铁钼法	聚甲醛
	长寿区	12.0		
内蒙古东源科技有限公司	乌海市	24.0	铁钼法	1,4-丁二醇
山西三维(集团)股份有限公司	临汾市	23.0	铁钼法	1,4-丁二醇、季戊四醇、多聚甲醛
宁夏宁顺新材料科技有限公司	宁夏宁东开发区	21.0	银法	季戊四醇、甲缩醛、新戊二醇
中海油天野化工股份有限公司	呼和浩特市	20.0	铁钼法	聚甲醛
河北衡水市银河化工有限责任公司	衡水市	20.0	银法	多聚甲醛、乌洛托品、甲缩醛
青海盐湖海虹化工股份有限公司	格尔木市	20.0	银法	乌洛托品
盘锦意友邦化工有限公司	盘锦市	20.0	银法	
乐山和邦农业科技有限公司	乐山市	18.0	银法	多聚甲醛
河南开祥化工有限公司	义马市	13.0	铁钼法	1,4-丁二醇
安徽弘源化工有限公司	马鞍山市	12.0	银法	高浓度甲醛
宁夏欣奥化工有限公司	银川市	12.0	银法	甲缩醛
吉林创源化工有限责任公司	梅河口市	12.0	银法	粉状脲醛胶
湖北宜化集团有限责任公司	宜昌市	10.0	银法	季戊四醇

参考文献

[1] 戴自庚，全国甲醛行业协作组．甲醛生产［M］. 成都：电子科技大学出版社，1993.

[2] 李峰，全国甲醛行业协作组．全球甲醛工业与应用市场及发展前景资讯报告［R］. 2010.

[3] 孙晓青，凌峰．化妆品中甲醛供体防腐剂的应用分析［J］. 日用化学品科学，2016，39（10）：15-17，32.

[4] 刘耀，李枝芳，刁兆银，等．线性苯酚甲醛树脂和双酚A甲醛树脂在覆铜板中的应用研究［C］//第十五届我国覆铜板技术市场研讨会暨覆铜板产业协同创新国际论坛论文集．东莞：中电材协覆铜板材料分会（CCLA），中国印制

电路行业协会（CPCA）基板材料分会，国家电子电路基材工程技术研究中心，2014.
[5] 滕克勇．人造板生产用改性脲醛树脂材料制备及应用效果［J］. 粘接，2025，52（09）：86-89.
[6] 齐雯妍，郭敏，叶晓键．关于汽车内饰材料甲醛释放量检测技术的研究［J］. 环境技术，2023，41（09）：103-105，133.
[7] 王晓明，徐泽夕．聚甲醛的生产和应用［J］. 塑料工业，2012（3）：40.
[8] 胡志鹏，向群．我国甲醛的生产面貌和应用领域．［J］. 杭州工业，2004（3）：34.
[9] 陈荣圻．纺织印染助剂中的甲醛隐患及其替代研究进展［J］. 印染，2013，39（12）：48-52.
[10] 龙进，樊海鸥．游离甲醛在制革应用中的控制方法［J］. 西部皮革，2021，43（19）：29-32.
[11] 刘震宇，张中宇，葛常艳．甲缩醛的合成、精制及其应用［J］. 化工时刊，2014，28（01）：27-31.
[12] 邓森元．水性涂料应用概况［J］. 广州化工，1996（02）：8-13.
[13] 陈冠荣．化工百科全书：第 8 卷［M］. 北京：化学工业出版社，1995：223.
[14] 中国工业气体工业协会．中国工业气体大全：第 3 卷［M］. 大连：大连理工大学出版社，2008：2515.
[15] GB 4806.7—2023：食品安全国家标准　食品接触用塑料材料及制品．
[16] 2022 年度中国甲醛行业年会暨国内外交流会报告集．中国甲醛行业协会，2022.

第二章　生产方法与化学反应

甲醛的工业生产方法与原料的供应有着密切关系。在合成甲醇还没有廉价且大量地生产之前，世界各国对其他原料生产甲醛都进行过尝试。20 世纪 20～30 年代，美国 Celanese 公司曾经建成以液化石油气（丙烷和丁烷）为原料非催化氧化法生产甲醛的装置。罗马尼亚等国也曾建立以甲烷（天然气）氧化法生产甲醛的半工业化装置。1966 年日本建成世界上唯一用二甲醚氧化法生产甲醛的工业装置。

我国在 20 世纪 60～70 年代相继建成 10 多套采用天然气、油田伴生气和煤矿瓦斯气的甲烷作原料氧化法小型甲醛生产装置，由于低级烷烃氧化法转化率低、收率低，且产品甲醛浓度低而被淘汰。

从 20 世纪 80 年代开始到 2022 年，国内外的工业甲醛生产基本上都使用甲醇为原料。

甲醇催化制甲醛的工业生产方法有：甲醇氧化脱氢法、甲醇单纯氧化法、甲醇单纯脱氢法、甲缩醛氧化法。

前两种是目前大多数甲醛工厂所采用的主要生产方法，也就是通常所说的“银法”和“铁钼法”。甲缩醛氧化法是一种已有工业化生产高浓度甲醛的生产方法。甲醇单纯脱氢是正在研究开发的用于生产高浓度甲醛的新方法。

本章主要介绍甲醛生产中的相关物理化学基本概念及以上几种甲醇制甲醛生产方法的化学反应。

第一节　物理化学相关基本概念

甲醛生产方法及其化学反应过程涉及一些物理化学变化，一般地讲，物理化学主要研究如下三个方面的问题。

① 物质结构（特性）。物质结构研究的是了解化学体系的微观结构，研究原子在空间结合成分子的规律。物质的性质是由物质的内部结构所决定的，深入了解物质内部结构与其性质间的关系，可以理解化学变化的内因，也有助于深入了解化学反应的热力学和动力学问题。而且可以预见在适当的外因作用下，物质的结构将发生什么样的变化。这属于物理化学的一个分支。

② 化学热力学。化学热力学主要研究的是化学反应的能量变化，主要解决的问题是：化学反应中能量的转化、化学反应的方向性及反应进行的程度。

在指定条件下，某一化学反应能否按照预期的方向进行，反应的最大产率是多少，如何改变外界条件（如温度、压力、浓度等）使反应向有利于生产的方向发展，化学反应发生时是放热还是吸热，如何控制反应器在指定的温度下操作，如何进行物料的分离和提纯等等。这些问题的研究构成了物理化学的另一个分支，称为化学热力学。

③ 化学动力学。化学动力学主要研究化学反应进行的速率和机理问题。

化学反应是怎样一步一步地进行的，某一化学反应的反应速率究竟有多快，外界条件

（如温度、压力、浓度、催化剂等）对于反应速率有何影响，如何能够有效地控制化学反应的进行，如何选择催化剂，催化剂活性的决定因素等等。这些问题的研究构成了物理化学的又一个分支，称为化学动力学。

本节主要对气体的有关特性、化学反应的热力学和动力学的有关基本概念作简要介绍，并通过一些与甲醛生产有关的实例作说明。

1. 气体特性相关基本概念

甲醛生产中，几个重要的化学反应都是气相反应，其反应和产物都是气体。例如，甲醇制甲醛生产中的主要化学反应：

$$CH_3OH(气)+\frac{1}{2}O_2(气)\longrightarrow CH_2O(气)+H_2O(气)$$

$$CH_3OH(气)\longrightarrow CH_2O(气)+H_2(气)$$

为了研究和控制最适宜的反应条件，在设计、生产过程中涉及对气体的压力、温度、体积和数量进行分析和计算，因此需要了解四个物理量之间的定量关系。

低压范围内气体的温度、压力、体积和数量之间存在一定的关系，已被总结出的有关经验定律有如下几种。

（1）气体体积和压力的关系（波义耳-马略特定律）

当温度不变时，一定量的气体的体积 V 与它的压力 p 成反比。即：

$$pV=K(常数)$$

式中，K 的数值取决于气体的种类和用量。

对于同一种气体，当它的量和温度不变时，气体从一个状态（p_1V_1）过渡到另一个状态（p_2V_2）时，有如下关系存在：

$$p_1V_1=p_2V_2$$

通常把上述两式称为波义耳-马略特定律。实验表明，这个定律只是个近似的规律，它对于低压和高温气体是适用的。但在压力较高和温度较低的情况下，特别是当压力和温度接近于气体液化的条件时，波义耳定律就不再适用了。

（2）气体体积和温度的关系（盖-吕萨克定律）

在压力不变时，一定质量的气体的温度每升高（或降低）1℃，其体积的增加（或减小）量等于它在0℃时体积的1/273。公式表示为：

$$V_1/V_2=T_1/T_2$$

（3）气体压力和温度的关系（查理定律）

在体积不变时，一定质量的气体的温度每升高（或降低）1℃，其压强的增加（或减小）量等于它在0℃时压力的1/273。公式表示为：

$$p_1/p_2=T_1/T_2$$

（4）气体体积和其分子数的关系（阿伏伽德罗定律）

同温同压下，相同体积的任何气体含有相同的分子数，称为阿伏伽德罗定律。利用阿伏伽德罗定律，可以得出以下重要推论：

① 同温同压下，同体积的任何气体的质量比等于它们的分子量之比；

② 同温同压下，任何气体的体积比等于它们的物质的量之比；

③ 同温同压下，相同质量的任何气体的体积比等于它们的分子量的反比；

④ 同温同压下，任何气体的密度比等于它们的分子量之比；

⑤ 恒温恒容下，气体的压力比等于它们的物质的量之比。阿伏伽德罗定律及其推论既适用于单质气体，也适用于化合物气体或混合气体。

（5）气体体积、温度和压力的关系（理想气体状态方程） 理想气体状态方程（也称理想气体定律、克拉佩龙方程式）是描述理想气体在处于平衡时，压强、体积、物质的量、温度间关系的状态方程。它建立在波义耳-马略特定律、查理定律、盖-吕萨克定律等经验定律上。

其方程式为：

$$pV=nRT$$

式中，p 表示理想气体的压力；V 表示理想气体的体积；n 表示气体物质的量；T 则表示理想气体的热力学温度；R 表示理想气体常数。可以看出，此方程的变量很多。

因此，此方程以其变量多、适用范围广而著称，对常温常压下的空气也近似地适用。

（6）通用气体常数，普适气体常数（理想气体常数 R） 通用气体常数 R，其数值与气体种类无关，只与单位有关。因为各种真实气体在压力趋近于零时都趋近于理想气体，所以由实验测出，当温度为 273.15K 时，1mol 任一气体的值都是 22.414L。

① p 以标准大气压（atm，1atm＝101325Pa）为单位，V 以 L 或 mL 为单位时：

$$R=0.082057\text{atm}\cdot\text{L}/(\text{mol}\cdot\text{K})\text{或}=82.057\text{atm}\cdot\text{mL}/(\text{mol}\cdot\text{K})$$

② pV 乘积以功的单位尔格（erg）或焦耳（J）表示时：

$$R=8.3143\times10^{7}\text{erg}/(\text{mol}\cdot\text{K})\text{或 }8.3143\text{J}/(\text{mol}\cdot\text{K})$$

③ pV 乘积以能量单位卡路里（cal）表示时：

$$R=1.9872\text{cal}/(\text{mol}\cdot\text{K})$$

汇总通用气体常数 R 的单位和数值见表 2-1。

表 2-1 通用气体常数 R 的单位和数值

p	V	T	n	R
atm	L	K	mol	0.082057atm·L/(mol·K)
atm	m^3	K	kmol	0.082057atm·m^3/(mol·K)
atm	mL	K	mol	82.057atm·mL/(mol·K)
dyn/cm^2	cm^3	K	mol	8.3143×10^7erg/(mol·K)
pV 以 J 为单位		K	mol	8.3143J/(mol·K)
pV 以 cal 为单位		K	mol	1.9872cal/(mol·K)

在实际计算时，选用 R 的单位应与 p、V 等所用的单位相一致。

（7）理想气体状态方程的应用 在化工生产中有时所用原料一部分是气体，另一部分是液体，但参与反应时液体是以气体状态存在的。为了生产工艺控制参考的需要，要把这部分的液体流量换算为气体流量，以便得出原料气的体积流量。甲醛生产就需要应用理想气体状态方程来计算原料气的流量。

例：甲醛生产中原料甲醇、水蒸气和空气进入反应器的流量分别是：液体甲醇 1.3m^3/h，甲醇摩尔质量为 32g/mol，甲醇相对密度为 0.7932；水蒸气 800kg/h；空气 1130m^3/h，空气温度为 30℃；系统总压力为 918mmHg（1mmHg＝133.32Pa）。计算原料气（即甲醇、水蒸气和空气的混合气体）的体积流量的计算结果用 m^3/h 表示（标准状态）。

计算：甲醇气体每小时的物质的量为：

$$n=\frac{1.3\times10^3\times0.7932}{32}=32.22(\mathrm{kmol/h})$$

因指明标准态表示，即 $p=1\mathrm{atm}$（$1\mathrm{atm}=101325\mathrm{Pa}=760\mathrm{mmHg}$），$T=273\mathrm{K}$，甲醇气体的体积流量为：

$$V_{甲}=\frac{nRT}{p}=\frac{32.22\times0.082\times273}{1}=721(\mathrm{m^3/h})$$

同理，水蒸气的体积流量为：

$$V_{水}=\frac{nRT}{p}=\frac{800/18\times0.082\times273}{1}=995(\mathrm{m^3/h})$$

利用 $\frac{p_0V_0}{T_0}=\frac{p_1V_1}{T_1}$，把空气流量换算到0℃，1atm的标准态：

$$V_{空}=V_0=V_1\times\frac{p_1}{p_0}\times\frac{T_0}{T_1}=1130\times\frac{918}{760}\times\frac{273}{303}=1230(\mathrm{m^3/h})$$

原料气的体积流量是三者之和

$$V_{甲}+V_{水}+V_{空}=721+995+1230=2946(\mathrm{m^3/h})$$

有了原料气的体积流量数据，就可以计算原料气的空速和接触时间了。

（8）混合气体的分压定律（道尔顿分压定律）　混合气体的总压等于混合气体中各组分气体的分压之和。某组分气体的分压大小则等于其单独占有与气体混合物相同体积时所产生的压强。

分压定律的数学表达式：

$$p=p_1+p_2+p_3+\cdots$$

研究混合气体的状态对于指导生产是有帮助的，例如计算甲醛生产中尾气气体组成的分压、物质的量、气体体积；已知甲醇蒸发器中的甲醇蒸发温度、混合气体的总压，计算其混合气中氧气与甲醇的摩尔比等。

例：计算甲醛生产尾气中物质的量和分压

某厂电解银作催化剂生产甲醛时反应温度为650℃，主反应中发生的两个主反应和副反应如下：

主反应：

$$CH_3OH(气)+\frac{1}{2}O_2\longrightarrow CH_2O(气)+H_2O(气)$$

$$CH_3OH(气)\rightleftharpoons CH_2O(气)+H_2$$

副反应：

$$CH_3OH(气)+O_2\longrightarrow CO(气)+2H_2O(气)$$

$$CH_3OH(气)+\frac{3}{2}O_2\longrightarrow CO_2+2H_2O(气)$$

测得尾气中各种气体的含量：

尾气组成	N_2	H_2	CO_2	CO	O_2	碳氢化合物	H_2O
体积分数 X/%	74.62	18.9	3.8	0.5	0.2	0.5	1.48

已知反应压力为1atm，空气流量（标准状态，下同）为$572\mathrm{m^3/h}$。试计算尾气中每小

时产生 H_2、CO_2 和 CO 的物质的量，以及它们的分压。

解：先算出尾气流量。因为空气中的氮气不参加反应，所以空气中含氮量与尾气中的含氮量相等，即：

$$V_{\text{空气}}\times\text{空气中含氮的体积分数}=V_{\text{尾气}}\times\text{尾气中含氮的体积分数}$$

已知空气中氮的体积分数为 78%，则

$$V_{\text{尾气}}=\frac{572\times0.78}{0.7462}=597.9(\text{m}^3/\text{h})$$

已知 1mol 的任何气体在标准态时都占有 22.4dm^3，故 $597.9\text{m}^3/\text{h}$ 的尾气每小时的总物质的量为：

$$n=\frac{597.9}{22.4}=26.69(\text{kmol/h})$$

因混合气体中某组分的摩尔分数就等于它的体积分数，所以尾气中含 H_2，CO_2 和 CO 的每小时的物质的量分别为：

$$n_{\text{H}_2}=nX_{\text{H}_2}=26.69\times0.189=5.04(\text{kmol/h})$$
$$n_{\text{CO}_2}=nX_{\text{CO}_2}=26.69\times0.038=1.01(\text{kmol/h})$$
$$n_{\text{CO}}=nX_{\text{CO}}=26.69\times0.005=0.13(\text{kmol/h})$$

尾气中 H_2，CO_2 和 CO 的分压分别为：

$$p_{\text{H}_2}=X_{\text{H}_2}p=0.189\times760=149.64(\text{mmHg})$$
$$p_{\text{CO}_2}=X_{\text{CO}_2}p=0.038\times760=28.88(\text{mmHg})$$
$$p_{\text{CO}}=X_{\text{CO}}p=0.005\times760=3.8(\text{mmHg})$$

2. 化学热力学相关基本概念

甲醛生产过程中的物理化学变化有很多是能量的变化，研究和利用甲醛生产中能量的变化就是甲醛生产过程的化学热力学研究，它不仅可提供能源，而且对化学反应的方向和进行的程度有重要影响。

化学热力学是建立在热力学第一定律、热力学第二定律和热力学第三定律基础上发展起来的。甲醛生产中能量的变化，涉及以下化学热力学概念、定律、定理及其应用。

（1）热力学第一定律（能量守恒和转换定律） 在任何过程中，能量是不会自生自灭的，它只能从一种形式转化为其他形式，或者从一个物体转移到另一个物体，在转化或转移的过程中，能量的总量不变。

（2）热力学第二定律 不可能把热从低温物体传到高温物体而不产生其他影响；不可能从单一热源取热使之完全转换为有用的功而不产生其他影响；不可逆热力过程中熵的微增量总是大于零。

（3）热力学第三定律 不可能用有限的手段和程序使一个物体冷却到热力学温度的绝对零度。

（4）化学反应 在反应中，分子破裂成原子，原子重新排列组合生成新物质的过程，称为化学反应。在反应中常伴有发光发热变色生成沉淀物等，判断一个反应是否为化学反应的依据是反应是否生成新的物质。根据化学键理论，又可根据一个变化过程中是否有旧键的断裂和新键的生成来判断其是否为化学反应。化学反应的实质是旧化学键断裂和新化学键形成的过程。

（5）化学键　化学键是指分子内或晶体内相邻两个或多个原子（或离子）间强烈的相互作用力的统称。或者说，使离子相结合或原子相结合的作用力统称为化学键。

（6）化学键的能量　一般用化学键代表分子中原子间的相互作用，这种相互作用具有一定的能量，这份能量称为键能（又称键焓）。例如甲醇分子：

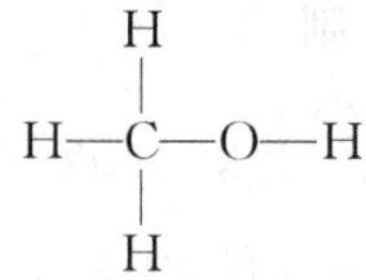

其分子式中有三种化学键：C—H 键、C—O 键和 O—H 键。这三种键各代表两种原子间的不同的相互作用，每一种相互作用都具有一定的能量，这份能量称为键能。在 25℃时 C—H 键的键能为 413.96kJ/mol，C—O 键的键能为 357.73kJ/mol，O—H 键的键能为 463.75kJ/mol。

（7）吸热反应　化学上把最终表现为吸收热量的化学反应叫作吸热反应。吸热反应中反应物的总能量低于生成物的总能量。

甲醇脱氢生成甲醛的反应是吸热反应：

$$CH_3OH(气) \rightleftharpoons CH_2O(气) + H_2(气) \qquad -85.270kJ/mol$$

（8）放热反应　化学上把有热量放出的化学反应叫作放热反应。反应物的总能量大于生成物的总能量。如氧化反应、中和反应等。

甲醇氧化生成甲醛的反应是放热反应：

$$CH_3OH(气) + \frac{1}{2}O_2(气) \longrightarrow CH_2O + H_2O(气) \qquad +156.557kJ/mol$$

（9）反应热的微观解释　化学反应过程是反应物分子中的化学键部分或全部遭到破坏，产物分子中的新化学键得以形成。在破坏旧化学键时需要能量来克服原子间的相互吸引。

例如，在甲醇脱氢反应中：

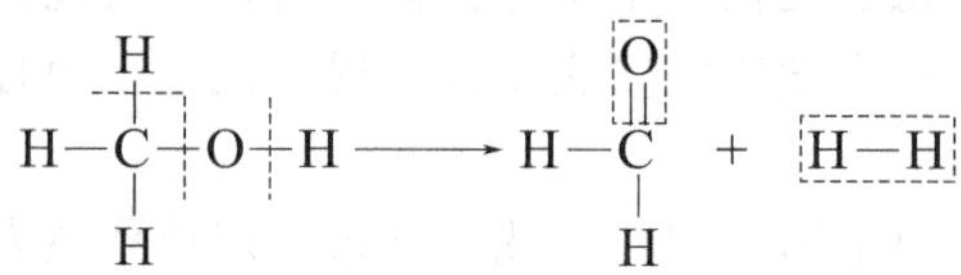

甲醇分子中的一个碳氢键（C—H）、碳氧键（C—O）和氢氧键（H—O）遭到破坏，形成了一个碳氧双键（C═O）和一个氢氢键（H—H）。

（10）反应的热效应　化学反应时所放出或吸收的热叫作反应的热效应，简称热效应或反应热。系统的状态、温度、压力不同，则反应热不同。

例如：1mol 甲醇与氧反应生成甲醛和水蒸气时，放热为 156.557kJ。

$$CH_3OH(气) + \frac{1}{2}O_2(气) \longrightarrow CH_2O + H_2O(气) \qquad Q_P = 156.557kJ/mol$$

若生成的水为液态时，则放热 $Q_P = 200.568k/mol$；

甲醇氧化生成甲醛时，在 25°C 时放热为 $Q_P = 156.56kJ/mol$。如在 65℃时反应，则放热为 $Q_P = 158.06kJ/mol$

由 CO 和 H_2 合成甲醇。在 1atm 和 25℃时放热为 89.65kJ。

$$CO(气) + 2H_2(气) \longrightarrow CH_3OH(气) \qquad Q_P = 89.65kJ/mol$$

如在 310atm 和 25℃时反应，则放热为 $Q_P = 90.81kJ/mol$。反应热数据是研究化学反应的基本数据。研究甲醛反应过程的反应热对生产实践有重要意义。例如，可用反应热来计算过程的总热量和对反应器进行热量衡算，以便找出控制反应温度的方法，维持恒定的反应温度。又如可利用反应热来优化工艺过程，选择可采用的反应热利用的各种流程等。

(11) 标准摩尔生成焓　在标准状态和指定温度（通常为 298K）下，由稳定单质生成 1mol 化合物的焓变，称为该化合物的标准摩尔生成焓，或生成热。用符号 $\Delta_f H_m^{\ominus}$ 或 $\Delta_f H^{\ominus}$ 表示，单位为 kJ/mol。其中，上标的⊖表示标准态；下标的 f 是生成之意；m 表示反应生成 1mol 化合物。

(12) 标准摩尔燃烧焓　在标准状态和指定温度（298K）下，1mol 物质完全氧化（燃烧）生成指定产物时的焓变（热效应），叫做该物质的标准燃烧焓，简称燃烧焓，或燃烧热。用符号 $\Delta_c H_m^{\ominus}$ 表示，单位为 kJ/mol。式中，上标的⊖表示标准态；下标 c 表示燃烧之意；m 表示反应完全氧化（燃烧）1mol 反应物。

(13) 盖斯定律　在恒压或恒容条件下，化学反应不管是一步完成还是分几步完成，其总反应放出或吸收的反应热总是相同的。换句话说，化学反应的反应热只与反应体系的始态和终态有关，而与反应的途径无关。这就是盖斯定律。

盖斯定律的意义在于，有些反应的反应热难以通过实验测定，可以用盖斯定律间接计算出来。

(14) 热化学方程式　表示化学反应及其反应热关系的化学方程式，叫作热化学方程式。例如，在 25℃、1atm 下，甲醇的脱氢反应可表示为：

$$CH_3OH(气) \rightleftharpoons CH_2O(气) + H_2(气) \qquad \Delta H_{298}^{\ominus} = 85.27kJ/mol$$

① 热化学方程式表明的内容：

a. 表示物质之间的变化关系和反应过程中热量的变化关系。

由于反应一般在恒压条件下进行，若 $\Delta H > 0$ 为吸热反应，$\Delta H < 0$ 则为放热反应。甲醇脱氢反应的热化学方程式表明：1mol 的 $CH_3OH(g)$ 发生脱氢反应时，生 1mol 的 $CH_2O(g)$ 和 1mol 的 $H_2(g)$ 时，需吸热 85.27kJ。

b. 由于焓具有状态性质，因此在热化学方程式中一定要注明反应条件（t、p），如上例中注明是 25℃和 1atm。热力学中规定，反应物质（理想气体、纯固体、纯液体）均处于 1atm 的状态，叫做标准状态（这里指的标准状态与理想气体的标准状态不同），用记号⊖在符号 H 的右上角表示，在符号 H 的右下角则标出温度（K），如上例中的 $\Delta H_{298}^{\ominus}$。

c. $\Delta H_{298}^{\ominus}$ 值是与一定形式的热化学方程式相联系的。

例如，

$$CH_3OH(g) + \frac{1}{2}O_2(g) \longrightarrow CH_2O + H_2O(g) \qquad \Delta H_{298}^{\ominus} = -156.56kJ/mol$$

若将方程式改写成：

$$2CH_3OH(g) + O_2(g) \longrightarrow 2CH_2O(g) + 2H_2O(g)$$

则
$$\Delta H_{298}^{\ominus} = 2\times(-156.56) = -313.12(kJ/mol)$$

② 热化学方程式书写应用的注意事项：

a. 反应条件为 25℃、101kPa 时，可以不注明。

b. 各物质化学式右侧用圆括弧（）表明物质的聚集状态。可以用 g、l、s 分别代表气态、液态、固态。固体有不同晶态时，还需将晶态注明，例如 S（斜方），S（单斜），C（石墨），C（金刚石）等。溶液中的反应物质，则需注明其浓度，以 aq 代表水溶液，（aq，∞）代表无限稀释水溶液。

c. 热化学方程式中化学计量数只表示该物质的物质的量，不表示物质分子个数或原子个数，因此，它可以是整数，也可以是分数。

d. ΔH 只能写在化学方程式的右边，若为放热反应，则 ΔH 为"－"；若为吸热反应，则 ΔH 为"＋"。其单位一般为 kJ。对于同一反应，计量数不同，其 ΔH 不同。

e. 热化学方程式是表示反应已完成的数量。由于 ΔH 与反应完成物质的量有关，所以方程式中化学式前面的化学计量数必须与 ΔH 相对应，当反应逆向进行时，其反应热与正反应的反应热数值相等，符号相反。

f. 不标"↑"或"↓"。

g. 不注明反应条件，例如：△（加热）。

h. 有机热化学方程式不用"═══"，而用"⟶"。

（15）焓和焓变

① 焓。焓是一个状态函数，也就是说，系统的状态确定了，焓的值就确定了。作为一个描述系统状态的状态函数，焓没有明确的物理意义。

焓的定义式：

$$H = U + pV$$

式中，U 表示热力学能，也称为内能，即系统内部的所有能量；p 是系统的压力。V 是系统的体积。

② 焓变。焓变（ΔH）表示的是系统发生一个过程的焓的增量。

$$\Delta H = \Delta U + \Delta(pV)$$

在热化学中，焓（H）和焓变（ΔH）是一类重要的概念。在讨论甲醛反应过程中的热化学时，有必要对焓和焓变这类物理量作一大致的了解。了解焓和焓变的概念，有助于实际应用便于对反应热的计算等。

（16）熵和熵变

① 熵。熵是反映体系中质点运动的混乱程度的物理量。熵也是一个状态函数，物质在一定状态下有一定的熵值，物质的标准熵用符号 $S^{\ominus}$ 表示。

② 熵变。即熵的改变量，用符号 $\Delta S^{\ominus}$ 表示。

$$\Delta S^{\ominus} - S^{\ominus}_{终态} - S^{\ominus}_{始态}$$

因此，反应的熵变等于反应后产物的熵与反应前反应物的熵的差。即：

$$\Delta S^{\ominus} = S^{\ominus}_{产物} - S^{\ominus}_{反应物}$$

式中　$\Delta S^{\ominus}$——反应的标准熵变，kJ/K；

$S^{\ominus}_{产物}$——反应产物的标准熵，kJ/K；

$S^{\ominus}_{反应物}$——反应物的标准熵，kJ/K。

（17）吉布斯自由能和自由能变化

吉布斯自由能又叫吉布斯函数，是热力学中一个重要的参量，常用 G 表示，它的定义式是：$G = H - TS$（定量判断反应方向的关系式）

式中，H 为焓，kJ；T 为热力学温度，K；S 为熵，kJ/K。

对于一个在等温等压下进行的变化过程，则自由能变化为：$\Delta G = \Delta H - T\Delta S$

同样，任一反应的自由能变化 ΔG 等于产物的自由能 $\sum G_{产物}$ 减去反应物自由能 $\sum G_{反应物}$，即：

$$\Delta G = \sum G_{产物} - \sum G_{反应物}$$

吉布斯自由能的变化可作为等温、等压过程自发与平衡的判据。

（18）化学平衡　化学平衡是指在宏观条件一定的可逆反应中，化学反应正逆反应速率相等，反应物和生成物各组分的浓度不再改变的状态。可用 $\Delta_r G_m = \sum \nu_A \mu_A = 0$ 判断。式中，ν_A 是反应中 A 物质的化学计量数；μ_A 是反应中 A 物质的化学势。

（19）勒夏特列原理　勒夏特列原理（平衡移动原理）认为，化学平衡是动态平衡，如果改变影响平衡的一个条件（如浓度、压强或温度等），平衡就向能够减弱这种改变的方向移动。

勒夏特列原理是一个定性预测化学平衡点的原理，它的应用可以使某些工业生产过程的转化率达到或接近理论值，同时也可以避免一些并无实效的方案，其应用非常广泛。

（20）化学平衡常数　化学平衡常数是当一个可逆反应达到化学平衡时，其产物的浓度或分压的乘积与反应物浓度或分压的乘积之间的比值。用浓度计算的化学平衡常数称为浓度平衡常数，用符号 K_c 表示；用分压计算的化学平衡常数称为压力平衡常数，用符号 K_p 表示。

3. 化学动力学相关基本概念

在甲醛生产等化工过程中，反应速率是一个重要问题。如果反应速率太慢，反应就缺乏现实意义。要使反应实现工业化应用就必须研究反应速率。

这种研究化学反应速率和外界条件对反应速率的影响以及反应进行的具体途径的学科就叫做化学动力学。

（1）化学反应速率　化学反应速率是指在化学反应中物质变化快慢的程度。一般用单位时间内，某一反应物浓度的减少或某一生成物浓度的增加来表示，其符号为 v。

在甲醛生产中，总是希望生成产物的主反应进行得越快越好，而对生成其他物质的副反应则进行得越慢越好，以求达到尽可能提高产品数量和质量的目的。

（2）影响反应速率的主要因素　反应速率的快慢主要取决于化学反应的机理，影响化学反应速率的因素，除反应物的性质外，主要还有反应物的浓度、温度和催化剂等。

① 一般来说，反应物的浓度越大，则反应的速率越快，反之亦然。对于简单反应或复杂反应中的任一基元反应（指反应物分子不经中间步骤一步完成的简单反应）来说，在一定温度下，化学反应的速率与各反应物浓度的乘积成正比，而各反应物浓度项的方次等于化学反应式中相应的反应物分子系数。例如，对化学反应 $a\mathrm{A}+b\mathrm{B} = g\mathrm{G}+h\mathrm{H}$ 来说，其反应速率可用下式来表示：

$$v=\frac{\mathrm{d}c_A}{\mathrm{d}t} \propto c_A^a \times c_B^b \quad 或 \quad v=\frac{\mathrm{d}c_A}{\mathrm{d}t}=kc_A^a \times c_B^b$$

上式是质量作用定律的数学表达式，也称化学反应的速率方程式，或叫作化学反应的动力学方程式。它指明了反应速率与参加反应的物质浓度之间的关系。此关系式只适用于简单反应和复杂反应中的任一基元反应。

对大多数化学反应来说，不是简单地一步就能完成的，往往要经过多步。这类反应的反应速率和反应物浓度之间的关系，则必须由实验来确定。对于一般反应 $a'\mathrm{A}'+b'\mathrm{B}' = c'\mathrm{C}'+d'\mathrm{D}'$ 反应速率与反应物浓度的定量关系则为：

$$v=k(\mathrm{A}')^m(\mathrm{B}')^n$$

式中，k 为反应速率常数；m 和 n 为反应级数（由实验测得）。

反应级数可以为零，也可以为正整数或分数。

由于实验条件的不同，测得的同一反应的反应级数也不尽相同。有人测得甲醇氧化为甲醛的反应对甲醇和氧均为一级，而有人则测得反应对甲醇为一级，对氧为 1/2 级。

对气体反应物来说，增加压力也能加快反应速率。这是因为压力增加，气体反应体积缩小，使气体浓度增加，所以反应速率也增大。对于由甲醇生成甲醛的反应来说，由于反应速率较快，一般在常压下反应就可以了。

② 温度是影响化学反应速率的一个重要因素，常用提高温度的方法来加快反应速率。一般温度升高 10℃，则反应速率加快 2～4 倍，称这规律为范德霍夫规则。

但实际上，并不是所有的反应都符合上述规则的。各种化学反应的速率和温度的关系是很复杂的，大致可归纳为五种类型。

第一种类型：反应速率随温度的升高而逐渐加快，它们之间呈指数关系，是最常见的。

第二种类型：反应开始时，温度对反应速率的影响较小，但当升温达到某一温度时，反应则以“爆炸”的速率进行。这类反应属于有爆炸极限的化学反应，甲醇的氧化反应就属此类。

第三种类型：温度不高时，反应速率随温度升高而加大，但升温到某一高温时，再升高温度，反应速率反而减慢下来，这可能是由于高温对催化剂的活性不利所致（如催化剂发生熔结块等），“银法”甲醛生产过程中也存在此种现象。

第四种类型：在反应温度开始升高时，反应的速率加快，当达到一定温度后，温度升高会使反应速率下降一些，但当温度继续升至某一温度时，反应速率又会迅速地增大，甚至以燃烧速率进行下去（如碳的氧化反应）。

第五种类型：反应速率随着温度升高而下降，如一氧化碳的氧化反应。

（3）催化反应　催化剂（又叫“触媒”）是一种能改变化学反应速率，而本身的化学性质在反应前后保持基本不变的物质。能加快反应速率的催化剂叫做正催化剂，反之则称为负催化剂。对每一种催化剂来说，必须在某一合适的温度范围内，才能发挥其最大的催化效能，这种温度范围叫做催化剂的活性温度范围。对银法甲醛生产中的电解银催化剂来说，其活性温度范围为 580～700℃。

催化反应就是有催化剂参加的反应。催化剂除前面已指出的能够改变化学反应速率外，还有改变反应机理的作用，这是浓度或温度对反应速率影响时无法实现的。浓度或温度对反应速率的影响，往往既加速某一主反应，又会加速其他的副反应，达不到只加速主反应，提高过程主产品产率的预期目的。然而，催化剂却能有选择地加速某一反应，而不加速或少加速另一些反应。即催化剂具有高灵敏度的反应选择性，可以使反应按想要的方式进行。这对于节约原料、提高产品质量和简化后处理工序都具有重大的意义。

（4）碰撞理论　碰撞理论是在分子运动论的基础上发展起来的速率理论，碰撞理论认为，化学反应的实质是原子的重新组合，在组合过程中必须破坏反应物分子中的化学键，才能形成产物分子中的化学键。而旧化学键的断裂和新化学键的形成，是通过反应物的分子间的碰撞实现的。在反应物的无数次碰撞中，只有极少数的碰撞能发生化学反应，这种能发生化学反应的碰撞称为有效碰撞。能发生有效碰撞的分子叫做活化分子，它比普通分子具有更高的能量。

通常把活化分子具有的平均能量与反应物分子的平均能量之差称为反应的活化能。

（5）过渡状态理论　过渡状态理论即活化络合物理论，它是在统计热力学和量子力学基础上发展起来的速率理论。过渡状态理论认为：反应物分子并不只是通过简单碰撞直接形成产物，而是必须经过一个形成活化络合物的过渡状态，并且达到这个过渡状态需要一定的活化能。

（6）反应机理　化学反应进行的实际历程（即微观过程或步骤）叫做反应机理。

（7）气固相反应过程　它是指反应物系中存在气相和固相的一种多相反应过程，包括气固相催化反应过程和气固相非催化反应过程。

气固相催化反应过程是气相组分在固体催化剂作用下的反应过程，是化学工业中应用最广、规模最大的一种反应过程。据统计，90%左右的催化反应过程是气固相催化反应过程。

第二节　甲醇制甲醛的方法及其化学反应

1. 氧化脱氢法（银法）

银法甲醛生产是在甲醇过量的情况下，即在甲醇、空气和水蒸气组成的混合反应气中，甲醇的浓度处于爆炸区的上限（>36%），在银催化剂的催化作用下，甲醇转化为甲醛。

（1）化学反应　银法生产甲醛反应过程中的化学反应，主要有甲醇氧化和甲醇脱氢等主反应，后者是可逆反应过程，为了减少逆反应的发生，需将脱氢反应中生成的氢再氧化成水，获得更高的甲醛产率。因此，该法称为氧化脱氢法。除上述主反应外，还有甲醇燃烧和甲醛氧化等副反应，这些反应如下式所示（式中反应热均为25℃时的热量）。

主反应：

$$CH_3OH+\frac{1}{2}O_2 \longrightarrow CH_2O+H_2O \qquad -156.557kJ/mol \tag{2-1}$$

$$CH_3OH \rightleftharpoons CH_2O+H_2 \qquad +85.270kJ/mol \tag{2-2}$$

$$H_2+\frac{1}{2}O_2 \longrightarrow H_2O \qquad -241.827kJ/mol \tag{2-3}$$

副反应：

$$CH_3OH+O_2 \longrightarrow CO+2H_2O \qquad -393.009kJ/mol \tag{2-4}$$

$$CH_3OH+\frac{3}{2}O_2 \longrightarrow CO_2+2H_2O \qquad -675.998kJ/mol \tag{2-5}$$

$$CH_3OH+O_2 \longrightarrow HCOOH+H_2O \qquad -472.2kJ/mol \tag{2-6}$$

$$HCOOH \longrightarrow CO+H_2O \qquad +10.278kJ/mol \tag{2-7}$$

此外，由于反应条件的变化，还可能发生下述反应中的一个或几个副反应：

$$CH_2O \longrightarrow CO+H_2 \qquad +5.375kJ/mol \tag{2-8}$$

$$CH_2O+O_2 \longrightarrow CO_2+H_2O \qquad -519.441kJ/mol \tag{2-9}$$

$$CH_3OH \longrightarrow C+H_2O+H_2 \qquad -40.657kJ/mol \tag{2-10}$$

$$CH_3OH+H_2 \longrightarrow CH_4+H_2O \qquad -115.505kJ/mol \tag{2-11}$$

$$2CH_2O+H_2O \longrightarrow CH_3OH+HCOOH \qquad -90.173kJ/mol \tag{2-12}$$

副反应的存在将会降低反应产率，因此生产上通过采用选择性高的催化剂和控制好反应条件，尽可能地减少或防止上述副反应的发生。

（2）化学热力学　银法生产甲醛反应过程中的化学热力学主要通过热量衡算、反应的方向和限度以及反应过程中的化学平衡三个方面来介绍。

① 热量衡算。甲醛生产反应温度的控制十分重要，它和产品的产量和质量密切相关。为了使反应器在选定的温度下进行操作，必须以反应器的物料和热量衡算为依据。

a. 常温下反应热的计算。应用盖斯定律可分别由生成热和燃烧热来计算给定化学反应的反应热。

ⅰ. 由燃烧热计算反应热。根据盖斯定律可以得到以下规则："任意一反应的反应热$\Delta H^{\ominus}$等于反应物燃烧热之和减去产物燃烧热之和。"即

$$\Delta H^{\ominus}=(\sum v\Delta H^{\ominus}_{燃烧})_{反应物}-(\sum v\Delta H^{\ominus}_{燃烧})_{产物}$$

式中，v 为物质在反应式中的反应系数。

25℃和1atm下，甲醇脱氢反应的反应热的计算：

反应式：
$$CH_3OH(g)\longrightarrow CH_2O(g)+H_2(g)$$

由有关手册查得 $CH_3OH(g)$、$CH_2O(g)$ 和 $H_2(g)$ 的 $\Delta_c H^{\ominus}_m$ 分别为 −201.17kJ/mol、−115.9kJ/mol 和 0。则反应热有：

$$\begin{aligned}\Delta H^{\ominus}_{298}&=(\Delta_c H^{\ominus}_{m,CH_2O}+\Delta_c H^{\ominus}_{m,H_2})-(\Delta_c H^{\ominus}_{m,CH_3OH})\\&=(-115.9+0)-(-201.17)\\&=-85.27(kJ/mol)\end{aligned}$$

ⅱ. 由生成热计算反应热。根据盖斯定律还可以得到以下规则：任意一反应的反应热ΔH 等于产物生成热之和减去反应物生成热之和。即：

$$\Delta H^{\ominus}=(\sum v\Delta H^{\ominus}_{生成})_{产物}-(\sum v\Delta H^{\ominus}_{生成})_{反应物}$$

甲醇氧化反应在25℃和1atm下的反应热 $\Delta H^{\ominus}_{298K}$ 的计算

反应式：
$$CH_3OH(g)+\frac{1}{2}O_2\longrightarrow CH_2O(g)+H_2O(g)$$

由有关手册查得 $CH_3OH(g)$、$H_2O(g)$ 和 $CH_2O(g)$ 的 $\Delta_f H^{\ominus}_m$ 分别为 −201.17kJ/mol、−241.827kJ/mol、−115.9kJ/mol，因为 O_2 为单质，其 $\Delta_f H^{\ominus}_{m,O_2}=0$，则反应热：

$$\begin{aligned}\Delta H^{\ominus}_{298}&=(\Delta_f H^{\ominus}_{m,CH_2O}+\Delta_f H^{\ominus}_{m,H_2O})-(\Delta_f H^{\ominus}_{m,CH_3OH}+\frac{1}{2}\Delta_f H^{\ominus}_{m,O_2})\\&=(-115.9-241.827)-\left(-201.17+\frac{1}{2}\times 0\right)\\&=-156.557(kJ/mol)\end{aligned}$$

b. 高温下反应热的计算。许多重要的工业反应是在高温下进行的，高温下反应热是难以测得的，但是它可以从常温25℃反应热数据利用焓是状态函数这个性质求算得到。甲醛反应器中发生的高温反应热即可按照此办法求得。下面以甲醇氧化为甲醛的反应为例说明高温反应热的获得步骤和计算过程。

反应式：

$$CH_3OH(g)+\frac{1}{2}O_2\longrightarrow CH_2O(g)+H_2O(g)$$

ⅰ. 高温反应热获得的步骤。在常温（25℃）和1atm下的反应热 $\Delta H^{\ominus}_{298}=-156.557$kJ/mol，实际生产的反应温度为高温（650℃左右），在高温和1atm下，该反应的反应热可通过下述步骤获得。

可以先把反应物从高温（T_2）降温至常温（T_1），让反应热在常温（T_1）下发生，此

过程的反应热可由生成热算得；然后再把产物升温至高温（T_2），在这个变化途径中（反应物降温→反应→产物升温）的焓变值与反应物直接在高温（T_2）的焓变值相等。

其变化途径和焓变值的关系可分别用下列图示表示：

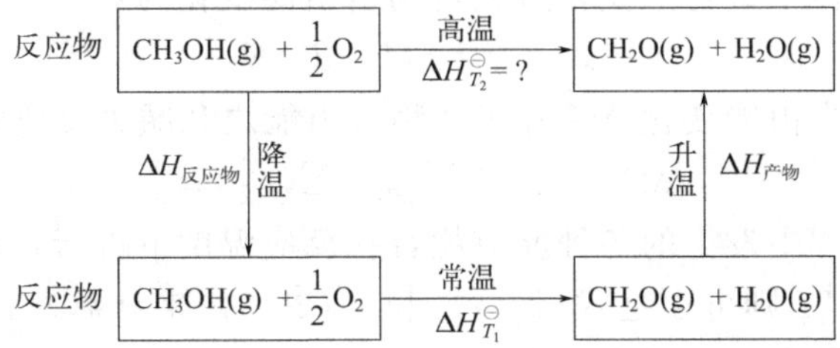

高温反应热的普遍使用的计算公式可写为：

$$\Delta H^{\ominus}_{T_2}=\Delta H^{\ominus}_{T_1}+\Delta H_{反应物}+\Delta H_{产物}$$

$$=\Delta H^{\ominus}_{T_1}+\int_{T_1}^{T_2}\Delta C_p\,\mathrm{d}T$$

如 $$C_p=a+bT+cT^2 \text{ 或 } C_p=a+bT+c'/T^2$$

则 $$\Delta H^{\ominus}_{T_2}=\Delta H^{\ominus}_{T_1}+\int_{T_1}^{T_2}(\Delta a+\Delta bT+\Delta cT^2+\Delta c'/T^2)\mathrm{d}T$$

$$=\Delta H^{\ominus}_{T_1}+\Delta a(T_2-T_1)+1/2\Delta b(T_2^2-T_1^2)+\frac{1}{3\Delta c(T_2^3-T_1^3)}-\frac{\Delta c(1/T_2-1/T_1)}{2} \tag{2-13}$$

式中 $\Delta H^{\ominus}_{T_2}$——高温下反应热，kJ/mol；

$\Delta H^{\ominus}_{T_1}$——常温（标准状况）反应热，kJ/mol；

T_1——298K；

T_2——反应温度，K；

a，b，c，c'——比热容方程 $C_p=\varphi(T)$ 的函数，J/mol。

ⅱ. 甲醇氧化生成甲醛高温反应热的计算。由常温下反应热的计算例中已求得 $\Delta H^{\ominus}_{298}=-156.557$kJ/mol，再由有关手册查得各物质比热容方程式中的 a、b、c 和 c' 值，如表 2-2 所示，然后代入式(2-13)，计算得反应热的值。

表 2-2 $CH_3OH(g)$、$O_2(g)$、$CH_2O(g)$ 和 $H_2O(g)$ 的比热容系数

化合物	a	$b\times10^3$	$c\times10^6$	$c'\times10^{-5}$
$CH_3OH(g)$	18.397	101.63	−28.700	
$O_2(g)$	36.174	0.846		−4.312
$CH_2O(g)$	18.832	58.418	−15.617	
$H_2O(g)$	30.019	10.718		0.335

② 反应的方向和限度。

a. 自由能变化值的计算 在恒温恒压下，化学反应的方向和限度可用热力学自由能来判断。其判据可以自由能变化值（$\Delta G_{T,p}$）表述如下：

当 $\Delta G_{T,p}<0$，反应可以自发进行。

当 $\Delta G_{T,p}=0$，反应已达平衡，即反应已达到限度。

当 $\Delta G_{T,p}>0$，反应不能自发进行。

对于一个在恒温恒压下进行的变化过程，则自由能变化为：

$$\Delta G_{T,p}=\Delta H-T\Delta S \tag{2-14}$$

同样，任一反应的自由能变化 ΔG 等于产物自由能之和减去反应物自由能之和。即：

$$\Delta G_{T,p}=\sum G_{产物}-\sum G_{反应物} \tag{2-15}$$

甲醛生产在反应过程中发生的各种反应能否在反应温度下进行，可以从其自由能的变化 $\Delta G_{T,p}^{\ominus}$ 来判断，而 $\Delta G_{T,p}^{\ominus}$ 则可通过式(2-14）和式(2-15）来计算。计算中由于在反应温度下焓变 ΔH 和熵变 ΔS 的数值随温度的变化很小，所以可以用298K 时的 ΔH_{298} 和 ΔS_{298} 代替 ΔH_T 和 ΔS_T。这样，式(2-14）就变为：

$$\Delta G_T^{\ominus}=\Delta H_{298}^{\ominus}-T\Delta S_{298}^{\ominus} \tag{2-16}$$

故，可用式(2-14）和式(2-15）来计算生产中各反应的 $\Delta G_T^{\ominus}$

例：求在 298K（25℃）、500K（227℃）、700K（427℃）、873K（600℃）、923K（650℃）时，甲醛反应过程中各反应的自由能变化值。

解：由物理化学手册查得有关物质的标准生成热（热焓 $\Delta H_{298}^{\ominus}$）、自由能（$\Delta G_{298}^{\ominus}$）和熵（$\Delta S_{298}^{\ominus}$）然后按式(2-16）计算出各物质在温度 T 下的 $T\Delta S_{298}^{\ominus}$ 和 $\Delta G_T^{\ominus}$，计算结果列入表 2-3。

根据上述结果，按式(2-15）计算各反应的自由能变化值，列于表 2-4。

b. 反应方向和限度的分析和判定由表 2-4 的计算结果可以看出以下几点。

ⅰ. 甲醇脱氢反应在高温下可以自发进行。甲醇的脱氢反应即式(2-2）在 700K（427℃）温度以下，其 $\Delta G_T^{\ominus}>0$，因此该反应不能自发进行，这就是甲醇脱氢反应在低温时几乎不发生的原因，而在高温下，其 $\Delta G_T^{\ominus}<0$，因而式(2-2）能自发进行，并成为生成甲醛的一个主要反应。

ⅱ. 甲醛的歧化反应在高温下不能自发进行。式(2-12)，即甲醛的歧化反应在较低温度下（如 500K)，其 $\Delta G_T^{\ominus}<0$，反应能自发进行，而在较高温下（如 700K）由于其 $\Delta G_T^{\ominus}>0$，故反应不能自发进行。

ⅲ. 其他反应在给定的条件下都能自动地进行反应。其他反应在表 2-4 所列的温度下，由于它们的自由变化值均为 $\Delta G_T^{\ominus}<0$，所以都能在给定的条件（一定的温度、压力）下自动地进行反应。

这类在一定温度、压力下，无需外力做功就能自动进行的反应叫做自发反应，反之则为非自发反应。

ⅳ. 甲醇氧化反应开始时需要加热。在表 2-4 所给定的条件下，除式(2-2）和式(2-12）外，都是单方向的不可逆反应。但自发反应式(2-1）在低温下由于反应速率极为缓慢，不能满足生产的需要。所以生产中（特别开车点火时）仍需采用加热的办法来加速式(2-1）反应的进行。当催化床温度升至 200℃左右时，式(2-1）反应开始缓慢进行，由于它是一个放热反应，放热后使催化床温度逐渐升高，随着温度的升高，又使式(2-1）反应不断加快，使点火后催化剂床的温度迅速升高。一般，当温度达到 300～500℃后，就应停止加热，俗称熄火（即关点火器)。

表 2-3　银法甲醛反应中有关物质的 $\Delta H_{298}^{\ominus}$、$\Delta G_{298}^{\ominus}$、$\Delta S_{298}^{\ominus}$ 及 $\Delta G_T^{\ominus}$ 的计算结果

物质	$\Delta H_{298}^{\ominus}$/(kJ/mol)	$\Delta G_{298}^{\ominus}$/(kJ/mol)	$\Delta S_{298}^{\ominus}$/[kJ/(mol·K)]	$\Delta G_T^{\ominus}=\Delta H_{298}^{\ominus}-T\Delta S_{298}^{\ominus}$/(kJ/mol) 500K(227℃)		700K(427℃)		873K(600℃)		923K(650℃)	
				$T\Delta S^{\ominus}$	$\Delta G^{\ominus}$	$T\Delta S^{\ominus}$	$\Delta G^{\ominus}$	$T\Delta S^{\ominus}$	$\Delta G^{\ominus}$	$T\Delta S^{\ominus}$	$\Delta G^{\ominus}$
CH_2O	−115.9	−110.0	0.2201	100.05	−225.95	154.07	−269.97	192.15	−308.05	203.15	−319.05
CH_3OH	−201.17	−161.88	0.2377	118.85	−320.02	166.39	−367.56	207.51	−408.68	219.40	−420.57
HCOOH	−362.63	−335.72	0.2461	123.05	−485.68	172.27	−534.9	214.85	−577.48	227.15	−589.78
H_2O	−241.827	−228.597	0.1887	94.35	−336.18	132.09	−373.92	164.74	−406.57	174.17	−416.00
CO	−110.525	−13.629	0.1979	98.95	−209.48	138.53	249.06	172.77	−283.30	182.66	−293.19
CO_2	−393.514	−394.384	0.2136	106.8	−500.3	149.52	−534.03	186.47	−580.0	197.15	−590.66
H_2	0	0	0.1306	65.3	−65.3	91.42	−91.42	114.01	−114.01	120.54	−120.54
O_2	0	0	0.2050	102.5	−102.5	−102.5	−143.5	178.97	−178.97	189.22	−189.22
CH_4	−74.848	−50.794	0.1862	93.1	−167.9	205.19	−205.19	162.55	−237.4	171.86	−246.71
C	0	0	0.0057	2.85	−2.98	3.99	−3.99	4.98	−4.98	5.26	−5.26

表 2-4　各反应的自由能变化值

序号	反应方程式	$\Delta G_T^{\ominus}=\sum G_{产物}-\sum G_{反应物}$/(kJ/mol) 298K	500K	700K	873K	923K
1	$CH_3OH+\frac{1}{2}O_2 \longrightarrow CH_2O+H_2O$	−176.72	−190.81	−204.53	−216.45	−219.87
2	$CH_3OH \rightleftharpoons CH_2O+H_2$	51.88	28.77	6.17	−13.38	−19.02

续表

序号	反应方程式	$\Delta G_T^\ominus=\sum G_{产物}-\sum G_{反应物}$/(kJ/mol)				
		298K	500K	700K	873K	923K
3	$H_2+\frac{1}{2}O_2 \longrightarrow H_2O$	−228.60	−219.58	−210.9	−203.07	−200.85
4	$CH_3OH+O_2 \longrightarrow CO+2H_2O$	432.58	−459.32	−185.84	−508.79	−515.4
5	$CH_3OH+\frac{3}{2}O_2 \longrightarrow CO_2+2H_2O$	−689.70	−689.74	−707.91	−715.99	−718.26
6	$CH_2O+\frac{1}{2}O_2 \longrightarrow HCOOH$	−225.70	−20.843	−202.13	−179.94	−176.12
7	$HCOOH \longrightarrow CO+H_2O$	−30.15	−59.98	−88.09	112.39	−119.41
8	$CH_2O \longrightarrow CO+H_2$	−27.27	−48.83	−70.51	−89.26	−94.68
9	$CH_2O+O_2 \longrightarrow CO_2+H_2O$	−512.98	−508.03	−503.48	−499.55	−498.39
10	$CH_3OH \longrightarrow C+H_2O+H_2$	−66.72	−84.31	−101.77	−118.7	−121.23
11	$CH_3OH+H_2 \longrightarrow CH_4+H_2O$	−117.51	−118.81	−120.13	−121.28	−121.6
12	$2CH_2O+H_2O \longrightarrow CH_3OH+HCOOH$	−49.00	−17.62	11.40	36.51	43.75

ⅴ. 甲醇脱氢反应所需要的最低温度。以上讨论的是反应方向问题，而反应的限度则是以 $\Delta G_T^{\ominus}=0$ 为标准。当 $\Delta G_T^{\ominus}=0$ 时，则：

$$T=\Delta H_{298}^{\ominus}/\Delta S_{298}^{\ominus}$$

由上式和表 2-3 中的 $\Delta H_{298}^{\ominus}$ 和 $\Delta S_{298}^{\ominus}$，可计算出式(2-2) 的正反应自动进行所需的最低温度 T。由下式可得出：

$$\begin{aligned}T&=\Delta H_{298}^{\ominus}/\Delta S_{298}^{\ominus}=(0-115.9+201.17)\div(0.2201+0.1306-0.2377)\\&=85.27\div0.113=754.6(\mathrm{K})\end{aligned}$$

即，式(2-2)（甲醇脱氢生成甲醛）正反应自发进行所需的最低温度为 481.6℃。

f. 其他反应的限度。式(2-12) 停止自发进行的温度 T_2，可由下式得出：

$$T=\frac{\Delta H_{298}^{\ominus}}{\Delta S_{298}^{\ominus}}=\frac{362.63-201.17+241.827+2\times115.9}{0.2461+0.2377-0.1887-2\times0.2201}=\left(-\frac{90.173}{-0.1451}\right)=621.5(\mathrm{K})$$

即，式(2-12) 停止自发进行的温度为 348.5℃。

其他反应的限度均可按上述方法进行计算求出。

③ 反应过程中的化学平衡　甲醛生产过程中甲醇脱氢反应：$CH_3OH \rightleftharpoons CH_2O+H_2$ 是可逆反应。当反应开始时，正反应速率很大，但随着反应的进行，反应物浓度不断下降，正反应速率就逐渐减少。与此同时，产物则从无到有，浓度逐渐增大，逆反应速率也逐渐增大。当反应进行到某一个时刻，就会出现正、逆反应速率相等的情形，这时的物系状态就称为化学平衡。在化学平衡状态下，反应物和产物的浓度称为平衡浓度。

化学平衡是暂时的、有条件的。当外界条件改变时，原来的平衡就会被破坏，在新的条件下又重新建立起新的平衡。我们在实际生产中，就是要选择适宜的生产条件使平衡向着有利于生产要求的方向转化。

a. 化学平衡常数。化学平衡常数是指当一个可逆反应达到化学平衡时，其产物的浓度或分压的乘积与反应物浓度或分压的乘积之间的比值。用浓度计算的化学平衡常数称为浓度平衡常数，用符号 K_c 表示；用分压计算的化学平衡常数称为压力平衡常数，用符号 K_p 表示。

例如，甲醇的脱氢反应：

$$CH_3OH \rightleftharpoons CH_2O+H_2$$

$$K_c=[CH_2O][H_2]/[CH_3OH]$$

$$K_p=p_{CH_2O}\times p_{H_2}/p_{CH_3OH}$$

K_p 和 K_c 的关系为 $$K_p=K_c(RT)^{\Delta n_g} \tag{2-17}$$

式中　Δn_g——生成物与反应物气体物质的量之差；

R——通用气体常数，0.08211atm/(mol·K) 或 8.315J/(mol·K)。

在恒温恒压下，当化学反应的 $\Delta G=0$ 时，反应达到平衡状态，也就是说，反应的自由能变化与化学平衡密切相关。反应的自由能变化和平衡常数的关系可用下式表示：

$$\Delta G^{\ominus}=-RT\ln K_p=-2.30RT\lg K_p \tag{2-18}$$

式(2-18) 反映了反应体系处于平衡状态时，能量和质量之间的变化关系。

式(2-18) 可看出，当 $\Delta G^{\ominus}>0$ 时，$K_p<1$；而当 $\Delta G^{\ominus}<0$ 时，$K_p>1$；在标准状况下达平衡时 $\Delta G^{\ominus}=0$，则 $K_p=1$。化学平衡常数在一定的温度下保持不变。从 K_p 的数值大小，可判断在该温度下可逆反应中的正反应可能达到的程度。反应的 K_p 值越大，表明反应进行得越完全。因此化学平衡常数是一项重要的基础数据，用于通过计算来确定生产条件。

b. 甲醛反应过程的平衡常数。甲醛反应过程中的平衡常数可由式(2-18) 求得。现以甲醇氧化反应为例，计算不同温度下的 K_p 值。

因 $$\Delta G^{\ominus}=-2.30RT\lg K_p$$

则 $$\lg K_p=\Delta G^{\ominus}/-2.30RT=\Delta G^{\ominus}/(-2.303\times 8.315\times 10^{-3}T)=\Delta G^{\ominus}/(-19.15\times 10^{-3}T) \tag{2-19}$$

由表 2-4 中查得：当 $T=298$K、500K、700K、873K 和 923K 时，其对应的 $\Delta G^{\ominus}$ 值分别为−176.72kJ/mol、−190.81kJ/mol、−204.53kJ/mol、−216.45kJ/mol 和 219.87kJ/mol。

分别代入式(2-19)，则得：

$$\lg K_{p298}=-176.72\times\frac{10^3}{-19.15\times 298}=30.96 \qquad K_{p298}=9.12\times 10^{30}$$

$$\lg K_{p500}=-190.81\times\frac{10^3}{-19.15\times 500}=19.93 \qquad K_{p500}=8.43\times 10^{19}$$

$$\lg K_{p700}=-204.53\times\frac{10^3}{-19.15\times 700}=15.26 \qquad K_{p700}=1.82\times 10^{15}$$

$$\lg K_{p873}=-216.45\times\frac{10^3}{-19.15\times 873}=12.95 \qquad K_{p873}=8.83\times 10^{12}$$

$$\lg K_{p923}=-219.87\times\frac{10^3}{-19.15\times 923}=12.44 \qquad K_{p923}=2.74\times 10^{12}$$

依次类推，求得甲醛反应过程各反应的平衡常数，列于表 2-5。

表 2-5 银法甲醛反应过程中各反应的压力平衡常数

序号	反应方程式	压力平衡常数 K_p				
		298K	500K	700K	873K	923K
1	$CH_3OH+\frac{1}{2}O_2\longrightarrow CH_2O+H_2O$	9.12×10^{30}	8.43×10^{19}	1.82×10^{15}	8.83×10^{12}	2.74×10^{12}
2	$CH_3OH\rightleftharpoons CH_2O+H_2$	8.13×10^{-10}	9.91×10^{-1}	3.47×10^{-1}	6.31	11.91
3	$H_2+\frac{1}{2}O_2\longrightarrow H_2O$	1.13×10^{40}	8.52×10^{22}	5.39×10^{15}	1.39×10^{12}	2.30×10^{11}
4	$CH_3OH+O_2\longrightarrow CO+2H_2O$	6.24×10^{75}	9.26×10^{17}	1.74×10^{36}	2.7×10^{30}	1.43×10^{29}
5	$CH_3OH+\frac{3}{2}O_2\longrightarrow CO_2+2H_2O$	7.03×10^{120}	9.31×10^{72}	6.38×10^{52}	6.66×10^{42}	4.29×10^{40}
6	$CH_2O+\frac{1}{2}O_2\longrightarrow HCOOH$	3.56×10^{39}	5.84×10^{21}	1.19×10^{15}	5.79×10^{10}	9.79×10^{9}
7	$HCOOH\longrightarrow CO+H_2O$	1.92×10^{5}	1.83×10^{6}	3.72×10^{6}	5.27×10^{6}	5.69×10^{6}
8	$CH_2O\longrightarrow CO+H_2$	6.00×10^{4}	1.26×10^{5}	1.82×10^{5}	2.18×10^{5}	2.27×10^{5}

续表

序号	反应方程式	压力平衡常数 K_p				
		298K	500K	700K	873K	923K
9	$CH_2O+O_2 \longrightarrow CO_2+H_2O$	7.63×10^{89}	1.13×10^{53}	3.60×10^{37}	7.56×10^{29}	1.56×10^{28}
10	$CH_3OH \longrightarrow C+H_2O+H_2$	4.90×10^{11}	6.37×10^{8}	3.90×10^{7}	1.26×10^{7}	7.21×10^{6}
11	$CH_3OH+H_2 \longrightarrow CH_4+H_2O$	3.89×10^{20}	2.55×10^{12}	9.14×10^{8}	1.79×10^{7}	7.57×10^{6}
12	$2CH_2O+H_2O \rightleftharpoons CH_3OH+HCOOH$	3.85×10^{8}	69.19	1.41×10^{-1}	6.55×10^{-3}	3.35×10^{-3}

平衡常数是平衡反应进行程度的标志。所以，当反应在某一温度下，达到化学平衡时，其反应的 K_p 值越大，理论产率（即反应的最大产率）越高。

因此，可根据表 2-5 来选择一个最佳温度，使生成甲醛的主反应 K_p 值较大，而使副反应的 K_p 值较小，以得到最大的甲醛产率。

从表 2-5 可以看出，当温度为 700K 时，反应式(2-2) 和式(2-12) 的 K_p 均很小，反应不能自发进行；而当温度为 873K（600℃）时，反应式(2-2) 的 K_p 值为 6.31，反应明显向正方向移动。此时，反应式(2-1) 的 K_p 值仍很大，而副反应式(2-4)、式(2-5)、式(2-6)、式(2-9) 等的 K_p 值却明显减小。所以选择 873K(600℃) 作为反应温度是可取的。

但从表 2-5 也可看到，当温度为 923K（650℃）时，反应式(2-2) 的 K_p 值也高于 873K 时的 K_p 值，而此时反应式(2-1) 的 K_p 值仍保持很大，所以选择 923K（650℃）似更为适宜。当然反应温度的选择还需要考虑催化剂的耐热性等其他因素。

c. 影响化学平衡的因素分析。影响化学平衡的因素有很多，如压强、温度、浓度等。催化剂不影响化学平衡，仅影响反应速率。

ⅰ. 浓度对化学平衡的影响。对任何一个可逆反应，在其他条件不变的情况下，增加某一反应物的浓度或减少生成物的浓度，都能使平衡向正反应方向进行，即增加生成物的方向移动；反之，减少反应物或增大生成物的浓度，可使平衡向逆反应方向移动。

要使甲醇转化为甲醛的可逆反应向正反应方向进行，就必须增加甲醇的浓度和不断从系统中移走生成的甲醛。由甲醇转化为甲醛的反应系气相反应，增加甲醇的浓度可通过提高甲醇的分压来实现。

ⅱ. 总压力对化学平衡的影响。对于有气体物质参加的反应来说，改变气体的总压力实质上就是改变气体的浓度。因此，在其他条件不变的情况下，增加反应气体的总压力时，平衡将向气体分子总数（或体积总数）减少的方向移动；反之减小总压力时，平衡则向气体分子总数增加的方向移动。

对体积增加的甲醇脱氢反应来说，降低总压对反应有利。

ⅲ. 温度对化学平衡的影响。在其他条件不变的情况下，升高温度将使化学平衡向吸热反应的方向移动，即向降低体系温度的方向移动，反之（降低反应温度），将使化学平衡向着放热反应的方向移动。

甲醇脱氢反应是一个吸热反应，因此升高温度对甲醇脱氢反应有利。

温度对化学平衡的影响，与浓度、总压力对化学平衡的影响是有着本质区别的。改变浓度和总压力并不会改变反应的平衡常数，而改变温度却能改变反应的平衡常数。对放热反应来说，平衡常数随着温度的增加而减小［如表 2-5 甲醛反应过程中的反应式(2-1)、式(2-3)、式(2-4) 等放热反应］，而对反应式(2-2)、式(2-7)、式(2-8) 等吸热反应来说，它们的平衡常数将随温度的升高而增大

甲醇脱氢反应的温度与平衡常数和最大产率的关系见表 2-6。

表 2-6　甲醇脱氢反应的温度与平衡常数和最大产率的关系

温度/K(℃)	K_p	最大产率/%
700(427)	0.419	54.3
800(527)	2.68	85.4
900(627)	11.07	95.8
973(700)	25.47	98.1
1100(827)	74.9	99.4

（3）化学动力学　银法甲醛生产过程中的化学动力学研究，主要是要弄清楚甲醇发生氧化脱氢反应生成甲醛的反应进行的实际历程（微观过程或步骤），即反应机理，发生这个过程所需要的时间，即反应速率，探讨能够解释这种反应速率规律的可能机理，以及影响这些过程的主要因素。为最优化控制反应提供理论依据。

① 气固相催化反应机理。

a. 气固相反应过程。

表 2-5 中的化学反应方程式，只表示甲醇反应过程中各反应的始态和终态，并未表示出反应进行的实际过程。实际上，一个化学反应往往是由多个简单反应组成而且经过多个步骤才完成的。关于由甲醇氧化生成甲醛的反应机理，虽然还没有定论，还有待于进一步的探索，但较为普遍的看法是，可以按照气固相催化反应过程来描述。气固相催化反应过程的基本步骤是：

ⅰ. 反应物从气流主体扩散到催化剂的外表面（外扩散过程）；

ⅱ. 反应物进一步向催化剂的微孔内扩散进去（内扩散过程）；

ⅲ. 反应物在催化剂的表面上被吸附（吸附过程）；

ⅳ. 吸附的反应物转化成反应的生成物（表面反应过程）；

ⅴ. 反应生成物从催化剂表面上脱附下来（脱附过程）；

ⅵ. 脱附下来的生成物分子从微孔内向外扩散到催化剂外表面处（内扩散过程）；

ⅶ. 生成物分子从催化剂外表面扩散到主流气流中被带走（外扩散过程）。

为了直观了解气固相催化反应基本步骤，请参见图 2-1。

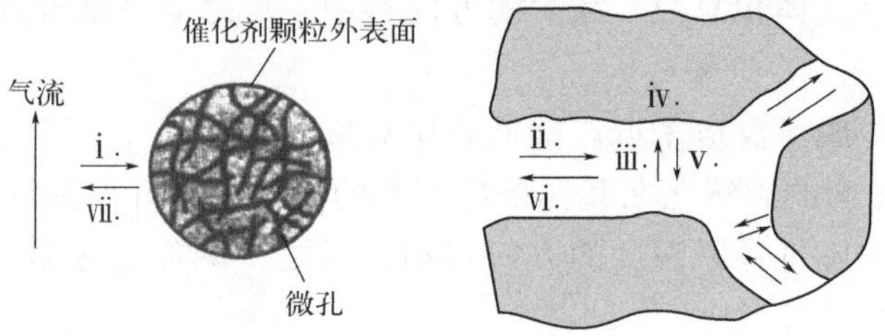

图 2-1　气固相催化反应过程基本步骤示意图

根据上述基本步骤，可对甲醇氧化、脱氢生成甲醛的反应历程大致可作出以下更具体的描述：原料气空气中的氧分子扩散到银催化剂表面（包括外扩散和内扩散），被催化剂吸附（而不是甲醇分子先被吸附）变成原子态的氧。原子态氧不稳定、活动能力强，它紧拉着甲醇分子的氧，使分子中的 C—H 键和 O—H 键变弱，最后使 C—H 键和 O—H 键断裂，在银催化剂表面发生氧化或脱氢反应（弱吸附时发生氧化反应，强吸附则发生脱氢反应），反应结果生成甲醛分子和水分子或甲醛分子和氢分子。然后，产物在催化剂表面解析后扩散（包括内、外扩散）到气相主体中被移走。

作为甲醇制甲醛最基本的反应机理，银表面首先吸附氧，已基本取得共识，但对甲醇是否被银表面吸附的问题，却有不同的见解。

一种观点认为，银催化剂表面不发生甲醇的吸附。因此，甲醇氧化脱氢的产物量随着银表面氧的覆盖率的增加而增加。

另一种观点则认为，银催化剂表面发生了甲醇的吸附作用，生成甲氧基吸附物。因此，反应速率并不取决于银表面氧的覆盖率，而是取决于所形成的甲氧基吸附物，即取决于甲醇与银表面的接触概率。其机理表示为：

$$O_2 \xrightarrow{Ag} 2O$$

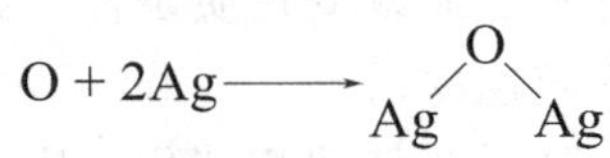

$$CH_3OH + Ag \longrightarrow H + CH_2O\cdots Ag \text{（甲氧基吸附物）}$$

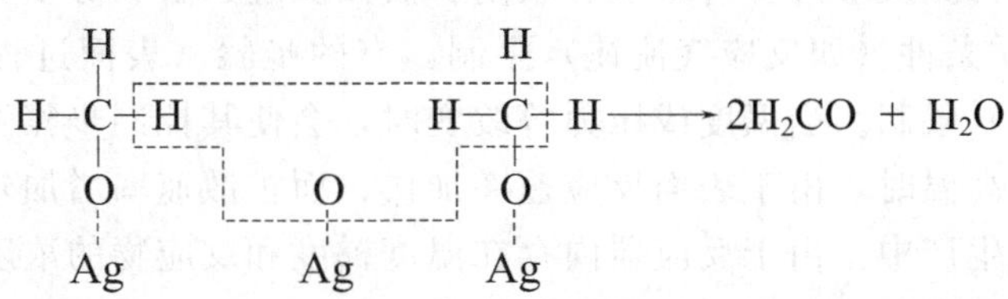

b. 影响气固相反应过程的因素分析。

在稳态条件下，如果反应步骤中有个步骤的阻力远较其他步骤大时，这个步骤的速率就特别慢。则整个反应过程的总速率将受这一步骤所控制。也就是说，这个步骤的速率就决定了整个过程的反应速率，该步骤称为决速步。因此，只有设法加速这一步骤的速率，才能加快全过程的反应速率。如果反应物向银催化剂表面的扩散速率很慢，而其他步骤进行较快，则此时反应为外扩散控制。要加快反应的全过程就要首先克服外扩散阻力。

ⅰ. 反应气流速。生产中可以通过提高反应气流速的办法来减少和消除外扩散阻力的影响。图 2-2 表示反应气流速和产率的关系。

曲线 *AB* 段表示产率随反应气流速率的增加而增加，反应在这一段是受外扩散控制的。到

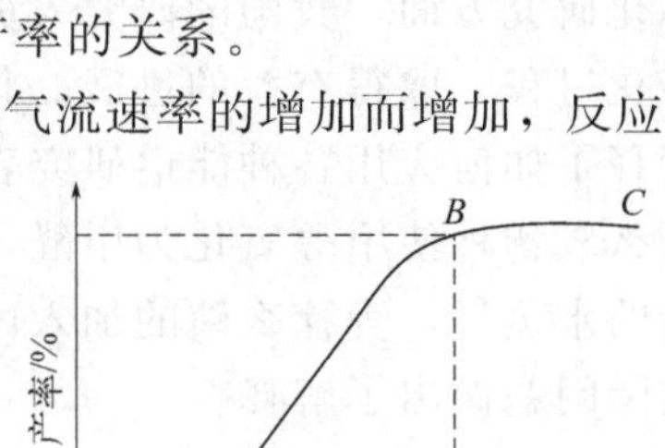

图 2-2 反应气流速和产品产率的关系

了 BC 段，产率已不受反应气流速的影响，表明在此线速度下，已经消除了外扩散的影响，外扩散已不再是反应的控制步骤。这时，提高反应气流速只能使催化剂的外表面得到最大限度的有效利用。但随着流速的提高，还需同时考虑反应物的接触时间，以便完成反应过程。

因此，对不同的催化反应过程，都有一种较适宜的进、出料流速范围。

ⅱ. 催化剂。如果反应物很快就扩散到了催化剂的外表面，但催化剂微孔的孔隙很小或孔道很狭长，反应物扩散到催化剂的内部受阻，催化剂的内表面没有被充分利用。这时，内扩散就成了控制步骤。为消除内扩散的影响，常采用改变催化剂颗粒大小的办法。减小催化剂的粒径能使存在于催化剂内部的微孔长度变短，使反应气较易进入催化剂内表面，因而增加了催化剂的内表面的利用率，使反应速率加快。但粒径的减小需同时考虑阻力因素，粒径太小则阻力将增加。因此，必须选择适宜的催化剂粒径。

ⅲ. 反应温度。以上讨论的是可以采用增大反应气流速来消除外扩散影响和采用细粒径催化剂来消除内扩散影响，使反应速率加快的理论依据。外扩散和内扩散都是传质步骤，扩散的活化能一般不超过 42kJ/mol。当实测的反应活化能小于此值时，就表明反应可能受外扩散或内扩散的传质步骤控制。如实测的反应活化能大于此值时，表明反应已不是受传质步骤控制，而是有可能受吸附控制、表面反应控制，或解吸控制等表面过程的控制。当这些表面过程成为反应速率的控制步骤后，那就再不能靠改变传质条件（如增大流速等）来提高过程的反应速率，而是要靠改变温度来提高反应速率。

总之，甲醇和氧反应生成甲醛的主反应是一个气固相催化反应。其反应机理虽尚待进一步探索，但大体可认为其反应过程有扩散、吸附、表面反应和解吸等步骤。其中，有的步骤（内、外扩散）受传质条件（如反应气流速）限制，有的步骤（表面过程的步骤）则受动力学条件（如反应温度）限制。当温度或压力等改变时，会使其控制步骤发生转化，如在低温时转为表面控制；在高温时，由于表面反应速率加快，而扩散速率增加较慢，此时可能转化为扩散控制。又如在生产中，由于反应器内存在温度梯度和反应物的浓度梯度，所以整个催化床层随位置的不同又有可能分别属于不同的控制步骤。

② 银法甲醛反应机理研究　表面能谱技术的发展，使人们可以从分子水平上研究催化剂上发生的吸附和反应过程，使一些化学反应的微观过程得到更清晰的解释和描述，为催化剂设计提供了大量的有用信息。

化学反应机理的研究主要通过对模型催化剂和工业催化剂上的吸附和催化两种手段来进行。

对于模型催化剂上的吸附和催化，人们做过许多出色的研究，这对多相催化的概念和理论的建立起到了重要作用。

在工业催化剂上的吸附和催化研究方面，我国的研究人员多年来致力于用表面技术研究金属和氧化物上发生的吸附和催化过程，取得有益的进展。其中，他们通过研究氧在电解银催化剂上的吸附和甲醇氧化，阐释了如何应用各种能谱研究表面吸附态和催化反应机理。

例如，他们首先研究了是什么氧物种使甲醇氧化为甲醛，并根据所得反应机理，对于在原料甲醇中为什么要加入一定量的水蒸气，为什么磷的加入可以提高催化剂的选择性，铁为什么会使电解银催化剂中毒等实际问题做出了解释。

a. 甲氧基吸附态是甲醇脱氢生成甲醛的中间物种。Barteau 通过对银催化剂表面吸附态的研究，认为吸附态氧可以促进甲氧基吸附态的形成，而甲氧基吸附态是甲醇脱氢生成甲醛的中间物种。在超高真空条件下，研究了氧在模型催化剂 Ag(110) 面上的吸附，发现仅在 150K 以下才存在分子态氧，而原子态氧即使在很低的温度下也能观察到。室温下只有氧解离吸附在银表面上。分子态氧对原子态氧的选择性取决于吸附温度和暴露量，低温和高暴露量有利于分子态氧的吸附。

b. 甲醇氧化反应是通过甲氧基吸附态进行的。Wachs 在研究了模型催化剂 Ag(110) 面上甲醇氧化脱氢反应后发现，在清洁的 Ag(110) 面上，几乎没有甲醇化学吸附发生，而表面预吸附氧则可大大地增强表面的反应活性。吸附氧和甲醇羟基氢相互作用有助于甲醇的解离吸附，而且也易为甲氧基脱氢生成甲醛提供低能途径。

研究表明，甲醇氧化反应是通过甲氧基吸附态进行的。甲氧基是表面最丰富的中间物种，进一步分解为甲醛和氢。反应机理如下：

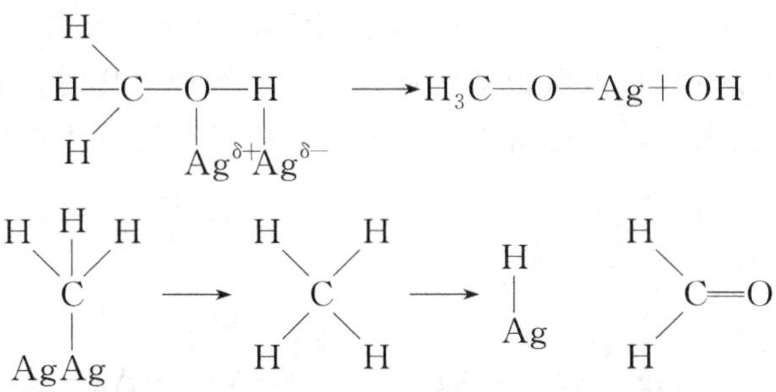

这一步反应在 176.7℃以下作为一级反应动力学进行，是速率决定步骤。产物氢很容易和表面甲氧基重新再合成甲醇。不吸附物种覆盖度较大时，甲醛和甲氧基共吸附生成甲酸甲酯和氢。当表面氧过量时，甲醛完全氧化为 CO_2。反应机理概括如下：

$$2CH_3OH(a)+O(a)\longrightarrow 2CH_3O(a)+H_2O(g)$$
$$CH_3O(a)\longrightarrow H(a)+H_2CO(a)$$
$$H_2CO(a)\longrightarrow H_2CO(g)$$
$$H_2CO(a)+CH_3(a)\longrightarrow H_2COCH_3(a)$$
$$H_2CO_2CH_3(a)\longrightarrow HCO_2CH_3(a)+H(a)$$
$$H(a)+H(a)\longrightarrow H_2(g)$$
$$H(a)+CH_3O(a)\longrightarrow CH_3OH(g)$$
$$H_2CO(a)+O(a)\longrightarrow HCO_2(a)$$
$$H_2CO_2(a)\longrightarrow H(a)+HCO_2(a)$$
$$HCO_2(a)\longrightarrow H(a)+CO_2(g)$$

式中，(a) 表示吸附位。

c. 预吸附氧可大大促进甲氧基的形成。Felter 对甲醇在模型催化剂 Ag(111) 表面上的吸附和氧化脱氢的研究结果表明，在未预吸附氧的 Ag(111) 也有甲氧基生成，而预吸附的氧则可以大大促进甲氧基的形成。

d. 氧易在银原子间的空隙中吸附。Jede 等提出了甲醇成对氧化机理：

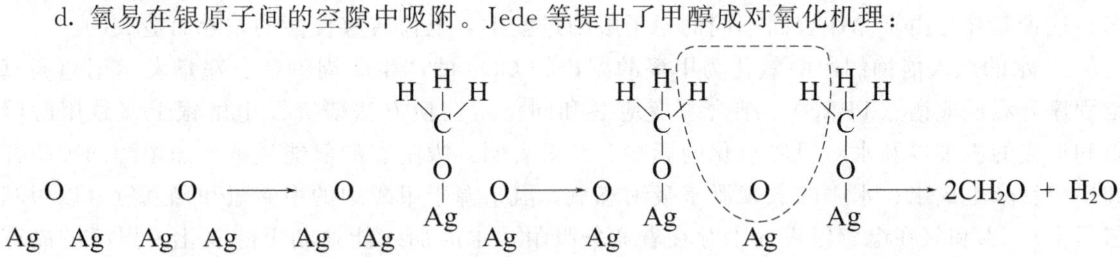

氧易在银原子间的空隙中吸附，甲醛的生成速率取决于甲氧基对的数目。

e. 吸附态的甲醇与预吸附的氧反应生成甲醛。Bhattacharyya 等采用微分反应器在银粉上进行甲醇气相氧化机理的研究，结果表明，气相甲醇与吸附态的氧反应生成甲醛。

Robb 等也用微分反应器研究了甲醇在负载银催化剂上的氧化反应，认为是吸附态的甲醇与预吸附的氧反应生成甲醛，并符合 Langmuir-Hinshelwood 机理（两个化学吸附分子间的表面反应机理，简称 L-H 机理）。

f. 甲醇在电解银催化剂表面上的氧化。包信和、邓景发运用超高真空程序升温反应谱（TPRS），研究了甲醇在工业电解银催化剂表面上的氧化反应。结果表明：除了少量 H_2O 和微量 CO_2 以外，纯净的银表面不吸附 CH_3OH、D_2 等气体。当银表面预吸附氧后，显著增强了上述气体的吸附和反应。并且在不同的温度时，发生不同的反应形式，得到不同的产物群。

邓景发等在深入研究甲醛在电解银催化剂表面上的选择氧化时，观察到表面预吸附氧的增活效应。在氧覆盖度较大时，在电解银表面上发现两种稳定的表面中间态：

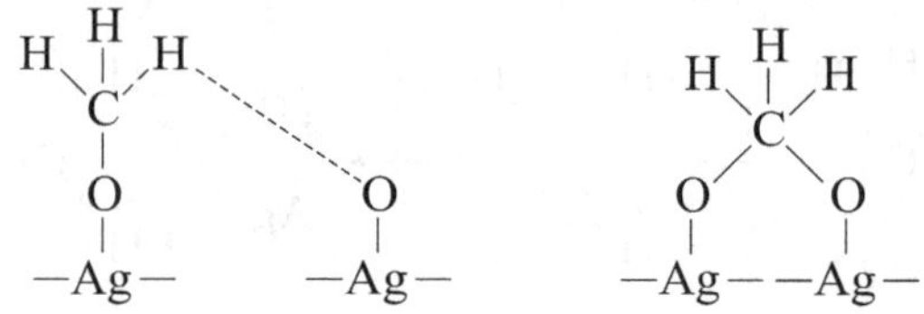

(Ⅰ)　　　　(Ⅱ)

甲醇在表面预吸附氧的作用下进行解离化学吸附，生成稳定的中间体 $CH_3O(a)$，当表面剩余氧的吸附态覆盖度很大时，甲氧基周围的吸附态氧原子与表面甲氧基形成稳定的中间体（Ⅰ）、（Ⅱ），然后再分解生成各种产物：

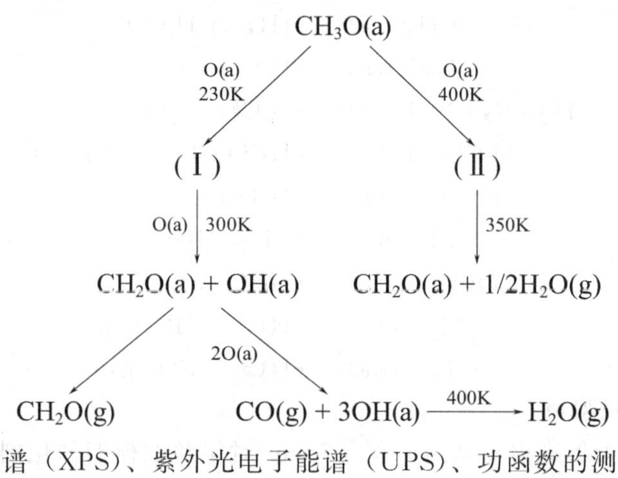

X 射线光电子能谱（XPS）、紫外光电子能谱（UPS）、功函数的测量和同位素交换等方法的研究表明，和单晶银表面的吸附不同，氧在室温下电解银表面的吸附存在未解离的分子态吸附氧种。氧在多晶银表面的吸附，是通过分子态氧吸附的前驱态解离生成氧原子吸附态。这种差异是由于晶体表面不同的原子吸附过程中，电荷转移性能的差异而造成的。

g. 水的加入能抑制甲醇氧化为甲醛的副产物 CO_2 的产生。周勤伟、邓景发运用超高真空程序升温反应谱（TPRS），结合瞬变应答和同位素交换方法研究了电解银上氧致甲醇吸附和反应的机理以及水对甲醇氧化的影响。结果表明：吸附态的氧能显著增加甲醇的吸附并和甲醇反应生成水；水中的氧来源于吸附态氧，氢来源于甲醇中的甲基氢和羟基氢（以甲基氢居多）。水和氧在电解银表面上存在着竞争吸附，水的加入能抑制甲醇氧化为甲醛的副产物 CO_2 的产生，提高反应选择性。此结果与活性数据一致。

h. 银催化剂铁中毒的微观机理。包信和、唐亮、邓景发用超高真空程序升温反应谱和表面功函数测量等方法，研究氧、甲醇在毒化电解银催化剂表面吸附和氧化反应机理。研究得到铁中毒反应的微观机理是：铁通过两种途径使甲醇在银催化剂表面生成甲醛的反应受到影响。

ⅰ. 配体效应。表面铁通过与之配位的氧修饰了银催化剂的表面电子性质，表面 Fermi 能级的降低导致了随后的氧吸附（表面提供电子）键的键能降低（Ag—O 键偶极矩为 1.67×10^{-31} C · m），从而增强了表面吸附氧的反应活性，加剧了醇的深度氧化。

ⅱ. 旁路效应。甲醇在氧化铁（特别是 Fe_2O_3）表面上的吸附和反应，改变了甲醇在银表面上的反应途径。综合实验结果，提出在铁中毒的银催化剂表面甲醇氧化反应途径如下：

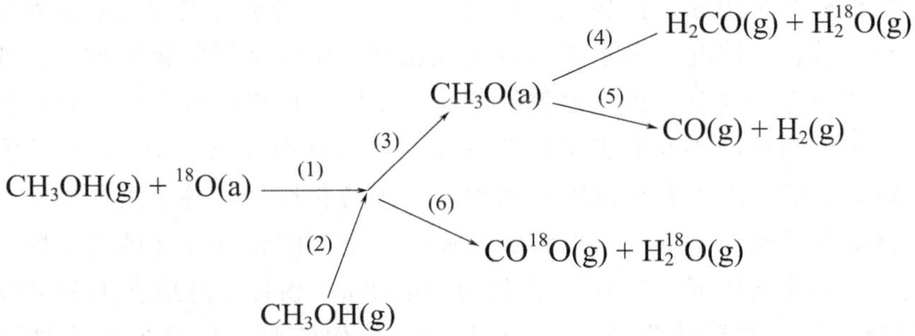

清洁的电解银催化剂表面，反应遵循（1）、（3）、（4）和（2）、（3）、（4）的途径生成产物甲醛；在轻微毒化的银催化剂表面（FeO/Ag）反应主要按（2）、（3）的途径进行，不需要表面预吸附氧甲醇就能分解成一氧化碳［反应途径（2）、（3）、（5）］和甲醛［反应途径（2）、（3）、（4）］；在严重毒化的银催化剂表面，（1）、（6）和（2）、（6）是主要反应路线，在氧帮助下，甲醇深度氧化生成副产物 CO_2 和 H_2O。

从表面研究得到的这一铁中毒机理，能很好地解释工业生产和实验室中，铁对反应活性的影响。

i. 电解银表面的氧化活性和化学修饰。

ⅰ. 电解银中添加磷能提高甲醇氧化为甲醛的选择性。包信和、邓景发、董树忠用 X 射线光电子能谱、电感耦合等离子体发射光谱（ICP-AES）和程序升温反应（TPR）等手段，与活性测试数据结合，对银-磷（Ag-P）催化剂进行了研究。

结果表明，在纯净的电解银中添加微量磷化合物作为助催化剂，能有效抑制副产物的生成。在其他条件不变的情况下，银-磷［$(80\sim100)\times10^{-6}$］催化剂与纯净的银催化剂比较，对于甲醇制甲醛的反应，甲醛产率从 85.1% 提高到 91.5%，CO_2 产率从 9.1% 下降到 7.1%，醛选择性由 90.7% 提高到 92.8%。

ⅱ. 银钯合金能改变甲醇氧化反应的选择性。王怀明、邓景发运用 UPS、超 TPRS 研究了氧和甲醇在银钯合金上的吸附和反应。

实验结果表明，合金表面存在两种分别与银和钯原子有关的活性位；少量钯原子的存在，一方面提供了甲醇分解反应的活性中心，另一方面通过银之间的电子相互作用，削弱了氧与银的结合，增强了表面吸附氧的反应活性，从而改变了甲醇氧化反应的选择性。

j. 甲醇在电解银催化剂表面氧化反应的原位实验研究。许新华、邓景发为了对在银表面进行的甲醇氧化反应有一个直观的了解，使用原位表面激光拉曼光谱和原位 X 射线光电子能谱测量技术，进行了甲醇在电解银催化剂表面氧化反应的原位实验研究。在模拟工业生产的条件下，考察了工业催化剂——电解银表面的氧吸附态和甲醇氧化反应的表面中间体构型，得到了一些新的结果，并提出了对电解银催化剂改进的方法。

研究结果认为，甲醇生成甲醛的过程不是通过几个中间体完成的，这和以前的在超高真空系统中的实验结果不同。甲醇生成甲酸的反应或者是通过甲氧基中间体氧化脱氢完成的，或者是直接脱氢完成的，由于其反应速率极快，因此细节尚不清楚。

研究表明，增强电解银表面的碱性可以提高甲醇氧化反应的活性。他们对碱金属和碱土金属元素修饰的电解银催化剂上的甲醇部分氧化生成甲醛的反应活性进行了考察，发现碱金属元素修饰的电解银催化剂显示了较高的活性和甲醛产率，分析表明这是通过提高催化剂的脱氢能力而实现的。对碱金属元素修饰的电解银催化剂的表面性质的研究结果也证明了这一点。

任丽萍、戴维林等采用原位拉曼光谱研究了经纯氧高温预处理的电解银表面的各种吸附氧物种，及其相互转化的情况，揭示了电解银催化剂在甲醇选择氧化等重要工业生产过程中活性氧物种存在的形态，这对于推测电解银催化的实际反应机理有十分重要的指导意义。

以前报道的实验和理论研究都表明只有特殊吸附的氧物种 Ag-O(γ) 才是甲醇直接脱氢反应进行的关键，他们提出了各种吸附氧物种的合理转化途径，并给出了相关证据。他们采用原位拉曼光谱清晰地阐明了室温下电解银表面分子氧吸附物种存在的真实性，该物种在近似于乙烯环氧化的实验条件下（423K）转化为 Ag-O(α) 物种，然后在类似甲醇选择氧化的条件下（约 873K）进一步转化为 Ag-O(γ) 物种。他们的原位拉曼光谱试验结果揭示了银催化剂在上述工业生产中活性氧物种的存在形态。有关不同氧物种的反应性能及分子反应机理还需进一步研究。

③ 动力学方程　电解银催化剂上甲醇氧化脱氢生成甲醛的反应十分复杂，除主反应生成甲醛外，还有许多副反应。一般认为，在其反应历程中，吸附态氧原子和甲氧基是重要的反应中间物。基于这种对银法甲醛生产过程中化学反应历程的认识，研究人员作出其动力学方程的推导，介绍如下。

在 Madix 等人的反应机理的基础上，假定反应历程如下：

$$O_2(g)+2\square \underset{k_{-1}}{\overset{k_1}{\rightleftharpoons}} 2O(a) \tag{2-20}$$

$$CH_3OH(g)+O(a)+\square \xrightarrow{k_2} 2O(a) \tag{2-21}$$

$$CH_3O(a) \xrightarrow{k_3} CH_2O(a)+H(a) \tag{2-22}$$

$$CH_2O(a) \xrightarrow{k_4} CH_2O(g)+(a) \tag{2-23}$$

$$CH_2O(a)+O(a) \xrightarrow{k_5} CO_2(g)+H_2O(g)+(a) \tag{2-24}$$

式中，k 表示反应速率常数；(a) 表示吸附位。

过程开始首先是气相中的氧在银催化剂上进行离解吸附形成原子态的吸附氧层，式(2-20)。然后气相中的甲醇在氧原子的作用下离解吸附生成甲氧基，式(2-21)。Madix 指出：吸附的氧原子与甲氧基的比率确定了反应产物的分布，甲氧基以脱氢生成甲醛，式(2-22)；吸附在催化剂表面上的甲醛可以脱附作为产物，式(2-23)；也可以进一步被吸附的氧原子氧化生成副产物，式(2-24)。总之，甲氧基是该反应过程中一个关键性的中间化合物。Madix 用质谱仪测出在催化剂表面上确有一层丰富的甲氧基吸附层。无疑，甲氧基是银表面上丰度最大的活性中间物，因此，气相中的甲醇与银表面的氧原子作用形成甲氧基，是一个迅速的过程，但生成甲氧基后再进一步脱氢就慢得多了；反过来说，如果甲氧基脱氢迅速的话，银的表面上就不可能存在大量的甲氧基了。至此，甲氧基脱氢生成甲醛是整个反应过程的控制步骤，其余各步很快达到平衡。这时，$CH_2O(a)$、$OH(a)$ 和 $H(a)$ 覆盖的分数 θ 会很小，在吸附氧原子与气相氧处于平衡条件下（k_1，$k_{-1} \gg k_2$ 等），有以下关系：

$$k_1 p_{O_2} \theta_a^2 = k_{-1} \theta_O^2 \tag{2-25}$$

$$\theta_F + \theta_O + \theta_a = 1 \tag{2-26}$$

式中，a 表示吸附位；F 表示甲醛；O 表示吸附氧。

总反应速率可用控制步骤的速率表示，根据控制步骤式(2-22) 可推导得出总反应速率 r 为：

$$\begin{aligned} r &= k_3\theta_F\theta_a = k_3\theta_F\left[\frac{1-\theta_F}{1+(bp_{O_2})^{1/2}}\right] \\ &= k_3\left[\frac{k_2 p_m (bp_{O_2})^{\frac{1}{2}}}{k_3[1+(bp_{O_2})^{\frac{1}{2}}]+k_2 p_m (bp_{O_2})^{\frac{1}{2}}}\right] \\ &\quad \times\left[1-\frac{k_2 p_m (bp_{O_2})^{\frac{1}{2}}}{k_3[1+(bp_{O_2})^{\frac{1}{2}}]+k_2 p_m (bp_{O_2})^{\frac{1}{2}}}\right]\Bigg/\left[\frac{1}{1+(bp_{O_2})^{1/2}}\right] \end{aligned} \tag{2-27}$$

式中，$b = k_1/k_2$；p_m 为甲醇分压。

如果$(bp_{O_2})^{\frac{1}{2}} \ll 1$ 及 $k_2 p_m (bp_{O_2})^{\frac{1}{2}} \ll k_3$，则有

$$r = k_3 b^{1/2} p_m p_{O_2}^{1/2} \tag{2-28}$$

最后获得速率方程式：

$$r = k p_m p_{O_2}^{1/2} \tag{2-29}$$

将空速为 $11000h^{-1}$、反应温度为 520℃及 470℃时试验所得数据代入速率方程式(2-29)，求得速率常数为：

520℃　　　$k = 0.651$　　　$r = 0.651 p_m p_{O_2}^{1/2}$

470℃　　　$k = 0.367$　　　$r = 0.367 p_m p_{O_2}^{1/2}$

按上述动力学方程式算出的反应速率与试验测得的反应速率比较列入表 2-7 中。

表中，计算值与实验值吻合得很好。根据 Arrhenius 方程求得该反应的活化能估算值为：

$$E = 13292\text{kcal/mol}(1\text{cal} = 4.1840\text{J})$$

表 2-7　在 520℃试验测得的反应速率与计算值比较

p_m	p_{O_2}	$r_{实验}$	$r_{计算}$
0.4430	0.1167	0.1000	0.0985
0.3875	0.1286	0.0900	0.0905
0.3842	0.1293	0.0899	0.0899
0.3536	0.1351	0.0848	0.0848
0.3199	0.1428	0.0800	0.0787
0.2659	0.1542	0.0700	0.0680
0.2345	0.1610	0.0612	0.0613

可见甲醇在电解银催化剂上的空气氧化反应的动力学方程式中，反应对甲醇为一级，对

氧为1/2级。

有关甲醇在电解银催化剂上通过氧化脱氢反应生成甲醛的机理，是人们一直在关注和不断进行实验研究的重要课题。甲醇制甲醛反应机理的研究随着研究手段的不断进步，已经有所进展。继续深入研究有关机理，对于甲醛工业生产的进步至关重要。

2. 单纯氧化法（铁钼法）

甲醇单纯氧化法制甲醛是以铁-钼金属氧化物为催化剂，所以通常称"铁钼法"。该法是在甲醇与空气处于其爆炸下限（7%）以外操作，即在空气过量的条件下操作，甲醇几乎全部被氧化，又称"空气过量法"。铁钼法甲醛生产由空气压缩工序、反应工序、甲醛吸收工序和蒸汽发生工序组成。和"银法"相比，该法具有反应温度低、甲醇单耗低、产率高、催化剂寿命长等特点，铁钼法与银法的比较见表2-8。

表2-8 铁钼法与银法的比较

项目	铁钼法	银法
甲醇进料浓度/%	<10.3	>37
反应温度/℃	250～400	630～570
反应器型式	管式绝热，固定床	固定床绝热
催化剂寿命/月	12～18	2～6
产率(收率)/%	92.2～93.1	87.7～89.7
甲醇消耗/(kg/t)	423～425	440～450
电/(kW·h)	27～35①；65～76②；	18～25
冷却水/(m^3/t)	40～60	50～65
副产蒸汽/(kg/t)	680～790	300～650
甲醛浓度(质量分数)/%	37～57	37～55
甲醇含量(质量分数)/%	0.3～0.8	0.6～1.0
甲酸含量/$\times 10^{-6}$	130～300	50～150

① 使用蒸汽透平的低电耗版本——要求额外投资费用。

② 普通版本。

（1）化学反应及热力学 "铁钼法"生产甲醛的反应器催化剂层只发生氧化反应一个主反应，甲醛全部由氧化反应生成，该反应是在常压和250～400℃下进行的，从而能做到使副反应减少，甲醛产品分解量小，选择性高。氧化反应是放热反应，反应热通过列管式固定床反应器管外的高沸点导热油移出，以保持反应温度的稳定。

铁钼法甲醛生产有几个副反应，副反应的产物除少量的CO_2和甲醇外，主要是CO和甲醛。铁钼法甲醛生产的甲醛产率为92.2%～93.1%。

主反应：

$$CH_3OH + \frac{1}{2}O_2 \longrightarrow HCHO + H_2O \tag{2-30}$$

主要副反应：

$$CH_3OH + O_2 \longrightarrow CO + 2H_2O \tag{2-31}$$

其他副反应：

$$CH_3OH + O_2 \longrightarrow HCOOH + H_2O$$

$$2CH_3OH \longrightarrow CH_3OCH_3 + H_2O$$

有关各反应物和生成物的热力学数据见表 2-9。通过热力学公式，计算得出以上两个反应在不同温度下的平衡常数和反应热，见表 2-10。

表 2-9 有关物质的热力学数据

物料（气体）	A	B /($\times10^{-4}$)	C /($\times10^{-9}$)	D /($\times10^{-9}$)	$\Delta_f H^{\ominus}_{m,298}$ /(kJ/mol)	$\Delta_f G^{\ominus}_{m,298}$ /(kJ/mol)
H_2O	7.701	4.595	2.521	−0.859	−242.0	−228.8
N_2	7.44	−34.2	6.4	−2.79	0	0
O_2	6.713	−0.00879	4.17	−2.544	0	0
CH_2O	5.607	75.40	7.13	−5.494	−116.0	−110.0
CH_3OH	5.057	169.4	6.179	−6.811	−201.3	−162.6
CO	7.373	−30.4	6.662	−3.037	111.4	−137.4

注：表中 A、B、C、D 为气体比热容 $C_p = A + BT + CT^2 + DT^3$ 方程的系数，T 单位为 K；C_p 单位为 J/(mol·K)。

表 2-10 不同温度下主要反应的平衡常数和反应热

T/K	523	543	563	573	583	603	623
$\ln K_{p,R_1}$	44.11	42.80	41.58	41	40.44	39.38	38.29
$\ln K_{p,R_2}$	62.63	60.65	58.81	57.93	57.08	55.48	53.97
ΔH_{R_1}/(kJ/mol)	−156.282	−156.267	−156.253	−156.243	−156.243	−156.23	−156.227
ΔH_{R_2}/(kJ/mol)	−236.108	−236.086	−236.067	−236.058	−236.05	−236.037	−236.026

注：R_1 和 R_2 分别表示反应式(2-20) 和反应式(2-21)。

由表 2-8 数据可见，主反应和主要副反应的平衡常数均很大，可以认为平衡转化率几乎为 100%，为不可逆反应。因此，甲醇氧化生成甲醛的反应在通常反应温度下，不受热力学限制，寻求更好的催化剂和最佳反应条件，从动力学上提高主反应速率，抑制副反应的发生是研究甲醇氧化为甲醛的主要内容。

(2) 动力学　常压下，反应温度为 523～623K，空速为 5000～11000h^{-1} 条件下，甲醇氧化反应生成甲醛的产物中只含有 CH_2O、CO、H_2O 和微量其他产物，没有 HCOOH、H_2、CO_2 等副产物生成。因此，人们认为反应体系按反应式(2-30) 和反应式(2-31) 进行。对反应式(2-30) 和反应式(2-31) 进行宏观幂指数动力学模型参数估计，可得到以下的幂指数动力学方程：

$$r_1 = 2.70\times10^5 \exp[-4.88\times10^4/RT] y_M^{0.9} y_O^{1.3} y_W^{-0.15}$$

$$r_2 = 3.40\times10^4 \exp[-5.76\times10^4/RT] y_F^{1.3} y_O^{1.6} y_W^{-0.5}$$

式中，y_M、y_O、y_W、y_F 分别为甲醇、氧、水和甲醛的摩尔分数。

由上述宏观动力学方程可见，水对反应式(2-30) 和反应式(2-31) 均具有抑制作用，其中对反应式(2-31) 的抑制作用更强。氧化生成甲醛的反应式(2-30) 对于甲醇是一级反应，对于氧是 1.3 级反应，可见氧在反应过程中的作用是相当复杂的。

(3) 催化剂与反应机理

① 催化剂的组成与特点　甲醛生产用比较典型的铁钼催化剂由两种晶体组成，分别为三氧化钼（MoO_3）和钼酸铁［$Fe_2(MoO_4)_3$］，上述两种物质具有如下特点：

a. 纯 MoO_3 活性较低，并且易挥发；

b. 纯 [$Fe_2(MoO_4)_3$] 具有很好的活性，但可形成 Fe_2O_3（产生副产物）。

但是，以最佳比例混合的 MoO_3/[$Fe_2(MoO_4)_3$] 却具有高活性、高选择性和合理的寿命。

这种“协同作用”或“共生现象”，可以改善催化剂的活性、选择性、收率和寿命条件。

② 催化反应机理　铁钼催化剂的催化原理主要基于催化剂氧化循环机理：甲醇氧化生成甲醛的分子过程可以显示为一个循环反应过程，将其称之为催化剂氧化循环。该循环的机理称之为氧化还原机理（Mars-van Krevelen 机理）。该过程包括如下步骤：ⅰ. 甲醇到达催化剂表面的活性、氧化位置；ⅱ. 甲醇发生游离化学吸附，在表面形成甲氧基-Mo(OCH_3)；ⅲ. 从甲氧基上脱下氢（慢步骤）；ⅳ. 形成的甲醛和水脱附；ⅴ. 活性下降或失去活性的催化剂位置，在氧气作用下重新活化，完成此循环。示意图如下：

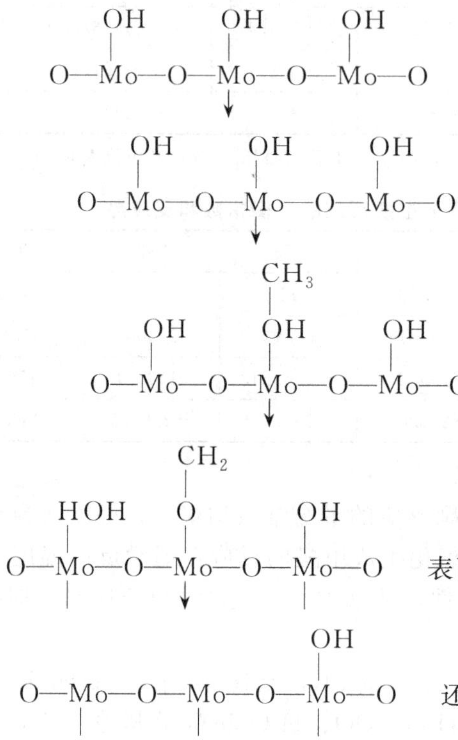

新鲜催化剂表面ⅰ.

加热后脱水ⅱ.

甲醇吸附ⅲ.

表面反应以及产品脱附ⅳ.

还原后的表面再氧化ⅴ.

ⅳ. 再循环回ⅰ.，完成催化剂氧化循环。

3. 甲醇单纯脱氢法

甲醇直接催化脱氢制无水甲醛是一条新的工艺路线，由甲醇催化脱氢制备无水甲醛，产物甲醛和氢气很容易分离，避免了甲醛水溶液的浓缩蒸发，能耗可大幅度降低，从能源利用上考虑很有工业应用价值，成为最具有工业前途的无水甲醛制备方法，因而引起了人们广泛的研究兴趣。自 20 世纪 60 年代，国内外有关研究机构对甲醇直接脱氢制无水甲醛技术进行了长期的研究，但至今尚未开发出具有工业使用价值的催化剂及其工艺。

（1）化学反应及热力学　从甲醇氧化脱氢制甲醛的反应方程式中可知，甲醇在银催化剂上脱氢生成甲醛的反应可逆，引入氧气后可和脱掉的氢生成水，从而使脱氢反应向生成甲醛的方向移动。通过选用合适的催化剂加速脱氢反应速率，抑制副反应的发生，或采用其他方法把脱掉的氢气移走，则也可以使脱氢反应向生成甲醛的方向移动，这样就可以通过脱氢反应直接制备无水甲醛。

由甲醇氧化脱氢反应的热力学分析可知，甲醇脱氢生成甲醛的反应在低温下的平衡转化率很低，反应温度在 400℃时，反应平衡转化率为 44.3%；反应温度达到 600℃时，反应平衡转化率为 95%。高温反应下，甲醇不仅脱氢生成甲醛，也可生成甲酸甲酯，或裂解为 CO 和 H_2。此外，还有一些其他副反应发生。

主反应：

$$CH_3OH \rightleftharpoons HCHO + H_2 \qquad +84kJ/mol \tag{2-32}$$

副反应：

$$2CH_3OH \longrightarrow HCOOCH_3 + 2H_2 \qquad +70kJ/mol \tag{2-33}$$

$$CH_3OH \longrightarrow CO + 2H_2 \qquad +105kJ/mol \tag{2-34}$$

$$4CH_3OH \longrightarrow 3CH_4 + 2H_2O + CO_2 \tag{2-35}$$

$$2CH_3OH \longrightarrow CH_4 + 2H_2 + CO_2 \tag{2-36}$$

$$2CH_3OH \longrightarrow CH_3OCH_3 + H_2O \qquad -19kJ/mol \tag{2-37}$$

反应生成的甲醛还会进一步发生分解：

$$HCHO \longrightarrow CO + H_2 \tag{2-38}$$

图 2-3 是甲醇脱氢反应的平衡常数与反应温度的关系图。从图中可以看出。在热力学上甲醇裂解为 CO 和 H_2 是最为有利的反应，而分子内脱氢生成甲醛是最不利的反应。

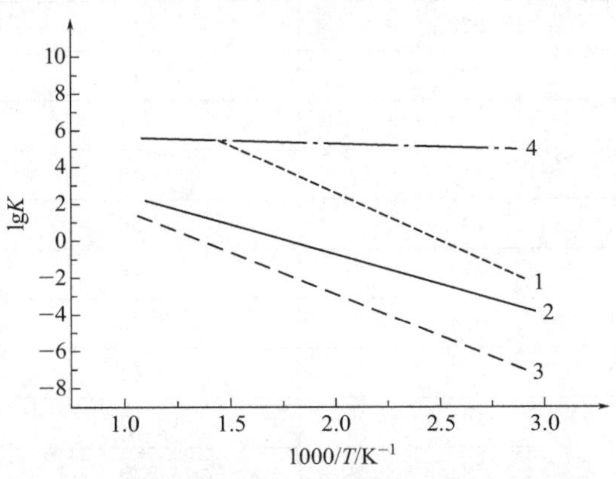

图 2-3 甲醇脱氢反应平衡常数与反应温度的关系

1—反应式(2-32)；2—反应式(2-33)；3—反应式(2-34)；4—反应式(2-38)

甲醛分解为 CO 的反应比甲醛生成反应的平衡常数高出几个数量级，因此，要想高选择性地获得甲醛，反应过程中尽量缩短接触时间以减少副反应发生以及将产物快速冷凝都是十分必要的。

根据热力学分析可见，该反应的催化剂能加速甲醇脱氢生成甲醛的速率，同时抑制甲醇和甲醛的分解等副反应的发生。另外，利用膜分离或相分离等技术可以把生成的氢气迅速移走，这也是提高脱氢转化率的一个途径。

(2) 催化剂　甲醇脱氢生成甲醛为吸热反应。该反应只有在 400℃以上才能达到一定的转化率，但在高温条件下又易发生副反应；同时由于反应过程中有氢气和一氧化碳等还原性气体生成，在高温及还原性气体存在下，催化剂特别是金属氧化物催化剂迅速失活，给催化剂的研究工作带来了一定的困难。目前，甲醇直接脱氢制甲醛的核心问题仍然是高效催化剂的开发。

人们对甲醇脱氢制甲醛催化剂已进行的研究可分为：金属、金属氧化物、碱金属含氧酸盐和分子筛等 4 类（表 2-11）。

表 2-11　部分甲醇脱氢生成甲醛催化剂的研究结果

催化剂	反应温度/K	转化率/%	选择性/%
Cu	613	17	89
Ag	1033	79	
Cu/Ag	893	85	92
Ag-Cu-Si	923	91	71
Cu/云母(mica)	673	13	81
Cu/SiO_2	773	21	80
Cu-P/SiO_2	773	57	81
Cu-Zn-Se	923	78	85
Cu-Zn-S	923	77	61
Cu-Zn-Te	823	40	76
Cu/mica	673	6	100
Zn-石墨(4%)	873	39	63
Zn	873	26	73
In	923	16	85
Zn	823	18	94
ZnO+SiO_2	823	43	53
ZnO/SiO_2	818	49	80
ZnO/SiO_2	793	56	87
ZnO/SiO_2	823	24	89
ZnO/SiO_2	894	75	78
ZnO/SiO_3	823	64	94
ZnO/mica	822	37	91
ZnO/mica	723	20	82
ZnO/Z13X	823	66	95
ZnO-$Ag_2^{\ominus}$/SiO_2	873	48	81
$Ag^{\ominus}Zn^{2+}$/Z13X	873	51	82
Na_2CO_3	963	14	92
Na_2CO_3	963	55	84
Na_2CO_3+C(3.5%)	963	49	84
Na_2CO_3+Fe(3.5%)	963	35	93
Na_2CO_3+Ni(3.5%)	963	61	81
Na_2CO_3/C	963	28	90
Na_2CO_3	1037	95	55
Na_2CO_3	930	35	75

续表

催化剂	反应温度/K	转化率/%	选择性/%
Li^{+}/MgO	963	20	60
$NaAlO_2$	773	5	89
$Li_{0.5}Na_{0.5}AlO_2$	1173	98	74
$Li_{0.5}Na_{0.5}AlO_2$	1010	40	67
Na^{+}/ZSM-5	750	20	98
$Na^{+}B^{3+}$/ZSM-5	823	63	92
$C^{+}Na^{+}$/ZSM-5	723	100	65

注：不同型号的催化剂，性能存在差异。

① 金属。金属催化剂的开发主要集中在金属 Cu 和 Ag 上。研究结果表明，氧对其活性有十分显著的影响，如果没有活性氧的存在，即使在高温下反应活性仍然很低。

1972 年，日本狄野义定用熔融锌作为脱氢催化剂，其甲醇的转化率为 26.0%，甲醛选择性为 73.0%。以后人们又用 Cu、Cu-Ag，Cu-Zn 和 Ag-Zn 等作为催化剂。试添加ⅥA 族其他元素（如 S、Se、Te）来改善催化剂性能。

1974 年，美国专利以银作为催化剂，在 760℃、500kPa 及引入水蒸气等条件下，进行了甲醇脱氢制甲醛的研究，获得了较好的转化率和选择性。在其他过渡金属（如 Fe、Ni 等）上，甲醇则主要分解为 CO，只有少量甲醛生成。因此为了获得理想的转化率和选择性，必须对催化剂金属组成进行改进，通过添加其他组分进行再修饰，或者改变工艺条件，提高反应体系温度，从而提高其反应速率。

2003 年，任丽萍等采用溶胶-凝胶法制得 Ag-SiO_2-Al_2O_3 催化剂，对甲醇直接脱氢制备无水甲醛起到了较好的催化作用，通过对制备参数及反应条件的优化，确定 Ag 的最佳负载量为 18%，焙烧温度为 800℃。将该催化剂用于甲醇直接脱氢制甲醛的反应，650℃效果最佳，甲醇转化率为 95.0%，甲醛产率达到 81.2%。虽然催化剂的寿命不是很长（数小时），但该催化剂容易再生。

② 金属氧化物。金属氧化物催化剂的研究主要集中在 CuO/SiO_2、ZnO/SiO_2 上。研究结果表明，这些催化剂都具有较好的活性和选择性，其中 ZnO/SiO_2 催化剂活性最高。但普遍都存在稳定性差的难题。由于甲醇脱氢副产大量的 H_2 和 CO，在高温及还原性气氛下，活性组分逐渐被还原、烧结，甚至蒸发流失，从而导致催化剂快速失活。而通过改变载体结构、完善制备方法及添加适当助剂等办法在催化剂表面上形成难还原的化合物以稳定高价态的金属，可以延长催化剂的寿命。

③ 碱金属含氧酸盐。Meyer 和 Renken 等人考察了一系列碱金属含氧酸盐催化剂的甲醇脱氢活性，发现 630℃时 Na_2CO_3 的活性最好，当转化率较低时，其选择性可达 90%，但其转化率提高到 100%时，其选择性则基本消失，Na_2MoO_4 和 $Na_2B_4O_7$ 的选择性次之，而 K_2CO_3 和 Cs_2CO_3 对甲醛的选择性较低。由此推测，Na 是有利于甲醛生成的重要组分。

Wiesgick 等以 $Na_{0.5}Li_{0.5}AlO_2$ 为催化剂，在 600℃反应转化率很低时对甲醛有较高选择性，当甲醇转化接近完全时，CO 成为主要产物。当反应温度升高到 900℃时，经过较短诱导期后，甲醇转化率和甲醛选择性分别达到 98%和 75%，使用 24h 后催化剂无明显失活。

④ 分子筛。新型分子筛的不断研究，为甲醇脱氢催化剂的研发开辟了一条新途径。由于沸石分子筛具有无形孔道，加之所选取或合成的沸石的孔径又与反应物、产物分子直径大

小相当，故具有特定的择形效应，从而有效地限制了大分子烃类（尤其是稠环芳烃等）在孔径内生成，抑制了积炭物的形成。

人们已开发研究过的分子筛催化剂有：脱铝的 ZSM-5 分子筛、含钠硼的 ZSM-5 沸石（Si∶B∶Na＝1∶0.3∶0.03）催化剂、Na^+ Cs^+/ZSM-5 分子筛催化剂、全硅分子筛、ZnO/沸石催化剂。

在上述研究的基础上，进一步开发出用钼、磷、镁、锰的化合物对 HZSM-5 沸石进行改性而制备的 MoZSM-5、PZSM-5、MgZSM-5、MnZSM-5 沸石型催化剂。这些新型高效沸石型催化剂在“甲醇脱水合成无水甲醛”反应中的抗积炭能力均更优于 HZSM-5 沸石催化剂，因而在有机催化领域中显示出广阔的应用前景。

⑤ 反应机理　甲醇单纯脱氢生成甲醛的反应十分复杂，机理的研究相对较少。Sagou 等对采用 ZnO/SiO_2 催化剂进行甲醇脱氢反应提出了如下机理：

$$CH_3OH \rightleftharpoons CH_3OH(a) \longrightarrow CH_2O(a) \rightleftharpoons CH_2O$$

$$CH_2O(a) \longrightarrow CO + H_2$$

上式表示甲醛快速吸附/脱附，吸附态的甲醛可分解成 CO 和 H_2，动力学数据在实验条件范围内符合 Langmuir-Hinshelwood 模型。

Matsumura 等认为在 NaSi-1 分子筛催化剂上甲醇脱氢的机理与乙醇脱氢类似，遵循 Langmuir-Hinshelwood 机理，活性位是羟基脱水产生的带有结构缺陷的 Si—O—Si 氧桥。反应的控制步骤是甲醇的解离吸附，位于氧桥邻近位置的 Na^+ 有利于甲醇在活性位上的吸附，因而随着催化剂中 Na^+ 含量的增大，催化剂的活性得以显著改善。

张藩贤等提出的机理与 Matsumura 推出的机理比较接近，都是参考乙醇脱氢的反应机理提出的。他们认为对 Mo/SiO_2 催化剂，高温焙烧后表面形成的 M—O—Si 氧桥是反应的活性中心。甲醇首先通过 M—O—Si 氧桥中 M—O 键的断裂解离吸附在活性中心上，形成甲氧基中间体，后者在邻近的硅醇基作用下进一步脱氢，通过亚甲双氧基生成甲醛，如图 2-4 所示。由于氧桥中 O—Si 键较牢固，桥式氧不易脱落，由此不会生成水。M—O—Si 氧桥中的 M 可以是 Zr^{4+}、Al^{3+}、Zn^{2+} 和 Si^{4+} 等阳离子。

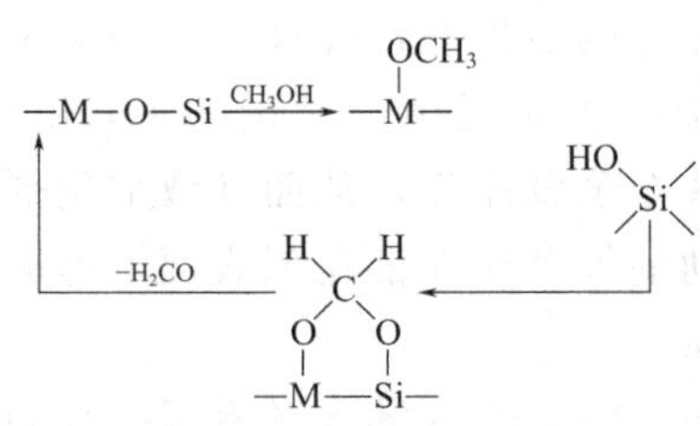

图 2-4　甲醇脱氢机理

⑥ 脱氢工艺　目前甲醇直接脱氢制甲醛的工艺开发鲜有报道。实验室一般均采用固定床反应器，通过气固相反应合成无水甲醛。甲醇脱氢反应除了选用高活性、高选择性催化剂外，应尽量缩短反应过程的接触时间，快速冷凝反应产物，以减少产物的分解和副反应的发生。

由于流化床有利于反应中热量的转移和催化剂的再生，实验结果表明，甲醇转化率和甲醛选择性明显高于固定床。采用膜分离和相分离技术来移动反应平衡，避开热力学的限制，可以使反应在比较温和的条件下进行。常用的膜反应器主要有高选择性致密膜、高透过率多孔膜及无机催化膜反应器三种。

近年来，甲醇直接脱氢制无水甲醛的研究取得了很大进展，研发的金属、金属氧化物、金属难熔盐和分子筛催化剂以及相关工艺技术都可以获得无水甲醛，其中采用性能较好的高硅分子筛催化剂结合高选择性透氢的膜反应器的工艺，当前仍处于研发阶段，离工业化尚有一定距离，特别是催化剂的选择性、稳定性及使用寿命以及催化反应机理等仍需进一步改进研究。尽管如此，由于该工艺技术具有独特的技术及经济优势，可望成为今后甲醛工业生产发展的主要方向，其工业化前景良好。

4. 甲缩醛氧化法

甲醇和甲醛在阳离子交换树脂等催化剂作用下，用反应精馏的方法合成甲缩醛，然后将甲缩醛在氧化催化剂的作用下用空气氧化为甲醛，经分离提纯可以获得70%浓度的甲醛水溶液。

20世纪80年代末，日本旭化成公司使用固体酸催化剂合成甲缩醛，然后在铁钼氧化催化剂作用下，甲缩醛氧化生成甲醛的工艺路线实现了工业化。国内现在也有不少单位开展了这一方法的研究开发工作。

甲缩醛氧化制高浓度甲醛的生产工艺，对配套甲醛聚合物下游生产装置具有明显和独特的优势。旭化成公司已成功将本工艺用于生产聚甲醛的工艺进料；还有一些公司已成功将本工艺用于生产多聚甲醛的工艺进料。目前，还有企业尝试使用草甘膦生产副产物甲缩醛与甲醇的混合物氧化制高浓度甲醛，然后再生产多聚甲醛，生产的多聚甲醛可作为草甘膦生产的原料，从而形成草甘膦生产中部分原料和产品的闭路循环，将达到增效减废的目标。总之，本工艺具有良好的发展和应用前景。江苏道尔顿石化科技有限公司也申请了相关专利，技术已经进入推广阶段。

(1) 化学反应及热力学　甲缩醛氧化制备高浓度甲醛的反应过程分两步进行：

甲缩醛的合成：

$$2CH_3OH+CH_2O \rightleftharpoons CH_3OCH_2OCH_3+H_2O \qquad -55.64kJ/mol \tag{2-39}$$

甲缩醛氧化成甲醛：

$$CH_3OCH_2OCH_3+O_2 \longrightarrow 3CH_2O+H_2O \qquad -257.8kJ/mol \tag{2-40}$$

甲缩醛的合成反应式(2-39)是可逆的醇醛缩合反应，应使用酸性催化剂加快反应速率。反应的放热量很小，提高温度对反应平衡影响不大，但可缩短平衡到达的时间。由于是可逆反应，因而采用一定的措施将缩合产物（例如水）移出，有利于反应平衡向生成甲缩醛方向移动，例如使用催化蒸馏反应的方式。

甲缩醛氧化成甲醛的反应式(2-40)是一个强放热反应，反应基本是不可逆的。使用氧化催化剂可以加速反应的进行并提高反应的选择性。事实上该氧化反应的过程是十分复杂的，包括了下列主副反应：

$$CH_3OCH_2OCH_3+O_2 \longrightarrow 3CH_3O+H_2O \qquad -228.4kJ/mol \tag{2-41}$$

$$CH_3OCH_2OCH_3+H_2O \longrightarrow 2CH_3OH+CH_2O \qquad -55.64kJ/mol \tag{2-42}$$

$$CH_3OH+\frac{1}{2}O_2 \longrightarrow CH_2O+H_2O \qquad -156.67kJ/mol \tag{2-43}$$

$$CH_2O+\frac{1}{2}O_2 \longrightarrow CO+H_2O \qquad -236.64kJ/mol \tag{2-44}$$

$$2CH_3OH \longrightarrow CH_3OCH_3+H_2O \tag{2-45}$$

可见反应包含了甲醇氧化为甲醛的反应，甲缩醛的水解反应(2-42)，甲醛进一步氧化分解式(2-44）和甲醇脱水为二甲醚的反应式(2-45)。总的反应过程可表达为图 2-5。

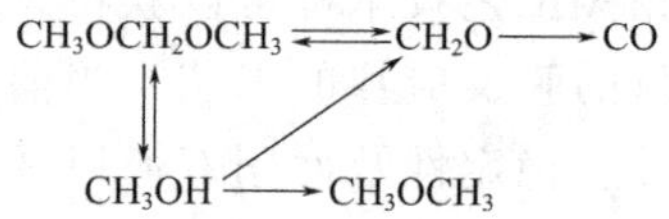

图 2-5 甲缩醛氧化反应的反应过程

(2) 甲缩醛的合成 甲缩醛是由甲醇和甲醛缩合而成。和其他醇醛缩合反应一样，是酸催化反应。甲醛和甲醇生成甲缩醛的反应机理与生成乙缩醛的机理相同，即羰基在酸催化剂作用下发生亲核加成反应生成半缩醛：

$$H_2C{=}O + H- \rightleftharpoons H_2C{=}O^+{-}H$$

$$H_2C{=}O^+{-}H + CH_3OH \rightleftharpoons H{-}\underset{H}{\overset{OH}{C}}{-}\underset{H}{O^+}{-}CH_3 \rightleftharpoons H{-}\underset{H}{\overset{OH}{C}}{-}O{-}CH_3 + H^+$$

生成的半缩醛在 H^+ 作用下，失去一分子水，形成正碳离子，再与一分子甲醇作用，生成稳定的甲缩醛：

$$H{-}\underset{H}{\overset{OH}{C}}{-}O{-}CH_3 + H^+ \rightleftharpoons H{-}\underset{H}{\overset{OH_2}{C}}{-}O{-}CH_3 \rightleftharpoons H{-}\underset{H}{C^+}{-}O{-}CH_3 + H_2O$$

$$H{-}\underset{H}{C^+}{-}O{-}CH_3 + CH_3OH \rightleftharpoons CH_3{-}O{-}CH_2{-}O{-}CH_3 + H^+$$

总的反应式可写成：

$$HCHO + 2CH_3OH \underset{k_2}{\overset{k_1}{\rightleftharpoons}} CH_3{-}O{-}CH_2{-}O{-}CH_3 + H_2O$$

酸催化剂可选用无机酸、路易斯酸（$FeCl_3$，$AlCl_3$）和固体酸（强酸性阳离子交换树脂，HZSM-5 分子筛）等作为催化剂。其中酸性阳离子交换树脂和分子筛等固体酸催化剂应用较多，因为这类催化剂不存在分离问题。表 2-12 列出了几种酸性阳离子交换树脂催化甲缩醛合成反应的性能，并和传统的无机酸硫酸性质作了比较。由表可见强酸性大孔型阳离子交换树脂 91-3 和 Lewatit SP120 催化剂的甲缩醛收率略高于 H_2SO_4 催化剂的相应指标。

表 2-12 酸性催化剂上甲缩醛合成反应的结果

催化剂	甲醛转化率/%	甲缩醛收率/%
732(上海树脂厂)	54.1	10.7
734(上海树脂厂)	58.3	32.5
735(上海树脂厂)	55.1	15.9
91-3(自制)	58.2	38.9
91-5(含氟树脂,中国科学院上海有机所)	58.9	35.3

续表

催化剂	甲醛转化率/%	甲缩醛收率/%
Lewatit S100	57.8	34.9
Lewatit SP120	62.8	39.0
H_2SO_4(2%)	65.2	38.4

注：反应条件为 $T=80℃$，反应时间$=120min$，反应混合物中 HCHO 的质量分数$=20.7\%$，$n(CH_3OH)/n(HCHO)=2.24:1$，催化剂用量 15g/150mL。

使用酸性大孔阳离子交换树脂，在催化精馏反应塔中进行甲缩醛的合成反应，不仅能得到较高含量的甲缩醛产品，而且还避免了分离过程。表 2-13 为两种加料方式下使用催化精馏反应器合成甲缩醛的结果。

表 2-13　甲醇和甲醛加料方式的影响

加料方式	塔顶产品/%			塔底产物/%	
	甲缩醛	甲醇	水	水	其他
1	92.13	6.49	1.38	98.69	1.31
2	98.51	0.08	1.31	99.46	0.51

将无水甲醇与市售甲醛溶液按反应的物质的量比 2∶1 预先混合后加入反应塔内（加料方式 1）。此种加料方式在塔顶不能得到高浓度的甲缩醛产品，而只能得到含甲缩醛 92.13%、甲醇 6.49%和水 1.38%的产物。这一产物组成接近于甲缩醛与甲醇的共沸组成（甲缩醛 93%，甲醇 7%）。

要获得高浓度的甲缩醛产品，必须阻止甲缩醛与甲醇形成共沸物。由于甲醛原料中含 63%的水，考虑在反应精馏塔的上方进料口加甲醛溶液，而下方进料口加甲醇（加料方式 2），以期利用甲醛原料中所含有的水来破坏甲缩醛与甲醇形成的共沸物，提高塔顶产品的浓度。可以看出用加料方式 2 可在塔顶获得 98.51%的高浓度甲缩醛，并在塔底排出含 99.49%水的低污染塔底排放物。因此在该系统中，水可以作为萃取剂不断地抽取出甲醇，从而有效地阻止甲缩醛与甲醇形成共沸物，以保证获得高浓度的塔顶产品及低污染的塔底排放物。

高浓度甲缩醛还可以通过加压精馏方法制取；将反应后得到的浓度≥90%甲缩醛打入压差精馏塔，控制塔内压力 1.2～1.5MPa，精馏塔顶温度 120℃，塔底温度 135℃，塔底能采出 99.5%高浓度甲缩醛，塔顶馏分回流至反应塔和加压精馏塔。

一般工业品的甲醇和甲醛溶液中含有一定量的金属离子，而金属离子在阳离子交换树脂上的吸附会导致催化性能下降。研究表明，Fe^{3+} 和 Cr^{3+} 在催化剂上的吸附较强，对催化活性的影响最大，而 Ni^{2+} 和 Mn^{2+} 的吸附较弱，对催化活性影响甚微。中毒的催化剂通过液相再生法可恢复催化性能。

使用 HZSM-5 作为催化剂，可通过反应蒸馏方式进行甲缩醛的合成。以 NH_4^+ ZSM-5 沸石分解得到的 HZSM-5 催化剂，以分解温度为 500～600℃最佳，可使甲醛转化率大于 90%，甲醛选择性大于 99%。HZSM-5 催化剂的活性中心为布朗斯特酸（B 酸）位，甲醛的选择性由 B 酸含量所决定。

甲缩醛氧化为甲醛的反应和甲醇单纯氧化制甲醛的反应相似，一般采用 Fe-Mo 催化剂。例如，采用 Fe-Mo-Cr 催化剂（Mo/Fe 物质的量比为 1.8～1.88，Cr/Fe 物质的量比为 0.1～0.38）甲缩醛氧化制甲醛，收率达 85%；采用 Mo/Fe 物质的量比为 2.0～2.6 的催化剂，甲缩醛转化率为 98%，甲醛收率达 100%。

图 2-6 为固定床反应器中 Fe-Mo 催化剂的评价结果，表 2-14 为 Fe-Mo 催化剂中加入 Cr 和 Co 金属后对催化剂性能的影响。

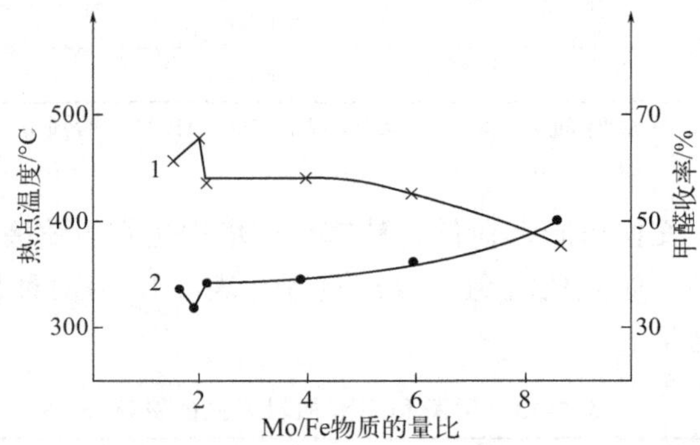

图 2-6　Mo/Fe 物质的量比对甲醛收率及热点温度的影响

工艺操作参数：甲缩醛进料速率 8mL/h，甲缩醛/氧=1/2，甲缩醛气相浓度 10%，反应床预热温度 280℃

1—甲醛收率；2—反应床热点温度

表 2-14　过渡金属 Cr、Co 离子对催化反应性能的影响

催化剂配比 Mo∶Fe∶Cr∶Co	催化反应床预热 温度/℃	催化反应床热点 温度/℃	甲醛收率 /%
4∶1∶0.23∶0.135	290.2	316.0	71.46
	292.7	308.1	77.04
	292.0	307.0	69.11
4∶1∶0.23∶0.15	282.0	394.0	37.90
	273.0	373.4	45.61
	258.0	356.0	30.84
4∶1∶0.23∶0.135	278.0	389.0	50.30
	278.1	395.6	50.00
	256.4	352.0	59.40

可见，用于甲缩醛氧化制浓甲醛的双组分 Fe-Mo 催化剂，Mo/Fe 物质的量比在 2.0 时为好，但对多组分 Fe-Mo 催化剂，Mo/Fe 物质的量比在 1.75～4 之间波动仍然可以得到较高的甲醛收率和适中的反应床热点温度。

在多组分 Fe-Mo 催化剂中，Cr、Co 离子对催化性能都有重要作用，不适当地增加 Cr、Co 配比会使甲醛收率降低，其中 Co 离子影响更显著。

在进料中甲缩醛浓度（体积分数）4%～7%，氧气和甲缩醛之比为 1.5～2.5，空速（标况）6100～10700h^{-1}，油温 232～270℃条件下，采用 ϕ2.5～3.5mm，长为 1.5m 的固定床单管反应器，甲醛的平均收率大于 88%，适宜的工艺条件下收率可以达到 90%～93%。

参考文献

［1］ 戴自庚，全国甲醛行业协作组．甲醛生产［M］．成都：电子科技大学出版社，1993.

［2］ 周万德，向家勇，李峰．甲醇及其衍生物［M］．北京：化学工业出版社，2018.

［3］ 刘俊吉，李松林．物理化学：上册［M］．6 版．北京：高等教育出版社，2017.

[4] 包信和，邓景发．甲醇在电解银催化剂表面上的氧化［J］．催化学报，1986，7（3）：256-263.
[5] HG/T 4351—2012：甲醇制备甲醛用电解银催化剂．
[6] 周勤伟，邓景发．水对甲醇在电解银上氧化反应的影响［J］．分子催化，1988（4）：4-5.
[7] 陈科，曾琦斐，伍雄飞．超高效电解银催化剂的研究与应用［J］．科技风，2015（19）：118.
[8] 许新华．甲醇在电解银催化剂表面氧化反应的原位实验研究［D］．上海：复旦大学，1995.
[9] 任丽萍，戴维林，杨新丽，等．电解银表面氧物种转化的原位拉曼光谱表征［J］．催化学报，2006，27（2）：115-118.
[10] 任丽萍，戴维林，曹勇，等．甲醇脱氢制无水甲醛的高活性 $Ag-SiO_2-Al_2O_3$ 催化剂［J］．化学学报，2003，61（6）：937-940.
[11] 李速延，周晓奇．甲醇脱氢制无水甲醛的研究进展［J］．工业催化，2008，16（7）：2-4.
[12] 唐宏青．世界甲醛生产工艺的发展概况［J］．甲醛与甲醇，2005，3：1-13.
[13] 丁志祥，何幸，陆辉．甲醛生产中的铁钼催化剂探析［J］．精细化工原料及中间体，2006（4）：32-33.
[14] 李峰，朱铨寿．甲醇及下游产品［M］．北京：化学工业出版社，2008.
[15] 赫研，宋佳欣，范晓强，等．甲烷气相选择氧化制甲醛［J］．化学进展，2025：1-21.

第三章 银法甲醛生产

本章着重讨论银法甲醛（简称“银法”）的生产过程。甲醛生产过程和绝大多数化工生产过程一样，包括反应物（原料）的准备、反应和生成物的分离回收三大部分。

反应物的准备就是要准备符合反应要求的由甲醇-空气-水蒸气组成的原料混合气。这里包括甲醇、空气、水蒸气的输送，混合气的配制、过热和净化等工序。在这些工序中将涉及流体输送、过滤等流体运动过程和蒸发、换热等传热过程中的有关知识。

第一节 基本知识、反应工艺过程与影响因素以及甲醛气体吸收

1. 基本知识

（1）流体的流动与输送

① 流体的概念　物体有三种聚集状态，即固态、液态和气态。因此，物质按聚集状态的不同可分为固体、液体和气体三类。固体有一定的体积和一定的形状及边界。液体有一定的体积但没有固定的形状，液体容易流动，其形状由容器来决定。气体则没有固定的形状和边界，气体的流动性更强，无论放在多大的容器内气体几乎都能完全充满。

人们把能够流动的液体和气体统称为流体。化工生产中所处理的物料，包括原料、中间体和产品等大多数是流体，如甲醛生产中的甲醇、空气、水蒸气、甲醛等都是流体。

② 流体的基本性质

a. 流体的密度，流体的密度是指单位体积的流体所具有的质量，一般用符号 ρ 表示。

$$\rho = m/V \tag{3-1}$$

式中　m——流体的质量，kg；

V——流体的体积，m^3。

【例 3-1】 测得盛有甲醇溶液的 25mL 比重瓶的质量为 28.649g，空比重瓶的质量为 8.254g，求甲醇溶液的密度。

解： 据式(3-1)：$\rho = \frac{m}{V} = \frac{28.648 - 8.254}{25}(g/mL) = 0.8158(g/mL) = 815.8(kg/m^3)$

得： 甲醇溶液的密度为 $815.8kg/m^3$。

液体的密度随着温度和压强的变化而变化。当温度升高时，液体的体积增大，密度变小，反之亦然。压强对液体的密度影响较小。对气体来说，由于气体是可压缩性流体，因此压强对气体的密度影响较大。一般从手册中查得的气体密度大多是指标准状态下（即气体温度为 0℃或 273K、压强为 1atm 或 101.3kPa）气体的密度。如果要知道在实际操作条件下气体的密度，若在气体压强不太高、温度不太低的情况下，则可以近似地用理想气体状态方程来计算，即：

$$pV=nRT=\frac{m}{M}RT$$

$$\rho=\frac{m}{V}=\frac{pM}{RT}(\mathrm{kg/m^3}) \tag{3-2}$$

式中 p——气体的压强，$\mathrm{kN/m^2}$ 或 kPa；

V——气体的体积，$\mathrm{m^3}$；

M——气体的摩尔质量，kg/kmol；

T——气体的热力学温度，K；

R——通用气体常数，$R=8.314\mathrm{kJ/(kmol \cdot K)}$。

【例 3-2】 试计算空气在温度 20℃及压力为 101.3kPa 下的密度。

解： 据式(3-2)

$$\rho=\frac{m}{V}=\frac{pM}{RT}=\frac{101.3\times 29}{8.314\times(273+20)}$$

$$\approx 1.206(\mathrm{kg/m^3})$$

得： 空气的密度约为 $1.206\mathrm{kg/m^3}$。

工业生产中人们常用相对密度这一概念。相对密度即过去常称的比重，它是指流体的密度与 4℃纯水的密度的比值。某些气体的相对密度则用它在标准状态下的密度与干空气密度之比来表示。相对密度一般用符号 d 表示，即：

$$d=\rho/\rho_{水,4℃} \tag{3-3}$$

式中 ρ——流体的密度，$\mathrm{kg/m^3}$；

$\rho_{水,4℃}$——纯水在 4℃时的密度，$1000\mathrm{kg/m^3}$。

相对密度是两种流体密度的比值，故没有单位。

生产中常用测量流体相对密度的方法来确定流体的密度。如用密度计（比重计）测出流体的相对密度，然后再按式(3-3) 计算出流体的密度。生产中甲醇、甲醛水溶液的密度就是采用这种方法求得的。

液体的密度与温度有关，如甲醇的相对密度随着温度的升高而变小。30℃时甲醇的相对密度比 15℃时小 0.004，它们分别为：

$d_4^{15}=0.7961$，$d_4^{30}=0.7921$（相对密度 d 的上标值为甲醇温度）。

甲醇的相对密度也可用式(3-4) 近似计算：

$$d_4^t=0.7915\times[1-0.119\%\times(t-20)] \tag{3-4}$$

式中 t——甲醇温度；

d_4^t——甲醇在温度 t 下的相对密度。

b. 流体的黏度，流体通常在流动中都呈现黏性，而黏性则是流体分子热运动和分子间力造成的宏观表现。流体的黏性一般用黏度来表示。黏度是衡量流体黏性大小的物理量，用符号 μ 表示，单位泊（P）表示。如温度为 20.2℃的水的黏度为 0.01P。由于泊的单位较大，不适宜使用，常用泊的 1/100 单位厘泊（cP）表示，如温度为 20.2℃的水的黏度为 1cP。

在国际单位制中黏度的单位用 $\mathrm{Pa \cdot s}=[\mathrm{Pa \cdot s}=1\mathrm{N \cdot s/m^2}]$ 表示。通过两种单位制的换算，可得：$1\mathrm{Pa \cdot s}=10\mathrm{P}=1000\mathrm{cP}=1\mathrm{mPa \cdot s}$

流体的黏度随温度的变化而有显著的变化。一般，液体的黏度随温度的升高而减小，而气体的黏度则随温度的升高而增大。如液态甲醇在20℃时的黏度为0.5945mPa·s；在30℃时的黏度则为0.5142mPa·s；气态甲醇在0℃时的黏度为0.87μP（微泊），而在1500℃时则为1.41μP。这是因为温度升高时，液体分子间的内摩擦力减少，而气体分子间的内摩擦力却增大所致。

流体的黏度μ与其密度ρ的比值则称为运动黏度，一般用v来表示，即：

$$v=\frac{\mu}{\rho} \tag{3-5}$$

流体和固体一样，也具有质量，因此也就由重力而产生了压强。流体的压强是流体垂直作用于单位面积上的力，即：

$$p=\frac{F}{A} \tag{3-6}$$

式中　p——压强，Pa；

F——垂直作用力，N；

A——面积，m^2。

压强在工程上还常用液柱高度、标准大气压（atm）、工程大气压（at）等压强单位来表示。它们的换算关系为：

$$1atm=101.3kPa=101.3kN/m^2=1.033kgf/cm^2=760mmHg=10.33mH_2O=1.033at$$

由于生产装置上的压强一般用仪表来测量，而测压表本身也受到大气压强的作用，因此当设备内流体压强大于或小于当地大气压强时，工程上就采用“表压”和“真空度”两个概念来标志流体压强的大小。以大气压强作为测量压强的分界线，凡是大于大气压强的用“表压”来表示；凡是小于大气压强的则用“真空度”表示。“表压”就是压力表上所指示出的压强，它表示比大气压强高出的那个部分的压强值。即：

$$\text{表压(表压强)}=\text{绝对压强}-\text{大气压强} \tag{3-7}$$

“真空度”表示比大气压强低的那个部分的压强值。即：

$$\text{真空度}=\text{大气压强}-\text{绝对压强} \tag{3-8}$$

③ 流体的流动

a. 流量和流速。单位时间内流体流过某管道的截面或某设备截面的量叫做流量。流量有体积流量V(m^3/s或m^3/h）和质量流量W(kg/s或kg/h）两种表示方法。体积流量和质量流量之间的相互关系可用下式表示：

$$W=V_{秒}\rho(kg/s) \tag{3-9}$$

式中　$V_{秒}$——体积流量，m^3/s。

单位时间内，流体在流动方向上流过的距离叫作流速。由于流体在管道截面上各点的流速并不相同，因此流速通常是指管道或设备截面上各点流速的平均值（平均流速）。一般用符号u来表示。

$$u=\frac{V_{秒}}{A}(m/s) \tag{3-10}$$

式中　A——管道或设备的横截面积，m^2。

流量和流速在工程计算中很重要，常被用来估算流体的输送量和所需管道或设备的直径。对于圆形管道和设备，可用d表示内径。则：

$$d=\sqrt{\frac{4V_{秒}}{\pi u}}(m) \tag{3-11}$$

在选择直径时既要考虑节省材料、减少基建投资，又要考虑减少摩擦损失、降低动力消耗和降低操作费用。一般管内流体的常见流速范围如表 3-1 所示。

表 3-1 管内流体的常见流速范围

流体种类	常见流速范围/(m/s)	流体种类	常见流速范围/(m/s)
油及黏性较高液体	0.5～1	低压气体	8～15
自来水(300kPa)	1～1.5	一般气体(常压)	10～22
工业水(＜800kPa)	1.5～3	压强较高的气体	15～25
一般液体(＞800kPa)	1～3	饱和水蒸气(300kPa 以下)	20～40
锅炉给水	＞3	(800kPa)	40～60
烟道气	3～6	过热蒸汽	30～50
易燃易爆的低压气体	＜8		

为确保安全，甲醇等易燃易爆气体的流速应予以限制，甲醇、甲醛的流速一般控制在 3m/s 以内（参见表 3-1）。

已知流体流量 V 和流速 u 后，为方便起见也可由图 3-1 求取管径。

【例 3-3】 甲醇的流量为 2.5m^3/h，试选择合适规格的甲醇输送管道。

解： 据式(3-11)

$$d=\sqrt{\frac{4V_{秒}}{\pi u}}$$

已知：$3600V_{秒}=V_{时}/(m^3/s)$，取适宜流速＝1m/s。

代入上式得：

$$d=\sqrt{\frac{4\times2.5}{\pi\times1\times3600}}=0.0297(m)=29.7(mm)$$

根据所求得的管径尺寸，应选用公称直径 D_g 为 32mm 的管子，其外径为 38mm，壁厚为 2.5mm（其规格可记作 ϕ38mm×2.5mm）。

此题也可应用图 3-1 查得 d 近似为 32mm，同样可确定选用公称直径 D_g 为 32mm 的管子。

b. 流体流动分类。流体的流动可按各种不同的方法来分类，如按流动的内在结构来分，则可分为层流和湍流两种不同的形式。

ⅰ. 层流又叫作滞流，它是一种保持前后次序的相邻流体层之间互相不掺混的流动状态。层流状态下具有不同速度流体层之间的动量（指流体的质量与速度的乘积）传递，是由流层间分子热运动和分子间的吸引力造成的。层流时流体的速度分布不均匀，其最大速度与平均速度的差异较大。层流时流体的流动阻力与流量成正比。

ⅱ. 湍流又叫作紊流，它是一种具有很不规则变动的高频脉动的流动状态。在这一状态下，流体内部充满大小不一的旋涡，流动空间中各点的运动速度和压力随时间而变化，流体各部分在流动中进行激烈的无规律的掺混。

当流体在刚形成边界层时厚度很小，一般属层流，经过一段距离，就可能发展成湍流。甲醛生产过程中的流体流动状态大多属湍流。

湍流时的动量传递虽然仍有分子间的传递，但主要是依靠微团的湍流脉动（旋涡运动），后者的作用比分子传递强得多，可以高几个数量级。因此，与层流相比，湍流时的动量通量

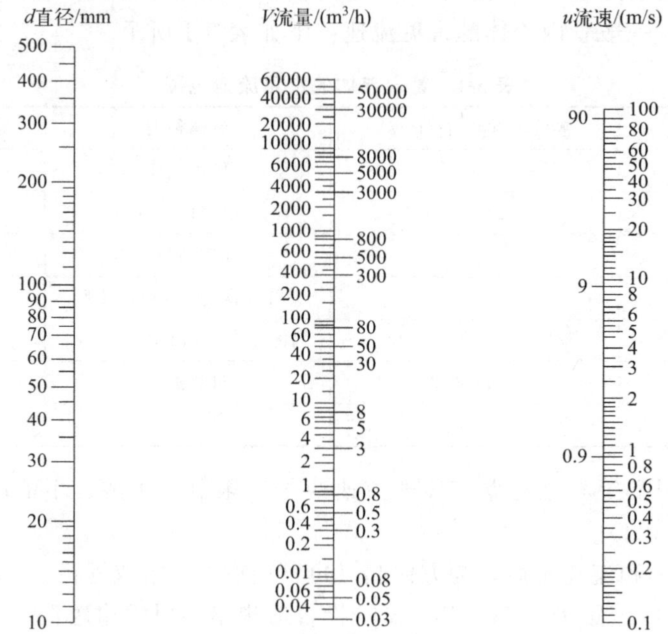

图 3-1　由流量和流速求管径的算图

大得多，摩擦阻力也大得多。湍流时由于强烈的动量交换，速度分布比层流平坦，其流动阻力几乎与速度的平方成正比。湍流时，由于脉动造成的能量消耗会增加，但湍流脉动促进混合，有利于热量传递、质量传递和化学反应，大大提高了这些过程的速度，这正是生产过程中所期望的。

c. 流体在管道中输送。流体在管道中输送时，会有一种阻力阻碍其流动。流体阻力的大小与流体的性质（如黏度的大小）、流体流动的型态（缓和流动还是激烈流动）、流体所通过的设备或管路的壁面情况（粗糙还是光滑），通过的距离和截面的大小等因素有关。

ⅰ. 流体在管道内流动的型态可通过雷诺数 Re 来判定。

$$Re=\frac{du\rho}{\mu}=\frac{du}{\nu} \tag{3-12}$$

式中　d——管道内径，m；

u——流体的流速，m/s；

ρ——流体的密度，kg/m^3；

μ——流体的黏度，$N \cdot s/m^2$ 或 $Pa \cdot s$；

ν——流体的运动黏度，m^2/s。

实验证明：

当 $Re \leqslant 2000$ 为层流。

当 $2000 < Re < 10000$ 为过渡流（此种状态会受其他因素的影响而变动，可能是层流，也可能是湍流）。

当 $Re \geqslant 10000$ 为湍流。

由此可见，Re 值越大，流体内部湍动得越剧烈，质点间相互撞击、混杂的情况也越厉害。所以，内摩擦力越大，流体机械能的损失率也越大。因此，流体阻力的大小与雷诺数直接有关。

【例 3-4】 在内径为 33mm 管中输送甲醇，其流速为 1m/s，求证甲醇在管中的流动型态（甲醇的密度为 815.8kg/m^3，黏度为 0.5945mPa·s 或 5.945×10^{-4}Pa·s）。

解： 据式(3-12)

$$Re=\frac{du\rho}{\mu}$$

$$Re=\frac{0.033\times1\times815.8}{0.5945\times10^{-3}}=45284>10000$$

故此管内流动的型态为湍流。

流体在管路中的流动阻力包括流体流经直管时的阻力损失和流经各种管配件时的局部阻力损失。

圆直管的阻力损失。流体在圆直管内流动的阻力损失可按下式计算：

$$h_{直}=\lambda\times\frac{l}{d}\times\frac{u^2}{2g}(\mathrm{m}) \tag{3-13}$$

式中 l——直管的长度，m；

d——直管的内径，m/s；

$\frac{u^2}{2g}$——流体的动压头（u 为流速，g 为重力加速度），m；

λ——管道的摩擦系数。

摩擦系数 λ 是比例常数，其值与流体的 Re 和管壁的粗糙度有关，它们之间的关系可用图 3-2 表示。

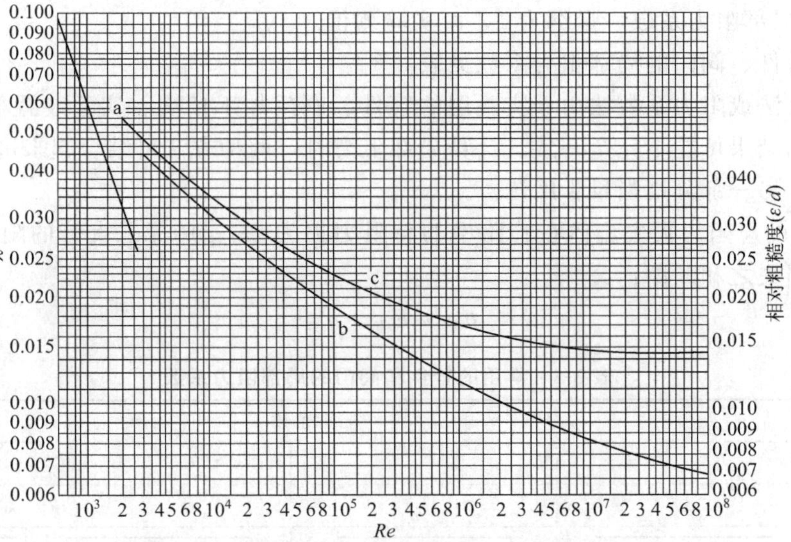

图 3-2 摩擦系数与雷诺数及相对粗糙度的关系

图中，曲线 a 代表流体作层流流动时 λ 与 Re 的关系；曲线 b 表示流体在光滑管内作湍流流动时 λ 与 Re 的关系；曲线 c 表示流体在粗糙管内作湍流流动时 λ 和 Re 的关系。光滑管通常是指玻璃管、铜管和塑料管等。

ⅱ. 管配件的局部阻力损失。局部阻力的计算，常采用以下两种方法。

❶ 当量长度法。此法是将各种局部阻力折合成相当于某长度的直管阻力的方法。

这个直管长度称为当量长度，用符号 $l_{当}$ 表示。各种管配件、阀门和流量计的当量长度都由实验测定而得。表 3-2 列出的是常见管配件的 $l_{当}/d$ 值。

表 3-2　各种管件、阀门、流量计的当量长度

管件名称	管件直径 DN/mm							
	25	32	40	50	70	80	100	125
45°弯头	0.3	0.3	0.6	0.6	0.9	0.9	1.2	1.2
90°弯头	0.6	0.9	1.2	1.5	1.8	2.1	3.1	3.7
三通四通	1.5	1.8	2.4	3.1	3.7	4.6	6.1	7.6
蝶阀				1.8	2.1	3.1	3.7	2.7
闸阀				0.3	0.3	0.3	0.6	0.6
止回阀	1.5	2.1	2.7	3.4	4.3	4.9	6.7	8.3
异径弯头	0.2	0.3	0.3	0.5	0.6	0.8	1.1	1.3
U 型过滤器	12.3	15.4	18.5	24.5	30.8	36.8	49	61.2
Y 型过滤器	11.2	14	16.8	22.4	28	33.6	46.2	57.4

得知 $l_{当}$ 后，就可用计算直管阻力损失的方法来计算出局部的阻力损失。

❷ 阻力系数法。此法是将流体通过某一局部障碍而引起的压头损失表示成动压头的倍数。即：

$$h_{局}=\xi \frac{u^2}{2g} \tag{3-14}$$

式中　ξ——局部阻力系数，量纲为 1，由实验测得。

常用的管件、阀门的局部阻力系数见表 3-3。

当量长度法或阻力系数法由于实验用的管件、阀门加工情况、实验装置等不完全相同，所以计算出的结果可能不完全一致。计算局部阻力时，两种方法可结合起来进行，一部分用阻力系数法，另一部分用当量长度法。

ⅲ. 管路的总阻力损失流体在管路中的总阻力损失（$h_{损}$）等于直管的阻力损失和管件的局部阻力损失之和。即：

$$h_{损}=h_{直}+h_{局} \tag{3-15}$$

表 3-3　常用的管件和阀门的局部阻力系数

名称	阻力系数			
标准弯头	45°		90°	
	0.35		0.75	
标准三通	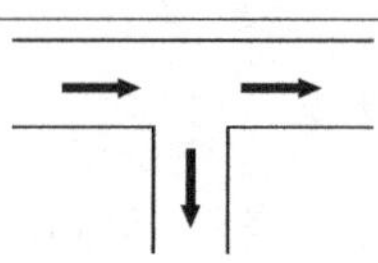	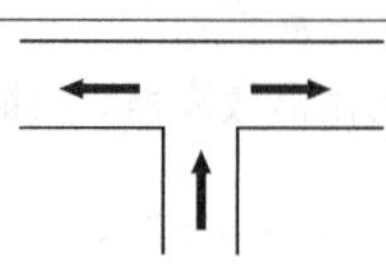	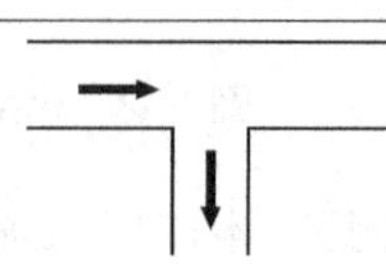	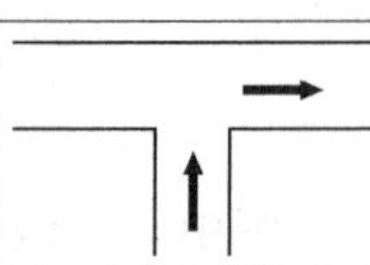
	0.4	1.0	1.3	1.5
闸阀	全开	3/4 开	1/2 开	1/4 开
	0.17	0.9	4.5	24

续表

名称	阻力系数			
截止阀(球心阀)	6.4		9.5	
出管口	1			
进管口	0.5			

【例 3-5】 在长度 50m 的水平管道上（$d=100\text{mm}$），由贮槽输送 $20\text{m}^3/\text{h}$ 的甲醇（$\mu=0.5945\text{mPa}\cdot\text{s}$；$\rho=815.5\text{kg/m}^3$），管道上装有两个全开的标准闸阀和 5 个 90°的标准弯头（弯曲半径 $3d$），求甲醇输送时总的阻力损失。

解：先确定甲醇在管内的流动状态，计算 Re：

$$Re=\frac{du\rho}{\mu}=\frac{0.1\times20\times4\times815.8}{3600\times\pi\times0.1^2\times0.5945\times10^{-3}}=97066>10000$$

所以流动型态为湍流。下面分别用当量长度法和阻力系数法计算其总的阻力损失。

当量长度法

$$h_{损}=\lambda\frac{l+\sum l_{当}}{d}\times\frac{u^2}{2g}$$

由 λ-Re 关系图（图 3-2）查得 $\lambda=0.022$

$\sum l_{当}$ 由表 3-2 查出：90°标准弯头 $l_{当}/d=35$，闸阀（全开）$l_{当}/d=7$，由容器入管口 $l_{当}/d=20$

则 $$\frac{\sum l_{当}}{d}=5\times35+2\times7+20=209 \quad \sum l_{当}=209\times d=209\times0.1=20.9(\text{m})$$

$$h_{损}=0.022\times\frac{50+20.9}{0.1}\times\frac{(20\times4/3600\times\pi\times1)^2}{2\times9.81}=0.022\times709\times\frac{0.7074^2}{2\times9.81}=0.3978(\text{m})$$

阻力系数法

$$h_{损}=\left(\lambda\frac{l}{d}+\sum\xi\right)\frac{u^2}{2g}$$

$\sum\xi$ 由表 3-3 查出：90°标准弯头 $\xi=0.75$；闸阀（全开）$\xi=0.17$；由容器入管口 $\xi=0.5$。则 $\sum\xi=5\times0.75+2\times0.17+0.5=4.59$

$$h_{损}=\left(0.022\times\frac{50}{0.1}+4.59\right)\frac{0.7074^2}{2\times9.81}=0.3976(\text{m})$$

两种方法都得到了同样近似的结果。

生产中可通过寻求减少阻力的方法以减少能耗，提高生产能力，并可通过改变流动阻力的方法来进行流量的调节或改善流动截面上的流速分布。

ⅳ. 所谓速度分布是指在给定时刻和空间，某区域内流体运动速度的大小和方向随空间位置的变化。流体通过化工设备时的流速，都呈现一定的分布，速度分布的数据可由计算求解，亦可由实验测出。

这样，根据速度分布数据可得出流体阻力，以便决定流体输送所需的动力，选择适当的流体输送机械。同时，也可由速度分布数据分析设备中流体流动的状态。当速度分布很不均匀时，将会影响某些化工过程的效率，需采取适当措施使速度分布均匀，如在甲醇蒸发器中安装分配板、分配管等分布器，就是为了使空气速度分布均匀，以改善生产条件。

④ 流体流动的基本规律

流体流动的基本规律——伯努利方程的研究可解决流体输送过程中的许多实际问题。由于甲醛生产的连续性，流体的输送大多数也是在稳定流动下进行的，不稳定流动只是在开、停车和提、降负荷等情况时才会发生。因此，这里只讨论稳定流动过程中流体流动的基本规律。

a. 实践证明，无论是静止的还是流动的流体都具有一定的能量，能量是物质具有做功能力的一种本领。物质所具有的能量，有多种多样的表现形式，如机械能、热能、电能等。仅就流体的流动而言，所涉及的能量一般只是机械能，其具体表现为位能、动能和静压能三种形式。

ⅰ. 位能，对基准面而言的相对数值，随着选用基准水平面的不同而表现出不同的数值。

ⅱ. 动能，运动着的物体所具有的能量。由于流体在流动时具有一定流速，因此也就具有动能。

ⅲ. 静压能，是由于流体有一定的静压强而具有的能量。

如把位能、动能和静压能分别用 $E_{位}$、$E_{动}$ 和 $E_{静}$ 表示，则：

$$E_{位}=mgZ \tag{3-16}$$

$$E_{动}=0.5mu^2 \tag{3-17}$$

$$E_{静}=\frac{Pm}{\rho} \tag{3-18}$$

式中　Z——距离基准面的高度，m；

m——流体的质量，kg；

P——流体的静压强，Pa；

g——重力加速度，m/s^2；

u——体的流速，m/s；

ρ——流体的密度，kg/m^3。

b. 位压头、动压头和静压头。单位质量流体所具有的位能、动能和静压能分别称为位压头（$P_{位}$）、动压头（$P_{动}$）和静压头（$P_{静}$），则：

$$P_{位}=\frac{E_{位}}{mg}=\frac{mgZ}{mg}=Z(\mathrm{m}) \tag{3-19}$$

$$P_{动}=\frac{E_{动}}{mg}=\frac{0.5mu^2}{mg}=\frac{u^2}{2g}(\mathrm{m}) \tag{3-20}$$

$$P_{静}=\frac{E_{静}}{mg}=\frac{\frac{Pm}{\rho}}{mg}=\frac{P}{\rho g}(\mathrm{m}) \tag{3-21}$$

c. 把能量守恒原理（热力学第一定理）应用到流动的流体中，就可导出稳定流动流体的伯努利方程。

对不可压缩的理想流体而言，任一截面上的位能、动能和静压能（或位压头、动压头和静压头）可以互相转换，但其总能量不变。即：

$$E_{位}+E_{动}+E_{静}=常数$$

或者

$$Z+\frac{u^2}{2g}+\frac{P}{\rho g}=H=常数 \tag{3-22}$$

式中　H——总压头，mH_2O。

对理想流体，当在一密闭管路中作连续的稳定流动时，假设流体从截面 1-1 流进，从截面 2-2 流出，如没有其他能量输入和输出，那么根据能量守恒原理，进入该管路的能量必定等于离开该管路的能量。即：输入能量 H_1＝输出能量 H_2

单位质量流体从截面 1-1 带入的能量等于从截面 2-2 带出的能量，即，

$$Z_1+\frac{P_1}{\rho g}+\frac{u_1^2}{2g}=Z_2+\frac{P_2}{\rho g}+\frac{u_2^2}{2g} \tag{3-23}$$

式中　Z_1，Z_2——截面 1-1、2-2 中心距基准面 0-0 的高度，m；

P_1，P_2——截面 1-1、2-2 处流体的压强，N/m^2 或 Pa；

u_1，u_2——截面 1-1、2-2 处流体的流速，m/s。

式(3-23) 称为理想流体的机械能守恒方程，也称为伯努利方程，它是流体宏观运动机械能守恒原理的数学表达式。它常常是确定流体流动过程中速度和压力之间相互关系的基础。

d. 生产中所遇到的各种流体都是有别于理想流体的实际流体，它与理想流体的区别在于流体在流动时存在因摩擦而损失的机械能。单位质量流体在流动中损失的能量用符号 E_f 来表示，其单位为 J/kg。对单位质量流体在流动中损失的能量叫做损失压头，用符号 H_e 来表示。

实际生产中流体输送机械对流体做功，从而增加了流体的能量。把流体从输送机械处获得的机械能叫做外加能量。单位质量流体所获得外加能量用符号 $E_{f外}$ 表示，单位质量流体所获得外加能量叫做外加压头，用符号 $H_{e外}$ 表示。

这样，对有外加能量加入的实际流体的伯努利方程应修正为：

$$Z_1+\frac{P_1}{\rho g}+\frac{u_1^2}{2g}+H_e=Z_2+\frac{P_2}{\rho g}+\frac{u_2^2}{2g}+\sum H_f \tag{3-24}$$

式(3-24) 不仅反映了流体流动过程中各种机械能之间的相互转换关系，也反映了流体在流动过程中的一些基本规律。

流体的流动过程，实质上就是流动系统中各种能量的转换过程。当没有流体输送机械做外加功时，流体就靠自身的位差和压强差来流动。这时，流体的流动方向总是从高压头处自动地向低压头处流动。如果要使流体从低压头处向高压头处流动，就必须通过输送机械来提高低压头处流体的能量，强制流体向高压头处流动。

伯努利方程在化工生产中应用很广，几乎所有有关流体输送问题都要运用到伯努利方程。

【例 3-6】 将相对密度为 0.792 的甲醇从高位槽送入蒸发器，高位槽液面维持不变，蒸发器内操作压强为 0.03MPa（表压），管径为 ϕ38mm×2.5mm，欲使甲醇以 $3m^3/h$ 的流量进入蒸发器内，问高位槽液面应比蒸发器进口处高出多少？（设流动过程中损失压头为 2m 液柱，蒸发器内甲醇液面与进口管口的距离为 1m）

解： 设高位槽液面为 1-1 截面，蒸发器进口处为 2-2 截面，取 2-2 截面处中心线为基准面。根据式(3-24)，已知：

P_1＝1atm，故 $P_{1表}$＝0，u_1＝0（因高位槽截面积比蒸发器进口管截面积大得多，故在 1-1 截面处流速可忽略不计）。

H_e＝0（因未使用流体输送机械）

$$Z_2=1\text{m}，P_2=0.03\text{MPa(表压)}=29.43\text{kN/m}^2\text{(表压)}$$

$$u_2=\frac{V}{\pi d^2/4}=\frac{3}{3600\times 0.785[(38-2\times 2.5)\times 10^{-3}]^2}=0.98(\text{m/s})$$

$$h_f=2\text{m 液柱}$$

$$\rho=792\text{kg/m}^3$$

将以上数据代入方程式(3-24) 中得：

$$Z_1=1+\frac{29.43\times 10^3}{792\times 9.81}+\frac{0.98^2}{2\times 9.81}+2$$
$$=3.788+0.049+3=6.84(\text{m})$$

故高位槽液面应比蒸发器进口处高出 6.84m。

伯努利方程只适用于不可压缩性流体。对于气体的流动，情况就要复杂得多，因为气体的密度随压强的变化而变化。当气体的压强变化不超过 20%时，仍可使用伯努利方程，但此时应采用气体的平均密度进行计算。

(1) 热量与热量的传递

① 热量　热是能量的一种形式。其他形式的能也可以转换为热能，热能也可以转换为其他形式的能，如电加热就是由电能转换为热能，而利用热能发电则是由热能转换为电能。在化工生产中又常常遇到向系统输入热量或从系统中取出热量的问题，也就是一种热量传递问题。这时，若不借外功而自动进行的热量交换，常称作热交换过程。

热量是热能的量度，是表示物质吸收或放出多少热的物理量，其单位用焦耳（J）来表示。物体所含热量的大小取决于该物体的质量、比热容和温度，其关系可用下式来表示：

$$Q=mc\Delta t \tag{3-25}$$

式中　Q——物体的热量，J 或 cal；

m——物体的质量，kg；

c——物体的比热容，kJ/(kg·K)；

Δt——温度差，($\Delta t=t_2-t_1$，其中 t_2 为高温，t_1 为低温)，K 或℃；

【例 3-7】 在蒸发器中为使 2000kg 甲醇由温度 25℃加热到 45℃，如不发生相变，问需要多少热量？[甲醇的比热容为 2.34kJ/(kg·K)]

解： $Q=mc(t_2-t_1)=2000\times 2.34\times[(273+45)-(273+25)]=93600(\text{kJ})$

即加热 2000kg 甲醇需热 93600kJ。当不发生能量转换时，进出系统的热量应该守恒，即：

$$\sum \text{输入的热量}Q_{\text{进}}=\sum \text{输出的热量}Q_{\text{出}}+\text{损失的热量}Q_{\text{损}} \tag{3-26}$$

这是进行热量衡算的依据。

【例 3-8】 为预热空气，用压强为 0.4MPa 的饱和水蒸气在列管换热器中加热空气，蒸气的流量为 50kg/h，空气的流量为 1600kg/h，冷凝液在饱和温度下排出，空气的进口温度为 25℃，空气在该温度范围的平均比热容为 1.1015kJ/(kg·K)，求空气的出口温度（设热损失为 1000kJ/h）。

解： 输入的热量为水蒸气带入的热量 $Q_{\text{进}}$，由饱和水蒸气表查得 0.4MPa 饱和水蒸气的汽化潜热为 2138.5kJ/kg，则：

$$Q_{\text{进}}=50\times 2138.5=106925(\text{kJ/h})$$

输出的热量为空气获得的热量 $Q_{\text{出}}$，据式(3-25)：

$$Q_{出}=W_{空气}c_{空气}(t_{出}-t_{进})$$

已知：$W_{空气}=1600\text{kg/h}$，$c_{空气}=1.1015\text{kJ/(kg}\cdot\text{K)}$，$t_{进}=(25+273)\text{K}$

则：
$$Q_{出}=1600\times1.1015\times(t_{出}-298)+1000$$

据式(3-26)，$Q_{进}=Q_{出}+Q_{损}$

得
$$106925=1600\times1.1015\times(t_{出}-298)+1000$$
$$106925-1000=1762.4\times(t_{出}-298)$$

故
$$t_{出}=\frac{105925+1962.4\times298}{1962.4}=358.1(\text{K})=60.1(℃)$$

即空气加热后的出口温度为 60.1℃。

② 热量传递　热量传递是由于温度差而产生热量从高温区向低温区的转移过程。在甲醛生产过程中，普遍遇到的物料升温或冷却都涉及热量传递。热量传递有时还与其他传递同时进行。例如，在甲醇的蒸发操作中热量传递与动量传递同时发生；而在氧化反应器中，则动量传递、热量传递、质量传递与化学反应同时发生。

热量传递有三种基本方式。

a. 物体较热部分的分子、原子或自由电子运动比较激烈，因振动而与相邻的分子、原子或自由电子碰撞，通过碰撞或振动将其动能的一部分传给相邻温度较低的部分。这种传热作用将持续进行到直至整个物体中的温度完全相同为止。这种依靠物质的分子、原子或自由电子的移动或振动来传递热量的方式称为热传导。在热传导中，物体中各分子的相对位置并不变动。

b. 由于流体之间微团的宏观相对位移所产生的对流运动，将热量由空间的一部分传到另一部分的传热，称为对流传热。对流传热只能在流体中存在，并伴有动量传递。

c. 物体不借助任何传递介质，热能以电磁波（辐射能）的形式向空间发射，到达另一部分被部分或全部吸收而又转变为热能的现象称为热辐射。热辐射，即以辐射的方式进行传热的过程。热辐射在能量的传递过程中，伴有能量形式的转换，即热能→辐射能→热能，并且不需要温度差，只要有温度就有辐射热，热源的温度越高，热辐射的影响就越显著。

在实际进行的传热过程中，很少是以一种传热方式单独进行的，而往往是以两种或三种方式同时出现。一般，在 360℃以下的状态，主要由传导和对流方式传热，到 500℃左右，对流和辐射的传热作用几乎相同，而在 1000℃以上的高温状态，则辐射传热起主要作用。

③ 热量传递的具体形式　热量传递的具体形式有加热↔冷却和汽化↔冷凝等，前者仅热流方向相反，其传热的物理本质完全相同，而后者则只有物态（相）的变化。实现传热目的的设备叫做换热器。由于加热和冷却实际上仅是相对的称谓而已，因此当换热器作冷却用时就叫做冷却器。

由于热量传递的目的和工作条件、工作环境不同，所采用的热量传递方法也不同。在实际生产中，热量传递的方法很多，按其换热方式和实施的特征大体可分成三类。

a. 间壁式换热是实际生产中普遍采用的基本方式之一。冷、热两流体通过设备壁面进行传热。这时热流体流过间壁的一边，冷流体则于间壁的另一边流动。在传热过程中，热流体首先将所载的热量传给间壁，然后靠间壁再将其所得的热量传给被加热的冷流体，以达到换热目的。甲醛生产中大多数都采用此类换热设备，如列管式换热器、板式换热器、螺旋板换热器等。

b. 混合式换热是冷、热流体直接接触，在混合过程中进行传热，如凉水塔、洗涤塔等换热设备。

c. 蓄热式换热通常是将各种形式的填充物装于设备中，用于储蓄热量。当气体通过时，视气体的温度高于或低于填充物的温度而将气体的热量传给蓄热填充物或从蓄热填充物带走热量，从而达到换热的目的。

d. 在生产系统中，参与热交换物体之间存在一定的温度差时，就会有热量的传递发生。温度差决定了热量的传递方向，也是传热过程的推动力，而传热过程和流体的流动与电流的流动一样，它们的传递速率都可以用下式来表示，即：

$$过程进行速率=\frac{推动力}{阻力}$$

下面，就此来分析各种形式的热量传递：

固体壁面内的热量传递。

ⅰ. 传热过程和导热速率方程。固体壁面（如过热器等换热设备的列管）的热量传递过程是通过“热传导”方式来实现的。当固体壁面两侧温度有差别时，热量便自动地由高温面向低温面传导。单位时间内以热传导方式由高温面向低温面传递的热量叫做导热速率，用符号 q 表示，其单位为 J/s。

$$q=\lambda\frac{A(t_1-t_2)}{\delta}$$

式中 q——导热速率，J/s；

δ——导热面壁厚度，m；

t_1，t_2——导热面壁两侧温度，K；

A——导热面积，m^2；

λ——壁面热导率，W/(m·K)。

ⅱ. 热导率 λ。热导率 λ 是表示各种物质导热性能大小的物理量。它的物理含义是壁面为 $1m^2$，厚度为 $1m^2$，两面温差为 1K 时，单位时间内以热传导方式所传递的热量。一般来说，金属热导率最大，固体非金属次之，液体较小，气体最小。所以在实际生产中，需要提高导热速率时，可以选用热导率大的材料。需要降低导热速率时，可选用热导率小的材料。如有些换热器选用热导率大的铜作为材料，而设备、管道保温（或保冷）则选用热导率小的绝热砖、岩棉等材料。

ⅲ. 圆筒壁导热速率的计算。在甲醛生产中，常见的是圆筒壁的热传导，其计算式为：

$$q=\lambda\frac{A_{均}(t_1-t_2)}{r_{外}-r_{内}} \tag{3-27}$$

式中 $A_{均}$——圆筒壁的平均面积，m^2；

λ——圆筒壁的热导率，W/(m·K)或 J/(s·m·K)；

t_1，t_2——圆筒壁的内、外壁温度，K；

$r_{内}$，$r_{外}$——圆筒内、外半径，m。

④ 固体壁面与流体间的热量传递

a. 传热过程。固体壁面与流体间的热量传递（如过热器管间蒸汽与管间壁面或管内壁面与三元混合气之间的热量传递）主要依靠对流传热，但在紧靠器壁的层流内层中的传热属于热传导。

b. 传热速率方程。对流传热的速率方程为：

$$q=\alpha A(t_{壁}-t)=\frac{t_{壁}-t}{\frac{1}{A\alpha}}=\frac{\Delta t(推动力)}{R(阻力)} \tag{3-28}$$

式中 q——对流传热速率，J/s；

α——对流传热系数（或称给热系数），$W/(m^2 \cdot K)$或$J/(m^2 \cdot s \cdot K)$；

A——固体壁面面积，m^2；

$t_{壁}$——壁面温度，K；

t——流体主体的平均温度，K；

R——导热阻力。

当流体温度高于壁温时，则式(3-28) 中 $\Delta t=t-t_{壁}$。

对流给热系数 α 的物理含义是固体壁面为 $1m^2$，壁面温度与流体主体平均温度之差为 1K 时，单位时间内以对流传热方式所传递的热量。

影响对流给热系数的因素很多，有流体的种类、性质、对流状况、运动状态和壁面的形状、位置、大小等。

c. 壁面两侧流体间的热量传递。

ⅰ. 传热过程。壁面两侧流体间的热量传递过程（如蒸发器中热水或热甲醛等与甲醇、空气的传热过程）是热流体（如热水或热甲醛等）的热量以对流传热方式传给器壁（列管）一侧，继而以热传导方式由器壁（列管）一侧传递到另一侧，再以对流传热方式传给冷流体（如甲醇、空气）。

ⅱ. 传热速率方程。传热速率计算公式(即传热速率方程）为：

$$q=KA(T-t)=\frac{T-t}{\frac{1}{KA}}=\frac{\Delta t(推动力)}{R(阻力)} \tag{3-29}$$

式中 q——对流传热速率，J/s；

A——固体壁面面积，m^2；

t——冷流体温度，K；

K——总传热系数，$W/(m^2 \cdot K)$；

T——热流体温度，K。

式(3-29) 中 Δt 的确定需根据不同情况而定，对恒温传热（如饱和水蒸气的冷凝与沸点温度下液体的汽化）其 $\Delta t=T-t$；而对变温传热（即两种流体的温度不断发生变化时的传热）则 Δt 需取其平均温度差（Δt_m）。Δt_m 作为冷、热流体的温差，需考虑流体的流向。

ⅲ. 冷、热流体的流向。在间壁式换热器中流体的流向有以下几种：

并流——传热面两侧冷、热流体向同一方向流动；

逆流——传热面两侧冷、热流体向相反方向流动；

错流——传热面两侧冷、热流体的流动方向互相垂直；

折流——传热面一侧流体沿一个方向流动，而另一侧流体来回折流流动。此时，并流和逆流交替存在。

ⅳ. 在壁面两侧冷、热流体间的热量传递过程中，冷、热流体在器壁各个位置上的温差有时是恒定的，有时又是变化的。当各处温差均不相同时，首先需确定冷、热流体的平均温度差（用 Δt_m 表示），然后才能代入传热速率方程进行计算。

并流和逆流时的 Δt_m：

$$\Delta t_m = \frac{\Delta t_1 - \Delta t_2}{\ln \frac{\Delta t_1}{\Delta t_2}} \tag{3-30}$$

式中 Δt_1，Δt_2——两流体在换热器两端的温度差，K。

当 $\frac{\Delta t_1}{\Delta t_2} < 2$ 时 Δt_m 可取算术平均值，即：

$$\Delta t_m = \frac{1}{2}(\Delta t_1 - \Delta t_2)$$

错流，折流时的 Δt_m：

$$\Delta t_m = \in_{\Delta t} \Delta t_m' \tag{3-31}$$

式中 $\Delta t_m'$——按逆流计算的 Δt_m，K；

$\in_{\Delta t}$——校正系数，由有关参数图查得。

ⅴ. 总传热系数 K 的物理含义是冷、热两流体的平均温度差为 1K，传热面积为 $1m^2$ 时，单位时间内热流体传给冷流体的热量。因此，K 越大，则单位时间内传递的热量越多，传热越好。K 可用实验方法测定；也可用经验数据，还可用计算式计算。其计算方法如下：

平壁传热系数 K：

$$K = \frac{1}{\frac{1}{\alpha_{内}} + \frac{1}{\lambda} + \frac{1}{\alpha_{外}} + R_{垢内} + R_{垢外}} \tag{3-32}$$

式中 $\alpha_{内}$——壁面内侧流体对流传热系数，$W/(m^2 \cdot K)$；

$\alpha_{外}$——壁面外侧流体对流传热系数，$W/(m^2 \cdot K)$；

λ——壁面热导率，$W/(m \cdot K)$；

$R_{垢内}$——壁面内侧垢层热阻，$m \cdot K/W$；

$R_{垢外}$——壁面外侧垢层热阻，$m \cdot K/W$。

圆筒壁传热系数 K：

$$K = \frac{1}{\frac{d_{均}}{\alpha_{内} d_{内}} + \frac{\delta}{\lambda} + \frac{d_{均}}{\alpha_{外} + d_{外}} + R_{垢内} + R_{垢外}} \tag{3-33}$$

式中 $d_{均}$——圆筒壁的平均直径，m；

$d_{外}$——圆筒壁的外径，m；

$d_{内}$——圆筒壁的内径，m；

λ——壁面热导率，$W/(m \cdot K)$；

δ——导热壁面厚度，m；

$\alpha_{内}$——管内流体对流传热系数，$W/(m^2 \cdot K)$；

$\alpha_{外}$——管外流体对流传热系数，$W/(m^2 \cdot K)$；

$R_{垢内}$——管内侧结垢层热阻，$m \cdot K/W$；

$R_{垢外}$——管外侧结垢层热阻，$m \cdot K/W$。

【例 3-9】 某冷却器由 $\phi 25mm \times 2.5mm$ 的不锈钢管组成，已知管内流体的对流传热系

数 $\alpha_{内}=1550\text{W}/(\text{m}^2\cdot\text{K})$，管外流体的对流传热系数 $\alpha_{外}=3145\text{W}/(\text{m}^2\cdot\text{K})$，$R_{垢内}=R_{垢外}=0.00015(\text{m}\cdot\text{K})/\text{W}$，管壁热导率 $\lambda=16.8\text{W}/(\text{m}\cdot\text{K})$，求该冷却器的总传热系数。

据式(3-33) 有：

$$K=\frac{1}{\dfrac{d_{均}}{\alpha_{内}\,d_{内}}+\dfrac{\delta}{\lambda}+\dfrac{d_{均}}{\alpha_{外}+d_{外}}+R_{垢内}+R_{垢外}}$$

其中：

$$d_{均}=\frac{0.025+0.02}{\alpha}=0.0225$$

$$K=\frac{1}{\dfrac{0.0225}{1550\times0.02}+\dfrac{0.0025}{16.8}+\dfrac{0.0225}{3145\times0.025}+2\times0.00015}=684[\text{W}/(\text{m}^2\cdot\text{K})]$$

该冷却器的总传热系数为 $684\text{W}/(\text{m}^2\cdot\text{K})$。

⑤ 蒸发　蒸发通常是指液体的表面汽化现象。在化工生产中，则是专指通过加热的方法，使液体汽化或将稀溶液中的溶剂汽化而使溶液增加浓度这一类传热的单元操作过程。

蒸发问题通常包括物料衡算、热量衡算和传热面积的计算等。蒸发的传热速率方程为：$q=KA\Delta t$

⑥ 提高传热速率的途径　提高传热速率的途径在实际生产中，希望换热器的传热速率尽可能大些，这样就可用较少的换热面积或较小的换热设备来完成同样多的热量传递任务。

从式(3-29) 可看出，q 和 K、A、Δt 成正比。因此，提高传热速率的途径：一是提高传热系数 K；二是增大传热面积 A；三是提高热、冷流体的平均温度差 Δt_m。

由式(3-32) 可见，减小垢层热阻 R 和提高对流传热系数 α 都有利于提高传热系数 K 值。

a. 减小垢层热阻 R，一般换热器使用长久，管壁上常形成一层污垢，污垢虽然很薄，但产生的热阻很大（如 1mm 厚的水垢相当于 40mm 厚的钢板产生的热阻）。所以，要提高 K 值就必须设法防止结垢层的形成和及时地清除垢层。特别是在器壁两侧给热系数都较大的场合（如采用板式换热器），热阻的大小就更成为传热效率的决定因素。此时，更应注意水质的好坏，可采用水处理剂防垢、净化水质和采用清洗剂除垢等措施。

b. 提高对流传热系数 α，固体壁面与流体间的对流传热热阻，主要存在于靠近器壁的层流内层中。因为在层流内层中是以热传导的方式进行热量传递而流体的热导率比较小，所以产生很大的热阻。故要提高对流传热系数 α，必须设法使层流内层的热阻减小，其采取的具体措施有如下几种。

ⅰ. 提高流体的流速。通过提高流体的流速来增大流体的湍动程度，从而使层流内层变薄，热阻降低，α 值增大。这是常用的办法，可不增加投资。特别是加大流体的流速，所采取的措施包括用小管径列管代替大管径列管或增加折流板等。但由于流体的阻力也随流速的提高而增大，若把气体的流速提高 1 倍，对流传热系数只增加 1.74 倍，而压力降却要增加 4 倍以上。所以，提高流速也是有一定限度的。

ⅱ. 改变流动条件。流体在流动过程中，如果不断改变流动方向，可以使流体在较低流速下就达到湍流程度。如在管内加入麻花铁、螺旋圈等插入物或将管子进行加工，赋予一定的截面形状等均可提高湍动程度。又如板式换热器中由于流体在有波纹的板间流动，其雷诺数 Re 为 200 时就可达到湍流状态。

ⅲ. 采用热导率较大的液体作加热剂或冷却剂以降低层流内层的热阻，使对流传热系数提高。

ⅳ. 在有相变的换热中，采用一些尽量减少冷凝液膜厚度的措施等。

c. 增大传热面积 A。提高换热器单位体积内的传热面积，通常采用螺纹管代替光滑管，或在圆形管子上加翅片的方法。这样，可增加传热面积，而增加材料又较少。

d. 提高热、冷流体的平均温度差。通过提高热流体温度或降低冷流体温度来提高平均温度差，但实际生产中由于受工艺条件和操作费用等条件的限制，有一定的局限性。实际生产中，一般都采用逆流操作来提高热、冷流体的平均温差。

⑦ 过滤　过滤是指使液、固或气、固混合物中的流体强制通过多孔性过滤介质，将其中悬浮固体颗粒加以截留，从而实现混合物的分离过程，它是属于流体动力过程的单元操作。

影响过滤能力的因素有物料的性质、操作压强、操作温度和过滤介质的性能等。

(2) 原料准备与输送　在甲醛生产中，通常把甲醇、空气和水蒸气的混合气称为原料混合气。下面分别叙述它们的简要输送过程。

① 原料输送　原料输送包括甲醇输送、空气输送和水蒸气输送。

a. 甲醇输送

ⅰ. 输送目的。甲醇输送的目的是连续、稳定地提供蒸发工序所需的合格甲醇，用作生产甲醛的原料。

ⅱ. 输送过程。液态甲醇输送的一般过程是：从贮槽来的甲醇，通过甲醇泵，经过滤器后送入高位槽；从高位槽出来的甲醇经流量计计量后再经过滤器过滤，然后由蒸发器底部两侧进入蒸发器。设置高位槽的目的是保障供给和稳定甲醇流量。也有不设置高位槽的，由泵直接供给甲醇，其流量则需专门予以控制。

ⅲ. 影响输送的因素。甲醇的输送靠泵来实现。因此，泵的性能和状态是影响甲醇输送的主要因素。泵的主要性能参数有：扬程（压头）、流量、转速、功率和效率等，通常分别用符号 H、V、n、N 和 η 表示，一般都标记在泵体的铭牌上。

扬程（H）指泵加给单位质量液体的能量，也就是液体进泵前后的压头差。它包括液体的静压头、速度头和位压头增加值的总和及损失压头，见式(3-34)。即：

$$H=\frac{P_2-P_1}{\rho g}+\frac{u_2^2-u_1^2}{2g}+(Z_2-Z_1)+\sum H_1 \tag{3-34}$$

式中，下角 2、1 分别表示排液面 2-2 处和吸液面 1-1 处。如果在离心泵的吸入口（s）和压出口（d）分别装有真空表和压力表的话，则：

$$H=h_0+\frac{P_d-P_s}{\rho g}+\frac{u_d^2-u_s^2}{2g} \tag{3-35}$$

式中　h——吸入口和压出口两侧压点间的垂直距离，m；

P_d，P_a——泵压出口、吸入口处的压强，N/m^2；

u_d，u_s——泵压出口、吸入口处的液体流速，m/s。

由于两侧压口间的管路很短，其间的损失压头可忽略不计。

若泵的压出口和吸入口管径相同时，则两处的速度头值亦相同，即：

$$\frac{u_d^2 - u_s^2}{2g} = 0$$

式(3-34) 和式(3-35) 中各项影响扬程的因素均能影响甲醇的输送。

流量 (V) 指泵在单位时间内压出液体的数量。泵的流量由装置的需求量来确定。由于供给蒸发器的甲醇量不大，甲醇泵的流量一般都有较多的余量，通常通过调节泵的循环阀门或高位槽的回流量来平衡。

转速 (n) 指单位时间内泵轴的转数，单位时间内泵所做的功称为功率 (N)，有效功率和轴功率之比则称为泵的效率 (η)。

上述泵的性能参数是互相联系又相互制约的。泵的铭牌上所列的数值都是指该泵在运行时效率最高时的状况，也就是最佳工况点上的性能。

泵在运转中会因长期的时效作用，状态的变化或电源等其他外部的异常原因而引起故障，并影响其效能的发挥。例如泵的进口管堵塞、气蚀现象、转速不够、叶轮等机械损伤等原因都可能造成泵的流量不足或扬程下降，因此，生产中应经常注视泵的运转状况，以确保生产上投料的持续稳定。

b. 空气输送

ⅰ. 输送目的及作用。氧是甲醇氧化生成甲醛所必需的氧化剂。由于空气中含有约20.9%的氧（空气中的氧含量随地点、时间的不同而略有变化），所以空气输送的目的和作用是为甲醇氧化反应连续、稳定地提供所需的氧量。

ⅱ. 输送过程。空气的输送过程是，采自大气中的空气经过滤器过滤后由鼓风机压入蒸发器底部的空气分配管，然后进入蒸发器的甲醇液中。有的过程为净化空气还增加水洗、碱洗工序。为减少噪声，一般在鼓风机前后都装有消声设备。

ⅲ. 影响输送的因素，影响空气输送的主要因素有鼓风机的性能与状态、空气温度、阀门开度和系统阻力。

❶ 鼓风机的性能与状态。鼓风机的主要性能有风压（扬程）和风量（流量）等。甲醛生产一般在常压下进行，风压常选用0.03～0.05MPa。风量则根据生产能力选定。由于反应过程要求风量稳定，因此生产中选用定容式的罗茨鼓风机，此类风机一般在转速一定时改变风压，风量变化很小。风量的变化主要和转速有关，而转速又与电源等外部因素有关。

与泵一样，鼓风机也会因长期的时效作用或状态的变化等因素引起故障，影响其稳定性和效能的发挥。因此，生产中应密切注视鼓风机的运转情况，确保空气输送的稳定性。

❷ 空气温度。由于空气密度随温度的升高而减小（反之亦然），因此空气的输送量将随着温度的升高而减小（反之亦然）。

❸ 阀门开度。在鼓风机的风量有富余的情况下，空气的输量则由副线放空阀来调整，即由仪表自动调节或由手动操作控制，因此放空阀的开度将影响向系统输入的空气量。如采用变频调速器来调节空气流量，一般可不调节阀门的开度，而且还能达到节能的目的。

❹ 系统阻力。鼓风机吸入口的阻力和风机后的系统阻力对空气的输送也有一定的影响，其量将随着阻力的升高而减少。

c. 水蒸气输送

ⅰ. 输送目的及作用。由于甲醇在氧化、脱氢反应过程中，除由甲醇和空气升温而吸收部分反应热外，尚有多余的热量。因此，加入蒸汽的目的主要是移走这部分多余的热量。这样，就可在提高进料中氧浓度的情况下而不致使催化剂发生过热现象。而且较高的氧浓度又有利于脱氢和氧化反应的进行，因而，加入水蒸气还能起到改善转化条件和提高转化率的作用。此外水蒸气的加入还起到缩小甲醇在空气中的爆炸范围（随着水量的增加甲醇在空气中的爆炸上限明显变小）的作用，有利于安全生产。水蒸气的加入还能防止结炭反应（$CH_3OH \longrightarrow C + H_2O + H_2$）的发生、洁净催化剂和延长催化剂的使用寿命。当然，水蒸气的加入量应适度，如太多将影响产品浓度和吸收塔系统的吸收效果及产量等。另外，由于水蒸气量对反应温度影响较大，故同样要求供汽稳定，特别要防止中断供汽。

ⅱ. 输送过程。蒸汽是由甲醛装置本身的反应器骤（急）冷段或尾气处理器供给或由界区外的热力系统供给的。气源一般先经稳压后进入蒸汽包，再由汽包进入蒸发器出口处，与甲醇、空气相混合。

ⅲ. 影响输送的因素：

❶ 进汽压力。生产中要求汽压稳定，进汽压力是影响汽压稳定的主要因素。采用甲醇装置自给气源时，由于不受界区外用户的干扰，因此一般都较稳定。采用界区外蒸汽时，为减少和防止干扰，需采用稳压措施。

❷ 阀门开度。蒸汽量一般由仪表来自动调节或手动操作控制阀门的开度，生产中应根据需要适度调整。

❸ 冷凝液。当蒸汽夹带冷凝液时（如开车初期和切换蒸汽管路时），将严重影响蒸汽输送的稳定性，生产中应予避免。

② 原料气化

a. 原料气化的目的及作用　由于由甲醇生成甲醛的反应过程是一个气固相反应过程，无论是甲醇的脱氢还是甲醇的氧化反应都要求由气态的甲醇参加反应，因此液态的原料甲醇首先要气化。另外，甲醇-空气混合气的混合及其比例的控制，是在气化过程中完成的，因而原料的气化不单是将甲醇气化，还应严格地控制空气-甲醇的混合比（生产中习惯称“控制氧醇比”）。若甲醇量太多，甲醇的分压太大，空气量就相对地减少，会造成过多的甲醇不能与氧反应而残留于产物中，这既增加了单耗，又会使反应温度下降。而且，在低温下的反应往往会生成游离态的碳吸附于催化剂的表面，使催化剂的活性下降。如果甲醇量太少，空气量就相对地增加。这样，过多的氧参加反应会使生成碳氧化物的副反应加剧而增加单耗，同时也会使反应温度升高。另外，高温容易使催化剂熔结，而降低活性。

b. 原料气化过程　原料甲醇的气化常用蒸发法，通常采用中央循环管式蒸发器来气化，其过程是来自泵或高位槽的一定流量的甲醇先进入蒸发器的底部，然后在蒸发器的加热室经加热气化后进入蒸发器的蒸发室与以鼓泡方式进入蒸发器中的空气相混合。也有采用带再沸器的蒸发器来气化甲醇。

c. 影响蒸发的主要因素　影响蒸发的主要因素有蒸发器的结构与状态、蒸发温度、蒸发液位、甲醇浓度与甲醇的平衡浓度和蒸发压力及空气流量等。

ⅰ. 蒸发器的结构与状态。蒸发器的结构与状态决定着蒸发的效率。甲醇生产中常采用中央循环管式蒸发器来强化传热。该蒸发器由于中央循环管内的单位体积甲醇的传热面积小于沸腾管（列管）内的单位体积甲醇的传热面积。因此，由于被加热的程度不同，甲醇受热后形成的气液混合物中的含气率也就不同，致使中央循环管内的甲醇的密度比列管内的甲醇的密度高。这样，带有气泡的甲醇就从列管上升，从中央循环管下降。因为，管外一侧是蒸汽冷凝，其 α 值很大；而管内一侧是液体流动，其 α 值较低，故提高管内一侧的 α 值，是提高传热系数的决定因素。如此不断循环的结果就提高了蒸发器的传热效果，强化了蒸发。但在这种结构的蒸发器中，一般料液的循环速度总是较低的，故传热系数也总是不高的。

ⅱ. 蒸发温度。液体受热后将加速气化过程。因此提高温度有利于蒸发过程。但液体在低于沸点的温度下蒸发时，气化只是在表面进行，蒸发速率很慢，生产速率很低。

甲醇生产中常采用空气在甲醇液层中鼓泡的方法，用空气来带走气相中的甲醇。为了建立新的气液平衡，液相中的甲醇必然加快蒸发。这样，即使甲醇在低于沸点温度下仍具有较高的蒸发速率来满足生产的需要。生产中的蒸发温度应根据反应温度等因素来确定，而影响蒸发温度的因素主要是传热媒介（如热水、热甲醛液或蒸汽等）所携带热量的多少。

ⅲ. 蒸发液位。在正常情况下，蒸发液位的高低将影响着甲醇的受热面积和循环速度。因此，根据蒸发传热速率方程，在最佳受热高度范围内，蒸发液位高，蒸发量就大；反之，蒸发量将减少。

ⅳ. 甲醇浓度与甲醇的平衡浓度。甲醇中一般含有少量的水，当甲醇浓度降低时，甲醇的蒸发量将会减少。为保持蒸发量不变，就需要相应地提高蒸发温度。在生产过程中，习惯将蒸发器内液相甲醇浓度通称为“平衡浓度”，它与进料甲醇浓度、空气温度和湿度、空气流量和蒸发器的加热程度等因素有关。

ⅴ. 蒸发压力。蒸发压力是指蒸发器的气相压力，这个压力等于组成混合气的甲醇、空气和水的分压力之和，所谓分压力（简称分压），就是各组分气体在温度不变时，单独占据混合气的全部体积时对器壁施加的压力，根据气体分压定律：混合气体中各组分的分压等于该组分在混合气体中的摩尔分数与混合气体的总压力的乘积，即：

$$P_i=\frac{n_i}{n}P=X_iP \tag{3-36}$$

式中　P_i，P——某组分的分压和总压力，Pa；

X_i——某组分的摩尔分数；

n_i，n——某组分和混合气体的物质的量，mol。

由上式可知甲醇的蒸发量（相当于甲醇在混合气中的物质的量，mol）将随着蒸发压力（总压力 P）、甲醇的分压（P_i）和混合气的总物质的量（n）的变化而变化。

d. 蒸发方式　甲醛生产中采用空气在甲醇液中鼓泡加速甲醇蒸发的方式，甲醇的蒸发量将随空气流量的增大而显著增加。新型蒸发器不采用鼓泡式，采用再沸器蒸汽加热气化甲醇。

③ 混合气配制

a. 配制的目的　由甲醇-空气-水所组成的原料混合气需按工艺的要求进行配制。配制的目的是确保甲醇、空气和水的组成比，以满足反应过程和安全生产的要求。

银法生产甲醛时，甲醇生成甲醛的氧化反应放出的热量除满足脱氢反应所需要的热量和原料气升温及热损失外，尚有多余，这部分多余的热量就需要带走，以维持反应的正常进行、否则反应温度将持续上升，使反应失控而不能正常进行下去。这部分多余的热量就靠水（水蒸气）或其他不凝性的惰性气体来带走。因此，配料中加入的水（水蒸气）就起到调节、稳定反应温度的作用，此外水还能抑制结炭反应的进行和水解反应后可能产生的缩醛物，从而延长催化剂的使用寿命，改善转化率及提高收率。但进入系统的水量必须适度，所以生产中必须按要求进行配制。又由于甲醇和空气能形成爆炸混合物，因此空气和甲醇的比例也必须按要求进行配制，在安全许可的前提下，选定恰当的空气与甲醇的比例来满足甲醇氧化和脱氢反应的要求。

b. 三元配比　甲醇和空气的配制过程已在蒸发过程中完成，由此制备的甲醇-空气二元混合气（其中还含有少量水分）在配料工序中再和水蒸气混合制成甲醇-空气-水（水蒸气）三元混合气，它们之间的比例关系称为三元配比。

在开车时，一般采用空气-甲醇二元混合气点火：这时，要根据空气与甲醇的二元混合气的爆炸范围来考虑两者的比例关系。当点火和催化剂全红后，为促进反应的顺利进行，开始加入配料水蒸气。随着水蒸气的加入，混合气的爆炸范围就发生了变化：其爆炸下限随着水蒸气量的增加而缓慢增大，其上限期随着水蒸气量的增加而明显变小，因此缩小了甲醇在空气中的爆炸范围，使生产的安全性得到提高。

银法生产甲醛时，由于应用不同的催化剂就有不同的三元配比。

以电解银作催化剂时，其三元配比（摩尔比）一般为：甲醇：空气：水＝1：(1.7～2.1)：(1.0～1.4)。

以浮石银作催化剂时，其三元配比（摩尔比）一般为：甲醇：空气：水＝1：(1.4～1.8)：(0.5～0.9)。

c. 影响配制因素　影响配制的因素分别见影响空气、水蒸气输送和甲醇蒸发的因素。

④ 混合气过热

a. 过热目的　过热的目的是提高三元混合气的温度，防止它在输送过程中冷凝，以稳定气相三元配比，确保反应的顺利进行。

b. 过热过程　过热过程在过热器中完成，一般采用列管式换热器，在管外通以传热媒介（如蒸汽），混合气则从管程通过。

c. 影响过热因素

ⅰ. 过热器的结构与状态。过热器的结构与状态决定着过热效果，以蒸汽为传热膜体的过热器中不聚气的存在和冷凝水的积聚将会影响其效能的发挥。因此，使用中应排除壳程中的空气和防止疏水器失灵。

ⅱ. 传热媒介的温度。传热媒介的温度高则过热效果好。以蒸汽为热源时，其温度的高低取决于蒸汽压力的大小。生产中应保持一定的蒸汽压力。

⑤ 混合气净化

a. 净化目的　原料混合气的净化是反应物准备的最后一个环节，反应物的纯净度在很大程度上影响并决定着反应过程的效率。如果原料气中含有挥发性硫化物或氯化物的话，则会与银催化剂生成硫化银和氯化镁，而使催化剂中毒；又如原料气中含有五羟基铁等，遇高温的催化剂就会分解成氧化铁细粒，覆盖在银催化剂表面而破坏其活性；再如原料气中若含有尘埃等矿物质时，也将会使银催化剂失活。因此，原料混合气的净化是确保生产顺利进行的先决条件之一。

b. 净化过程　原料混合气经过热后先通过阻火器，再进行净化，阻火器的作用是阻止火焰的传播，这是甲醛生产过程中的一道工序，严格地讲则是一项安全措施，因为正常生产时甲醇在反应器的催化床层中发生氧化反应并放出大量的热，形成一个稳定的燃烧层，此时，三元气体的流速高于甲醇火焰的传播速度（燃烧速度），但当发生不正常状况时，有可能使三元气体的流速（在开车点火阶段则为二元气体的流速）低于甲醇的燃烧速度，这样将会使火焰朝相反的方向移动，造成回火，一旦发生回火将十分危险，因为在正常生产中（不包括开车点火阶段）蒸发器气相中的甲醇已处于甲醇-空气的爆炸范围内，当火源进入蒸发器时后果将很严重，为此，装置中通过阻火器的器壁效应和传热作用达到阻火的目的。

原料混合气的净化包括甲醇、空气和水蒸气的净化。

ⅰ. 甲醇的洁净程度由于供应和运输渠道不一而有一定的差异。因此，甲醇需要净化。甲醇先在贮槽中通过一定时间的存放，以除去大部分固体颗粒和悬浮物。投入生产的甲醇，首先在过滤器中过滤，然后进入系统。也有采用精馏的方式来净化甲醇。

ⅱ. 由于环境的差异，各生产装置所取用的空气的清净度也有所不同，一般采用单一的过滤过程或采用过滤与洗涤相结合的净化过程，而洗涤又有单纯的水洗和水洗加碱洗的净化过程等。

ⅲ. 水的净化，原水中含有较多的机械和化学杂质，一般自来水的电导率为 200μS/cm 左右，深井水则更高。水中的杂质离子通过配料蒸汽滑入系统附着在银催化剂上，导致其活性下降和系统的阻力上升，因此甲醛尾气处理器和氧化器骤冷段使用的水必须经过处理。

❶ 传统处理方法，传统方法是用离子交换方法除去水中钙、镁离子，既解决了尾气处理器和氧化器列管结垢严重的问题，又使产生的蒸汽中带入的钙、镁盐的粉末较少。通过交换去钙、镁盐而变成的钠盐溶解度大，且在升温时溶解度进一步增加，不容易产生水垢，所产生的蒸汽中夹带的水垢粉粒也就较少，从而达到净化的目的。

首先使用传统方法处理水应特别注意的是交换器不能长期超负荷运行，否则离子交换树脂使用寿命将会很短且处理的水质不符合要求；其次是离子交换树脂的再生过程中的反洗必须充分，从而达到软化水中不能存在氢根的目的。该方法的缺点是离子交换树脂的再生过程中应外排含一定量的钙盐、镁盐和氢根的水，从而增加了工厂的排污因子。

❷ 膜渗透法，先将原水中的固体悬浮物过滤，然后利用膜分离除去更细小的杂质、溶解态的有机物和无机物、盐等，从而得到较纯净的水。选择纯净水的设备时，一般选用正常生产的纯净水电导率不大于 5μS/cm 的设备，可满足甲醛生产的需求。

❸ 配料蒸汽过滤、水蒸气净化对于甲醛生产是很有必要的，由于系统直接使用原水或使用传统方法处理的水，则蒸汽中仍含有一定量的固体杂质。需要增加一个配料蒸汽过滤器。其大小可参考以甲醇进料量为 1.5～2.0m^3/h 的过滤器，滤材一般选用玻璃棉和耐温无纺布，该过滤器的安装位置可放在配料蒸汽的调节阀后，避免该设备需按压力容器设计制造，以减少设备投资和更换滤材的不便。保持水蒸气管路的清洁可以长期保持水蒸气的净化效果，如果有条件，可以考虑对蒸汽包向系统输入水蒸气配料的管路使用不锈钢材质。

ⅳ. 三元过滤是原料过滤的最后一道关口，虽然甲醇、空气、水都已经净化处理，但仍含有少量杂质，特别甲醇通过加热后又有少量新的杂质产生，再上风机、蒸发器、蒸汽分配器、过热器、阻火器、各管道偶尔有少量杂质带入，另外甲醇气体和配料蒸汽也有少量液滴，因此给三元气体进行最后一道把关是必需的。

❶ 传统方法是使用玻璃丝和超细玻璃棉作为滤材，流通面积为氧化器的 1～1.5 倍，滤材厚度为 5～10cm，其优点是滤材易得，单次更换成本较低，缺点是过滤效果不佳（0.5μm 颗粒过滤效率约为 90%），阻力较大（开机初期约为 3kPa，中后期能达到 8～12kPa），容易产生周边的沟漏等。现在一般在一些小的、老的装置中使用。

❷ 采用新型过滤器。采用复合高精密过滤材料，其有效过滤面积是上述传统过滤器的 20～50 倍，0.3μm 颗粒的过滤效率达 95%以上，且压降很低，开始仅为 0.5kPa，当压差达 2～3kPa 后应予以更换，一般使用周期在一年以上。该过滤器由于压降低，使用同型号罗茨鼓风机时甲醛产量大，吨产品电耗低。设计时一般考虑过滤速度为 2～3cm/s。因此该方法普遍被采用。

c. 影响净化因素

ⅰ. 设备的性能是影响净化的主要因素，对过滤器来说，主要是过滤介质的性能。在选定适宜的滤材后，要注意滤材的铺装，防止因短路而影响过滤效果。影响洗涤塔净化能力的因素则有洗涤液的喷淋密度、喷淋量和碱液的浓度等。

ⅱ. 装置（主要是蒸发器、过热器、阻火器、过滤器和反应器及管道）的清洁状态对原料气的纯度有着重要影响，因此，生产前必须做好装置的清洁工作。

2. 反应工艺过程与影响因素

甲醛生产工艺中的反应过程是甲醛生产的中心环节，是最主要的生产过程，本节主要介绍银法甲醛生产工艺的反应过程以及影响这一过程的主要因素。

有关银法甲醛生产化学反应的热力学、动力学、气固相催化反应过程等有关问题，参见本书“氧化脱氢法（银法）”节内容。

（1）化学反应　银法生产甲醛反应过程中的化学反应，除甲醇氧化和甲醇脱氢等主反应外。还有甲醇燃烧和甲醛氧化等副反应，这些反应主要如下式所示（式中反应热均为25℃时的热量）。

主反应：

$$CH_3OH + 1/2O_2 \longrightarrow CH_2O + H_2O \qquad -156.557kJ/mol$$

$$CH_3OH \longrightarrow CH_2O + H_2 \qquad +85.270kJ/mol$$

$$H_2 + 1/2O_2 \longrightarrow H_2O \qquad -241.827kJ/mol$$

副反应：

$$CH_3OH + O_2 \longrightarrow CO + 2H_2O \qquad -393.009kJ/mol$$

$$CH_3OH + 3/2O_2 \longrightarrow CO_2 + 2H_2O \qquad -675.998kJ/mol$$

$$CH_3OH + O_2 \longrightarrow HCOOH + H_2O \qquad -472.2kJ/mol$$

$$HCOOH \longrightarrow CO + H_2O \qquad +10.278kJ/mol$$

此外，由于反应条件的变化，还可能发生下述反应中的一个或几个副反应：

$$CH_2O \longrightarrow CO + H_2 \qquad +5.375kJ/mol$$

$$CH_2O + O_2 \longrightarrow CO_2 + H_2O \qquad -519.441kJ/mol$$

$$CH_3OH \longrightarrow C + H_2O + H_2 \qquad -40.657kJ/mol$$

$$CH_3OH + H_2 \longrightarrow CH_4 + H_2O \qquad -115.505kJ/mol$$

$$2CH_2O + H_2O \longrightarrow CH_3OH + HCOOH \qquad -90.173kJ/mol$$

副反应的存在将会降低反应产率，因此生产上通常采用选择性高的催化剂和控制好反应条件，尽可能地减少或防止上述副反应的发生，银法甲醛生产目前基本都采用电解催化剂。

（2）反应工艺过程　银法甲醛生产工艺的反应过程是：由甲醇、空气、水蒸气以一定比例组成的原料混合气，经净化后，经气相管道进入反应器顶部的引入部件进入催化剂室，经支撑在花板或铜网上的银催化剂作用发生氧化、脱氢等反应，在这个过程中，甲醇经过脱氢、氧化反应转化为甲醛，反应后的气体迅速通过下部的骤冷段和冷却段，并被迅速冷却，防止产物的分解。

银法甲醛的反应过程，除发生化学反应外，还包含着诸如流体流动（动量传递）、热量交换（热量传递）和物质的迁移（质量传递）等多种物理现象和涉及反应热力学与动力学的问题。

银法甲醛生产从化学反应的角度看，所参与反应的物质是气体，银催化剂属于固体，反应过程是一个气固相催化反应过程。

(3) 影响反应工艺过程的因素　影响甲醇转化为甲醛反应过程的主要因素有：反应器的结构与状态、催化剂的性能与状态、反应温度、氧醇比、水醇比、空间速度、反应气纯度和反应压力等。

反应器的结构与状态将直接关系到能否顺利进行甲醇转化成为甲醛的主反应和能否减少与防止副反应的发生等问题。在设计和改进反应器的结构时，应考虑和注意诸如能否保证气固两相间的良好接触、能否保持良好的催化床层状态、反应气的速度分布和反应气在床层中的阻力是否均匀、生成气在反应器中的流动是否有死角以及生成气能否迅速离开高温区得以快速冷却等问题。

在反应器的结构已经确定的情况下，反应器的状态就成为影响反应的可变因素，如花板、支撑件的平整性，热电偶安装的牢固性等。点火器的性能和骤冷设备的效果等都将影响反应的进行与结果。

a. 反应器中催化剂支撑件的结构、材质分析　反应器中催化剂支撑件的结构、材质对甲醛热分解的影响非常大，具体分析如下。

ⅰ. 通气率（支撑网孔面积与花板面积之比）。通气率对银催化剂层的阻力影响较大，通气率高的支撑网，催化剂层阻力小，而且经过催化剂层之后的反应气体尽可能短的时间内从网孔里穿过，减少从催化剂层之后到支撑网孔之间进行再分布。

ⅱ. 导气性能。导气性能良好可以使反应之后的气体在最短的时间内进入换热管内。减少反应之后的气体在高温区的停留时间，从而减少副反应，否则会增加副反应。

ⅲ. 平整性。平整性好则使电解银铺在支撑网上的厚度均匀，使反应器分布均匀。

ⅳ. 催化剂层的温度。催化剂层的温度高达650℃左右，支撑件变形会使催化剂层变形，造成反应不均匀。要选择高温下不易变形的材质做支撑件；减少因停电、停车等反应温度降低之后催化剂层的收缩，减少收缩性之后，反应温度降低不会引起催化剂层的收缩而使边缘产生裂缝，无需拆开氧化炉补加电解银，就可以进行开车。

ⅴ. 保温性。保温性良好时，因意外情况导致停车事故后，能保护催化剂层温度，使之下降缓慢。

b. 支撑件的设计与改进及其影响分析

ⅰ. 传统花板。传统花板采用钻孔的不锈钢板来作为电解银的支撑板，为厚度10～12mm不锈钢板上布满ϕ5～8mm小孔，其通气率为25%～35%。由于催化剂层的温度高达630℃以上，在这个温度下不锈钢的花板易变形，为了防止高温反应时花板变形，在花板上开四至八条半槽，并使花板直径略小于反应器内径，两边留出的空隙正好足够高温反应时花板因受热膨胀而延伸的距离，一般在花板上开有大量ϕ5～8mm的小孔。因停电的原因影响易使边缘产生收缩缝。为防止在高温下花板下沉，在列管冷却器上可放置若干个高度相同而直径不同的不锈钢的同心圆圈，然后将同心圆钢圈点焊而固定在列管冷却器的上部，然后把多孔花板放在同心圆钢圈的支架上，再铺上一层铜丝网或钢丝网。这种花板制作起来费时，成本高。该花板的通气率差，反应之后的气体必须再次穿过花板的小孔，使反应之后的甲醛气体在高温停留时间延长，增加了副反应。多次停电之后，发现花板上有厚厚的一层积炭。

ⅱ. 采用铜丝网替花板。采用两层或三层铜丝网作为花板的替代品。即：1目、2目、4目的铜丝网各一层；或1目、3目的铜丝网各一层。几层铜丝网加起来的厚度大约为

10mm，通气率为50%～60%。相比于传统的不锈钢花板，由于上层铜丝网比较细，消除了催化剂下层中的死气区，减少了甲醛的热分解；由于铜丝网厚度只有10mm左右，减少了生成气到达管板和列管的时间，减少了甲醛的热分解；由于铜丝网直接与管板接触和铜网良好的导热性，降低了生成气温度，减少了甲醛的热分解；铜丝网不像不锈钢花板那样当催化剂床层温度不均时产生变形导致催化剂床层裂缝、甲醛酸度上升；另外，通气率高降低了系统阻力，提高了装置产能。

缺点是由于铜网直接与管板接触和铜网良好的导热性，在意外情况停车的过程中，反应温度下降速度特别快，不利于意外情况停车后的再开车。

ⅲ. 新型花板。采用高度在20～25mm之间、厚度1mm的铜板通过特殊的压制方式压制成蜂巢式结构，采用先进的工艺进行铆接而成。该花板的通气率比铜网更高，抗变形能力更好，而且具有质量轻、结构强度高等特点。这种花板在停电时，因其内部的蜂巢结构消除热收缩性，使银催化剂层在停电时不收缩，边上无裂缝，不需经过补加电解银催化剂直接再生产。在同等条件的情况下，可以延长因为阻力上升而更换电解银的周期、降低产品酸度，减少副反应、节省电能。

c. 原料气分布的影响分析　原料气分布的影响，进入反应器的原料气速度分布要均匀。既要合理设计气体分布器，又要考虑进气口离催化剂层的距离。相对来说反应器的直径越大，进气口离催化剂层就越远，气体分布就越不均匀。为改善气体分布效果，可在催化剂层部位的反应器内壁上焊一圆挡板，热电偶从侧面插入催化剂层底部，这些措施可以防止原料气不经催化剂层而出现短路。

d. 反应器废热锅炉的结构　甲醛气体在高温条件下分解，所以催化剂层下面不能有死角空间。反应器废热锅炉的结构有固定平管板式、椭圆形管板式、蝶形管板式等多种形状，椭圆形管板式、蝶形管板式废热锅炉因管板有一部分开孔盲区导致甲醛停留时间长而分解，所以不宜采用。

e. 减少甲醛在废热锅炉换热管内的热分解　为了减少甲醛在废热锅炉换热管内的热分解，可采取一些辅助技术措施，例如在换热管内增加麻花铁、铜管、铜棒，以增大传热系数，迅速降低生成气的温度。

(4) 催化剂　催化剂的性能是影响反应的重要因素，其性能的优劣将直接关系到主反应进行的程度。一般对催化剂的性能要求是：具有高的催化剂活性、良好的选择性、较强的机械强度、较好的热稳定性和具有一定的抗毒能力。

催化剂的理化指标决定了它的性能指标。催化剂的理化指标主要有：催化剂的纯度（或合理的化学组成），比表面积，比孔容积、孔径及孔径分布，粒度、粒径及粒径分布。为得到高性能的催化剂，除正确地选择其化学组成外，还必须提高催化剂的制备技术，以保证它具有尽可能低的杂质、较大的比表面积，合理的比孔容积、孔径及孔径分布，合理的粒度、粒径及粒径分布。电解银催化剂的种类有海绵银和结晶银。海绵银比表面积比结晶银大，但纯度不及结晶银，故两者活性差别不大；海绵银绵软，结晶银硬实，结晶银的热稳定性和抗毒性更胜一筹，但易裂缝，这一点又不如海绵银。结晶银很适合空速很高的尾气循环法，海绵银比较适合传统银法和甲醇循环法。

要想有效地发挥其催化剂的性能，还必须仔细设计催化剂的铺装方法，注意床层的严密、平整和均匀性，以使气体能均匀地流经催化剂床层，特别在床层的边缘、热电偶插入点等部位要避免和防止产生沟道旁路。否则，这些部位易发生局部反应过热，引起床层烧结或破裂。烧结会增大床层的阻力降，破裂则会产生旁路。两者都会影响催化剂的性能和缩短催化剂的使用寿命。为此，催化剂在使用中应避免和防止床层状态的异常变化，如应避免床层因受震动、气流波动、骤冷、骤热等因素引起的状态变化。

由甲醇生成甲醛的两个主反应，即甲醇的氧化反应和甲醇的脱氢反应与温度的关系都很密切，温度对它们的影响很大。

对放热的氧化反应来说，根据吕・查德里原理，升温将使反应向着吸热的反应方向移动，即升温对氧化反应不利，其平衡常数随着温度的升高而降低。虽然如此，但对甲醇氧化反应来说，即使在700℃的高温下，其平衡常数仍然很大。这就意味着：即使在高温下，甲醇氧化反应几乎仍可进行到底。因此，虽然升温对放热的氧化反应不利，但考虑其平衡常数较大，故仍可选定较高的反应温度。

对吸热的甲醇脱氢反应来讲，升温是有利的，甲醇脱氢反应的平衡常数随温度的升高而增大，降温则对脱氢反应不利，甲醇脱氢反应在低温下几乎不能进行、其自发进行的最低温度为481.6℃，实际生产的反应温度应高于这一温度。那么，究竟多高的反应温度为适宜温度，这要从平衡转化率和反应速率等因素来综合考虑。

从反应速率角度看，一般化学反应的速率随着温度的升高而显著加快。这是因为随着温度的升高，分子运动加快，分子间的碰撞机会增加，使活化分子数目增多，从而增加了分子间有效结合的概率，因此，提高温度无论对氧化反应还是对脱氢反应都是有利的。

通过以上分析，可以认为，一般提高温度对氧化和脱氢反应都有利、但是，在实际生产中，反应温度却不能过高。这是因为还需考虑另外一些因素。首先，随着温度的升高，不仅生成甲醛的主反应会加快，而且消耗甲醇生成CO和CO_2的副反应也将被加速，因此反应温度必须恰当。其次，在高温下甲醛易分解，且吸热的甲醛分解反应速率又比吸热的脱氢反应速率更快，因此反应温度也不宜过高。再有，温度过高会使催化剂熔结，致使其孔隙率减少和物理结构变化，最后会导致催化剂活性下降、寿命缩短，影响反应过程。

总之，反应温度是影响反应的一个重要因素，它不仅影响反应的平衡转化率和反应速率，而且还影响催化剂效能的发挥。因此，在选择反应温度时，应综合考虑甲醇转化成甲醛的平衡转化率、主副反应的速率、催化剂的活性寿命、床层阻力、反应器直径大小和反应器结构等因素。就一般而言，浮石银催化剂的反应温度在640～740℃之间选择，而电解银催化剂的反应温度则在600～660℃之间选择。

(5) 氧醇比　氧醇比，即氧气和甲醇的摩尔比。氧醇比增高，也就是氧气在原料混合气中的比例增加，氧气量增大。反之，则减小。

根据吕・查德里原理，增加氧量将使氧化反应向着消耗氧的方向移动，因此对甲醇的氧化反应有利。而对甲醇的脱氢反应来说，虽然反应本身不消耗氧，但氢和氧结合生成水，增加氧量可将更多的氢化合掉，促使脱氢反应向着生成甲醛的方向移动。因此，增加氧量对两个主反应都有利。但是，增加氧量对生成碳氧化物的副反应也有利。所以，氧量增加应适度。另外，氧量的高低还直接影响到反应温度。如果氧量太多，则反应温度太高；而氧量太少，反应温度又太低，都将影响反应程度。

氯醇比是一个非常重要的参数，因为它关系到甲醛生产反应过程的转化率、选择性和生产安全等重大问题。氧醇比的数学表达式为：

$$V_{氧气}/V_{甲醇}=0.21P_{空气}/P_{甲醇} \tag{3-37}$$

式中　$V_{氧气}$——三元混合气中氧气的浓度（摩尔分数），%；

$V_{甲醇}$——三元混合气中甲醇的浓度（摩尔分数），%；

$P_{空气}$——三元混合气中空气的分压；

$P_{甲醇}$——三元混合气中甲醇的分压。

影响氧醇比的主要因素有下列三种。

ⅰ. 在我国的传统银法甲醛生产工艺流程中，空气是从蒸发器液层中加入系统的。经加热蒸发后，甲醇蒸气、水蒸气和空气在液层上面的蒸发器上部空间形成三元混合气，其总压为 $P_{总}$。按道尔顿定律，$P_{总}=P_{空气}+P_{甲醇}+P_{水}$（式中，$P_{水}$是三元混合气中水蒸气的分压）。在蒸发器中甲醇浓度不变、蒸发温度也保持不变的条件下，若甲醇蒸发器液层上面的总压升高，则氧醇比增大。因为，在这种条件下，$P_{总}$升高是通过 $P_{空气}$增大来实现的，而氧醇比是与 $P_{空气}$成正比变化的。

ⅱ. 在总压 $P_{总}$不变和甲醇浓度不变的情况下，升高蒸发温度会使氧醇比降低、因为，在蒸发温度升高的情况下，既要保持 $P_{总}$不变，又要保持甲醇浓度不变，就只能靠降低空气分压来实现，氧醇比是随 $P_{空气}$的降低而减小的。

蒸发器中的甲醇浓度（通称“平衡浓度”），在总压 $P_{总}$不变和蒸发温度不变的条件下，甲醇浓度降低会使氧醇比增大。因为，甲醇浓度降低意味着 $P_{甲醇}$减小，加之甲醇的挥发度高于水，故这时的 $P_{水}$仍应小于 $P_{甲醇}$，保持总压 $P_{总}$不变仍主要通过 $P_{空气}$的增大来维持。所以，氧醇比随之增大。

ⅲ. 另外，空气流量的变化对氧醇比也有一定的影响。在总压、蒸发温度和甲醇浓度都保持稳定不变的条件下，按理说空气流量的增加或减少是不会直接影响氧醇比的，只是甲醇和空气的投料量均相应增加或减少罢了，但在实际的甲醛生产中，空气流量的改变会导致系统阻力的改变，即 $P_{总}$的变化。加之，在空气流量增加的情况下，要保持蒸发温度不变，必须增加输入蒸发器的热量，如无这种增热的补偿措施，增加空气流量通常会使蒸发温度下降，因此空气流量的改变会导致总压和蒸发温度的变化，从而使氧醇比发生一定的变化。

众所周知，反应温度是甲醛生产中重要的工艺控制参数，与氧醇比有密切的关系。影响反应温度的主要因素有两个：氧醇比和配料蒸汽的加入量。确切地说，影响反应温度的基本因素是水醇比（水与甲醇的摩尔比）。

一般，在甲醛生产过程中，是通过特定的调节手段，以保持反应温度在某一给定值的范围内。其通常的调节手段也主要有两种：

❶ 以蒸发温度调节反应温度。蒸发温度升高，氧醇比由高趋低，反应温度也由高趋低（这是多数甲醛装置采用的调节手段）。反之，亦然。

❷ 以水醇比调节反应温度。蒸发温度不变，增加配料蒸汽的加入量，使水醇比增大，带走的反应热增多，反应温度随之降低（这种调节手段有少数厂家采用）。反之，亦然。

也有厂家在反应温度上升较快的时候，采用降低空气流量的调节措施，由于空气流量的降低，总压会降低，甲醇气化量会相应减少，在蒸发温度较高的情况下，水醇比亦相应增大，故反应温度降低，而且调节应答较为灵敏。但这种调温手段影响的工艺参数多，除非有丰富经验的生产控制操作者操作！否则，不宜经常采用。

银法生产甲醛时，控制甲醇浓度在爆炸范围的上限以上操作，即甲醇过量而氧量不足。一般空气用量为理论用量的60%～87%。实际生产中氧醇比的大小与选用的催化剂种类及其活性温度、采用的生产工艺有关。通常，以浮石银作催化剂时，选用 0.29～0.38 的氧醇比；采用传统电解银法工艺时，选用 0.38～0.44 的氧醇比：采用甲醇循环的银法工艺时，选用 0.32～0.42 的氧醇比：而采用尾气循环的银法工艺时，常选用更高的氧醇比（0.40～0.50）。

如能有效地抑制副反应的发生，则在气量不足的条件下，可适当地提高氧醇比来进一步提高反应的产率。

增大水醇比，也就是增大三元混合气中水的含量。而水的主要作用是使一部分反应热被水吸收，以带走反应过程中的多余热量，维持反应温度在要求的范围内，因此，水起到热稳定剂的作用。当然，要带走这部分多余的热量还可以用加入其他惰性气体的办法（如 N_2、尾气等）来实现。

增加反应气的水醇比，既有利于控制反应温度，又能使反应在较低的温度下进行，还可提高进料中氧的浓度（提高氧醇比）而不发生过热，从而能改善转化率和提高收率。但是，提高水醇比要受到产品浓度和塔吸收效率的限制。如果水醇比过大，又要维持二塔有一定的加水量，势必会造成产品浓度下降；而要保持产品浓度，又势必会减少二塔的加水量，使二塔的吸收效率下降。因此，水醇比必须控制适当。

由于催化剂的种类不同，水醇比也有所不同，一般，用浮石银作催化剂时，水醇比选用 0.5～0.9；用电解银作催化剂时，水醇比选用 1～1.4。生产上还习惯用配料浓度来表示水与甲醇之间的比例关系，一般电解银法的配料浓度为 56%～64%，浮石银法的配料浓度为 66%～78%。

停留时间也称接触时间，是指原料混合气通过催化剂床层所需要的时间，其单位用 s 表示。停留时间和空间速度（简称空速）呈倒数关系。即，

$$\tau = 1/v_{空气} \times 3600 \tag{3-38}$$

式中　τ——停留时间（接触时间），s；

$v_{空气}$——空速，h^{-1}。

空间速度是指在标准状态下，单位体积催化剂所通过的原料混合气的体积流量数。可用下式来表示：

$$v_{空气} = V/hS \times 3600 \tag{3-39}$$

式中　$v_{空气}$——原料混合气的空速，h^{-1}；

h——催化剂的填装高度，m；

V——原料混合气的体积流量，m^3/s；

S——催化剂的截面积，m^2。

反应过程与原料混合气的停留时间、空速有关。如空速太大，也就是停留时间太短，则原料气在催化剂床层中来不及完全反应就通过，致使转化率降低。反之，如空速太小，则根据吸附理论，气体不易克服外扩散等阻力，使其到达催化剂表面的概率减少，转化率也下降。又由于空速小则停留时间长，反应后生成的产物不能及时离开催化剂床层，就会造成副反应增加，亦使产率下降。空速大，就意味着装置的生产能力大。因此在许可范围内，一般都尽可能地采用大空速。

空速、停留时间和所选用的催化剂种类、粒径、层厚和鼓风机等设备的功能有关。一般银法的停留时间取 0.01～0.005s，即空速为 360000～720000h^{-1}。另外，对反应生成物在反应器中的停留时间也有一定的要求。这是因为甲醛在高温下很不稳定，易热分解成一氧化碳和氢气，在 500℃以上这种分解十分迅速。为使甲醛的热分解反应减少到最低程度，生产中

可采取控制停留时间（0.007s）和将生成物骤冷（要求在 0.1s 内将温度降至 150℃）的办法。

由于甲醇氧化和甲醇脱氢这两个反应都是反应后增加体积的反应，因此根据吕·查德里原理，降低压力将使反应向着生成甲醛的方向移动，所以减压对主反应有利。但在实际生产中由于减压将增加设备投资和能耗，并带来一些其他不稳定因素，故现甲醛生产已由早期的负压操作改为常压操作。

前已述及，原料混合气的纯度将影响催化剂的活性与寿命。另外，在催化剂表面如覆盖了氧化铁，还会加快甲醇燃烧等副反应。因此，原料混合气的纯度也是影响反应的重要因素，生产中应尽可能使原料气得到净化。根据物料的性质、操作压强、操作温度，甲醇宜采用滤布进行过滤；空气宜采用标准框式过滤器或筒式滤芯进行过滤；配料水蒸气宜采用玻璃棉/毡过滤；混合气宜采用耐温的标准框式过滤器过滤。停产检修时，要更换或清洗过滤介质，必要时，也要对蒸发器、过热器、反应器进行清洗。

3. 甲醛气体吸收

以甲醇为主的物料经催化反应生成的产物中含有甲醛、氮气、氢气、水蒸气、二氧化碳、一氧化碳、甲烷、氧气及甲醇、甲酸等混合物，通过吸收塔用脱盐水吸收，制成37%～50%甲醛溶液作为成品采出，氮气等不凝性气体从吸收塔顶逸出送入尾气处理器焚烧。

甲醛气体吸收是甲醛生产的重要组成部分。为了提高吸收效率和满足不同用户对甲醛质量的要求，近几年在设备结构、填料、工艺流程等方面都作了很大改进和提高。

（1）吸收基本理论

a. 概述　吸收是指可溶性溶质被溶剂吸收的传质过程，被吸收组分称为溶质，吸收溶质的液体称为溶剂，在甲醛气体吸收过程中把混合气中的甲醛（溶质）用水（溶剂）吸收，制成给定浓度的甲醛水溶液（吸收液）。

b. 吸收的基本原理　溶解度是指在一定温度和压力下，100g 溶剂中能溶解溶质的最大质量（以 g 计）。甲醛气体与水接触时甲醛分子就被水吸收，随着循环吸收不断地进行，水中的甲醛浓度会不断增大。当甲醛浓度达到最大溶解度时，水中甲醛分子也会从水中逸出，当进入水中的甲醛分子数等于从水中释放的甲醛分子数，气液两相处于动态平衡时，甲醛浓度不再增加，气相中甲醛浓度也不再减少，此时甲醛浓度称为甲醛在水中的最大溶解度。从理论上讲，甲醛最高浓度可达 58.8%，但在实际生产中由于配料蒸汽、反应生成水、塔顶加水等大量水分的加入，最高浓度控制在 50%左右。

甲醛在水中的溶解度与温度、压力等因素有关。温度升高，甲醛溶解度下降。因此在甲醛气体吸收过程中要尽量降低吸收温度。而吸收压力也是影响吸收的重要因素：从理论上讲，压力越高气液膜就越薄，越容易被吸收。但是甲醛在水中溶解度较大，在甲醛气体吸收过程中，只要控制吸收温度不高，在常压下也能完全吸收，因此工业生产中不采用加压吸收。

我们知道甲醛气体在水中被吸收是一个传质过程，吸收机理可用“双膜理论”进行解释，“双膜理论”的基本论点如下：

ⅰ. 相互接触的气液两相流体存在着稳定平衡的相界面，这个界面不存在传质阻力；

ⅱ. 气液两相的界面两侧分别有一层流动的气膜和液膜，吸收必须以分子扩散方式通过这两层膜，即由气相主体进入液相主体，吸收传质阻力集中在这二层膜中；

ⅲ. 两膜以外是气液相湍流的主体。由于流体充分流动，溶质的浓度是均匀的。液相中浓度的变化主要取决于气相的推动力，见图 3-3。

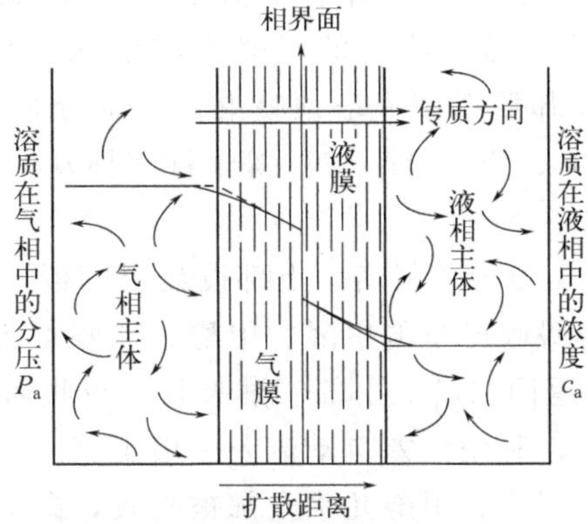

图 3-3　双膜理论示意

根据“双膜理论”的观点，甲醛气体的吸收必须通过气膜和液膜。也就是说甲醛分子必须以扩散的形式通过层面流动的两膜。由于扩散的速度是很慢的，所以扩散阻力就成了吸收的阻力。如果想要提高吸收的效率，就应使气液膜层越薄越好。根据流体力学原理，气相和液相的流速越大，膜层厚度就越薄，因此提高气流速度和液体速度，可使两膜厚度变薄，能提高吸收效率。甲醛分子通过液膜的阻力不大，甲醛气体被水吸收的阻力主要集中在气膜，称之为气膜控制。在甲醛吸收过程中，增大吸收塔的气流速度，对提高甲醛的吸收效率是有利的。但是流速过快也会使气液两相接触时间缩短，传质不完全。

(2) 吸收流程　甲醛气体吸收根据工艺流程和成品甲醛规格的要求不同，一般可分为一塔、二塔、三塔三种或其他个例流程：有生产高浓度甲醛流程、低醇甲醛流程和 37% 甲醛的典型吸收流程等流程，这里介绍的是 37% 甲醛典型吸收流程。典型吸收流程一般都采用二塔吸收（见图 3-4）。

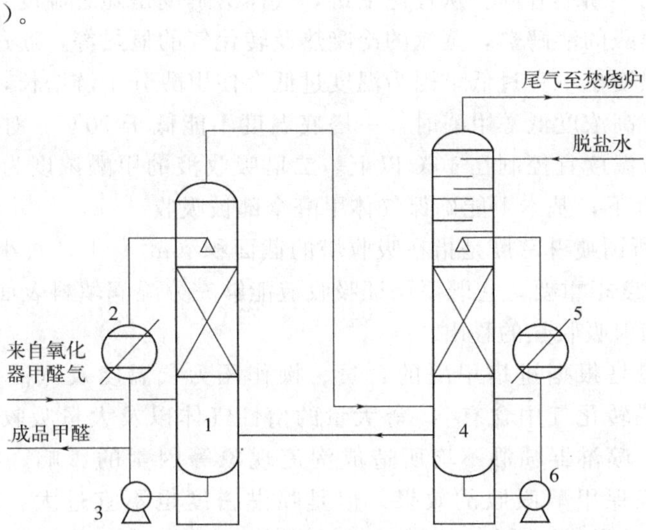

图 3-4　典型吸收流程

1—第一吸收塔；2——塔循环液冷却器；3——塔循环泵；
4—第二吸收塔；5—二塔循环液冷却器；6—二塔循环泵

典型吸收流程：来自反应器底部冷却到150℃左右的甲醛气进入第一吸收塔（简称一塔）1底部。第一吸收塔1为填料塔，气体自下往上流动，与经过一塔循环液冷却器2后的循环液自上而下喷淋吸收，甲醛气与循环液在塔内进行充分接触（传质、传热）、甲醛气体被吸收后吸收液浓度逐渐提高，而气相中甲醛含量逐渐减少。一般经过一塔1后，80％～90％甲醛能被吸收下来，被吸收后的甲醛水溶液从一塔1底排出，经过一塔循环泵3、一塔循环液冷却器2冷却后返回一塔顶喷淋。少部分采出即为成品甲醛。未被吸收的甲醛、甲醇、水蒸气和CO_2、CO、H_2、N_2等惰性气体从一塔1顶排出进入第二吸收塔4底部再吸收。

第二吸收塔（简称二塔）4也为填料塔。上部设数层塔板，塔顶加脱盐水，气相自下往上流动，循环液自上而下喷淋吸收微量的甲醛、甲醇。二塔4底排出吸收液，通过二塔循环泵6、二塔循环液冷却器5而返回二塔4上部喷淋吸收。吸收后的甲醛和水流向二塔底，待二塔4塔底液位高于溢流口后，利用位差自动流入一塔1底。

经一、二塔循环吸收后，甲醛、甲醇几乎全部被吸收，微量未被吸收的甲醛、甲醇在二塔4塔顶通过数层塔板鼓泡吸收。最终尾气含CO_2 3％～4％，CO＜0.6％，O_2 0.1％～0.2％，CH_4＜0.2％，$H_2$18.0％～21.0％，H_2O 2.0％～3.0％，N_2 72.0％～76.0％和微量甲醛、甲醇从二塔顶排出，送入焚烧炉燃烧。

甲醛浓度在配料蒸汽和工艺配比稳定时用二塔4塔顶加水量调节。

(3) 影响吸收的因素　影响甲醛吸收的因素很多，主要有温度、喷淋密度、吸收塔填料和气流速度等。

① 温度　一般来说，气体分子的动能比液体分子的动能大，要想把气体分子溶解于液体中，就必须降低气体分子的动能，简单地说要把溶解时产生的热量移出来，这部分热量称作溶解热，甲醛气体的溶解热为63kJ/mol甲醛溶解释放的热量会使吸收循环液温度升高。

来自反应器底部的甲醛转化气中除了甲醛外，还有甲醇、甲酸、水蒸气以及CO_2、CO、CH_4、H_2、O_2、N_2，等惰性气体．混合气温度150℃左右，这些热量进入吸收塔，其结果会使循环吸收液温度不断地升高。从理论上讲，气体溶解度是随着温度升高而减小，为了确保吸收完全必须把甲醛的溶解热，蒸汽的冷凝热及转化气的显热等，通过吸收塔循环液冷却器移出。但是吸收温度也不宜过低，因为温度过低会使甲醛分子链增长，生成多聚甲醛水合物沉淀，特别当生产高浓度低醇甲醛时，一塔底温度不能低于70℃。对于生产37％甲醛装置来说，一塔吸收液温度宜控制在40℃以上。二塔吸收液的甲醛浓度为10％～15％，二塔顶温度控制在25℃以下，基本上能确保气体甲醛全部被吸收。

② 喷淋密度　所谓喷淋密度是指在吸收塔的截面积（m^2）上，每小时流过的吸收液的量（m^3/h）。喷淋密度很重要，它既要保证吸收液能够充分湿润填料表面，保持气液相最大的接触面积，又要确保吸收热的移出。

吸收液的喷淋量是根据进塔甲醛的含量、操作压力、温度及汽液平衡等因素计算得到的。但是因为甲醛转化气中含有N_2等大量的惰性气体以及大量吸收热要移出，和吸收塔使用填料的不同、喷淋器喷洒不均所造成沟流现象等因素的影响，实际喷淋量都比计算要大得多，才能确保甲醛吸收的效果。但是喷淋密度也不宜过大，因为喷淋液过大势必会降低空塔速度和增加动力消耗。对于吸收塔使用规整填料，最适宜的循环喷淋密度建议为30～40$m^3/(m^2 \cdot h)$。例如：吸收塔直径为2.0m，循环喷淋液量为$(2.0m)^2 \times 0.785 \times 35m^3/(m^2 \cdot h) = 109.9m^3/h$，实际甲醛循环量和采出量选用$Q = 150m^3/h$，$H =$

30m 的不锈钢离心泵。

影响喷淋液密度的因素除喷淋液量以外，喷淋分布器的结构也很重要。喷淋分布器可分为管式和槽式等多种形式，但不管何种式样，选用的喷淋分布器一定要把吸收液体均匀地喷洒到吸收界面上，尽量减少吸收液沟流现象，改善吸收效果，提高吸收效率。

③ 填料阻力降 吸收塔所用填料不同，吸收效果也有明显差异。过去甲醛吸收塔都采用陶瓷拉西环，比表面小、阻力大、易碎。现在甲醛吸收塔都采用不锈钢鲍尔环、阶梯环、孔板波纹填料。使用最广的是孔板波纹填料，因为不锈钢板波纹填料比表面积大、阻力小、空隙率大、质量轻、机械强度大、吸收效率高，而且耐腐蚀（见表 3-4），特别适合于甲醛吸收。填料一般都选用 SM250、SM350 和 SM450 等几种规格。

表 3-4 填料基本参数

填料型号	峰高/mm	比表面积	水力直径 a_h/mm	倾斜角/(°)	空隙率/%	F 因子/[$m \cdot s(kg/m^3)^{0.5}$]	理论塔板/m^{-1}	压力降/(Pa/m)
SM125	24	125	35	45	98.5	3	1～1.2	1.5～5.5
SM250	12	250	15.8	45	97	2.6	2～3	1.5～6.0
SM350	8	350	12	45	95	2	3.5～4	1.5～6.0
SM450	6.5	450	9	45	93	L5	3～1	1.8～2.5
700Y	4.3	700	—	45	85	1.6	5～7	5.0～7.0
500X	6.3	500	—	30	90	2.1	3～4	2.5～4.5
250Y	12.6	250	15	45	97	2.6	2.5～3	2.6～3.0

④ 气流速度（空塔速度） 气流速度是指甲醛混合气在吸收塔内的流速，一般以单位时间内、单位空塔截面积的气体体积流量表示（m/s）。

$$W=V/(0.785\times D^2\times 3600)$$

式中 W——气流速度，m/s；

V——甲醛混合气的流量，m^3/h；

D——吸收塔的塔径，m。

由于气流速度是以空塔截面积通过的流量来表示的，故又称为空塔速度。

气流速度与生产能力成正比，气速越高，生产能力也越大，根据“双膜理论”，气流速度增大能减少气膜厚度，降低气膜阻力，加快吸收速度对吸收有利。所以在设计时，一般都应采用较大的气流速度。但是气流速度也不能无限制提高，因为气流速度过大，不但会增加吸收塔阻力，使风机电耗增加，而且当气流速度增大到一定极限值时，塔内液体将会被上升的气流托住，使塔内液体不但不能从塔底流出，反而被气体从塔顶带出，这种现象称为液泛，这时的气流速度称液泛速度。

若气流速度固定，液体喷淋密度增大时，塔内持液量会增多，当大到一定程度后也会产生液泛现象。因此吸收塔设计、操作均以液泛速度为基准。而液泛速度除与气流速度、喷淋密度有关外，还与采用填料空隙率、压力降、吸收液浓度、吸收塔结构等因素有关。对于甲醛吸收塔来说，若采用孔板波纹填料，空塔速度一般取 1.0～1.5m/s，过大过小都不利于吸收。

第二节 银法甲醛生产工艺流程

银法甲醛生产工艺的发展历史较长，国外具代表性的工艺有德国巴斯夫（BASF）公司、英国帝国化学工业公司（ICI）、日本三菱瓦斯化学公司（MGC）和法国煤化学公司的生产工艺。

我国银法甲醛生产工艺流程通过50多年的发展，在传统银法的基础上，现已演变发展出现了中国银法甲醇制甲醛工艺、尾气循环法工艺、甲醇循环法工艺（不完全转化法）、双循环法工艺等多种工艺流程。引进的银法工艺有挪威泰诺公司甲醛生产工艺。

1. 传统银法

传统银法甲醛生产工艺流程：原料甲醇从甲醇储槽由甲醇输送泵送向甲醇中间槽，计量后用甲醇输送泵经过甲醇过滤器后，送向甲醇高位槽，然后以一定流量进入甲醇蒸发器下部，其流量根据蒸发器内液位进行手动或自动调节；同时，一定量的空气经空气过滤器过滤后由罗茨鼓风机送入甲醇蒸发器底部，蒸发器内甲醇经空气鼓泡和加热被蒸发，在维持确定的蒸发温度下，保持一定比例的甲醇、空气混合比（正常生产时氧醇比为0.38～0.43）自蒸发器顶部流出，再加入一定量的水蒸气，由甲醇、空气、水蒸气组成原料混合气，经过热器加热到110～120℃，进入过滤器，过滤清除混合气中的羰基铁等杂质，由此得到反应需要的洁净三元混合原料气。

洁净的三元混合原料气经阻火器进入装有银催化剂床的氧化反应器，在600～680℃温度下，甲醇经氧化、脱氢反应生成甲醛，当产物脱离催化剂床层后，即在列管段经骤冷和继续冷却，使反应气冷却到<100℃，以抑制副反应的发生，再进入第一吸收塔的底部，气体与塔顶喷淋的来自第二吸收塔吸收液和第一吸收塔循环液逆流接触，大部分甲醛气体在第一吸收塔内被吸收下来，尚未被吸收的气体自塔顶排出进入第二吸收塔下部，与二塔循环液和来自塔顶的脱盐水逆流接触继续被吸收。

为提高吸收效果，第二吸收塔的吸收液由二塔循环泵经二塔冷却器冷却后送入第二吸收塔中部作喷淋液循环吸收。第一吸收塔的吸收液经一塔循环泵再经一塔冷却器冷却后送入第一吸收塔顶部作喷淋循环吸收，并由冷却器出口根据一塔液位手动或自动控制采出成品(37%甲醛水溶液)，进入甲醛中间罐，最后由输送泵将调配合格的成品自中间罐打入甲醛储槽储存。成品的浓度由二塔顶加水量通过转子流量计手动或自动控制，二塔液位由二塔返回一塔液流量，根据一塔浓度用转子流量计手动或自动控制。吸收后的尾气从二塔顶直接经较高的排气管排入大气中。

传统银法甲醛生产工艺流程示意如图3-5所示。

2. 中国银法

我国传统银法甲醛生产经过多年的实践和改进，逐渐形成了中国银法甲醇制甲醛生产工艺。主要改进如下：一是将尾气引入到带有蒸汽发生装置的尾气处理器，作为燃料制取蒸汽用于生产工艺用汽，也可采用变压吸附（PSA）技术分离回收氢气；二是将反应器冷却段分为骤冷段和热水段两段，上段为骤冷段，产物在骤冷段（俗称废锅）被迅速冷却并产生蒸汽，而热水段的热量用来循环蒸发甲醇。

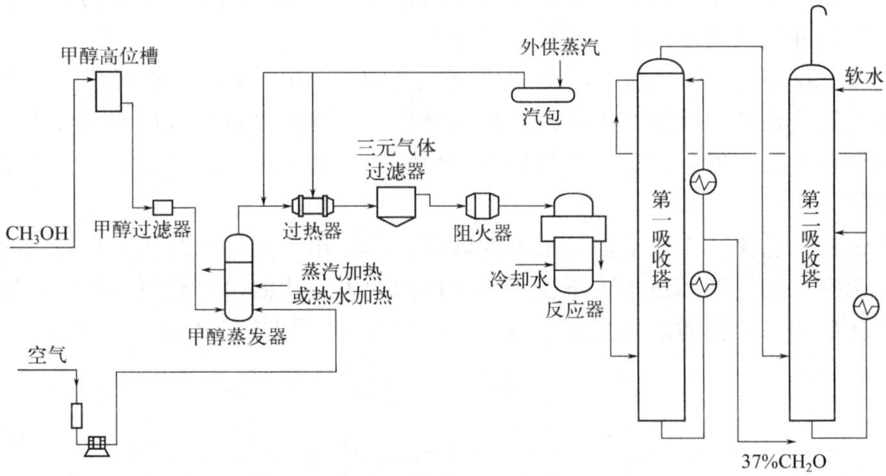

图 3-5 传统银法甲醛生产工艺流程示意

中国银法甲醇制甲醛生产工艺流程见图 3-6。消耗指标见表 3-5。

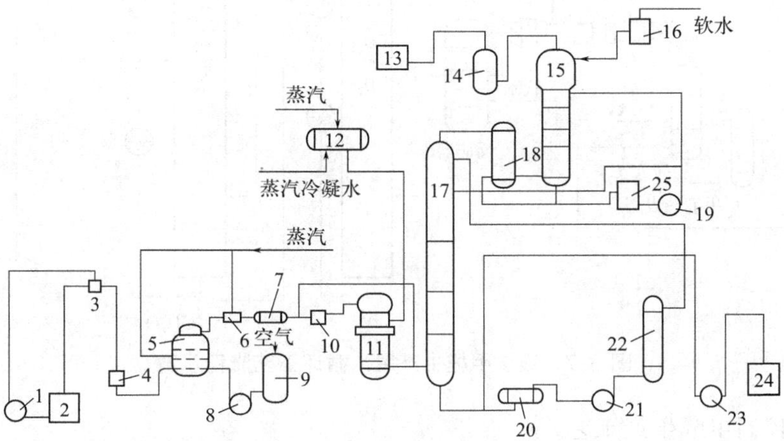

图 3-6 中国银法甲醇制甲醛工艺流程

1—甲醇泵；2—甲醇贮槽；3—甲醇高位槽；4—甲醇过滤器；5—蒸发器；6—蒸汽喷头；7—过热器；8—鼓风机；9—空气过滤器；10—气体过滤器；11—氧化器；12—汽包；13—尾气锅炉；14—尾气分离器；15—第二吸收塔；16—软水高位槽；17—第一吸收塔；18—尾气处理器；19—二塔回流泵；20——塔第一冷却器；21——塔回流泵；22——塔第二冷却器；23—甲醛泵；24—甲醛贮罐；25—二塔收集槽

表 3-5 中国银法甲醇制甲醛工艺消耗指标（1t 37%甲醛水溶液）

指标	先进水平	一般水平
产率/%	87.7～89.7	84.9～86.7
甲醇消耗/kg	440～450	455～465
冷却水/m^3	40～50	40～55
蒸汽/kg	300～650	0(自给)
电/(kW·h)	23～26	30～40

（1）尾气循环法 尾气循环法工艺是在中国银法甲醇制甲醛生产工艺的基础上，通过自主创新和借鉴国外先进技术形成的改良工艺之一。

所谓“尾气循环法”工艺流程，是采取尾气总量的 40%～50%加入系统循环使用，剩余的尾气送入尾气处理器燃烧产生蒸汽。尾气循环工艺流程是以吸收后的尾气或尾气燃烧后的废气部分循环至反应器，代替水蒸气作为热稳定剂来带走反应过程中的多余热量，稳定控制反应温度的。

传统的银法工艺流程由于受产品浓度的限制，不能用更高的水醇比来提高氧醇比，以提高甲醇的转化率。尾气循环法则可不受这一条件的约束，从而可得到更高的甲醇转化率。另外，尾气循环法在无需精馏的情况下，可生产浓度在 55%以内的甲醛（见图 3-7）。

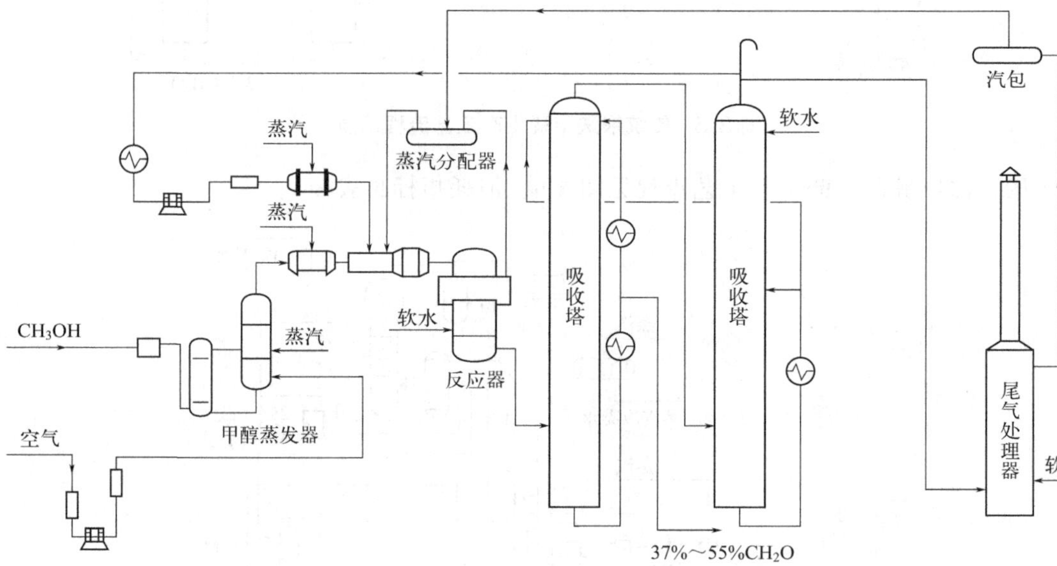

图 3-7 银法甲醛生产尾气循环工艺流程示意

（2）本征控制甲醛生产工艺

① 概述 本征控制甲醛生产工艺流程是中国银法甲醇制甲醛生产工艺的改良工艺之一。本征控制工艺流程是建立在质量与能量相互转化的银法甲醛生产基础上的新工艺流程。它是以物料流为载体，以热量流为信息，在特定的设备中采用物料流与热量流搭成工艺反馈的本征控制方法，控制甲醇氧化脱氢的反应过程，实现优化控制。并采用多段的废热蒸发系统，完成三元原料混合气的稳定配制和反应热的充分利用，使其具有将热能转变为动能的热机功能。

本征控制甲醛生产工艺流程将蒸发、过热、净化、阻火、反应、骤冷等生产过程整合于一体，使设备更集约、工艺更简便。

本征控制甲醛生产工艺流程还以矩形反应器取代传统的圆形反应器，实现了反应器的变革。

本征控制甲醛生产工艺流程及其配套设备的装置，其单套装置的生产能力超过 12 万吨/年，在完善配套公用工程的情况下，生产能力可达到 16 万吨/年或更高。

② 工艺设备 该工艺设备包括：配料水蒸气汽包、工艺水蒸气汽包、甲醇蒸气汽包、蒸汽洗涤塔、热压合泵、反应器、多级吸收塔、空气净化装置，过热器、鼓风机、循环泵

等。反应器为矩形，反应器冷却列管为水平列管结构，反应器一级吸收塔为内置冷却器结构。

配料水蒸气汽包和甲醇蒸气汽包出来的原料气体各自经蒸汽洗涤塔洗涤清洁后经热压合泵最后流向反应器，在反应器中生成甲醛。原料气经洗涤塔洗涤清洁后再进入反应器，减少了银催化剂的污染，减少了开车次数，降低了单耗和能耗。原料气体的生成和工艺用水蒸气的热量来自反应热，使生产废热得到高效利用，节约了电能，产生了自适应的控制效果。反应器采用该结构的目的是扩大生产规模、改善传热条件、解决原旧设备易出气室破坏和应力造成的结构破坏问题。

蒸汽洗涤塔分为配料蒸汽洗涤塔和甲醇蒸汽洗涤塔，它是带上、下封头的筒状塔，塔体内有由栅板支架固定的填料层和填料层上端的冷凝器，在冷凝器处的塔体上开有冷凝介质的进、出口，在栅板支架下端的塔体上开有原料气进口，在冷凝器与填料层间的塔体上开有气体出口，其中配料蒸汽洗涤塔的原料气进口由管道与配料水蒸气汽包的水蒸气出口相连接，气体出口由管道与热压合泵的中心喷口相连接，甲醇蒸汽洗涤塔的原料气进口由管道与甲醇蒸气汽包的气体出口相连接，气体出口由管道与过热器的气体进口相连接，再由过热器的气体出口由管道与热压合泵的外围喷口相连接。

热压合泵的上端有两个同心喷口——中心喷口和外围喷口，侧面上开有原料空气的进口，中间有一扩散管，下端为混合气体出口。

原料空气通过空气净化装置后由定容鼓风机引入过热器中，再由过热器的出口由管道连接热压合泵的原料空气进口。

热压合泵的混合气体出口由管道连接过热器的原料气体进口，再由过热器的原料气体出口连接反应器的帽子。

反应器为矩形，反应器包括帽子、由催化剂筐体固定的催化剂层、骤冷列管区和一级吸收塔，反应器最上端的帽子与反应器主体壁通过法兰密封固定在一起，帽子下端的催化剂筐体底部为多孔花板或分段多孔花板，催化剂筐体的上端固定在帽子与主体壁的法兰连接处，催化剂筐体上铺有催化剂层，催化剂筐体下端为水平放置列管的骤冷列管区，其中骤冷列管区分为一区、二区、三区。

本征控制甲醛生产工艺流程见图 3-8。

③ 工艺特点

ⅰ. 单套装置生产能力增强。节约投资，产生了规模效益；

ⅱ. 装置紧凑集约化。蒸发、氧化、吸收由原来三台设备合并为一台，生产效率得到提高，降低了热量损失，节约了能源；

ⅲ. 利用物料流-热量流的反馈进行控制。减少了仪表的投入，同时也减少了误操作的可能性，整个装置操作稳定安全；

ⅳ. 利用热动力学原理，在工艺流程中增加了文丘里混合器，减少了鼓风机的动力。节约了能源。文丘里混合器的使用，给突发事件的处理争取了时间；

ⅴ. 整个系统操作压力在低于 0.1MPa 的环境下运行。安全可靠，同时降低了设备的制造费用；

ⅵ. 可以根据客户的需要生产不同的产品，产品的浓度在 37%～42%之间可调［甲醇含量小于 1%，酸度低于 0.01%(以甲酸计)］。

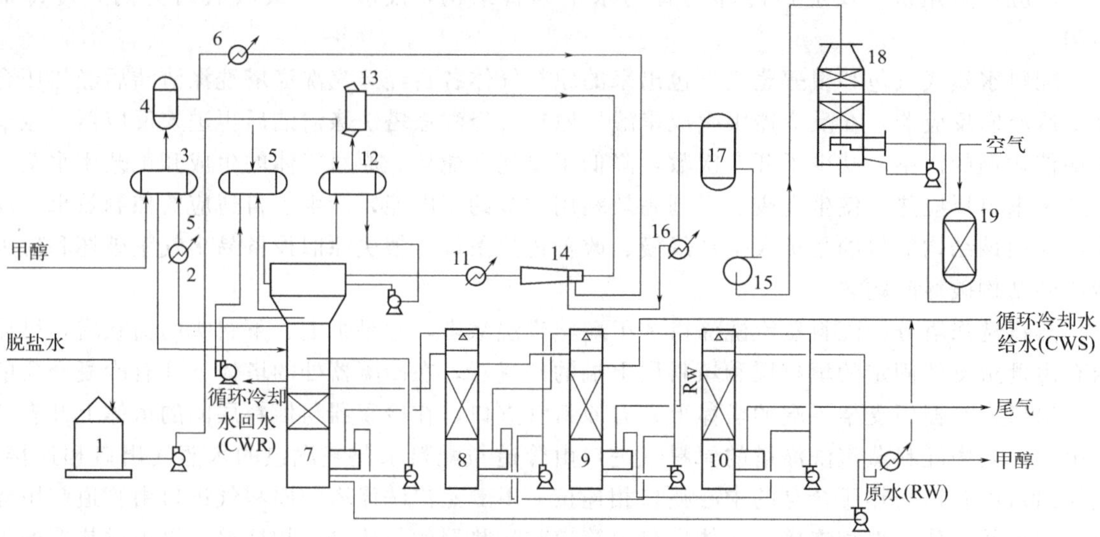

图 3-8 本征控制甲醛生产工艺流程

1—软水槽；2—甲醇引导加热器；3—甲醇蒸气汽包；4—甲醇洗涤塔；5—工艺水蒸气汽包；6—甲醇过热器；7—氧化吸收塔；8—第二吸收塔；9—第三吸收塔；10—第四吸收塔；11—三相加热器；12—配料水蒸气汽包；13—配料洗涤塔；14—文丘里混合器；15—鼓风机；16—空气过热器；17—空气缓冲罐；18—空气洗涤塔；19—空气过滤器

3. 甲醇循环法

甲醇循环法又叫不完全转化法，是中国银法甲醇制甲醛生产工艺的改良工艺之一，它是将甲醛溶液中的甲醇经精馏脱醇或不经精馏直接脱醇后循环至蒸发器，以代替水蒸气作为热稳定剂来带走反应过程中的多余热量，稳定控制反应温度。

经精馏脱醇工艺在 20 世纪 70 年代在中国已有使用，因其需要一套精馏设备，投资高，流程长，操作复杂，能耗高，过去一般在需要低甲醇含量、高甲醛含量的甲醛产品时使用此工艺，现在已经被尾气循环法取代。

不经精馏直接脱醇工艺称为甲醇循环法甲醛生产新工艺，是 2004 年 4 月在我国甲醛行业开始研发实施的新工艺。它不同于传统的甲醇循环法，新方法不用另设甲醇蒸馏塔，而是在吸收塔中利用反应热和甲醛溶解热脱醇脱水。新工艺具有高甲醛浓度、低甲醇含量、低动力原料消耗、装置大型化、流程短等优点。采用该工艺对不同规模的甲醛装置进行改造和新建，并取得了成功。

（1）新工艺流程　甲醇循环法新工艺流程与传统银法工艺流程基本一样，不同之处主要有两点：一是吸收塔内设有脱醇段或单设脱醇塔，热源为离开反应器骤冷段的反应生成气；二是蒸发器内蒸发的是甲醇与来自吸收塔的稀甲醇、甲醛的混合液。甲醇蒸发器可以用通常使用的中央循环管式蒸发器，也可以使用外循环加热的复合式蒸发器。

复合式蒸发器的甲醇循环法新工艺流程描述如下：甲醇由甲醇计量罐通过带有变频电机的甲醇泵提压，过滤器过滤进入蒸发器，蒸发器液位靠甲醇泵电机转数控制；空气通过空气过滤器过滤、罗茨鼓风机提压进入蒸发器，风量由风机电机转数控制；配料蒸汽由蒸汽净化器进入蒸发器，蒸汽量由调节阀控制；回收的含甲醛的甲醇水溶液或水通过流量计计量进入蒸发器。蒸发器下段为残液浓缩段，可起到净化空气、分离并排出固体杂质、甲醛、水等的作用，该蒸发器为复合式蒸发器，甲醇水溶液外循环并与甲醛溶液换热。在蒸发器内完成混合气的生成、净化、过热、阻火、过滤等全过程。

甲醇、空气，水蒸气及少量甲醛蒸气组成的混合气进入反应器，在银催化剂上发生脱氢氧化反应，反应温度及氧醇比要比其他银法低一些。在催化剂层下部，是亚平管板废热锅炉，降低生成气温度，回收反应热产生水蒸气，较高温度的生成气先进入吸收塔的脱醇脱水段，再进入各个吸收段，吸收水从吸收塔顶加入，第一吸收段甲醛循环液与蒸发器甲醇水溶液换热，其他吸收段甲醛循环液与冷却水换热。甲醛成品由脱醇脱水段底部采出。尾气进入尾气处理器燃烧，产生水蒸气。

甲醇循环法甲醛生产工艺流程见图 3-9。

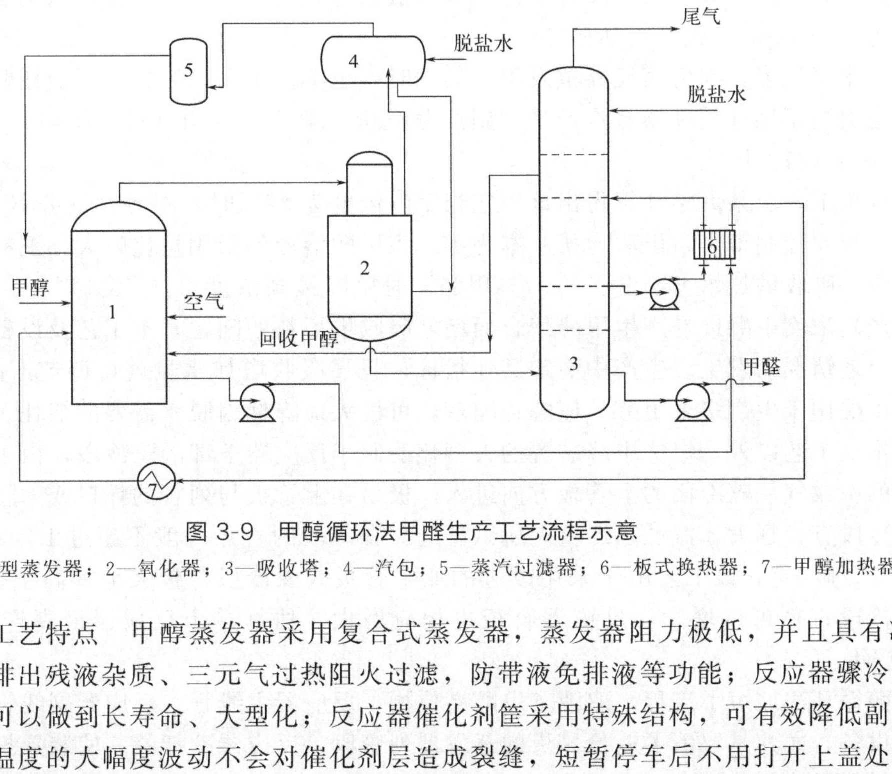

图 3-9　甲醇循环法甲醛生产工艺流程示意

1—复合型蒸发器；2—氧化器；3—吸收塔；4—汽包；5—蒸汽过滤器；6—板式换热器；7—甲醇加热器

（2）新工艺特点　甲醇蒸发器采用复合式蒸发器，蒸发器阻力极低，并且具有净化气体、浓缩并排出残液杂质、三元气过热阻火过滤，防带液免排液等功能；反应器骤冷段采用亚平管板，可以做到长寿命、大型化；反应器催化剂筐采用特殊结构，可有效降低副反应的发生，反应温度的大幅度波动不会对催化剂层造成裂缝，短暂停车后不用打开上盖处理催化剂，可直接开车；吸收塔为一塔结构，内有不同功能段。流程短，主要设备只有 3 个复合式甲醇蒸发器、反应器、吸收塔；反应器一段冷却；靠吸收塔内脱醇脱水段产生 37%～55%甲醛；甲醇、水的脱出不用另设蒸馏塔，所以也就不用消耗冷却水、电、水蒸气，完全依靠吸收塔自身能量；脱出的甲醇、水被送入复合式甲醇蒸发器作为原料重新利用；没有甲醇高位槽；没有反应器主线阀、副线管、副线阀。

由于能够回收利用未反应的甲醇，所以生产中可以控制较低的反应温度和较低的氧醇比，以减少副反应，一般尾气中的 CO、CO_2、CH_4 体积分数之和为 2%左右，而其他银法为 45%甚至更高，使得该生产方法在甲醇单耗方面具有无可比拟的优越性；开车时不用像传统工艺那样需要用甲醇、空气二元气调整稳定蒸发温度、预热催化剂，而是用空气预热后直接进入二元气置换、点火，所以催化剂不会因开车时曾被甲醇打湿而结炭，催化剂活性提高很快，一般点火后 2h 甲醛含量合格，甲醇含量<1%，单耗可以降低；不用甲醇、空气二

元气调整稳定蒸发温度、预热催化剂，也避免了甲醇的浪费。在吸收塔的加水量方面，甲醇循环法比传统银法大得多，减少了甲醛的透逸。一般情况下，甲醇单耗在 430～440kg/t（37%甲醛），比传统银法至少低 10kg 甲醇/t（37%甲醛）。

传统蒸发器、过热器阻火器、过滤器的阻力占系统阻力的一半以上，一般超过 20kPa，而复合式蒸发器的阻力只有 1～3kPa，是传统工艺阻力的 1/20～1/10，极大地降低了风机能耗。一般电单耗为 18kW・h/t 左右。

传统银法反应器一般采用二段冷却，最后一段产生热水用于蒸发蒸发器中的甲醇；甲醇循环法反应器采用一段冷却，经过废热交换后的高温生成气直接进入吸收塔，利用高温生成气的热能以及甲醛的溶解热和水蒸气、甲醇蒸气冷凝的相变热蒸发蒸发器中的甲醇、水、少量甲醛。即甲醇循环法有效利用了甲醛的溶解热和水蒸气、甲醇蒸气冷凝的相变热，多蒸发了一部分水和少量甲醛，从而减轻了循环吸收液的冷却负担，降低了冷却水用量。冷却水单耗一般为 10～12m^3，最低可达到 5m^3。

副产水蒸气多：因为蒸发器蒸发甲醇的同时，也蒸发了水，装置不再消耗配料蒸气；低氧醇比也提高了尾气处理器蒸汽产量。副产蒸汽量一般为 0.9t/t（37%甲醛），超过传统银法的 0.6t/t（37%甲醛）。

在理论上，由某大学计算得出该工艺当甲醛浓度为 37%时，甲醇含量可小于 0.2%；实际生产中只要控制得当，甲醇含量基本为零。当甲醇溶液的回用量比较大、配料水蒸气的加入量很少、吸收塔加水为 50kg/t（37%甲醛）时甲醛最高浓度可达 55%以上，利用普通吸收塔生产高浓度甲醛极易产生甲醛聚合面堵塞吸收塔填料的问题，本工艺及设备因其特殊性可避免上述情况的发生。生产中稳定其他指标，只靠吸收塔加水量就可调节产品甲醛浓度。高浓度甲醛用于生产多聚甲醛、尿醛预缩液，可极大地降低因脱水需要的能耗。

除本征工艺以外，银法甲醛装置的大型化受制于反应器下部的骤冷段，由于银法甲醛工艺高温的生成气从骤冷段的上管板方向进入，极易在上管板与列管的焊口或列管上部发生汽蚀，骤冷段直径越大，汽蚀越严重，所以反应器骤冷段的直径一般不超过 1.8m，产能一般不超过 5 万吨/年。该工艺由于采用改进的亚平管板式骤冷段，极大地提高了抗汽蚀能力，所以骤冷段直径可以增大，反应器直径也相应增大，估算单个反应器最高产能可以达到 10 万吨/年。

甲醇循环法缩短了流程，取消了甲醇高位槽、反应器主线管、反应器副线管、反应器副线阀等设备，尤其是取消了造价昂贵的蒸发器列管段，反应器冷却段，使装置投资有了较大降低，尽管吸收部分投资要大一些，但总体上甲醇循环法比传统银法装置投资低。流程短，也减少了控制仪表的投资，降低工厂操作人员的劳动强度。

（3）工艺比较　甲醇循环法与国外甲醛生产工艺指标对比见表 3-6。

表 3-6　甲醇循环法与国外甲醛工艺指标对比

项目	国外先进工艺		甲醇循环法工艺
	银法	铁钼法	银法
甲醇单耗/(kg/t)	430～445	420～430	430～440
电单耗/(kW・h/t)	20	70	18
冷却水单耗/(m^3/t)	50	40	50
副产蒸汽/(t/t)	0.6	0.7	0.5

（4）改造旧装置的应用　只改造旧装置的蒸发器，其他设备如过热器、阻火器、过滤器、氧化器、吸收塔等都不用改动，但换热流程要改动一些。

蒸发器为填料塔式外循环加热蒸发器，如果旧装置蒸发器为中央循环管式蒸发器，则需要将中央循环管堵死，在蒸发器内加入填料，最好在蒸发器的下面或旁边增加一个空气洗涤段（塔），空气洗涤段（塔）也起到一定的蒸发作用，还能够净化空气、排除蒸发器中的固体杂质。蒸发器采用外循环加热，气体阻力非常低。

蒸发器内加入水或者吸收塔末端的吸收液，不必再加入配料蒸汽，吸收塔冷却水消耗大大降低。只不过甲醇循环法设置有脱醇塔（段），可以生产低醇高浓度甲醛，且回收甲醇量大，该工艺吸收塔和传统银法、尾气循环法一样，即使将吸收塔末端的吸收液加入蒸发器中，回收甲醇的量也很有限。

该工艺与传统银法工艺相比，每吨甲醛生产可节电 6kW·h，多副产蒸汽 350kg。

4. 双循环银法

双循环银法甲醛生产工艺是中国银法甲醇制甲醛生产工艺的改良工艺之一，该工艺吸取诸多改良工艺及专利技术的长处，不断探索，大胆创新，开发出双循环工艺。双循环工艺就是将尾（烟）气和甲醇循环整合在一起的工艺。双循环工艺具有尾气循环工艺和甲醇循环工艺的优点，对进一步降低消耗、节约能耗，生产低醇、高浓度甲醛十分有利。双循环银法甲醛生产工艺流程见图 3-10。

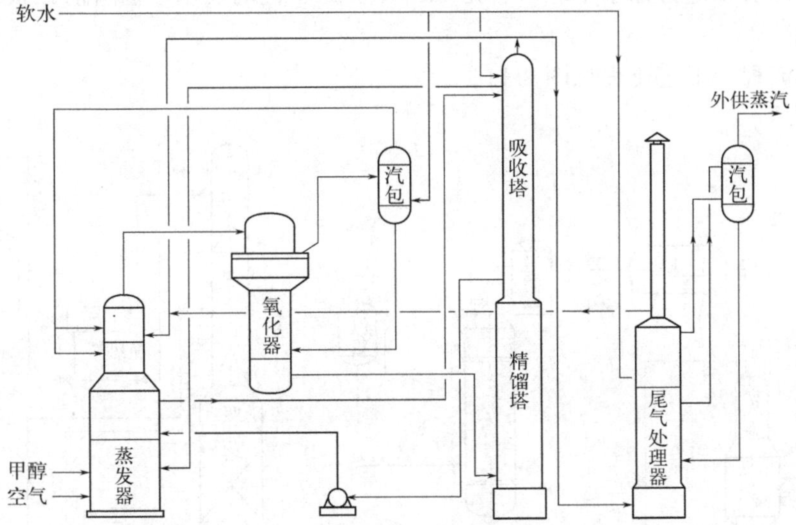

图 3-10　双循环甲醛生产工艺流程示意

（1）工艺简述　单循环工艺就是前面介绍的尾（烟）气循环工艺、甲醇循环工艺，这里不再叙述。

双循环工艺的流程就是在尾（烟）气循环工艺的基础上，再加上甲醇循环的工艺。将吸收塔顶没有转化完全的稀甲醇液，再送到甲醇蒸发器，使其继续反应。

空气由鼓风机送入蒸发器，甲醇、空气、水蒸气，尾（烟）气在蒸发器内按比例混合均匀后经过加热、过滤送入反应器。

甲醇、空气、水蒸气、尾（烟）气在反应器的银催化剂作用下转化成甲醛。反应器设一段换热，回收更多的蒸汽，供配料蒸汽和加热用。

吸收塔由精馏、吸收两部分组成。将吸收塔顶精馏后的甲醇，再送到甲醇蒸发器，继续反应。在塔内形成浓度、温度梯度，既能防止甲醛聚合，又能生产高浓度甲醛和回收甲醇。吸收塔循环液的热量可供蒸发甲醇。

最终尾气由塔顶排出后进入尾气处理器焚烧，副产蒸汽外送。尾气处理器排放气处设进水预热器。整个装置的热量得到综合利用。

（2）工艺特点

① 本装置由蒸发器、反应器、精馏吸收塔和尾气处理器组成，工艺流程短，系统阻力小，热量充分得到利用，对生产操作十分方便。

② 反应器设计一段换热，其目的如一是增大产汽量；二是提高反应器出口温度，防止甲醛聚合物的堵塞，并能生产甲醇含量小于0.5%、50%以上高浓度的甲醛。这对生产聚甲醛、多聚甲醛、乌洛托品、季戊四醇等下游产品特别有利。

③ 双循环工艺由于可以满足甲醛下游产品的高标准，所以投资相对较高。

5. 挪威泰诺银法

1985年，我国先后在内蒙古根河、吉林敦化、福建三明建设人造板厂，其中配套引进了三套由挪威泰诺公司提供的银法甲醛生产线，据了解，这些生产线有的经过一些技术改造，目前仍然运行良好，产量、质量、消耗上不但达到了设计指标，而且已经提高到目前我国银法甲醛工艺的较好指标水平。尽管是20世纪80年代的技术，但目前在很多方面仍有其独特的优点。

（1）工艺流程　工艺流程见图3-11。

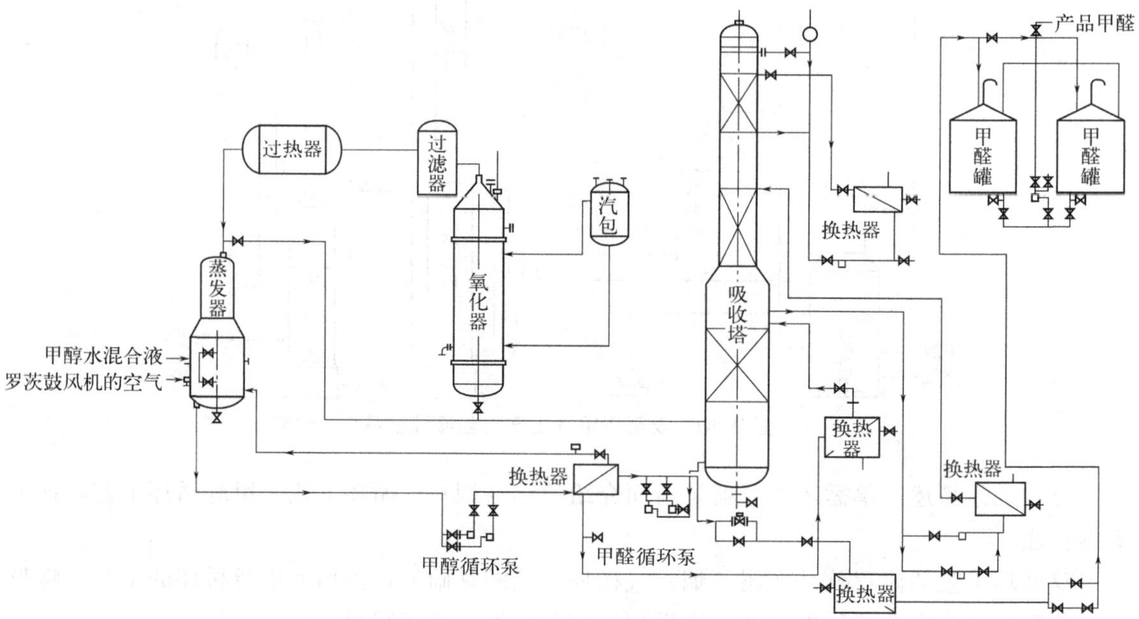

图3-11　改造后的挪威泰诺甲醛生产工艺流程简图

（2）设备设计与使用特点

① 该生产线反应器的冷却液位高于催化剂床的位置，所以该反应器的寿命较长。原装

反应器由 1985 年开始使用到 2005 年，使用了 20 年，没有任何问题，只是后来一段时间使用硬水后，才造成了冷却盘管堵塞（仍没有出现断管现象）。为更换提产，测绘了进口氧化器的尺寸并放大，用国产钢材加工出的反应器一直使用至今。

② 使用催化剂筐后，不需要平整催化剂筐，只需稍加清洗就可以铺放催化剂，见图 3-12。

③ 反应器上部外侧有加热盘管，并有回流装置。

④ 反应器上的视镜便于观察，设计有防爆膜，催化剂层离废锅的距离最短，可以设计成 2～3mm，甲醛气体及时冷却，产品甲醛中的甲酸含量可以做到很低。

⑤ 在反应器的出口增设一个蝶阀，关闭此蝶阀和正路阀，点火前，可对银床先加热，在未通三元气体的情况下，反应器内形成了一个封闭的空间，很容易加热到 96℃以上，然后再点火，点火时间仅用 3min，大大缩短了点火时间。另外，关闭此蝶阀在铺银时可避免甲醛对铺装催化剂时吸收塔倒压过来的甲醛气体对人员的刺激。

⑥ 东北的冬季甲醇温度非常低，最低达到－57℃（甲醇温度计直接测量），原来只凭蒸发器的换热面积难以提供充足的热量，在南方或夏季日产 35t 以上的甲醛设备，在北方的冬季里只能日产 22t，达不到产量指标。因蒸发器内的甲醇需要加热，一循环的甲醛需要冷却，中间设一个换热器，把蒸发器里的甲醇，用泵打到一循环的板式换热器中进行热交换，节省了蒸汽，又节约了冷却水，实现了换热平衡。

⑦ 造价低，便于利用原来空间进行扩产改造。

⑧ 蒸汽汽包放置为立式存放（见图 3-13）有利于观察和现场查看，汽包上设计有现场液位计、二次仪表液位计，还单独设计有高低液位报警，确保安全。

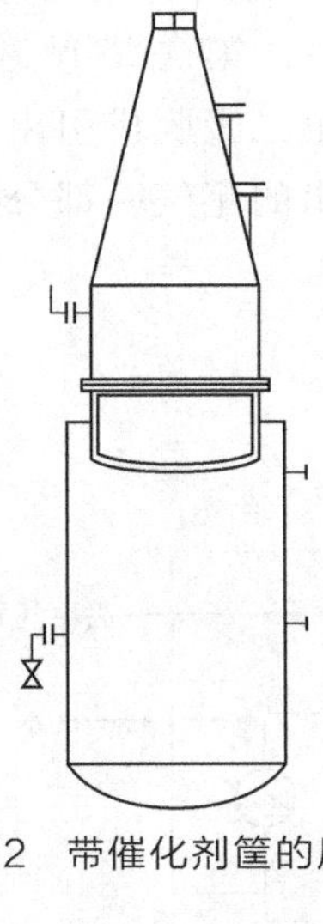

图 3-12　带催化剂筐的反应器

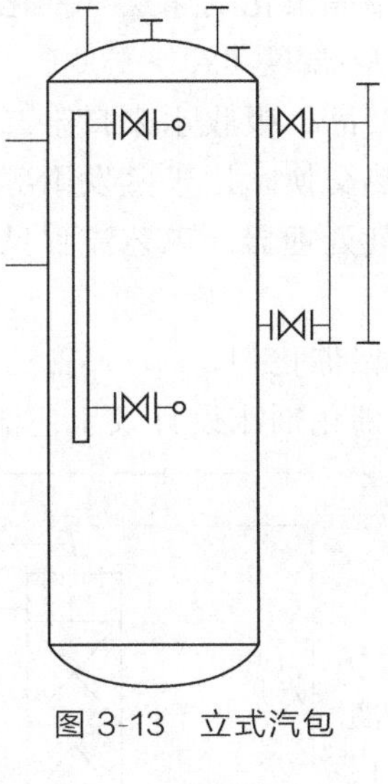

图 3-13　立式汽包

⑨ 通过使用水、醇混合流量计，其一可以使用粗甲醇，其二产量高，在催化剂直径只有 1.16m 的情况下，可以生产甲醛 57t/d，而在使用纯甲醇和配料蒸汽的情况下，其产量很难达到。

⑩ 工艺上设计有甲醇、甲醛计量表，进口设备的甲醛装置采用计量表进行计量，其产量和消耗可以进行单班考核。

⑪ 疏水器性能可靠、寿命长，进口设备的疏水器全是浮球疏水器，更换为浮球疏水器，确保了蒸汽的质量。

⑫ 吸收塔采用三塔合一，其吸收效果较好，产品甲醛含量可以控制到37%～41%，对于自用甲醛的用户，方便了生产。

随着我国甲醛事业的蓬勃发展，国产设备的技术水平也在不断提高，对比可以发现，进口设备也有其缺点：其一，原设计反应器的催化剂筐直径小，设计能力日产35t甲醛的催化剂筐直径只有0.66m，造成了单耗过高；其二，当时建厂很早，1985年原设计没有三元气体过热器、过滤器；其三，原设计点火系统设计得没有国内的点火系统好，点火时间长，现在正在使用的生产线已经全部进行了更改。

6. BASF银法尾气循环

20世纪60年代之前，银法甲醛生产工艺产品的浓度为37%或更低，甲醇的转化率较低，因而甲醛产品中的甲醇含量高，需要蒸馏方法来回收吸收塔产品中的甲醇，故而生产工艺能耗高。由于下游工业需要更高浓度甲醛的产品和节省甲醛运输费用，也需要得到更低的甲醇单耗，因而有必要进行改革。

20世纪60年代，BASF公司作为先驱，引领行业在这方面进行改革，取得很大的成就，使银催化甲醛工艺取得了实质性的改进。其中很多工艺改进，沿用至今。

根据已有专利与文献报道，BASF的工艺有几个不同的版本，现仅对其比较通用的尾气循环工艺作以下简介。

（1）工艺流程　甲醇和空气分别输入甲醇蒸发器，甲醇和吸收塔第三、四阶段的一部分循环液由水蒸气加热汽化，与空气、水蒸气、尾气以一定比例混合后进入反应器，通过多层设计的不同粒径的结晶银化剂床层（催化剂铺装在特殊的不锈钢合金支撑丝网上）、进行氧化、脱氢反应，反应温度620～700℃，反应气通过第一、第二塔循环冷却吸收，得到50%～60%的甲醛产品，吸收水来自第二吸收塔顶部。由第二吸收塔引出的热甲醛溶液输送到甲醇蒸发器进行热交换，用于蒸发甲醇。自二塔顶部排出的尾气一部分以一定比例加入原料气，一部分去尾气处理器。工艺流程见图3-14。

（2）工艺特点

① 独特的结晶银催化剂；

② 特殊效应的催化剂床设计及工艺流程的设计和操控；

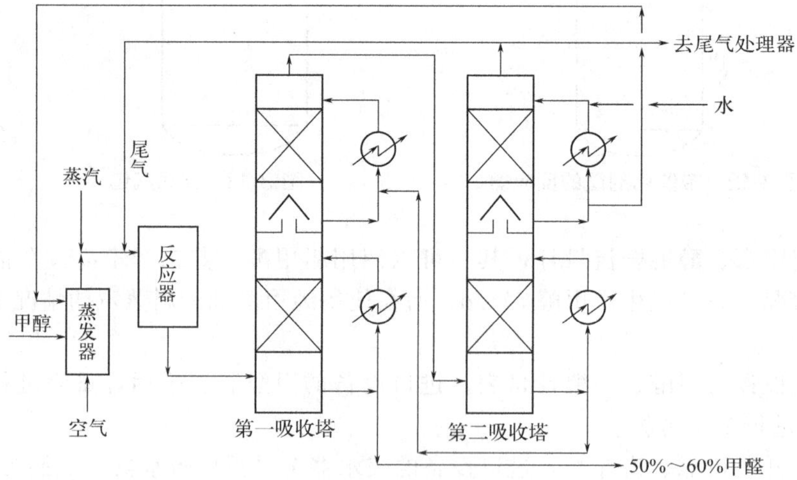

图3-14　BASF银法尾气循环甲醛生产工艺流程示意

③ 甲醛产品：50%～60%浓度，甲醇含量为1.1%，甲酸含量为80×10^{-6}；

④ 甲醇单耗约为445kg/t（以37%甲醛计）；

⑤ 多层催化剂床设计，每层采用不同粒径范围的晶体组成，催化剂支撑以特殊的不锈钢（合金）丝网代替钢网而没有粗铜网，直接放到管板上，催化剂床层反应温度最高为700℃；

⑥ 采用尾气循环，及吸收塔的第三、四阶段的吸收液循环，使反应器内的甲醇和空气的比例可以在安全的状况下达到接近化学反应计量的比例（部分吸收塔的第三、四阶段的液体加入甲醇蒸发器内蒸发成为进入反应器的气体一部分再次反应，取代一部分进入反应器的水，从而得到较高水和甲醇的比例），从而得到较好的甲醇的转化率，及50%～60%甲醛浓度的产品。甲醇单耗亦得到改善，如果不用尾气循环，产品浓度也可达50%左右，单耗亦较低。

(3) 改进重点　BASF工艺甲醇单耗的改善是从催化剂的优化、进入反应器气体成分的优化及工艺开发研究的进展而来的。

① 催化剂注重于选择性、转化率和寿命。银催化剂容易中毒，易受污染，裂化和烧结。当这些发生时，选择性、单耗和转换率都受到影响。细颗粒银催化剂往往较容易烧结和堵塞，寿命短。大颗粒银催化剂则需要较厚银催化剂床才有好的转化率，而且厚银催化剂床会促使副反应增加，甲醇单耗升高。

BASF采用多层式银催化剂床设计，能达到好的选择性、转化率和较长的催化剂寿命。单耗为441kg/t（37%甲醛）。催化剂寿命达四个月。催化剂支撑以特殊的不锈钢（合金）丝网或银网直接放在管板上，可减少副反应，使尾气内的一氧化碳含量小于0.1%，从而降低甲醇单耗，并且可以减小催化剂床阻力，延长催化剂寿命。

保持银催化剂纯度是非常重要的首选重点。某些微量金属，特别是重金属，会影响催化剂的活性。BASF工艺设备使用的是优质不锈钢材料，以减少有害微量金属和重金属的带入。

② BASF工艺采用精细过滤、着重除雾，以免污染银催化剂，保持其活性和良好的甲醇单耗，原材料不能含有铁、硫等可以影响银催化剂的杂质。但含水甲醇不会影响催化剂效能。

③ 进入反应器气体成分比例调整到最佳时，催化剂的温度在620～700℃，甲醇转化率可达到98.6%。在这样高的转换率下，产品甲醇含量小于1%，就不需要蒸馏，工艺简化了，能耗也减小了。

在反应器进气时加入水来调节化学反应，可以提高转化率和降低单耗，有一些化学反应热被水吸收，并导致氧气稀释，因此，进入反应器的原料气中的空气可以安全地增加，而不会引起爆炸的危险性增加。

空气内的氧气把一部分从脱氢反应产生的氢气燃烧，有利于脱氢化学反应，而达到单耗的改善。水也可以重新激活催化剂的活性，延长其使用寿命。轻度附着在催化剂表面的毒素可以被水除去。

最好的甲醇单耗的醇与水的比例，大约是60∶40。采用甲醛产品较稀的区域的稀甲醛循环来达到60∶40醇与水的比例，以获得最好的甲醇单耗［445kg/t(37%甲醛)］及50%～60%的浓甲醛产品。

7. 英国ICI公司氧化脱氢法

（1）工艺流程简述　甲醇输入蒸发器，并向蒸发器内鼓入经过滤并压缩到1.4kgf/cm^2（约0.14MPa）的空气。在蒸发器内，甲醇被蒸发，同时与空气混合。将气体混合物加热到露点以上，再加入水蒸气，生成的混合物通过阻火器进入转化器。转化器由两部分组成：上部为转化器，混合气体在置于薄层银粒构成的催化剂上反应，反应温度600～650℃；下部为列管式废热锅炉，热的反应气体在此迅速冷却，以抑制任何不需要的副反应。然后反应气体进入吸收塔，用冷凝水将甲醛吸收，从吸收塔底得到产品甲醛，尾气放空。工艺流程见图3-15。

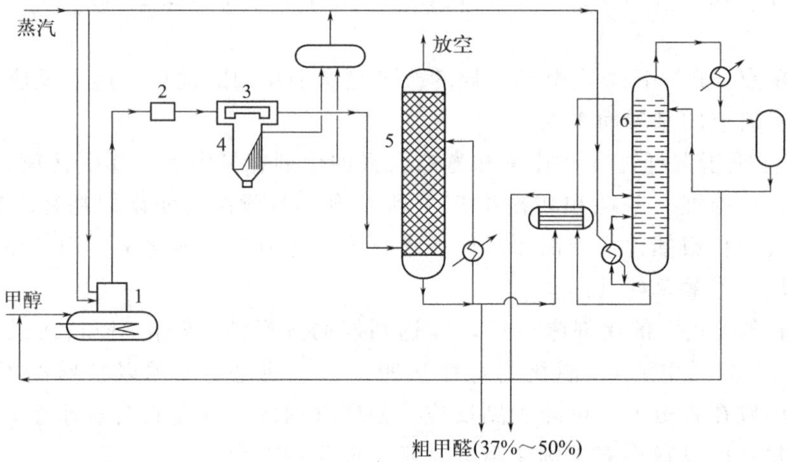

图3-15　英国ICI公司甲醇氧化脱氢法甲醛生产工艺流程

1—蒸发器；2—阻火器；3—转化器；4—废热锅炉；5—吸收塔；6—精馏塔

（2）工艺特点与消耗　通过适当选择反应条件，本工艺可以在高的或低的转化率下操作，生产出溶液浓度为37%～42%甲醛和3%～15%甲醇的产品。根据需要，产品可以直接使用或进入蒸馏塔进行提纯。在蒸馏塔里甲醇离开塔顶，再循环到蒸发器中，而含37%～50%甲醛和0.5%甲醇的产品由塔底流出。产品中甲酸的含量小于0.01%。生产不同规格的每吨产品的消耗定额见表3-7。

表3-7　英国ICI公司甲醇氧化脱氧法生产每吨甲醛的消耗定额

甲醛	37%	37%	44%	50%
甲醇	3%	0.5%	0.5%	0.5%
甲醇/kg	461	434	518	588
锅炉给水/t	0.222			
工艺水/t	0.165	0.243	0.195	0.160
冷却水(Δt=15℃)/t	35	59	57	74
蒸汽/t	0.080	0.860	0.984	1.100
电/(kW·h)	25	27	32	37

8. 日本MGC公司氧化脱氢法

（1）工艺流程简述　将甲醇加入蒸发器中进行气化生成甲醇蒸气，进一步加热并进入气体混合器。另外从大气来的空气经过滤器将灰尘完全除去，然后用空气预热器加热。加热后的空气进入气体混合器同甲醇蒸气和水蒸气混合。混合气经过滤器过滤后，送到反应器进行绝热反应，使大多数甲醇转化为甲醛。反应气体立即被废热锅炉骤冷并将其反应热回收生产蒸气，产生的蒸气几乎与本装置所需的蒸气相等。骤冷后的反应气进入吸收塔内，在反应器中产生的甲醛和残余的甲醇几乎完全被吸收。被吸收塔吸收的甲醛和残余的甲醇水溶液其浓度为35%～44%，经过滤后得到甲醛成品。在甲醛中的甲酸含量通常为60～130mg/L。假使需要甲酸含量低的甲醛，则可以进行脱酸处理，以使其达到需要的含量。将含有少量甲醇、甲醛和约20%氢的排出气作为锅炉燃料，不但可以回收能量，而且能将产生污染的甲醛完全烧掉。图3-16是日本MGC公司甲醇氧化脱氢法制甲醛工艺流程。

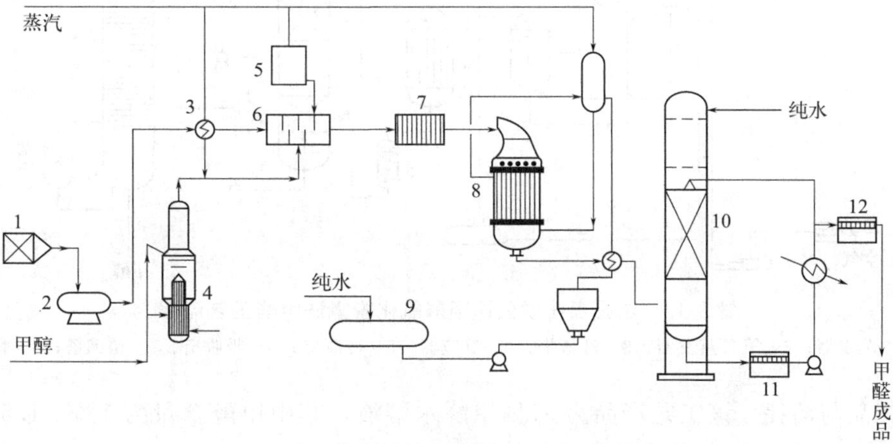

图3-16　日本MGC公司甲醇氧化脱氢法制甲醛工艺流程

1—空气过滤器；2—鼓风机；3—预热器；4—甲醇蒸发器；5—气液分离器；6—混合器；7—混合器过滤器；8—反应器；9—冷凝液贮罐；10—吸收塔；11—甲醛循环过滤器；12—产品过滤器

（2）产品与消耗　产品为甲醛含量37.0%±0.5%。甲醇含量8.0%±0.5%，甲醛酸度为200mg/L。每吨甲醛产品的消耗定额见表3-8。

表3-8　日本MGC公司甲醇氧化脱氧法生产每吨甲醛产品消耗定额

甲醇/kg	蒸汽(3kgf/cm^2,约0.3MPa)/kg	30℃冷却水/t	纯净水/kg	电/(kW·h)	催化剂/g
520	80	55	450	20	0.5

9. 法国煤化学公司氧化脱氢法

（1）工艺流程简述　将甲醇与水连续送入串联的两个蒸发器中，同时用压缩机向蒸发器内压入过滤空气。蒸发器在稳定的液位下操作，这个液位是由蒸气调节阀来控制的，通过此阀供给水蒸气-甲醇混合物所必需的热量，蒸发潜热由第二蒸发器内部的蒸气供给。蒸发后的甲醇-空气气体混合物经洗涤并在热交换器内预热后进入反应器。反应在温度约为635℃的银催化剂层床上发生，用反应混合物的组分控制反应，反应气体在气体冷却器中迅速冷却到 160℃，为了获得好的反应收率，冷却必须紧靠反应器出口处进行：这样热传导发生在催化剂层床下面。离开气体冷却器的冷气体，并在吸收塔中被吸收，吸收分三段进行：在最低一段，大部分的甲醛和甲醇被喷淋液吸收，并由泵经热交换器循环，热量由热交换器中的冷却水移走：中间一段用泵打入，热量由热交换器传出热量；上面一段由数层塔板构成，由补充水洗涤、吸收。吸收后的甲醇-甲醛混合物送入蒸馏塔进行分离。蒸馏塔在部分真空下操作，甲醇由塔顶分离出来，其中一部分供给蒸发器，塔底为浓缩甲醛溶液，热量由热虹吸再沸器供给。

图 3-17 是法国煤化学公司的甲醇氧化脱氢法甲醛生产工艺流程。

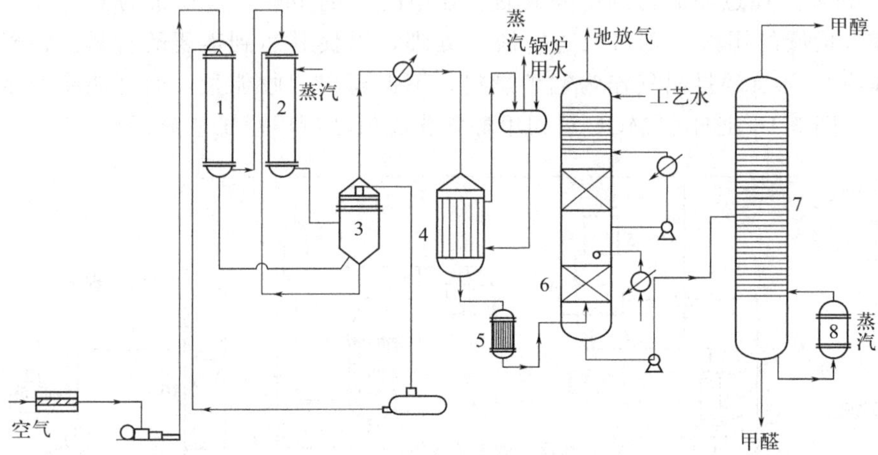

图 3-17 法国煤化学公司甲醇氧化脱氢法甲醛工艺流程

1—第一蒸发器；2—第二蒸发器；3—洗液塔；4—反应器；5—冷凝器；6—吸收塔；7—精馏塔；8—再沸器

（2）产品与消耗 该工艺产品为 37％甲醛水溶液，其中甲醇含量为 1％～1.5％，甲酸含量小于 150mg/L。生产每吨甲醛产品的消耗定额见表 3-9。

表 3-9 法国煤化化学公司甲醇氧化脱氧生产每吨甲醛产品的消耗定额

甲醇/kg	蒸汽/kg	电/(kW·h)	25℃冷却水/m^3	催化剂/g
444	300	22.2	65	9

第三节 银法甲醛生产操作

银法甲醛生产操作分为：流体输送、（空气输送，甲醇输送）甲醇蒸发，补加配料（蒸汽、尾（烟）气）与过热（滤），甲醇氧化反应，甲醛吸收、骤冷与尾气处理和系统开车。

1. 流体输送

（1）空气输送 经净化后的空气由罗茨鼓风机吸入，经压缩后将空气送入蒸发器（或空气加热器）。对于选用空气鼓泡式甲醇蒸发器的工艺，为了防止突然停风机时甲醇倒压，一般空气进口管要高于蒸发器入口管 7m 以上，罗茨鼓风机进出口都设有减震和消声器，噪声控制在 90dB 以下，目前甲醛生产采用的罗茨鼓风机有二叶、三叶风机，风机选择时除了需要额定风量外，还要选用能克服系统阻力的风压，按常规工艺流程，各设备的阻力为蒸发器

8～12kPa，过滤器 10～20kPa，反应器 10～20kPa，吸收塔 10～15kPa，因此鼓风机升压选用 49kPa（5000mmH_2O）以上。

罗茨鼓风机是回转容积式风机，输气量与转速成正比，即转速一定时输出气量恒定。若系统阻力上升，只会引起电机负荷增加，而输送气量变化不大。因此当电机超过额定电流时会引起风机跳停。所以在空气输送时，严禁关闭进出口阀门，也不准超负荷运行。

罗茨鼓风机安装就位后的检查、空负荷试车等操作方法见第五章。

(2) 甲醇输送　甲醇输送操作是指甲醇从仓库贮槽输送至甲醇中间槽，再由甲醇中间槽经甲醇泵送至甲醇高位槽、甲醇过滤器，经计量后进入蒸发器的操作过程。

① 甲醇输送过程操作要点：

a. 必须确保甲醇原料连续不间断地向蒸发器供料。设有甲醇高位槽的要保持溢流。

b. 甲醇有毒、易燃、易爆，因此整个输送过程中所有设备、管道都必须密闭，不能发生任何跑、冒、滴、漏。

c. 所有甲醇设备、管线必须安装静电接地装置，电机和按钮均选用防爆型。甲醇输送流速控制在 2.5m/s 以下。

② 甲醇中间槽总容量一般按 V＝日消耗量/t/(0.793×80%) 计，设两台。每天由仓库向中间槽送料一次。设甲醇中间槽的作用是记录甲醇消耗量和确保系统有原料。为了防止甲醇的挥发，中间槽顶放空管接冷冻水冷凝器、冷凝液回流到槽内，或者采用氮封保压，或者采用内浮顶。槽顶放空管必须设阻火器。

③ 有的工艺甲醇由甲醇泵直接送入蒸发器，蒸发器液位由甲醇调节阀或采用甲醇泵变频调节。该工艺布置简单，但万一甲醇泵停运必须立即停车。因此传统工艺设置了甲醇高位槽，甲醇高位槽设在厂房顶上。甲醇自甲醇中间槽经甲醇泵打入甲醇高位槽。甲醇高位槽保持满槽溢流，溢流液经视镜仍流回甲醇中间槽，始终保持高位槽液位恒定。设甲醇高位槽的主要目的是：利用甲醇高位槽与蒸发器的位差，能够均匀、稳定地将甲醇送入蒸发器。万一发生停泵，液面低于下限值时会报警，也有时间处理。

④ 甲醇泵是甲醇输送的唯一动力，一般选用离心泵或者旋涡泵。离心泵出口能憋压，但流量控制不稳定；旋涡泵流量稳定，但出口不能憋压，必须采用回流阀控制输出量。选择直接送入蒸发器流程可选用离心泵。设有甲醇高位槽流心可选用离心泵或旋涡泵。涉及的计算公式如下：

甲醇流量＝生产需用量×1.2 系数；扬程＝甲醇送入高度×0.8＋管道阻力。甲醇旋涡泵出口管设有安全阀或回流阀，操作时要经常检查泵出口压力和轴温、油位，调节流量，保持高位槽微量溢流。

2. 蒸发

蒸发器型式有两种：一种是甲醇、空气混合蒸发的设备（也称为一体式蒸发器）；另一种是外带再沸器的蒸发器。无论哪种型式的设备，其目的都是要把甲醇蒸发出来，与空气混合后参加反应。但是由于设备结构不一样，操作控制调节的方法也不一样。

(1) 蒸发温度

a. 甲醇、空气混合蒸发器，该设备蒸发温度是根据蒸发压力、甲醇浓度而决定的。蒸发器加热方式有两种。

ⅰ. 利用氧化反应器冷却产生的热水进入热水槽，再由热水泵打入蒸发器加热蒸发甲醇，经蒸发器冷却后的水送入反应器再加热，以此形成循环。蒸发温度控制在 44～48℃，是由进入蒸发器的热水流量来控制的。

ⅱ. 利用吸收塔循环液（甲醛）去加热蒸发器，经蒸发器冷却后的甲醛再返回吸收塔喷淋吸收。该工艺最大优点是节约能源。蒸发温度是由进入蒸发器的甲醛量来调节的。为了不影响吸收塔的循环喷淋量，设置一台三通调节阀，即泵出口排出总量等于进入蒸发器的甲醛量和三通旁路排出的甲醛量，二量合并后全部进入吸收塔喷淋。

b. 蒸汽加热蒸发器，对于外带再沸器的蒸发器，用蒸汽加热气化甲醇，控制蒸发温度 74～78℃，蒸发压力 50kPa。该工艺优点是空气阻力小，缺点是消耗蒸汽多，紧急停车后不能马上恢复生产。

（2）蒸发液位　蒸发器液位是平衡甲醇蒸发量的基准。如果蒸发器平衡浓度、液面保持恒定，进入蒸发器的量就等于蒸发甲醇的量。蒸发液位高低不仅影响换热量，还会引起系统阻力的变化，影响蒸发压力的变化，简单地说影响三元气体的配比，影响反应温度，在实际操作中，蒸发器液位是由甲醇进料量来调节的，蒸发器液位控制器在加热上管板 50mm±50mm。具体控制手段有两种：①甲醇进料调节阀与蒸发器液位自调；②甲醇泵变频与蒸发器液位自调。

（3）蒸发压力　蒸发器内气相压力取决于蒸发温度、空气流量和系统阻力。在一般情况下，影响蒸发器压力的主要因素是空气流量和系统的阻力，空气流量决定生产能力，系统阻力取决于混合过滤器、反应器催化剂床层和吸收塔的阻力。对于甲醇、空气混合蒸发的工艺蒸发压力≤48kPa，对于蒸发器外带再沸器的工艺，蒸发压力控制在 4～50kPa。

（4）蒸发器内甲醇浓度　在生产中，由于甲醇、空气（湿度）中带入微量水分，会使甲醇浓度不断下降，当进入蒸发器的微量水分在一定温度、压力下随甲醇一起蒸发时，此时甲醇浓度达到平衡，我们称之为“平衡浓度”。蒸发器内甲醇平衡浓度很重要，它是衡量蒸发甲醇量和控制蒸发温度的重要依据。如果平衡浓度不断下降，说明加热列管有泄漏的可能性，或者甲醇原料品质有问题。

在开车点火时，分析甲醇平衡浓度尤为重要。它能确定点火时的氧醇比，以保证在安全可靠条件下操作。

3. 补加配料与过热（滤）

（1）配料蒸汽　在甲醛生产过程中，由于甲醇氧化放热反应会使反应温度不断上升。为了能维持最佳的反应温度，工艺上设置在原料混合器中加入一定量的水蒸气，以带走反应过程中多余的热量，从而维持反应温度在正常范围内。配料蒸汽的加入不仅有利于控制反应温度，而且也有利于抑制副反应的生成和缩小甲醇爆炸极限，提高氧醇比，还可以改善转化率和提高收率。但是蒸汽也不能无限制补加，它与生产量及产品浓度有关；对于甲醇蒸发外带再沸器工艺，蒸汽比例控制在蒸汽量/甲醇量＝0.5～0.7(摩尔比)；对于甲醇、空气混合蒸发工艺，蒸汽配料浓度（水醇比）控制在 54％～58％最佳。

配料蒸汽加入方法也很重要，它必须确保蒸汽压力稳定、干净、不带液。具体操作方法如下：①首先要恒定蒸汽分配器压力 0.15～0.35MPa；②打开蒸汽过滤器底部排污阀；③关闭配料蒸汽入系统阀门，打开阀前导淋阀门；④缓慢打开蒸汽分配器至过滤器阀门，将冷凝液在过滤器底部排放；⑤待过滤器排放干净后，导入进料阀前导淋排放。直至开车正常后关闭导淋阀门。打开配料蒸汽入口阀门，向系统送汽，调节控制好配料蒸汽比例（水醇比）。

（2）过热　过热操作的目的，是把蒸发的甲醇、空气、水蒸气、尾（烟）气等混合气加热气化，以防止蒸汽、甲醇冷凝，从而改变混合气的配比影响反应。有的工艺先将空气、尾（烟）气加热预热，有的工艺将混合气通过一台式加热器，加热后温度控制在110～120℃。

（3）混合气过滤　为了确保混合气干净，经过热后的混合气最后进入混合气过滤器，进一步去除杂质。混合气过滤器过去都使用玻璃棉、玻璃丝或无纺布过滤，玻璃棉过滤效果差、安装困难。现在都改用滤网过滤，滤网要选用耐高温、耐水蒸气，耐甲醇、大风量、低阻力滤网，特别要注意滤材不能使用纸质，密封垫必须能耐甲醇溶剂的。参考规格见表3-10，使用条件见表3-11。

表 3-10　滤网参考规格

<table>
<tr><th rowspan="2">型号</th><th rowspan="2">额定流量
/(m^3/min)</th><th colspan="2">压力损失/Pa</th><th colspan="3">外形尺寸/mm</th><th rowspan="2">质量
/kg</th></tr>
<tr><th>初期</th><th>最终</th><th>高度</th><th>宽度</th><th>厚度</th></tr>
<tr><td>1L-35</td><td>10</td><td>≥249</td><td>498</td><td>305</td><td>305</td><td>292</td><td>7.5</td></tr>
<tr><td>1L-75</td><td>22</td><td></td><td></td><td>610</td><td>305</td><td></td><td>11.4</td></tr>
<tr><td>1L-180</td><td>50</td><td>≥249</td><td>498</td><td>610</td><td>610</td><td>292</td><td>18.0</td></tr>
<tr><td>1L-210</td><td>60</td><td></td><td></td><td>610</td><td>762</td><td></td><td>21.2</td></tr>
</table>

表 3-11　滤网使用条件

<table>
<tr><th colspan="2">项目</th><th>FU</th><th>FE</th><th>FUK</th><th>FUKT</th></tr>
<tr><td rowspan="5">材质</td><td>滤材</td><td colspan="3">玻璃纤维</td><td></td></tr>
<tr><td>隔板</td><td colspan="3">铝</td><td></td></tr>
<tr><td>外框</td><td>SUS304</td><td>钢板</td><td colspan="2">SUS304</td></tr>
<tr><td>密封剂</td><td colspan="2">陶瓷＋陶瓷纤维</td><td colspan="2">硅胶</td></tr>
<tr><td>垫片</td><td colspan="2">玻璃纤维</td><td colspan="2">硅胶,海绵胶</td></tr>
<tr><td rowspan="4">使用条件</td><td>连续使用温度/℃</td><td>230</td><td>150</td><td>220</td><td>180</td></tr>
<tr><td>瞬间最高温度/℃</td><td></td><td colspan="2">100(不结露)</td><td></td></tr>
<tr><td>捕集微粒/μm</td><td></td><td colspan="2">0.3</td><td></td></tr>
<tr><td>捕集效率/%</td><td></td><td colspan="2">≥99.97</td><td></td></tr>
</table>

注：表3-10和表3-11引自近藤工业株式会社。

4. 反应

反应操作是甲醛生产的关键。为了能使反应达到高转化率，工艺上要控制好氧醇比、水醇比（配料浓度）和反应温度。

（1）氧醇比　甲醇氧化是由甲醇与空气中的氧气进行反应，因此控制甲醇和氧气的比例很重要。氧醇比可通过调整空气量或者调节蒸发温度来实现。氧醇比高说明氧气在原料混合气中的比例高。根据吕·查德里原理，增加氧量将使氧化反应向着消氧的方向移动，因此对甲醇氧化反应有利；对脱氢反应来说，生成氢气和氧气结合生成水，促使脱氢反应向着生成甲醛的反向转移。所以提高氧醇比对氧化、脱氢反应都有利。但是增加氧量对生成碳氧化物的副反应也增加，同时，氧醇比增大，反应温度也会增高。因此，氧醇比是一个非常重要的参数。它关系到甲醛生产过程的转化率、选择性和安全性。对于一般电解银催化剂，氧醇比控制在0.38～0.41（摩尔比），折合成空气与甲醇摩尔比为A/M=1.8～1.95。

(2) 水醇比　在甲醛生产过程中，为了能维持反应温度，需要加入一定量的水蒸气。水蒸气加入增大了混合气中水分。而水分能吸收反应热，带走热量，降低反应温度。要维持反应温度不变，只有提高空气量，即增加氧醇比。从而能改善反应的转化率和提高甲醛收率。但是水醇比也不能无限增大，它既要保证产品浓度，又要考虑吸收塔顶加水量，因此水醇比（也称之为配料浓度）控制在0.5～0.7（摩尔比）或54%～58%（质量分数）为好。

(3) 反应温度　甲醇氧化成甲醛有两个主反应：氧化反应在600℃高温下，其平衡常数$K=8.83\times10^{12}$，而副反应很小；对于脱氢反应来讲，随着温度升高，平衡常数K，也增大。但是反应温度也不能过高，温度太高会使副反应增多。因此反应温度不仅影响反应的平衡转化率、反应速率，而且还会影响催化剂寿命、阻力和性能的发挥。一般电解银反应的温度控制在630～650℃为宜。

反应温度的调节方法很多，主要有三种。

① 加大空气流量，反应温度就上升，反之下降。用空气调节最大的好处是反应快。若发生突然超温时，应立即降低空气流量，从而能迅速降低反应温度。该方法的缺点是：调节幅度大，反应温度波动大。

② 用蒸发温度调节，即用甲醇量来调节反应温度。甲醇量增加反应温度会降低，反之上升。用蒸发温度来调节，反应温度稳，但反应慢。

③ 加大配料蒸汽流量，反应温度就低。因此当反应器发生回火，或者停车降温置换时，应加大配料蒸汽流量。

在正常生产时，根据不同的工艺，采用不同方法来调节。一般反应温度都与蒸发温度或空气流量形成串级自动调节。温度波动控制在规定值的±(10～15)℃，越小越好。

5. 吸收

吸收塔操作主要控制好循环喷淋量、塔釜液位和吸收塔温度。

(1) 循环喷淋量　甲醛吸收塔内件一般都采用鲍尔环和波纹填料，其中波纹填料使用最广泛，因为吸收效率高、阻力小。波纹填料塔的操作要点：要保较大的喷淋密度，要有足够的喷淋液湿润填料的表面，使气/液相介质能够充分接触，达到传质传热的目的。循环喷淋密度一般控制在35～40$m^3/(m^2\cdot h)$较为合适。

(2) 塔釜液位　甲醛、水蒸气被吸收、冷凝后塔釜液面会增高。为了保持恒定的液位，必须通过循环泵采出。

吸收塔液位过高有可能超过气相管的入口，使反应气无法进塔，造成系统阻力剧增，甚至会发生鼓风机跳停事故；液位过低会造成循环液打空。无喷淋量会使塔温升高，甲醛气体无法吸收，且泵缺液容易损坏。

因此，控制吸收塔底液位很重要，它是恒定吸收操作的重要参数，吸收一塔的液位由一塔循环泵采出控制，二塔液位由二塔循环泵采至一塔顶或二塔底溢流至一塔控制。

(3) 吸收塔温度　甲醛吸收属于放热过程，降低温度能提高吸收效率，在生产操作过程中，吸收液温度是由循环液冷却器的冷却水来控制的，而吸收塔温度是根据吸收液浓度而选定的。一般生产37%甲醛一塔底温度控制在40～45℃；生产45%～50%高浓度甲醛时，一塔底温度控制在70～75℃，最终二塔顶温度保持在20～30℃较为理想。

吸收塔温度是由生产量、循环液量、冷却水量综合决定的，工艺设计时应综合考虑。在正常生产中，要根据吸收液的浓度控制好温度。目的是既要确保把甲醛全部吸收下来，又要防止甲醛的聚合。有的企业只顾降低塔温，浓度控制又高，长期积累下来，甲醛聚合物在填料间堵塞严重，甚至会发生系统阻力上升，产品浑浊等现象。

6. 骤冷段与尾气处理器的操作

(1) 反应器骤冷段和汽包操作

a. 一般开车初期反应器骤冷段和汽包注冷水，点火后反应温度会迅速上升到600℃，这时骤冷段到汽包会产生水击现象，严重时会使电解银震动松散。

处理方法：设有热水加热循环管的，预先用蒸汽加热热水；汽包用0.15～0.4MPa蒸汽保压。

b. 为了保持副产蒸汽的干净，开车初期应将蒸汽系统内水全部排放，待干净后切换至系统内。

c. 加强水质的检测：控制总硬度≤0.03mmol/L、悬浮物≤5mg/L，pH≥7，溶解氧0.1mg/L、含油量≤2mg/L，含铁量≤0.3mg/L，加强排污；控制总碱度为6～26mg/L，pH=10～12，溶解固形物≤400mg/L。

d. 稳定汽包液位，汽包液位过低，反应器列管容易被拉裂；液面过高容易造成蒸汽带液，影响甲醇转化。汽包液位是由加入水量的调节阀控制的，并设置了过低液位报警、停车联锁。

e. 汽包压力波动会影响配料蒸汽的波动、反应温度波动和全系统操作的波动。为了确保汽包压力的稳定，一般蒸汽分配器都设置了稳压调节装置，即当系统压力增高时，分配器向外供汽，压力下降时外界蒸汽补充。

(2) 尾气处理器操作　尾气中含有 H_2 18%～20%及微量的 CO、CH_4、CH_2O、CH_3OH 等物质，这些气体直排会给大气环境造成一定程度的污染，但可利用其在800℃以上时能分解碳氢化合物的特性，设置带有蒸汽发生装置的尾气处理器，通过燃烧消除有害物质并副产蒸汽。由于尾气中含有 H_2 等可燃性气体，因此，在操作中特别是开、停车时要十分注意安全。

① 尾气处理器开车

a. 按正常要求检查装置是否具备开车条件，尾气在水封槽前放空，汽包注水1/3～1/2，水、电、气到位。

b. 启动引风机（或鼓风机）置换燃烧室内可燃性气体。待分析燃烧室内 O_2≥20%。有可燃性气体浓度≤0.05mg/L时，置换合格。关小风量至500～100m^3/h。

c. 点火方式有两种，一种用 ϕ10mm钢筋顶端扎油棉纱头，炉外点燃后送入燃烧盘内。另一种燃烧盘上方设有受液盘，点燃受液盘中的甲醇，用人工点燃或电子点火。

d. 燃烧室内有火种后，需缓慢打开尾气阀门，同时关小放空阀，逐步将尾气送入处理器内燃烧。

e. 处理器内空气流量调节很重要，不宜过小或过大。过小甲醇或尾气燃烧不完全；过大则热损失大，处理器温度升不起来。空气流量调节由风门或变频器控制。

f. 如果采用烧甲醇的处理器，特别要注意甲醇量不宜加太多，过多甲醇会满溢到外部，当达到爆炸极限后会发生爆燃。

g. 副产蒸汽压力升起来后，先排放干净后才可以并入蒸汽总管。

② 尾气处理器正常调节

a. 给水水质应符合 GB/T 1576—2018 标准。

b. 调节给水泵的进水量，控制汽包液位 1/2。

c. 控制燃烧室燃烧温度≥800℃，烟道气出口温度≤120℃。

d. 定期排污，保持液位计显示灵敏。

③ 尾气处理器停车

a. 缓慢打开尾气放空阀门，关闭尾气进入燃烧室阀门，停止尾气燃烧。

b. 缓慢降低空气流量，使燃烧室内温度逐步降低；同时置换燃烧后残留气体，直至停风机。

④ 尾气处理器停车后操作　停止给水泵运转，关闭蒸汽排出阀，处理器保压降温。

7. 系统开车

（1）开车前准备工作　甲醛生产能否取得满意的结果，与开车前的准备工作有关。准备工作必须周密、细心、统筹有序地进行。

① 系统检查

a. 检查工艺、设备、各控制点（DCS）是否符合开车条件；

b. 各设备单体试车合格。系统试压、试漏达到无泄漏要求；

c. 系统清洗吹扫合格，特别是蒸发器至反应器及配料蒸汽所有设备、管道、阀门、测量点等一定要清理干净；

d. 检查水（软水、冷却水）、电、蒸汽、压缩空气及原料甲醇供应是否正常；

e. 分析仪器、药品齐全，具备分析条件。

② 蒸汽过滤器的安装　蒸汽过滤器的安装，打开蒸汽过滤器顶盖，将内壁，附件清洗干净，先在蒸汽过滤器栅板上铺一张 40 目不锈钢丝网，然后铺一层无纺滤布，再铺过滤棉，过滤棉厚度 100mm 左右。过滤棉上再铺一层无纺滤布、不锈钢丝网、栅板，最后用螺帽压紧。铺过滤棉必须厚薄均匀，特别是边缘一定要填实。

③ 混合气过滤器的安装　混合气过滤器的安装，混合气过滤器有的使用过滤棉，有的使用滤网。过滤棉过滤效果差，但价格便宜；滤网价格高，使用寿命长。

a. 过滤棉铺装，过滤棉有两种；一种是玻璃棉；另一种是合成聚酯纤维。玻璃棉铺设十分不便，而且易碎。

铺装方法是：过滤器清洗干净后，先在栅板上铺一张 40 目不锈钢丝网，网上铺无纺滤布，然后均匀铺过滤棉，厚度 100～120mm，再铺一张无纺滤布，40 目不锈钢丝网，最上层用压板压紧，螺帽拧紧。

过滤棉铺装要注意边缘和螺丝孔周边要填实、压紧，不能漏气，为了证实过滤棉铺装是否均匀，可开风机进行检查，风量过大处即为泄漏处，要重新进行修补。经检查一切无问题后，擦干净器壁和顶盖。

b. 滤网安装，混合过滤器清洗干净后，检查滤网孔边缘是否平整，要确保滤网装上后边缘不能泄漏。

滤网要选用耐高温、耐蒸汽、耐甲醇的滤网，额定流量要大于混合气总量，一般滤网外形尺寸为 610mm×610mm×292mm，滤材为玻璃纤维，隔板用薄铝片制成。因此安装时要特别小心，千万不能碰破。滤网放好后要检查边缘是否填实，然后放上压板用螺帽拧紧，但不能过分用力，以滤网不动为原则。滤网安装好后，再次检查擦干净，最后盖上大盖或人孔盖。新滤网由于黏胶未干，必须用热空气吹干 1h 左右，检查方法是反应器进口无异味。

④ 空气过滤器的安装

a. 对过滤室进行清扫、擦拭、净化，清洗或更换滤材，达到清洁要求。

b. 核对所用滤材的材质是否符合甲醛生产要求，不得在使用中产生飞毛和新的化学污染。

c. 安装外购的整体过滤器前，要拆开检查内部设置，检查外框上箭头应和气流方向一致。

d. 过滤器与空气管路的连接应密封、无泄漏。

⑤ 电解银催化剂铺装　电解银催化剂铺装，以下举例介绍一种采用铜网作为支撑层的典型的电解银催化剂铺装操作细节，但不代表是唯一的操作方法，有关催化剂床层设计及相关技术，请参见第九章。

a. 铺铜网：

ⅰ. 将 2～3 目、3～5 目紫铜网放在加热炉或者用木柴加热至 600～650℃，恒温 1h，然后自然冷却进行退火。40 目紫铜丝网可放在电阻炉内退火。

ⅱ. 退火后两张铜网用手砂轮切割成比反应器直径小 15～20mm 的圆。

ⅲ. 然后将 2～3 目紫铜丝网放在反应器管板上，用木锤或橡皮锤敲平，使钢网紧贴管板，四周边缘留有空隙，距离保持一样，并伸入压圈内。

ⅳ. 再将 3～5 目紫铜丝网放在 2～3 目紫铜丝网上，同样用木锤敲平紧贴 2～3 目钢网，边缘留空隙，放入压圈内。

ⅴ. 二层钢网铺好后边缘用 40 目紫铜丝网填实，要求铜网铺得平整、紧贴，然后装 43mm 温度计，用 0.5mm 紫铜丝固定在 3～5 目铜网上，温度计插入长度为反应器直径的 1/3～2/5，分布均匀。

ⅵ. 最上面铺一张 40 目紫铜网伸入压板内，反应器无压板的 40 目铜网直径要比反应器偏大 15～20mm，边缘沿壁折起来。

ⅶ. 全部完成后，再次擦干净反应器内壁，准备铺电解银催化剂。

b. 铺装电解银催化剂。铺装电解银催化剂。所选粒度：6～60 目。分配比例：6～8 目，40%～50%；8～12 目，20%～30%；12～30 目，12%～16%，30～40 目，10%～12%；40 目，5%～8%，60 目，3%～5%。催化剂床层铺装高度 15～20mm。

铺装方法如下：

ⅰ. 第一层铺 6～8 目，铺装时从反应器中心向四周边缘推压，使电解银能均匀覆盖铜网。

ⅱ. 第二层铺 8～12 目，该层必须铺平。使用海绵银的铺平后必须用压板压平。

ⅲ. 第三层铺 12～30 目，铺平、压平，边缘不留空隙。使用结晶银只需抹平。

ⅳ. 第四层铺 30～40 目，要求平整、均匀、厚薄一致，海绵银要铺平、压平、压结实。

ⅴ. 第五层铺 40 目，均匀铺撒，压平。

ⅵ. 第六层铺 60 目，此层是转化的关键层，要求铺撒均匀、平整。

在整个催化剂床层铺设过程中，要保持干净、均匀，使银层厚薄一致，操作人员衣着要干净、不准带任何物件，催化剂床层铺装好后，为了防止脏物掉入器内，可临时盖上遮布，以上操作必须有两人以上作业，并做好电解银称量和登记工作。

c. 点点火器：

ⅰ. 催化剂床层铺装好后，安装点火器，接好电源线，然后测量绝缘电阻≥0.2MΩ。

ⅱ. 合格后通知送电，操作人员启动点火器按钮，观察电热丝全红情况。

ⅲ. 一切正常后，切断电源，盖好遮布，起吊反应器顶盖，拧紧反应器顶盖大法兰。

d. 试漏。重点再试漏电解银铺装准备工作全部完成后，启动鼓风机，对重新安装过的混合过滤器、反应器大法兰进行再试漏。

(2) 系统升温

① 向反应器汽包，热水槽及吸收塔注软水（脱盐水），控制汽包、热水槽、吸收一和二塔的液位应在合适位置，启动循环并保持液位在合适位置。

② 开启总蒸汽调节阀，向蒸汽分配器供汽，将冷凝液排净，保持蒸汽压力0.15～0.4MPa。

a. 开启蒸汽分配器至热水系统加热阀门，循环热水加热。

b. 开启蒸汽分配器至氧化汽包阀门，汽包保压0.15～0.4MPa。

c. 开启蒸汽分配器至过热器阀门，加热过热器。

d. 关闭蒸汽进系统阀门，开启网前导淋阀门，配料蒸汽通过蒸汽过滤器，在导淋阀门处排放。

ⅰ. 配有空气预热器装置向预热器通蒸汽加热。

ⅱ. 启动罗茨鼓风机向系统送气，控制空气流量为全流量的1/3。

e. 风机启动后，控制系统内所有设备管线、阀门进行预热，称之为“暖车”，其目的是在开车点火时，防止二元气体中的甲醇冷凝改变配比，以确保安全。

f. “暖车”温度：甲醇蒸发器外带再沸器工艺，反应器入口温度≥85℃。甲醇、空气混合气过热温度≥110℃。

(3) 点火

① 对于甲醇蒸发器外带再沸器的加热装置，控制蒸发液位至1/2，蒸发压力为0.05MPa，空气压力0.035MPa。点火时空气量的选择以能克服系统阻力为原则，空气流量大，流速快，散热大，不容易点着：空气流量过小，容易造成回火，不安全。因此一般选用空气全量的1/3～2/5。

② 对于甲醇、空气混合蒸发的装置，要保持好蒸发液位、空气流量、蒸发温度的稳定，控制氧醇比在0.25～0.28（摩尔比）范围内。

③ 空气流量、甲醇量恒定后，全系统进行置换，其目的是确保点火时，氧醇比在安全区域内，各导淋点排液确保混合气以气态进入反应器。

④ 再次确认各工艺参数稳定后，清离现场所有人员，合闸送电。点火后要注意观察反应温度上升的速度。催化剂点着后温度会迅速上升，当反应的三个点温度都高于甲醇在空气中着火温度400～450℃时，即可关闭点火器并切断电源。

⑤ 催化剂点着后提一些空气流量，保持反应温度600～620℃，若发现催化剂上层温度升高，要立即向系统内补加配料蒸汽。

(4) 提量

① 催化剂点着后，观察催化剂全红情况。若还有部分不红，不要急于提量，耐心等待等催化剂层全红，分析废气中氧含量小于0.2%后再提量。

② 提量要慢、稳。先提甲醇流量50～100kg/h，再提空气流量。反应温度保持在620～630℃。

③ 氧化温度达600℃以上时，汽包会产生蒸汽，设定汽包压力0.15～0.4MPa，多余的蒸汽排空，净化后导入蒸汽分配器。

④ 在提量过程中，补加一些配料蒸汽，提高氧醇比。

⑤ 空气流量提至全量的1/2～3/5时，稳定30min，使电解银进入收缩稳定期。

⑥ 提量后甲醛浓度会增高，吸收塔温度会上升，此时要加大循环冷却水量，控制好塔温和吸收塔液位。

⑦ 根据1号塔（一塔）底吸收液浓度，调节冷却水量，控制塔底温度和调整2号塔（二塔）顶加水量。

⑧ 提量结束后全系统投入自动控制系统。

（5）正常操作　提量结束后，各工艺参数控制在规定范围内，见表3-12。

表3-12　工艺参数控制范围

序号	名称	单位	工艺参数		备注
			甲醇再沸器蒸发	空气、甲醇混合蒸发	
1	蒸发器液位	mm	50±50	50±50	对于空气、甲醇混合蒸发器，液位控制在列管上管板向上50mm
2	蒸发温度	℃	74～78	44～48	
3	蒸发压力	kPa	50～80	35～50	
4	过热温度	℃	≥87	110～120	
5	氧化温度	℃	630～650	630～650	各点温差≤10℃
6	催化剂上层温度	℃	≥120	≥120	
7	氧化汽包液位	%	30～60	30～60	
8	汽包蒸汽压力	MPa	0.15～0.4	0.15～0.4	
9	1号塔底温度	℃	<80	<80	根据产品浓度而定
10	2号塔顶温度	℃	≤30	≤30	
11	1号塔底液位	%	40～60	40～60	
12	氧醇比（摩尔比）		0.35～0.45	0.35～0.45	
13	蒸汽/甲醇（摩尔比）		0.5～0.7	0.5～0.7	
14	尾气/甲醇（摩尔比）		1.2～1.5	1.2～1.5	
15	甲醛浓度	%	37～45	37～45	
16	甲醇含量	%	≤1.5	≤1.5	
17	甲酸含量	mg/mL	≤200	≤200	

（6）系统停车

① 正常停车　系统阻力增加、产量降低或催化剂转化率下降、甲醇含量升高、消耗增高、都要停车更换催化剂。目前银法甲醛生产正常停车时，根据蒸发器蒸发方式的不同，停车步骤分为两种情况。

a. 传统的空气鼓泡不饱和蒸发式：

ⅰ. 系统停车前切断所有联锁装置，所有自动调节改为手动。

ⅱ. 停车前2h，停止向二塔加水。在保证产品中醛含量合格的前提下，略加大二塔补入一塔的流量，使吸收塔液位降至最低点，尽量减少稀醛量。

b. 停止向系统注入甲醇。如停车时间较长，可将甲醇高位槽内的甲醇原料用完为止。为了尽量减少废甲醇的形成量，应将蒸发器内甲醇尽量多地消耗，但不能低于加热段底部。

c. 切换尾气放空阀与尾气处理器进气阀，中止尾气处理器的运行。

d. 降低风量：

ⅰ. 在配料蒸汽量、蒸发液位等不变的情况下，降低空气量，使反应温度下降 20～30℃（例如，从 650℃降到 620℃）；

ⅱ. 减少一些配料蒸汽量，使反应温度回升到正常；

ⅲ. 重复上述操作，使空气量降至开车点火状态，关闭配料蒸汽阀；

ⅳ. 再缓慢降低些空气量，使反应温度继续缓慢下降至 250℃以下。反应器降温一定要缓慢，防止强烈收缩拉坏列管。

e. 停止蒸发器加热，使用配料蒸汽置换系统。

f. 切换反应器正、旁路阀门（开旁路、关正路）。切换时，需注意系统压力的变化，如发现系统压力上升，可能旁路已堵塞，应停止切换，并作以下处理，先停风机，关正路，关蒸汽配料。

g. 停止过热器（空气加热器）加热，停风机。

h. 当蒸发器中的剩余甲醇温度降到 40℃左右时，可卸入甲醇中间槽、包装桶或排污槽中。

i. 停软水泵，将汽包蒸汽排空，并关闭本装置自产汽进系统的阀门。切断同外界的蒸汽阀门，打开放空阀排水。系统温度低于 100℃后，放掉汽包内存水。

j. 关一塔自循环，将一塔产品全部输入中间槽。然后，将二塔液全部打进一塔，由一塔循环泵输入次成品槽。停一塔、二塔循环泵。

k. 切断不运行设备的电源，以保证安全。

② 甲醇饱和直蒸式

a. 系统停车前切断所有联锁装置，所有自动调节改为手动。

b. 停车前 2h，停止向二塔加水。在保证产品中醛含量合格的前提下，略加大二塔补入一塔的流量，使吸收塔液位降至最低点，尽量减少稀醛量。

c. 停止向系统注入甲醇。如停车时间较长，可将甲醇高位槽内的甲醇原料用完为止。

d. 切换尾气放空阀与尾气处理器进气阀，中止尾气处理器的运行。

e. 降低风量：

ⅰ. 在配料蒸汽量、蒸发液位等不变的情况下，降低空气量，使反应温度下降 20～30℃；

ⅱ. 减少一些配料蒸汽量，使反应温度回升到正常；

ⅲ. 重复上述操作，使空气量、甲醇量降至开车点火状态；

ⅳ. 再缓慢降低些空气量，使反应温度继续缓慢下降至 250℃以下。反应器降温一定要缓慢，防止强烈收缩拉坏列管。

f. 停止甲醇投料，停止蒸发器加热。将甲醇蒸汽切出反应系统，并使用配料蒸汽置换系统。

g. 停止过热器（空气加热器）加热，停风机。

h. 当蒸发器中的剩余甲醇温度降到 40℃以下时，可卸入甲醇中间槽、包装桶或排污槽中。

i. 停软水泵，将汽包蒸汽排空，并关闭本装置自产水蒸气进入系统的阀门，切断同外界相连的蒸汽阀门，打开倒喷淋阀排水。系统温度低于100℃后，放掉汽包内存水。

j. 关一塔自循环，将一塔产品全部输入中间槽。然后，将二塔液全部打进一塔，由一塔循环泵输入次成品槽。停一塔、二塔循环泵。

k. 切断不运行设备的电源，以保证安全。

③ 停车后的处理工作

a. 将高位槽、过滤器内的甲醇返回到甲醇槽中，防止挥发浪费。

b. 吸收塔加水清洗。反应器、吸收塔一定要置换、清洗干净。配有尾气风机的装置启动风机置换，以确保取出催化剂时无甲醛味。

c. 冬季停车要做好防冻工作，排尽所有设备中可能的存水。

d. 起吊反应器顶盖，拆除点火器，取出电解银催化剂时要小心，不能损坏 2～3 目、3～5 目铜网和温度计，并完成电解银颗粒的回收。回收银经称重后入库。

④ 紧急停车　在生产中如遇突然停电、停蒸汽、停循环水及超温、回火、火灾等事故时必须紧急停车，应视情况采取以下操作步骤：

a. 迅速全开反应器旁路阀门，同时全关正路阀门。在切换反应器正、旁路阀门时发现蒸发压力、风机电流急剧上升时，则反应器旁路阀门已堵塞，应停止切换，作以下处理；先停风机；关正路；关蒸汽配料。

b. 迅速降低风机转速或降低流量后停风机，关配料蒸汽。

c. 如非超温、回火等事故，可立即关蒸汽，如属超温、回火等事故，则应确认熄火后才能关蒸汽。

d. 其他按正常停车要求进行。

(7) 异常操作

① 蒸发器液位低　甲醇蒸发器液位过低是相当危险的，必须迅速处理。

产生原因：甲醇泵停运，甲醇高位槽无甲醇，甲醇中间槽断料，液位自控失灵。

处理方法：

a. 立即启动备用泵向蒸发器供料，补料时也不能过猛过多，以免造成蒸发器温度过低；

b. 若遇到蒸发器液位低，除了寻找原因、启动备用泵外，必要时降低些风量。

② 蒸发温度过低

产生原因：a. 蒸汽压力低；b. 热水温度低；c. 甲醛循环液量小或温度低。

处理方法：a. 提高蒸汽压力；b. 提高热水温度，加大热水循环量；c. 打开蒸发器蒸汽加热盘管，保持蒸发温度。

③ 过热温度偏低

产生原因：蒸汽压力低，疏水器不通畅。

处理方法：提高蒸汽压力，打开疏水器旁通阀门排液。

④ 开车点火时催化剂点不着

产生原因：a. 点火器功率小，离催化剂层太高，电热丝热量传不到电解银表面；b. 氧醇比太低，空气量过小；c. 催化剂受潮（氧化列管泄漏，系统未吹干，配料蒸汽阀门泄漏，过热器泄漏）。

处理方法：a. 点火器功率一般在 20～30kW，点火器的电热丝离催化剂层 50～70mm；b. 调整点火时氧醇比为 0.28（摩尔比）；c. 停车检查。

⑤ 催化剂层局部燃烧

产生原因：a. 过热温度低，带液严重；b. 空气量过小，氧醇比低；c. 催化剂层没有全红就加配料蒸汽。

处理方法：a. 提高蒸汽压力，提高过热温度，反应器内锥形罩排液；b. 增大正路阀门开度，调整点火时氧醇比为0.28（摩尔比）；c. 催化剂全红后加配料蒸汽。

催化剂层没有全红时不要急于提量。一般无特殊原因床层会逐渐趋于全红，需耐心等待，不要操之过急。

⑥ 回火

产生原因：混合气速度小于甲醇燃烧直线速度（0.572m/s），即空气、甲醇量过小，不能克服系统阻力。当点火后，甲醇和空气在反应器上部自燃，严重时进入气相入口管、混合过滤器等。

处理方法：当催化剂上层温度超过甲醇385℃着火温度时，会发生回火现象。发现回火时，应立即加大配料蒸汽量，如果回火不能及时消除，则应立即停车。

⑦ 甲醛浓度低

产生原因：a. 塔顶加水量过多；b. 蒸汽压力不稳定，配料蒸汽量过多；c. 催化剂失活，转化率低。

处理方法：a. 调整塔顶加水量；b. 稳定蒸汽压力，调整配料浓度；c. 停车更换催化剂。

⑧ 产品甲醛中甲醇含量高

产生原因：a. 反应温度偏低；b. 甲醇与空气、蒸汽、尾气配比不合适；c. 原料甲醇质量差；d. 催化剂失活，转化率低。

处理方法：a. 提高反应温度；b. 调整氧醇比和配料浓度；c. 更换优质甲醇；d. 停车，更换电解银催化剂。

⑨ 产品甲醛中甲酸含量高

产生原因：a. 催化剂铺装时密度和厚度不均匀，造成气流不均，发生局部过热现象；b. 催化剂有裂缝；c. 置换时带液，局部燃烧；d. 氧醇比、配料浓度比例不对；e. 原料甲醇质量差，氧化值低，水溶性差；f. 催化剂受污染、失活、副反应多。

处理方法：a. 按要求认真铺装电解银催化剂；b. 适当提高些反应温度观察力度。如果发现仍有裂缝，可立即紧急停车补银；c. 开车时各导淋要排液，特别是蒸汽冷凝液要排干净；d. 调整配比；e. 更换合格的甲醇；f. 停车更换催化剂。

⑩ 系统阻力骤升

产生原因：a. 氧化超温电解银烧结熔融；b. 混合过滤器脏；c. 吸收塔液位过高，或者塔积液；d. 反应器列管有堵塞现象；e. 尾气操作不当，尾气不通畅。

处理方法：基本原则为逐段测压，寻找阻力上升的部分针对性消除，具体操作有，a. 严格控制工艺条件，检查超温联锁控制，如果超温严重，阻力很大，应立即停车更换催化剂；b. 停车更换过滤网；c. 加大采出量，控制好吸收塔的液位，减少气量和循环量；d. 停车清洗，严格控制好温度使甲醛不聚合；e. 检查尾炉进气门。

⑪ 反应温度超温

产生原因：a. 空气量突然骤增；b. 总蒸汽量压力突然下降，配料蒸汽量减少；c. 甲醇流量降低，甲醇蒸发量减少。

处理方法：a. 立即降低空气流量，即打开空气放空阀，降低鼓风机频率；b. 提高总表汽压力；c. 启动甲醇备用泵向蒸发器补料，同时开大加热蒸汽量，保持甲醇蒸发量。

⑫ 反应温度下降

产生原因：a. 空气流量降低；b. 蒸汽压力上升，配料蒸汽量增多；c. 蒸发温度上升。

处理方法：a. 提高空气流量；b. 稳定蒸汽压力，调整配料蒸汽量；c. 调节蒸发器加热量，控制蒸发温度。

⑬ 吸收塔液位过高（积液）

产生原因：甲醛采出泵停止运行，或采出量小。

处理方法：立即启动备用泵，加大甲醛采出量；必要时适当降低一些空气量。

⑭ 吸收塔液位过低（打空）

产生原因：a. 塔底液位自调控制失灵；b. 操作失误，甲醛采出量过多。

处理方法：立即停止采出。注意循环泵不能无液空转，必要时停泵，待液位起来后再逐步恢复。

⑮ 吸收塔温度骤升

产生原因：a. 循环冷却水停运或水量减少；b. 吸收塔循环泵停运或循环量减少；c. 超负荷生产，反应器出口温度上升。

处理方法：a. 立即启动循环冷却水备用泵；b. 立即启动吸收塔循环备用泵；c. 降低生产负荷。

⑯ 吸收塔液泛

产生原因：a. 空气量过大；b. 塔循环喷淋量过大；c. 塔内填料层甲醛聚合物堵塞。

处理方法：a. 降低空气量（降低生产负荷）；b. 降低塔循环喷淋量；c. 停车清洗填料层，在正常生产时要严格控制好塔温，防止甲醛聚合。

⑰ 尾气中 CO_2 等副反应产物含量偏高

产生原因：a. 反应温度过高；b. 氧醇比偏高；c. 催化剂受污染，副反应增多。

处理方法：a. 降低反应温度；b. 调整氧醇比、配料浓度；c. 停车更换电解银催化剂。

⑱ 汽包满水、缺水、超压

a. 汽包满水：液位自控失灵，进水量过多造成的。

处理方法：立即停止向汽包供水，同时打开汽包排污阀排水；打开蒸汽分配器排污阀排水。

b. 汽包缺水：锅炉供水泵停运或者泵压不足而造成的。

处理方法：锅炉缺水是相当危险的，如果汽包液位在下限，应立即启动备用泵补水；如果汽包液位看不见，又无法恢复供水，则应立即紧急停车。

c. 汽包超压：安全阀失灵，至蒸汽分配器的阀门关闭，或者后工序用汽量减少造成的。

处理方法：立即打开汽包蒸汽放空阀。

⑲ 尾气处理器回火

产生原因；突然停电，或者列管、烟囱被堵造成炉膛压力骤升。

处理方法：立即打开尾气放空阀，关闭尾气处理器阀门。

⑳ 车升温过程中催化剂表面发生结炭

a. 结炭的危害，在银法甲醛生产开车升温过程中，结炭反应产生的游离炭颗粒会附着在催化剂颗粒的表面，使催化剂的活性表面积减少，催化剂的效能得不到有效发挥，表现为副反应增多，尾气中 CO_2、CO 含量高，产品中醇含量高，导致醇耗居高不下。

b. 结炭与反应温度的关系，生产实践的研究表明，符合电解银催化剂结炭的反应高温条件温度区间在 530～580℃。虽然电解银催化剂的活性在 530～580℃时会迅速上升，但仍给结炭反应留下了一定空间。所以当开车升温到 530～580℃区间时，结炭反应所需的原料、缺氧、高温以及催化剂活性及选择性还较低等条件同时具备。结炭反应也就在所难免。可以称这一温度区间为“黑障区”。

结炭反应强度随反应温度变化的关系见图 3-18。

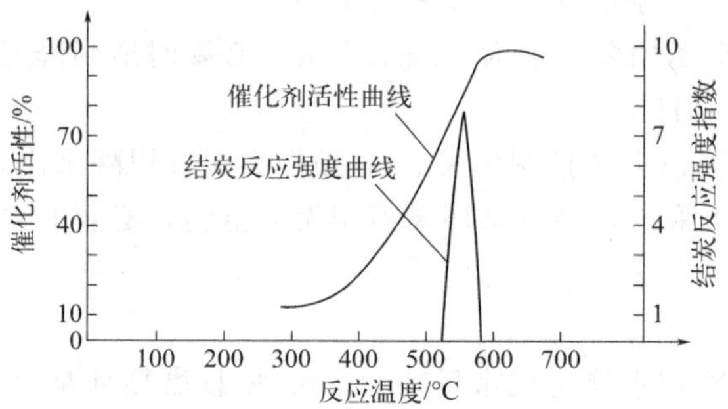

图 3-18 结炭反应强度随反应温度变化曲线

c. 影响结炭反应强度的因素分析。结炭反应强度指数是结炭反应强弱的标志（见图 3-18），结炭反应所能达到的最高强度指数一是取决于催化剂的活性，催化剂的低温活性越好，最高强度指数就越小；二是取决于氧醇比的大小。氧醇比越高即缺氧程度越低，最高强度指数也就越小。

催化剂受结炭污染的严重程度，首先与结炭反应的最高强度指数有关，最高强度指数越高，说明结炭反应越强烈，当然，催化剂受结炭污染的程度就会越大。其次与升温速率有关，升温速率越慢，也就是在“黑障区”停留时间越长。这意味着结炭反应的时间越长，生成的结炭就越多。催化剂受结炭污染的程度自然会越大。

d. 减少和避免结炭带来污染的措施，为了使结炭反应造成的催化剂污染程度为最小，可参考以下工艺操作与判断措施。

ⅰ. 快速升温通过“黑障区”。对于一定的催化剂在开车升温通过“黑障区”时，可以采用一次性加入适量空气，快速提升温度至 580～620℃。这样既可以做到在“黑障区”氧醇比尽可能高，同时停留时间又尽可能短。

ⅱ. 快速升温操作必须注意以下几点：

❶ 一是要准确估计需加入的空气量。用调频变频器调速的要增加多少赫兹，用放空阀调节的要关多少幅度，应做到心中有数。当然要做到这一点并不难，这可以从每次开车升温操作中积累经验。

❷ 二是要密切观察催化剂床层温升状况，如发现温升超过预定范围，迅速提升蒸发量以控制温升。

❸ 特别要指出的是提升甲醇蒸发量也要有量和度的概念，切忌蒸发量调节过大，使催化剂床层温度又落到“黑障区”内或以下，这样反复升温降温经过“黑障区”，必然加重催化剂被结炭污染的程度。

❹ 在“黑障区”采用逐步加空气，逐步提蒸发量升温的方法，也存在停留时间相对较

长，氧醇比相对不高的问题，因此也不可能使催化剂受结炭活性污染程度最小。

e. 结炭污染程度的一种判断方法。升温后在加入配料之前观察催化剂床层表面出现的亮点，可以初步判断结炭造成的污染程度。如催化剂床层表面出现细而密的亮点，说明污染程度相对较严重。所谓细而密是指细如针尖，间距以毫米计。如催化剂床层表面出现粗而疏的亮点，说明污染程度相对较轻，粗而疏是指大如绿豆，间距以厘米或分米计。当然判断催化剂受结炭污染程度，主要看转入正常生产阶段尾气中 CO_2、CO 及产品中醇含量需多长时间才能降至正常水平。时间越短，污染程度越轻。

f. 结炭危害与防治小结。结炭反应是甲醇在高温、缺氧、催化剂活性不高等条件下发生的裂解反应。在甲醛生产（银法）开车升温过程中，全部具备结炭反应条件的温度区间“黑障区”不可逾越。因此，结炭反应不可避免。

对一定的催化剂结炭反应的最高强度主要受氧醇比影响，氧醇比越高，结炭反应达到的最高强度越低。催化剂受结炭污染的程度一方面与结炭反应强度即氧醇比高低有关，另一方面又与升温速率及在“黑障区”的停留时间有关。可以采用加入适当的空气量一次性快速通过“黑障区”（结炭反应区）的办法，达到控制结炭污染程度为最小的目的。

充分认识结炭反应在甲醇生产开车升温过程中产生的危害性，摸清结炭反应产生的机理、条件以及相关因素，找出遏制其反应强度，缩短其反应时间，从而减轻其危害性的方法和手段，对于提高银法甲醛生产装置的开车水平具有十分积极的意义。

（8）主要设备检修操作　甲醛装置经过一段时间的运行后，会出现管道泄漏增多、设备运行故障频次增加的现象，长此以往将影响装置的正常运行。为此，需要对设备进行及时的维护保养，必要时应对装置进行系统的检修维护（大修）。根据甲醛装置的特点，以下为装置重要设备的检修操作。

① 吸收塔

a. 检修周期，结合装置的停产检修，检修周期一般为 3～6 年。

b. 检修内容：

ⅰ. 清扫塔内壁及其内部各组件；

ⅱ. 检查修理塔体的腐蚀、变形和各部焊缝；

ⅲ. 检查修理塔体或更换填料、塔盘、板及其泡罩；

ⅳ. 检查修理或更换塔内组件；

ⅴ. 检查修理分配器、喷淋装置和除沫器等部件；

ⅵ. 检查修理塔基础裂纹、破损、倾斜和下沉；

ⅶ. 检查修理塔体油漆和保温。

c. 检修过程：

ⅰ. 检修前准备内容如下。

❶ 备齐必要的图纸、技术资料，必要时编制施工方案；

❷ 备好工器具、材料和劳动保护用品；

❸ 塔设备与连接管线之间应加装盲板隔离。塔内部必须经过吹扫、置换、清洗干净，并符合有关安全规定。

ⅱ. 检修要点内容如下。

❶ 人孔拆卸必须自上而下逐个打开；

❷ 进入塔内检查、拆卸内件必须符合有关安全要求；

❸ 塔的筒体检查内容：检查塔体腐蚀、变形、壁厚减薄、裂纹及各部件焊接情况，筒体有内衬的还应检查其腐蚀、鼓包和焊缝情况；检查塔内污垢情况；检查塔体附件的完好情况；

❹ 塔内件的检查内容：检查塔内塔板的污垢、聚合物的堵塞情况，检查塔板、鼓泡元件和支承结构的腐蚀变形及坚固情况；检查浮阀塔板各部件的尺寸是否符合图纸，及其浮阀的灵活性、堵塞情况；检查填料、分配器、喷淋装置的腐蚀、结垢、破损、堵塞情况；并分别对以上内容进行检查、维护和清洗；

❺ 逐级更换塔段垫床（法兰密封面及密封垫要求光洁、无机械损伤），必要时更新紧固螺栓；

❻ 更换视镜垫片；

❼ 检查吸收塔密封情况。

② 氧化反应器

a. 检修周期：氧化反应器的大修应和装置的大修同步。

b. 检查、检修内容：

ⅰ. 壳体、顶盖及出入口弯管；

ⅱ. 密封面和密封垫；

ⅲ. 点火器、花板（或铜网）、支架等附件；

ⅳ. 废热锅炉应由专业检测机构进行检测。

c. 检修过程：

ⅰ. 检修前准备如下。

❶ 备齐必要的图纸、技术资料，必要时编制施工方案；

❷ 备好工器具、材料和劳动保护用品；

❸ 切断与反应器相连接的管线（或加装盲板隔离）。内部介质必须经过吹扫、置换、清洗干净，并符合有关安全规定。

ⅱ. 检修要点如下。

❶ 拆除反应器顶盖连接管道：

❷ 打开反应器顶盖；

❸ 取出热电偶、花板（或铜网）、支架等附件，并检查（反应器花板或铜网要求平整，丝网铺装严密，搭接处宽度不小于 30mm）；

❹ 点火器电源接口要求安装牢固，无泄漏；

❺ 检查反应器列管并清理异物：

❻ 更换反应器主体法兰垫床（法兰密封面及密封垫要求光洁，无机械损伤）；

❼ 热电偶安装牢固，接口无泄漏；

❽ 检查反应器产汽段、冷却段的泄漏情况；

❾ 更换上升、下降管垫床，必要时更新紧固螺栓；

❿ 裙座（或支架）不应出现变形、裂纹等缺陷，基础不应出现下沉、倾斜或开裂。

③ 蒸发器

a. 检修周期，甲醇蒸发器的大修应和装置的大修同步。

b. 检查、检修内容：

ⅰ. 壳体、顶盖及出入口弯管；

ⅱ. 密封面和密封垫；

ⅲ. 空气分配管的畅通情况；

ⅳ. 各附件的完好情况：

ⅴ. 加热段应符合有关压力容器的使用要求。

c. 检修过程：

ⅰ. 检修前准备如下。

❶ 备齐必要的图纸、技术资料，必要时编制施工方案：

❷ 备好工器具、材料和劳动保护用品：

❸ 切断与蒸发器相连接的管线（或加装盲板隔离）。内部介质必须经过吹扫、置换、清洗干净，并符合有关安全规定。

ⅱ. 检修要点如下。

❶ 顶部除沫装置要求清洁（丝网要铺装均匀）

❷ 更换各节垫床（法兰密封面及密封垫要求光洁，无机械损伤），必要时更新紧固螺栓；

❸ 更换视镜、温度计、压力表、液位计（包括仪表液位计）垫片及密封；

❹ 空气分配管应无堵塞现象；

❺ 检查蒸发器的密封情况。

④ 过热器

a. 检修周期，过热器的大修应结合装置的停产检修，一般为2～3年。

b. 检查、检修内容：

ⅰ. 壳体、封头及出入口；

ⅱ. 密封面和密封垫；

ⅲ. 各附件的完好情况；

ⅳ. 加热段应符合有关压力容器的使用要求。

c. 检修过程：

ⅰ. 检修前准备如下。

❶ 备齐必要的图纸、技术资料，必要时编制施工方案；

❷ 备好工器具、材料和劳动保护用品；

❸ 切断与过热器相连接的管线（或加装盲板隔离）。内部介质必须经过吹扫、置换、清洗干净，并符合有关安全规定。

ⅱ. 检修要点

❶ 检查、清洗加热列管（列管要求清洁）；

❷ 更换各垫床（法兰密封面及密封垫要求光洁，无机械损伤），必要时更新紧固螺栓；

❸ 更换温度计、压力表、垫片及密封；

❹ 检查过热器的密封情况。

⑤ 三元气体过滤器

a. 检修周期，三元气体过滤器的大修应和装置的大修同步。

b. 检查、检修内容：

ⅰ. 壳体、顶盖（端盖）及出入口；

ⅱ. 密封面和密封垫；

ⅲ. 空气分配管的畅通情况；

ⅳ. 各附件的完好情况；

ⅴ. 加热段应符合有关压力容器的使用要求。

c. 检修过程：

ⅰ. 检修前准备如下。

❶ 备齐必要的图纸、技术资料，必要时编制施工方案；

❷ 备好工器具，材料和劳动保护用品；

❸ 切断与过滤器相连接的管线（或加装盲板隔离）。内部介质必须经过吹扫、置换、清洗干净，并符合有关安全规定。

ⅱ. 检修要点如下。

❶ 过滤器内部要求清洁；

❷ 更换的过滤材料要求完好无破损，安装时要求无缝隙；

❸ 更换垫床（法兰密封面及密封垫要求光洁，无机械损伤），必要时更新紧固螺栓；

❹ 检查过滤器的密封情况。

⑥ 尾气处理器

a. 尾气处理器的检修应由专业锅炉检修部门进行。检修周期，一般为2～3年或与装置的大修同步。

b. 检查、检修内容（根据损坏程度确定修复或更换）：

ⅰ. 壳体及附件；

ⅱ. 燃烧室衬里及膨胀缝；

ⅲ. 燃烧盘及其附件；

ⅳ. 检测设施及仪表控制系统；

ⅴ. 外防腐及其他防护设施；

ⅵ. 燃烧室清扫；

ⅶ. 衬里养护及烘炉。

c. 检修过程：

ⅰ. 检修前准备如下。

❶ 备齐必要的图纸、技术资料，必要时编制施工方案；

❷ 备好工器具、材料和劳动保护用品；

❸ 备齐所需的零、配件及材料，需有生产厂的出厂合格证；

❹ 切断与燃烧室相连接管线（或加装盲板隔离），切断电源，保持炉内空气畅通，并符合有关安全规定。

ⅱ. 检修要点如下。

❶ 壳体、接管、法兰及烟道连接处应无过热变形、焊缝开裂情况等；

❷ 防爆膜无损坏、人孔门无变形及泄漏等情况；

❸ 燃烧室衬里应完好；

❹ 燃烧盘应无腐蚀、变形、堵塞等情况；

❺ 控制仪表应控制准确，灵敏好用。

⑦ 管式换热器

a. 检修周期，管式换热器的大修应结合装置的生产状况，一般为 2～3 年。

b. 检查、检修内容：

ⅰ. 清扫管束和壳体；

ⅱ. 进行管束焊口、胀口处理及单管更换；

ⅲ. 检查、检修各密封面，更换垫片并试压；

ⅳ. 更换部分螺栓、螺母；

ⅴ. 壳体保温修补防腐；

ⅵ. 更换管束或壳体。

c. 检修过程：

ⅰ. 检修前准备如下。

❶ 备齐必要的图纸、技术资料，必要时编制施工方案；

❷ 备好工器具、材料和劳动保护用品；

❸ 切断与换热器相连接的管线（或加装盲板隔离）。内部介质必须经过吹扫、置换、清洗干净，并符合有关安全规定。

ⅱ. 检修要点如下。

❶ 检查、清洗列管（列管要求清洁）；

❷ 更换各垫床（法兰密封面及密封垫要求光洁，无机械损伤），必要时更新紧固螺栓；

❸ 更换温度计、压力表、垫片及密封；

❹ 检查换热器的密封情况，必要时进行试压测漏。

⑧ 板式换热器

a. 检修周期，板式换热器的大修应结合装置的生产状况，一般为 2～3 年。

b. 检查、检修内容：

ⅰ. 封头及出入口；

ⅱ. 板片的结垢情况；

ⅲ. 板片变形、腐蚀及密封面损坏情况；

ⅳ. 密封胶条的老化、损坏情况；

ⅴ. 各附件的完好情况。

c. 检修过程：

ⅰ. 检修前准备如下。

❶ 备齐必要的图纸、技术资料，必要时编制施工方案；

❷ 备好工器具、材料和劳动保护用品；

❸ 切断与过热器相连接的管线（或加装盲板隔离）。内部介质必须经过吹扫、置换、清洗干净，并符合有关安全规定。

ⅱ. 检修要点如下。

❶ 拆卸时要求对板片进行编号，并按顺序摆放；

❷ 检查，清洗板片（板片要求清洁）；

❸ 更换密封胶条（板片密封面及胶条要求光洁，无机械损伤）；

❹ 更换温度计，压力表等附件；

❺ 安装板片时应按编号顺序进行。

第四节　粗甲醇制甲醛

粗甲醇一般是指从甲醇合成塔合成以后没有经过进一步精制处理的，或虽然经过简单处理但是仍然没有达到国标要求的原甲醇。粗甲醇除用于制取精甲醇外，还可直接用于甲醛的生产。粗甲醇经过双塔或三塔精馏即可得到精甲醇，由粗甲醇精馏生产精甲醇的能耗占精甲醇生产成本的10%以上，甲醇精馏排放的精馏残液中甲醇含量大约有1%也要排放掉。如果以粗甲醇直接为原料生产甲醛，就可以简化操作，大幅度地节省精馏能耗，提高甲醇收率，降低甲醇和甲醛的生产成本，达到节能降耗和提高经济效益的目的。

1. 历史回顾

粗甲醇在甲醛生产中的应用始于20世纪70年代，西德和苏联等国家相继开展了粗甲醇制甲醛的研究并最终实现了工业化应用，采用的方法是对粗甲醇进行加碱处理和催化净化。

① 1987～1988年，吉化公司针对粗甲醇制甲醛开展应用研究和试生产，他们采用了加碱处理，加双氧水氧化易被氧化的还原性杂质如醛、胺、羰基铁等，最后结合过滤器过滤的工艺。由于过滤效率比较低，导致净化程度不够，杂质在甲醇蒸发器内不断富集，必须定时将蒸发器内的一部分脏甲醇循环回甲醇系统的预精馏塔进行处理。另一种方法是在精甲醇中按一定比例（约为3∶2）混入经过预处理后的粗甲醇，混合后的甲醇作为甲醛生产原料。

② 1989～1994年，兰化公司直接试用铜基催化工艺合成的粗甲醇来生产甲醛，他们采用了蒸发器内甲醇外循环活性炭过滤除去油蜡的方法，粗甲醇中的杂质在生产过程中不断积累在蒸发器的底部，经过一段时间后用油蜡净化装置对其进行处理，然后重新投入使用，经过较长时间试生产，证明该方法是可行的，使用粗甲醇对浮石银催化剂影响不大。

③ 2000年以来，粗甲醇的应用在国内有了比较大的发展。一方面得益于甲醇合成方法的改进，使得粗甲醇的质量有了很大提高，另一方面，行业内一些厂家进行了尝试性的工作并取得了一定效果。粗甲醇的应用，为电解银法甲醛生产开辟了新的节约途径。

④ 典型的粗甲醇应用方法可以分为两类：一类是对粗甲醇进行精馏，把粗甲醇通过精馏塔提纯成精甲醇；另一类是粗甲醇的直接使用。精馏的方法需要两个塔（一个预塔，一个主塔），利用甲醛装置副产的蒸汽作动力使甲醇蒸发，在精馏塔中将甲醇、水、高沸物、低沸物等分离，达到提纯甲醇的目的。这样的粗甲醇使用方法实质上仍然没有脱离精甲醇的范畴，仅仅是把自产的多余蒸汽进行了有效利用而已，对于有蒸汽使用出路的厂家并没有优势可言。真正意义上的粗甲醇使用应该是直接利用粗甲醇生产甲醛，或简单处理以后使用，经过对粗甲醇简单处理后用于甲醛生产的技术也常见报道，甚至有人还申报了专利。这种方法无动力要求，也不需要蒸汽，而是靠物理的、化学的吸附和过滤。为达到此目的，生产中通过对甲醇进料和蒸发系统的改进，克服了用粗醇生产的弊病。通常的做法是增加3～4个处理器，起到过滤或吸附作用，介质采用活性炭、金属丝网、玻璃棉等。把粗甲醇中影响甲醛反应的有害成分除去，从而使甲醇的氧化脱氢反应能顺利进行。

用粗甲醇生产甲醛首先要对粗甲醇的性质和化学成分有确切的全面了解，以便对该工艺进行进一步的研究和改进。

2. 粗甲醇的组成及性质

（1）粗甲醇的组成　粗甲醇中含有几十种杂质成分，由表 3-13 和表 3-14 可以看出，除水外其他杂质的含量很少。主要为低级醇、酮、二甲醚、酯等。用色谱法对粗甲醇进行分析，可以看出由不同方法生产的粗甲醇中的主要杂质不同。

表 3-13　各种方法合成粗甲醇的主要杂质

生产原料	焦炭及焦炉气	轻质油	轻质油	乙烯尾气	天然气	煤
生产方式	联醇	联醇	单醇	单醇	单醇	单醇
合成压力/MPa	13	13	32	5	5	32
反应温度/℃	285～305	260～285	260～285	210～240	约 290	360～380
催化剂	C-207	C-301	C-301	ICI51-1	铜锌硼	锌、铬
测定项目/%						
甲醇	93.4	90.44	75.822	79.8	81.5	83～87
二甲醚	0.7	0.00085	0.00811	0.0231	0.016	2～4
乙醇	0.1821	0.08	0.02	0.0299	0.035	
异丙醇	0.0113	0.00462		0.00104	0.005	
正丙醇	0.0473	0.00904	0.00183	0.004156	0.008	0.0431
异丁醇	0.0132	0.00043		0.003685	0.007	0.153
正丁醇	0.0165	0.00396	0.00294	0.00114	0.003	0.014
异戊醇	0.0065	0.00085				0.007
正戊醇	0.0065	0.00085				
甲酸				0.0521	0.055	0.03
甲酸甲酯	0.0005	0.0008	0.04028		0.055	0.0724
丙酮		0.00428		0.0002	0.002	0.001
丁酮				0.00066		0.003
正己烷	0.00039	0.00115	0.0003			
正戊烷		0.00118	0.00007			
C7～C10 烷烃	0.02856					0.003
水	5.6	8.56	23.18	24.473	18.37	6～13

表 3-14　不同工艺条件下合成粗甲醇的部分杂质含量比较

生产原料	国外天然气	国外乙烯尾气	国内重油裂解	国内焦炭半水煤气	
催化剂	铜基催化剂				
合成压力/MPa	5	5	5	13	13
生产方式	单醇	单醇	单醇	单醇	联醇
测定项目/%	粗甲醇				
二甲醚	0.016	0.0283	0.35		0.7
甲酸	0.055	0.0669			

续表

生产原料	国外天然气	国外乙烯尾气	国内重油裂解	国内焦炭半水煤气	
乙醇	0.035	0.0276	0.068	0.048	0.18
异丙醚	0.003	0.0055	0.0019		
丙酮	0.002	0.0002	0.008		
异丁醇	0.006	0.0009	0.0044		0.0132
水	18.37	24.8			5.6
甲醇				91.4	93.4

我国生产的粗甲醇中甲醇含量为78%～96%，水分含量相差近20%，联醇法生产的甲醇，甲醇含量相对较高，杂质的种类和数量也少一些，这主要和甲醇合成用的催化剂有关。粗甲醇合成时生成少量的甲酸，故粗甲醇呈弱酸性。粗甲醇合成设备主要材质为碳钢，酸的存在会对设备产生腐蚀。甲醇生产中由于一氧化碳含量较高，会生成少量的羰基铁。除上述杂质外，还有铁的有机化合物，在特定条件下会生成硫、氨和其他含氧化合物。粗甲醇中的杂质很多，根据其性质可以分为四类。

① 还原性杂质　这些杂质可以用高锰酸钾变色试验（氧化值）来进行鉴别。甲醇之类的伯醇也容易被高锰酸钾之类的强氧化剂所氧化，但是随着还原性物质的增加，氧化反应的诱导期相应缩短，以此可以判断还原性物质的多少。当还原性物质的量增加到一定程度时，高锰酸钾一加入溶液中，立即会氧化褪色。醛、酮和羰基铁是最常见的还原性物质。

② 溶解性杂质　根据粗甲醇中含有的杂质的物理性质，就其在甲醇和水中的溶解度而言，可以分为水溶性、醇溶性和不溶性三类。

a. 水溶性杂质：醚类、C_1～C_5的醇类、醛、酮、有机酸、胺类等，在水中都有较高的溶解度，当甲醇溶液被稀释时，不会析出或变浑浊，粗甲醇的常规分析中含有这类杂质时水溶性也会合格。

b. 醇溶性杂质：C_6～C_{15}烷烃、C_6～C_{16}醇类。这类杂质只有在浓度很高的甲醇溶液中被溶解，当粗甲醇被稀释时就会从溶液中析出，使溶液变得浑浊，表现为水溶性不合格。

c. C_{16}以上烷烃、C_{10}以上醇类在常温下不溶于甲醇和水，会在液体中结晶析出或使溶液变浑浊。

③ 无机杂质　除了在合成反应中发生副反应生成的杂质外，粗甲醇中还有从生产系统中夹带的机械杂质及其他微量杂质。如甲醇合成的铜基催化剂是由粉末压制而成的，在使用过程中受气流冲刷、受压而破碎、粉化，带入粗甲醇中；甲醇生产中用的钢制设备、管道、容器受硫化物、有机酸的腐蚀生成含铁杂质。微量的铁在反应中生成羰基铁混在粗甲醇中与甲醇共沸，严重影响甲醛的生产。当采用甲醇作脱硫剂时，被脱除的硫也会带到粗甲醇中。

④ 电解质及水　纯甲醇的电导率约为$4\times10^{7}\Omega\cdot cm$，由于水及电解质的存在，会使电导率下降。粗甲醇中的电解质主要有：有机酸、有机胺、氨、金属离子（如钢、锌、铝、铁、钠等），还可能含有微量的硫化物和氯化物。

（2）粗甲醇的性质

① 粗甲醇的主要参数

粗甲醇的主要参数值（企业内控指标）见表3-15。

表 3-15 粗甲醇的主要参数

指标	数值
相对密度(d_4^{20})	0.83～0.85
蒸馏量(质量分数)/%	0.78～0.85
醛酮(质量分数)/%	0.118
溴值/(mg/L)	9～10

② 粗甲醇中主要杂质的物理特性

结合粗甲醇中含有的杂质，合理处理粗甲醇是保证使用的前提。在使用前必须对粗甲醇的来源和组成进行分析，弄清楚这些组分对甲醛生产的影响，分清哪些成分可以处理，哪些成分不能处理，哪些成分不用处理，针对不同质量的粗甲醇采取相应的处理方法。每批次的粗甲醇都应该留样分析，对于那些对甲醛生产影响大且不易处理的粗甲醇不得用于甲醛生产中，对于有些杂质可能残留在产品中进而影响甲醛下游用途的粗甲醇也应该慎用。

粗甲醇中含有的组分如果按照甲醇的沸点为界，大致可以区分为轻组分（低沸点杂质）和重组分（高沸点杂质），常压下甲醇的沸点为 64.7℃，主要杂质的沸点见表 3-16。

表 3-16 粗甲醇中主要杂质的物理性质

名称	结构式	沸点/℃	熔点/℃	密度/(g/mL)
二甲醚	CH_3OCH_3	−23.6	−141.5	
甲醛	HCOH	−21	−92	0.815
一甲胺	CH_3NH_2	−6.7	−92.5	0.6604
三甲胺	$(CH_3)_3N$	3.5	−124	0.7229
二甲胺	$(CH_3)_2NH$	7.3	−96	0.6604
乙醛	CH_3CHO	20.8	−123	0.78
甲酸甲酯	$HCOOCH_3$	32	−100	
戊烷	$CH_3(CH_2)_3CH_3$	36.1	−129.7	0.6263
丙醛	CH_3CH_2COH	48.8	−81	0.807
甲酸乙酯	$HCOOC_2H_5$	54	−81	
丙酮	CH_3COCH_3	56.1	−94.8	0.791
甲醇	CH_3OH	64.7	−97.8	0.7915
己烷	$CH_3(CH_2)_4CH_3$	68.7	−95.3	0.6594
乙醇	CH_3CH_2OH	78.3	−114.1	0.789
丁酮	$CH_3COCH_2CH_3$	79.6	−86.4	0.806
丙醇	$CH_3(CH_2)_2OH$	97.2	−127.0	0.803
庚烷	$CH_3(CH_2)_5CH_3$	98.4	−80.6	0.8637
异丁醇	$CH_3CH_2CHOHCH_3$	99.5		0.8064
水	H_2O	100	0	1
甲酸	HCOOH	100.5	8.4	1.22
异戊醇	$CH_3(CH_2)_2CHOHCH_3$	115.3		0.8203
丁醇	$CH_3(CH_2)_3OH$	117.7	−89.8	0.809

续表

名称	结构式	沸点/℃	熔点/℃	密度/(g/mL)
乙酸	CH_3COOH	118.0	16.6	1.049
辛烷	$CH_3(CH_2)_6CH_3$	125	−56.8	0.7028
戊醇	$CH_3(CH_2)_4OH$	138.0	−78.5	0.8148
壬烷	$CH_3(CH_2)_7CH_3$	150	−53.7	0.7129
异庚酮	$CH_3CHCH_3COCH_3CHCH_3$	153		0.8204
癸烷	$CH_3(CH_2)_8CH_3$	174	−29.7	0.7299

(3) 粗甲醇质量分析方法与控制

粗甲醇的质量分析方法主要有蒸馏法和气相色谱法。

① 蒸馏法

a. 原理，采用精馏方法提取 64～65℃的馏分。

b. 仪器装置说明，测定装置按图 3-19 所示安装。

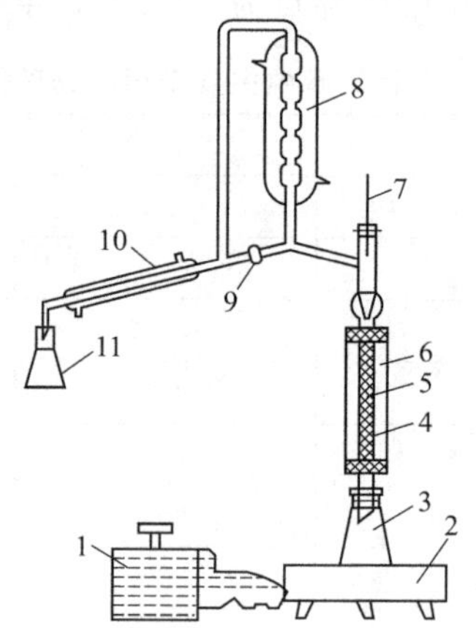

图 3-19 测定甲醇蒸馏量的装置

1—调压器；2—电热炉；3—250mL 锥形瓶；4—精馏柱（ϕ12mm，$L=750$mm）；5—填料（80～100 目铜丝网做的圆柱体 ϕ2.5～3mm，$L=5$mm）；6—保温玻璃套管；7—温度计（0～100℃，分度值 0.1℃，有效正值）；8—球形冷凝管；9—旋塞；10—直形冷凝管；11—100mL 锥形瓶

c. 分析步骤，于 250mL 锥形瓶中称取粗甲醇试样 100g（精确至 0.1g），加入 40mL 蒸馏水及数粒玻璃珠，按照图 3-19 装在精馏柱下端。关闭采出旋塞，打开冷却水，接通电源开始加热，使试样沸腾。当分离器内有液滴滴下时适当降低电压，使蒸馏速度适当而不至于液泛。此时观看气压计，算出甲醇的初馏温度。回流 30min，观看温度计，如果低于初馏温度，应缓慢开启采出旋塞，逐滴采出初馏物。当温度达到初馏温度时，停止采出初馏物，把已称重的 100mL 锥形烧瓶装上，开启采出旋塞，接收采出的精甲醇，控制回流比 1∶3（采出 1 滴回流 3 滴）。蒸馏后期应适当提高电压，保持蒸馏速度。当温度达到终馏温度时，关闭采出旋塞，停止蒸馏，待冷凝管出口无液滴时，取下 100mL 锥形烧瓶，称出精甲醇馏分的质量。

d. 计算：

$$精甲醇初馏温度(℃)=64-0.035\times(760-P_t) \tag{3-40}$$

$$精甲醇终馏温度(℃)=65-0.035\times(760-P_t) \tag{3-41}$$

$$甲醇蒸馏量(\%)=G_{精}/G_{粗}\times100 \tag{3-42}$$

式中　0.035——气压计变化 1mmHg 时的温度校正系数；

P_t——当地的大气压力，mmHg；

$G_{精}$——精甲醇馏分质量，g；

$G_{粗}$——粗甲醇馏分质量，g。

② 气相色谱法　采用气相色谱法分析粗甲醇中主要杂质组分，效果良好。

a. 仪器和试验条件如下。

色谱仪：1102 型气相色谱仪。

色谱柱：不锈钢柱，外径 6mm、壁厚 1mm、长 2.5m。

固定相：GDX-101。

检测器：氢火焰离子化检测器（FID）。

色谱柱室温度：120℃。

检测器温度：130℃。

汽化室温度：160℃。

色谱柱温度；70～160℃程序升温。

载气：N_2 经干燥处理，纯度不低于 99.9%，柱前压力为 0.3MPa。

氢气：H_2 经分子筛净化，纯度不低于 99.5%，柱前压力为 0.1MPa。

空气；经硅胶和分子筛干燥处理，不应有灰尘、水、油及污染性气体。

记录纸速：5mm/min。

进样量：10μL。

校正方法：内标法。

衰减：1/8。

b. 方法步骤：

ⅰ. 色谱柱和固定相的处理。色谱柱依次用稀盐酸和稀碱液洗涤处理，再用自来水、去离子水冲洗干净，烘干备用。筛选出 60～80 目的固定相，并在 105℃±5℃的温度下烘干备用，在真空泵抽吸下，均匀振荡，把固定相装入色谱柱，柱的两端用玻璃棉封好。将色谱柱装入色谱仪内，在试验条件下（柱温为 160℃）老化 12h，至基线平稳。

ⅱ. 标准样的配制。于 5mL 小烧瓶中加入 0.4mL 蒸馏水，称出水的质量为 m_1，再取 5mL 色谱纯甲醇加入该瓶，称出甲醇的质量为 m_2，然后计算其含量：

$$P_n=\frac{m_1(或\ m_2)}{m_2+m_2}\times100\% \tag{3-43}$$

式中　P_n——标样中水或甲醇的含量，%。

ⅲ. 采用外标法定量，将标准样和粗甲醇样用微量注射器各进 3 次以上的样，测出各组分峰高，求出其平均值，然后进行计算。

计算公式：

$$P_i=\frac{h_x P_n}{h_n}\times100\% \tag{3-44}$$

式中　P_i——粗甲醇中水或甲醇的含量，%；

h_x——测得粗甲醇中水或甲醇的峰高，mm；

h_n——标准样中水或甲醇的峰高，mm。

如果粗甲醇中杂质含量比较高，还需要逐一配制标样，方法为：准确称取一定量的各种组分试剂和甲醇试剂混合而成，配制的组分含量与粗甲醇中组分含量大致相同（可由粗甲醇的色谱图峰高粗略判断）。

ⅳ. 相对校正因子的测定。在上述色谱条件下，注入 10μL 标准样，并重复 5 次以上，取其中一个或数个峰形对称、分离较好的色谱图，量取各组分色谱峰高度，按式(3-45) 计算各组分相对质量校正因子 f_i^T 的值。

$$f_i^T=\frac{P_i/H_i}{P_T/H_T} \tag{3-45}$$

式中 P_i——某组分的质量分数，%；

H_i——某组分的峰高，mm；

P_T——正丁醇的质量分数，%；

H_T——正丁醇的峰高，mm。

ⅴ. 样品分析。准确称取定量的粗甲醇样品，内加定量的正丁醇为内标物，在上述色谱条件下，取 10μL 注入色谱仪中，并重复 5 次以上，任取其中一次或数次进样得到的色谱图，量取各组分峰高（内标物正丁醇的峰高应扣除原样品中正丁醇的峰高），用内标法计算各组分含量。

$$W_1=\frac{f_i^T H_i m_T}{H_T m}\times 100\% \tag{3-46}$$

式中 f_i^T——某组分的相对质量校正因子；

H_i——某组分的峰高，mm；

m_T——内标物正丁醇的质量，g；

H_T——正丁醇的峰高，mm；

m——粗甲醇样品的质量，g。

对于粗甲醇中的正丁醇组分含量按内加法式(3-47) 同时求得。

$$W_{正丁醇}=\frac{H_i m_T}{(H_T^i-H_i)m}\times 100\% \tag{3-47}$$

式中 H_i——粗甲醇中正丁醇组分峰高，mm

H_T^i——内加正丁醇后正丁醇总峰高，mm；

m_T——内加的正丁醇质量，g；

m——粗甲醇样品的质量，g。

c. 色谱柱的选择、升温与进样的注意事项。

粗甲醇中的杂质主要是各种醇类，极性均较强，使用柱 1（PEG 2000＋GDX-101），低级醇类分离较好，高级醇类有拖尾现象，可能是固定液 PEG 2000 比例偏大的缘故（按载体的 25%涂渍）。使用柱 2（GDX-101），各组分峰形对称良好，重现性好，没有拖尾现象（见图 3-20）。

氢气、氮气和压缩空气均需净化处理，除掉可燃杂质、微量水分和粉尘等，纯度应达到规定条件的要求。

进样量：进样量为 1μL 时，峰形很小，含量低的组分不出峰；进样量为 30μL 时，甲醇平头峰，出峰时间达 5min，全部峰出完需 45min，且靠近甲醇峰的乙醇有时会因进样量大

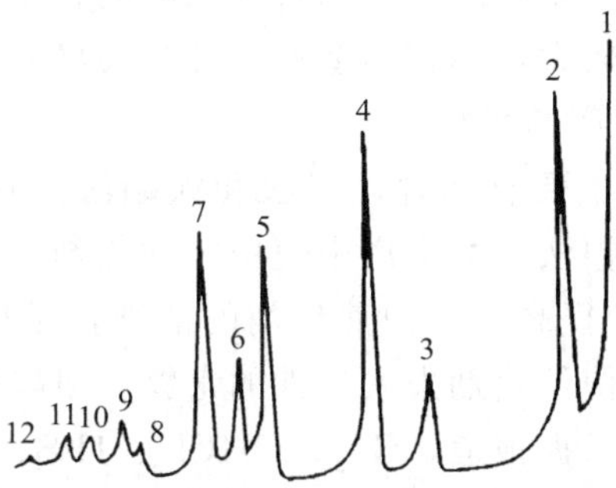

图 3-20 粗甲醇样品的气相色谱图

1—甲醇；2—乙醇；3—异丙醇；4—正丙醇；5—仲丁醇；6—异丁醇；7—正丁醇；8—未知峰；9—2-戊醇；10—异戊醇；11—正戊醇；12—未知峰

而分离效果不好，选择 10μL 进样量较合适。

色谱柱宜采用程序升温法。按图 3-21 程序升温可以得到理想的效果。

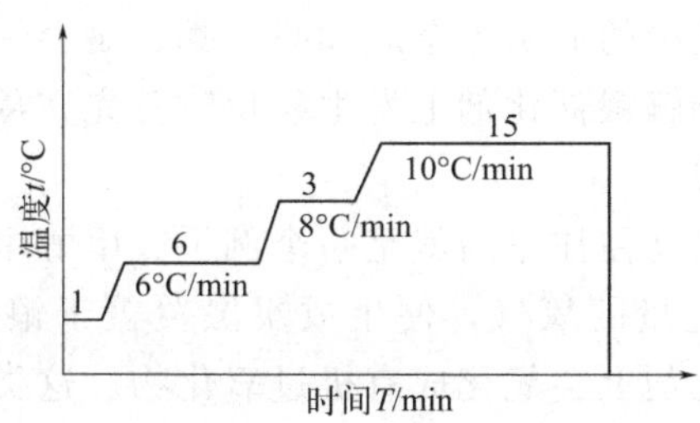

图 3-21 程序升温图

色谱分析结果应采取加正丁醇的方法（也称叠加法）进行校正。

柱温、检测器温度和汽化温度由电脑控制，波动不大，一般不会影响峰响应值的重现性，但微量注射器进样的准确度以及插针的快慢、深度和清洗干净程度，都会影响峰响应值的重现性。

相对质量校正因子测量的准确度，直接影响最终定量的准确度。配制标准样时，要求各组分含量应与粗甲醇样大致相同。计算求值时，所取标样数值应准确，以减少误差。对已求出的相对质量校正因子，必要时用标样进行自检，以提高分析的可靠性。

③ 粗甲醇对甲醛生产的影响

a. 甲醛生产中对甲醇的质量要求。

甲醛生产对甲醇的质量要求的主要指标见表 3-17，详见 GB/T 338—2011。

表 3-17 甲醇的主要质量指标

性质	指标
水溶性	澄清
外观	无色透明
高锰酸钾试验/min	20
酸的质量分数(以 HCOOH 计)/%	0.005
羰基化合物的质量分数(以 HCHO 计)/%	≤0.01

另外，如果甲醛用于制造多聚甲醛，对原料中乙醇的含量也要控制，如含有乙醇多的甲醇制成的甲醛在浓缩时黏度比较大，不容易造粒，并且会堵塞管道和设备。

b. 粗甲醇中杂质对甲醛生产的影响。

目前，工业甲醛生产工艺主要有两种，银法和铁钼法。我国甲醛生产厂家主要采用银法，一部分厂家采用铁钼法，银法甲醛生产中使用的催化剂是电解银（浮石银工艺几乎被淘汰了）。在气固相催化反应中，提高和保护催化剂的活性，是决定生产工艺的重要条件。为了保护催化剂，就必须了解会使催化剂失去活性的毒物，甲醛生产是典型的甲醇氧化脱氢反应，人们对它已有详细的研究。据报道，CS_2、$CHCl_3$、H_2S、Cl_2、Br_2、P、As、Fe、Hg、Pb 等都是会使银催化剂失活的毒物。另外，酮、醛类杂质会在银催化剂上发生树脂化；此外有实验证明，某些毒物在浓度很低时能促进反应，例如 CS_2、$CHCl_3$ 能使脱氢反应加快，但沉积性毒物除外。但是，铁是银催化剂的毒物已被大家所熟知。

对于这些杂质成分对电解银催化剂活性的影响，以及这些杂质在甲醇氧化甲醛的过程中发生的进程，由于实验手段的限制，到目前为止能确切知道的还比较少。粗甲醇中含有高碳醇、游离酸、酮类、醚类、酯类、烷烃以及少量的有机胺类等杂质。从理论上推测，当粗甲醇在蒸发器中蒸发时，混入其中的低沸点杂质如醛、酮、醚会一起蒸发并随甲醇和空气一起进入反应器。酮类杂质会在电解银催化剂上发生氧化。首先在羰基的 α 位上形成氢化过氧化物，然后进一步裂解成醛和酸。

用粗甲醇生产的甲醛中酸度往往略高就是一个例子。甲醇中的烷烃进入反应器后，由于在甲醇氧化脱氢反应时没有过量的氧气，便生成炭黑覆盖于银催化剂的表面，影响催化活性。比较低级的醚类在银催化剂上会氧化成有机过氧化物。这类物质不易挥发，附着在银催化剂的表面。粗甲醇中含有的酸酯及其他成分，在 630℃ 的高温条件下，不单纯发生氧化反应，还可能有更复杂的反应发生。如混在甲醇中的羰基铁与甲醇一起蒸发进入甲醛生产系统，在甲醛生产过程中被带入氧化反应器于高温分解，造成银催化剂中毒。

ⅰ. 醇类。在甲醛生产中，醇类主要发生两种反应：

一是伯醇在银催化剂上能被氧化成相应的醛，但是随着醇分子量的增加，醇的转化率会下降，高级醛还会分解，例如 $RCHO \longrightarrow RH+CO$。

二是仲醇氧化生成酮，$R^1—CHR^2—OH \longrightarrow R^1—CO—R^2$，由于仲醇易被氧化，且酮类较稳定，容易成为最终产物进入产品。叔醇不易氧化，但是它的 C—C 键易断裂，可以被氧化为低分子量的含氧化合物。

烃类饱和烃可能发生以下反应，$CH_4+O_2 \longrightarrow CH_2O+H_2O$，甲烷部分氧化生成甲醛具有重要意义。高级烃随碳原子的增加氧化更容易得到醇、醛、酮、酸等混合物。

ⅱ. 酮类。酮类氧化首先是在羰基的 α 碳原子上形成过氧化物，然后进一步裂解生成醛和酮：$R^1COCH_2R^2 \longrightarrow R^1COCH(OO)R^2 \longrightarrow R^1COOH+R^2CHO$

ⅲ. 醚类。低级醚类氧化生成有机过氧化物，如乙醚生成具有如下结构的氧化物：$CH_3—CH(OH)—O—O—CH(OH)CH_3$。酸的过氧化物不易挥发，受热易爆炸，因此，醚在蒸馏时不能蒸干，以免发生爆炸。粗甲醇中还有酸、酯等组分，在反应条件下不单纯是氧化反应，还会发生其他更为复杂的反应。但是，在实际生产中，粗甲醇在采用各种预处理后，杂质含量显著下降，副反应产物对产品质量的影响不大。国内已投产成功的厂家生产的甲醛能够达到优级品的指标。

基于电解银催化剂的敏感特性和以上对粗甲醇的成分分析，如果利用粗甲醇作原料生产甲醛，不管利用什么方法，都必须消除粗甲醇中的杂质对催化剂的影响，至少应该尽可能减少其影响，否则就很难达到理想效果。

3. 工艺流程与工艺条件

（1）粗甲醇生产甲醛的工艺流程

① 三类常见的工艺流程　常见的粗甲醇制甲醛生产工艺流程可分为以下三类：第一种工艺是采用预精馏塔，以 60 层塔板采出的粗甲醇作为生产的原料，甲醛生产装置经过适当改动即满足生产要求；第二种工艺是采用等比例的粗甲醇和精甲醇混合均匀后做原料，甲醛生产系统不需做任何改动；第三种工艺是采用粗甲醇直接做原料，蒸发残液定期外循环净化处理回收甲醇，只需增加一台净化器就可以实现改造。

第一种工艺需要经过预精馏工序，需要消耗蒸汽；第二种工艺使用一半的精甲醇，也需要消耗能量；第三种工艺进行了彻底的改变，不需要消耗精馏能量，最大地实现了节能降耗的目的。

② 工艺改进　为了延长甲醛催化剂的使用周期，降低直接使用粗甲醇的影响，对第三种工艺进行必要的改进，形成了几种各具特色的粗醇处理工艺。主要方法是采用粗甲醇连续性加碱，调整 pH 值后，加热，再通过净化器，除去其所含的大部分杂质，然后进入生产系统反应，适当地调整工艺指标，以满足用粗甲醇生产甲醛的要求。生产工艺流程简图见图 3-22。

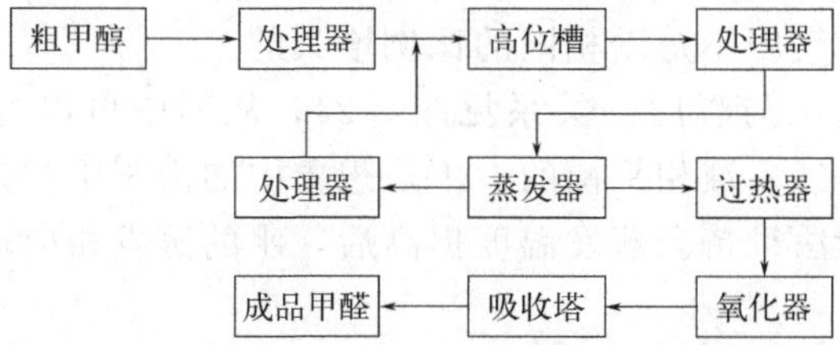

图 3-22　粗甲醇处理后生产甲醛的工艺流程简图

来自大槽的粗甲醇进入计量槽，加入配制好的稀碱液，开启循环泵，调整粗甲醇的 pH 值在 8 左右，开启预热器的热水加热回路，利用甲酸系统富余的热水给粗甲醇加热。开启过滤器高位槽的阀，保持甲醇预热后的温度在 60～65℃，缓慢开启活性炭过滤器的进口网，甲醇初次进入活性炭过滤器会有较大的吸附热，注意不要超温超压。两台过滤器一开一备。进入高位槽的粗甲醇再经过二级过滤器进入蒸发器。粗甲醇中没有过滤掉的杂质在蒸发过程中絮凝后沉积在蒸发器底部，定时经过过滤器由甲醇上料泵出。

a. 加碱方法及作用。固体 NaOH 经溶碱槽用软水、低压蒸汽加温溶化成高浓度碱液，由循环泵抽入配碱槽，用软水配制成 2%～3%（质量分数）的稀碱液。稀碱液经过滤后，经流量表送往粗甲醇计量槽入料泵进口。利用 NaOH 处理在粗甲醇过滤过程中难以分离的杂质，例如粗甲醇中的酸类、酯类等，使其生成较容易被脱除的盐。粗甲醇中含有的有机酸，对设备、管道有较严重的腐蚀，经过碱的中和作用，减轻了腐蚀，延长了设备、管道的使用寿命，例如羧酸与氢氧化钠反应生成羧酸钠。

$$RCOOH + NaOH \longrightarrow RCOONa + H_2O$$

碱的加入还调节了粗甲醇的 pH 值。在碱存在下，酯发生皂化反应，生成羧酸盐。

$$RCOOR + NaOH \longrightarrow RCOONa + ROH$$

羧酸钠溶于水，易于分离。加碱处理使得一些难分离的杂质，在预热器加热后分解或絮凝。控制预热器后的温度在指标范围内，进入过滤器和活性炭吸附器内的热甲醇不至于气化。分离、分解的杂质从过滤器底部排出，比不用碱处理要容易和安全，且大大降低了蒸发器的排液负荷，使甲醛的工艺也比较容易控制，生产稳定性和周期得到提高和延长。

生产中应注意严格控制预热器温度不得超过 65℃，以免 CH_3OH 与 NaOH 发生反应；严密监测粗甲醇进入过滤器前的 pH 值，调节碱液加入量，控制 pH 值为 8；配制碱液时，烧碱要充分溶解，不能有颗粒状，碱液浓度要控制在 2%～3%（质量分数）范围内。

b. 初步过滤和活性炭过滤。粗甲醇的初步过滤宜采用精密式机械过滤器，过滤掉粗甲醇中的机械杂质，然后再经过活性炭过滤器进行处理。活性炭要颗粒度均匀，尤其不要使用粉状的活性炭，以防炭粉进入生产系统。甲醇过滤器的形状为圆柱桶装结构，上下有隔板，中间装颗粒状活性炭。隔板上铺不锈钢丝网。进出管深入容器内，末端加装筛网，筛网外包裹细不锈钢丝网。

（2）粗甲醇生产甲醛的工艺条件　用粗甲醇代替精甲醇生产甲醛不同于传统工艺，必须在精确理解传统工艺的基础上提出新的工艺条件，从理论上和实际操作上都要做到稳妥可靠。工艺指标的确定必须以维护安全生产，延长催化剂的寿命，以及反应要求的条件和物料平衡为主要考虑因素。

用粗甲醇生产甲醛，必须首先研究维持三元气组成的工艺条件和控制方法。粗甲醇由于醇含量较低，相应的平衡浓度也低，从图 3-23 可以找出对应于给定平衡浓度的蒸发温度，为了维持三元气中的甲醇浓度，就必须提高蒸发温度，以提高甲醇蒸发量，但是提高蒸发温度时，水蒸气压和甲醇蒸气压不是以相同的比例增大的。

水蒸气压和甲醇蒸气压与温度的关系见图 3-24，从图中可以看出，在一定范围内提高蒸发温度下，是能够维持气、液相平衡的，不是想象中的由于甲醇蒸发，液相中的水分含量会增加，致使平衡浓度无法维持。蒸发温度提高后，水的蒸发相应增加，可以相应减少配料蒸汽的添加量。

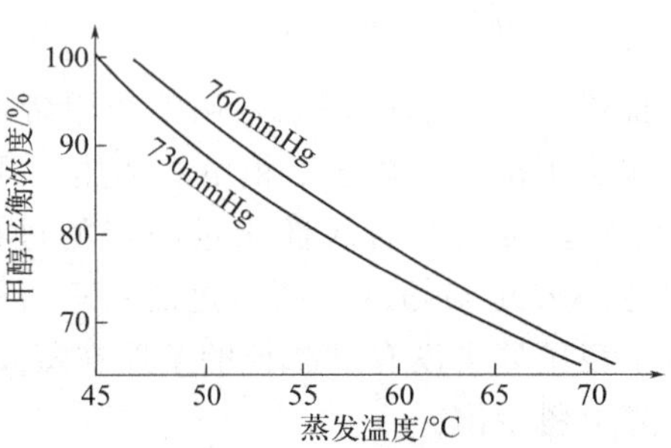

图 3-23　甲醇平衡浓度与蒸发温度的关系

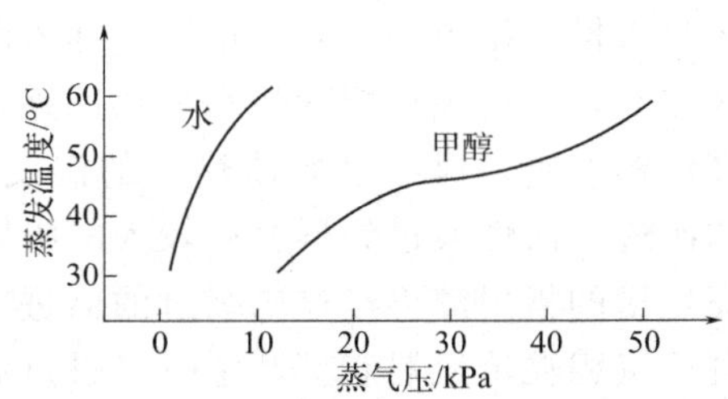

图 3-24　水和甲醇的蒸气压与蒸发温度的关系

粗甲醇中的烃类物质蒸发，扩散进入三元气中的可能性较大，而且它们氧化比醇类容易，消耗的氧较多，所以在采用粗甲醇生产甲醛时的氧醇比要比用精甲醇时高一些。

在用粗甲醇为原料时，它所含的羟基铁和铁盐很容易随气体带入银催化剂中，所以清除粗甲醇中的铁也是该工艺的重要环节。

4. 质量分析与经济效益分析

（1）粗甲醇生产甲醛质量分析　用粗甲醇为原料生产的甲醛其醛含量、醇含量与利用精醇生产时基本相同，但因为前面分析的原因会导致粗甲醇生产的甲醛的酸度有所升高。另外，粗甲醇中的许多杂质并没有被除去，而是随反应气一并进入氧化反应器中在高温和电解银催化剂的作用下发生了一些还不为我们所熟悉的反应，究竟有什么新质产生目前还不得而知。也许一些物质发生分解，也许另一些物质生成了新的成分，这些新生成的物质混合在甲醛溶液中构成了产品的杂质。

尾气分析可知，用粗醇为原料生产甲醛，其尾气中 CO_2、CO、H_2、O_2 的含量之和小于用精甲醇为原料的尾气各成分之和，说明粗甲醇中的酸和醚类杂质经过银催化剂氧化后成为了不能被水和稀甲醛溶液吸收的复杂产物了。水以及丁醇、油蜡等高沸点杂质会积存在蒸发器的底部。

用粗甲醇制成的甲醛基本可满足制胶行业的需求，但是如果甲醛的用途是合成反应，那么就应该引起足够的重视，最好能作一些试验，看这样的甲醛是否适合不同的用途。

(2) 粗甲醇生产甲醛经济效益分析　用粗甲醇生产甲醛，处理设备投资相对较少，关键在于粗甲醇和精甲醇的差价以及粗甲醇的质量和有效醇含量。例如，当粗甲醇含量都是92%，粗甲醇和精甲醇的差价都在 200 元时，如果精甲醇的价格在 1500 元，则用粗甲醇生产甲醛的收益在 80 元/t；如果精甲醇的价格在 2000 元，用粗甲醇生产甲醛的收益在 40 元/t；如果精甲醇的价格在 2500 元，则可以算出用粗甲醇的收益为 0 元/t，即没有收益。

通过举例分析可以看出，当粗甲醇中的杂质含量（%）乘以精甲醇的单位价格的乘积小于粗甲醇和精甲醇的差价时就有收益，差值越大收益越大；当上述乘积等于差价时没有收益。

由于粗甲醇并不是市场流通的正规产品，并没有各种统一的标准，因此很难保证粗甲醇的质量。粗甲醇也不是大量供应的物品，多数来自甲醇厂精馏工段用不了的富余部分和没有精馏能力的小合成氨厂，从数量上也不能满足需要，当粗甲醇使用较多的时候，粗甲醇的价格直追精甲醇，再使用粗甲醇生产甲醛时受到了根本限制。

经过上述分析和实地考察，采用适当的方法对粗甲醇进行简单处理后将粗甲醇直接用于甲醛生产是完全可行的，由于甲醇生产方法的多样性，使得得到的粗甲醇也不尽相同，实践证明并非所有的粗甲醇都适用于甲醛生产。大致的规律是联醇、铜基催化剂条件下的比较好，甲醇合成反应中前期的产品比反应后期的好。另外，对进厂的粗甲醇一定要进行分析，首先水溶性要好，氧化值次之。分析粗甲醇中的甲醇含量时不应单纯用密度法，而应该用蒸馏法或色谱分析法。

参考文献

[1] 戴自庚，全国甲酸行业协作组．甲醛生产［M］．成都：电子科技大学出版社，1993.

[2] 林信汉，潘卓锦．银催化剂的铺装经验交流［C］//2011 中国甲醛行业协会年会暨国内外技术交流会报告集．

[3] 陈明修．小技改，大效益——浅谈提高甲酸生产装置效率的技改方法［C］//2011 中国甲醛行业协会年会暨国内外技术交流会报告集．

[4] 徐志清．甲醛生产开车升温过程中的结碳反应［J］．甲醛与甲醇，2008（10/11）：15-16.

[5] 伍雄飞，张少华．电解银催化剂微观催化探讨Ⅰ［C］//2009 中国甲醛行业协会年会暨国内外技术交流会报告集．

[6] 冯元琦．联醇生产［M］．北京：化学工业出版社，1994.

[7] 杨艳红．粗甲醇精馏过程中主要工艺指标的控制［J］．化肥设计，2005，2（43）：47-48.

[8] 王平山．粗甲醇系统存在的问题及解决方法［J］．河南化工，2001，10：27-28.

[9] 王志辉．粗甲醇精馏过程中的加碱处理［J］．中氮肥，1999，2：32-33.

[10] 胡敏，方永进，刘运楼．粗甲醇精馏生产中甲醇产品干点超标原因及处理措施［J］．中复肥，2004，2：35-36.

[11] 姚世杰．粗甲醇中杂质来源初探［J］．山西化工，1993，2：50-51.

[12] 甘鲤炼，邓恒俊．气相色谱法分析粗甲醇中主要杂质组分［J］．中氮肥，1997，4：57-58，64.

[13] 文星．粗甲醇生产甲醛［J］．浙江化工，2006，37（4）：15-17.

[14] 林水新，覃春极．原子吸收分光光度计法测定粗甲醇中铜锌离子［J］．化工技术与开发，2004，33（4）：34-35.

[15] 张子峰，张凡军．甲醇生产技术［M］．北京：化学工业出版社，2010.

[16] 萧任坚．粗甲醇精馏浅谈［J］．中氮肥，1997，1：1-5，11.

[17] 李关云．粗甲醇生产甲醛及其经济性探讨［J］．甲醛与甲醇，1993，3：1.

[18] 肖童超．碳减排背景下银催化法制甲醛工艺的优势［J］．工程建设与设计，2024，(10)：91-94.

[19] 毛琳，尹学功．银法制甲醛生产中问题及解决措施探讨［J］．山东化工，2020，49（05）：126-127.

第四章　铁钼法甲醛生产

第一节　开车准备

主装置开车前的准备工作及应达到的条件主要包括：导热油系统、锅炉给水系统、工艺水系统、排放控制系统、循环冷却水系统等各系统的准备及调试工作。

1. 导热油系统

导热油系统开车准备的目标是：将反应器系统的导热油温度加热并稳定在255℃左右。

具体操作为：调整系统中的各管线上阀门的开关，使导热油在导热油泵、加热器、反应器及导热油冷凝器间循环。启动导热油循环泵，调整到需要的流量。复位加热器安全系统，将加热器温度设定为270℃，逐步调节加热器的设定温度，直至导热油冷凝器内导热油的温度稳定在255℃左右。将加热器温度设定为260℃，等待开车。

2. 锅炉给水系统

锅炉给水系统开车准备的目标是：稳定地向导热油冷凝器和排放控制系统（ECS）的蒸汽发生器供应除氧后的锅炉给水。

具体操作为：按要求调整管路阀门，启动界外的锅炉给水泵，将锅炉给水储罐的液位设定为50%、给系统进水。启动给水泵，检查泵的压力是否正常，向导热油冷凝器和ECS蒸汽发生器内进水。当两台设备的液位达到50%时，控制阀会自动关闭，停止进水。液位上升，则表示控制阀泄漏，可关闭一只手动阀，使其液位不上升。当锅炉给水储罐内的液位再次上升至50%时，控制阀会自动关闭，停止进水。打开除氧器顶部放空阀，再打开锅炉给水储罐，蒸汽阀给锅炉给水加热，直至有蒸汽从放空阀逸出。调整蒸汽供给，使锅炉给水储罐内蒸汽压力达到0.02MPa，等待开车。

3. 工艺水系统

工艺水系统开车准备的目标是：向吸收塔系统供水，达成稳定合理的吸收条件。

具体操作为：按要求调整管路阀门，启动脱盐水泵，检查工艺管线上的压力是否正常。在现场打开第二吸收塔工艺水进水管线上所有阀门，包括进水旁路阀，使工艺水进入第二吸收塔，将塔的液位设定为50%。液位升至50%时，关闭去甲醇预蒸发器的管线和工艺水进水的旁路阀。启动第二吸收塔循环泵，调节至所需的压力，使工艺水进入第一吸收塔，同时，将塔液位设定为50%。当第一吸收塔的液位上升至50%时，启动循环泵，调节至所需的压力。当第一吸收塔的液位再次达到50%时，停止向第二吸收塔进水。若需减少开车初期产生的低浓度甲醛，可将塔内液位设为30%，以低液位状态开车。

应关注第一吸收塔内液体分布器的液位高度，其液面应低于分布器最高点约10cm。若过高，则可通过增加第一吸收塔循环泵的压力，降低液位；若过低，则可通过降低第一吸收塔循环泵的压力，增加液位。

4. ECS系统

ECS系统开车准备的目标是：用热空气预热ECS尾气反应器催化剂床层，使之达到反应所需的温度要求。

具体操作如下：

① 启动风机，设定合适的风量，打开工艺气旁路阀。将工艺气循环阀转换成手动模式，并将阀门设定为合适的开度。启动ECS尾气加热器；当加热器的温度上升至480℃时，适当减小阀的开度；当加热器的温度上升至490℃时，再适当减小阀的开度；若加热器的温度上升至495℃，而床前温度未达到195℃，可将液阀的开度再降低1%，直至ECS尾气反应器的催化剂床前温度达到195℃以上时，装置进入待开车状态。

② 当甲醇进料后，启动ECS加热器，预热ECS尾气反应器催化剂床层。当加热器温度达到450℃时，关加热器。当催化剂床层前温度达到180℃时，可停止加热。若温度下降，则再启动加热器。当催化剂床层后温度达到350℃时，停止加热。

5. 冷却水系统

冷却水系统开车准备的目标是：为主装置所有冷却水用户提供足够的冷却介质。

具体操作为：启动循环冷却水泵，调节至所需的压力。打开装置界内所有冷却水阀门。将板式换热器后阀门开度控制在10%左右。分别打开第一吸收塔和第二吸收塔冷却水管路顶部两只放空阀，排尽管路中的空气，然后关闭回水阀门。进入待开车状态。

第二节　甲醛生产反应过程及其影响因素

1. 反应过程

铁钼法甲醛生产过程的主反应：

$$CH_3OH + 1/2O_2 \longrightarrow HCHO + H_2O$$

副反应：

$$CH_3OH + 3/2O_2 \longrightarrow CO_2 + 2H_2O$$

$$CH_3OH + O_2 \longrightarrow CO + 2H_2O$$

$$CH_3OH + O_2 \longrightarrow HCOOH + H_2O$$

未反应的甲醇、一氧化碳、二甲醚和少量的甲酸是甲醇损耗的组成部分。在不同的运行方式下，副产物的组成不同，可通过改变工艺参数，抑制副反应，将副产物降至最低，从而提高产率。

2. 影响反应过程的因素

（1）参数调整　铁钼法甲醛生产工艺过程是甲醇与空气混合后，通过钼铁催化剂床层，发生不完全氧化，生成甲醛。因此，为获得最大的收率和所需要的生产负荷，需要对工艺参数进行调整，这种调整在一定程度上取决于催化剂的使用寿命。

① 对应收率和生产负荷率所需调整的参数有：

a. 导热油沸点温度；

b. 甲醇流量；

c. 工艺气体流量。

除催化剂老化的原因外，当参数恒定时，收率和转化率不能保持恒定的主要原因是吸收塔顶部温度有变化，另一原因在于生产能力要求的变化。

② 调整前应明确的内容。

a. 当前催化剂状态、工艺参数（导热油沸点、甲醇和空气流量）；

b. 当前收率和转化率偏低的原因；

c. 所需生产的产品的浓度。

③ 甲醛收率与影响因素的关系。反应收率由损耗量决定。在研究反应时，考虑损耗是重要的。若催化剂活性低或/和反应温度低，未参与反应的甲醇所导致的损耗将会变高，即大量未反应的甲醇通过了反应器，但一氧化碳生成量却很低。在此状态下，催化剂中热点位置会变得很低。反之，即催化剂活性高或/和反应温度高，未反应甲醇所导致的损耗就低，但一氧化碳生成量变多，因为二甲醚的生成不会明显地受工艺参数的影响，所以为获取最大收率而作的调整，就等同于在一氧化碳生成和未反应甲醇所导致的损耗之间寻取最优点。甲醛收率与影响因素的关系见图 4-1。

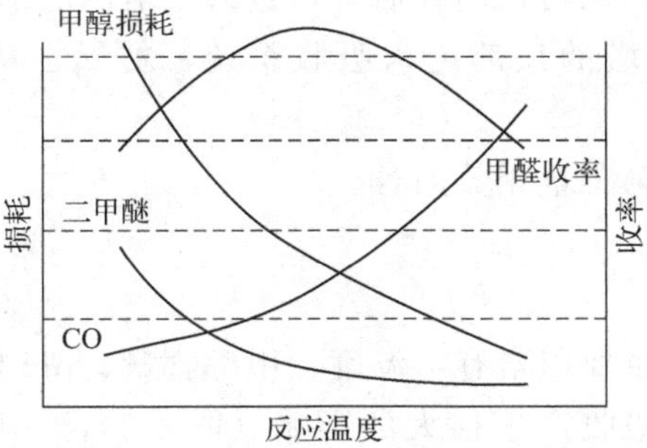

图 4-1 甲醛收率与影响因素的关系

（2）有关影响分析

① 导热油沸点温度变化的影响。导热油沸点温度越高、未反应甲醇所造成的损耗就越低，热点位置也就越高。这是因为较高的导热油温度有利于甲醇的转化，从而使反应器内温度升高。当甲醇的转化率提高时，导热油温度也随之升高。

通常导热油沸点温度升高时，产生的一氧化碳也多，但所产生的一氧化碳的量比甲醇损耗下降的量要少，因而收率提高。

② 甲醇进料量（流量）变化的影响。因反应是放热的（反应过程中产生热量），甲醇进料量越多，反应器中温度越高，未反应的甲醇越少，但生成的一氧化碳的量会增加。甲醇流量增加，并不能使热点位置升高，并且收率有所提高。调整后因 CO 的生成所造成的损耗增加有时会高于未反应甲醇量降低后所引起的损耗降低，特别是出现在由于吸收塔顶部温度高，转化率低的时候。

③ 空气流量变化的影响。气流调整有两种情况：

a. 甲醇流量恒定，可改变进料浓度（通往反应器中甲醇浓度）；

b. 调节甲醇流量以获得恒定的进料浓度。

在这两种情况下，空气流量减少都会造成反应温度偏高，即未反应甲醇所造成的损耗偏低，生成 CO 造成的损耗偏高。因转化率太低而作的调整，其最终结果通常为收率提高，平均热点位置升高。

空气流量能否改变是很重要的，特别是在对生产能力作较大调整时。但很难通过改变空气流量对工艺进行微调。

第三节　甲醛气体的吸收

1. 吸收流程

采用串联的两个吸收塔（第一吸收塔和第二吸收塔）以水为吸收介质吸收工艺气体中的甲醛。第一吸收塔（简称一塔）是由三部分组成的。底部为一填料层。由循环泵进行外部循环以达到吸收所需的液体流量。两个阀板安装在该填料层的上方，在阀板上方装有另一填料床。同样采用外部循环以达到吸收所需的液流量。循环流体在板式换热器中与冷却水换热冷却。第二吸收塔（简称二塔）为泡罩塔，内部装有 17 块内含冷却盘管的泡罩板。每块板上面有三根冷却盘管。在二塔顶部装有除沫器，以去除气流所夹带的液滴。

工艺气进入一塔的底部，从塔顶离开后，再进入二塔的底部。产品从一塔的底部由产品泵输送至储罐。工艺水从二塔的顶部进入吸收系统，贫气也从二塔顶部进入工艺气循环系统。

吸收的基本理论，参见第三章相关内容。

2. 影响吸收的因素

工艺中影响吸收效率的主要因素有：温度、甲醇含量、pH 值以及泡沫控制等。

（1）温度　温度对甲醛吸收产生很大的影响（图 4-2），一般而言，温度越低，吸收效果越好，温度因素对浓甲醛溶液显得更为重要，在吸收过程中，吸收塔所产生的热量与反应器所产生的一样多，由于能量等级低，很难将其回收利用，只能用冷却水或冷水移走。

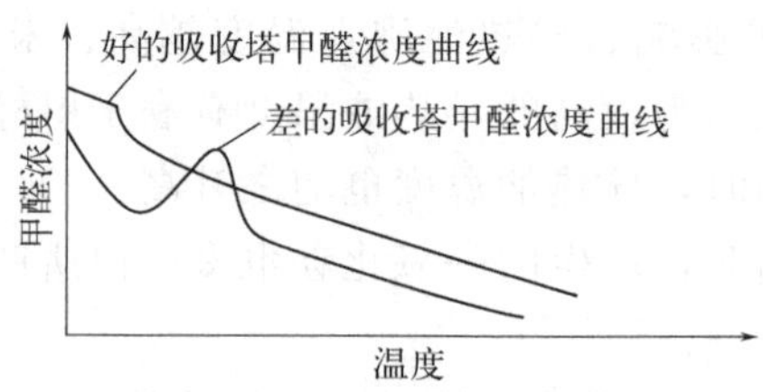

图 4-2　温度对甲醛吸收的影响

由图 4-2 可知，在不增加塔内的浓度梯度的前提下，应尽可能降低吸收温度。但需注意的是：只有在塔内的浓度逐步下降的情况下，冷却作用才能提高吸收效果。若冷却的水量超过吸收的甲醛量，则塔内的浓度会上升得很高，有产生多聚甲醛的可能。

一塔塔底段由于甲醛溶液浓度较高，不宜过度冷却，否则有产生多聚甲醛的危险。根据经验，对浓度高于 37%的甲醛溶液，关键是要将甲醛溶液的温度控制到比其浓度值高出 5～8℃，即对于 55%的甲醛溶液，控制的温度应为 60～63℃。

在板式塔（二塔）中，主要的冷却区域位于第 6 块塔板至第 12 块塔板之间。填料塔（一塔）的冷却主要在上填料段中。两者进行比较可知，用板式塔内冷却盘管进行冷却，相比填料塔的液体通过外部的板式换热器冷却困难得多。然而，盘管的冷却越好，吸收越好。提高塔板段冷却的一个办法是用泵使液体在一定数目塔板上进行循环，并通过外部的板式换热器。不利的是，由于循环造成这些塔板的浓度趋于一致，致使从液体中获得的有效的浓度梯度丧失。尽管如此，吸收还是因冷却效果的提高而得到改善。对于稀甲醛溶液，温度对甲醛的分压的影响很小，因此，在二塔顶部的几块塔板上，可以采用温度更低的冷却介质来进行冷却，使离开二塔顶部的贫气中的水含量下降，由于贫气中的大部分要循环回工艺系统，含水量低对铁钼催化剂有利。

塔顶温差，如昼夜间的温差，会影响甲醛浓度的变化。这种变化给工艺水的进水量的控制带来了难度。因此，塔顶温度应尽可能维持稳定。同样，吸收塔的温度应尽可能保持稳定。否则，浓度曲线会受到干扰并波动。

(2) 甲醇含量　甲醇的存在不利于甲醛的吸收，因为它会增加甲醛的分压并使吸收液产生泡沫。应控制操作条件，特别是反应器内的温度，使 37％甲醛中的甲醇含量低于 1％。甲醇含量高主要的影响是产生泡沫。泡沫会“打破”塔板的液封，并阻止液体流入下层塔板。这时生成反压，最终悬在塔内的液体的压力超过气相压力。所有液体瞬间倾泻在塔的集液槽中。当塔釜得不到塔上部下来的稀液，而甲醛气体仍然进入塔内，此时产品的浓度上升。当浓度上升到一定程度时，也就可能产生多聚甲醛。

在吸收系统的中段，甲醇含量最高，应以该段为基础取样，并分析它的甲醇和甲醛含量。其值比正常值高，即表示可能需要提高反应系统的温度来提高甲醇转化率。

如果产品中需要添加甲醇，则应在储槽中加入，而不能从吸收塔加入。

(3) pH 值　吸收液的 pH 值对吸收效果也有明显的影响。加碱对提高上段的吸收效果较为有效。虽然碱添加量很少（产品中含碱为 20～40μg/mL），但一些下游产品也不能接受，因而控制碱的添加量和对产品中甲酸钠的测定是很重要的。

许多事物都有其两面性，碱液的加入也是这样，太多的碱会导致溶液灰分增加，并可能产生泡沫。泡沫会降低吸收效果，应加以避免。为有利于吸收，上层塔板的 pH 值应控制在 8.5～9，建议最多不能超过 10，见图 4-3。

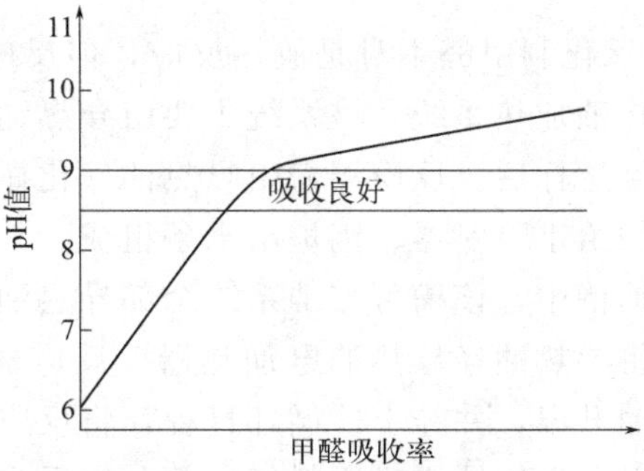

图 4-3　pH 值对吸收的影响

(4) 泡沫控制　除了控制甲醇含量和碱的加入量外，还有一些手段可以强化泡沫控制。如果泡沫现象很严重的话，第一步应降低甲醇流量（或工艺气流量），以减小泡沫形成的范围。第二步应观察泡沫形成的区域。形成泡沫的原因可能是底部喷头的喷淋密度过大。一般而言，在喷头处的压力越大，液滴分布就越细，越多的液体会滞留在上面的塔板上，负荷也就越大，越有利于泡沫形成。如果泡沫产生在填料层，应降低液体循环量，但降幅是有限制的，因为过低的循环量不能使填料层得到充分润湿，干表面会导致多聚甲醛的形成。一般情况下，循环量降低 30%即可解决泡沫问题。另外，降低冷却量使板式换热器后的液流温度升高，则填料层的泡沫也会减少。

总之，在铁钼法甲醛工艺生产过程中，要得到好的吸收效果，应该重点关注以下几点：

① 控制适中的吸收温度，保持冷却过程的持续稳定；

② 控制顶部阀板的 pH 值为 8.5～9；

③ 控制 37%甲醛中的甲醇含量低于 1%；

④ 在设计和操作中，应尽可能控制泡沫的形成。

第四节 铁钼法甲醛生产工艺流程

1. 霍尼韦尔（Honeywell）铁钼法甲醛

(1) 工艺流程概述 该公司的铁钼法甲醛生产由空气压缩工序、反应工序、甲醛吸收工序和蒸汽发生工序组成。

① 压缩工序。新鲜空气通过消声器和空气过滤器进入增压风机升压，风机出口气与吸收二塔顶部循环尾气混合先进入 1 号循环风机，再进入 2 号循环风机，经连续加压到一定的操作压力后送到反应工序。

② 反应工序。从罐区来的原料甲醇先送到甲醇贮罐，再通过甲醇泵进入甲醇预蒸发器，在此与甲醛循环泵送来的吸收二塔的甲醛循环溶液进行热交换，甲醇吸热而气化，同时与从风机来的气体相混合形成原料气体。原料气体再经过甲醇蒸发器过热后，进入主反应器，原料气在这个固定床反应器的铁钼催化剂上发生反应后，生成甲醛反应气，该气体首先经过甲醇蒸发器管间，并与原料混合气换热而自身冷却，然后进入吸收工序。

串联工艺的变化在于增加了一个预反应器，在对整个工艺其他环节相应调整优化后，在不影响整个装置经济性的前提下，可进一步提高反应段工作效率约 40%，从而达到提高产能的目的。

③ 蒸汽发生工序。甲醇氧化制甲醛本身是放热反应，但反应需要一定的温度才能启动，因此反应器的开车有一个导热油加热系统，该系统主要由导热油贮槽、导热油泵、导热油电加热器等组成，开车正常温度达标后，反应器需由导热油气化撤热，同时发生蒸汽。此部分由冷凝器和锅炉给水槽、锅炉给水除氧器、锅炉给水条组成。

外购的导热油注入导热油槽中，该槽可容纳系统全部导热油。在向反应器投入原料气之前，先启动导热油泵，用泵将导热油经导热油电加热器、反应器和导热油冷凝器进行循环，借助导热油电加热器将导热油升温，并经上述循环过程，将反应器及其催化剂床层升温到达反应启动所需温度。此时可以向反应器投入原料气，并开始反应，反应一旦开始，就将释放出反应产生的热量，因此该系统就由供热向撤热转换。即保证在反应状况下，系统有必需的导热油后，切除导热油泵、导热油电加热器和导热油贮槽。此时导热油在反应器管间吸热而气化，气态的导热油进入导热油冷凝器，与锅炉给水换热而产生水蒸气，它自身冷凝而流回反应器管间。控制气态导热油的压力，可以方便地改变导热油温度，从而改变反应热的撤出条件，借此可有效地控制反应温度。

锅炉给水水质为脱盐水，由装置外送来，经除氧器进入锅炉给水槽，经锅炉给水泵送出：一股入导热油冷凝器的管间，供发生蒸汽之需；另一股去 ECS 蒸汽发生器，供 ECS 发生蒸汽之用。两处所产生的蒸汽合并后作为副产蒸汽送出本装置界区。

④ 甲醛吸收工序。来自甲醛蒸发器被冷凝的气体进入吸收一塔，从吸收一塔顶部出来的未被吸收的气体进入吸收二塔。工艺水由管网供入，从吸收二塔顶部进入，与气相逆流接触进行甲醛吸收。吸收二塔底部出来的液体由甲醛循环泵经甲醛预热器和甲醛循环冷却器冷却后进入吸收一塔上段及中段，该甲醛液与甲醇蒸发器换热冷却后的甲醛反应气逆流接触得到甲醛溶液，并用甲醛循环泵在该塔下段循环，同时从甲醛循环泵采出一股甲醛溶液经冷却后作为产品送至甲醛装置的中间罐区甲醛溶液贮槽。

吸收二塔顶出来的尾气，一股返回风机入口，另一股进入 ECS。ECS 是一个催化焚烧系统，该系统由 ECS 预热器、ECS 开工加热器、ECS 反应器、ECS 蒸汽发生器组成。

ECS 开工加热器是装置启动时用来加热尾气，使其升温后进入 ECS 反应器时能够进行催化焚烧反应的。一旦启动后，尾气进入 ECS 预热器时，就能与从 ECS 蒸汽发生器来的烟气进行交换而预热，然后进入 ECS 蒸汽发生器反应，此时切断 ECS 开工加热器。反应后的高温气体在 ECS 蒸汽发生器中与锅炉给水进行热交换，将其转变为蒸汽，并与导热油冷凝器中产生的蒸汽一同送往界外。经过 ECS 处理过的尾气，完全能达到环境保护的要求，可由烟囱在高处排放。

（2）工艺流程图　瑞典 Perstorp Formox 公司“铁钼催化法”尾气循环工艺流程见图 4-4，尾气循环串联工艺流程见图 4-5。

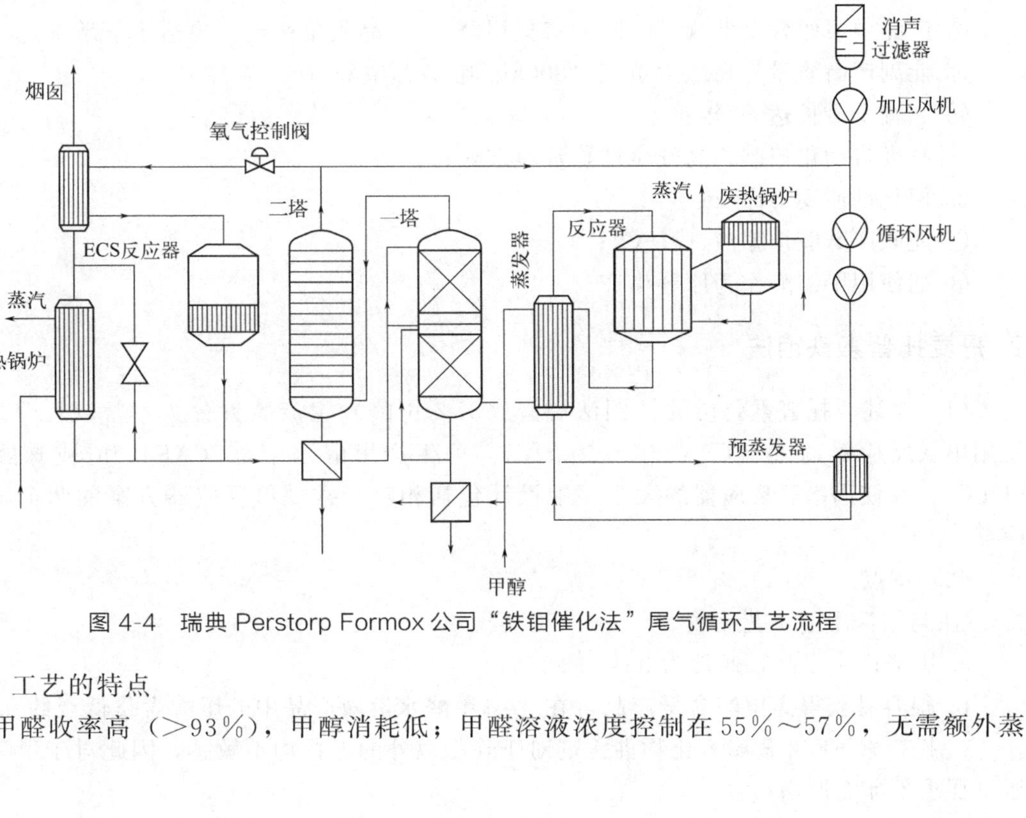

图 4-4　瑞典 Perstorp Formox 公司“铁钼催化法”尾气循环工艺流程

（3）工艺的特点

① 甲醛收率高（>93%），甲醇消耗低；甲醛溶液浓度控制在 55%～57%，无需额外蒸馏工艺；

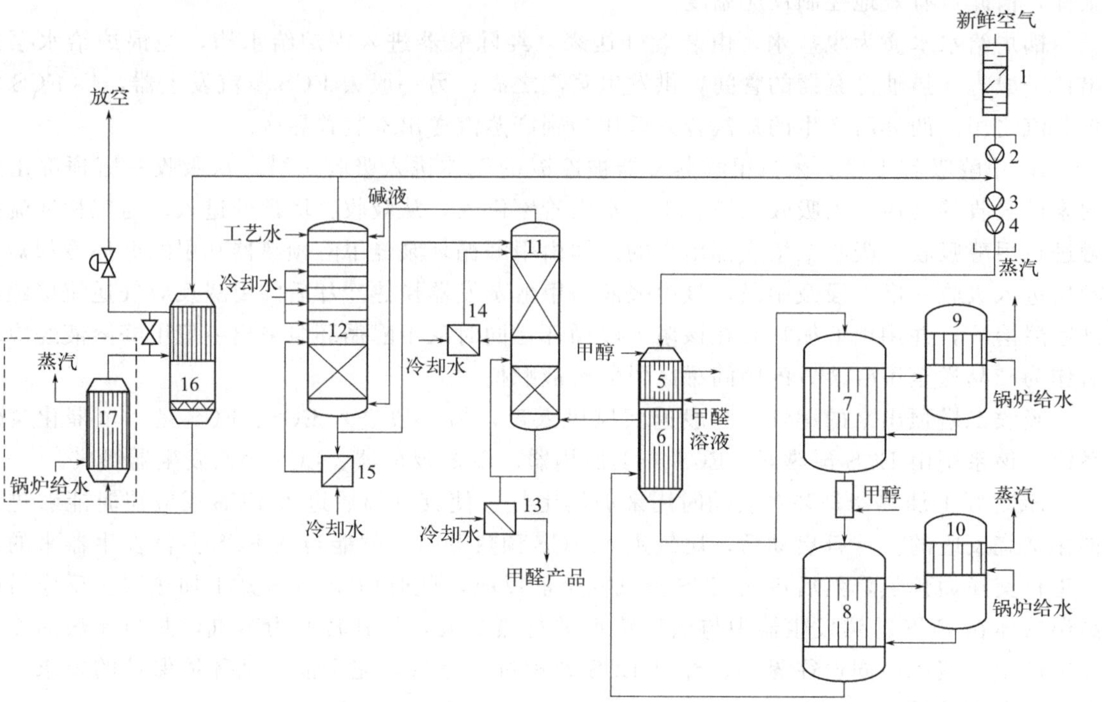

图 4-5 瑞典 Perstorp Formox 公司“铁钼催化法”尾气循环串联工艺流程

1—空气过滤器；2—增压风机；3,4—循环风机；5,6—甲醇蒸发器；7—预反应器；8—主反应器；9,10—导热油冷凝器；11,12—吸收塔；13～15—冷却器；16—尾气反应器；17—蒸汽发生器

② 产品中甲醇含量低（<0.5%/37%甲醛），产品质量稳定，更适于下游工艺；

③ 能副产高质量、高压力蒸汽（800kg/吨 37%甲醛）；

④ 装置寿命长达 50 年；

⑤ 高度自动化控制，高安全性，环境友好；

⑥ 催化剂使用寿命长；

⑦ 能联产脲醛预缩液（UFC）；

⑧ 能使用甲缩醛作为原料生产。

2. 丹麦托普索铁钼法

（1）概述　托普索公司的铁钼法甲醛（37%甲醛）生产装置分为：常规厂（100t/d）；使用串联反应器的大型厂（250～500t/d）。可生产甲醛水溶液（AF）和/或脲醛预凝液（UFC）。在使用串联反应器的大型厂中设计包括相对于常规单反应器方案的两个串联的反应器。

（2）特点

① 与银法甲醛工艺比较。

a. 甲醛产率更高，通常为 93%～94%；

b. 很容易获得高甲醛含量产品，在 37%甲醛水溶液产品中的甲醇含量低至约 0.3%；

c. 托普索 FK-2 金属氧化物催化剂对于除氨以外的毒物均不敏感，因此对于甲醇原料的质量要求不那么严格；

d. 装置更容易操作，对断电不敏感，在断电持续几个小时后可很容易地重新开工。

② 与其他铁钼法甲醛工艺比较

与其他工艺相比，该工艺的优点主要在于反应器、吸收塔的独特设计，具有独特性能的FK催化剂以及装置设计的交互作用强等。其中一个具体的优点是极为均衡的反应器温度曲线。

此外，该工艺可采用双吸收系统同时生产AF和UFC的装置的设计。

③ 吸收塔独特设计的优点

a. 可生产高至55%的甲醛水溶液（AF-55）或高至85%的脲醛预凝液（UFC-85）；

b. 装置的尾气含有非常少的残余甲醇和甲醛；

c. 尾气可被非常有效地净化，同时吸收塔的压降还很低；

d. 催化焚烧炉使得甲醛厂可满足任何环保标准。

（3）工艺介绍

① 工艺概述。下面的介绍是基于热回收产生蒸汽的工艺路线。也可以应不同用户的要求，提供其他的工艺路线。

液体甲醇喷入到来自循环风机的工艺气体中进行混合，在工艺气加热炉中进行混合物预加热，甲醇蒸发成气相，加热炉靠导热油液体的循环蒸汽加热。

预热后，工艺气进入反应器，通过装有FK-2金属氧化物催化剂的反应管。

在反应器中的反应原理是，甲醇催化氧化为甲醛，反应式如下：

$$CH_3OH+1/2O_2 \longrightarrow HCHO+H_2O$$

副反应是极少量的甲醛进一步氧化为甲酸：

$$HCHO+1/2O_2 \longrightarrow CO+H_2O$$

$$HCHO+1/2O_2 \longrightarrow HCOOH$$

此外，还有少部分甲醇脱水成二甲醚，反应式如下：

$$2CH_3OH \longrightarrow (CH_3)_2O+H_2O$$

上述反应均是很强的放热反应，为了保持最佳的温度条件并抑制反应副产品的产生，在反应过程中要移去反应热。通过把热量从催化剂管转移到热稳定的沸油来移走反应热。采用这种工艺，原料甲醇转化为甲醛收率能超过93%。反应器中环绕催化剂管周围沸油的油蒸气在油分离器中分离，在废热锅炉中冷凝，产生并输出中压蒸气。冷凝的油蒸气再经过油分离器返回到反应器中，在油分离器中，冷凝的油气在和来自反应器的热油蒸气直接接触后，进行再加热，这样，就保证了油浴和反应器温度保持一致。

开工时，反应器连接一个电启动加热器，在工艺气开始循环前，把油浴温度加热到反应温度。

反应产物在后冷却器中冷却到130℃，这样就加热了来自工艺气加热炉中的导热油。

含有甲醛的气体，被送入到吸收塔，被吸收为水或尿素溶液。吸收塔底部有2～3个压缩床层，上部有一些阀帽塔盘。

来自吸收塔的部分净化气体排出到催化尾气焚烧装置进一步净化，大部分气体被循环送到风机入口作为稀释气体。循环气体通过分离器并加入补充空气。空气和循环气混合蒸汽进入风机，再和甲醇进行混合。

来自吸收塔洗刷后的尾气被加热到250℃，进入催化焚烧炉。焚烧炉有一层填装有托普索CK催化剂的水平床层，使气体中的CO、CH_3OH、HCHO和$(CH_3)_2O$这些组分与氧气燃烧，净化气体能满足最严格的环保标准要求，通过这个反应，气体温度增加到近 470℃，送出催化焚烧炉的热气体用来加热洗刷尾气（图 4-6）。催化焚烧炉带有电启动加热器。

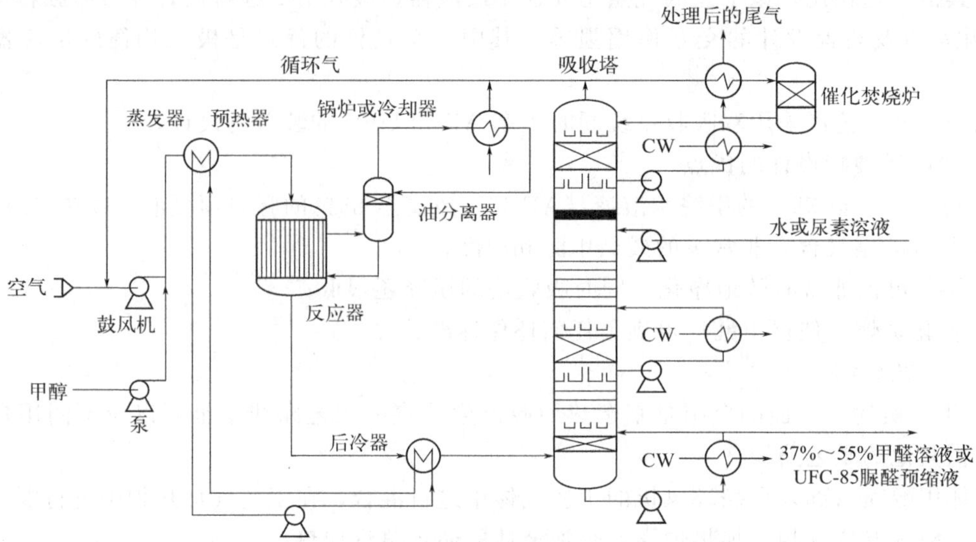

图 4-6　托普索公司铁钼法甲醛生产工艺流程

② 甲醛水溶液产品。为减少甲醛的损失，一方面，吸收时就要采用较好的冷却方案，而另一方面，只有维持吸收塔底部高温才能防止浓缩溶液中多聚甲醛的形成，为满足这两个要求，甲醛浓缩溶液将只能在吸收塔的下部出现，此处没有或很少受到冷却，在上部床层，是冷却作用的主要部分，只有低浓度的甲醛存在，这低浓度的甲醛溶液就靠和热的入口气体加热进行浓缩。

产品的浓度是通过吸收塔上部注入的工艺水量来控制的，水量越少，产品浓度就越高，但同时，尾气中甲醛的损失也增大了，通过增加床层数，甲醛损失可以降低，在浓度较高时，一般 3 个床层比较合适，在其他情况下，2 个床层就足够了。

③ 脲醛预凝液（UFC）产品　生产 UFC 溶液，加入吸收塔中的脲（尿素）要保证获得所需要的产品，不产生不溶的副产品。产品的浓度受吸收塔冷却温度控制。

这种操作，要在循环气中有过量的水下进行，在吸收塔顶部冷却后，再除去过量水。在吸收反应过程中，控制 pH 值很重要，这可以通过直接在吸收塔回流液中注入氢氧化钠来实现。

④ 从 UFC 产品转换到水溶液。如果需要，吸收塔可以设计同一个吸收塔生产 UFC-85 和甲醛水溶液两种产品。由于吸收塔的残留液，这种生产方式要 2～4h 时间段。在这期间，将出现不同的产品浓度。如果装置能停工一阵，排出残留液，用符合新品种产品的液体置换，这个时间段会缩短。但在这个过渡期内，肯定会有一定量的产品不达标。

⑤ 串联反应器工艺的描述及使用。由于反应器入口处甲醇浓度过高将影响催化剂的寿命，工艺运行的反应器入口处甲醇浓度一般不超过 9%（摩尔分数），较佳的范围是 8%～8.5%（摩尔分数）。这意味着，整个装置的工艺气流量将随所要求的装置能力的变化，呈正比例变化，所有的设备和管道也必须根据装置能力变化。

通过与第一个反应器串联一个反应器，并在两个反应器之间补充额外的甲醇，这就能实现用很低的气体流量达到所要求的很高的产量，减少了气体流量也意味着降低设备和管道的规模，所节省的成本远远超过增加一个额外反应器的成本。另一方面，串联反应器原理也可用在提高现有装置的产能上，同时，气体流量仍维持在原水平。

当从一个反应器变成两个串联反应器时，第一个反应器入口处的氧浓度必须要增加到约14%（体积分数），以使工艺气留有足够的氧用于次级反应器的反应。由于第一个反应器入口处的氧浓度很高，甲醇浓度就要限制在6.0%～6.5%（体积分数），这是因为高浓度的甲醇意味着较高的爆炸风险。第二个反应器的入口处甲醇浓度维持在正常水平，最高至8.0%～8.5%（体积分数）。

托普索公司铁钼法甲醛串联反应器甲醛生产工艺见图4-7。

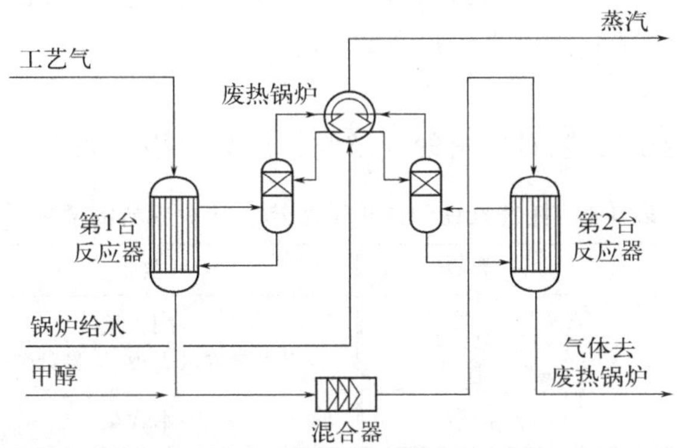

图4-7　托普索公司铁钼法甲醛串联反应器工艺

在催化剂装填过程中，装置可以维持在使用一个反应器运行，因此生产不会中断。

串联反应器原理的另一个优点是，每吨UFC-85产品的电耗会显著降低、串联反应器产生的高压降会被相对的气体流量降低而补偿掉。

表4-1中，重点说明了400t/d的甲醛生产装置分别基于并联反应器与串联反应器生产的不同点。

表4-1　并联反应器与串联反应器工艺对比

项目	单位	并联反应器	串联反应器
能力(37%)	t/d	400	400
风机总气体流量(标准状态)	m^3/h	54472	29607
反应器入口甲醇浓度	%	8.4	6.25/8.4
反应管(外径1in,1in=0.0254m)		$2\times N_i$	$R_1,1.0\times N_i;R_2,1.2\times N_i$
催化剂体积(包括稀释部分,标准状态)	m^3	V_{cat}	$V_{cat}\times1.1$
催化剂预期寿命	月	18	36/18
吸收塔直径	mm	4000	3000
吸收塔总热能	GJ/h	29.85	26.27
尾气(标准状态)	m^3/h	15424	16000
焚烧炉催化剂体积	m^3	1.2	1.2
主要工艺管道长度	cm	81.2	60.69
每吨AF-37消耗的甲醇	kg	415～425	415～425

续表

项目	单位	并联反应器	串联反应器
AF-37产品中的甲醇(质量分数)	%	0.5	0.3
电耗	kW·h	1116	820
每吨AF-37电耗	kW·h	67	49
所产蒸汽(10MPa,饱和)	kg·h	10000	10600

(4) 材料结构　整个吸收系统以及循环气分离器都使用奥氏体不锈钢，并且在反应器和吸收塔之间的设备中所有和反应器物流气体接触的部位均是采用奥氏体不锈钢。选择昂贵的材料是为避免腐蚀，同时为了获得高纯度的产品。

(5) 原料和产品

托普索铁钼法甲醛生产工艺对原料的要求及其产品规格，如表4-2和表4-3所示。

表4-2　托普索铁钼法甲醛生产工艺对原料的要求

要求	数值	要求	数值
甲醇含量(质量分数)/%	99.5	酮含量 (以丙酮含量表示,质量分数)/%	0.1
外观	洁净	水含量	0.2
酸度/(mg/L)	0.1	相对密度	0.7902
乙醛含量(CH_3CHO,质量分数)/%	0.1		

表4-3　托普索铁钼法甲醛产品规格

甲醛 浓度(质量分数)	37%	55%	甲醛 浓度(质量分数)	37%	55%
温度/℃	66	75	CH_3OH	0.5	0.7
典型组成 (质量分数)/%			HCOOH	≤0.02	0.03
HCHO	37.00	55.00	H_2O	剩余	剩余

在串联反应下，37%（质量分数）和55%（质量分数）产品分别对应为0.3%（质量分数）和0.4%（质量分数）。脲醛预凝液（UFC-85）见表4-4。

表4-4　托普索铁钼法UFC-85规格

温度/℃	35	温度/℃	35
典型组成(质量分数)/%HCHO	60.00	H_2O	剩余
尿醛	25.00	摩尔比F/U	4/8
CH_3OH	0.20	缓冲能力	<12
HCOOH	0.03		

(6) 消耗和产出

① 消耗（见表4-5）。

表 4-5　托普索铁钼法甲醛生产单耗

产品	每吨甲醛产品(37%)	
	单反应器	串联反应器
甲醇(对于 100% CH_3OH)/kg	423	423
脱氧水/kg	618	646
工艺水(对 AF-55)/kg	64	62
电/(kW·h)	68	49
冷却水/m^3	44	40

② 产出（见表 4-6）：

表 4-6　托普索铁钼法甲醛副产物

产品	每吨甲醛产品(37%)	
	单反应器	串联反应器
蒸汽输出/kg	600	633
尾气(标准状态)/m^3	923	920
锅炉(blow-down)/kg	12	13

(7) 装置布局　典型的甲醛装置布局面积为：常规装置（100t/d)12m×16m；采用串联反应的大规模装置（250～300t/d)20m×30m。

3. 美国 D. B. W. 公司铁钼法

(1) 工艺简介　甲醇蒸气和空气及循环气体在固定床反应器中在铁钼催化剂的作用下进行反应。固定床反应器由一组内填催化剂的反应管组成，反应管外围是道森油。道森系统作用于生产和开车时的热转换，在没有加热炉或外供蒸汽的情况下能迅速启动。甲醇的转化率达到 99%以上，甲醛的选择性达 94%。反应完的气体在一个独特的换热工艺中将其显热传回到原料气体而得到冷却。反应完的气体在吸收器中用水或尿素水混合物吸收生产甲醛水溶液或尿素甲醛浓缩物。反应尾气通过一个特殊的尾气吸收器回收尾气中的大多数甲醇、甲醛等气体，然后进入尾气催化转化器后排放。在进入尾气催化转化器之前的尾气中甲醛浓度可以分别降到 10×10^{-6} 以下（当生产 UFC-85 产品时），和 25×10^{-6} 以下（当生产 50%的甲醛产品时）。尾气催化转化器可以去除 99.9%的挥发性有机化合物，尾气排放甲醛浓度在 1×10^{-6} 以下。该转化器全部由尾气的热值支持。工艺设备材质全部为不锈钢。

该工艺单个工厂的最大生产能力达到 54 万吨/年。

(2) 工艺特点

① 工艺设计布局。生产工艺由压缩、反应、吸收、蒸汽发生工序组成。工艺设计科学，设备布置紧凑，占地面积少，操作简便。

② 催化剂。经过多年的使用实践，催化剂具有强度高、活性高、抗毒能力强、操作弹性大的特点，与工艺配合可以使催化剂使用寿命延长到 2 年左右。

③ 产品收率高。甲醇应消耗的期望值为生产 1t 37%的甲醛消耗甲醇 426～428kg，即甲醛的收率大于 92%，这是甲醛收率最高的技术之一。

④ 产品质量。产品甲醛浓度可以根据客户需要进行调节，最高可达 55%～58%。产品中

甲醇含量小于0.5%，甲酸含量小于0.0038%。有高浓度甲醛的输送和储存的技术（见表4-7）。

表4-7 美国D.B.W.公司铁钼法甲醛产品规格

甲醛水溶液(质量分数)	%	甲醛水溶液(质量分数)	%
甲醛	37～58	UFC	71～87
甲醇	<0.5	甲醛	50～61.4
甲酸	<0.0035	尿素	21～25.6
尿素/甲醛(UFC)		甲醇	<0.3

⑤ 能量消耗。D.B.W.公司铁钼法工艺设计紧凑，许多物料的输送不需要动力，因此采用的动设备少，能耗低，电力消耗仅为50～80kW·h/t（37%甲醛）。

⑥ 能源效率。该工艺技术的反应热，吸收热以及尾气催化焚烧回收的热量都得到充分利用。除满足工艺本身的热量需求外，生产1t 37%甲醛还可以副产蒸汽808kg，蒸汽压力可以达到2.352MPa（见表4-8）。

⑦ 生产安全可靠。由于先进的工艺和控制技术，严格的密封防泄漏措施，以及对事故先兆的预先警报，自D.B.W.公司铁钼法甲醛生产技术商业化以来，在全世界已使用的数十套装置中未出现过人身伤亡事故。

⑧"三废"（废气，废水，废渣）排放少。工艺过程中没有废水和废渣排放。失活的废催化剂可以卖给原催化剂生产厂回收利用，工艺废气经催化焚烧后，排放时有机物含量极微。尾气中甲醛排放浓度在1μg/mL以下，均能达到相关的环境保护要求。

（3）工艺流程 美国D.B.W.公司铁钼法甲醛生产工艺流程见图4-8。

表4-8 美国D.B.W.公司铁钼法甲醛生产单耗

项目	每吨37%甲醛	项目	每吨37%甲醛
甲醇/kg	420	蒸汽(输出,2.352MPa)/kg	808
电(催化剂寿命初期)/(kW·h)	50	催化剂寿命/年	1.5～2.5
电(催化剂寿命晚期)/(kW·h)	80		

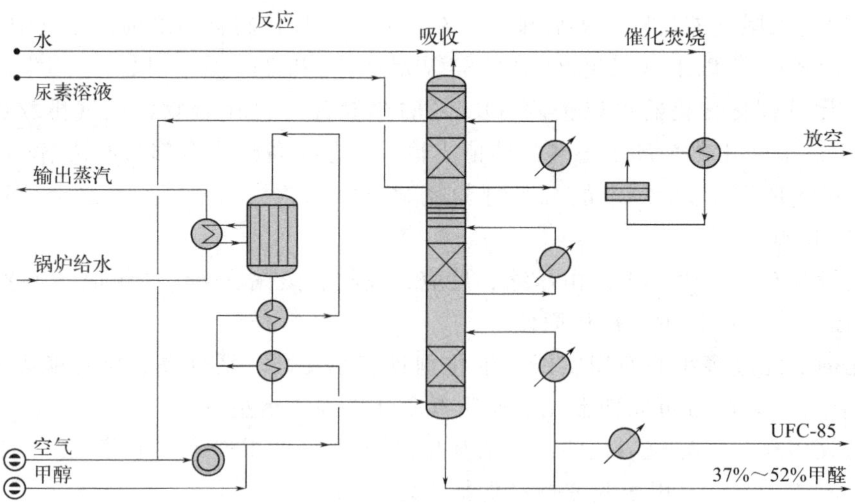

图4-8 美国D.B.W.公司铁钼法甲醛生产工艺流程

第五节　铁钼法甲醛生产操作

1. 催化剂装填

（1）装填准备

① 工具（设备）准备。工具（设备）应包括卸空工具（设备）、旧催化剂和陶瓷环处理工具（设备）、装填工具（设备）及人员保护用工具（设备）。

② 条件准备。指人员进入反应器所需条件的准备。具体流程为：停车→拆卸反应器所有人孔及出口盲板的保温层→用循环风机吹→将导热油放回储槽→打开所有人孔→继续用循环风机吹，直至温度至常温→用气体检测仪检测。

（2）卸空　用吸尘器将管中的旧催化剂和陶瓷环吸出，对装有热电偶的管子，要安装特殊的伸长管，确保所有的旧陶瓷环和催化剂被取出。如果催化剂有烧结现象，则用带尖头的管子将烧结物去除。注意：先将最上层的陶瓷环取出，此层的陶瓷环不需处理，可直接使用。

（3）旧陶瓷环水洗　将旧催化剂从陶瓷环分开，如催化剂呈粉状，则可用筛分的方式；如少量催化剂呈颗粒状，则需用手工分拣。分开的催化剂用桶收集，陶瓷环装入篮式盘中，用大量的水冲洗，直至陶瓷环中的催化剂粉尘被洗去。然后，将其送入烘箱或烘房烘干。

（4）装填　按事先设计的装填图，分别装填陶瓷环层、催化剂层、混合层和陶瓷环层，各层的装填高度及最大允许偏差有规定的要求。用胶带纸将上管板分为若干个区域，并将装热电偶的管子用胶带纸封住。在这些区域同时装填。装完一层后，在每个区域各随机选取50根管子，测量其装填高度，并作记录，确保无漏装或装填高度不超出规定值。三层装填后的总的偏差应在±4cm以内。在三层装完后，在每个区域内，各随机选取50根管子，用数字式压力表测量其压降，并作记录。

可接受的偏差为平均压降的－20％～＋50％。如压降超出规定范围，则用碾碎的陶瓷环调整压降。装有热电偶的管子的压降也应控制在规定范围内。在三层装填符合要求后，将陶瓷环倒在上管板上，使之均匀填满每根管子。将用不锈钢丝做成的标记插在装有热电偶的管子上。注意在装填过程中，应把导热油留在反应器壳层，并保持其温度在40℃左右，以防空气中的水分凝结，对催化剂造成损害。关闭人孔，吹扫反应器。

2. 流体输送

（1）空气的输送

① 空气的净化。甲醛生产过程中所需的空气来自大气。由于环境的差异，大气中空气的清净度不同。为了充分发挥催化剂的效能及延长催化剂的使用寿命，必须首先对空气进行净化。通常使用的主要设备是布袋式过滤器。在选择过滤介质时，应考虑材质、通量、截留率和阻力等因素。

② 空气的输送。甲醛生产的空气输送是通过离心风机来实现的，如采用加压工艺，一般在工艺中还需增加加压风机（一般为罗茨鼓风机）。系统压力的增加，可以增加系统的进料量，提高装置的产量。风机电机由一个齿轮箱驱动风机。齿轮箱通过一个外部油循环回路加以润滑。该回路由一台循环泵、两组过滤器、一台冷却器、一个压力开关和一个流量开关

组成。

在进行空气输送操作时，应检查风机各部位是否符合要求，其检查项目包括现场检查和DCS工作站的检查。

a. 现场检查：

ⅰ. 检查油箱的油位。机油的油位应在油窗上两条油线中的下面一条的油位上。

ⅱ. 检查现场的冷却水系统是否打开，水压是否符合要求。

ⅲ. 检查现场压力表、温度计等是否正常。

b. DCS工作站的检查：

ⅰ. 检查齿轮箱轴承温度、振动是否存在报警。

ⅱ. 检查齿轮箱油流量、压力是否存在报警。

ⅲ. 检查电机温度是否存在报警。

ⅳ. 检查风机壳体温度、风机后温度、风机后压力是否存在报警。

ⅴ. 只有在齿轮箱得到充分润滑后，风机才能启动。

（2）甲醇输送

① 甲醇输送的控制。甲醇由甲醇泵输送。甲醇进入蒸发器顶部。通过喷头与工艺气流混合，甲醇系统通常包括一台甲醇泵，一个甲醇流量控制回路、两个防爆膜和一个关闭甲醇进料的安全阀，甲醇泵前装有细筛过滤器，以防仪表及喷头被堵。

甲醇流量由一台质量流量计为基础的流量控制器控制，一般设定的甲醇量占工艺气中体积浓度的8.5%。甲醇流量控制器控制甲醇总流量（仪器范围）误差不超过0.1%，如果甲醇进料量超过6.5%，而氧含量过高（体积浓度大于13%），安全系统将启动，同时甲醇安全阀关闭，甲醇进料停止，甲醇安全阀的作用是当安全系统启动时，切断甲醇进料。应该定期对安全阀的动作时间进行测试。同时设置了温度控制，确保进入蒸发器的甲醇的最低温度不能低于100℃，以防甲醇不能完全气化。

② 甲醇输送检查。甲醇泵一般为离心泵或旋涡泵。泵在使用前，必须检查泵轴封的冷却水是否开启；用油润滑的泵，还必须检查油位。应盘动联轴器数圈，手感判定是否灵活。泵运转后，必须检查泵的出口压力表是否显示正常。

③ 甲醇进料条件。在甲醇进入系统前，必须确认以下三个条件已经满足：

a. 甲醇蒸发器后的温度不低于100℃，保证甲醇进入系统后能迅速气化，使反应能顺利进行，催化剂不致因为接触液体甲醇而中毒；

b. 导热油温度高于250℃，保证导热油能迅速气化，及时移走反应热，使主反应顺利进行，催化剂不致因过热而烧结；

c. ECS反应器催化剂床前温度达到180℃，保证反应后的尾气能迅速反应，达到排放标准，不致对环境造成污染。

3. 蒸发

蒸发系统通常由甲醇预蒸发器和甲醇蒸发器组成。甲醇预蒸发器的加热介质是来自吸收一塔的甲醛溶液，甲醇蒸发器的加热介质是来自反应器的反应气，预蒸发器通常为螺旋板式换热器，蒸发器通常为列管式换热器。在两个蒸发器的顶部均装有防爆膜，以防爆炸对设备产生损害。

为了提高甲醇在气流中的混合效率，并阻止未蒸发的甲醇液滴进入反应器，甲醇从蒸发器顶部进入。当工艺气离开蒸发器时，将经过一个填料层，除去未气化的甲醇。蒸发器后气体的温度如果低于 90℃，将会报警。

4. 反应

铁钼法催化氧化反应发生在主反应器中。反应器为固定床式催化反应器。催化剂按照设计好的装填方式装填在管程中；壳程充有导热油，用于及时移走反应热。空气和甲醇的混合气体进入反应器的催化剂床层上部，当混合物通过催化剂时，发生不完全氧化反应，生成甲醛和水，管程中装有一定深度的金属氧化物催化剂，在每根管子的底部和顶部装有一些小的磁环，以提高导热油与进口气体及出口气体的热交换能力。因此，气体在进入反应区之前得到了预热，而在离开催化剂区后被迅速冷却。

反应器内的不同位置上多根管子装有不锈钢热电偶井，在每个热电偶井内，有若干个固定的热电偶。

在每个热电偶井内，其中的最高温度将被显示在 DCS 的操作界面上，称为热点温度。除了显示温度，每个热电偶上最高温度的位置也会显示出来。热点温度和热点位置是反映催化剂状态的最直接最重要的表征，如果热点温度过高，将给出 H 报警，如果温度增至 HH 报警限，甲醇流量将会自动减少 5%。当温度仍然增加至 HHH 报警水平时，将启动安全联锁系统。

为保护设备，在反应器的顶部安装了两片防爆膜，一旦破裂，将启动安全系统。

一旦反应器起火，安全系统启动，甲醇和空气进料被切断。如果火源不能自灭，必须通过与反应器顶部相连的管道人工注入 N_2 灭火。

合理调整导热油的温度是反应操作中的最重要的技术诀窍。通过调整导热油温度，可以提高反应转化率（图 4-9）。

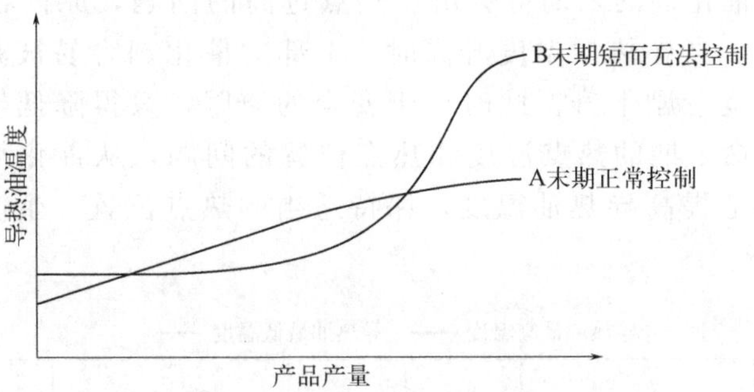

图 4-9　导热油温度与生产控制的关系

（1）调整导热油温度的原因　在任何时候，都有一个催化剂的最佳性能，也就是实现最佳收率的最佳反应温度。为保持催化剂具有稳定的最佳活性，需要通过调整导热油温度来实现。当催化剂老化时，催化剂活性降低，这时就需要提高导热油的温度。导热油常压下的沸点为 257℃，加压后导热油的沸点将会升高。导热油沸点的上限约为 310℃。

（2）提高导热油温度的时机　导热油的温度应有规律地提高。通常误以为导热油的温度应尽可能慢地提高，这样可以延长催化剂的寿命。事实上并非如此，在有些例子中恰恰相反。但若很迟才提高导热油的温度，可能导致催化剂在寿命的末期会无法控制，并且会迅速失活。

图 4-9 中 A 曲线表示导热油温度有序提高，可以确保了装置在高收率下安全、稳定地运行。B 曲线表示无序提高导热油温度的情况下，往往会导致收率偏低、操作困难（热点位置高、反应器出口温度高）和催化剂末期寿命急剧缩短且无法控制。

（3）调整导热油温度的根据　调整导热油温度，应遵循导热油温度曲线的指导，关注产品中的甲醇含量，兼顾反应器中的热点温度和位置。

另外，还应收集以下信息，如测量尾气中的 CO 和产品中的甲酸，测量 ECS 温度，并使用气相色谱仪分析工艺气中各组分的含量。

测量产品中的甲醇含量是判断装置运行状态的一个很好的手段。如果产品 37%甲醛中甲醇的含量保持在 0.4%～0.8%的范围内，说明装置已达到良好的性能。当甲醇含量接近 0.8%时，就应提高导热油的温度。按这种方式运行，收率可达到 92%～93.5%。最好每天定时测量甲醇含量。

为使装置性能更佳并得以持续，还需要对装置进行一些微调，要得到低甲醇含量的甲醛相对容易，只需提高导热油的温度就可以实现，但同时要提高收率就会变得困难。高的导热油温度可使甲醇过氧化，生成 CO。因而 CO 的测量也很重要。

装置始终在导热油系统为常压下初开车，即导热油的温度为 257℃，在需要的时候，导热油的温度可每次提高 1～3℃，可以通过选择新的设定点，提高导热油的温度。温度设定值可转化为压力设定值，这个压力值决定了导热油的沸点。

若是未更换催化剂停车后的开车，催化剂已老化，不能像新催化剂一样在 257℃时活化。尽管如此，在甲醇进料时，导热油仍然为常压时开车。当甲醇进料后，导热油的温度应逐渐提高（每次 3℃左右），直至恢复到停车前的水平。到达设定点后可设定另一点。

热点位置和热点温度是装置运行时评价催化剂使用状况的重要表征。管内的热点位置应长时间保持在尽可能高的位置，这样可以确保管内催化剂自上而下地使用。如果热点位置下降过快，则在催化剂的末期将会出现热点过高的问题，原因在于管程上部的催化剂仍具有很高的活性。当导热油温度升高时，上部的催化剂容易被激活。反应位置将跳至高位，并且热点温度急剧上升。此时出于安全的原因，只得降低生产能力。为避免出现上述有关催化剂寿命末期的热点温度和热点位置的问题，从催化剂寿命初期开始，就应认真观察和有规律地提高导热油温度，保持适当的热点位置。生产时，导热油的温度控制参照图 4-10 进行。

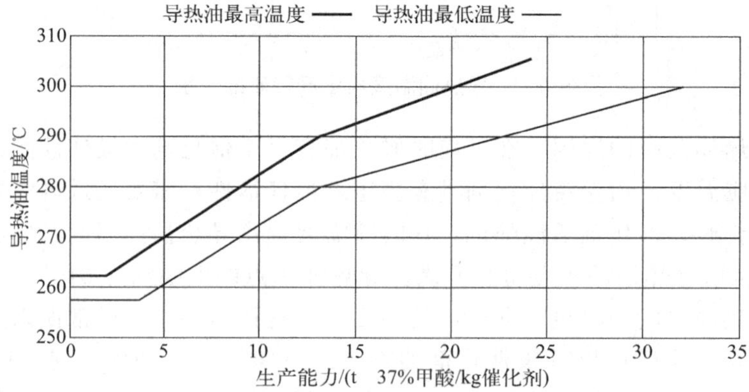

图 4-10　导热油的温度控制参照图

5. 吸收

本工艺中的吸收过程主要由吸收一塔、吸收二塔、循环泵和换热器组成。其中，一塔为填料塔，包括上填料层和下填料层。中间用两块浮阀塔板和溢流堰隔开，填料为乱堆的鲍尔环。吸收二塔为带有十几块塔板的吸收一塔的泡罩塔。每块泡罩板上均有冷却盘管，用于移走吸收热。根据接触甲醛液的浓度不同，吸收一塔的上部和吸收二塔选择的制造材质为S30408，吸收一塔的下部为S31603。在工艺设计上要求吸收塔分离效率高、生产能力大、操作弹性大及结构简单，设备取材面广。工艺操作中影响吸收效率的主要因素有温度、甲醇含量、pH值及泡沫控制等。

6. 系统开车

（1）开车准备　如前所述，主装置开车前导热油系统、锅炉给水系统、工艺水系统、排放控制系统、循环冷却水系统应具备相应的条件，在甲醇进入系统前，必须确认“2. 流体输送-（2）甲醇输送-③甲醇进料条件”中三个条件已经满足。

（2）系统开车①开车前的检查，检查车间，确保达到下列条件：确保甲醇管线上至少有一个手动阀是关闭的。检查N_2系统中的阀门是否开启，以确保氮气供给。确保导热油系统已经伴热。导热油储罐蒸汽盘管中有加热蒸汽。浓甲醛管线已经伴热。吸收塔的循环已经开启。冷却水系统和锅炉给水系统已经开启。确保所有阀门的开启都处于正确的位置。②校准氧气分析仪，氧气分析的数据是工厂安全运行的重要基础。③复位电加热器的安全联锁，在预定开车时间的8h之前，启动加热器，按开车准备中所述，加热导热流体（HTF）至255℃。④在启动循环风机前15min，现场开启循环风机润滑油泵P-2016。当润滑油指示灯熄灭后，可复位“A”联锁，启动风机。⑤根据程序规定，加热ECS，使ECS催化剂床前温度达到180℃。⑥当达到甲醇进料条件后，开始甲醇进料。进料后，必须检查反应器和ECS反应器温度是否在升高，这是发生反应的重要表征。当ECS反应器的温度达到350℃时，关闭ECS加热器，通过调节使催化剂床前的温度通常在160～250℃，出口温度一般在300～500℃。⑦以少量递增的方式来调节甲醇的进料量，确保进料浓度在安全范围内。当工艺气中氧气含量稳定时，应仔细调节使氧气浓度保持在11%左右。⑧当导热油冷凝器和ECS蒸汽发生器的排空阀中有蒸汽排出时，关闭放空阀。按程序要求将蒸汽送至用户。⑨设定所需的甲醛浓度，控制进入吸收二塔的工艺水量，按程序调节吸收系统。通常吸收二塔的顶部应保持尽可能低的温度，以提高吸收效率。同时也应避免吸收一塔底部温度过低，避免产生多聚甲醛。当吸收二塔底部的温度超过40℃时，将甲醛溶液循环至预蒸发器H-3002。⑩当装置进入稳态运行时，要经常检查和及时处理任何报警现象。

7. 日常运行

正常操作的任务，是控制工艺条件在规定范围内，排除可能出现的各种故障和问题，保证生产能安全顺利地进行。正常操作必须按操作手册的要求进行，每日、周、月的工作包括如下事项。

（1）每日的工作

① 日常巡检，操作人员应每班巡视生产现场，从而发现和处理可能存在的泄漏、仪表的异常读数或者设备的异常动作。

② 锅炉水的日常排污。

③ 取样及分析产品及中间产品。

④ 跟踪和记录运行状态。

⑤ 交接班记录、设备的检查记录等。

（2）每周的工作

① 泵的运行管理和切换。

② 氧气分析仪的校准。

③ 检查和盘点能耗、物耗以及产品和蒸汽的产量。

（3）每月的工作

① 根据取样分析结果绘制吸收曲线。

② 测量主要设备前后的压降，分析设备运行状态。

8. 系统停车

（1）正常停车步骤

① 停车前的一段时间，将吸收塔内的液位降低至低限，以减少低浓度甲醛的产出。

② 降低甲醇流量直至进料浓度低于 6.5%。

③ 将氧气控制阀设置在手动位。

④ 切断甲醇进料。

⑤ 关闭风机（切断甲醇流 45min 左右后）；关闭风机后让油润滑泵继续运行至少 15min。

⑥ 关闭油润滑泵及冷却水管路手动阀门。

⑦ 将压力控制器保持原有压力，直至导热油温度降至 257℃以下后，再进行卸压。

⑧ 切断进入第一吸收塔的冷却水和板式换热器的冷却水。

⑨ 关闭冷凝液泵。

⑩ 打开工艺水控制阀旁路，增加进入第二吸收塔的水流量。

⑪ 切换储罐，将稀甲醛分开放置。

⑫ 当 ECS 反应器内温度降至 250℃时，将导热油冷凝器和 ECS 蒸汽发生器锅炉给水线上气动阀设为手动位置并关闭。

⑬ 关闭锅炉给水泵出口阀，关泵，如可能结冰，则需将锅炉给水管线、导热油冷凝器和 ECS 蒸汽发生器排净。

⑭ 关闭到锅炉给水贮罐的低压蒸汽管线上的阀门，如可能结冰，则向该贮槽内输入一小股低压蒸汽流，或者将贮罐排净。

⑮ 手动关闭导热油冷凝器和 ECS 蒸汽发生器后的蒸汽输出管线上的阀门。

⑯ 导热油温度低于 50℃或用泵打循环时，如需要，把导热油放回贮罐。在重新装填催化剂时，导热油留在反应器内，保持 40℃。

⑰ 若停车后维修，则需用水洗吸收塔，并在填料层持续用泵打循环，直到第一吸收塔底部甲醛浓度降至 1%，这需大约一天时间。若非维修，则只需将甲醛浓度降至 20%以下即可。

⑱ 手动关闭工艺水阀门，将第二吸收塔液位降至最低值，关闭循环泵后出口阀，停泵。关闭去甲醇预蒸发器管路上的阀门。

⑲ 将第一吸收塔液位降至最低值，关闭循环泵后阀门，停泵。若维修则需将吸收塔排空。

（2）紧急停车　一般工厂配有三层安全联锁系统，当相关参数达到设定的控制限时，会启动相应的安全联锁系统，使装置的全部和部分系统紧急停车，以确保装置运行安全。

“安全联锁A”启动后，即在甲醇供应停止一段时间后，停止循环风机工作，停止对外界环境排放。参与反应的氧气供应停止。

“安全联锁B”启动后，即关闭甲醇安全阀，甲醇流切断。甲醇系统远程控制阀和控制阀关闭。当甲醇流切断时，反应随即停止。

“安全联锁D”启动后，导热油加热器立即关闭，以防其过热。当加热器后温度超过温度控制限时，加热器关闭。另外，如果导热油泵停转或循环液流小，加热器也应关闭。如果泵不运转，加热器不会启动。

为能使安全联锁A复位，不允许使用限制开关（即不设定HH或LL）启动任一联锁装置。安全联锁A复位前安全联锁B不能复位。

下面描述的是安全系统启动后所应采取的恢复开车的措施。

① 安全联锁A启动后应采取的措施

a. 检查安全联锁A，找出停车的原因；

b. 如果停车原因已查明，且已纠正，则在停车后4min内，复位安全联锁A和安全联锁B；

c. 在现场启动风机，并在DCS中将风量调节至正常操作量；

d. 在甲醇操作界面上，利用手动操作将甲醇送入系统（此时的操作应尽快地恢复到停车前的甲醇进料量；当甲醇进料浓度达到6%时，应缓慢进料）；

e. 另一操作应在吸收塔操作界面上进行，注意甲醛的温度变化。若温度下降，并低于(甲醛浓度值+5)℃，则应立即利用手动操作全开工艺水控制阀，用大量的工艺水稀释甲醛，直至系统恢复到平衡状态。

② 安全联锁B启动后应采取的措施

a. 检查安全联锁B，找出停车原因。

b. 如果停车原因已查明且已纠正，则在停车后4min内开始甲醇进料。具体操作如下：

ⅰ. 复位“安全联锁B”；

ⅱ. 重新启动甲醇进料，进料浓度为2.5%（体积分数），如果在4min后没有反应，则切断甲醇流，

ⅲ. 检查热点温度是否正在上升（最高达330℃）

ⅳ. 几分钟后将甲醇控制器拨至自动控制；

ⅴ. 把甲醇进料量增至“安全联锁B”启动前的水平。

注意，如果氧浓度超过13%，且进料甲醇浓度超过6.5%（体积分数）。DCS会使整个工厂停车以避免发生爆炸。

c. 如果在4min内不能启动甲醇进料，将工厂转为待开车状态。当系统具备重新开车条件时，从待用状态进入开车的步骤。

③ 安全联锁D启动后应采取的措施

a. 检查安全联锁D，找出停车原因。

b. 查明停车原因并作纠正后，复位“安全联锁D”并启动导热油加热器。

9. 异常处理

(1) 停电　停电会引起装置自动停车，控制阀会自动切换至安全位置。如果停电时间很短，某些泵可能仍在继续运行。检查哪些泵仍在运行。如果停电时间较长，关闭甲醇泵和甲醇管线上的一个或几个手动阀。重新启动甲醛循环泵以及锅炉给水泵。将工艺水和冷却水供应量降至最低值。频繁检测吸收塔内的温度和浓度。如需要，用一根软管打进热水，以避免产生多聚甲醛。如需要，启动导热油循环泵，复位安全联锁 D。启动导热油加热器使之达到开车温度（250℃以上）。注意，开车时导热油一直为常压，在导热油温度超过 257℃前，排空阀不得打开。

如果循环回甲醇预蒸发器的甲醛温度降至低报警位以下，应切断吸收塔到甲醇预蒸发器的循环。按甲醇系统进料开车步骤进甲醇。检查装置是否已恢复正常操作。吸收塔的冷却水应保持低流量。

(2) 仪表空气供气中断　如果仪表空气供气中断，所有控制阀会切换至安全位置。仪表空气供气中断不会立刻引起联锁，但是在几分钟内仪表空气仍未恢复，就会引起停车。发生停车后按照程序开车。在对导热油系统加压时，则将冷凝器的仪表空气进出口处的两个阀关闭。待温度降至 257℃以下，再打开到导热油冷凝器的仪表空气阀。

(3) 锅炉给水系统供水中断　锅炉给水供应的中断可能有以下原因：

① 锅炉给水泵不能正常工作；

② 导热油冷凝器/ECS 蒸汽发生器的锅炉水液位控制器不能正常工作；

③ 锅炉给水罐缺水。

如果到导热油冷凝器或 ECS 蒸汽发生器的锅炉给水供应中断，在一段时间后，锅炉给水液位会降至临界值。如果导热油冷凝器或 ECS 蒸汽发生器内的锅炉给水液位低于 20%，甲醇流就会自动切断，

当导热油冷凝器内的液位非常低时，未冷凝的导热油蒸气会启动导热油冷凝器上的温度警报，如果温度高于 220℃，安全联锁 B 将会切断甲醇流。

由于未冷凝的导热油蒸气的存在，压力也会增加，如果压力高于 2.5bar（$1bar=10^5Pa$）、压力开关关闭，切断甲醇流。如果压力高于 3.5bar，安全阀开启，未冷凝的蒸气会通过导热油冷凝器进入导热油贮罐。

当导热油冷凝器中锅炉给水液位低于 20%时，安全联锁 B 启动，甲醇流会被切断。

当 ECS 蒸汽发生器内的液位非常低时，热烟道气会通过 ECS 预热器，使 ECS 反应器温度升高，从而使整个 ECS 温度过高，ECS 温度报警启动，如果温度超过 550℃，安全联锁 B 启动，切断甲醇流。如果催化床后温度高于 550℃，安全联锁 A 启动，风机关闭。如果 ECS 蒸汽发生器内的锅炉给水液位低于 20%，甲醇流也会被切断。

(4) 导热油系统故障

① 带压运行过程中压力升高。如果导热油冷凝器内的压力升高，应进行以下检查：

a. 检查导热油冷凝器内的锅炉给水液位，因为锅炉给水液位低会引起压力升高；

b. 检查导热油冷凝器上的现场压力表，确保其与压力变送器的读数相对应；

c. 如果导热油温度过高，温度报警启动，切断甲醇流；

d. 导热油压力的升高也可能由于出口管线内有固态导热油存在。

② 带压运行过程中的压力降低。如果压力的降低是由于压力调节器的原因，引起导热

油暴沸，进而引起导热油冷凝器中蒸汽压力的增加，也可能使安全阀启动。降低锅炉给水的液位。立即将甲醇进料量降至最低值。如果未能找到原因，压力未降低，安全联锁 B 启动，甲醇流被切断。

③ 高温-导热油过沸温度。如果未冷凝的导热油蒸气通过冷凝器，高温会启动报警。如果原因未能找到，压力也未降低，安全联锁 B 启动，甲醇流被切断。

④ 导热油压力波动。如果导热油压力不稳定，这可能是由于导热油冷凝器的液位太高或者是由于导热油含水。如果液位调至正常后，压力仍不稳定，应检查含水的可能，如果含水，则必须停止运行，将导热油冷却至约 100℃。检查冷凝器的管程和壳程之间有无泄漏。

⑤ 导热油加热器温度过高或通过导热油加热器的流量过低。如果反应器内温度太高或流量过低，应关闭加热器，查找温度过高和流量过低的原因。高温的原因可能是由于导热油管线上的阀门位置不当或导热油泵故障，引起通过加热器的流量太低，甚至断流。

如果阀门处于正确位置，导热油泵运行正常，则需检查流量变送器。如果保温不当，可能在变送器内有固态导热油存在。

（5）反应器故障

① 反应器前后温度过高（反应器着火）。反应器内催化剂床层前后的温度显示和控制器可反映出反应器前后着火。一旦着火，到反应器的甲醇流会被安全联锁系统切断，风机也被关闭。

如果怀疑着火，在进行内部检查前，应将反应器温度降至 150℃。如果甲醇进料切断后，温度仍未降低，应是导热油着火了。

然而，值得重视的是，风机关闭时会从上部管板辐射一些热到热敏元件、而使测得的温度值偏大。

反应器着火的燃料为低氧含量下的甲醇（氧气含量过高时会发生爆炸）蒸气或反应器管焊头处泄漏出来的导热油。

导热油的燃烧可被甲醛催化剂催化，所以燃点温度比纯导热油低。

如果怀疑导热油着火，必须立即采取下列措施：

a. 用联锁系统关闭风机和切断甲醇流；

b. 关闭甲醇系统上的手动阀；

c. 将 N_2 充入反应器；

d. 将导热油系统调整至常压。

如果将导热油放空至贮槽，可能会导致空气的进入而使火势更大，所以应尽量将导热油留在反应器内，此时的导热油也可作为反应器的一种冷却介质。

催化剂寿命将结束时，反应区可能会移至催化床层下部，导致一部分甲醇未反应就离开了反应器。这些甲醇可能在反应器下部碟形头部区域着火。停止进料后，火即熄灭。待反应器冷却下来后，通常可重新启动。在这种情况下，应增加导热油压力以升高催化床内的反应区。

② 热点温度过高或过低。导热油在常压下运行时，平均热点温度为 330～350℃。当加在导热油系统上的压力达到 1.75bar 时，对应的平均热点温度要比导热油温度高 80～100℃，最高温度约为 400℃。

如果热点温度过高，报警会被启动，甲醇流被自动切断以保护催化剂。当温度过高的原因已查明并作出改正后，甲醇流量可恢复到它切断前的值。

热点温度过高会生成 CO，过低会使甲醇反应不完全，如果催化剂受到严重损坏，则热点平均位置下降，通过改变导热油温度、甲醇流量或空气流量也可能不会将其恢复。

新装填使用的催化剂在运行前期的反应能力比后期要高，这样，当甲醇流量、空气流量或导热油温度稍微作一些调节时，立即会对热点温度产生较大的影响。

下列工艺参数会使热点温度升高，并改变热点位置（一般为升高）：a. 在甲醇流量不变时减小空气流量；b. 在空气流量不变时增加甲醇流量；c. 增加导热油温度。

（6）吸收塔故障

① 冷却水供给中断。如果冷却水中断，则将工艺水流量增至100%。采用该方法可在不增加产品中的水含量的前提下，增加水的蒸发量，从而将吸收塔所产生的热部分带走。频繁检查吸收塔底部的甲醛浓度。如果冷却水在 20min 内仍未能供给，则必须切断甲醇进料。

② 工艺水供给中断。如果工艺水供给中断，则在 10min 后减少甲醇进料。如果工艺水供给中断超过 30min，并且紧急用水也不能供应，则必须切断甲醇进料。

③ 第一吸收塔的液位过高。第一吸收塔内的液位过高可能是由于甲醛产品管线内有堵塞物。堵塞物一般为在管线或第一吸收塔内形成的固体多聚甲醛。

检查循环泵后压力。如果泵运行不正常，则需换掉。泵停转以后应进行冲洗，并灌满甲醛，以免在其内形成多聚甲醛沉淀。

将液位控制器设置于手动位，增加产品在管线内的流动速度。这样可以在工厂不停车的情况下冲洗管线。

④ 第二吸收塔内的液位过高。第二吸收塔内的液位过高可能是由于甲醛管线内有堵塞物，在该管线内的堵塞物一般不是多聚甲醛，因为此处的甲醛浓度一般低于 37%。

检查循环泵后的压力，如果泵运行不正常，则需更换，同样，将液位控制器设置于手动位，增加管线内的流量，这样可以在工厂不停车的情况下冲洗管线。

参考文献

[1] 何幸．铁钼法甲醛工艺吸收塔操作［J］．甲醛与甲醇，2006，2：13.

[2] 黄晓华．铁钼法甲醛生产中的学与思［C］//2005 中国甲醛行业协会年会暨国内外技术交流会报告集．

[3] 周万德，向家勇，李峰．甲醇及其衍生物［M］．北京：化学工业出版社，2018.

[4] 苏小强，张国武，张智德，等．论铁钼法甲醛生产中甲醇转化率提升技术［J］．化工管理，2025，(04)：145-147，158.

[5] 李洪亮，房海霞．铁钼法制甲醛的甲醇单耗控制与影响因素［J］．化工管理，2021，(27)：142-143.

第五章　甲醛生产设备

第一节　过滤及洗涤设备

1. 过滤设备

（1）概述　甲醛生产系统中常使用的过滤设备种类繁多，有空气过滤器、甲醇过滤器、甲醛过滤器、混合气过滤器等。各厂家使用的型式也各不相同，过滤介质有的采用玻璃棉，有的采用高效滤网。其目的都是除去悬浮的固体颗粒，确保液体或气体纯净，提高催化剂转化率。

（2）结构　三元（或四元）混合气过滤器是甲醛生产的重要设备，所使用过滤介质为高效过滤网（块），它不但阻力小，而且过滤效果好，安装方便，在甲醛装置上得到普遍使用。

三元（或四元）混合气过滤器内部有气体分布挡板、滤器室、加热室、固定板和滤网等，滤网（块）选用耐高温、耐甲醇溶剂、通风量大、阻力小的滤网（块）。混合气过滤器结构示意见图 5-1。

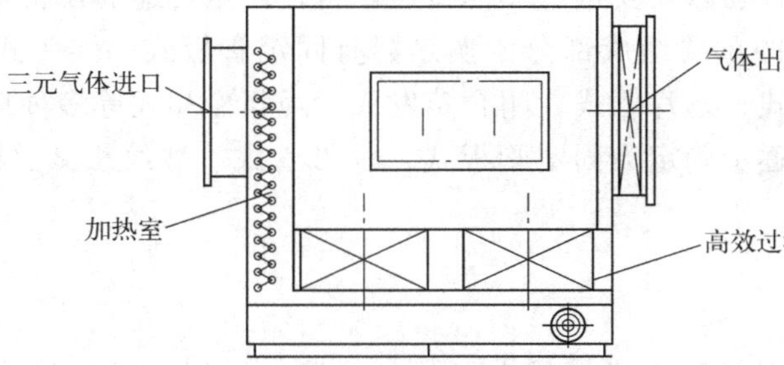

图 5-1　混合气过滤器

（3）原理　利用微孔的间隔距（层），使液体或气体从此隔层的微孔中通过，而将悬浮在液体或气体中的固体颗粒截留在过滤介质上，以达到分离、洁净的目的。

过滤开始时流体要经过过滤介质，必须克服介质对流体流动的阻力。在使用一段时间后，沉积物达到一定数量，阻力就会上升。但在甲醛生产系统中，物料所携带的杂质都是少量的。因此，过滤的阻力主要取决于滤层的性能及特性。

（4）技术特点　过滤介质采用超细玻璃棉。采用滤网过滤，配置高效滤网。

（5）材质　除甲醇过滤器外，其他过滤器均选用不锈钢材质。

2. 洗涤设备

（1）概述　甲醛装置洗涤设备主要用于空气净化系统。当生产区域周围环境很差，不仅有大量尘埃而且还有 SO_2 等有害物质时，这些气体靠玻璃棉或滤网不能去除。而且过滤网阻力很大，要经常清洗更换。如果这些有害气体进入氧化器会影响甲醇的转化，甚至会造成催化剂中毒失去活性。因此在污染较重地区生产甲醛，必须设置空气洗涤塔。

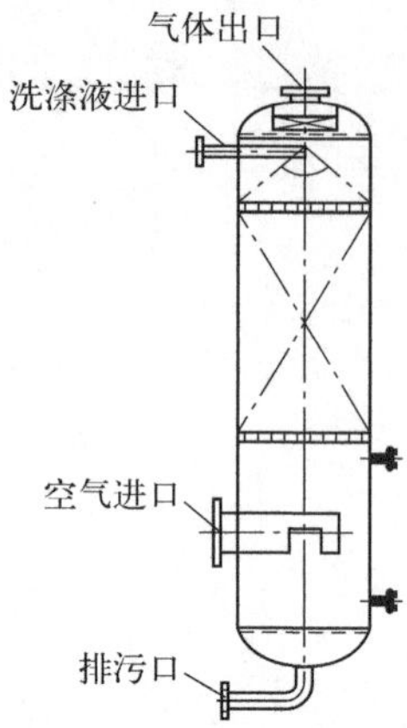

图 5-2 空气洗涤塔结构示意图

（2）结构 空气洗涤塔外形及内部结构就像一座吸收塔，主要由塔体、填料、除雾装置和喷淋装置等部件构成，见图 5-2。

（3）工作原理 利用洗涤液吸收空气中的尘埃和 SO_2 等有害物质，使参加反应的空气更加洁净，同时也使空气的湿度增大。

（4）特点 水或碱液从上部喷淋而下浸润填料，通过填料本身的自分布功能，对液体分布起到非常均匀的效果。空气则从下而上进入在填料表面与液体接触，则就可洗去携带的尘埃和 SO_2 等有害杂质，再经过除雾装置，除去可能在塔中带出的水雾，然后再进入蒸发器。

该装置的特点是杂质去除效果好、工艺简单、实用、易操作，但要防止水滴和雾沫夹带过量。

（5）材质 一般空气洗涤塔、管线、阀门、循环泵都采用不锈钢，加碱洗涤时要控制好稀碱液的浓度。

第二节 换热器

1. 概述

化工生产过程中各种物料需要进行热能传递，这种热量传递的设备称为换热器。换热器是化工装置中不可缺少的重要组成部分。换热器有固定管板式、浮头式、U 形管式、套管式、波纹板式、螺旋板式、翅片管式、闭合蒸发式、降膜冷却式等多种形式。对甲醛生产而言，经过多年生产实践逐步确定为固定管板式、U 形管式、波纹板式、螺旋板式、套管式、翅片管式几种形式。

2. 结构

（1）固定管板式 固定管板式是最古老的换热器，使用广泛，其结构主要由壳体、管板、列管、膨胀节、管箱等部件组成，见图 5-3。

图 5-3 固定管板式热交换器结构

（2）波纹板式 一般由传热板片、密封垫片和压紧装置三部分组成。板片可用不同的金属薄板压制而成，板片厚度仅为 0.5～3mm。通常将板片压成波纹形的表面，以增加刚度，同时也增加了流体的湍面，加大了传热面积。

板式换热器由若干片薄板组合而成。每块板片四角上各开一孔，板片周边及孔的周围一部分槽内则根据流体流动的需要来放置垫片，以达到允许或阻止流体进入板面之间通道的作用。将若干块板片按要求排列在支架上。然后用螺杆压紧。

波纹板式换热器结构示意图，见图 5-4。

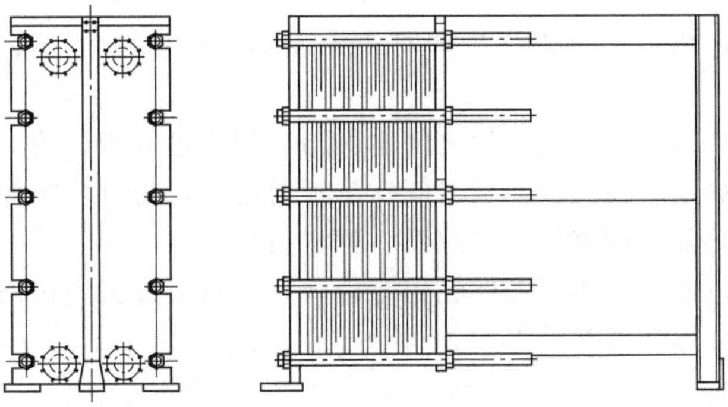

图 5-4 波纹板式换热器结构

（3）螺旋板式　螺旋板式换热器也是发展较早、使用广泛的换热器。这种换热器是由两块薄板卷制而成，两板之间形成两个互相隔开的螺旋形通道，两板之间有定距柱保持其通道间距，见图 5-5。

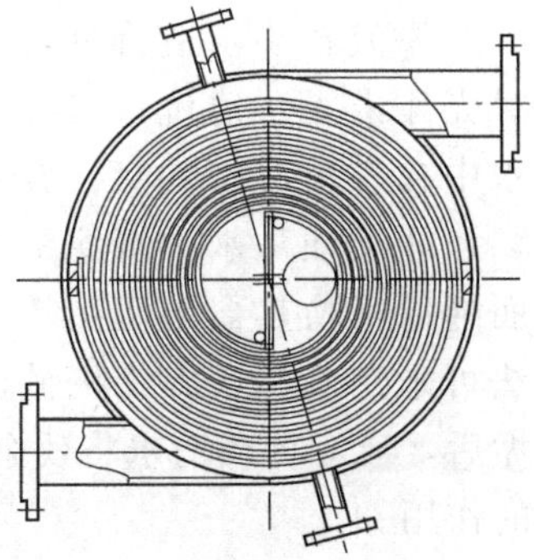

图 5-5 螺旋板式换热器结构

（4）U 形管式　这种换热器同列管式有着基本相同的结构，不同之处是列管呈 U 形［图 5-6(a)］。

（5）翅片管式换热器　翅片管式换热器是人们在改进管式换热器的过程中最早也是最成功的发现之一。这一方法仍是所有各种管式换热面强化传热方法中运用得最为广泛的一种。它不仅适用于单翅片管式换热器，也在动力、化工、石油化工、空调工程和制冷工程中应用得非常广泛，见图 5-6(b)。

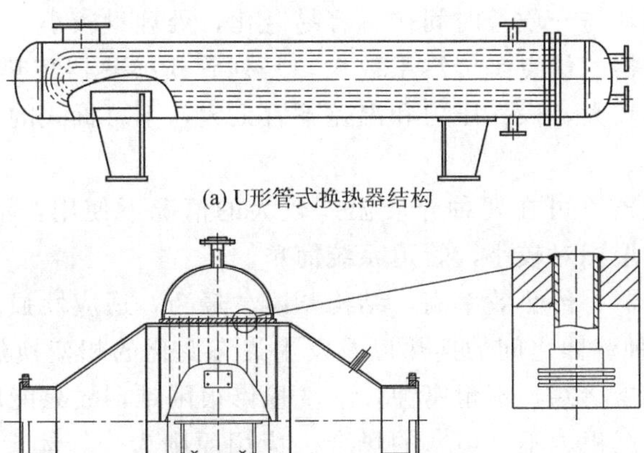

(a) U形管式换热器结构

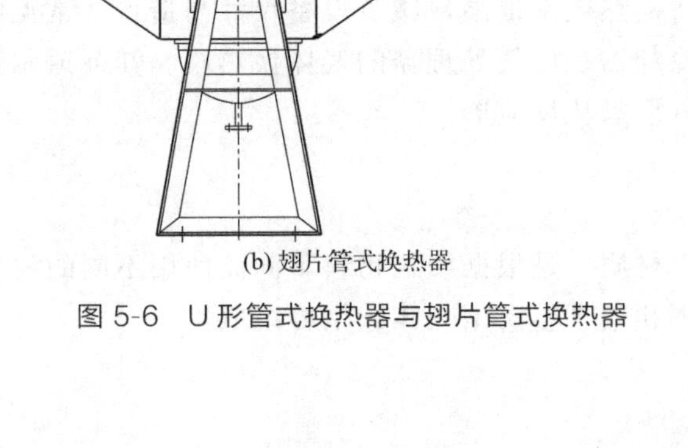

(b) 翅片管式换热器

图 5-6 U 形管式换热器与翅片管式换热器

3. 工作原理

（1）固定管板式换热器　是采用冷却水作为冷却介质，物料被冷却而冷却水温度被升高，进行热量传递的。

（2）波纹板式换热器　是通过板片之间物料与冷却水进行传热的。

（3）螺旋板式换热器　在两块薄板之间螺旋形通道内，物料与冷却水进行换热。

（4）U形管式换热器　同列管式换热器一样进行换热。

（5）翅片管式换热器　气体或液体经钢管管内，热量通过紧绕在钢管上的翅片传给经过翅片间的气体，达到加热和冷却的作用。

4. 技术特点

（1）固定管板式换热器要求　壳、管两物料温差在>60℃时应设置膨胀节。它的优点是旁路渗流较小，造价低，无内漏，缺点是壳体和管壁的温差较大，易产生温差应力。同时壳体内无法清洗，管子腐蚀后连同壳体报废，不适用于壳程易结垢的场合；因为冷却水中含有被溶解的钙、镁盐类，当水温升高后，它们在水中的溶解度会降低，一部分钙、镁盐类便从水中沉淀析出，黏附在管壁上形成水垢，水垢的传热系数大大低于钢管，因而降低了换热器的传热效果。所以要定时清洗换热器中的水垢（或其他污垢）。清洗的方法可采用拆卸后人工机械清除，也可用化学清洗剂清洗（使水垢溶解在清洗剂中，清洗污垢后，应立即用清水将残余清洗剂冲刷干净）。平常定时打开排污阀，能起到减缓污垢积累的作用。

（2）波纹板式换热器　一般使用温度不大于150℃，使用压力不大于1.47MPa，优点是传热效率高，其对水的传热系数k值一般为1500～4700W/(m^2·℃)，结构紧凑，金属消耗量少。可根据要求调节板片数量，增减传热面积，检修清洗比较方便。缺点是允许的操作温度和操作压力较低，垫片与介质长时间接触容易老化，处理量较小。

（3）螺旋板式换热器　优点是传热系数大，是列管式换热器传热系数的2～3倍，结构紧凑。缺点是流体阻力较大，操作压力和温差不宜太大，不可拆式的Ⅰ型螺旋板式换热器的不易检修。

（4）U形管式换热器　可在两种介质温差较大的情况下使用，清理壳程内的污垢较方便，设备安装方便，体形相对较小，管道系统简单。

（5）翅片管式换热器　传热效率高，结构紧凑、轻巧，适应性强。翅片管换热器可适用于：气-气、气-液、各种流体之间的换热以及发生集态变化的相变换热。但制造工艺要求严格，工艺过程复杂。容易堵塞，不耐腐蚀，清洗检修很困难，故只能用于换热介质干净、无腐蚀、不易结垢、不易沉积、不易堵塞的场合。应用原则为，气体走翅片侧。甲醛生产中，采用翅片结构，使得设备换热效率提高，减少设备尺寸与造价。常见的应用为：进料混合气体的过热器、反应器后冷却器、尾气处理器的气体换热段。江苏道尔顿石化科技有限公司还利用这一原理，开发了方形氧化反应器。

5. 材质

换热器本体和零部件材质，是根据接触物料不同而使用不同的材质。甲醛生产装置的换热器材质一般由全不锈钢和列管不锈钢壳体碳钢等组成。

第三节 甲醇蒸发器

1. 概述

蒸发是一个传热过程。所以蒸发设备和一般传热设备并无本质上的区别。目前采用的甲醇蒸发器主要有用于传统银法工艺的中快循环管式蒸发器和用于尾气循环法工艺的外带再沸器的蒸发器。

2. 结构

(1) 传统蒸发器 空气、甲醇混合蒸发器——传统蒸发器（中央循环管式蒸发器）它是利用热水或第一吸收塔的甲醛做热源，加热蒸发甲醇，结构部件主要由空气进口分布管、加热室列管、中央循环管、蒸发室、气液分离室和除沫器等构成。该蒸发器的加热器由垂直管束构成，管束中央有一根直径较大的管子，称为中央循环管，其截面积一般为管束总截面积的 40%～100%。传统甲醇蒸发器结构示意见图 5-7。

(2) 外置再沸器的蒸发器 它是利用蒸汽加热再沸器，采用外循环方式产生虹吸效果，使甲醇气化，主要结构由列管式再沸器、气液分离室、循环液管、除沫器等组成，见图 5-8。

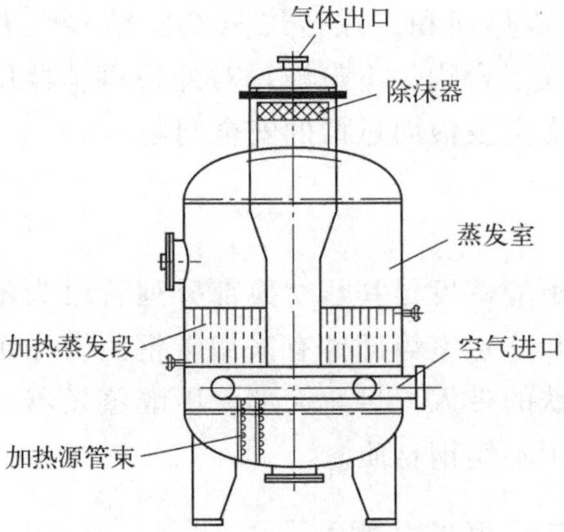

图 5-7 传统蒸发器结构示意

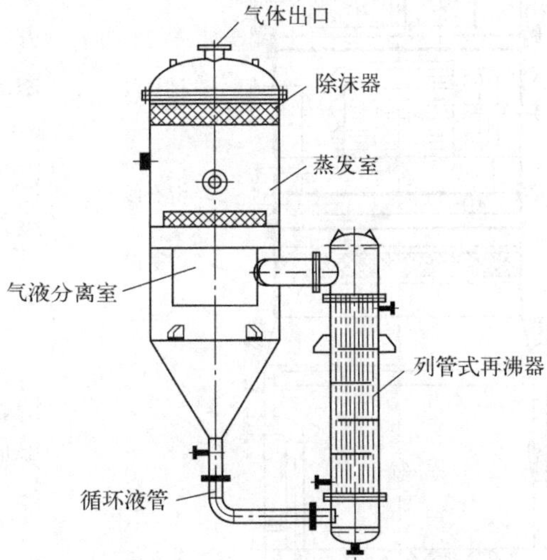

图 5-8 外加热式蒸发器结构示意

3. 工作原理

(1) 传统蒸发器甲醇蒸发

在传统工艺中甲醇的蒸发有两种形式：

① 一种是甲醇液体受热后，其表面分子向上部空间蒸发逸出；

② 另外一种是加热列管内的甲醇被来自下部端的空气搅动，甲醇液体分子扩散到空气中，被带出的甲醇汇集到上部空间。因此甲醇蒸发器中液体温度并未达到甲醇的沸点。

（2）外带再沸器甲醇蒸发

外带再沸器甲醇蒸发是利用饱和水蒸气加热甲醇，使甲醇在再沸器列管中受热气化，形成高速蒸气流，通过循环管与蒸发室产生虹吸自循环，甲醇气液混合物切线进入蒸发器的蒸发室，气体上升到蒸发室上部通过除雾器挡住气相带出的液体，在蒸发室下部大部分液体被分离室分离留下，流入再沸器再加热蒸发，从而形成循环体系。

4. 传统蒸发器工作过程

空气从蒸发器下部进入空气分配器中，空气分配器为一多边形圆筒体，其下部有数排小孔，空气从小孔鼓向蒸发器底部搅动甲醇，然后反向上升，穿过筛板小孔形成气泡，再经列管的管内上升至蒸发室空间，加热列管为氧化器冷却段过来的热除盐水，在此过程中，带出的甲醇蒸气在蒸发室中形成空气/甲醇混合气，它继续上升经球形除沫器和折流式除沫器除去夹带的甲醇液体从上部口输出。在蒸发过程中，还存在一个循环过程：由于蒸发器中央循环管内单位体积甲醇供热面积小于沸腾管内的单位体积甲醇蒸发的传热面积，因此，由于被加热的程度不同，甲醇受热形成的气液混合物中的含气率就不同，致使中央循环球管内的甲醇就从列管上升，而从中央循环管下降。如此不断循环就提高了蒸发器的传热效果，强化了蒸发。

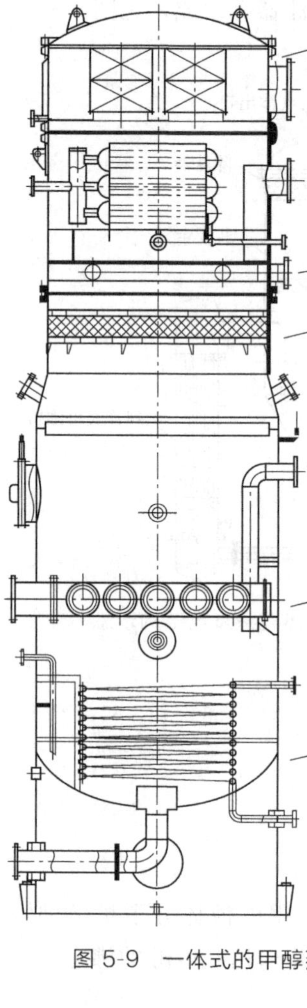

图 5-9 一体式的甲醇蒸发器

5. 技术特点

甲醇蒸发器是在甲醛生产过程中，通过加热的方法将甲醇进行气化的传热单元。蒸发器设计是门系统科学，要计算物料、热量衡算和根据 $Q=kA\Delta t_m$ 计算传热面积。在传统蒸发器结构上要考虑甲醇、空气混合均匀不带液，对外带再沸器甲醇蒸发器要考虑蒸发液面过低的安全问题。

6. 材质

早期的甲醇蒸发器其热交换部分列管段为不锈钢，蒸发室和加热室等部件有采用碳钢的。为了减少原料气中铁的带入，目前大部分甲醇蒸发器各部件全部都采用不锈钢材质。

7. 一体式的甲醇蒸发器

一体式的甲醇蒸发器（图 5-9）是由江苏道尔顿石化科技有限公司开发采用的，它的基本原理是采用甲醇在空气分压下蒸发，使得甲醇在空气作用下由62℃的蒸发，变成了 42℃（具体温度视操作条件有所区别）。这样可以采用吸收塔的甲醛加热甲醇，既节省了蒸发器的热消耗，又降低了循环水的使用量。自从一体式蒸发器的使用，甲醛装置有了外供低压蒸汽。由于竖向布局，甲醛装置的占地也有所减少。

第四节　阻火器

1. 概述

在甲醛生产中，为了阻止可燃性物质的燃烧，发生回火等危险性的爆炸，会在工艺装置上安装阻火器，其作用是阻止易燃气体火焰蔓延。在甲醛中的安装位置有甲醇贮罐放空管、进焚烧炉的尾气管以及混合气进氧化器管线或设备。

2. 结构

一般阻火器的外壳为短截筒体，两端法兰分别与其他设备或管道相连，阻火器内充满紫铜丝网或不锈钢丝网，用环板压圈整块固定、支撑，设计成便于拆卸、清洗、更换的形式。有的阻火器的上部还开有防爆孔，根据气量计算出防爆膜的规格。

甲醇氧化进口阻火器与混合过滤器合为一体设置。具体阻火器的布置：一种是在混合过滤器过滤层的下部，靠近混合气进口的位置；一种是在氧化反应器混合气体进口位置前面，也就是在混合过滤器出口处；还有一种是在组合式甲醇蒸发器的尾气进口处和混合气体出口处各设置一个。

3. 原理

阻火器的作用是阻止氧化反应器发生回火至蒸发器，尤其当鼓风机突然停车或氧化反应器后阻力突然增大时，氧化反应器就可能发生回火，其原因是进入氧化器的气流速度低于甲醇燃烧速度，甲醇火焰向蒸发器方向倒窜。如果不及时阻止火焰倒窜，一旦火焰窜入了蒸发器就会引起甲醇—空气混合气发生爆炸。安装阻火器的原理就是当氧化反应器发生回火时，火焰会被阻火器截止住，因为阻火器内装有致密的、散热性能特好的紫铜网（片）或不锈钢网，火焰一旦与它们接触，器壁效应和热量的迅速传散，致使回火气流温度迅速降到着火点以下，火焰熄灭，在安装阻火器时要求将其间的紫铜网（片）铺装得致密而均匀，以防止局部短路，乃至造成阻火作用完全失效。

4. 特点

甲醛生产系统的阻火器体积小、效果好、阻力低，还有过滤作用。

5. 材质

阻火器材质有不锈钢和碳钢，主要根据接触物料而选定，阻火网有紫铜片或不锈钢片，紫铜片散热效果好。

第五节　氧化反应器

1. 概况

氧化反应器简称氧化器，是甲醛生产中的重要设备。甲醛氧化器设计结构的合理性及制造质量的好坏直接影响甲醛成品质量、原料消耗和氧化器使用寿命。

我国甲醛行业目前在甲醛生产中采用过的氧化反应器按照骤冷段结构的不同，可以分为第一代循环水降温的开放式骤冷段氧化反应器和带有余热利用的产汽型氧化骤冷段反应器两大类，其中产汽型骤冷段反应器就出现过平管板式骤冷段、椭圆管板式骤冷段、蝶形管板式骤冷段、水浴式骤冷段、双套管结构的骤冷段、汽包与反应器在一起的复合式骤冷段、碳钢列管式骤冷段等不同形式的氧化反应器。这是从 1956 年开始至今的 50 多年来，我国甲醛行业几代人的不懈努力，不断改进和创新的结果。

从第一代铜质冷却水直冷式氧化器到最新高效冷却复合式氧化器的结构示意见图 5-10。

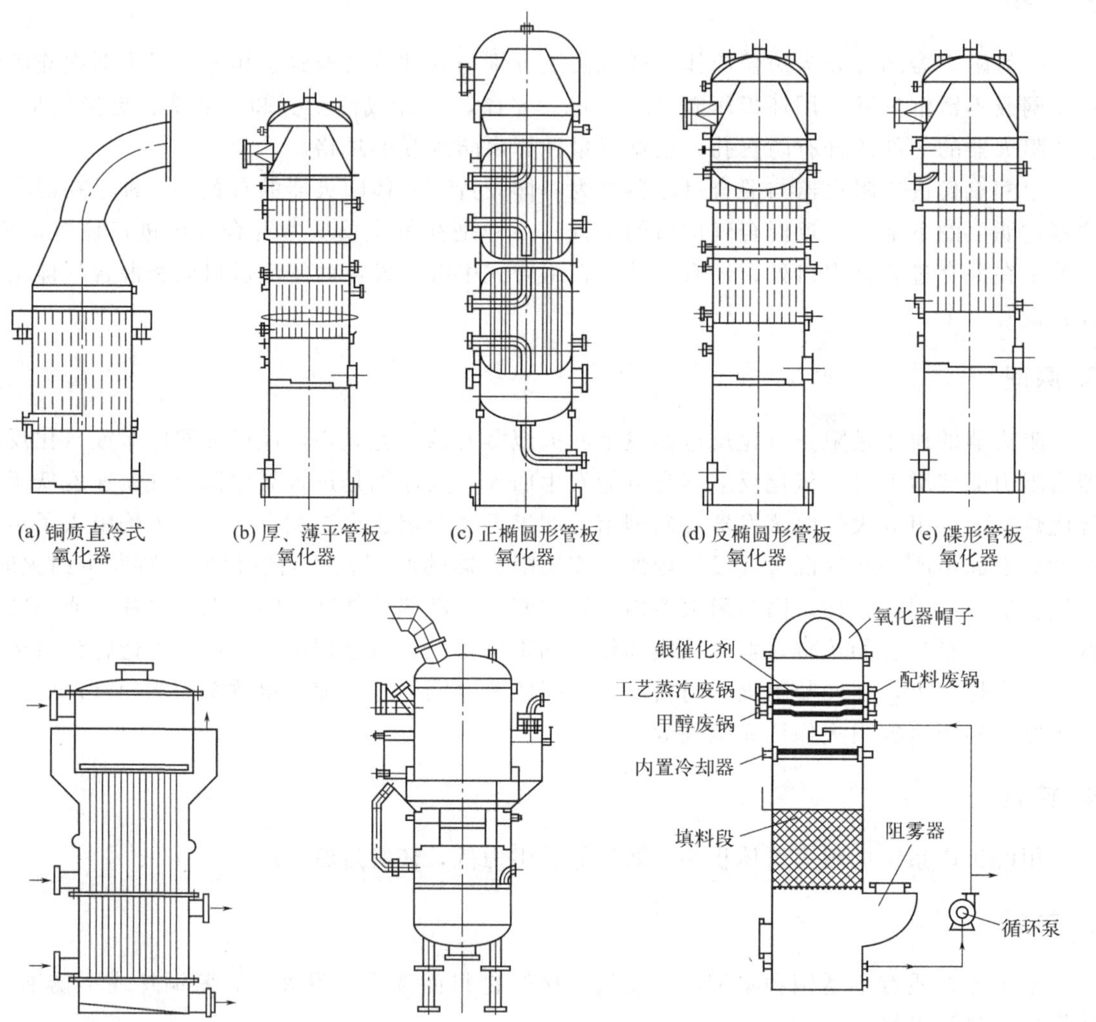

(a) 铜质直冷式氧化器　(b) 厚、薄平管板氧化器　(c) 正椭圆形管板氧化器　(d) 反椭圆形管板氧化器　(e) 碟形管板氧化器

(f) 整浴式氧化器　(g) 高效冷却复合式氧化器　(h) 本证控制矩形氧化器

图 5-10　历代氧化器结构示意

2. 典型结构

(1) 典型氧化器

目前甲醛生产使用的典型氧化器一般有两种。其外形均为立式圆筒形设备。①一般从上

到下可分为三段：上段为催化剂室；中间为骤冷段；下段为冷却段。②典型氧化器整体结构，如图 5-11 和图 5-12 所示。

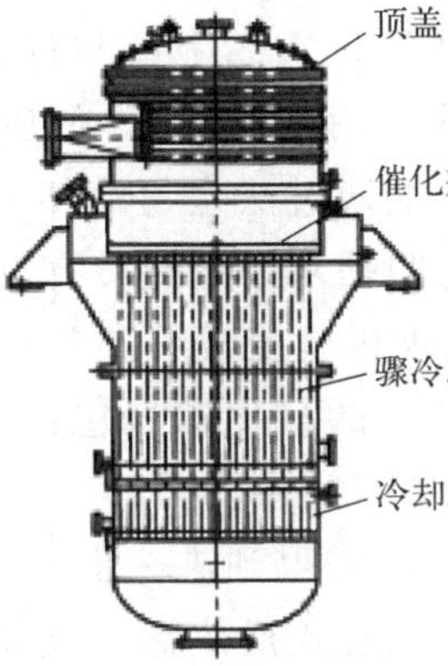

图 5-11 典型氧化器（一）

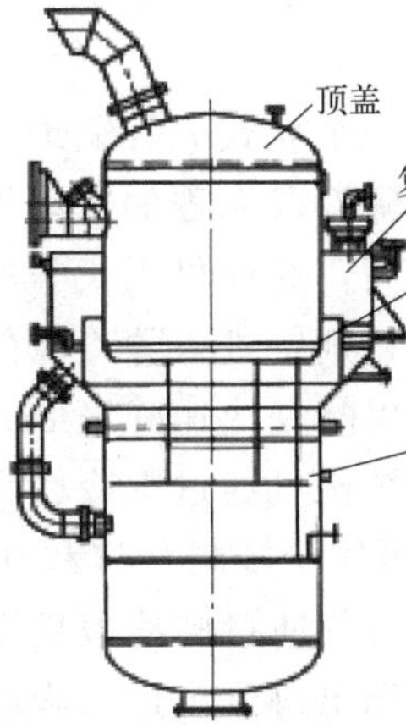

图 5-12 典型氧化器（二）

(2) 氧化器顶盖

氧化器顶盖（图 5-13）与催化剂室之间是用设备法兰连接，混合气体从顶盖部位横向进入，由于顶盖内腔所设置的锥形罩的阻挡，使气体分两路呈弧形进入腔体内。然后气体向上从锥形罩顶口流向锥形罩的内腔，锥形罩的作用是使气体分布均匀，同时，如果混合气体中夹带冷凝液时，也可以在此沉降并受反应热辐射的作用汽化，冷凝液在锥形罩最低部位设一工艺排净口。

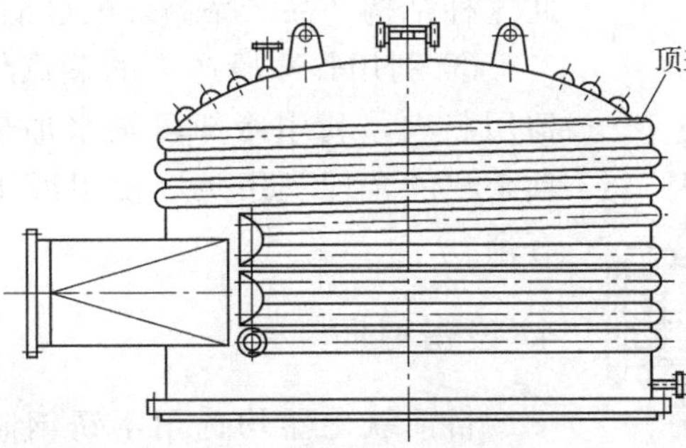

图 5-13 氧化器顶盖示意

氧化器顶盖外层设置蒸汽加热夹套，主要是防止进入氧化器的气体的冷凝对催化剂造成影响，并在顶盖上设置了观察视镜孔，可以随时观察催化剂室内的情况。

(3) 催化剂室 氧化器顶盖下部与骤冷段之间为催化剂室，催化剂室内装有电解银催化剂，厚度为 15～20mm，甲醇混合气体通过催化剂层发生化学反应，使甲醇氧化脱氢变成甲醛，电解银法反应温度为 630～650℃。电解银催化剂是按颗粒大小铺装在催化剂层的钢网上，催化剂铺装要均匀，表面平整，特别是边缘铺装一定要紧密。

距催化剂上部 50～70mm 处有点火电阻丝支撑在一圆形绝缘支架上，开车时用来点火，加速反应的进行。

(4) 骤冷段 氧化反应后产生的气体混合物温度为 630～650℃，在此温度下甲醛会继续氧化，甚至分解为 CO 和 H_2，影响产品质量和原料消耗。为此，必须用急剧冷却的办法使转化气体温度降到 250℃以下，并使冷却水汽化产生蒸汽，经过多年的生产实践证实，现将骤冷段转变成能产生低压蒸汽的装置，这是我国甲醛行业节能工作中的一大进步。

骤冷段的结构像一个立式火管锅炉，实际上是一个换热器，它的上端与催化剂室相连。从整体上看管板置于骤冷段壳程的冷却液体中，而形成的水/汽循环系统，使骤冷段上管板附近的温度不至于过高，这样可延长骤冷段的使用寿命。下端通过法兰与冷却段相连，反应后的甲醛气体离开催化剂层进入骤冷段的列管内，列管间为脱盐水，通过冷却介质交换，将转化气热量吸收，使甲醛气快速降至 250℃以下，脱盐水吸收热后变成水蒸气，在骤冷段上端部汇集（另外一种结构可通过骤冷段上端部引出汇集在独立的氧化器汽包内），压力一般为 0.15～0.4MPa，可用于配料蒸汽和加热器的蒸汽，并且还有富余。

（5）冷却段　甲醛气通过骤冷段后温度降到 200～250℃，需得到进一步冷却至 150℃以下，然后从氧化器下端出口流出进入吸收塔。冷却段是一个列管式换热器，气体由上而下经过管段，冷却水由下而上经过壳程的管间，二者通过列管进行逆流热交换，冷却水受热后由上端出口流出，然后回到热水槽用于甲醇蒸发的热源。

3. 技术特点

① 氧化器设置了外带夹套加热，内设锥形罩的结构，可以确保原料以气态形式进入催化剂层。

② 骤冷段管板上直接铺铜网，催化剂铺在铜网上，其作用是缩短了催化剂层至骤冷段的距离，避免生成甲醛分解和催化剂收缩产生裂缝。因此这种结构产品产率高，酸度能控制在 100×10^{-6} 以下。

③ 利用骤冷段产生的蒸汽作为配料蒸汽和加热过热器用蒸汽，利用冷却段热水加热蒸发器蒸发甲醇，这两项余热的合理利用足以使甲醛生产装置用的水蒸气自给有余。

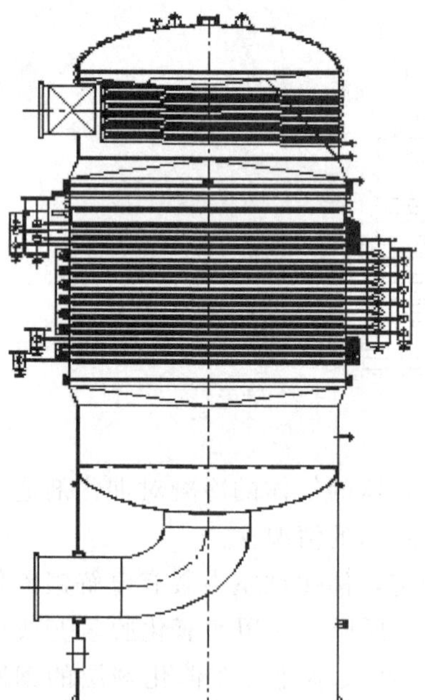

图 5-14　道尔顿方形氧化器

4. 设备材质

目前氧化器均选用不锈钢制作，骤冷段管板采用耐高温不锈钢材质自动氩弧焊接，确保制作质量。

5. 方形氧化器

方形氧化器是江苏道尔顿石化科技有限公司开发的新型专利产品（图 5-14），反应器采用无管板设计。横向列管作为骤冷段，反应气体走管间，冷却热水走管内。承压部分均在管内，无需按压力容器设计。横向列管可以采用翅片式结构，使得气体换热效率大幅提升，设备造价、寿命都可以有效控制。该氧化器已在企业试验生产中得到应用。

第六节　吸收塔

1. 概述

吸收塔是用于气-液相传质，实现吸收操作的设备，在化工生产中使用非常广泛，吸收塔按气-液相接触形态分为三类：第一类是气体以气泡形态分散在液相中的板式塔、鼓泡吸收塔、搅拌鼓泡吸收塔；第二类是液体以液滴状分散在气相中的喷射器、文丘里管、喷雾塔；第三类为液体以膜状运动与气相进行接触的填料吸收塔和降膜吸收塔。

甲醛生产中常用的吸收塔有填料塔、泡罩塔、浮阀塔等。在甲醛生产过程中，吸收塔的作用是使反应后的甲醛气体通过吸收塔中的填料段、浮阀段等被高效吸收为甲醛水溶液。

甲醛吸收是个放热过程，在甲醛塔内存在大量的吸收热，蒸汽冷凝热和气体显热都必须除去，物料温度降低才能使吸收完全。由于填料塔允许有较大的液相喷淋量，借助于喷淋液可以带走大量的热量，能够满足甲醛塔吸收的工艺要求，故大多数甲醛装置都采用填料吸收塔。此外，在较低温度下甲醛在水中的溶解较大，是属于容易吸收的物质，填料塔完全可以满足甲醛吸收的要求。

2. 吸收塔的结构

（1）填料塔

填料吸收塔（图 5-15）是一直立圆筒形塔，是甲醛生产中最常见的塔器，是以塔体内的填料作为气液两相间接触构件的传质设备。在塔底部装有填料支撑，填料以乱堆或整齐的方式放置在支撑栅格圈上，在填料层的上方安装有填料压圈，以防止被上升气流吹动。

甲醛吸收塔的填料很多，有拉西环、鲍尔环、阶梯环、规整板波纹填料，材质有金属、陶瓷或塑料，各有优缺点。目前甲醛装置吸收塔填料绝大多数选用不锈钢规整填料 Y250/Y350，该填料比表面面大，气液相接触面积大，吸收效率较高。

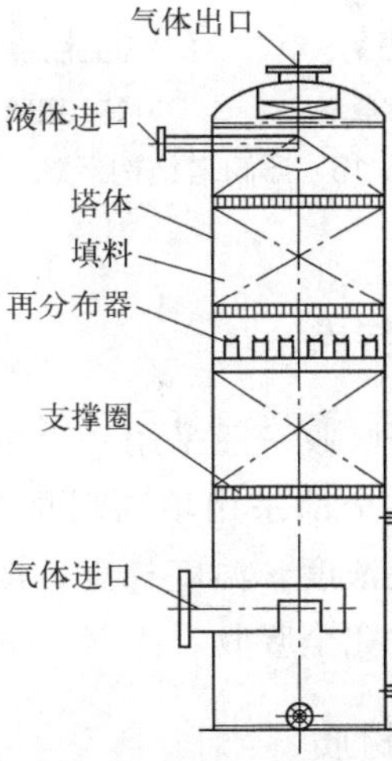

图 5-15　填料吸收塔结构示意

（2）泡罩塔

泡罩塔属于板式塔的一种，也是一圆筒形塔体，其内部主要由泡罩升气管、降液管（或称溢流管）和溢流堰等组成。

泡罩塔所用的泡罩有圆形和条形两类，泡罩塔的主要特点是鼓泡吸收；上升气体经升气管由泡罩齿缝吹入液层，两相接触密切，加之罩塔板上液层较高，两相接触时间较长，分离效果较好。但由于气体通过泡罩的路线曲折及液层较高，导致压降及雾沫夹带增高等缺点。同时，由于泡罩塔塔板上液面梯度较大，气相分布不均，影响传质效率，这也是泡罩结构造成的。一些甲醛设备装置的第二吸收塔上半段曾采用多层泡罩塔板。

（3）浮阀塔

塔体外形同其他板式塔相同，也是板式塔的一种。其塔内装有多层水平塔板，板上有若干个供蒸汽或气体通过的阀孔，其上各覆盖一个浮阀片。操作时液体由塔的上部连接进入塔板上，经溢流管逐板下降，并在各板上积存液层，形成液体，蒸汽或气体从塔体下部进入，经由浮阀片与浮阀板间的缝隙分散成若干个小气泡与液体充分接触，并穿过液层到达液面，然后升入上一层塔板。

浮阀塔具有生产能力强、操作弹性大、气液接触较好、雾沫夹带量少等优点，且塔板结构简单，容易安装，广泛用于蒸馏、精馏吸收等操作过程（图 5-16）。

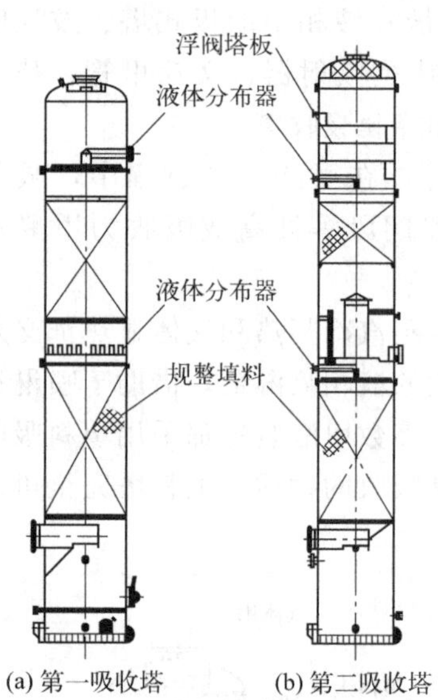

图 5-16　浮阀塔结构示意

来自反应器的甲醛气体由塔底进入第一吸收塔内，通过填料支撑架进入填料层，吸收液则由塔上部进入液体分布器、使吸收液均匀地喷淋在填料上，填料表面被吸收液浸湿，气体通过填料层空隙时与填料表面的吸收液进行传质交换，由于喷淋液不断向下流，填料表面的吸收液膜就不断变化，使传质阻力大为减少。为防止喷淋液不偏流和不产生沟流及壁流现象，填料层分成两段或多段，每段设液体分布器，液体分布器结构可采用槽式分布器，安装在塔的中心线上。

气体混合物在上升过程中逐渐将甲醛传质给吸收液，直至塔顶出口（80%～90%的甲醛气体被液体吸收）再进入后级吸收塔，用同样方法将剩余的甲醛吸收掉。

吸收二塔的流程是一段吸收的过程。尽管尾气用喷淋洗涤器处理后也可以达到较好的吸收效果，但是其流程相对比较烦琐。因此为了加强吸收效果，达到更好的浓度梯度，现在的工艺都将吸收塔采用双循环流程。

3. 技术特点

甲醛吸收一般采用一个填料塔和一个泡罩（或浮阀）、填料复合塔的双塔吸收工艺（也有两个塔全部采用填料塔的），热量由塔外移出；采用此法能形成浓度、温度梯度，既能防止甲醛的聚合，又能确保甲醛被完全吸收。

4. 设备材质

早期的甲醛吸收塔采用铝材质，其使用寿命也可以达到 10 年以上。目前，甲醛吸收塔基本上全部采用不锈钢制作。

5. 高浓度甲醛吸收塔

随着甲醛产品对浓度要求的提升，高浓度甲醛要求达到 50%～55%。早期的甲醛吸收塔无法满足长期运行甲醛不聚合的生产要求。江苏道尔顿石化科技有限公司率先研发了高浓度甲醛吸收塔（图 5-17），基本原理可以适用于银法甲醛生产与铁钼法甲醛生产两种工艺。

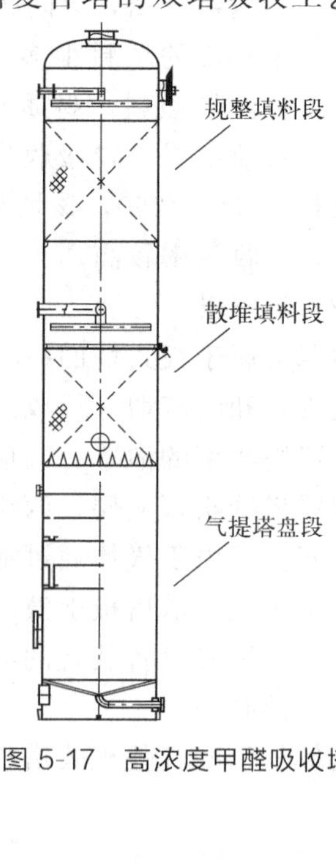

图 5-17　高浓度甲醛吸收塔

第七节　尾气处理器

1. 概述

银法生产甲醛吸收塔排出的尾气中含有18%～21%的 H_2，还含有CO、CO_2、N_2 和 CH_4，其热值约为2000kJ/m³，可利用它燃烧的热能来产生蒸汽，还可以消除尾气对环境的污染。目前国内甲醛生产中使用的带有蒸汽发生装置的尾气处理器有两种：一种为圆筒固定管板列管式；另一种为双套管方形列管式。这两种设备的出现完全替代了原先的快装锅炉和卧式锅炉。这两种设备热效率高，运行安全可靠，无需专门的操作工，操作方便。

2. 尾气处理器结构

（1）圆筒列管式尾气处理器

圆筒列管式尾气处理装置见图5-18由空气分布器、可燃气体分布器、燃烧室、升液管、换热段、降液管、烟囱、自动点火装置、外带汽包等组成，其换热部件为一段承压的圆筒列管式固定管板换热器。该装置换热面积大，耐压（可根据客户需要设定），可以排尽锅炉水，微正压露天操作，安全可靠。

（2）双套管列管式尾气处理器

双套管列管式尾气处理装置见图5-19的上、下管板均由20G锅炉管压扁制作而形成的空心管板结构，该结构热效率高、产气快、耐压。可以排尽处理器中的水，微正压露天操作，安全可靠，可用专门操作工，缺点是对水质要求高，维修比较麻烦。

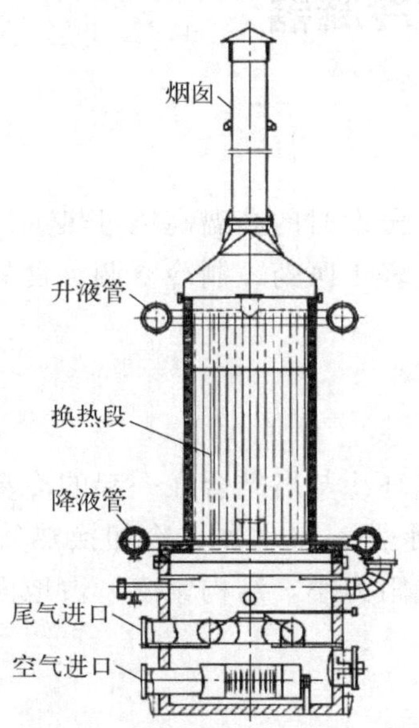

图5-18　圆筒列管式尾气处理器

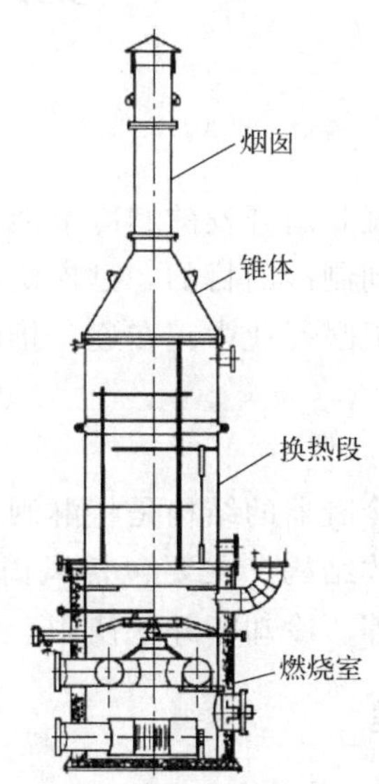

图5-19　双套管列管式尾气处理器

3. 工作原理

利用尾气中含有18%～21%H_2、1%CO和 CH_4，与空气燃烧生成 CO_2：

$$2H_2 + O_2 \longrightarrow 2H_2O \qquad +286kJ/mol$$
$$CH_4 + 2O_2 \longrightarrow CO_2 + 2H_2O \qquad +882kJ/mol$$
$$2CO + O_2 \longrightarrow 2CO_2 \qquad +566kJ/mol$$

4. 技术特点

使甲醛尾气燃烧产生的水蒸气余热得到利用，既消除了污染，又节约了能源。甲醛生产热量得到了综合利用。

5. 设备材质

尾气处理器采用 Q345R、20G、Q235-B 制作。

6. 新型节能型尾气处理器

尾气处理器原设计存在燃烧不充分，排烟温度高的缺点。江苏道尔顿石化科技有限公司采用了新型节能设计（图 5-20）：改进了燃烧器，燃烧器下移、均布；炉体提高，燃程增加；气相换热，排烟温度进一步下降。另外该设计带来的好处是，排放更加清洁，产汽量由以前的 300kg/t 甲醛，提高到 420kg/t 甲醛，节能环保。

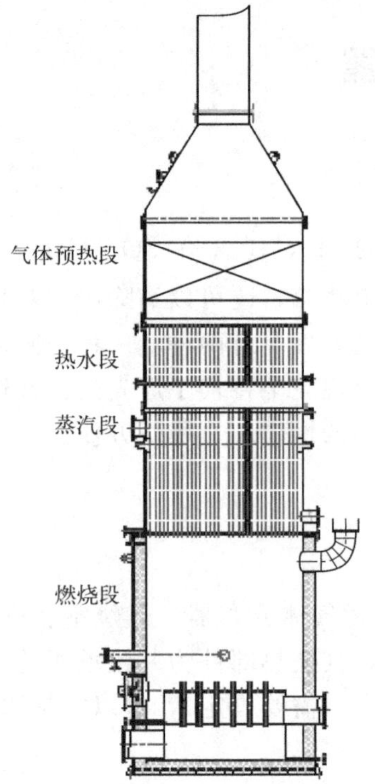

图 5-20　新型节能型尾气处理器

第八节　蒸发式冷凝器

1. 概述

蒸发冷凝是新开发的制冷节能技术。它利用水分蒸发时的高温高压过热蒸汽，冷凝成液体，从而达到制冷的目的，已广泛应用于石油化工、轻工医药、制冷空调、食品冷藏等诸多行业中，在甲醛行业中正在逐步推广应用。

2. 结构

蒸发式冷凝器的结构是将淋洒式排管冷却器和循环冷却塔结合在一起的冷却设备。冷却器采用逆流式结构，主要包括风筒、轴流风机、收水器、布水器、冷却换热管组、循环水泵、浮球阀等。冷却管并联使用，换热面积大，系统阻力小，结构紧凑，占地面积小。

3. 工作原理

气体从换热管组上部进入，经联箱分配给每根排管，完成换热后从下部管口流出。冷却水用循环水泵送至换热管组上部的布水器，布水器上装有高效防堵型喷头，将水均匀地分布到每组排管上，水在管外表面呈膜状流下，最后经水池上部的填料层落入水池中进行循环使用。当水流过冷却器管组时，依靠水的蒸发潜热使管内介质冷却。同时由轴流式引风机，通过从冷却器下侧四周风窗进入的新鲜空气把水蒸气带走，见图 5-21。

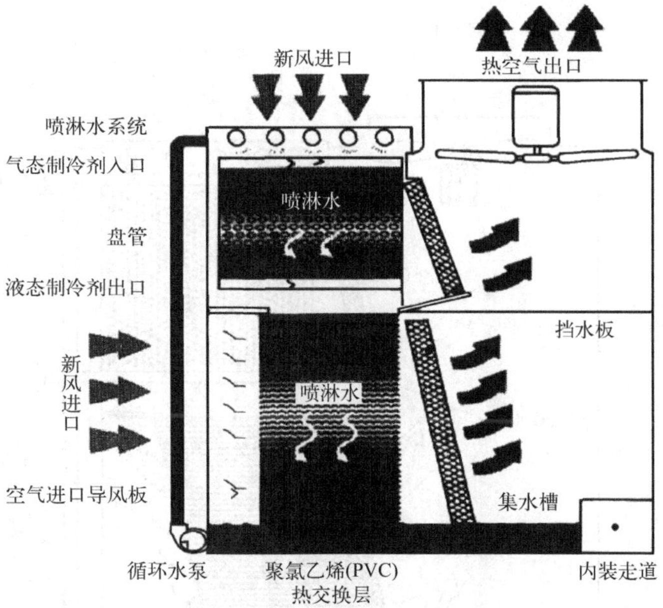

图 5-21　蒸发式冷凝器原理示意

4. 分类和特点

（1）分类　蒸发式冷凝器按换热形式主要分为复合流式、逆流式（图 5-22）和横流式。

复合流式是进风口在上部的一侧和下部的一侧吸风，换热管比较密集，形成喷淋水的满罐，是最早由水冷系统演变过来的。

逆流式的进风口全在下部进风窗吸空气，换热面积往往比顺流式的大，也称全蒸发式。横流式冷却器主要用于水的冷却，在民用领域使用较多。

（2）特点

复合流系列蒸发式冷凝器的技术特点：a. 换热管外部风水同向，有效避免了管外壁干点和结垢的形成；b. 喷淋水与填料二次热交换，降低了运行中管外喷淋水的温度，实现高效换热；c. 设有内部检修通道，布水系统设在外部，可在不停机状态下进入塔内和顶部，对喷头、喷淋管、浮球阀、过滤器、收水器等附件进行维修更换；d. 倾斜式水池设计，方便清洗及排除集水池的污水及杂质。

逆流系列蒸发式冷凝器的技术特点：a. 无填料设计，结构更紧凑，占用空间小，运输安装方便；b. 密闭性好，适用多沙尘等恶劣环境；c. 无填料设计，适用高温冷却介质；d. 喷淋水流速快，不易结冰，抗冰冻能力强。

5. 设计选型及要求

（1）蒸发式冷凝器的设计选型　蒸发式冷凝器的应用广泛，介质也各不相同。以我国甲醛行业为例，被冷却甲醛溶液的浓度、进出口温度和使用地区的不同都会影响设备的设计选型。

用户或厂家可根据以下步骤进行蒸发式冷凝器的设计或选型：

a. 确定设计条件：介质成分、介质流量、压力、进出口温度及当地的湿球温度；

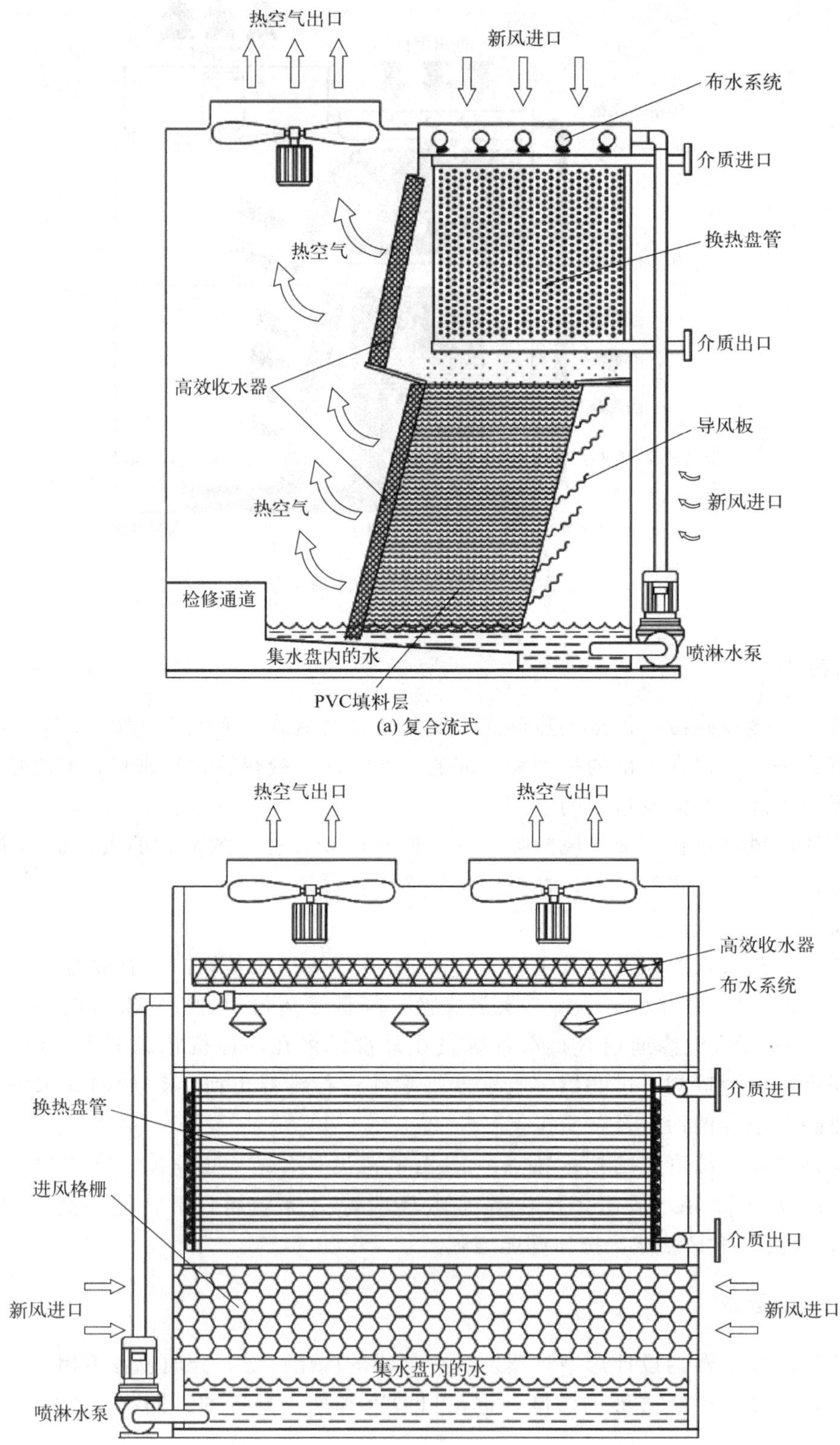

图 5-22　复合流式和逆流式蒸发式冷凝器

b. 计算系统总排热量：总排热量＝介质冷却的散热量（根据设计条件计算）；

c. 计算传热系数：介质传热系数的计算需考虑管内和管外的污垢系数，且与介质流速、管外布水密度、换热管材质、换热管规格密切相关，计算过程较为复杂，可通过相关传热模拟软件获取；

d. 参考系统排热量，初选蒸发式冷凝器的风量，并根据风量和排热量确定进风口和出风口处的水温；

ⅰ. 计算管内外对数平均温差和换热面积；

ⅱ. 根据计算结果校核，可重复4～5步，调整风量与面积；

ⅲ. 基本结构设计，包括管子数量、管子长度和排列方式等；

ⅳ. 校核管内介质的运行阻力，在用户工艺允许范围之内；

ⅴ. 根据以上条件和工况，选取风机、水泵的基本参数；

ⅵ. 明确客户提出的必须满足的其他要求。

目前，国内部分蒸发式冷凝器厂家针对我国甲醛行业进行了蒸发式冷凝器产品的系列化开发、设计和制造，并具有成熟的现场使用经验。用户可根据自己的介质参数，选取成熟的系列化产品。

【例 5-1】（以某公司5万吨/年37%浓度甲醛溶液冷却为例）

a. 设计条件：

管程：甲醛溶液（37%），密度 ρ 为 $1100kg/m^3$，比热容 c_p 为 $3.2kJ/(kg \cdot ℃)$。

体积流量：$q_v = 173m^3/h = 0.0480556m^3/s$。

进口温度要求为65℃，出口温度要求≤45℃。

环境干球温度35℃，湿球温度27.8℃，相对湿度60%。

b. 计算总排热量：

$$\begin{aligned}Q &= q_v \times \rho \times c_p \times t \\ &= 0.0480556m^3/s \times 1100kg/m^3 \times 3.2kJ/(kg \cdot ℃) \times (65℃ - 45℃) \\ &= 3383kW\end{aligned}$$

c. 计算传热系数：

管内传热系数：$h_i = 5056W/(m^2 \cdot K)$

管外传热系数：$h_o = 932W/(m^2 \cdot K)$

管内污垢热阻：$R_{if} = 1.72 \times 10^{-4}(m^2 \cdot K)/W$

管外污垢热阻：$R_{of} = 1.72 \times 10^{-4}(m^2 \cdot K)/W$

管壁热阻：$R_w = 0.626 \times 10^{-4}(m^2 \cdot K)/W$

$$\frac{1}{K} = \frac{1}{h_i}\left(\frac{d_o}{d_i}\right)^2 + R_i\left(\frac{d_o}{d_i}\right)^2 + R_o + \frac{d_o}{2\lambda}\ln\frac{d_o}{d_i} + \frac{1}{h_o}$$

$$\frac{1}{K} = \frac{1}{5056} \times \left(\frac{25}{23}\right)^2 + 1.72 \times 10^{-4} \times \left(\frac{25}{23}\right)^2 + 1.72 \times 10^{-4} + 0.626 \times 10^{-4} + \frac{1}{932} = \frac{1}{573}$$

$$K = 573[W/(m^2 \cdot K)]$$

d. 出口水温为45℃，初选风量22.5万 m^3/h。顺流式结构，考虑填料对喷淋水的降温作用，计算得，上部水温：35.2℃，下部水温：39.7℃。

e. 计算管内外对数平均温差：

管内循环水进口温度65℃，出口温度45℃；

管外进口水温34.8℃，出口水温37.6℃；

管束对数平均温差 $\Delta t_m=\frac{(65-34.8)-(45-37.6)}{\ln(65-34.8)-\ln(45-37.6)}=16.13(℃)$

f. 计算换热面积

换热面积 $A=Q/(K\times\Delta t_m)=3383\times10^3\text{W}/(573\text{W}/(\text{m}^2\cdot\text{K})\times16.13\text{K})=366\text{m}^2$

(2) 蒸发式冷凝器的要求及注意事项

a. 明确环境和电气条件：根据厂区环境条件（气温、气压、海拔、是否为防爆区域等）和电气条件的要求，选择合适的风机、水泵、电机、控制箱等蒸发式冷凝器的必要部件。

b. 位置要求：必须在进风口处供给充足的新鲜空气。在设备的位置靠近墙壁或者位于密封空间时，必须采取相应措施以确保排除的高温、饱和气体不会发生转向而直接流进进风口。

c. 考虑流体的兼容性：蒸发式冷凝器所要冷却的介质必须与盘管材质有兼容性。与盘管材质不兼容的流体会导致盘管腐蚀和破坏。某些特定的流体可能要求对盘管内侧不定期地进行有压清洗或机械式清洗。在这种情况之下，所提供的盘管必须在设计中考虑这方面的能力。

d. 容量控制：蒸发式冷凝器在平常的运行季节中随环境湿球温度工况的变化而变化，所以由于环境温度变化而引起的介质温度的偏差时就需要采用容量控制。

风机的周期性运行是容量控制的最简单方式，多应用于多风机或多单元设备的系统。在出水温度控制要求不高的场合，风机周期性运行将可以满足温度控制的需要而且简单易行。使用变频风机可以实现风量的无级变速调节，与简单的风机周期性运行方式相比，更能有效地实现节能控制。

e. 设置排气阀、放液阀：蒸发式冷凝器每组盘管设有进气及放水阀，在冬季不连续运行或在停机检修时，将盘管内的介质放空（关闭进出口阀门，打开进气及放液阀）。考虑到浓度高的甲醛久置会发生聚合的特性，在甲醛行业中排气阀和放液阀是必须的。

f. 蒸发式冷凝器在甲醛行业的应用中，具有散热量大、温度偏高的特点，因此建议厂家使用脱盐水为蒸发式冷凝器补水。

大多数地区的水质均属于硬性，含有一定量的钙质，蒸发式冷凝器运行时，冷却循环水不断蒸发，原来存在水中的杂质还留在集水盘中，喷淋水中溶解的固体的浓度很快提高并可能达到很高的浓度。再加上空气中的杂质和污染物，不能得到有效的控制，会引起结垢、腐蚀和泥浆的积聚，从而降低传热效率，增加运行成本。为了减缓盘管结垢、提高传热效率，需要定期清洗水箱，除去水箱中的残留物，保持水质清洁，防止盘管锈蚀，控制浓缩周期使得循环水维持在《工业锅炉水质》（GB/T 1576—2018）要求的范围之内。

6. 蒸发式冷凝器的优点

① 蒸发式冷凝器采用蛇形换热排管，数量多，换热及气体流通面积大，结构紧凑，占地面积小。冬季气温低时仍能正常运行。

② 节能效果好，运行费用低：平均1.1kW冷凝负荷只需要循环水量60～80L/h，补充水3～5L/h，空气量100～200m³/h，水泵和风机功率为0.2～0.3kW。蒸发和排污水量占总水量的3%～5%。

③ 换热效果高（进出口温差可达 60℃），气体阻力小（≤10kPa），降低了动力的消耗。

④ 循环水泵安装在冷却器本体上管道流程短，并采用专用的抗堵喷头，布水效果好，水泵、风机功率小，电耗低，运行费用可降低 40%～50%。

⑤ 采用排管式换热管，不会产生堵塞现象，特别适合循环水质较差的环境。

蒸发冷凝技术节能效果好，占地面积小，在当前节能减排中理应大力推广，但目前在甲醛行业应用还不多，主要问题是比同样冷却设备价格高 6～8 倍。但可以相信，随着蒸发冷凝技术的进一步开发，新材料、新工艺、新装备的使用，该技术一定会被广大用户所接受。

第九节　反渗透水处理设备

1. 概述

甲醛生产中氧化器骤冷段、尾气处理器及吸收塔加水都要使用纯净的软化水，而自然界的江（河）水或深井水，不但含有固体悬浮物，还有游离的钙、镁等易结垢的离子，不能直接用于生产，必须进行处理。水处理方法很多，根据对水质要求不同，可分为化学处理、离子交换法处理、反渗透处理等。化学处理需在水中加化学药剂，使水中钙、镁离子生成沉淀物，降低硬度和碱度，此法要消耗化学品，操作麻烦。离子交换法通过离子交换树脂，降低水的硬度、碱度，达到水软化的目的，该法比化学法去除率高，操作方便。反渗透水处理技术则是近期发展的新技术，在甲醛行业得到广泛应用。

2. 反渗透水处理设备组成

反渗透水处理设备包括水预处理、反渗透单元和后处理三部分。

(1) 水预处理　进水水质一般控制在：污染密度指数（SDI）<5、浊度（FTU）<0.2、铁含量<0.1mg/L、水温 25℃、水压 1.3～1.6MPa、pH=2～11、无游离氨。

(2) 反渗透单元　反渗透单元主要是由醋酸纤维素膜和复合膜组成的元件，放在压力容器中构成膜单元。膜的结构：醋酸纤维素膜上部有一层致密的薄膜层（0.1～1.0μm），下面有一层多孔支撑层（100～200μm），水很容易通过致密层流向多孔层。致密层是半透膜层，能有效地阻止钙、镁及盐类通过。

(3) 后处理　反渗透处理后的水再经过离子交换除盐、pH 调节、降低腐蚀、消毒、杀菌和去除 H_2S 气体后，就能得到纯净的饮用水。

3. 原理

反渗透膜孔径小至纳米级，在一定压力下水分子可以通过，而水中的无机盐、重金属离子、有机物、胶体、细菌、病毒等杂质无法通过，利用渗透膜两侧形成的压差，引起溶液倒流，使浓度较高的溶液进一步浓缩，从而达到净化水的目的。

4. 反渗透水处理设备的特点

反渗透水处理设备具有能耗低、适用范围广、分离效率高、操作简单、再生容易等特点。

5. 设备材质

膜有卷式和中空纤维式两种。膜材质有醋酸纤维素（CA）膜、复合（TFC）膜、芳香族聚酰胺（PA）膜等。

第十节 铁钼法甲醛生产设备

铁钼法甲醛生产装置所涉及的生产设备的类别大抵与银法相同，银法的设备在前面已有详细的描述，此处仅对铁钼法的设备做简单的说明，不再赘述。

1. 流体输送机械

（1）风机　通常采用离心式风机，风机叶轮一般为轻质材料（如碳纤维等），电机尽量采用变频器调节，以减少其运行时的能耗。

① 结构。离心式风机主要由叶轮、蜗壳、进气箱、集流器、扩压器、导流器、轴及轴承等部件组成。其中叶轮则由叶片、前盘、后盘及轮毂所构成。风机通常还包含齿轮箱以及相配套的润滑油泵、过滤器和冷却水部分的油循环系统。

② 工作原理。离心式风机的工作原理是利用旋转叶轮产生的离心力来排送气体。

离心式风机是根据动能转换为势能的原理，利用高速旋转的叶轮将气体加速，然后减速，改变流向，使动能转换成势能（压力）。

③ 使用操作。

a. 开车前的准备：

ⅰ. 将进风调节阀关闭，出风调节阀稍开；

ⅱ. 检查风机各部间隙尺寸，转动部分与固定部分无碰撞及摩擦现象。

b. 开车：

ⅰ. 启动按钮进行试转，运行正常后可正式使用；

ⅱ. 将进风调节阀打开，出风调节阀开至适当位置；

ⅲ. 在运转过程中经常检查轴承温度是否正常，轴承温升不得大于40℃，表温不得大于70℃，如发现风机有特殊噪声、振动撞击，轴承温度剧烈上升等反常现象，必须立即采取紧急措施，切换至备用设备。

c. 停车，配合甲醛生产装置的需要，关闭进风调节阀，按停止按钮。

d. 安全操作注意事项：

ⅰ. 只有在风机设备完全正常的情况下方可运转；

ⅱ. 如果风机设备在检修后开动时，则要注意风机各部位是否正常；

ⅲ. 为确保人身安全，风机维护必须在停机时进行。

④ 维护。

a. 定期清除风机内部积尘、污垢等杂质，防止锈蚀，保持设备清洁。

b. 除每次拆修后更换润滑剂外，正常情况下也应根据实际情况定期更换润滑剂，变速箱内保持正常油位。

c. 保持油漆完整，防止脱落、锈蚀。

d. 地脚螺丝、联轴器及各部连接处应紧固、可靠。

e. 各部密封应良好，在风机开、停及运转过程中应进行检查，检查发现的小故障应及时查明原因设法清除，发现大故障应停机检查维修。

⑤ 常见故障及排除方法。风机的常见故障及排除方法见表 5-1。

表 5-1 风机的常见故障及排除方法

故障现象	产生原因	排除方法
轴承箱振动过大	1. 进口风机壳与叶轮磨损 2. 基础的刚度不够或不牢固 3. 叶轮铆钉松动或轮盘变形 4. 机壳与支架，轴承箱与支架，轴承盖与座等连接螺栓松动 5. 叶轮轴盘松动、联轴器螺栓松动 6. 风机进出气管道的安装不良产生振动 7. 转子不平衡	1. 调整 2. 加固基础 3. 重铆、修正 4. 紧固螺丝 5. 紧固 6. 调整安装位置 7. 校正转子
轴承温度过高	1. 轴承箱振动剧烈 2. 润滑脂质量不良或有杂质 3. 轴与滚动轴承安装不正或轴承损坏	1. 消除振动源 2. 更换润滑脂 3. 调整，更换
电机电流过大或温度过高	1. 开车时进气管道阀门调节阀未关严 2. 流量过大 3. 电机电压过低或电源单相断电 4. 联轴器连接不正，皮圈过紧或间隙不均 5. 受轴承箱振动剧烈的影响	1. 调整阀门 2. 减少流量 3. 提高电压修电源 4. 调整 5. 消除振动源

(2) 泵类

① 甲醇泵，为多级离心式或旋涡泵。

② 导热流体（HTF）泵，离心泵。

③ 锅炉给水泵，多级离心泵。

④ 甲醛溶液循环泵，离心泵。

⑤ 冷凝液泵，隔膜泵。

2. 过滤及洗涤设备

布袋式空气过滤器主要用于除去空气中的灰尘和其他杂质。过滤组件的数量、截留率和阻力要求由工艺条件确定。一般将过滤器和吸入侧消声器集成为一个设备。

3. 换热器

① 甲醛液循环冷却器，板式换热器。

② ECS 预热器，列管式换热器。

4. 蒸发器

① 甲醇预蒸发器，螺旋板式蒸发器。

② 甲醇蒸发器，列管式蒸发器。

5. 导热油锅炉

导热油锅炉（导热油蒸汽发生器）如图 5-23 所示。

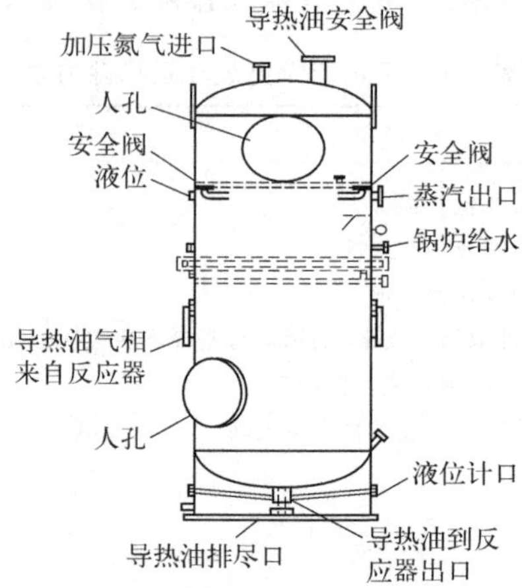

图 5-23　导热油锅炉结构示意图

6. 反应器

（1）主反应器　主反应器为固定床反应器。管程为催化剂装填区。在大约 15000 根管子里按设计要求从下到上依次装填一定高度的陶瓷环层、纯催化剂层、催化剂-陶瓷环混合层及陶瓷环层。壳层充有一定高度的导热油。导热油在反应器和导热油反应器间循环，将反应热及时移走并转化为蒸气如图 5-24 所示。

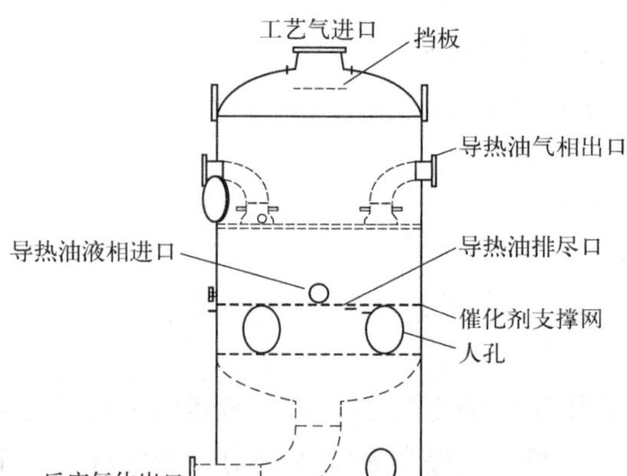

图 5-24　主反应器结构示意图

（2）尾气处理反应器　尾气处理反应器为固定床反应器。使用贵重金属铂催化剂。尾气进入装有铂金属催化剂的床层，进行完全氧化放热反应，反应结束时温度升高，正常运行时离开床层的气体温度可达 400℃以上。

7. 吸收塔

（1）第一吸收塔　为两层填料塔，两层填料中间由花板分开。填料类型为鲍尔环。第一吸收塔结构如图 5-25 所示。

（2）第二吸收塔　为十几块泡罩板组成的泡罩塔如图 5-26 和图 5-27 所示。

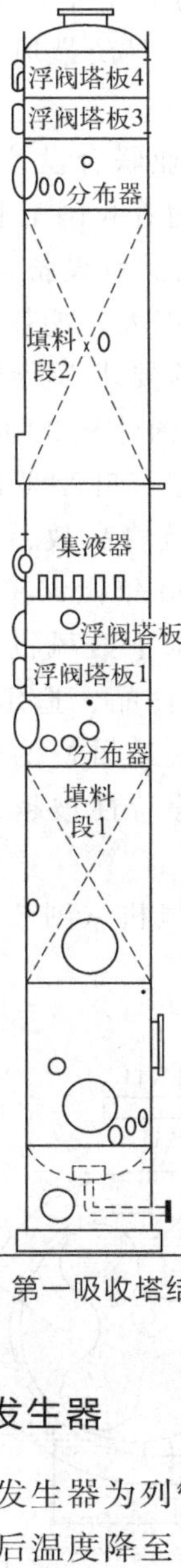

图 5-25　第一吸收塔结构示意图

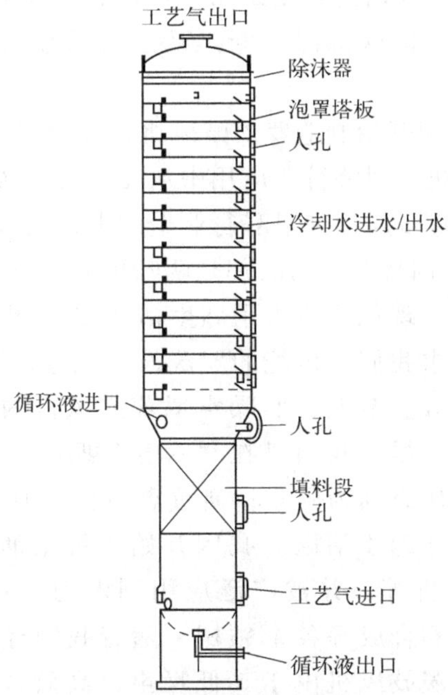

图 5-26　第二吸收塔结构示意图

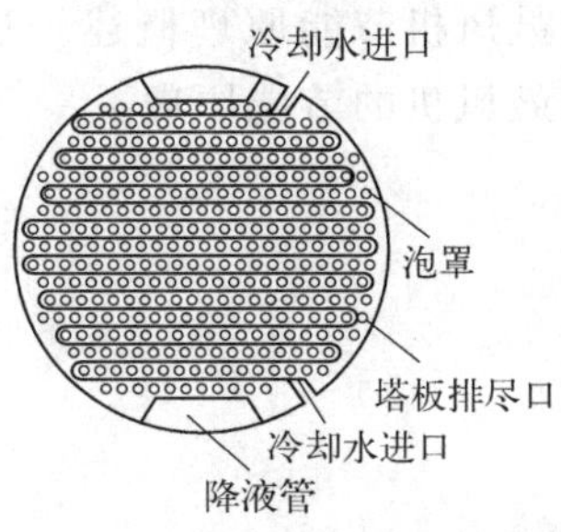

图 5-27　泡罩塔板结构俯视图

8. 尾气蒸汽发生器

尾气蒸汽发生器为列管式换热器。离开尾气反应器的热气体进入蒸汽发生器，与锅炉给水进行热交换后温度降至 220℃左右，蒸汽发生器的壳层锅炉水被蒸发产出蒸汽。

第十一节　甲醛生产的辅助设备与技术简介

1. 三叶罗茨鼓风机

罗茨鼓风机（图 5-28）是容积式风机的一种，是利用两个叶形转子在气缸内作相对运动来压缩和输送气体的回转压缩机，有两个叶轮在由机壳和墙板密封的空间中相向转动，由于叶轮与叶轮、叶轮与机壳、叶轮与墙板之间的间隙极小，从而使进气口形成了真空状态，空气在大气压的作用下进入进气腔，然后，每个叶轮的其中两个叶片与墙板、机壳构成了一个密封腔，进气腔的空气在叶轮转动的过程中，被两个叶片所形成密封腔不断地带到排气腔，又因为排气腔内的叶轮是相互啮合的，从而把两个叶片之间的空气挤压出来，这样连续不停地运转，气体就源源不断地从进气口输送到出气口，这就是罗茨鼓风机的整个工作过程。

1957 年我国开始制造罗茨鼓风机，并逐步进入独立设计和行业联合设计阶段，由此开启了罗茨鼓风机在甲醛行业应用中从无到有、从小到大的历史。随着我国工业的不断发展，罗茨鼓风机被逐步应用到甲醛行业生产中，成为甲醛生产装置中的关键设备。在 20 世纪 60 到 70 年代，我国普遍采用的都是两叶型的罗茨鼓风机，它存在噪声大、能耗高的弊病。随着经济的发展，现代生活水平和生活质量的提升，人们对环境的要求和环保意识的日趋提高，这就要求我们对传统的罗茨鼓风机进行不断的升级改造。国外从 20 世纪 70 年代末就加强了对高效、节能、低噪声罗茨鼓风机的研究，逐渐发展起三叶型罗茨鼓风机的设计、制造技术。尽管我国早在“六五”期间（1981～1985 年）就将高效、节能、低噪声罗茨鼓风机的研究列为国家科研重点项目，但直到进入 20 世纪 90 年代，我国罗茨鼓风机技术开发活动才趋于活跃。我国开始大批量涌现三叶鼓风机、水下鼓风机、两叶成组和三叶成组鼓风机等，并被广泛应用到电力、石油化工、轻纺、食品、造纸、水产养殖、污水处理、甲醛合成等各个领域。随着我国经济高速发展，罗茨鼓风机的生产总量增长迅速，三叶罗茨鼓风机由于其低噪声、高效、节能、运行平稳等特性被越来越多地应用到甲醛生产装置中。

(1) 三叶罗茨鼓风机节能原理概述　通过三叶和二叶罗茨鼓风机（图 5-29）的性能对比来简述三叶罗茨鼓风机的节能原理。

图 5-28　罗茨鼓风机

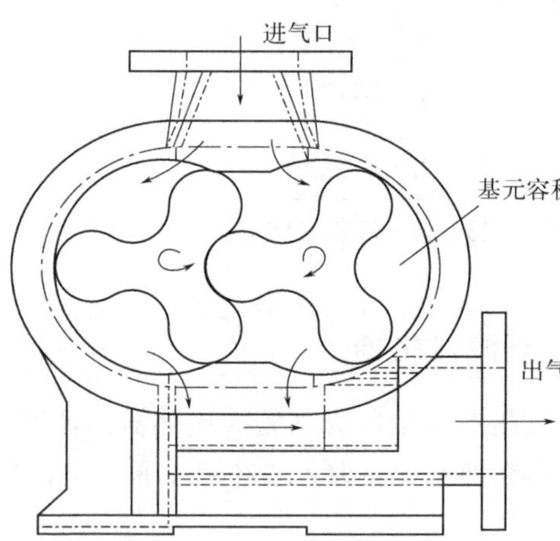

图 5-29　罗茨鼓风机工作原理

① 性能分析比较　基元容积和排灌的比较。通常情况下，部分人会简单地认为，三叶转子罗茨鼓风机由于比二叶转子罗茨鼓风机多了一个叶片，因此在中心距外圆半径相同的条件下，二叶转子的罗茨鼓风机的排气量就比三叶的大，其实这是一种错误的观点。

以不同风机厂家的同规格的三叶与二叶罗茨鼓风机为例，给出详细的风量及各压力点下功率数据参数，见表 5-2。

表 5-2　同规格的三叶与二叶罗茨鼓风机的风量及各压力点下的功率数据参数

厂家/规格型号	9.8kPa	19.6kPa	29.4kPa	39.2kPa	49kPa
章鼓(三叶)3HE-200	$79m^3/18kW$	$77m^3/32.3kW$	$75.6m^3/46kW$	$74.4m^3/59.7kW$	$73.3m^3/73.3kW$
单位做功风量	$4.39m^3/kW$	$2.38m^3/kW$	$1.64m^3/kW$	$1.25m^3/kW$	$1m^3/kW$
贝润(三叶)RTC-200	$73.1m^3/17.3kW$	$71.5m^3/30.2kW$	$70.2m^3/43.2kW$	$69m^3/56.1kW$	$68m^3/69.1kW$
单位做功风量	$4.23m^3/kW$	$2.37m^3/kW$	$1.63m^3/kW$	$1.23m^3/kW$	$0.98m^3/kW$
章鼓(两叶)L62LDT	$64.99m^3/16.7kW$	$62.7m^3/27.6kW$	$60.9m^3/38.1kW$	$59.3m^3/50.8kW$	$57.8m^3/63.5kW$
单位做功风量	$3.89m^3/kW$	$2.27m^3/kW$	$1.6m^3/kW$	$1.17m^3/kW$	$0.91m^3/kW$
贝润(两叶)RTC200	$70.9m^3/17.8kW$	$68.9m^3/30.4kW$	$67.4m^3/43kW$	$66.2m^3/55.6kW$	$65.1m^3/68.2kW$
单位做功风量	$3.98m^3/kW$	$2.27m^3/kW$	$1.57m^3/kW$	$1.19m^3/kW$	$0.96m^3/kW$

注：甲醛厂家用罗茨鼓风机各压力点功耗表（流量——分钟）。

从表 5-2 中可以看到，三叶风机在各升压点上的每千瓦（kW）做功输出的风量都大于二叶风机。对于甲醛生产送风系统，正常范围在 19.6～42.2kPa 区域。章丘鼓风机股份有限公司（简称章鼓）的三叶罗茨鼓风机的单位做功风量高出二叶 4.85%～6.84%，贝润公司的三叶罗茨鼓风机的单位做功风量高出二叶 3.3%～4.5%。

通过上面的记述，在适当选取叶型的时候，三叶比二叶的理论输送量更大，有人认为三叶是以牺牲了基元单元的容积来降低它的噪声，这个观点是不正确的，因为三叶风机在降低噪声的同时并没有降低它的排量，这正是三叶转子相较于二叶转子的优点之一。

② 风机节能分析及计算。

a. 公式分析。

当风机转速从额定 n 变到实际（设定）转速 n'后，风量 Q、风压 H 及轴功率 P 的变化关系如下：

$$Q'=Q\times(n'/n)$$
$$H'=H\times(n'/n)^2$$
$$P'=P\times(n'/n)^3$$

式中，Q'，H'，P'分别为n'的实际风量、风压、轴功率。

当风机转速低于额定转速时的节电量为：$E=[1-(n'/n)^3]\times P\times T$(kW·h)

式中，n 为实际额定转速；T 为运行时间；n'为实际（设定）转速；P 为额定转速时电机输出功率。

b. 节能计算。

例：罗茨鼓风机配备电机型号为 Y225S-4B3（交流电机，转速 n 与频率 f 成正比，可用频率比求近似传替转速比），额定功率 37kW，额定电压 380V，额定频率 50Hz，额定电流 69.8A，额定转速 1280r/min，电机在额定转速时的输出功率为 30kW，变频器设定频率为 40Hz，电压 285V，转速 950r/min，运行工况以 24 小时连续运行，全年运行时间在 365 天为计算依据则变频调速时每年的节电量为：$E_b=30\times24\times[1-(40/50)^3]\times365=128246.4$kW·h。

采用挡板调节（挡板开度）时，因风机转速不变故风机特性曲线不变，但挡板调节后管网的特性曲线上移，即电机需要克服管网和挡板的阻力增加。在用挡风板控制额定风量 100%输出与风量减半 50%输出时，轴功率 P_2 比 P_1 比减少不多；变频调节设定 40Hz 时，风量为额定转速的 80%，电机实际输出功率为 $P'=P\times(n'/n)^3=30\times(40/50)^3=15$kW；

挡板调节时相同风量（80%）时，电机轴功率降低很小，粗略估算为额定风量时的 95%，则挡板开度时的节电量为 $E_d=30\times(1-95\%)\times24\times365=13140\text{kW}\cdot\text{h}$；相比较多出的节电量为：$E=E_b-E_d=128246.4-13140=115106.4\text{kW}\cdot\text{h}$。每度（每 kW·h）电按 0.5 元计算则采用变频调速每年比采用挡板调节多节约电费 115106.4×0.5=57553.2 元。

近年来，我国 8 万～12 万吨/年甲醛装置常用的罗茨鼓风机，详见表 5-3。

表 5-3　常用罗茨鼓风机性能一览表

厂家	型号	风量/m^3	转速/(r/min)	轴功率/kW	单位做功风量/(m^3/kW)	电机功率/kW	重量/kg
章鼓(三叶)	3HE-200	73.3	1450	73.3	1.0	90	2580
长沙(三叶)	JAS-200	68	1350	69.1	0.984	75	2700
贝润(三叶)	L62LD	57.8	1450	63.5	0.982	75	2020
章鼓(两叶)	L62LD	57.8	1450	63.5	0.910	75	1720
长沙(两叶)	ARE-200	65.1	1350	68.2	0.955	75	2800
贝润(两叶)	3L54WD	50.4	1450	67	0.96	75	2130

注：设定压力为 49kPa。

在风机大小相同的情况下，三叶罗茨鼓风机明显比二叶罗茨鼓风机更节能。

③ 噪声及振动大小的比较。罗茨鼓风机在运转过程中，气体逆流压缩产生强烈的空气冲击动力噪声，为了减少这种噪声，在不改变整个有效容积的情况下，可以减少单个有效容积的体积，从而减少霍尔姆共振效应，达到减少噪声的目的，将二叶型变为三叶型，从而将有效容积从两等分变为三等分，减少了输出气体压力的脉动，而且排气腔部分体积通过叶轮间隙回流到过气腔的气体流量减少，气体振动减小，气体的脉动压力减小，从而使风机的振动减小。压力脉动是罗茨鼓风机的主要噪声之源，三叶式罗茨鼓风机能有效降低噪声 5～10dB。

为了进一步减小罗茨鼓风机的噪声问题，各风机厂家都在不断摸索、钻研，并取得了可喜的进步，例如对三叶型再进行改进，采用更先进的加工设备提高零件的精度，采用更精密轴承、齿轮。

④ 内泄漏的比较。在间隙大小及工作条件相同的条件下，三叶罗茨鼓风机的内泄漏流量比二叶罗茨鼓风机的小。基元容积 V 处于泄漏间隙与进气之间，对内泄漏流动具有一定的阻隔作用。对于二叶罗茨鼓风机而言，容积 V 只在微小的角度范围内保持封闭状态，阻隔作用不大。三叶罗茨鼓风机的基本容积至少有 60°的角度保持封闭旋转过程，阻隔效果显著一些，可以提高鼓风机的容积效率。

⑤ 转子力学性能比较。由于三叶叶轮和二叶叶轮在叶型结构上存在差异，在一般情况下，三叶转子的力学性能要好于二叶转子。在叶轮大小和气体压差相同的情况下，三叶转子承受的最大的合力要比二叶转子的小，大概是二叶转子的 80%。三叶转子本身结构的刚性就比二叶的好，而且在中心距、叶轮半径和叶轮长度相同，所用材料也相同的情况下，三叶的质量要比二叶的稍微轻点。所以三叶转子在转动叶轮和外径的间隙及叶轮间的间隙方面更具优势（图 5-30）。

以上就是三叶罗茨鼓风机节能原理，各甲醛厂和其他行业在选购罗茨鼓风机时考虑到三叶罗茨鼓风机的节能优点，可使自己的产品的成本更低、获利更大、更具竞争优势。

（2）依据甲醛生产能力配置罗茨鼓风机　罗茨鼓风机广泛应用于甲醛生产工艺。

罗茨鼓风机是一种双转子压缩机械，两个转子的轴线相互平衡。转子由风叶和轴组成，为了避免旋转过程中相互碰触，叶轮之间，叶轮和机壳及墙板之间具有微小的间隙。罗茨鼓风机的两个转子做方向相反的等速旋转，而且在旋转的过程中叶轮与机壳和墙板围成的封闭的基元容积的体积保持固定。气体的压缩是在基元容积和排气口相通的一瞬间，由高压气体向基元容积的回流而实现的。

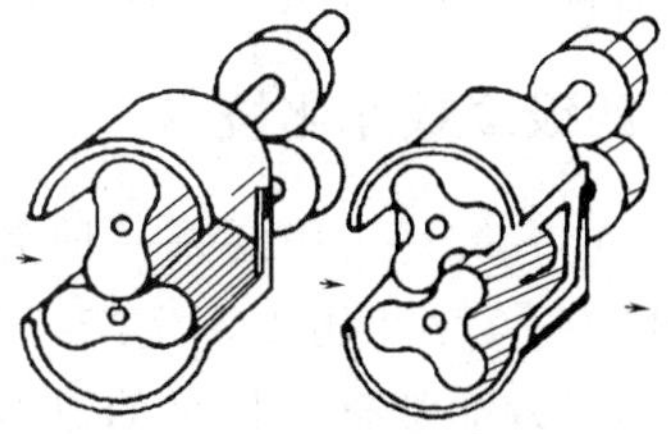

图 5-30　罗茨鼓风机转子结构

罗茨鼓风机根据叶数分为二叶和三叶型罗茨鼓风机两种。由于三叶罗茨鼓风机流量大、效率高、噪声低和结构合理等优点，原来的二叶型罗茨鼓风机在逐渐被三叶型罗茨鼓风机替代。

罗茨鼓风机在甲醛生产工艺中，主要分空气风机和尾气风机两种（表 5-4 与表 5-5）。

表 5-4　罗茨鼓风机——空气风机（供参考）

序号	产能/(万吨/年)	流量/(m^3/h)	型号	功率-电机级数	风机重量/kg
1	3～6	37～75	WL72WD	90kW-6P	2500
2	6～8	75～100	WL74WD	132kW-6P	3500
3	8～12	100～150	WL82WD	185kW-6P	4500
4	12～20	150～188	WL83WD	220kW-6P	5500
5	15～20	190～250	WL84WD	280kW-6P	6500

表 5-5　罗茨鼓风机——尾气风机（供参考）

序号	产能/(万吨/年)	流量/(m^3/min)	压力/kPa	型号	功率/kW	电机级数
1	3～6	22～45	49	WL54LD-WL63LD	37～75	6
2	6～8	45～60	49	WL54LD-WL71WC	55～75	6
3	8～12	60～90	49	WL64LD-JS-WL73WD	75～110	6
4	12～15	90～113	49	WL73WD-WL74WD	110～132	6
5	15～20	113～150	49	WL74WD-WL82WD	132～185	6

（3）尾气处理器风机的配置　在铁钼法与银法生产甲醛过程中，少不了对尾气的处理，这样做既环保又有效益。采用尾气处理装置就要用到风机（这里指离心风机，表 5-6），尾气处理器风机的作用是：风机将燃烧所需的空气鼓入两侧风箱，再通过两侧错列分层、交错、射流式布置的不锈钢喷嘴喷入炉膛，形成两侧各两道风幕层，加强燃气与空气的混合、扰动，大大提高燃烧效率，同时防止炉膛内集聚可燃气体，提高燃烧安全性。

表 5-6　依据甲醛生产产量来配置尾气处理器风机一览表

序号	产能/(万吨/年)	名称及型号	流量/(m^3/h)	压力/Pa	功率/kW
1	3～6	离心风机 4-72-6A	13353	724	4
2	5～8	离心风机 4-72-4A	419	1459	5.5
3	8～12	离心风机 4-72-4.5A	10562	1673	7.5
4	12～20	离心风机 4-72-5A	15455	2019	15

鼓风机采用变频控制，余热锅炉尾部安装氧量计，根据氧量调整鼓风量，既保证燃烧所

需的合适的空气量，又防止过多的冷空气送入炉膛降低炉膛温度和热效率。

2. 四级高效净化技术

（1）综述　甲醛是一种大宗基础化工原料。下游产品众多。我国甲醛生产从1957年开始已有70多年历史，生产技术不断成熟改进，从装置的设计，催化剂的改进，能耗的综合利用等方面都有了长足的进步。甲醛产能已达到2500万吨/年以上，全国甲醛生产设备在600套左右，占世界总产量55%以上，其各项经济技术指标已接近欧美发达国家同类（银法）生产技术水平。特别是近20年在广大甲醛技术人员刻苦钻研下各项新技术在甲醛生产应用（花板改铜网、新型氧化器和各种过滤装置等）把我国甲醛技术水准提高一大截。

（2）甲醛净化设备的应用历程　1957年中国第一套甲醛装置在上海溶剂厂投入生产（采用浮石银催化剂），过滤系统当时就是简单的鼓风机进气桶上加盖二层海绵，三元气体进氧化器前经过三元过滤器。那时三元过滤器铺装的是玻璃棉上下压紧（现在行业内还有许多企业在用）。1976年复旦大学联合上海溶剂厂开发电解银作为催化剂应用于甲醛生产。而过滤系统还是沿用过去简单方式。随着改革开放后看到国内甲醛行业在单耗、能耗与国外先进水平差距。问题主要集中在氧化器内部结构（铜网取代传统花板）及对水、空气、原料和三元气体过滤设备上。2006年后行业技术大佬寻求与净化设备企业联合开发一系列甲醛专用过滤器（中高效四元过滤块、甲醇过滤器、蒸汽过滤器、空气净化室），逐步在行业内推广应用，行业整体效益大幅提升，让企业工人从繁重工作解放出来，单耗、能耗多达到世界先进水平。

（3）甲醛催化反应的属性决定净化的重要性　银法甲醛生产是以电解银作为催化剂，三元气体在氧化器中与电解银接触发生甲醇氧化脱氢反应生成甲醛，电解银的纯度达到99.995%，比表面积在$55cm^2/g$，原料气在催化层停留时间非常短（0.02～0.005s）。电解银纯度越高反应转化率就越高，如果原料气含有杂质和其他有害气体进入反应室电解银马上就会被污染，表面被堵塞，催化面积减少，未被催化反应甲醇就和反应生成甲醛一起进入吸收塔吸收，造成产品醇含量高，单耗高。

各企业间由于技术和管理水平等诸多因素，致使生产水平差距较大。研究发现，各企业在进行技术改造时，比较重视氧化器、三元过滤器和催化剂的改进，而忽视原料系统的净化，或想对甲醇、蒸汽和空气系统进行过滤，而苦于没有很好的方法，只能进行简单的粗过滤。往往会出现以下几种情况。

① 电解银活性还行，但系统阻力大。银法甲醛生产采用罗茨鼓风机把空气送入生产系统，风机进口出口负载最高达49kPa，超过负载后风机就会跳闸。系统压差分布组成；蒸发器、过热器、三元过滤器、氧化器、吸收塔、尾气液封槽。其中存在压差变量的部分就是三元过滤器和氧化器。这里主要讨论三元过滤器，过去传统三元过滤器里面铺装是玻璃棉，靠挤压式过滤杂质和有害成分，铺装量一般达到$3.5kg/m^3$：铺少了，起不到过滤效果；铺多了，压差上升太快。刚开车时三元过滤器的压差就要达到4～6kPa。从事甲醛生产的都知道铺装玻璃棉的工作环境工作量不堪回首，而且铺装工作绝对是个技术活，非一般工人能胜任的。随着开车周期递增，三元过滤器压差也不断增加（有时高12kPa以上），造成系统压差升高、风机电流高、电耗上升，往往只有被迫停车更换新的玻璃棉，致使单炉催化剂生产周期短，而每增加一次开停车就要增加数万元的生产成本。

② 产品醇含量高，单耗高。新铺催化剂用一段时间就会出现醇含量上升，同时单耗上

升较快，醇含量每上升 1%，在其他条件不变情况下单耗就上升 10kg，需要反复处理催化剂，致使生产成本居高不下。

③ 过滤材质选择不当。滤材污染了催化剂，使正常生产无法进行下去。

④ 使用湿式过滤时。由于设备、洗涤液、分离装置等选用不当，会使过滤效果变差，还会造成二次污染，严重时生产无法进行。

(4) 空气净化的理论依据和基础　我们知道在 $1m^3$ 空气中，就会有多达 1.4 亿个污染杂质，这些杂质至少有 30%的颗粒直径在 2μm 以上，其主要是水汽、油污、尘埃、微生物和没完全燃烧的碳氢化合物。它们会随空气一同进入氧化炉，而直接影响甲醛生产。这就需要把这些空气中的杂质分离过滤。空气过滤的原理不同于液体过滤。液体中颗粒只要大于滤材交织所形成的空隙，就会被滤材“阻塞捕捉过滤”。而空气过滤依据空气中颗粒的移动模式，有三种不同原理：

① 直接碰撞捕捉；

② 惯性碰撞捕捉；

③ 扩散运动捕捉。

对于>1μm 的颗粒，由于质量较大，当气流碰到过滤材质而改变方向时，这些>1μm 的颗粒几乎不改变方向，直接撞上<0.5μm 直径的滤材。这种移动称为直接碰撞捕捉。而颗粒在 1～0.3μm 之间的颗粒，因其质量较轻，会略随气流改变方向，可能闪过数层过滤材质，但仍难以一再躲过有相当纵深的滤材。至于小颗粒径为 0.3～0.1μm，因其质量太轻，被其他气体分子撞击时，呈不规则的乱跳运动。对于深度型滤材来说，0.3～0.1μm 的颗粒倒反而不是特别难以捕捉，因为这些微小的颗粒一旦撞上滤材就会由于静电吸力，真空吸力而被牢牢吸住。有关试验研究表明，只要有 1000μm 厚的滤材就可以完全滤除 0.3μm 的颗粒。

(5) 过滤器的系统设计和选型考虑因素

对于甲醛生产中空气系统的过滤设计所牵涉的范围甚广，需要综合考虑以下几方面的参数。

① 考虑空气中杂质的含量。对于污染较大的工业区，道路旁的生产厂家，一般要在终端过滤器前加预过滤装置如水洗塔和鼓风机空气净化室，为了保护和延长四元高效过滤器的使用寿命，适当的预过滤是非常必要的。

② 甲醇过滤器、配料蒸汽过滤器。选择时要充分考虑到每支滤芯所承担的流量。研究表明一只滤芯过滤定量流量的流体，其寿命设为 1，则 n 只滤芯过滤同量流量的流体，其寿命为 $n^2×0.7$，则每支滤芯寿命预测为 $n^2×0.7÷n$。我们由一支滤芯增加到 2 支，则每支寿命为 $2^2×0.7÷2=1.4$，即每支滤芯可多 40%的寿命。这是因为滤芯承受的压差愈小，愈不会造成纤维组织结构的变化，所以能延长使用寿命。

③ 对三（四）元高效过滤器滤材的选择上。主要包括滤材的效率、材质、重复使用性、价格等。目前反复比较后，可采用不锈钢外框、防潮超细玻璃纤维滤料、铝箔分离片、双面不锈钢护网、无挥发密封胶、初压 0.249kPa、长期耐温 150℃。过滤块的过滤效率在 99.97%@0.3μm。如 610mm×610mm×292mm，最大通风量 $3000m^3/h$，也可根据客户要求设计各种通风量的高效过滤器。每吨甲醛三元气体通风量在 $1400m^3/h$，根据产能选择过滤块以确保过滤效果和使用寿命。三元过滤器压差最高不会超过 2kPa，完全能达到低压差并长期运行的要求。单位电耗、单耗生产周期得到明显改善。安装方便大大提高工作效率并

减少工人劳动强度，能顺利完成前面空气、甲醇、配料蒸汽三级过滤，过滤块的使用寿命长达两年。

④ 过滤精度的要求。实际生产证明使用空气净化房或水洗塔系统 0.5μm 的颗粒过滤率达 95%，三元过滤器 0.3μm 的颗粒过滤率达 99.7%，完全能保证甲醛生产长周期的清洁运行。

(6) 净化设备在生产上应用　对于甲醛生产的中各个环节，甲醇、空气、配料蒸汽、一直到终端三元气体的净化，需要一种低压差、高精度、低价格、可连续运行、安装方便，使用时间长的过滤装置——禾益净化开发的空气净化室，该装置安装方便。简单流程是一、二级为预过滤，一级可根据各厂区的空气质量来选择，空气质量良好的地区可不上。而空气质量差的地区为保证终端过滤器的使用寿命必须要上。初级选用简单的布袋过滤，过滤面积选用 $0.04\sim0.05m^2/nm^3$。二级制成带差压自动运行的卷轴过滤，差压达到设定值，则卷轴电机自动运行把脏的滤材卷下来，干净的滤材换上。滤材用完可设声光报警。每次换催化剂时打开更换。一、二级滤材可清洗重复使用，大大节约了生产成本。三、四级为终端过滤，选用成品单元过滤器，然后设计好组装即可。搞好预过滤的话终端过滤的使用周期能达几年。如某厂在用的过滤装置目前使用寿命达两年，初级彻底清洗一次，二级自动运行，每次换催化剂时更换洗好的滤材就行。三、四级未更换，打开检查滤材清洁。针对甲醇、配料蒸汽，禾益净化开发了不锈钢筒体法兰式精密过滤器，内胆分别采用四氟烧结滤芯、钛棒烧结滤芯，对各种杂质过滤效率达 99%。安装及内胆滤芯调换清洗方便。采用运行两年后，三级压差只比初运行时上涨 10Pa，四级压差基本未上涨，完全可以满足甲醛生产的长周期运行。对物料分别层层过滤，并加强工艺管理，能使甲醛单炉生产周期达 4～5 月，耗醇同比下降 5～8kg，吨成本下降 10～20 元。甲醛生产是一个系统工程，要求每个环节都必须做到位。三元物料的洁净尤为重要，望各生产厂家引起重视。

3. 填料

(1) 国外填料的发展概况　19 世纪 80 年代末，美国公布了填料塔用于陶瓷塔的专利，作为气体吸收的装置，在其中填充垂直整齐的陶瓷短管。那时，在德国的塔装置中已经采用 25～50mm 的瓷球。20 世纪 30 年代初至 80 年代期间，美国化工建设公司、陶氏化学公司 (Dow Chemical Co.)、美国科克工程公司 (KochEngineering Co.)、美国约克麦希 (Yorkmesh)、格利奇公司 (Glitsch，Inc.) 诺顿公司 (Norton Company)、孟山都公司 (Leonard-Monsanto Co.)、德国巴斯夫 (BASF) 公司、德国雅格 (Jaeger)、德国鲁奇公司、英国海泊菲尔填料 (Hyperfil)、英国传质公司 (Mass Transfer，Ltd.)、和苏尔寿兄弟有限公司 (Sulzer Brothers Ltd.) 相继研发了螺旋环填料、丝网织物制成多种类型的填料、英特洛克斯鞍形填料 (Intalox saddle)、鲍尔环 (Pall ring)、花环状塑料填料、金属丝网规整填料，热塑性塑料注塑成型的鲍尔环、英特洛克斯鞍形填料、麦斯派克塑料填料 (Maspac plastic packing)、海派克的填料 (Hypak)、阶梯环的填料 (Cascade mini-ring)、薄金属波纹片组成的规整填料、金属塔填料 (Intaloxmetal tower packing)、细棒组成的空心球形填料、英特洛克斯雪花塑料填料 (Intalox Snowflake plastic packing) 等填料。

(2) 国内填料的发展概况　20 世纪 80～90 年代，我国在规整填料方面也有不少突破。天津大学与英国 Aston 大学联合开发了以 Unapak 命名的脉冲规整填料；天津大学填料塔新技术公司 1991 年引进了苏尔寿兄弟有限公司的 Mellapak 生产自动线，并自己开发了碳钢渗铝板波纹填料；清华大学和上海化工研究院开发了压延孔板网波纹填料；天津市天进新科技开发公司开发了板花规整填料，其中80型（比表面积$80m^2/m^3$）的传质效率与Mellapak350Y型（比表面积$350m^2/m^3$）相当；中石化洛阳工程公司也开发了LH型规整填料；华南理工大学根据环形和鞍形填料的优缺点开发了共轭环，采用共轭曲线肋片结构填料。南通均元化学工程科技有限公司（原名南通华鑫传质设备科技有限公司）顾益均工程师为了实现大高径比，散堆填料规整化去掉阶梯环翻边塑料扁环、六棱环，用于化肥脱硫、脱碳塔及甲醛装置（表5-7）。

表5-7 南通均元化学工程科技有限公司的专利信息

序号	公布号	发明名称	公布日期	摘要
1	CN204865857U	一种便于裁剪的塑料丝网规整填料	2015.12.16	一种便于裁剪的塑料丝网规整填料片，本实用新型涉及填料技术领域，填料中心体的外围通过数根并列的一号连接条连接有第一层外框
2	CN204865847U	一种高效PVC规整填料	2015.12.16	一种高效PVC规整填料，本实用新型涉及填料技术领域，数个填料片的上部设有PVC固定圈
3	CN204865848U	一种新型的规整填料	2015.12.16	本实用新型涉及工业塔填料配件技术领域，具体涉及一种新型的规整填料。所述的圆形隔板卡槽支架的内侧等距设置
4	CN204841705U	一种新型的螺旋四氟规整填料	2015.12.09	本实用新型涉及工业塔填料配件技术领域，具体涉及一种新型的螺旋四氟规整填料
5	CN204840975U	一种新型填料塔	2015.12.09	本实用新型公开了一种新型填料塔，它涉及化工设备领域，具体涉及一种新型的液体分布均匀的填料塔
6	CN204841703U	一种可调节的PVC规整填料片	2015.12.09	一种可调节的PVC规整填料片，本实用新型涉及填料技术领域，它包含填料片本体；所述的填料片本体有数个波板
7	CN204841704U	一种新型的PVC规整填料片	2015.12.09	一种新型的PVC规整填料片，本实用新型涉及填料技术领域，它包含填料片本体；所述的填料片本体有数个波板
8	CN204841706U	一种新型的组合式规整填料	2015.12.09	本实用新型涉及工业塔填料配件技术领域，具体涉及一种新型的组合式规整填料。组合式规整填料有数个填料滚筒
9	CN204841619U	一种复合式规整填料塔	2015.12.09	本实用新型公开了一种复合式填料塔，它涉及填料塔，具体涉及一种复合式分离效率高的填料塔
10	CN204816946U	一种新型塑料雾化喷头	2015.12.02	本实用新型涉及一种新型塑料雾化喷头，属于雾化喷头技术领域，它包含导管、主喷嘴、副喷头导管、弹性导管

续表

序号	公布号	发明名称	公布日期	摘要
11	CN204816549U	一种新型的网孔式规整填料	2015.12.02	本实用新型涉及工业塔填料配件技术领域，具体涉及一种新型的网孔式规整填料。所述的规整填料隔板的中间设置有卡接通孔
12	CN204816553U	一种填料体	2015.12.02	本实用新型公开了一种填料体，它涉及填料，具体涉及一种高效率的填料体。它的矩形框体内设置十字支撑板
13	CN204816973U	一种新型混合喷洒塑料雾化喷头	2015.12.02	本实用新型涉及一种新型混合喷洒的塑料雾化喷头，属于雾化喷头技术领域，它包含喷嘴、底座、过滤网等
14	CN204816548U	一种新型的复合式规整填料	2015.12.02	本实用新型涉及工业塔填料配件技术领域，具体涉及一种新型的复合式规整填料。所述的中间隔板的上端复合有弧形波纹管
15	CN204816945U	一种多功能塑料雾化喷头	2015.12.02	本实用新型涉及一种多功能塑料雾化喷头，属于雾化喷头技术领域，它包含喷头本体、镂空面盖、调节层等

清华大学费维扬老师的扁环填料，用于萃取塔。上海化工研究院陈大昌团队与无锡雪浪填料厂开发了网孔波纹规整填料。2001 年，南通均元开发了专门用于脱硫、脱硝，废水、废气处理的带大 R 的抗堵性 160Y 规整填料，塑料金属混合脱硫等，这些都在工业中得到了成功的应用。

（3）填料类品种和技术进步　填料按照大类别分为散堆填料和规整填料两大类。散堆填料分为球形填料和环形填料；规整填料分为丝网填料、压延孔板波纹填料、刺孔板波纹填料，网孔板波纹填料、格栅填料，蜂窝填料等。

① 球形填料。球形填料是新型的一种球形填料，特别是关于生产吹溴塔用的球形填料，可广泛应用于电力、化工、环保等领域。其特殊之处在于圆桶体两端与弧形杆相接，弧形杆与圆环相接。这种新型填料，具有更好的抗压抗冲击性能，泛点压降大大降低，比表面积增大，空隙率大。使用时，可提高传质效率。

a. 多面空心球，由两个半球合成一个球形，每个半球由若干个半扇形叶片组成，上下片相互错开排列。比其他球形填料比表面积大，一般由塑料制成。

b. 哈凯顿填料，由许多枝条的格栅组成。

c. 依格尔球形填料，由垂直细棒条组成。

d. 椭圆形空心球填料，用塑料制成的椭圆形空心球，主要用于湍球塔中。

② 环形填料。

a. 拉西环（Raschig ring）。1914 年出现了陶瓷拉西环，它对填料塔的发展起到了推动作用，现在，它仍是现代环形填料的基础。拉西环是一个外径和高度相等的空心圆柱体，可用陶瓷、金属、塑料等材料制造。

b. 鲍尔环（Pall ring）。针对拉西环的缺点，做了重大改进，在填料的环壁上开出两排带有内伸舌片的窗孔，每层窗孔有 5 个舌片。这种结构改善了气液分布，充分利用了环的内表面。与拉西环相比，鲍尔环的处理量可增长50%以上，而压降低一半。此填料称为鲍尔环，一般用金属塑料或陶瓷制造。

c. 阶梯环填料（Cascade mini ring），吸取了短拉西环的优点而对鲍尔环进行改进，即环的高径比仅为鲍尔环的一半，并在环的一端增加了锥形翻边。这样减少了气体通过床层的阻力。并增大了通量，填料的强度也比较高，由于其结构特点，使气液分布均匀，增加了气液接触表面而提高了传质效率。一般由塑料或金属制作。

d. 矩鞍环填料（Intalox Saddle）是对弧鞍形环的改进，其主要区别在于将一对弧形面改为矩形面，且内外曲率半径不同，从而避免了容易叠套的缺点，使床层孔隙率均匀，改善了液体分布性能。与拉西环或弧鞍形环相比，其液泛点高，压降和传质单元高度较低。一般用陶瓷、塑料制作。

e. 泰勒花环填料（Teller Rosette，Tellerette）将塑料细条弯成一定直径的螺旋圈，然后盘成花环状或在外圆周用圆环围之以增加环的刚性。与拉西环或贝尔鞍形填料相比，其压降和传质单元高度较低，泛点高，堆积重量十分轻。这种填料一般用塑料制作。

f. 诺尔派克填料（Norpak）一种网格状的填料，是散堆填料发展的一个方向，根据竖框条的尺寸分为不同类型。该填料的特点是生产能力高，压降低、适合于热敏性物系的分离，一般由塑料制作。

g. 托泼派克填料（Top pak）筒体壁面开竖条窗孔，冲出条形舌片上下交错伸向环中心，并将筒体压成球面形，使填料堆积时呈点接触，并充分利用环的内外表面，有利于气液接触和液体的汇集和分散。一般用金属制作。

h. 莱瓦派克填料（Leva pak）利用环形与鞍形填料的特点，将鲍尔环沿纵轴对半剖开，从而使半环内大量舌片达到有效的接触，提高了填料表面的利用率和传质性能，比一般环形和鞍形填料的压降低、传质效率高。一般用金属制作。

i. 比阿雷茨基环（Bialecki ring）将鲍尔球的矩形开孔改为等腰三角形开孔，相邻三角形开孔相互倒置。开孔舌片上下两层方向相反伸向环中心。具有良好的分布性能，滞液量小。可用金属、陶瓷和塑料制作。

j. 高流环填料（Hiflow ring）类似诺尔派克的网格填料，但竖直框条分段上下交错排列。环中央用筋加强，故刚性和强度较好。可用金属、陶瓷和塑料制作。

k. 纳特环填料（Nutter ring）。其外表像半个鲍尔环，类似莱瓦派克填料，但又从壁面冲出两个直径不等的圆环，故像两个叠起的英特洛克斯金属填料。其特点是液体在填料表面多次循环流动而有利于表面更新。弯片腰部有开孔的凸缘，增强了液体向两侧分散，润湿外表面、弯片上下的翻边和中部凸缘，增强了填料的刚性，可达到理想的乱堆和避免叠套。一般用金属、塑料制作。

l. 海尔环填料（Heilex packing）是麦勒派克填料的改进。保持了鞍形主体，但改翅片板为椎体开孔圆筒，从而结合了鞍形与开孔环形填料的优点，与拉西环相比，增大了比表面积和孔隙率，并改善了气液相在填料床层的分布。已成功地用于气体吸收、洗涤及化肥生产等实际场合。

m. 共轭环填料（conjugate ring）。该填料糅合了环形和鞍形填料的优点，采用共轭曲线助片结构，两端外卷边及合适的长径比，填料间或填料与塔壁间均为点接触，不会产生叠套。孔隙均匀、阻力小，乱堆时取定向排列，故有规整填料的特点。有较好的流体力学和传质性能。可用金属、陶瓷和塑料制作。

n. 雪花环填料（Intalox snowflake packing）这是一种扁平的雪花状填料，在堆积时容易达到有序排列，且孔隙均匀，气液分布较好。通常做成直径 94mm 大小。与直径 90mm 的鲍尔环相比，效率高 68%，而压降仅为其 80%，常用于气体洗涤、除酸雾、废水处理和烟气的直接冷却和洗涤，一般用塑料制作。

o. 八四内弧环（very special packing）该填料有合理的几何对称性、良好的构造均匀性、极高的孔隙率。八弧圈与四弧圈顺轴向交替安排，各弧段沿径向环内折进，从而使填料表面连续而不断开，且在空间均匀分布，与鲍尔环相比，通量可提高 15%～30%，压降减小 20%～30%，一般由金属、塑料制作。

③ 规整填料　规整填料是一种在塔内按均匀的几何图形排布，整齐堆砌的填料。由于具有比表面积大、压降小、流体分布均匀、传质传热效率高等优点，因此得到了广泛的应用。最早开发的是金属规整填料，以后相继开发的有塑料规整填料、陶瓷规整填料和碳纤维规整填料。

a. 格栅填料：

ⅰ. 格里奇格栅填料（Glitsch grid）是由金属钢带冲制成单元构件组装而成，结构简单，开口截面大刚性好，与散堆填料比，其压降低、通量大，操作弹性范围大，填料在塔内安装时每层旋转 45°角，适用于处理热敏性物系的蒸馏，及对压降要求低的系统。一般用金属做成；

ⅱ. 亚洛西派克格栅填料（Jaiousie packing）是由 0.2～0.3mm 的金属半片冲压组装而成，是一种具有倾斜板的方格状格栅填料，这种填料操作弹性大，液体分布性能好，在相同填料几何表面积时，其压降比传统的散堆填料低得多，且不易堵塞。由于其优良的液体分布性能，所以特别适用于填料层要求高的场合；

ⅲ. 蜂窝格栅填料：由金属薄片波纹板组成蜂窝状格栅，波纹倾角为 45°，每层支承厚度为 100～200mm，相邻两层成 90°排列。特别是对液滴破碎切割均匀，传质效率高，常用于萃取过程；

ⅳ. 斯纳泼格栅填料（Snap grid）有特殊结构的长条形开条形孔的金属弯片，并相互扣紧而组成一组格栅，再相互组装成格栅填料。其特点是开孔率大，并能在低液体负荷时湿润表面。压降低，结构强度高；

ⅴ. 弗莱克西格栅填料（Flexi grid）由焊接横梁构成坚固的框架，其上安装矩形或三角形斜向平行的许多小叶片，叶片下端呈锯齿形，每层格栅交错 45°。该填料具有通量大和降压低的优点，特别适用于易于结垢堵塞的场合和处理含固体量高的物料；

ⅵ. 网孔格栅填料（Perform grid packing）由多孔的金属网板冲成 90°角的波纹作为填料单元，每板波纹片一侧开有窗孔。组合单元呈水平叠置。上下两层叠放时彼此旋转一角度。

b. 斯特曼规整填料（Stedman packing）。它是最早用金属丝网做成的规整填料，丝径一般为 0.23mm，40～60 目，有圆锥形和菱形两种。填料的基本元件是两个带缺口的丝网锥，将其边缘和顶点分别焊好，再整体装入塔内。一般用于小塔径。

c. 古德洛规整填料（Goodloe packing）。它由 12 股金属丝织成管子状，再压成双层金属网带，并扎成波纹，波纹与轴线呈 60°角。然后将两根金属网带的波纹方向交叉放在一起，卷成圆柱形盘状填料。效率高，压降低，等板高度低，可用于大型或小型塔的蒸馏、吸收，洗涤和液液萃取过程，但有关这种填料的性能数据不多，一般可用金属或塑料丝网制成。

d. 帕纳派克规整填料（Panapak）。这是一种水平波纹形填料。用菱形开孔的压延金属板或金属丝网制成波纹板，将波峰相对叠成水平的波纹填料，总体看呈蜂窝状。在板式塔中，这种填料比其他填料性能好，其等板高度与斯普雷派克填料相仿。一般用金属制成。

e. 丝网规整填料：

ⅰ. 丝网波纹填料（Sulzer gauze packing）是规整填料发展的一个重要里程碑，这种填料是由压成波纹的丝网片排列而成。波纹方向与轴线倾斜 30°或 45°，相邻两片波纹方向相反，波纹片上开有小孔。每层填料高度 40～300mm。在塔内填装时，上下两盘填料交错 90°叠放。具有高效，压降低和通量大的优点，产品有 BX 和 CY 型。通常用于难分离和热敏性物质的真空精馏、常压精馏和吸收过程。可用金属或塑料丝网制成；

ⅱ. 新洛克斯填料是由金属螺旋圈编织成丝网的一种丝网填料。特点是压降低，持液量小，主要用于热敏性物质的高真空精馏。

f. 麦勒派克填规整料（Mellapak）是为克服金属丝网波纹填料由于价贵、易堵和易腐蚀而在推广应用上有局限性的缺点，而推出的一种能广泛应用的规整填料。它是由金属薄片压成带斜齿的波纹形片组成填料盘。波纹对轴线倾角为 30°、45°，板片上可开小孔，以促使液体分散和横向混合，板片上可压出沟纹增进液体均布和润湿。在安装时，每盘填料上下交错 90°安放。这种填料已成为目前高效、低压降、通量大的通用性规整填料。可用金属、塑料、陶瓷制成。

g. 压延刺孔板波纹规整填料是将金属薄板先碾压出密度很高的小刺孔，再把刺孔板压成波纹板片组装而成规整填料，由于表面特殊的刺微孔结构而提高了填料的润湿性能，并能保持金属丝网波纹填料的性能，一般用金属制成。

h. 派拉派克规整填料（Pyrapak）是由板网片冲制成齿形波纹片垂直排列成规整填料。一般由金属制成。

i. 拉鲁派克规整填料（Rala-Pak）是一种垂直孔板规整填料，特点是在金属板片上开几排斜向百叶窗孔，同一板片上每行百叶窗口方向相反，相邻两片的百叶窗口方向交错，另一种型号 Rala-Pak 250YC 是板片上开细缝隙的波纹板填料，性能与苏尔寿兄弟有限公司的 Mellapak 250Y 相仿，但压降较低。

（4）填料塔的选配和要求

① 选择填料。填料的正确选择，对塔的经济效果有着重要影响。对于给定的设计条件，常有多种填料可供选用。故对各类的填料作一综合比较，以便选择比较理想的填料是很有必要的。

② 计算塔径。根据填料特性数据、系统物性参数及液气比等计算液泛气速，乘以适当的系数作为设计的空塔气速，用以计算塔径；或者直接采用由经验得出的气体动能因子设计值来计算塔径。

③ 填料层总高度。应用传质单元法或等板高度法计算填料层的总高度。至于传质单元高度、等板高度的数值，设计时多以经验数据为准。

④ 计算压力降。如果压力降超过限定值，需调整填料的类型、尺寸或降低操作气速后重复计算，直至满足条件为止。

⑤ 结构设计。正确的结构是保证填料塔达到预期性能的必要条件。例如，常因填料支承板的不良设计，导致全塔液泛的提前到来。结构设计包括塔体设计及塔的内件设计两部

分。填料塔的内件包括：液体分布装置、液体再分布装置、填料支承装置、填料压板或床层限制板等。

液体在填料塔内的不良分布可分为小规模（自然）不良分布和大规模不良分布两种。小规模的不良分布是由于填料层内流体的沟流所造成，Zuiderweg 和 Hoek 的研究指出这种不良分布的影响可以通过沟流的相互混合减小，对填料塔的效率影响不大。若填料的制造和安装质量差，也会对效率造成严重影响。大规模的液体不良分布主要是由于分布器初始分布不良而造成的，它会使整个填料塔的效率严重下降。荷兰 Delft 大学 Hoek 的博士学位论文指出，在散堆填料层内部会形成一定数量的优先流动途径，若液体分布器单位面积上的喷淋点数（喷淋点密度，DPD）大于上述单位面积上优先流动途径数，则填料效率能充分发挥，液体在流动过程中，流动途径会合并，最后达到稳定的流动途径数。若喷淋点数少于上述优先流动途径数，液体在流动过程中会分叉，使流动途径数增加，最后也达到稳定的流动途径数。后一种情况下，填料层上部的填料效率要下降。严重时，流体流到填料层下端面出口时，还没达到稳定的流动途径数，则整个填料层效率严重下降。可以造成填料塔效率下降为原来的 1/2～1/3，这也取决于填料型式和填料层高度。通常若填料比表面积大，则 DPD 值也大；若填料对液体的分散系数大，则 DPD 可减小；Spiegel 指出，对于规整填料，点分布转化为线分布后，DPD 可减小。

操作弹性大。气体通过的自由截面积大、阻力小。不易堵塞，不易造成雾沫夹带和起泡沫。结构紧凑，占塔空间少。制造容易，安装方便。

液体分布器质量的评价尚属新的领域。美国诺顿公司的 Moore 和 Rukovena 提出了一种评价方法。以每个喷淋点为圆心作小圆，每个小圆面积代表每个喷淋点流量，大圆为塔截面，全部小圆面积之和与大圆面积相等。通常相当于 15～20 块理论板的填料层高度应设置一个再分布器，以保证填料效率的充分发挥。填料层中理论级数越多，则液体分布质量对填料层效率的影响越大。

填料塔内气体分布的研究远不如液体分布的研究来得透彻。气体流动性能远较液体为大，气相的横向混合速率至少三倍于液相，在填料层内气体流道的曲折性以及其形状的多变性给研究增加了困难。随着大空隙率、低压降填料的开发，以及大直径、浅床层填料塔的推广应用，气体分布问题已日益受到重视。据报道，在直径 4.5m，高 2m 的填料吸收塔中，用乙醇胺吸收二氧化碳的实验发现，侧向进气引起塔内气体横向流动的不均匀性，使得整个填料床层中气体分布不均匀，结果靠进气口半边塔的传质效率较另半边塔高 30%。可见气体分布不均匀，会造成填料层内气液相分流，使分离效率严重下降。

ⅰ. 蒸馏和吸收虽有较悠久的研究历史和工业实践经验，但目前还处于半经验的水平，理论预测与实际情况常产生偏差，故理论研究尚有大量课题需要深入进行；对填料塔而言有：气、液两相在填料层中逆流流动规律；填料塔的稳态及非稳态模拟，以进步完善的三维非平衡级混合池为基础的模拟；气、液两相在填料层中径向及轴向返混，特别是在大直径规整填料塔中的混合等。要从总包（宏观）的研究方法逐步发展微观与宏观相结合的蒸馏传质理论。

ⅱ. 填料塔在增产、节能、降耗、提高产品质量方面能发挥很大作用，随着塔器的大型化，要开发研制新型填料及新型塔内件，尤其要加强针对气体和液体分布装置的研究。

ⅲ. 蒸馏和吸收技术有极为广阔的市场，它们目前是并将继续是重要的工业分离方法。特别是填料塔应用范围越来越广泛，还应开拓新的应用领域，如空气分离、天然气处理以及某些环保方面的应用。填料塔用于高压精馏场合要分外谨慎，还必须进一步探索。

4. 甲醛尾气余热锅炉

银法生产37%甲醛，最终三塔顶排出的尾气中含有H_2约18%～20%，CO、CH_4、O_2各0.5%，CO_2 5%，N_2 72%～74%，水和微量的甲醛、甲醇等。其中约20%的可燃气（H_2、CH_4，标准状态），其热值约526kcal/m^3，生产1t甲醛约产生尾气633m^3。如果利用它来燃烧产生蒸汽，既可使尾气中的有害气体完全燃烧消除污染，又可产生蒸汽，供甲醛生产设备和其他工业使用。甲醛尾气含有20%左右的H_2，氢氧反应属爆炸反应，按上述尾气成分计算的爆炸极限为5.6%～74.5%。因此，如何安全、高效地利用尾气成为关键技术问题。

(1) 工业锅炉燃烧处理甲醛尾气技术可行性

① 燃烧安全性。据《煤气设计手册（上）》文献所述，浙江双峰锅炉制造有限公司计算出甲醛尾气在空气中的爆炸极限为5.6%～74.5%。燃烧时过量空气系数$\alpha=1$时，炉膛中检测剩余可燃气体体积分数约1.97%，$\alpha=1.1$时，炉膛中剩余可燃气体体积分数约0.4%，$\alpha=1.15$时，炉膛中剩余可燃气体体积分数低至约0.1%（可忽略不计）。因此正常燃烧时（炉膛温度高于着火点温度，有合适的燃烧空间，有充足的助燃空气），保证炉膛过量空气系数不低于1.15（对应烟气氧含量2.8%），且尾气与助燃空气混合良好情况下，炉膛中几乎无剩余可燃气体聚集，且正常运行时尾气流量、压力基本稳定（罗茨鼓风机送风），是不会发生爆燃的。

关键是点火阶段，应注重点火前预吹扫；应保证充足的助燃空气，并加强尾气与助燃空气的混合；应有稳定的点火源；应有可靠的防回火装置及熄火保护装置。

正常燃烧时，炉膛过量空气系数α应保持在1.15～1.2之间为最佳，对应烟气氧含量为2.8%～3.5%。烟气氧含量越高，燃烧安全性越高，但热效率有所降低。点火阶段应保持较高的氧量（4%以上）。

② 燃烧放热量计算。甲醛尾气燃烧时，其化学反应式如下：

$$CH_4+2O_2 \longrightarrow 2H_2O+CO_2$$

$$2H_2+O_2 \longrightarrow 2H_2O$$

$$2CO+O_2 \longrightarrow 2CO_2$$

$$CH_2O+O_2 \longrightarrow H_2O+CO_2$$

根据基尔霍夫定律，甲醛尾气燃烧时各物质的燃烧焓可按下式计算：

$$\Delta H_{473}^{\ominus}=\Delta H_{298}^{\ominus}+aT+\frac{1}{2}bT^2+\frac{1}{3}cT^3$$

$$\Delta H_{298}^{\ominus}=\sum(\Delta H_{i298}^{\ominus})_{生成物}-\sum(\Delta H_{i298}^{\ominus})_{反应物}$$

根据上式计算甲醛尾气计算热值约526kcal/m^3，生产1t甲醛约产生尾气633m^3，燃烧效率98%，计算燃料发热量=526kcal/m^3×633m^3×98%=32.63×10^{4}kcal。

排烟温度150℃时，燃烧及换热总热效率为84%（化学不完全燃烧损失2%，散热损失1.5%，排烟热损失12.5%），锅炉有效利用热量=32.63×10^{4}kcal×0.84=27.4×10^{4}kcal。1.0MPa饱和蒸汽焓值665.58kcal/kg，80℃给水焓值80kcal/kg，可供1.0MPa饱和蒸汽=27.4×10^{4}kcal÷(665.58kcal/kg−80kcal/kg)=468kg（有冷凝水回收，进水温度按80℃）。

如果配置冷凝式节能器，进一步降低排烟温度（低于露点温度，需考虑防止节能器及烟道低温腐蚀），回收烟气中部分水蒸气的汽化潜热，锅炉热效率可达90%以上，生产1t甲醛产生尾气，通过锅炉可产生1.0MPa饱和蒸汽近500kg。

③ 经济效益　以年产8万吨甲醛配用6t/h余热锅炉为例，每年按7200h运行时间计算，可产蒸汽＝80000×0.468t＝37440t/a(5.2t/h)。

锅炉房总投资大约150万元。按设备使用寿命10年计算设备折旧费为20.83元/h；

锅炉房用电装机容量约60kW，实际按30kW计算（变频）；每度（kW·h）电按1元计算，电费30元/h；

每小时用水6t，水费4.2元/t，水费25.2元/h；

一个专职司炉工工资一年4万元，工资5.55元/h；

每小时总费用20.83＋30＋25.2＋5.55＝81.58元。

实际平均每小时产汽量5.2t，则每吨蒸汽成本（不计尾气成本）81.58/5.2＝15.69元。

每吨蒸汽按120元外供，计算投资回收期只需4个月。

年回报效益＝(120－15.69)×5.2×7200/10^4＝390.53万元/a。

(2) 工业锅炉燃烧处理甲醛尾气技术现状与典型结构

① 技术现状。目前一般甲醛生产厂常规配套余热锅炉，通常采用一道水封装置，燃烧装置没有配备自动点火装置，没有配备炉膛熄火保护装置，安全性差；没有采用保温绝热炉膛，炉膛没有采用分级配风装置，燃气与空气混合较差，燃烧效率较低；余热锅炉通常采用立式火管式（或水管式）结构，没有采用高效受热面，且受热面积布置不足，余热锅炉排烟温度较高；余热锅炉尾部没有采用烟气冷凝技术，余热回收利用率低；每生产1t甲醛产生的尾气燃烧后余热利用仅能产0.3～0.35t左右的低压饱和蒸汽。

② 典型结构。常规立式余热锅炉分两种，即立式水管式和立式火管式（图5-31），其结构较为简单，通常没有配置尾部节能器，热效率低。

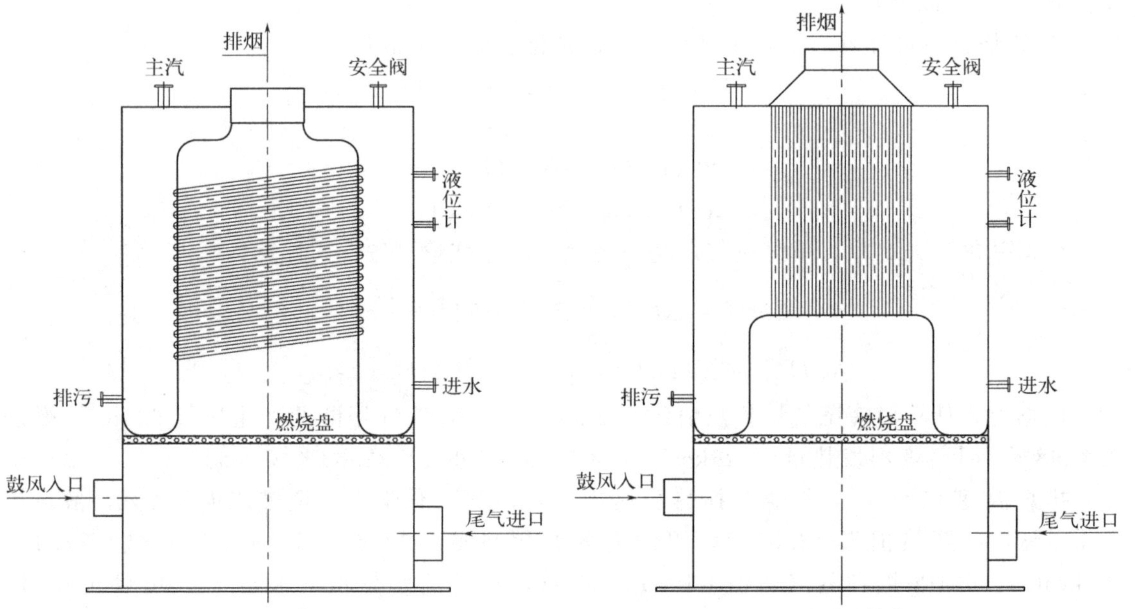

(a) 立式水管式　　(b) 立式火管式

图5-31　常规立式余热锅炉

(3) 一种新型甲醛尾气余热锅炉

① 新型甲醛尾气余热锅炉工艺流程。新型甲醛尾气余热锅炉系统流程示意图，如图 5-32 所示：

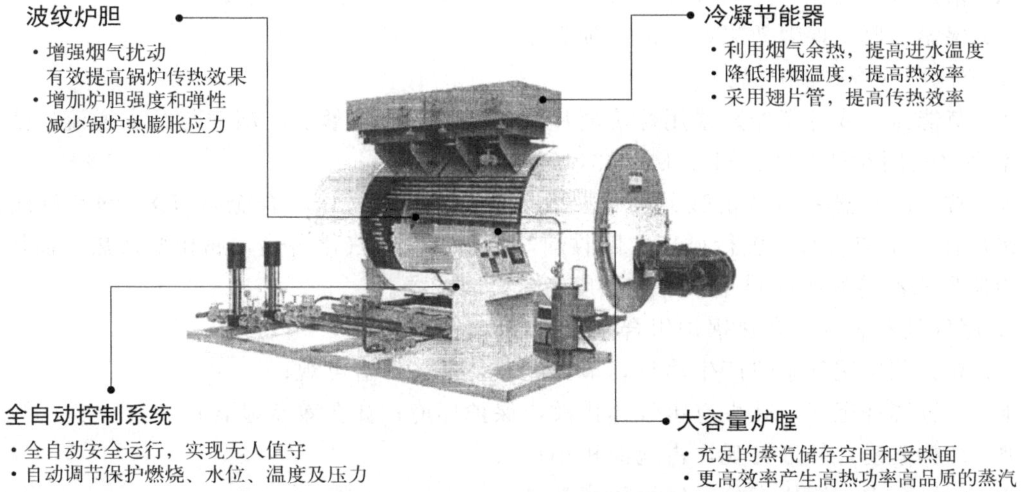

图 5-32　新型甲醛尾气余热锅炉系统流程示意图

②“双峰”甲醛尾气余热锅炉技术特点。采用尾气处理装置加余热锅炉方式，提高燃烧安全性和锅炉热效率。

a. 尾气处理装置特点：

ⅰ. 采用绝热炉膛，提高炉膛火焰温度，并选取合适的炉膛容积热负荷，高温烟气在炉内停留时间长，混合均匀，燃烧充分；

ⅱ. 采用重型炉墙，外包彩钢板，炉墙厚度厚，炉墙密封性能好，保温性能好；

ⅲ. 与尾气接触的管道，烧嘴均采用耐腐蚀耐高温的 304 不锈钢材质，使用寿命长；

ⅳ. 独特的配风系统，鼓风机将燃烧所需的空气鼓入两侧风箱，再通过两侧错列、分层、交错、射流式布置的不锈钢喷嘴喷入炉膛，形成两侧各两道风幕层，加强燃气与空气的混合、扰动，大大提高燃烧效率，同时防止炉膛内集聚可燃气体，提高燃烧安全性；

ⅴ. 鼓风机采用变频控制，余热锅炉尾部安装氧量计，根据氧量调整鼓风量，既保证燃烧所需的合适的空气量，又防止过多的冷空气送入炉膛降低炉膛温度和热效率；

ⅵ. 引风机根据炉膛负压自动变频控制。

b. 余热锅炉特点：

ⅰ. 双锅筒纵置式水管型。主要由余热炉本体、底座、钢架及外包以及本体管路等部件组成。结构简单，安装维修方便，运行安全可靠；

ⅱ. 本体由上下锅筒及水冷壁管、对流管束等组成。筒体和封头由 Q245R 钢板制成。上、下锅筒之间有 ϕ51mm×3mm 水管（水管与锅筒连接采用焊接），构成对流受热面；

ⅲ. 尾气处理装置出来高温烟气通入余热锅炉，先经辐射换热，然后进入对流管束对流换热，对流管束有两个烟气回程，烟气横向冲刷，受热面积充足，换热系数高，排烟温度低，锅炉热效率高，产汽量大；

ⅳ. 横向冲刷，与烟气纵向冲刷烟管束相比，烟气流阻小，有利于降低引风机电耗；

ⅴ. 保证蒸汽品质，在锅筒内设有汽水分离装置；

ⅵ. 用轻型炉墙结构，外包彩钢板，外形美观；

ⅶ. 余热锅炉置于尾气处理装置上部，节省空间和占地面积，减小烟气阻力；

ⅷ. 锅炉水位全自动控制，安全可靠；

ⅸ. 余热锅炉各操作点均设计布置有平台扶梯及护栏，操作方便；

ⅹ. 保温层厚，保温效果好，散热损失小。

c. 节能器（冷凝器）特点：

ⅰ. 节能器（或冷凝器）采用螺旋鳍片管式结构，结构紧凑，烟气与给水逆流换热，换热效率高（实用新型专利：ZL201420631402.7）；

ⅱ. 常压冷凝器采用高耐酸、热交换效果优良的09CrCuSb合金（ND）钢螺旋鳍片结构，采用循环泵与软水箱进行循环，回收烟气中水蒸气的汽化潜热，属相变换热，换热效率高。冷凝器需有冷媒吸收热量，给水温度为常温时配置。

d. 尾气处理装置＋余热锅炉组合系统的综合特点：

ⅰ. 充分利用尾气余热产生蒸汽，节省能源，经济效益可观；

ⅱ. 充分燃烧尾气，减少有害气体排放，保护环境；社会效益显著；

ⅲ. 结构紧凑，外形美观，占地面积小；

ⅳ. 配风合理，燃烧充分，燃烧效率高；

ⅴ. 合理设计的二次风装置，强化了炉内气流扰动和混合，有效防止了局部可燃气体聚集和爆燃，提升了尾气燃烧的安全性；

ⅵ. 余热锅炉受热面积充足，换热效果好、效率高，排烟温度低，产汽量大；

ⅶ. 采用变频控制和先进的自动控制系统；

ⅷ. 烟气阻力小，引风机能耗低；

ⅸ. 锅炉水位全自动控制，安全可靠性好。

③ 成功案例。浙江双峰锅炉制造有限公司设计制造的新型甲醛尾气余热锅炉已有多个成功案例（图5-33），用户分别分布在浙江、江苏、安徽、四川、广西、云南等省、自治区；蒸发量从4～13t/h、压力从1.0～1.6MPa不等。

图5-33 新型甲醛尾气余热锅炉

（4）结语 用工业锅炉燃烧处理甲醛尾气的新技术切实可行，工艺先进，安全可靠性高，热效率高，产汽量大，投资回收期短。

用工业锅炉燃烧处理甲醛尾气的新技术不仅能充分回收甲醛尾气的余热，还能消除尾气中的有毒有害废气，使废气达标排放，符合国家现行各项节能环保政策要求。

参考文献

[1] 戴自庚，全国甲醛行业协作组．甲醛生产［M］．成都：电子科技大学出版社，1993.

[2] 夏清，陈常贵．化工原理［M］．天津：天津大学出版社，2007.

[3] 唐家源．甲醛氧化器的演变及工艺的进步［C］//2003年全国甲醛行业技术交流会报告集．

[4] 熊滨生，陈江义，熊安然．三叶罗茨风机的流量特性研究［J］．流体机械，2005，33（12）：27-29.

[5] 李贵超，徐博．探究罗茨风机的变频改造节能技术［J］．城市建设理论研究，2012（33）：1-6.

[6] 孟彩云．我国甲醛生产现状与技术进展［J］．化学工程与装备，2010（9）：160-162.

[7] 周万德，向家勇，李峰．甲醇及其衍生物［M］．北京：化学工业出版社，2018.

[8] 冉晴，崔明辉，刘涛．翅片管式换热器的研究进展［J］．区域供热，2022，（05）：129-135.

[9] 陆惠龙．一种高产能甲醛氧化器［J］．石油和化工设备，2021，24（03）：57-59.

第六章　催化剂

第一节　概述

甲醇氧化生成甲醛的反应，在常温下可自动进行，但要使反应进行得快，副产物少，在工业化生产中达到高产、优质、低耗的目的，除了原料、设备及工艺操作条件等因素以外，关键是寻找和选用性能良好的催化剂。

1868 年，A. W. Hofmann 在铂催化剂存在下，用空气氧化甲醇首次合成出甲醛。1886～1889 年，采用铜催化剂进行了工业化的开发工作，并生产出工业甲醛。

1910 年，O. Blank 研究开发的银催化剂问世，并于 1925 年开始发展应用于较大规模甲醛工业生产。

1933 年 V. E. Meharg 和 H. Adkin 首次申请铁钼氧化物催化剂专利。自此，银和铁钼催化剂一直作为甲醇制甲醛的两类主要工业催化剂应用至今。

第一类是金属银催化剂。用金属银为催化剂生产甲醛，简称银法，使用这种方法时，甲醇在原料混合气中的操作浓度高于爆炸区上限（大于 36%），即在甲醇过量的情况下操作；由于反应时氧气不足，反应温度又较高，所以脱氢和氧化反应同时发生。

银催化剂主要可分为负载银（如浮石-银等）、电解银（如海绵银、结晶银）、泡沫银等三种不同类型的结构形式。

第二类是以金属氧化物作为催化剂，例如铁、钼、钒等的氧化物，以铁钼氧化物作为催化剂生产甲醛的方法简称铁钼法。此法是在空气、甲醇混合气中甲醇浓度低于爆炸区的下限（小于 6.7%），即在含有过量空气的情况下操作；由于空气过量，甲醇几乎全部被氧化。铁钼法的优点是反应温度较低，副反应少，产率高，催化剂寿命较长。

作为工业产品催化剂应该具备以下几个条件与特点：

① 反应活性好，即一次性转化率高。

② 选择性好，不仅对主反应有催化作用，而且对副反应有一定的抑制作用。

③ 抗毒稳定性好，耐用、耐热、抗毒，并有足够的力学性能，初始使用压降小，在使用过程中阻力上升缓慢。

④ 能快速达到最佳反应状态，催化剂使用寿命长。

⑤ 在催化过程中，抗干扰性好，异常停电、温度突然波动的影响小。

⑥ 对催化床层的铺装设计操作弹性大。

⑦ 催化剂本身损耗少，且容易再生。

⑧ 优良的催化剂是表面积、堆积密度、机械强度、抗毒性等众多优点的最佳组合体。

目前甲醇制甲醛工业生产中主要使用电解银、铁钼氧化物两种催化剂，两者主要性能见表 6-1。

表 6-1　甲醛生产用催化剂的性能比较

项目	电解银	铁钼氧化物
反应温度/℃	620～660	250～400
甲醇转化率/%	92～97	97～98
甲醛产率/%	88～92	91～95
甲醇单耗/(kg/t,37%CH_2O)	440～450	420～430
成品中甲醇含量/%	0.3～0.7	0.3～0.7
成品甲醛浓度/%	37～46	37～55
催化剂寿命/月	1～3	12～18

人们对其他金属对甲醇进行催化反应的研究也一直没有停止，能进行甲醇催化生成甲醛的非银单质金属类型还有许多，如表 6-2 所示。

表 6-2　甲醇催化生成甲醛的非银单质金属类型

活性组分	组成(以摩尔分数计)/%	反应温度/℃	接触时间/s	转化率	选择性
Cu	100	340	0.2	0.17	0.89
Ag	100	650	0.2	0.96	0.91
Zn	100	650	0.2	0.13	0.66
Ag/Cu	90/10	620	0.2	0.85	0.92
Ag/Zn	77/23	650	0.2	0.19	0.67
Ag/Te	99.5/0.5	800	0.3	0.37	0.07
Cu/Zn	25/75	600	0.3	0.3	0.62
Cu/Te	99.5/0.5	750	0.5	0.36	0.22
Zn/Te	98/2	700	0.2	0.37	0.07
Cu/Zn/Te	84/12/4	730	0.2	0.5	0.04
Ag/Cu/Te	5/20/75	750	0.1	0.51	0.26
Ag/Zn/Te	74/24/2	550	0.3	0.39	0.49
Ag/Cu/Te	95/3/2	800	0.2	0.13	0.28
Ag/Cu/Te/Zn	15/6/75/4	600	0.1	0.35	0.29

上述基本上是对银（Ag）、铜（Cu）、锌（Zn）、碲（Te）的排列组合的合金的研究。在这些催化剂中转化率最高的是单质 Ag 银 96%，选择性最高的是 Ag/Cu（银/铜）合金 92%，反应温度最低的也是 Ag/Cu（银/铜）合金 620℃。

又如 V-Mg-O 催化剂：G. V. Isaguliants 和 I. P. Belomestnykh 于 2005 年在《Catalysis Today》发表了题为《Selective oxidation of methanol to formaldehyde over V-Mg-O catalysts》的文章：V-Mg-O 催化剂在温度约 450 ℃，甲醇脱氢氧化（ODH）生成甲醛，在 97%的选择性下产率为 94%。在长时间运行的 60 小时内，没有检测到催化剂性能的明显变化（甲醇转化率、甲醛选择性和产率）。

第二节　电解银催化剂

1. 发展概况

20 世纪 70 至 80 年代是以电解银催化剂为主体的银法生产甲醛在我国甲醛工业日趋成熟的发展阶段。1977 年，复旦大学化学系与上海溶剂厂共同开发，试制成功了我国新一代甲醛催化剂——电解银催化剂。该催化剂具有活性高、选择性好、单耗低、制作方便、无污染的特点，其制备工艺一直沿用至今。

电解银催化剂经过了几十年的发展，不仅从生产工艺上，还是产品性能上，都有很大的进步。生产中，主要使用两种电解银产品：海绵银和结晶银。海绵银是一种以银丝相互缠绕结合紧密的颗粒状电解银催化剂；结晶银是一种外观光泽明亮、呈晶体颗粒状的电解银催化剂。这两种催化剂在国内外甲醛行业中广泛推广使用。两个品种目视外观及微观结构见图 6-1 和图 6-2。

(a) 海绵银　　(b) 结晶银

图 6-1　海绵银与结晶银外观结构对比

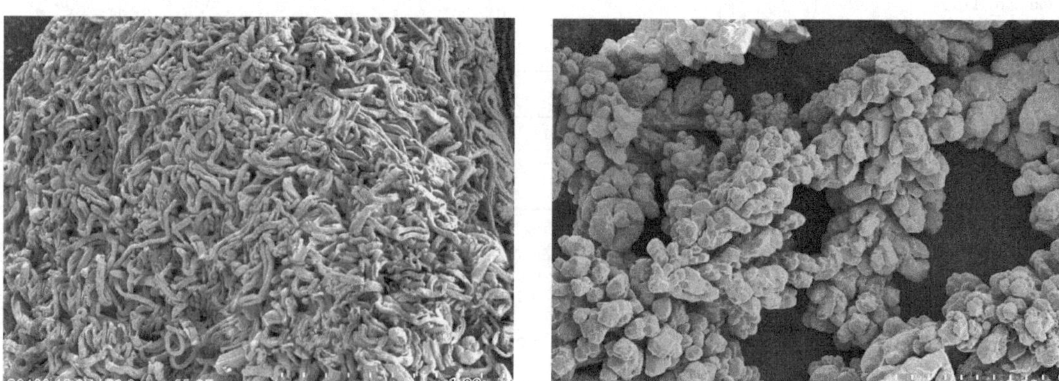

(a) 海绵银　　(b) 结晶银

图 6-2　海绵银与结晶银微观结构对比

自电解银催化剂成功应用甲醛工业生产以后，各甲醛厂大多自己配套生产电解银催化剂，催化剂质量良莠不齐。由于技术、人员、成本的原因，催化剂一直是很大的一项生产投入。自 2000 年前后，出现如临沂和平贵金属催化剂有限公司（现公司名临沂鹏科金属科技有限公司）、浙江省仙居鑫源银触媒有限公司等专业制作电解银催化剂的厂家，用科学的管理和先进的工艺，保证了产品的品质，集中处置也杜绝了资源浪费和环境污染。

2. 催化剂特点

结晶银和海绵银催化剂共有特点：比表面积大、热稳定性好、收率高、系统阻力小、电耗低、抗毒能力强。

海绵银催化剂特性：电解外观呈长纤维、海绵状，造粒后光泽较暗、低于 40 目较易结团，60～8 目密度逐渐增大，机械强度逐渐递增。

结晶银催化剂特性：电解外观呈珊瑚枝状聚集，外观光泽明亮、呈晶体颗粒状，机械强度远大于海绵银，自然密度从 8～60 目递增。用结晶银催化剂生产甲醛，甲醇单耗更低一些。

3. 制作工艺

过去电解银催化剂生产采用二次电解，第一次电解将原料银提纯，第二次电解造型。而回收的旧催化剂用草酸浸泡后电解，目前已被图 6-3 工艺所替代。

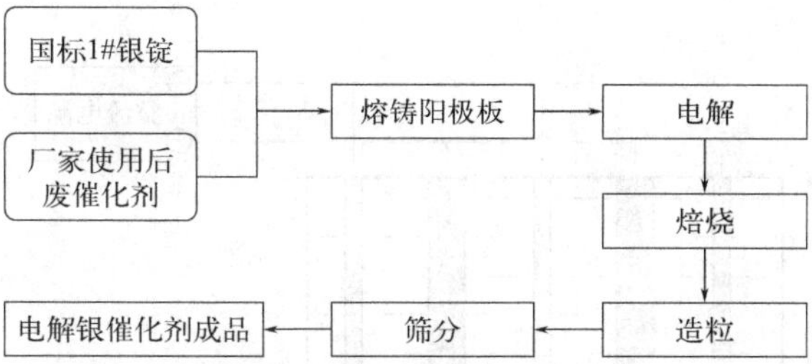

图 6-3　电解银制作工艺流程图

过去由于原料银纯度不高，需要进行二次电解，第一次为提纯，第二次为造型，而回收的旧催化剂用草酸浸泡后电解，目前均被图 6-3 所示的工艺所替代。

（1）高温熔铸　高温熔铸也就是火法精炼。火法精炼是指在高温熔化金属的条件下，用化学的或物理的方法使均相的含杂质的金属体系变为多相（一般为二相）体系，用各种方法将不同的相分开，实现主体金属与杂质分离的精炼过程。化学方法如某些杂质对氧亲和势大于主金属，在精炼中加入氧化剂，杂质被氧化成氧化物，而主金属不被氧化仍保持为金属形态，从而实现分离（此为氧化精炼，还有氯化分离等）。物理方法是利用主金属与杂质的某些物理性质，如蒸气压（真空精炼等），液、固两相间的溶解度（熔析精炼和区域熔炼）等的不同进行分离。

除去银中铜：日本专利《银铜系合金的火法分离方法》杂志《黄金》1989 年第 1 期 P52～54 报道：将含铜 2%～50%的银铜系合金加热至 850～1200℃进行熔化。再吹入氧气或空气，同时按合金中铜质量的 0.5～2 倍加入固体或液体氢氧化钠或氢氧化钾，以及炉壁保护剂 SiO_2、H_3BO_3、$Na_2B_4O_7$ 中的至少一种，合金中的铜发生反应被除去。炼得的银浇铸成阳极。

除去银中铁和硫：氧化精炼时除了通入氧气或空气外，通常还要加入石英砂、石灰和苏打等熔剂，铁生成铁橄榄石 $2FeO \cdot SiO_2$ 或铁酸盐造渣除去，硫则以 SO_2 气体除去。

除去银中的硒 Se 和碲 Te：中国专利 CN103526232A，粗银熔融状态下加入氧化剂硝酸钾、硼砂和过二硫酸钠，反应 5～20min，硒 Se 和碲 Te 含量均降到 0.005%以下。

又如：乙烯氧化制备环氧乙烯使用的载体为 α-Al_2O_3 的银催化剂，含银量一般约为 15%～40%。使用 2～3 年后失活的催化剂，通过添加造渣剂 CaO，形成 CaO-Al_2O_3 二元渣系降低氧化铝的熔点，熔炼温度 1500℃，时间 6h，由于银密度大，沉在坩埚底部，渣相和金属相分离，得到纯度大于 99.8%的银，银回收率大于 99%。

由于是一炉一炉间歇操作，可根据每炉粗银的杂质种类和含量（回收的电解银催化剂其中杂质种类并不复杂，主要是铜、铁和碳)，在熔炼的过程中针对性地投入相应所需量的熔剂和氧化剂，除去渣相和气体等，待质量达到电解原料的中控标准时浇铸成电极。

临沂鹏科金属科技有限公司方法为：将回收的废催化剂银放入 1200℃高温的炉中，使其中的硫、砷、氯和溴等有毒物质蒸发除去，然后加入熔剂和氧化剂熔炼几小时，铁、铜、铅等金属杂质因其密度的差异，也得以除去。出炉的原料银纯度达到 99.99%以上。然后将原料银和国标 1＃银浇铸成一定形状的阳极板，以方便进入电解槽内电解。

(2) 电解　此步骤目的是进一步提纯及造型，生成海绵银、结晶银和雪花银。以熔铸后的银板作为阳极，钛板作为阴极，以铜棒或银棒作为阳极的导电材料，在以硝酸银、硝酸、水按比例配制的电解液中，在一定的电压、电流强度下进行电解，获得电解银。装置示意图如图 6-4 所示。

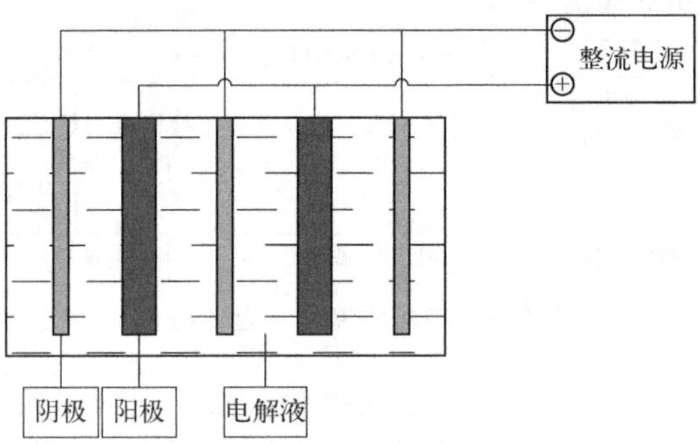

图 6-4　电解装置示意图

过去电解槽采用单槽单列，一般容积 20～50L，现在普遍采用多列式，容积 3～5m^3，具有自动挂槽、电解液自动循环等自控系统。

(3) 焙烧　电解得到的电解银经清洗至无 Ag^+，pH 为中性，放入炉中干燥，然后逐渐升温到 680℃的高温炉焙烤 2～3h 自然冷却后取出，以增强催化剂的机械强度和热稳定性。

(4) 造粒、筛分　电解银的选粒一般采用手工和机械两种方法。手工选粒是将焙烤成型后的电解银放入筛网中用专用搓板等工具手工造粒，然后用铜网或不锈钢标准筛进行筛选，选出 8～60 目不同规格的颗粒。

机械选粒是将焙烤成型的电解银放入粉碎机中粉碎，用球磨机等进行造粒，然后振动筛选筛。

4. 质量标准

2011 年 11 月，我国的甲醇制甲醛电解银催化剂化工行业标准已经制定完成，标准号为 HG/T 4351—2012《甲醇制备甲醛用电解银催化剂》。对催化剂的质量要求如表 6-3 和表 6-4。

表 6-3　催化剂的化学成分

项目		指标
银(Ag)的质量分数/%	⩾	99.998
铜(Cu)的质量分数/%	⩽	0.0005
铁(Fe)的质量分数/%	⩽	0.0002
铅(Pb)的质量分数/%	⩽	0.0002
铋(Bi)的质量分数/%	⩽	0.0003
硒(Se)的质量分数/%	⩽	0.0002
碲(Te)的质量分数/%	⩽	0.0002
锑(Sb)的质量分数/%	⩽	0.0002
钯(Pd)的质量分数/%	⩽	0.0002

表 6-4　催化剂的物理规格

粒径尺寸		振实密度/(g/cm^3)　⩽	
目数	mm	海绵银	结晶银
100	0.151～0.250	2.0	6.0
60	0.251～0.425	1.6	6.0
40	0.426～0.600	1.5	5.6
30	0.601～0.710	1.7	4.9
25	0.711～1.00	2.0	4.3
18	1.01～1.70	2.6	3.6
12	1.71～2.36	2.8	3.0
8	2.37～3.35	3.0	3.0

注：留在该目数筛网上的颗粒。

分别用原子吸收分光光度计（铜、铁、铅、铋）、电感耦合等离子体原子发射光谱仪（硒、碲、锑、钯）测定杂质质量分数，扣除杂质质量分数总和计算出银的质量分数。

GB/T 5162—2021《金属粉末　振实密度的测定》将一定量的粉末装在容器中，通过振动装置振动（经商议也可采用人工操作），直至粉末的体积不再减少。粉末的质量除以振实后的体积得到它的振实密度。

5. 使用技术

电解银催化剂的使用技术主要包括催化剂的选择、合理设计银催化剂床层和优化生产工艺条件。它还包括一些随着银法甲醛生产发展所创造的一些保障技术和辅助技术措施，例如催化剂室与管板结构的改进与设计、催化剂的铺装技术、对使用过的催化剂进行纯化处理和在生产过程中添加活化促进剂等等。不同工厂可能还会有一些特定的有利于生产达到最佳效果的其他技术措施。

（1）催化剂的选择　催化剂的选择主要是对催化剂的化学成分、物理规格进行选择。以保证催化剂的纯度和适合生产所需要的粒度。高纯度与和合理的粒度构成，可以使电解银催化剂体现出：转化率高、选择性好，使甲醛生产的甲醇单耗低；催化剂床层透气性好，催化床阻力低、阻力上升缓慢，使送风设备省电、能耗低。

① 纯度。纯度高是电解银催化剂最基本的质量要求。电解银催化剂的外观应呈银白色，有光泽，结晶状态好，其银含量应达到99.995%以上。

② 粒度。一般地说，催化剂粒度较细，有利于提高反应的转化率，但粒度过细，又会使系统阻力增大，空速受到限制，从而降低设备的生产能力。一般电解银催化剂的粒度应选择准备好8～60目之间的多个粒度规格，以便于催化剂床层设计的选用。

③ 晶体结构。银催化剂晶体结构关系到其比表面积和催化剂的压降，从理论上讲微粒呈球状的催化剂有较大的比表面积和较低的阻力，而片状和针状的不理想。在反应能量再改变它微观形态的过程中，球状易增加有利的比表面积以及能保持良好的透气性，而片状或针状在反应能量在改变微观形态的同时，除易增加一定的比表面积外，更易使结晶片之间烧结，增大了催化剂层阻力。

④ 假密度。在同一目数的情况下，银催化剂的假密度大小与其比表面积成反比，与其重量成正比，这是银催化剂床层配方设计的重要数据之一（假密度是物质质量与其假体积之比，假体积为物质体积加闭口气孔体积。）。

⑤ 比表面积。银催化剂反应层的比表面积的大小决定了甲醇的转化率，比表面积过大会导致生成的甲醛易于分解，比表面积过小会使转化率降低。可作为反应层的电解银催化剂颗粒的比表面积应至少应大于55cm^2/g。

（2）催化剂床层设计　在我国使用海绵银和结晶银时，一般催化剂床层厚度为10～20mm，采用不同目数的多层催化剂，由粗到细，从下至上铺装，使用量随着产量增大而递增，铺装量可由催化剂室大小与催化剂密度数据来计算（表6-5）。

表6-5　催化剂室直径与产量（配料蒸汽法）

催化剂室直径/m	0.8	0.9	1.0	1.2	1.4	1.6
产量/(万吨/年)	1.0	1.2	1.5	2.0	3.0	4.0
催化剂室直径/m	1.8	2.0	2.2	2.4	2.6	2.8
产量/(万吨/年)	5.0	6.0	7.5	8.5	10.0	12.0

电解银催化剂有海绵银、改良海绵银、结晶银、改良结晶银和雪花银多种。为了能选择好催化剂首先得了解各种催化剂的理化性能，堆积密度（体积密度）、振实密度（压实密度）、假密度（比表面积）等，以及改良前后海绵银、结晶银和雪花银在实际生产中转化率、选择性和阻力降的数据。

以结晶银和海绵银两种为例，结晶银有热稳定性强、系统阻力小、抗污染能力强等优点，但铺装量较多，达到活性期时间稍长一点；而海绵银活性来得很快，且铺装量一般只有结晶银的50%～60%。结晶银的铺装量为60～65kg/m^2。海绵银的铺装量为32kg/m^2（按氧化器横截面积计算）。

综合考虑两种银催化剂的优点，也可采用底部以结晶银为主（一般占到总量的90%～98%），表面装有海绵银（5%左右）或仅用少量海绵银（2%左右）饰面。这种方法有利于下层银催化剂的重复利用，下次补银催化剂时，表面的海绵银较容易剥离下来。

为了正确铺装与达到或接近预期的设计效果，催化剂铺装配方应包括部位、目数、数量等内容。根据专门的催化剂床层设计及以往的经验，铺装配方参考见表6-6～表6-8。

表 6-6　电解银催化剂铺装参考配方 1

部位	目数	数量/kg	修补/kg	说明
面层	45～60 目	5	1	
第二层	35～45 目	25	4	
第三层	18～35 目	15	4	
底层	10～18 目	60	4	
缝隙	10～18 目	10		
边缘	35～45 目		8	底层与面层之间
合计		115	25	140kg

注：反应器直径 $d=1800$mm（55kg/m^2 结晶银）。

表 6-7　电解银催化剂铺装参考配方 2

方案	粒度	占总重量比/%	部位
第一种	16～32 目 6～12 目	10% 90%	上层 下层
第二种	10～32 目 6～10 目 6～8 目	20% 55% 25%	上层 中层 下层
第三种	32～60 目 10～32 目 6～10 目	15% 50% 35%	上层 中层 下层

表 6-8　电解银催化剂铺装参考配方 3

粒度	高度/mm	部位
40 目	1	上层
30 目	1	中层
23～28 目	13	下层

(3) 银催化剂的铺装技术　催化剂铺装技术关系到催化剂床层优化设计方案能否正确实施。银催化剂的铺装应根据开机计划周期长短、产量的大小、选用的生产工艺、反应室的结构有钢圈与无钢圈、支撑铜网是一层或多层、管板是平面形或凹形等多种因素综合考虑，采取有针对性的不同的技术措施。催化剂在铺装时应选用不同目数的银催化剂，遵循先粗粒后细粒、平整均匀的基本原则，合理搭配并用专用工具铺装。

① 银催化剂的铺装。采用铜网支撑时，首先要求铜网、紫铜布退火铺匀，并将周边匝紧固定，热电偶的安装应固定牢固而不影响银催化剂的铺装。

采用花板铺装时特别应注意花板、支撑圈（支架）的校平，同时花板与氧化器内壁的缝隙应用紫铜布卷成条状填平，使其和银催化剂压紧压实，防止产生催化剂层“沟漏”，否则会使甲醛产品酸度增高和甲醇消耗增高。

银催化剂采用分层铺装，分层较多有利于银催化剂的铺装平整和活性的发挥；每层铺装的时用水平仪检校，保持水平误差小于千分之一，每层用专用压银工具压紧后再铺上层；铺最后一层后应在压铜网（使用铜网的）托圈内侧需增铺 3mm 左右厚的催化剂，以防止开机时铜网下降而产生沟裂。

② 铺装工具的使用。催化剂的铺装要求是平整、均匀、紧密，能否做到，往往是因人

而异，各厂家没有统一有效的压催化剂工具和催化剂铺装方法，所采用的压催化剂工具都是自成一体，由铜、不锈钢和塑料等材质做成的压板，压板的大小和形状不一，形状有圆形、方形和弧形的，还有用塑料锤子和平底木屐等，更有方便快捷的方式：直接用手抛洒铺装，最上层细目数采用分样筛筛分平铺。

③ 开机过程对催化剂床层的保护措施。开机时应用较小的风量保持表面银催化剂不被吹动；当升温至400℃以后应避免氧化器的震动而造成银催化剂的翻身，可在上管板外延水平左右适当位置安装一个临时排气阀，以防止开机升温时造成水击使氧化器剧烈震动，导致银催化剂层被振动变形或振动翻身。

刚开机后一段时间内一般采用较高的氧醇比和较高的反应温度，待催化剂活性有所提高后应逐渐予以降低，当银催化剂活性上升到最优时，反应温度一般应降到上层反应温度在630℃以下（应视热电偶铺装的高低而定）。

采用尾气循环法（一般用结晶银）时，开机后一段时间内应等银催化剂活性提高后再加入尾气，尾气的加入量从理论上虽然可以是任意比例，但比例较高不利于消耗的降低，一般尾气与甲醇的摩尔比不超过1.5。

认真执行工艺规程，控制好各项工艺参数，确保反应温度在给定反应温度±2℃范围之内。生产中后期为了保持银催化剂的活性，降产、提高氧醇比、提高反应温度等措施应循序渐进，从而真正达到长周期的稳产和高产。

（4）催化剂保护和处理技术　电解银催化剂如同其他催化剂一样，经过了一段时间催化剂的活性和选择性就下降，下降到低于某一特定值，催化剂就所谓失活。

催化剂的失活原因一般分为中毒、结焦和堵塞、烧结和热失活三大类。

① 中毒引起的失活。在甲醇脱氢氧化制备甲醛中对银催化剂造成毒害的主要是铁，铁杂质的引进主要来自两方面。一方面是铁设备锈蚀产生的。铁锈进入原料气的气流，夹带引进反应器。另一方面，由于合成甲醇中往往含有挥发性的五羰基铁，在蒸发器里与甲醇蒸汽一道进入反应器，一遇到高温催化剂就分解成氧化铁细粉，在催化剂上生成氧化铁，覆盖在表面而破坏催化剂的活性和选择性，氧化铁会加快甲醇的完全燃烧反应，使尾气中CO_2含量增加。又如原料气中含有S^{2-}、Cl^-等杂质，生成硫化银和氯化银而使催化剂中毒。这都属于不可逆永久中毒。

② 结焦和堵塞引起的失活。催化剂表面上的含碳沉积物称为结焦。凡是有机物为原料、催化剂为固体的多相催化反应过程几乎都可能发生结焦。由于含碳物质和/或其他物质在催化剂孔中沉积，造成孔径减小（或孔口缩小），使反应物分子不能扩散进入孔中，这种现象称为堵塞。所以常把堵塞归并为结焦中，总的活性衰退称为结焦失活，它是催化剂失活中最普遍和常见的失活形式。

有报道称结焦沉积主要发生在最初阶段（在0.15s内），也有人发现大约有50%形成的碳在前20s内沉积。通过控制反应前期的结焦，可以极大改善催化剂的活性。

③ 烧结和热失活（固态转变）。催化剂的烧结和热失活是指由高温引起的催化剂结构和性能的变化。高温除了引起催化剂的烧结外，主要表现为晶粒长大，结晶塌陷重组等固态转变，此种失活一般也不可逆。在高温下包括银催化剂在内所有的催化剂都将逐渐发生不可逆的结构变化。烧结和热失活与多种因素有关，如与银催化剂的结构、焙烧预处理及生产过程中控制等有关。

影响银催化剂寿命除了失活外，还有催化剂床层阻力降，由于烧结和热失活等原因，催化剂床层阻力逐渐升高，床层阻力达到风机风压的上限，只能降低产量，产量低到不能满足需求则与催化剂失活一样不得不更换银催化剂。

如何阻止催化剂失活，延长催化剂寿命。除了前面“为适应电解银催化所做的改进”所说的对设备进行改进外，主要是制定工艺规程和操作手册，对原料、中间控制分析和操作等进行标准化。开车前应仔细清洗设备和管道，除去锈物，对所用的原料都制定相应的内控标准：甲醇高锰酸钾褪色时间必须在 30 分钟以上；催化剂（催化剂品种和配方等）严格把控；废热锅炉用水需采用反渗透或阴阳离子处理过的水或蒸馏水，电导率为零；空气必须洁净，通过过滤或采用碱洗和水洗处理再进入蒸发器。

操作手册又分：

a. 开车前准备：动力设备和所有阀门闭合的检查，三元或四元过滤器滤材的检查和更新周期设定，设备管路的清洗和预热，废热锅炉的预加热，配料蒸汽管路中冷凝水排净、催化剂的铺装和点火器安装等；

b. 开车：开车时流量和氧醇比的设定，吹洗置换时间，点火时间控制，何时和如何提高流量等；

c. 中间控制：中控分析（包括水的电导率），怎样提高流量和寻找控制最佳反应条件。甲醇蒸发器中甲醇除了循环吸附过滤外的更新周期（更换下来的甲醇可作尾气锅炉燃料），空气（如进行碱洗，水洗的话）、水和碱液的更新周期等；

d. 突遇停电等应急处理（催化剂防污染受潮等）。

延长催化剂寿命一是催化剂如何运用好，运用者需不断地实践总结提高；二是催化剂本身需不断地改进提高，开发新型的催化剂如泡沫银、复合催化剂 V-Mg-O 等。

减少原料中杂质可参考上海吴泾化工有限公司专利《一种合成氨联产粗甲醇制甲醛的方法》（CN1122654），合成氨联产的粗甲醇，甲醇含量为 80%～95%（以质量分数计，下同），其含有 1%的正烷烃（石蜡）和铁等对银催化剂有害杂质。在甲醇蒸发器的前、后各连接着一个活性炭吸附过滤器，使粗甲醇液体在进入蒸发器前先进行一次杂质过滤。进入蒸发器的粗甲醇液体经加热后从蒸发器下部管线流出再进入后一个活性炭吸附过滤器进行再一次吸附过滤，经过两次吸附过滤后的粗甲醇物料中有害杂质的含量从 1%下降至 0.1%左右，保证了在后面的氧化器中的银催化剂不受杂质毒害，延长了催化剂寿命，保证了甲醇催化氧化过程的正常进行。吸附过滤器中填充有市售碱性活性炭，碱性活性炭的粒径为 ϕ1.5mm×4mm～3.0mm×6mm，活性炭放置在二层网眼为 150～200 目不锈钢筛网上，筛网由孔径为 ϕ5mm～ϕ15mm 的筛板支撑着。甲醇蒸发器中的甲醇如果也采用装有碱性活性炭的过滤器进行循环过滤，应该可以降低蒸发器甲醇中的铁含量。

对于失活电解银催化剂的处理一般由生产厂家回收再生处理，对于自行处理的也可采用上海材料研究所李德安的《甲醛生产用银催化剂的纯化活化方法》（CN87101142），该方法是首先将甲醛生产用海绵银催化剂在氧气氛中经 600～690℃焙烧氧化，保持 10～25min；取出冷却；冷却后的银催化剂用相对密度 1.19 的分析纯 HCl 浸渍，并加热煮沸 3～8min，取出浸入贮有蒸馏水的容器中冲洗脱酸；重复浸渍和脱酸操作至盐酸溶液颜色相同为止；将银催化剂滴干水后放入密闭容器中，加入相对密度 0.89 的分析纯 NH_4OH 浸渍 20～30min，取出用蒸馏水反复淋洗后，重复进行在 NH_4OH 浸渍及蒸馏水淋洗 3～4 次，最后一次蒸馏水淋洗达到完全无氨味为止，放入烘箱中烘干；银催化剂第二次在氧气氛中经 600～690℃焙烧 10～25min 进行活化；最后将冷却的银催化剂粉碎造粒即获得纯度很高（表面铁含量

0.00015%以下)、活性很强的甲醛生产用银催化剂。经纯化处理的催化剂，在实际生产中其机械强度明显增加，活性与新催化剂接近，抗毒活性和对温度的适应性较好。该法所需设备简单，原料普通易得，对没有电解装置的甲醛生产厂家不失为一种有效的处理方法。

(5) 甲醛生产设备改进设计　催化剂由浮石银改成电解银，为适应电解银催化所做的以下设备改进：

① 对管道、设备，特别是从甲醇蒸发器出口到氧化器催化剂室这一段的洁净度要求提高了，为怕铁的污染，材质均采用了304不锈钢（甚至包括甲醇蒸发器）；开车前设备与管道需擦洗得一尘不染。鼓风机最好采用无油润滑的罗茨鼓风机（油润滑的风机润滑油会带入甲醇蒸发器，污染甲醇）。三元过滤器由填充玻璃棉的过滤器改为捕集效率99.97%防潮超细玻璃纤维滤纸过滤器。

② 原料甲醇需采用高锰酸钾褪色时间30分钟以上的甲醇；空气尽可能从洁净处采集并通过空气过滤器过滤，空气质量不好的需要通过碱洗和水洗处理。

③ 以往的浮石银催化剂原料气中水醇比小，0.5～0.9（配料浓度66%～78%），吸收塔加水量大。改用电解银后，水醇比增大了，摩尔比1～1.4（配料浓度56%～64%），所以吸收塔的加水量就小了，甲醛吸收不完全，于是就增加了一个吸收塔。当然系统阻力相应也有所增加。以往吸收塔采用的是陶瓷的拉西环或矩鞍环乱堆填料，现在大多改成不锈钢板波纹规整填料，阻力降得以降低。

④ 由于电解银催化剂转化率高，产品中甲醇含量低（浮石银催化的产品中甲醇含量7%～12%），产品中需添加阻聚剂，防止运输及贮存时甲醛聚合。

⑤ 催化剂的铺装。浮石银催化剂用量大，床层厚度厚。而电解银催化剂用量小，床层厚度就薄。针对施用前后床层厚度、密度均匀性问题（催化床层支撑、铺装技术等），先后铺垫催化剂的花板做了多次改进：从分块的紫铜花板到开槽的整体紫铜花板，再到整体的不锈钢花板，现在改成双层铜丝网。为了厚度均一，有的还使用了定矩管。用特制的压紧工具压紧，尽可能保证催化剂床层密度一致。

双层铜网为：下层为3目，经纬线径为5mm，上层为5目，经纬线径为3mm。距离废热锅炉上管板15～20mm处设置$\phi 3\times 20$mm（304不锈钢）圈，与氧化室内壁为密封焊（不漏气），水平误差小于千分之一（兼作定矩用）。在两层铜网上铺层60目的紫铜布，丝径12丝；两层铜网和紫铜布初次使用时应作退火处理。在紫铜布四周与20mm圈之间需用退过火的紫铜布塞实。

⑥ 反应器顶盖结合件的设计　氧化器顶盖内气体的进口设计成70°角喇叭口，是为了使气体能均匀地分布到催化剂床层（特地还请了华东理工大学专门做了验证），事实上决定气体分布均匀与否的主要因素是催化剂床层铺装厚薄密实的一致性，因为催化剂床层的阻力降在整个系统中最大。氧化器顶盖设有夹套盘管主要是开车前用蒸汽将氧化器顶盖加热，防止刚开车时过热的反应气体遇到冷的顶盖产生冷凝液掉入催化剂上。如开车前能用热的空气预热过热器到氧化器顶盖整个区域，使设备和管道的温度能保证开车时过热的反应气体经过不会冷凝则更好，顶盖就无需夹套盘管。列管段的设计不是电解银催化剂所必需的，是为了利用反应热，节约能源所致。

甲醛氧化器最早催化剂床层下部冷却段采用浮头式结构，催化剂室设在冷却段上管板的上方，在距离管板30～50mm处（用开孔的紫铜管定矩）设置多孔紫铜花板，催化剂铺装在铺有铜丝布的多孔花板上。冷却水走管壳，管壳上部呈水盆状敞开式结构，冷却水淹没到催化剂室下法兰附近，而在不超过催化剂底部位置溢流排出（催化剂床层绝对不能接触到冷却水），这种结构使反应热得不到利用。后来在开发反应热综合利用过程中，冷却器改为废热锅炉，利用反应热产生水蒸气。由于废热锅炉采用的是火管式固定管板式换热器结构，采用的是平的管板，垂直放置。而不像国外有的采用碟形管板，或有的合成氨废热锅炉采用倾斜放置。所以产生的蒸汽少量停留在锅炉的管板列管间隙处，而不随汽水混合物进入锅炉的上升管，造成管板部分传热不好而开裂。之后采用的多种改进方式都不奏效，影响废热锅炉的寿命。现在采用了如图 6-5 所示的结构，将催化剂室浸没在废热锅炉的水中，催化剂床层与锅炉水之间用反应生成气将它们隔开，气体的导热性差，又如热水瓶胆将催化剂床层与锅炉水绝热开来，管板开裂就得以解决了。

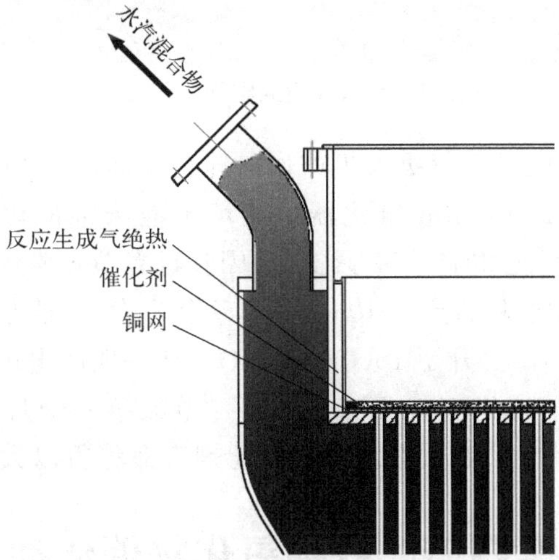

图 6-5　甲醛氧化器催化剂室设计

第三节　泡沫银催化剂

随着泡沫金属技术不断开发应用，泡沫银作为未来银法甲醛催化剂可以被期待。泡沫银也叫发泡银，它不同于过去的用银粉和发泡剂混匀挤压成片状，再焙烧而成的发泡银。这里叙述的泡沫银是采用以聚氨酯泡沫为基体，经过预处理（打通闭合的孔等）、化学镀（使银能电镀在聚氨酯上）、电镀、烧解（将聚氨酯分解）和还原烧结等工序电沉积法制备的。具有空间伸展的五边形窗的多面体结构（图 6-6）。泡沫银优点：孔隙率高（≥98%）、比表面积大（BET 法，0.5994m^2/g）、密度小。用作催化剂，它的活性、选择性与现在的电解银相当；铺装厚薄均匀，催化层阻力小，电耗低、产能得到有效释放。每平方米有效催化面积日产 68～75t。用银量是现有电解银用银量的 70%。2021 年欧洲已经有了商业化应用，力争替代铁钼催化剂。泡沫银将告别过去银法不能用于脲醛预缩液的生产的历史。

上海圣禄有限公司与德国艾兰腾公司合作开发泡沫银催化剂在甲醛装置上得到应用。上海圣禄有限公司首先设计了一套甲醛中试装置，包括直径 200mm 的氧化器和吸收塔等。产品和尾气（H_2、CO_2、CO）均用色谱分析。中试在浙江嘉善荣马化工有限公司（甲醛厂）进行，共做了三年（2014～2017 年），主要是选择泡沫银所需要的密度与铺装高度（也即比

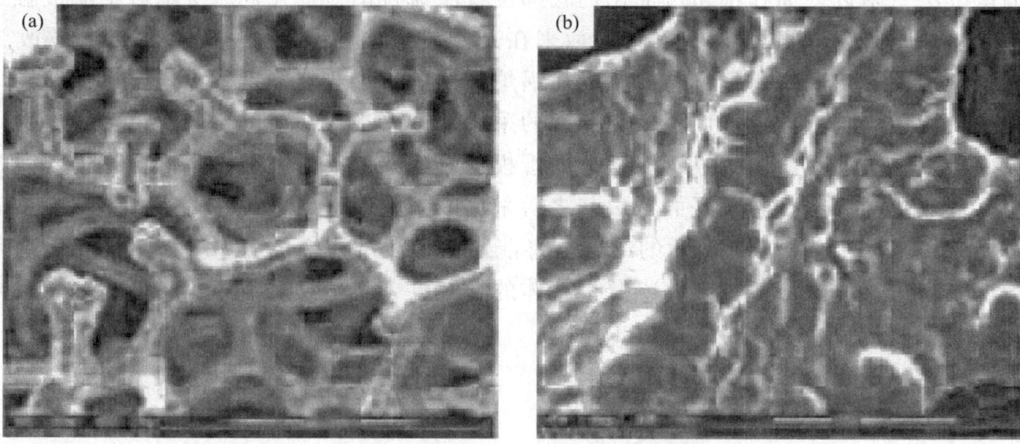

图 6-6 泡沫银扫描电子显微镜图像

表面积和停留时间），还有探讨和解决大生产如何铺装等问题。2017 年在浙江余姚鸿雁化工厂进行了大生产试验。在 ϕ1600mm 氧化器中装填了泡沫银催化剂，床层高度 13mm，于 2017 年 11 月 15 日正常开车至 2018 年 2 月 10 日因临近春节正常停车，共三个月。开车第二天日产量就达 140t，以后每天的产量达 140t。三个月蒸发器上空的气相压力从 800mm H_2O，上升到 1800mm H_2O，上升了 1000mm H_2O。如一般的电解银这样的日产量三个月至少上升 3000mm H_2O。再继续生产就要降产量了。单耗第一个月 441kg、第二个月 440kg、第三个月 439kg。从阻力降上升的数据来看，催化剂寿命将得以大大延长。

第四节 铁钼氧化物催化剂

1. 发展概况

阿德金斯（Adkins）和柏斯托（Perstorp）在 1931 年报告说甲醇在钼基和铁基氧化物催化剂作用下被选择性氧化成甲醛，但直到 20 世纪 50 年代钼酸盐催化剂才具有商业意义。

Perstorp 第一套使用钼酸铁催化剂的新型工艺装置于 1959 年在瑞典建成，该装置有四台反应器、一个吸收塔，有 3100 根催化剂列管，生产的甲醛浓度为 42%，甲醛收率为 89%，而对比当时的银法工艺收率为 84%～85%。整套装置副产品蒸汽产量 310kg/t 甲醛，电耗为 100kW·h/t 甲醛，生产能力为 9.5kg 甲醛/(根催化剂列管·天)。

20 世纪 60 年代末，铁钼法甲醛收率已经提高到了 91%，电耗也降至 95kW·h/t 甲醛，至此开始转让工艺技术，到 2002 年甲醛收率增至 93%，电耗降至 60kW·h/t 甲醛，蒸汽产量提高到 700kg/t 甲醛，生产能力提高到 17.5kg 甲醛/(根催化剂列管·天)。2013 年 Perstorp Formox 被英国公司庄信万丰（Johnson Matthey）并购。

20 世纪 80 年代以后，世界上新建甲醛装置大多采用了铁钼法生产技术，铁钼催化剂依靠进口，价格昂贵，我国急需开发自己的质优价廉的铁钼催化剂来替代进口催化剂，清华大学、开津石油化工厂和西南化工研究院等几家单位对铁钼催化剂进行了研究，西南化工研究院在 20 世纪 90 年代后期开发了性能较好的 FM-1 型铁钼催化剂，并在四川金象化工股份有限公司进行了工业性试验放大，但与国外催化剂相比，性能还有一定的差距。另外还有南化集团研究院于 2003 年也申请了铁钼催化剂的专利，专利号为 CN200310106569.8。华烁科技股份有限公司（原湖北省化学研究院）自主研发了 EQ-101 型铁钼系甲醛催化剂，于 2017 年在新疆天智辰业化工有限公司二期 22 万吨/年 1,4-丁二醇装置中进行了工业化应用。

2. 催化剂特点

铁钼氧化物催化剂用于甲醇单纯氧化制甲醛工艺，在空气过量的情况下进行，甲醇几乎全部被氧化，它是一种铁和钼氧化物的混合物，以片状、球形或者颗粒形式装入管式氧化器列管中，开车时由管间的导热油循环加热到 260℃，氧化反应发生后由导热油传热。装置运行相当稳定，性能重现性非常好，抗氧化性优良，能在较低的温度下（300～380℃）进行反应，从而减少副反应的产生，具有较高的选择性，可不通过精馏直接获得低醇的 55%左右的高浓度甲醛，由于催化剂装填在列管内，能够很好地把握床层的均匀度，不会出现裂缝、翻身等现象，催化剂的寿命长达一年以上。但是铁钼催化剂价格比较昂贵，且不易再生循环使用。

铁钼催化剂是混合铁和氧化钼的均相催化剂，它的结构也是保持活性的关键，催化剂颜色呈灰绿色，外观尺寸为圆环状内有中空，如图 6-7 所示，环状直径在 3～5mm，壁厚 1～1.5mm，每个生产厂家外观尺寸略有不同，但都以环状为主要特征，因为环状催化剂比颗粒状催化剂具有更好的反应活性。

图 6-7　铁钼催化剂外观

铁钼氧化物催化剂的一般规格如表 6-9 所示，由于铁钼催化剂有多个厂家的规格型号，都不尽相同，表中仅给出一种型号数据供读者参考。

表 6-9　铁钼氧化物催化剂一般规格表

项目	规格
Fe 含量(以氧化铁重量计)	17.7%
Mo 含量(以氧化钼重量计)	82.3%
Cr 含量[以与(氧化铁＋氧化钼)总重之比]	0.3%
添加剂[与(氧化铁＋氧化钼)总重之比]	30%
粒度(直径×高)	3.5mm×3.5mm
堆密度	0.95～1.05g/cm^3
强度	>5kgf①/cm^2
比表面积	5～10m^2/g
平均孔径	>7×10^{-2}μm

① 1kgf=9.80665N。

3. 制作工艺

作为合格的催化剂除外观要达到要求以外，在高温下反应也要保持稳定物理强度，以便于催化剂中的活性成分钼要尽量暴露在反应当中，但又不能使钼损失变成粉末状，造成塌陷，这些就要从制作工艺中去控制。铁钼催化剂制作工艺如图 6-8 所示。

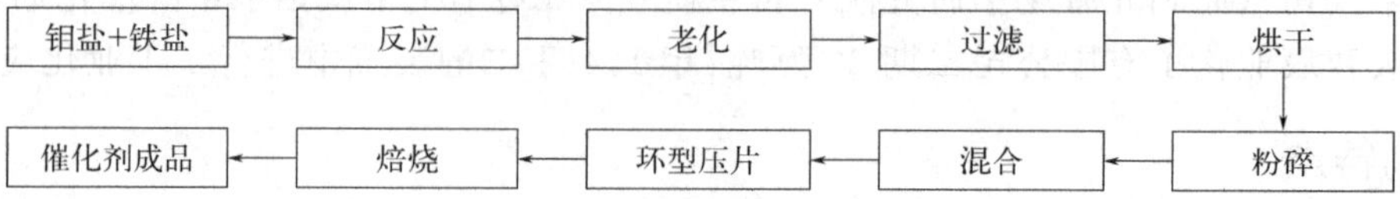

图 6-8　铁钼催化剂制作工艺流程图

一般用七钼酸铵作为钼盐，以三氯化铁作为铁盐，在溶液中通过盐酸与氨水调节 pH 值，经过一段时间反应后将催化剂母体进行静置沉淀老化，母体经过滤清洗后，进行干燥，再将烘干后的母体粉碎，加入催化剂助剂充分混合后通过压片机压成环型，经过高温焙烧后，即得到铁钼催化剂成品。

催化剂的使用铺装需要配比三氧化二铝惰性环，尺寸与催化剂尺寸相一致，起到支撑及控制反应速率的作用。

4. 催化剂使用技术

（1）催化剂失活

① 失活的影响。

a. 催化剂床层压降增加；

b. 催化剂活性下降（甲醇转化率不能在允许的导热油温度范围以内维持）。上述现象的重要程度，与催化剂寿命相关，取决于装置运行的特性。

② 失活的原因。

a. 钼升华，形成了钼化合物晶棒，这是铁钼催化剂老化-失活的主要原因；

b. 催化剂颗粒破碎成碎片或粉末；

c. 化学分解，钼损失；

d. 热烧结，使表面积大幅度减小；

更进一步，如果发生严重的过热现象，将使催化剂过度烧结成块状，甚至会堵满管子。另外，异常失活的原因有污染物、分解物（如二氧化硅或焦油）或使催化剂中毒的物质（如铵）覆盖在催化剂表面。还原条件（工艺气中的氧分压过低）可能会形成黑磁铁（Fe_3O_4），覆盖在催化剂上，造成其选择性不可逆的丢失。

在临时停车时，应小心避免冷凝水使催化剂失活。建议在停车时保持反应器的温度在露点之上。

③ 失活机理。在催化剂老化时，活性钼酸铁还原成非活性的钼酸亚铁和三氧化钼：

$$Fe_2(MoO_4)_3 + CH_3OH \xlongequal{} 2FeMoO_4 + MoO_3 + HCHO + H_2O$$

钼酸亚铁再氧化形成的三氧化二铁（α-Fe_2O_3），覆盖在催化剂表面：

$$6FeMoO_4 + 3/2O_2 \xlongequal{} 2Fe_2(MoO_4)_3 + Fe_2O_3$$

压降增加的主要原因是 MoO_3 的逐步挥发。MoO_3 不仅存在于新鲜催化剂中，也会在钼酸铁的还原反应中形成。MoO_3 与水或甲醇形成的加合物会发生蒸发和升华。

$$MoO_3 + H_2O \xlongequal{} MoO_2(OH)_2\text{（挥发性的）}$$

$$MoO_3 + 2CH_3OH \xlongequal{} MoO_2(OCH_3)_2\text{（挥发性的）} + H_2O$$

$$MoO_3 + 2CH_3OH \xlongequal{} MoO_2(OCH_3)_2\text{（挥发性的）} + H_2O$$

挥发性的钼化合物在催化剂管子下部的冷却区域再被冷凝下来，形成蓝绿色的晶棒，使催化剂床层的压降不断增加。高温或高的甲醇或水含量将会加快上述钼的传输过程。

（2）引起催化剂失活和中毒的物质　一般而言，可能引起铁钼催化剂中毒或失活的物质有：

① 吡啶、铵盐和其他含有空余电子对的含氮化合物。这类化合物将吸附在催化剂表面的路易斯酸活性位置。铵类中毒是可逆的，用空气吹洗后可使催化剂再生。

② 含有 Li、Na、K、Mg、Ca 的化合物。这些物质将使催化剂不可逆地失活。如果在运行过程中，一旦有上述盐的晶体进入催化剂床层中，将会造成十分被动的影响。在停车时，气体中的水分将使盐溶解形成电解质并与催化剂表面发生反应。

③ 硫化物。硫化物中的硫能取代催化剂上氧的位置而使催化剂失活。

④ 氯化物。如二氯甲烷等，氯化物中的氯能取代催化剂上氧的位置而使催化剂失活。

⑤ 润滑剂。分解产物可堵塞催化剂表面；有些润滑剂中含有 Li 或 Na；硅油可形成二氧化硅覆盖层。

⑥ 有机氧化物。诸如醇、醚和酮。它们将与甲醇争夺活性位置，并且可能造成催化剂暂时失活。

⑦ 焦油/焦炭类有机化合物。它们会使催化剂表面发生机械堵塞。耗氧反应使催化剂发生不可逆的还原或由于产生的热量过多而使催化剂发生烧结。

（3）铁钼催化剂状态实例图片。铁钼催化剂状态实例图片见图 6-9。

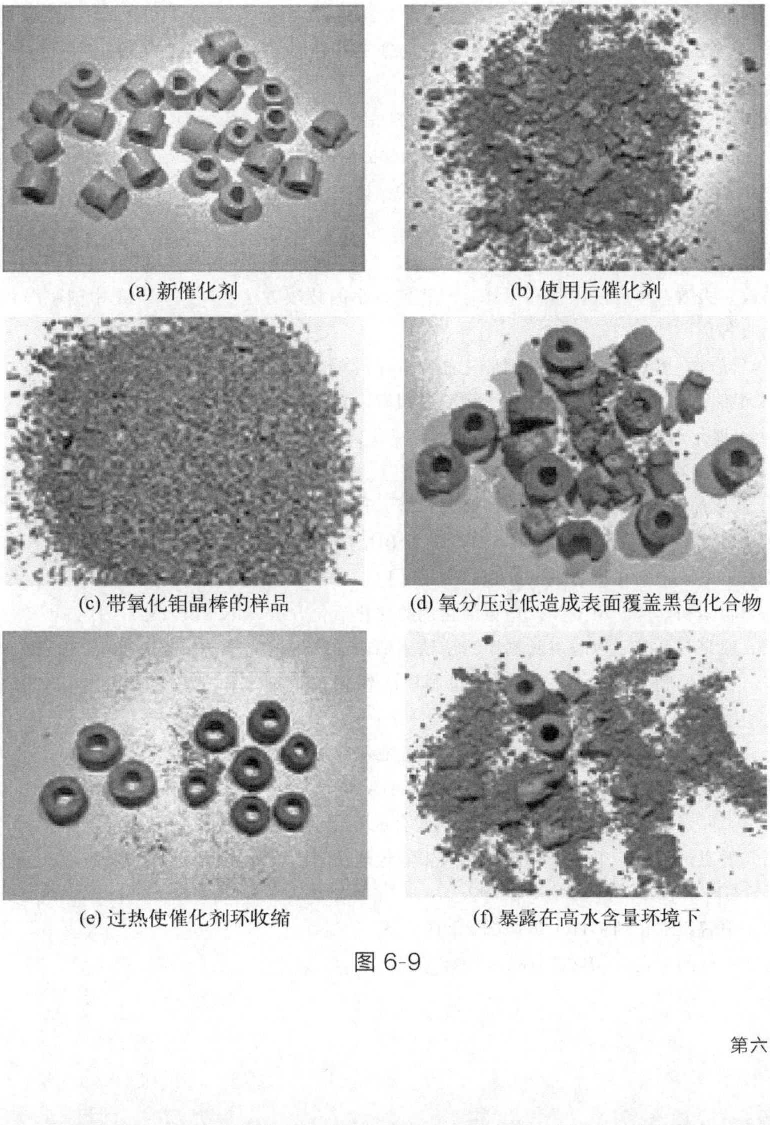

(a) 新催化剂　(b) 使用后催化剂

(c) 带氧化钼晶棒的样品　(d) 氧分压过低造成表面覆盖黑色化合物

(e) 过热使催化剂环收缩　(f) 暴露在高水含量环境下

图 6-9

(g) 钼升华使催化剂孔堵塞

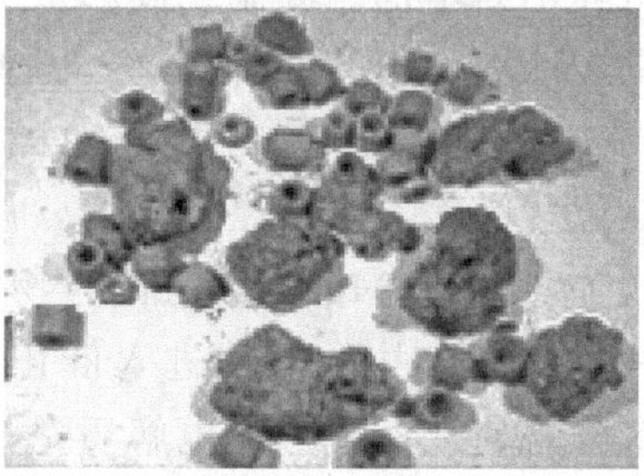

(h) 传热不佳导致催化剂熔结

图 6-9　铁钼催化剂状态实例图片

参考文献

[1]　邓景发，叶良云．甲醇在 AgY 上生成甲醚和甲醛的机理［J］. 催化学报，1984，5（4）：34-40.

[2]　沈百荣，王文宁，范康年，等．银表面甲醇氧化反应机理的 abinitio 计算研究：I. 银表面静态吸附物种的几何构型和吸附性质［J］. 化学学报，1997，55（1）：13-19.

[3]　邓景发，项一飞，叶良云，等．甲醇在电结晶银催化剂上催化氧化制浓甲醛［J］. 催化学报，1983，4（4）：266-271.

[4]　章寿华，Stuve E M. 甲醛在 Ag（110）面上的非均相氧化［J］. 华东化工学院学报，1992，18（6）：699-704.

[5]　何开苗，方敏．Ag-P 催化剂在甲醛工业装置中的应用考察［J］. 甲醇与甲醛，1993（4）：1.

[6]　任丽萍，戴维林，曹勇，等．甲醇脱氢制无水甲醛的新型高活性 $Ag\text{-}SiO_2\text{-}Al_2O_3$ 催化剂［J］. 甲醛与甲醇，2003，61（6）：937-940.

[7]　李洪伟．长效电解银催化剂的制作及其应用［J］. 甲醛与甲醇，2006（6）：11-13.

[8]　李洪伟．第三代电解用恒流电源［J］. 甲醛与甲醇，2006（6）：14-15.

[9]　潘卓铿，林信汉．结晶银银床设计的基本知识和应用［C］//2011 中国甲醛行业协会年会暨国内外技术交流会报告集．

[10]　林信汉，潘卓铿．银催化剂的铺装经验交流［C］//2011 中国甲醛行业协会年会暨国内外技术交流会报告集．

[11]　陈明修．小技改，大效益——浅谈提高甲醛生产装置效率的技改方法［C］//2011 中国甲醛行业协会年会暨国内外技术交流会报告集．

[12]　丁志祥，何幸，陆辉．甲醛生产中的铁钼催化剂探析［J］. 精细化工原料及中间体，2006（4）：32-35.

[13]　陈复俊．EH-1 银催化剂的研制及应用［J］. 甲醛与甲醇，1989（3）．

[14]　李绍云．EH-1 银催化剂在工业甲醛生产中的使用情况［J］. 甲醛与甲醇，1989（6）．

[15]　李绍云．EH-1 催化剂在甲醛生产中使用四年的概况［J］. 甲醛与甲醇，1992（1）．

[16]　陈复俊．EH-1 催化剂工业应用总结［J］. 甲醛与甲醇，1997（5）．

[17]　黄晓华．铁钼法甲醛生产中的学与思［C］//2005 全国甲醛行业年会暨国内外甲醛与甲醇技术交流会论文集．

[18]　张少华，伍雄飞．电解银活化促进剂的原理及应用［J］. 甲醛与甲醇，2006（5）．

[19]　李德安，周南，蒋本初，等．甲醛生产用银催化剂的纯化活化方法．CN 87101142［P］.

[20]　袁浩然，张皓，殷惠琴，等．甲醛氧化制甲醛用铁钼催化剂的研究［J］. 化学工业与工程技术，2010（6）：10-13.

[21]　张帅，张一科，呼日勒朝克图，等．甲醇氧化制甲醛铁钼催化剂表面结构与活性［J］. 化工学报，2016（9）：3678-3683.

[22]　刘芃，袁小金，郑敏，等．甲醇制甲醛铁钼催化剂性能研究［J］. 甲醛与甲醇，2005（5）：14-17.

[23]　马克思·海宁．瑞典 Perstorp Formox 甲醛工艺技术的发展［J］. 甲醛与甲醇，2003（3）：4-6.

[24]　张雄斌，林涛海，邓建康，等．EQ-101 型铁钼甲醛合成催化剂的工业应用［J］. 煤化工，2019，47（1）：32-34.

[25]　张皓，黄建明，殷惠琴，等．甲醇氧化制甲醛铁钼催化剂及其制备方法：CN 200310106569.8［P］.

[26]　工业锅炉水质：GB/T 1576—2018［S］.

[27]　甲醇制备甲醛用电解银催化剂：HG/T 4351—2012［S］.

[28]　金属粉末　振实密度的测定：GB/T 5162—2021［S］.

第七章 阻聚剂

第一节 甲醛中水带来的问题

在甲醇生产甲醛的过程中总是要有水的产生，无论是铁钼法还是采用尾气循环的银法，甲醛溶液中甲醛最高浓度为55%，即使这样还有45%是水。这部分水带来了两个问题：

1. 输送问题

甲醛水溶液的输送相当一部分是运输水，可谓汽油换水。所以现在多数生产甲醛衍生产品的厂大多自己配套甲醛生产装置，或者甲醛生产企业与其衍生物生产企业抱团在一起，减少了甲醛水溶液运输。同时开发出一系列甲醛衍生产品，方便甲醛的客户使用。如：低聚甲醛、多聚甲醛、甲醛醇溶液（甲醇、丁醇）、甲醛尿素预缩液（液态、固态）、甲醛三聚氰胺溶液等。

2. 贮存问题

甲醛在水溶液中是处于：游离甲醛（极微量）、甲醛水合物、甲醛水合物的缩聚物（聚氧亚甲基二醇）和少量的甲醛水合物与甲醇的半缩醛（甲氧基聚氧亚甲基醇）之间极不稳定的平衡状态。这一平衡由于环境温度的降低或随着时间的推移向聚合方向移动。聚合度达到一定值就会有沉淀析出。这给生产带来极大麻烦（即使加热也不一定能全部沉淀溶解恢复原状；还会造成溶液中甲醛浓度不均一，投料计量麻烦等）。提高贮存温度是一个办法。目前，浓甲醛（55%、85%）的贮槽、输送管道、阀门等均采用盘管或夹套加热等保温措施。甲醛浓度越高，需要保温的温度也越高。50%浓度的甲醛，就要近50℃温度保温。但温度高的弊病是甲醛易氧化、易发生康尼查罗反应增加甲酸含量。

第二节 阻聚剂的使用

如何防止甲醛进一步聚合，除了上述的办法只能寻求于阻聚剂。

1. 阻聚剂的要求

① 甲醛水溶液离开甲醛吸收塔，甲醛就已经水合好了。只能要求加了阻聚剂后在之后的贮存和运输中没有固形物析出。

② 阻聚剂不能影响下游产品的生产。

2. 阻聚剂的种类

目前，阻聚剂主要有以下几种。

（1）逆催化剂　所谓的逆催化剂（negative catalyst），就是含氮化合物，如胺（amine）、甜菜碱（betaine）、胍胺类（guanamines）、噁唑啉类（oxazolines）、三嗪类（triazines）和酰胺类（amides），被用作负催化剂或甲醛聚合反应的抑制剂。

（2）苯并胍胺（benzoguanamine）　机理大致与制备多聚甲醛过程中加胺类助剂来控制甲醛的聚合度相近。

① 生成离子对：

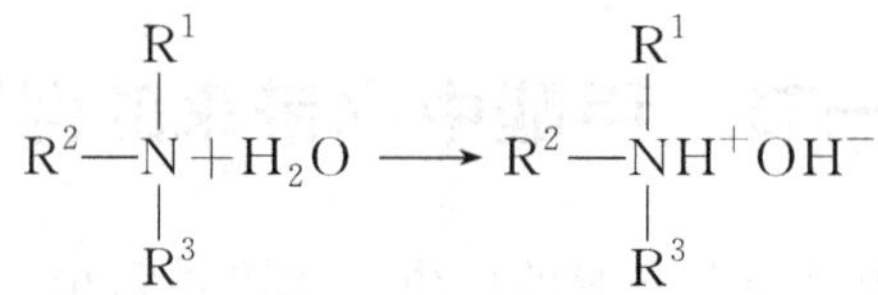

② 链引发：

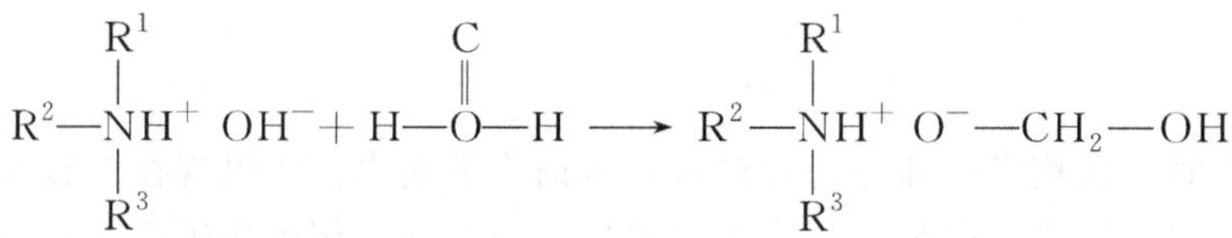

③ 链增长：

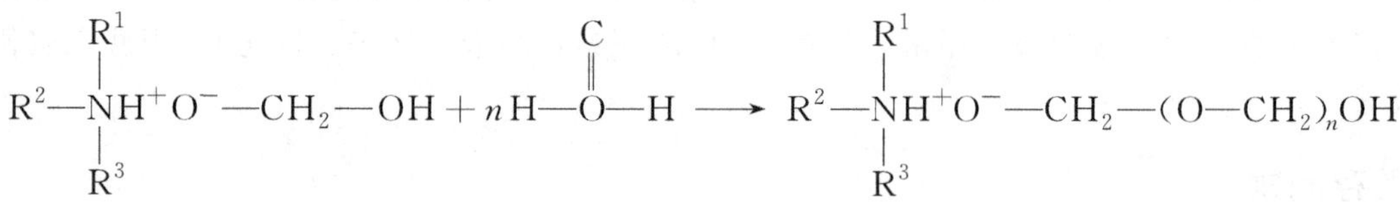

④ 链转移：

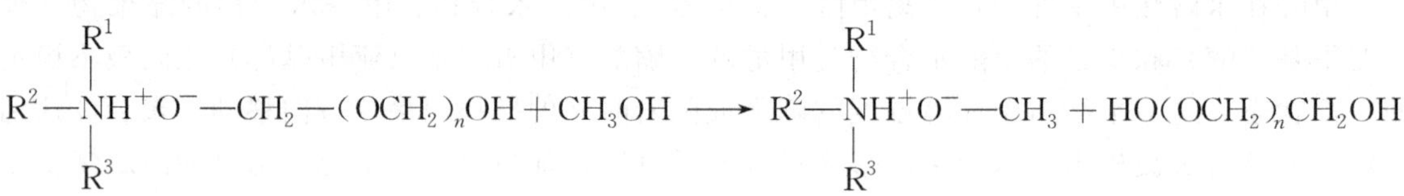

⑤ 链再引发：

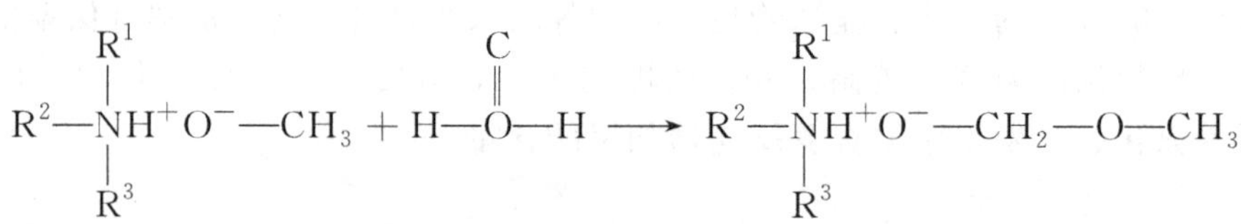

式中：R^1、R^2、R^3 可以是氢原子，或烷烃基、芳烃基、烯烃基、环烷基、酰基等。

（3）增稠剂　还有一种为增稠剂（thickening agents）。增稠剂如聚乙烯醇和纤维素衍生物，孤立（隔离）聚合物分子并减缓（阻滞）其生长，这些增稠剂在浓度低于1.0%时似乎可作为相当有效的稳定剂。据报道阿克苏诺贝尔公司 Akzo Nobel 阻聚剂为乙基羟乙基纤维素 Bermocol E230 FQ，Dow 化学公司阻聚剂为羟丙基甲基纤维素 Methocel F_{4C}，皆属此类阻聚剂。我国市场上也大多是此类增稠剂型大分子阻聚剂，聚乙烯醇缩醛型阻聚剂。

3. 我国阻聚剂现状

我国甲醛生产自从浮石银催化剂改为电解银催化剂后，随着甲醇转化率提高，甲醛溶液中甲醇含量相应降低，就产生了防止甲醛聚合的问题。20世纪70年代，吉林化工研究院首先研制成功了醋酸乙烯-四氯化碳调聚物阻聚剂，并投入了工业使用。20世纪80年代后期，巢湖瑞雪精细化工有限责任公司开发了甲醇作助溶剂的聚乙烯醇缩醛型阻聚剂。继后“国家碳一化学工程技术研究中心”委托巢湖瑞雪精细化工有限责任公司进行“高浓度甲醛溶液阻聚剂”研发试验。随后，上海四喜化工有限公司相继开发了“水溶型甲醛阻聚剂”和“高浓度甲醛溶液阻聚剂”，较好地解决了甲醛聚合的问题。同时也解决了我国寒冷的东北地区（－5～－40℃）37％甲醛储存、运输的问题并降低了高浓度甲醛的储存温度：45％甲醛溶液加入高浓度（40×10^{-6}）甲醛阻聚剂，0℃温度下不聚合时间为75min，20℃下储存时间超过30d不聚合。50％高浓度甲醛加入高浓度（40×10^{-6}）甲醛阻聚剂，7～10℃温度下储存24h未聚合；35℃温度下储存时间超过30d。

聚乙烯醇缩醛化合物阻聚剂分子结构：

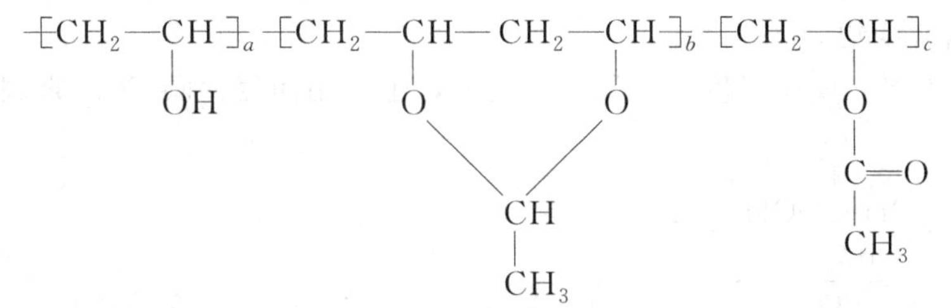

聚合物分子中既有亲水基团（羟基），又有疏水基团（环氧基团和乙酰基团）。聚合物分子量过大，聚合物就不溶于水。亲水基团羟基对水溶性有利。必须控制好聚合物的分子量（聚合度）和亲水基团羟基的数量使它能溶于甲醛水溶液。由于聚合物的大分子本身的位阻效应，再加上聚合物中大量氧原子，氧原子的孤对电子与甲醛水合物的—OH构成氢键，将甲醛水合物孤立（隔离）并减缓（阻滞）其生长，阻止甲醛水合物进一步聚合。

聚乙烯醇缩醛化合物合成有多种途径。以下介绍一个以醋酸乙烯酯为原料合成聚乙烯醇缩醛化合物的方法。

0.9g偶氮二异丁腈AIBN用40L甲醇加热溶解后倒入四口烧瓶中，再加入40g醋酸乙烯酯VAC，接上搅拌和回流装置，升温至59℃，反应9h（进行聚合反应）。然后停止加热，冷却至40℃以下，加入浓硫酸1mL，升温至57℃（进行醇解），然后再加入20g 40％乙醛溶液，同样在57℃下反应40min（进行缩醛化）。然后停止加热，将液体倒入盛有稀醋酸钾KAc溶液（首先配制0.1mol/L氢氧化钾KOH溶液，然后用1mol/L醋酸HAc溶液调节其pH＝12）的烧杯，有树枝状聚合物沉淀析出（由于产物溶于水，所以用盐析），用pH＝12稀醋酸钾KAc溶液洗涤数遍，然后用蒸馏水洗3次，将产品在50℃真空干燥。

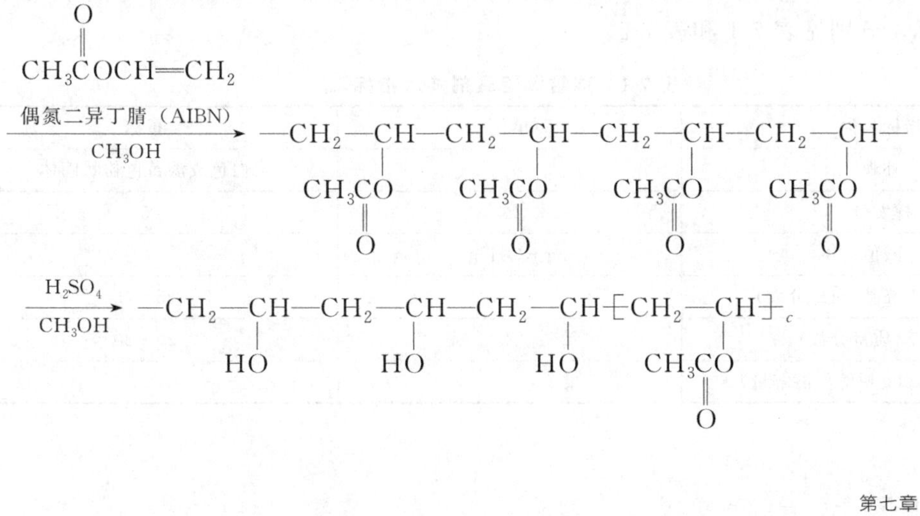

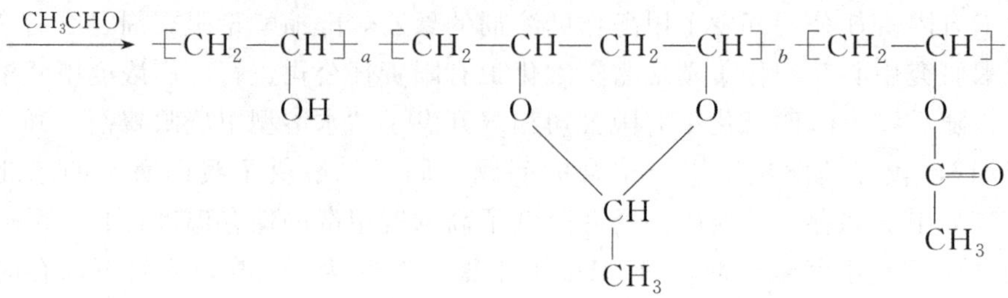

聚乙烯醇缩乙醛的黏均分子量小，在甲醛溶液中溶解性好。作者认为上述反应物配比（醋酸乙烯酯：偶氮二异丁腈：甲醇为 40：0.9：31.5）为最佳配比，聚合反应温度 59℃，聚合反应时间 9h 也为最佳。所得的聚乙烯醇缩乙醛黏均分子量（黏度法测定高聚物分子量）约 2.5×10^4，缩醛度约 50%。

上述方法是用聚合反应温度来控制聚合度的，也有用四氯化碳 CCl_4 来调节聚合度的：

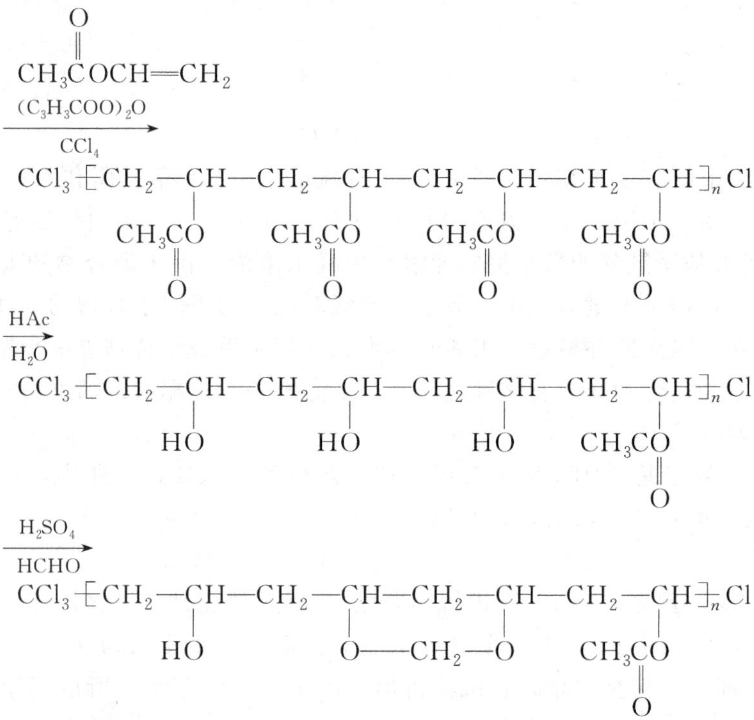

巢湖瑞雪精细化工有限责任公司的瑞雪牌阻聚剂和上海四喜化工有限公司的四喜牌阻聚剂的技术指标，分别见表 7-1 和表 7-2。

表 7-1　瑞雪牌阻聚剂技术指标

指标名称	单位	指标
外观		白色或淡黄色粉状固体
挥发分	% ≤	5
酸值	mg KOH/g ≤	5
乙烯醇缩丁醛基(质量分数)	%	25～75
乙酰基(质量分数)	%	20～60
溶解度(每 100g 甲醇可溶解量)	g ＞	2

续表

指标名称	单位	指标
全溶时间(常温下)	min　　<	10
毒性(用小白鼠、金鱼试验)		无毒
降解性(自然界中)		可降解
燃点	℃	343

表 7-2　四喜牌阻聚剂技术指标

指标名称	单位	指标
外观		白色粉状固体
挥发分	%　　⩽	3
酸值	mg KOH/g　　⩽	3
乙烯醇缩丁醛基(质量分数)	%	20～25
乙酸乙酰基(质量分数)	%	20～35
溶解度(每 100g 水溶解量)	g　　>	25
溶解温度	℃	常温

高浓度甲醛阻聚剂在 44%、50%、55%的高浓度甲醛溶液中试验结果令人满意（表 7-3）。

表 7-3　高浓度甲醛阻聚剂在高浓度甲醛溶液中的试验结果

甲醛浓度(质量分数)/%		阻聚剂添加量/($\times10^{-6}$)
44	夏季	15～20
	冬季	40～50
50	夏季	20～30
	冬季	50～55
55	夏季	30～40
	冬季	55～60

由于阻聚剂添加量最大为 60×10^{-6}，亦即 1t 只加 60g，故必须严格按照阻聚剂使用说明书的要求操作。

参 考 文 献

[1]　喻名太，李瑞林，江中华，等．新型甲醛阻聚剂工业制备方法：CN 1024280C [P].

[2]　陈瑞兰，杨映霞，吴兴国．甲醛阻聚剂的制备 [J]. 化学试剂，1998，20 (5)：305.

[3]　夏少武，曲蕊．甲醛水溶液的稳定剂与聚合机理的研究 [J]. 山东化工学院学报，1980，14 (1)：36-41.

[4]　刘魁，李子成，李景印，等．高效甲醛阻聚剂的研制 [J]. 化学试剂，2006，28 (2)：115-117.

[5]　黄丽英，牛学军，史建纯．甲醛阻聚剂研究进展 [J]. 化学世界，2013，54 (02)：125-128.

[6]　周万德，向家勇，李峰．甲醇及其衍生物 [M]. 北京：化学工业出版社，2018.

[7]　于记生．聚甲氧基二甲醚产物渗透汽化脱水及甲醛阻聚研究 [D]. 青岛：中国石油大学（华东），2017.

第八章　甲醛生产仪表与控制

第一节　概述

1. 误差理论

（1）误差公理　当人们进行工艺参数测量的时候，由于测量设备、环境、人员、方法等原因，测量结果会产生误差，随着科学技术水平的不断提高和人们的经验、技巧及专业知识的丰富，误差可以被控制得越来越小，但却无法使误差降为零。误差自始至终存在于一切科学实验和测量的过程中，任何测量，无论仪器多么精密，测量多么认真，方法如何合理，都存在或大或小的误差。这就是误差公理。

（2）绝对误差、相对误差、引用误差的表示方法

① 测量结果减去被测量的真值称为绝对误差。即：

$$绝对误差=测量结果-真值 \tag{8-1}$$

② 相对误差为绝对误差除以被测量的真值。即：

$$相对误差=绝对误差/被测量真值\times100\% \tag{8-2}$$

例如：用数显表测量蒸发器 44℃的温度，得值 44.2℃，则误差为 0.2℃；用同一台数显表测量热水 80℃的温度，得值 80.2℃，则误差为 0.2℃；（不考虑数显表本身的误差）。

从两个测量结果来看，它们的绝对误差是相同的，但相对误差是不同的。前者的相对误差为：

$$0.2/44\times100\%=0.45\% \tag{8-3}$$

后者的相对误差为：

$$0.2/80\times100\%=0.25\% \tag{8-4}$$

与绝对误差相比，相对误差能更好地描述测量的准确程度。显然，后者的测量准确度要比前者高。

③ 引用误差为测量仪器的误差除以仪器的特定值。特定值一般称为引用值，例如，可以是测量仪器的量程或标称范围的上限。这里量程是指标称范围两极限之差的模。即：

$$引用误差=测量仪器的绝对误差/特定值\times100\% \tag{8-5}$$

引用误差通常应用于多档和连续分度的仪器仪表中。

例如：流量范围上限为 20t/h 的智能流量计，在示值为 10t/h 的实际流量为 9.98t/h，则此智能流量计在这一点的引用误差为：

$$(10-9.98)/20\times100\%\approx0.1\% \tag{8-6}$$

对于测量仪表，把用百分比表示的最大引用误差去掉百分号（%）后的值即为仪表的准确度等级。准确度等级分别规定为 0.005、0.02、0.1、0.2、0.35、0.5、1.0、1.5、2.5 和 5.0 级，它表示仪表的引用误差不能超过界限。若实际最大引用误差在两级之间，则该仪表

归属到最相近的较低的那一级，如最大引用误差为0.3%的仪表应属0.5级的。

一般而言，如果仪表的准确度等级为 s 级，仅说明仪表的最大引用误差不会超过 $s\%$，而不能认为它在各刻度上的示值误差都具有 $s\%$ 的准确度（这可从引用误差的定义看出）。假定仪表的量程为 $0\sim x_n$，测量点为 x，则该仪表在 x 点邻近处的示值误差应为：绝对误差 $\leqslant x_n s\%$；相对误差 $\leqslant x_n/xs\%$。

显然，$x\leqslant x_n$，故当 $x\rightarrow x_n$ 时，其相对误差最小，即准确度最高；反之，x 离 x_n 越远，其准确度越低。这就要求我们在使用这类仪表测量时，尽可能在仪表邻近上限值处或2/3量程以上测量。另外，在选用这类仪表测量时，要充分考虑仪表对测得值的影响，不能单纯地追求等级。

例如：某待测甲醛流量约为 $50m^3/h$，现有0.2级 $20\sim200m^3/h$（DN100）和0.5级 $7\sim70m^3/h$（DN65）两个流量计，问用哪一个流量计测量较好？

解：

用0.2级 $20\sim200m^3/h$（DN100）流量计测量 $50m^3/h$ 甲醛流量时的最大相对误差为：

$$r_1=x_n/xs\%=200/50\times0.2\%=0.8\% \tag{8-7}$$

用0.5级 $7\sim70m^3/h$（DN65）流量计测量 $50m^3/h$ 甲醛流量时的最大相对误差为：

$$r^2=x_n/xs\%=70/50\times0.5\%=0.7\% \tag{8-8}$$

比较两者的最大相对误差不难发现，只要量程选择合理，用0.5级仪表测量比用0.2级仪表测量时的最大相对误差还要小。因此，在选用仪表进行测量时，应根据被测量的大小，并兼顾仪表的等级和测量上限或量程，合理地选择仪表。

（3）修正值的表达方式　修正值指用代数方法与未修正测量结果相加，以补偿其系统误差的值。即：

$$\text{修正值}=\text{真值}-\text{未修正测量结果} \tag{8-9}$$

$$\text{真值}=\text{未修正测量结果}+\text{修正值}=\text{未修正测量结果}-\text{误差} \tag{8-10}$$

未修正测量结果加上修正值后就可消除误差的影响，也就相当于从未修正测量结果中扣除误差，修正值与误差的符号相反。

在准确的计量中，通常都采用加修正值的办法来保证量值的准确一致。计量标准器或工作计量器具送上级计量机构检定，其目的之一就是获得一个准确的修正值。

（4）数据处理　计量数据处理既不应提高测量准确度，也不应降低测量准确度，而应真实可靠地反映测量准确度。

① 算术平均值法　设对 x 量进行一系列等准确度测量、其测量值分别为 x_1，x_2，…，x_n，则该测量列的算术平均值为：

$$\overline{x}=\frac{1}{n}(x_1+x_2+\cdots+x_n)=\frac{1}{n}\sum_{i=1}^{n}x_i \tag{8-11}$$

设被测量的真值为 x_0，并且各测量值 x_i，与 x_0 的偏差 x_1-x_0，x_2-x_0，……，x_n-x_0 为随机误差，将各偏差相加并除以测量次数 n，则有

$$\frac{1}{n}[(x_1-x_0)+(x_2-x_0)+\cdots+(x_n-x_0)]=\frac{1}{n}\sum_{i=1}^{n}(x_i-x_0)=\overline{x}-x_0 \tag{8-12}$$

根据随机误差的基本性质，当测量次数 n 足够多时，偏差的算术平均值的极限为零，即：

$$\lim_{n\to\infty}\frac{1}{n}\sum_{i=1}^{n}(x_i-x_0)\longrightarrow 0 \quad 于是便有\ \overline{x}\longrightarrow x_0 \tag{8-13}$$

因此，当测量次数足够多时，系统测量值的算术平均值趋近于真值。

② 中位值法　中位值是指将一组测量值按一定大小顺序排列时的中间值，当测量值的数目为偶数时，中位值则为正中间两个测量值的算术平均值，当测量值的数目为奇数时，正中间的那个测量值即为中间值。

在测量值的分布情况为正态分布时，中位值能代表一组测量值的最佳值，它的绝对偏差最小，中位值的特点是求法简单，且不受两端极值变化的影响。

2. 文字代号和图形符号

甲醛生产仪表与控制中的图形符号和文字代号分别见表 8-1 和表 8-2。

表 8-1　图形符号

控制系统符号	表示的内容
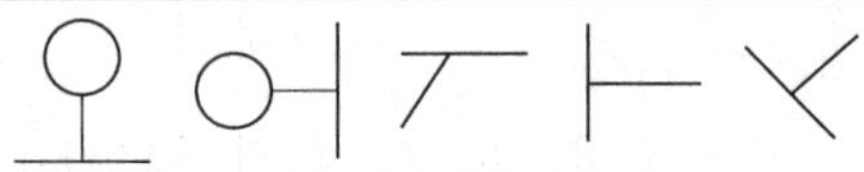	测量点
	孔板
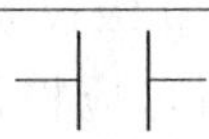	取压接头无孔板
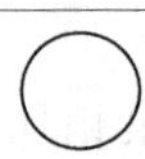	表示仪表为就地安装仪表
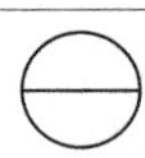	集中仪表盘安装
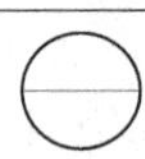	集中仪表盘后安装
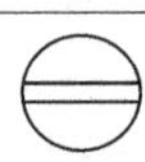	就地仪表盘安装
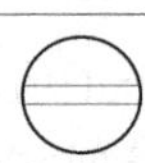	就地仪表盘后安装
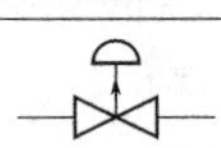	气闭式调节阀
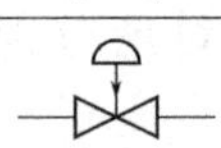	气开式调节阀
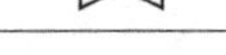	电信号线
	气压信号线
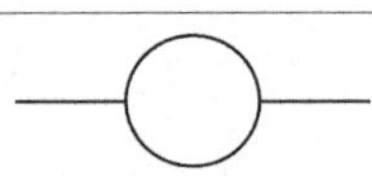	流量检测元件的通用符号
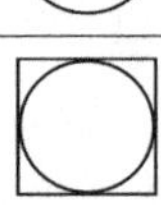	分散控制系统仪表
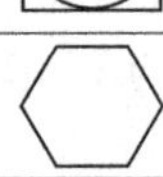	计算机功能仪表

续表

控制系统符号	表示的内容
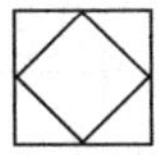	PLC(可编程逻辑控制器)功能仪表
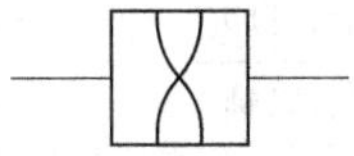	涡轮或旋翼式流量仪表
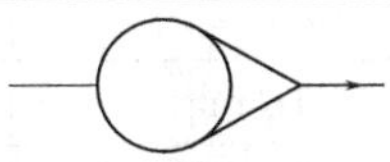	转子流量计
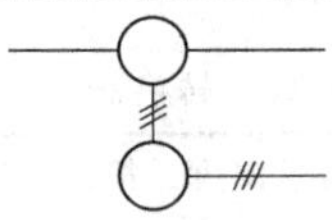	流量控制器
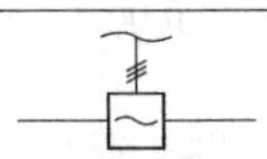	超声流量计
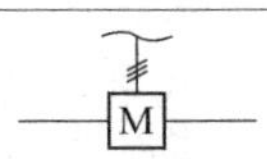	电磁流量计
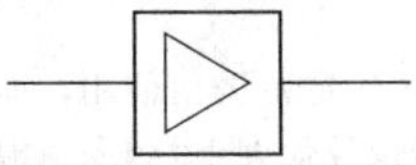	旋涡流量计

在检测控制系统中，每一个仪表（或元件）都应有自己的仪表位号．仪表位号由字母代号和阿拉伯数字编号组成。

位号：字母代号-数字编号

(1) 字母代号（常用） 由第一位字母（可带修饰词）和后继字母组成（文字代号），其基本含义见表 8-2。

表 8-2 文字代号

字母	第一位字母		后继字母	
	被测变量或引用变量	修饰词	功能	修饰词
A	分析		报警	
C			控制	
D	密度	差		
E	电压(电动势)		检测元件	
F	流量	比(分散)		
G	供选用		视镜:观察	
H	手动			高
I	电流			
J	功率	扫描		
K	时间、时间顺序	变化速率	自动-手动操作	
L	物位		灯	低
M	水分或湿度	瞬动		中、中间
P	压力、真空	电接点、测试点		

续表

字母	第一位字母		后继字母	
	被测变量或引用变量	修饰词	功能	修饰词
Q	数量	计算、累积		
R			记录、打印	
S	速度、频率	安全	开关、联锁	
T	温度		变送	
V			阀、风门、百叶窗	
X	未分类	*X* 轴	未分类	未分类
Y	事件、状态	*Y* 轴	继动器、计算器、转换器	

注：1. 字母在不同位置，表达意思不一样。例如：TT-106 中的第一个字母 T 表示温度，第二个字母 T 表示变送器。

2. 第一个字母后带与不带修饰词（修饰词一般小写）表达两个不同参数，例如 P 表示压力，Pd 表示压差，P 与 Pd 为两个不同概念。

3. 用后继字母 Y 表示继动器或计算器功能时，应在图形符号圆圈外标注它的具体功能。例如电气转换器（流量调节用）可表示为

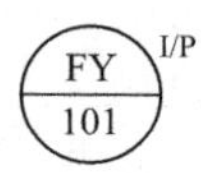

4. “未分类”的参数和功能字母“X”指的是在个别设计中，仅使用一次或在一定范围内使用，而在表内来列入其含义的字母作为第一位字母或作为后继字母都可以有任何含义。例如用 TX-106 的位号代表 1＃设备氧温比例偏置器。

5. 当选用第一位字母“A”作为分析变量时，应在图形符号圆圈外标明分析的具体内容，例如尾气中 CO_2 分析记录仪。

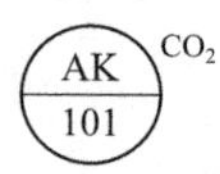

6. 用来表示功能的后继字母最好不要超过 5 个，且按 IRCTQSA 顺序标注。

（2）数字编号　按工段编制的数字编号，包括工段（装置）号和回路顺序，一般用三位或四位数字表示。

例如：TT - 106

└── 回路顺序号（一氟用二位数字）

└── 工段或装置号（此处为甲醛工段1#设备）

（3）标号在带控制点的工艺流程中的标注方法及注意事项

① 标注仪表位号：字母代号填写在圆圈的上半圆中：数字编号填写在下半圆中。

② 在工艺管道及控制流程图中，构成一个仪表回路的一组仪表，可以用主要仪表或仪表位号的组合来表示。

例如：1# 配料蒸汽流量指示调节系统

在带控制点的工艺流程中表示为：

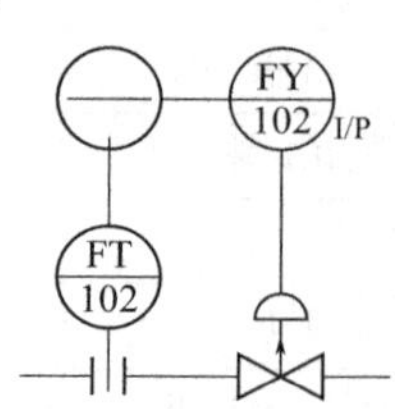

也可表示为：

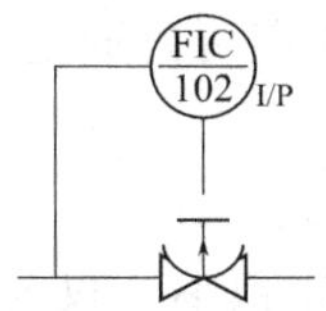

第二节　化工测量仪表

化工生产中使用的各种测量仪表. 一般都由测量、传送和显示（包括变送）等三部分组成。按所测参数的不同，可分成压力测量仪表、温度测量仪表、流量测量仪表、物位测量仪表和成分分析仪表等。

1. 温度的测量

甲醛生产过程中的测量温度元件基本上以热电偶及热电阻两类为主。

（1）热电偶

① 普通热电偶。两种不同材料的导体焊接起来就组成了最简单的热电偶，如图 8-1(a) 所示。

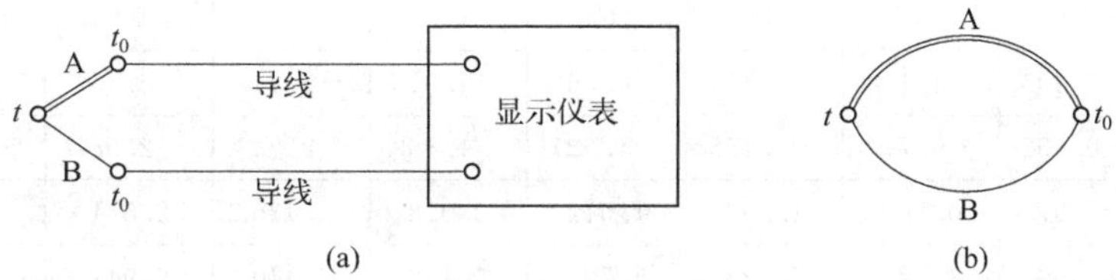

图 8-1　热电偶

焊接的一端称热电偶工作端，也称热端；与导线连接的一端称自由端，也称冷端。导体 A、B 称热电极。

为了保证热电偶在操作过程中具有足够精度的温度测量特性，对热电偶的电极材料必须有一定的要求。我国标准化常用热电偶有铂铑 10-铂（S）；镍铬-镍硅（镍铬-镍铝）（K）；镍铬-铜镍（康铜）（E）；铂铑 30-铂铑 6（B）等几种。而甲醛生产过程中所使用的是工业测量中最常用的镍铬-镍硅热电偶，其分度号为 K（旧有分度号为 EU-2）。

热电偶测温原理：

把热电极 A 和 B 连接成如图 8-1(b) 所示的闭合回路，两接点所处温度分别为 t 和 t_0。（假定 $t>t_0$），回路中便有电流流动，其热电势大小：

$$E_{AB}(t,t_0)=E_{AB}(t)-E_{AB}(t_0) \tag{8-14}$$

如 t_0 不变，则热电势大小仅与接点温度 t 有关，并有一定对应关系。因此，测得热电势值（mV），就可知 t 点的温度大小，见表 8-3。

从式(8-14) 可以看出：

a. 热电势是接点温度 t 和 t_0 的函数差，而不是接点温度差的函数。这个问题很容易混淆。

b. 冷端温度 t_0 要保持不变。若冷端温度不能为定值，则要进行冷端补偿，使 t_0 的变化不影响热电势的变化。否则，热电势 $E_{AB}(t,t_0)$ 就不能成为热电极接点温度（我们所需测

量 t）的单值函数。这个单值函数关系我们可以通过查热电偶的使用说明书或有关理化手册上的对照表获得。

c. 热电偶的长短、粗细与热电势无关。

热电偶测温的优点是测量上限高，体积小（仅与接点热容量有关），响应快，机械强度高；耐震性好，寿命长。缺点是精度差，冷端温度 t_0 的补偿需用补偿导线。

② 铠装热电偶。甲醛生产系统中的氧化器温度高，而且温度变化速度快，特别是开车的时候更是如此。一般的热电偶，热惰性大，不能真实反映氧化器内催化剂床层温度的变化情况，对氧化温度控制不利。用铠装热电偶测量氧温则更为适宜。铠装热电偶的外面套管是耐酸不锈钢管，内装是由电熔氧化镁绝缘的一对热电偶丝一起拉制而成的。其主要优点是：

a. 热惰性小，响应速度快；

b. 耐腐蚀性好，寿命长；

c. 机械强度高，可耐强烈的震动和冲击；

d. 容易制成各种特殊用途的形式，并可随意弯曲，以便测试所需方位的温度。

表 8-3　镍铬-镍硅热电偶（K 型）分度表

分度号：K　参考端温度：0℃

t/℃	E/mV									
	0	10	20	30	40	50	60	70	80	90
−100	−5.891	−6.035	−4.138	−4.411	−4.669	−4.913	−5.141	−5.354	−5.550	−5.730
−0	0.000	−0.392	−0.778	−1.156	−1.527	−1.889	−2.243	−2.587	−2.920	−3.243
+0	0.000	0.397	0.798	1.203	1.612	2.023	2.436	2.851	3.267	3.682
100	4.096	4.509	4.920	5.328	5.735	6.138	6.540	6.941	7.340	7.739
200	8.138	8.539	8.940	9.343	9.747	10.153	10.561	10.971	11.382	11.795
300	12.209	12.624	13.040	13.457	13.874	14.293	14.713	15.133	15.554	15.975
400	16.357	16.820	17.243	17.667	18.091	18.516	18.941	19.366	19.792	20.218
500	20.644	21.071	21.497	21.924	22.350	22.776	23.203	23.629	24.055	24.480
600	24.905	25.330	25.755	26.179	26.602	27.025	27.447	27.869	28.289	28.710
700	29.129	29.548	29.965	30.382	30.798	31.213	31.628	32.041	32.453	32.865
800	33.275	33.685	34.093	34.501	34.908	35.313	35.718	36.121	36.524	36.925
900	37.326	37.725	38.124	38.522	38.918	39.314	39.708	40.101	40.494	40.885
1000	41.276	41.665	42.053	42.440	42.826	43.211	43.599	43.978	44.359	44.740

配用热电偶的显示仪表有毫伏动圈仪表、电位差计和数字显示仪表。有些需调节或有特殊需要的地方可用温度变送器配以毫安电流表来显示。

毫伏动圈仪表是最简单的测温仪表，它是利用热电偶产生的电势（mV）在动圈中产生相应的电流而使动圈偏转并指示相应示值。它无冷端温度补偿，须靠机械调零使其零位指示在补偿导线延伸到的地方的温度，达到正确显示工作端温度的目的。

电位差计具有冷端温度补偿作用，多数用在需记录的地方，有时也用在需记录带报警或记录带调节的地方，测量精度比较高。

数字显示仪表因其直观、可靠、精度高，目前正越来越广泛地被采用，它也具有冷端温度补偿作用。

在需带调节的地方绝大多数采用变送器配毫安表显示的单元组合仪表，它是将热电偶产生的热电势（mV）通过温度变送器转换成统一电流信号，再用毫安表显示出来。

③ 热电阻。测量500℃以下中低温时，若采用热电偶温度计则不合适，其原因在于：所产生的热电势信号小，由于自由端温度变化而引起的相对误差显得很突出，不易得到全补偿。在这种情况下，一般都使用热电阻温度计。

a. 热电阻测温原理。导体的电阻值随受热温度的变化而变化，若能设法测出导体受热后电阻值的变化则可推算出导体受热点上温度的变化。有的热电阻在一定的温度范围内具有良好的线性特征（见表 8-4），其电阻值随温度变化的关系如下式所示：

$$R_t = R_0[1 + a(t - t_0)] \tag{8-15}$$

$$\Delta R = R_0 \Delta t$$

式中 R_t——温度为 t 时的电阻值；

R_0——温度为 t_0 时的电阻值；

a——电阻温度系数；

Δt——电阻的变化量；

ΔR——电阻的变化量。

目前被广泛使用的热电阻材料是铂和铜。

b. 铜热电阻。

优点：

ⅰ易得到纯态且价廉。

ⅱ在−50～150℃范围内，其电阻值与温度之间呈线性关系。

ⅲ灵敏度高，电阻温度系数 a 为（4.25～4.28）$\times 10^{-3}$℃$^{-1}$。

ⅳ铜线较粗，耐震性好。

缺点：

ⅰ铜易氧化，使用温度不应高于150℃；若长期使用，温度更不应超过100℃。

ⅱ稳定性不如铂电阻。

ⅲ精度比铂电阻差。

ⅳ响应时间较长。搭配调节时，不易得到好的调节品质。

c. 铂热电阻。

优点：

ⅰ精度高；

ⅱ在较大温度范围内，其稳定性均较好。

ⅲ快速铂电阻温度计时间常数很小，用在调节系统中，有利于调节品质的提高。

缺点：

◆稀有，价昂。

◆耐震性较差。

◆电阻值与温度之间呈特定的非线性关系

$$R_t = R_0(1 + at + \beta t^2) \tag{8-16}$$

式中 R_t——温度为 t 时的电阻值；

R_0——温度为 t_0 时的电阻值；

a——电阻温度系数；

β——电阻温度系数；

t——电阻温度。

表 8-4　铂电阻 Pt100 分度表

分度号：Pt100　R（0℃）＝100.00Ω

t/℃	R/Ω									
	0	−1	−2	−3	−4	−5	−6	−7	−8	−9
−50	80.31	79.91	79.51	79.11	78.72	78.32	77.92	77.52	77.12	76.73
0	100.00	99.61	99.22	98.83	98.44	98.04	97.65	97.26	96.87	96.48

t/℃	R/Ω									
	0	1	2	3	4	5	6	7	8	9
0	100.00	100.39	100.78	101.17	101.56	101.95	102.34	102.73	103.12	103.51
10	103.90	104.29	104.68	105.07	105.46	105.85	106.24	106.63	107.02	107.40
20	107.79	108.11	108.57	108.96	109.35	109.73	110.12	110.51	110.90	111.29
30	111.67	112.06	112.45	112.83	113.22	113.61	114.00	114.38	114.77	115.15
40	115.54	115.93	116.31	116.70	117.08	117.47	117.86	118.24	118.63	119.01
50	119.40	119.78	120.17	120.55	120.94	121.32	121.71	122.09	122.47	122.86
60	123.24	123.63	124.01	124.39	124.78	125.16	125.54	125.93	126.31	126.69
70	127.08	127.46	127.84	128.22	128.61	128.99	129.37	129.75	130.13	130.52
80	130.90	131.28	131.66	135.85	136.23	136.61	136.99	137.37	137.75	128.13
90	134.71	135.09	135.47	135.85	136.23	136.61	136.99	137.37	137.75	128.13
100	138.51	138.88	139.66	139.64	140.02	140.40	140.78	141.16	141.54	141.91
150	157.33	157.70	158.07	158.45	158.82	159.19	159.56	159.94	160.31	160.69
200	175.86	176.22	176.59	176.96	177.33	177.69	178.06	178.43	178.79	179.16
250	194.10	194.46	194.82	195.18	195.55	195.91	196.27	196.63	196.99	197.35

④ 测量仪表。配用热电阻测温元件的显示仪表与配用热电偶测温元件的显示仪表种类都差不多。动圈仪表价廉，简单可靠，须配线路电阻。数字显示仪表直观可靠，精度高。电子平衡电桥可记录，精度高，但价格高。温度变送器配毫安表用于需调节及特殊场合。

2. 压力的测量

甲醛生产过程中的压力测量多使用弹簧管式压力计（包括电远传压力表）和压力变送器（电动、气动）。

（1）弹簧管式压力计　弹簧管压力计（亦称波登管压力计）是化工厂使用最广泛的一种仪表。它是以弹簧管受压后产生弹性形变为测量基础的。其结构如图 8-2 所示。

弹簧管压力计主要由一端封闭（称自由端）并弯成圆弧形的扁圆（或椭圆）空心管（弹簧管）和机芯（拉杆、扇形齿轮、中心齿轮）及指示机构（包括指针、面板、分度标尺）所组成。

被测压力由接头 9 通入，迫使弹簧管 1 的自由端 B 向右上方扩张。自由端 B 的弹性形变位移经由拉杆 2 使扇形齿轮 3 作逆时针偏转，推动与中心齿轮同轴的指针作顺时针偏转，从而在面板 6 的刻度标尺上显示出被测压力的数值。

游丝 7 是用来克服扇形齿轮和中心齿轮间隙产生的仪表变差。

调整螺钉 8 是用来实现压力表量程调整（测量范围调整）的。

压力表使用注意事项：①注意被测介质的化学性质，以防腐蚀，测氨压力要用氨压力计，测氧压力时严禁压力计沾污油脂，以防爆炸的危险。②测量气体压力一般在工艺管道的上部，以防止凝结液体形成堵塞；测量液体压力一般在管道的下部，以防止积气造成气塞；测量蒸汽压力则在管道的两侧。测量蒸汽或高温气体压力时，可在仪表的入口处作一回旋冷凝管或 U 形管，存贮一些冷的介质凝结液把高温介质和仪表隔离开来，进入仪表的介质温度不应超过仪表规定的最高温度。测量含有粉尘的介质压力时，取压管应向被测介质处倾斜，并装设除尘器定期吹洗。测量腐蚀性介质时．必须采取保护措施，应加装充有隔离介质的隔离罐，其安装形式与被测介质和隔离介质的重度有关。③若压力表的安装点会出现有频繁震动的可能时，为了防止损坏压力表和使用安全，应安装耐震动的压力表。

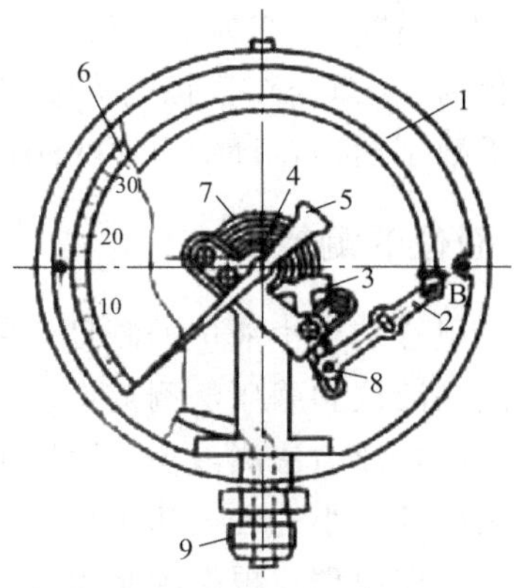

图 8-2 弹簧管式压力计

1—弹簧管；2—拉杆；3—扇形齿轮；4—中心齿轮；5—指针；6—面板；7—游丝；8—调整螺钉；9—接头

(2) 压力/差压变送器 甲醛生产过程中使用的压力变送器较多，各厂选型也不尽相同。大多数新建甲醛企业都使用数字化智能压力差压变送器，它的电气信号传输标准为 4～20mA，完全与 DDZ-Ⅲ型兼容，但仍有一些老甲醛企业在用 DDZ-Ⅱ型和 DDZ-Ⅲ型，有的使用气动压力变送器，气动压力变送器将介质的压力成比例地转换成统一信号 0.02～0.1MPa，主要用于压力调节系统。它的主要特点是防爆性能好，简单可靠。现以数字化智能压力差压变送器为例加以说明，见图 8-3。

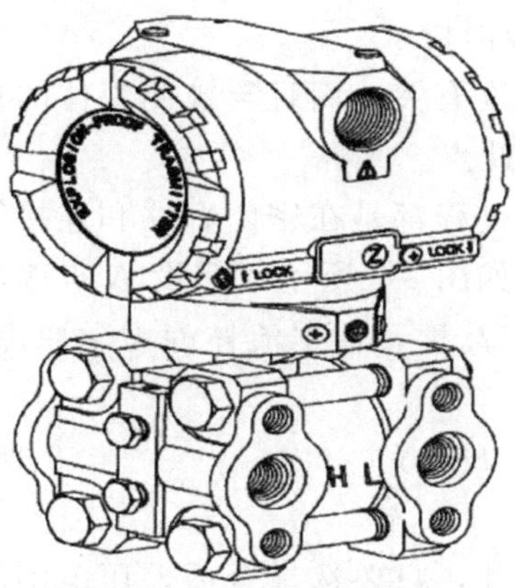

图 8-3 数字化智能压力差压变送器外形图

数字化智能压力差压变送器由测量金属墨盒、测量放大器、单片计算机、温度补偿传感器、按键、电流输出装换电路、显示器、软件等部分组成。工作原理如图 8-4 所示，外部引入的压力将使传感器电阻值发生变化，引起电桥电压输出变化，又经模拟/数字

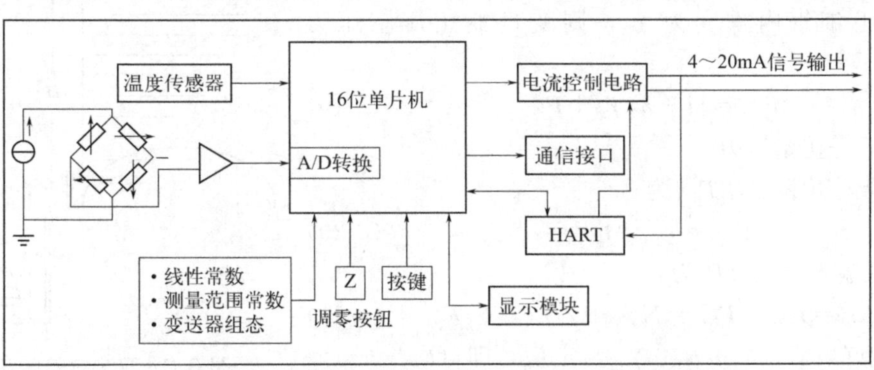

图 8-4 数字化智能压力差压变送器工作原理图

(A/D) 转换，变为数字信号，微处理器运算后输出一个电流控制信号送到电流控制电路，转化为 4～20mA 模拟电流输出，同时微处理器负责交互等操作（显示和设定）。通信接口用于数字通信，HART 模块则实现变送器的 HART 通信。

3. 液位的测量

甲醛装置中液位的测量，除了用玻璃管液位计和玻璃板液位计直接观察外，一般还用浮力法测液位和静压法测液位。

(1) 浮力法测液位　甲醛流程中蒸发器液位以浮筒液面计测量比较合理。浮筒液位计测得液位其最小量程可达±150mm，这是较多厂家用它来测量蒸发器液位的原因之一。

工作原理：根据阿基米德定理，当一个物体放在液体中，它即受到液体的浮力，浮力的大小等于物体排开的那部分液体的重量，即：

$$F=\gamma V \tag{8-17}$$

式中　F——浮力；

γ——液体重度；

V——物体浸没在液体中部分的体积。

由于液位变化，改变了浮筒的浮力．使浮筒在杠杆上的重力发生变化，并作用于扭力管，使与扭力管底部刚性连接的芯轴转动．通过杠杆带动连杆改变喷嘴挡板的位置，使喷嘴背压发生变化，从而改变了输出气压，再通过二次仪表进行液面指示。

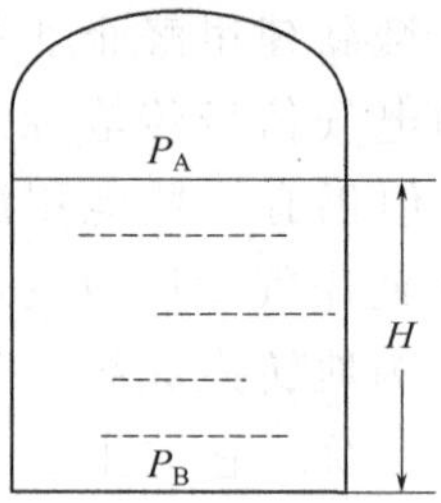

图 8-5　静压法测液位示意图

这种液位计输出信号不仅与液位高度有关，而且与被测液体的重度有关，工艺人员在使用时应特别注意此点。

(2) 静压法测液位　甲醛生产的全过程都是在密闭容器和连接管道中进行的。在一密闭容器内测液位，如图 8-5 所示，假设 A 点静压力为 P_A、B 点静压力为 P_B、H 为液位高度，根据流体静力学原理，A、B 两点压差为：

$$\Delta P=P_B-P_A=H\times\gamma \tag{8-18}$$

式中　γ——液体重度。

当 γ 为常数时，液体高度 H 和差压 ΔP 呈线性关系。因此，只要选择合适差压范围的压差计，且如 γ 不变，就能测量液位。

在甲醛生产中，越来越多的厂家都用双法兰差压变送器来测量吸收塔的液位，如图 8-6 所示。若被测液体重度为 γ_1，毛细管内重度为 γ_2，则变送器正压室压力 P_+ 为：

$$P_+=H+h_1\gamma_1+P_0 \tag{8-19}$$

式中　P_0——初始压力。

变送器负压室压力 P_- 为：

$$P_-=h_2\gamma_2+P_0 \tag{8-20}$$

变送器输入差压 ΔP 为：

$$\Delta P=P_+-P_-=H\gamma_1+\gamma_1 h_1-\gamma_2 h_2 \tag{8-21}$$

当仪表安装好以后，h_2、h_1、γ_2 为定值，即 $(h_2-h_1)\gamma_2$ 为定值。只要适当调整变送器内的迁移零点，产生一个固

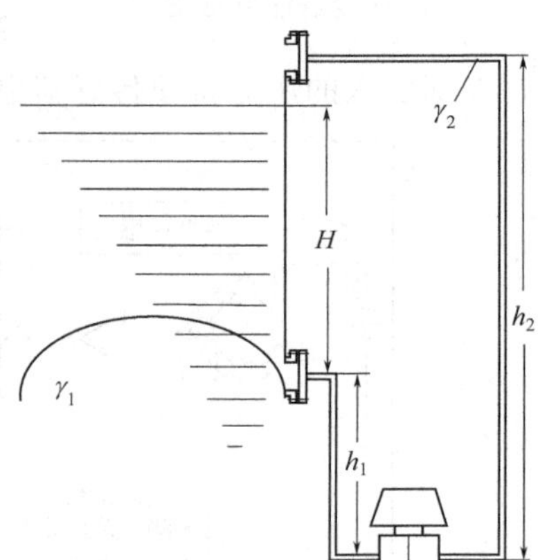

图 8-6　双法兰差压变送器测量吸收塔的液位

定迁移量，抵消 $(h_2-h_1)\gamma_2$ 的作用，在 γ_1 一定时，就能使 ΔP 与 H 成正比。

对气动变送器来说，$H=0$ 时（即被测液位在下部取压口位置），$P_{出}=0.02\text{MPa}$；$H=$ 测量上限时，$P_{出}=0.1\text{MPa}$

4. 流量的测量

流量测量仪表种类很多，甲醛生产中常用的有孔板流量计、涡轮流量计、漩涡流量计、椭圆齿轮流量计等。

(1) 孔板流量计　所谓孔板即在盲板中开一圆孔放置在管道中。用孔板测量流体流量，其原理如图 8-7 所示。当流体流经孔板时会在孔板两端产生一个压力差 ΔP：

$$\Delta P=P_1-P_2 \tag{8-22}$$

流入孔板的一边为正压，流出孔板的一边为负压。流经孔板的流量 Q 与压差 ΔP 有如下关系：

$$Q=K\sqrt{\Delta P} \tag{8-23}$$

式中，K 为常数。

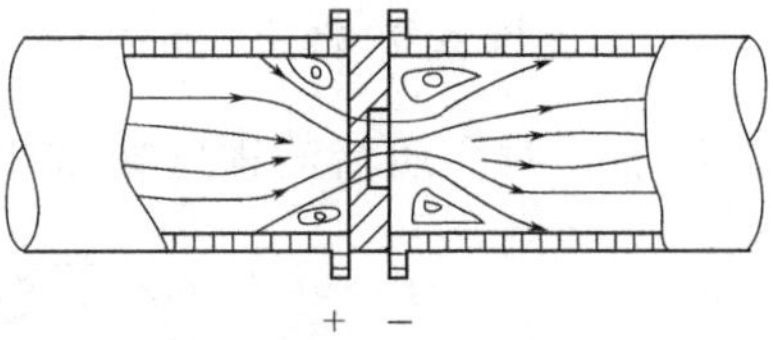

图 8-7　孔板测量流体流量示意图

把这一压差 ΔP 通过引压管引入差压计，将差压信号转换放大，输出统一的电流信号或气压信号，从而进行显示和调节。有的流量测量系统还带开平方运算，开方输出的 $X_{出}$ 服从式(8-24)：

$$X_{出}=K_1\sqrt{\Delta P} \tag{8-24}$$

式中，K_1 为常数时，则 $X_{出}$ 仅与流量 Q 成正比，从而可测出流过孔板的流量。

① 用这样的方法测出的流量是体积流量（其实是流速）。在被测流体为气体时，只有当气体温度、压力及组成与生产条件一致时，仪表才可能准确读数。在甲醛生产中，空气流量在测量时，空气的温度和压力变化均较大，空气压力可以从开车时的 12kPa（$1200\text{mmH}_2\text{O}$）左右升至后期的 50kPa（$5000\text{mmH}_2\text{O}$）左右；空气的温度在冬天和夏天、白天和夜间相差也很大。所以，目前很多甲醛厂都在进行空气流量测量的温度、压力补偿，使显示出来的流量能代表空气的质量流量。温度压力补偿的理想方法是采用智能式仪表。

② 从式(8-23) 可以看出，流量小的时候，孔板两端得到的压差特别小，加之仪表的误差为引用误差，故此时的相对误差较大。因此，孔板流量计在流量上限的 30%以内不计精度，使用时应尽量避免流量计在该范围内工作。

③ 孔板取压口很容易堵，仪表维修工要定期排污，如果等堵了再处理就麻烦了。

在甲醛生产中，用来测量甲醇、甲醛流量的仪表，一般有涡轮流量计，椭圆齿轮流量计和旋涡流量计。用来测量蒸汽流量的仪表，不少厂家也采用旋涡流量计。现分别简单介绍如下。

(2) 涡轮流量计　它是一种速度式流量计，由涡轮流量发送器和显示仪表构成。在被测流体冲击下，涡轮旋转。流量大，涡轮的转速也快。在涡轮旋转的同时，叶片周期性切割磁电转换装置的磁力线，并在磁电转换装置感应出相应频率的脉动电势信号，如图 8-8 所示，送入显示仪表进行计数和显示，即可求出瞬时流量和累积流量。

此仪表优点是精度高（可达 0.5 级），响应快，耐压高，但对介质清洁程度要求较高。一定要在其前装有过滤器，不定期地对过滤网进行清洗。

(3) 椭圆齿轮流量计　它是容积式流量计的一种，由两个椭圆形齿轮、轴和壳体构成，

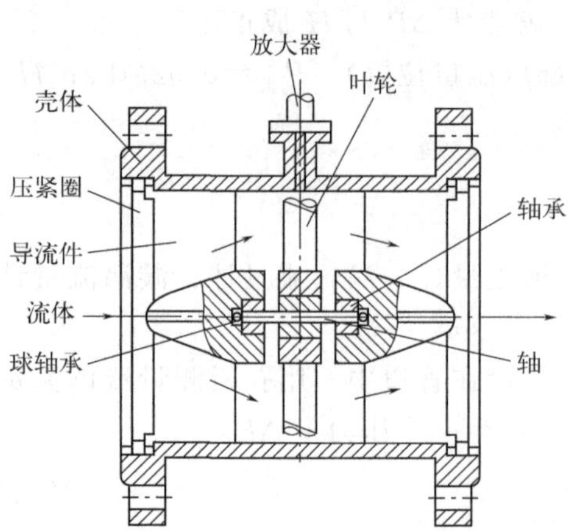

图 8-8 涡轮流量计

如图 8-9(a) 所示。A 齿轮在压差 $\Delta P = P_1 - P_2$ 的作用下（$P_1 > P_2$），顺时针转动，把齿轮 A 和壳体间的半月形容积内的介质排至出口，并带动 B 齿轮逆时针方向转动。在图 8-9(b) 时，A 和 B 齿轮均为主动轮，而在图 8-9(c) 时，作用在 A 齿轮上的合力矩为零，作用在 B 齿轮上的合力矩将使 B 齿轮作逆时针方向转动，并把已吸入的半月形容积内介质排至出口。椭圆齿轮每转动一圈，就会有 4 个半月形体积的液体排出，再将齿轮转动圈数转换成电脉冲信号进行计数，就可以测得某段时间的液体体积，即体积流量。

优点：精度高，结构简单，计量稳定。

缺点：对介质清洁程度要求很高，一定要装过滤网。

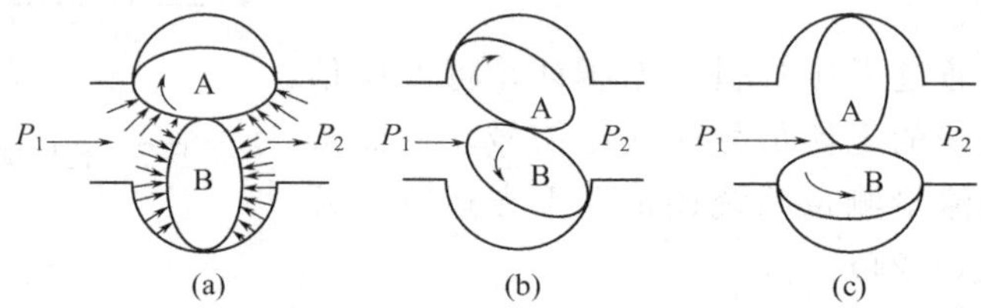

图 8-9 椭圆齿轮流量计

(4) 旋涡流量计　这是一种流速型流量计。根据卡门涡街原理，在管道中放置一旋涡发生体，柱体形状有多种多样。当流体通过旋涡发生体时，在柱体的两侧交替产生旋涡。旋涡不断产生和分离，在柱体下游便形成交错排列的两列旋涡（即“涡街”），如图 8-10 所示。所以，这种流量计又称涡街流量计。

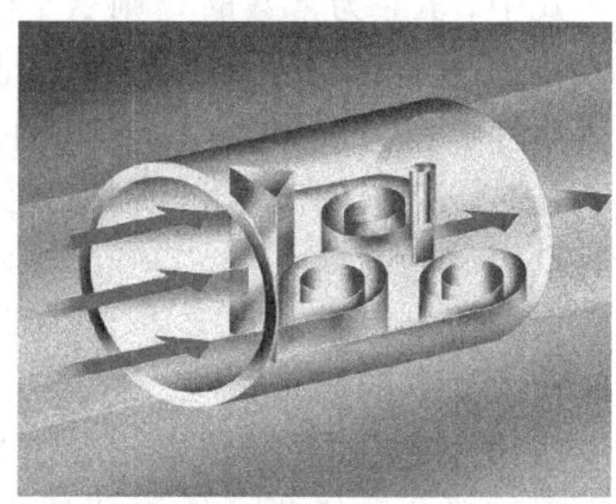

图 8-10 旋涡流量计

理论和实践证明，旋涡分离频率 f 与流速成正比。只要测得 f 就可以通过流速进一步测得流量。而且，测定 f 是比较容易的。

优点：压力损失小；精度高，再现性好，量程比大，线性范围广。特别在测量气体和蒸汽的流量方面，具有明显的优越性。这是一类有广阔应用前途的新型仪表。

缺点：耐震性较差，价格较贵。

(5) 智能温度补偿流量计　其属机电一体化流量计，如图 8-11 所示，由微型单片计算机、液晶显示器、轻触按键、流量传感器、温度传感器、长寿命锂电池、表壳体等组成。它保留了涡轮流量计、椭圆齿轮流量计、旋涡流量计的优点，采用现代先进电子技术与成熟流量传感器、温度传感器一体化设计，借助微型单片计算机软件的强大计算功能，将流量信号和流体温度信号按照固化在微型单片计算机里的温度补偿计算公式进行连续在线高速计算，并将计算结果（瞬时流量 t/h、累计流量 t、介质温度℃）累积储存和现场显示＋远传输出，实现温度在线自动补偿功能，如图 8-12 所示。

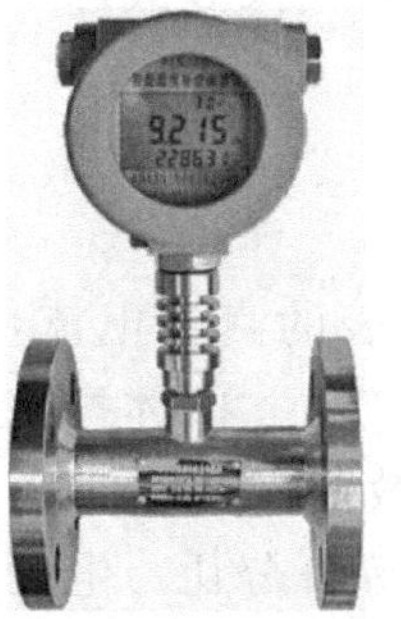

图 8-11　智能温度补偿流量计

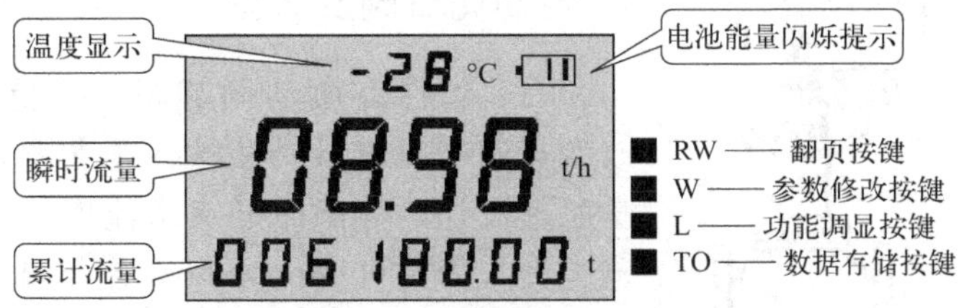

图 8-12　智能温度补偿流量计显示面板

优点：智能一体化设计，有温度在线自动补偿功能，安装使用极为方便，现场多种参数直接显示，无需外接电源也能长期稳定工作；压力损失小，精度高（可达 0.2、0.5 级），计量性能稳定，传感器响应快，耐压高，线性好，寿命长。最适合甲醇、甲醛和甲缩醛的流量计量；也适用于黏度在 3mPa・s 以内的其他液体流量计量。

缺点：对介质清洁程度要求较高，需要装过滤器。

第三节　调节阀

1. 气动调节阀及选型

调节阀根据使用要求有很多种，常见的有直通单座调节阀、直通双座调节阀、偏心旋转调节阀等。

（1）直通单座调节阀　阀体内只有一个阀芯和阀座。阀杆作上下移动，以改变阀芯与阀座的相互位置。其特点是泄漏量小，流通能力比其他同口径阀小，不平衡力大，适用于低压差的场合。

（2）直通双座调节阀　阀体内有两个阀芯和两个阀座，阀杆作上下移动，以改变阀芯与阀座的相互位置。其特点是流通能力比同口径单座阀大，不平衡力很小，允许使用压差大，但泄漏量比单座阀和偏心旋转阀约大一个数量级。

（3）偏心旋转调节阀　偏心旋转调节阀又称凸轮挠曲阀，是 20 世纪 80 年代发展起来的一种新阀型。它由阀体、气动执行机构、阀门定位器、手轮机构等部分组成。其特点是：

① 密封性高，在相同使用条件下泄漏量大为减少（约 0.01%）；

② 流通能力较同口径直通双座阀大；

③ 不平衡力小，允许压差大，流路简单，可用来控制含有固体悬浮颗粒和高黏度流体；

④ 使用温度范围大；

⑤ 可调比大（可达 100 比 1）；

⑥ 体积小，重量轻，通用性好。

我们俗称的“气动调节阀”（图 8-13）是由执行机构和调节阀组成的。

气动执行器可分为气开式和气关式两种形式。有信号压力时阀开、无信号压力时阀关的气动执行器称为气开式执行器。有信号压力时阀关、无信号压力时阀开的气动执行器称为气关式执行器。气开式或气关式的选择，主要是从生产安全角度考虑的。如果仪表气源中断后

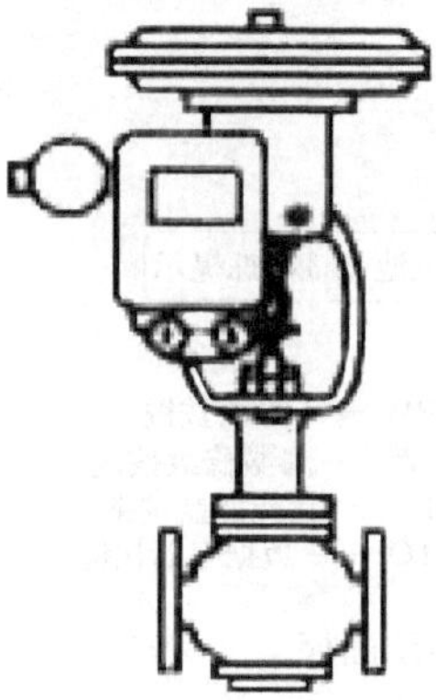

图 8-13　气动调节阀

调节阀处于关闭位置较安全，则选用气开阀；如果仪表气源中断后调节阀处于打开位置较安全，则选用气关阀。

2. 电动调节阀及选型

（1）特性　电动调节阀，接受来自调节仪表的直流电流信号，改变被调介质流量，使被控工艺参数保持在给定值。阀体按流体力学原理设计的等截面低流阻流道，额定流量系数增大 30%，可调节范围大，固有可调比为 50，流量特性有直线和等百分比。电动双座调节阀不平衡力小，阀稳定性好，使用压差大。调节切断型采用软密封结构阀芯，达Ⅵ级泄漏标准（零泄漏）。伺服放大器采用深度动态负反馈，可提高自动调节精度。电动操作器有多种形式，可适用于 4～20mA. DC 或 0～10mA. DC。电子型电动调节阀可直接由电流信号控制阀门开度，无需伺服放大器。

（2）电动调节阀的选型

① 调节阀直接按照接管管径选取不一定是合理的。阀门的调节品质与接管流速或管径没有关系，阀门的调节品质仅与流体的阻力及流量有关，亦即一旦系统设备确定之后，理论上适合该系统的阀门只有一种理想的口径，而不会出现多种选择。

② 调节阀口径不能过小，选择的阀门口径过小，一方面会增加系统的阻力，甚至会出现阀门口径 100%开启时，系统仍无法达到设定的容量要求，导致严重后果，另一方面阀门将需要通过系统提供较大的压差以维持足够的流量，会加重泵的负荷，阀门易受损害，对阀门的寿命影响很大。

③ 调节阀口径不能过大，选择的阀门口径过大，不仅增加工程成本，而且还会引起阀门经常运行在低百分比范围内，引起调节精度降低，使控制性能变差，而且易使系统受冲击和振荡。

④ 为了保证系统控制品质，最好的方法是在系统允许的范围内选择能获得较大压力降的阀门口径，使阀门在运转过程中压力降的变化值尽可能小。阀门全开状态下的压力降占全泵压百分比越高，则阀门压力降相对变化值越小，阀门的安装特性就越接近其内在特性。

第四节　甲醛生产系统的自动调节体系

1. 甲醛生产操作基本知识

一个简单的调节系统，通常由调节对象、测量装置、调节器及调节阀四大部分组成。其中，调节对象（简称对象）是指需要调节的工艺设备的有关部分。测量装置，即前面讲过的变送单元和检测元件。一个简单的调节系统框图如图 8-14 所示。

简单调节系统是使用得最普遍的一种调节回路。在甲醛生产中，蒸发器液位调节、吸收塔液位调节、空气质量流量定值调节、配料蒸汽流量调节等一般都采用这类调节系统。

2. 常用术语

被调参数——指能够表征设备运转情况并需要进行调节的工艺参数。

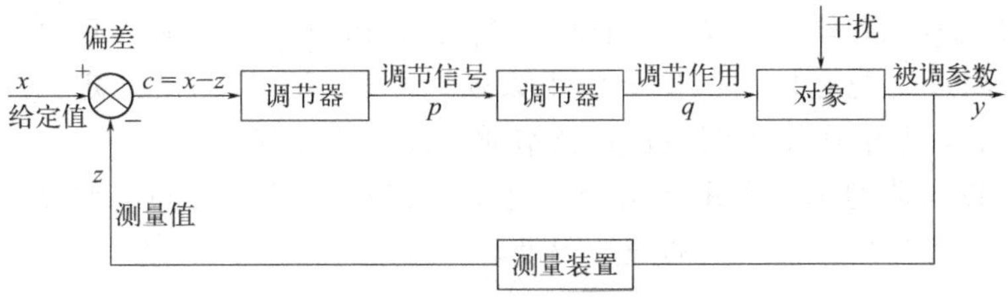

图 8-14　调节系统框图

给定值——工艺上希望被调参数所保持的数值。

偏差——被调参数测量值与设定值之差。

干扰——指引起被调参数偏离给定值的一切因素，又称扰动。

调节参数——用来克服干扰对被调参数的影响，实现调节作用的参数。

3. 调节器“正-反”作用的选择

如果测量值大于给定值，要求输出值增加，则此调节器的作用方向为正作用：反之，则为反作用。调节器“正-反”作用的开关若选择不当，则调节器的调节作用就不是使测量值趋向给定值，而是使测量值背离给定值，就失去了调节的意义。因此，调节系统中调节器“正-反”作用的确定原则，是实现闭环回路的负反馈，也就是使被控工艺参数趋向控制的指标值。

4. 调节器的 P、I、D 参数的设置

在调节器中，P 表示调节器的比例调节作用，是调节器的主要作用。比例调节作用的功能为发出一个与偏差大小成一定比例的输出信号去控制调节阀。

在单元组合仪表中，比例调节作用是用比例带 B 来描述的：

$$B=\frac{\Delta X}{\Delta Y} \tag{8-25}$$

式中　ΔX——调节器输入变化值；

ΔY——调节器输出变化值。

比例带 B 大小的选择，对调节品质有很大影响，B 太小，调节作用太强，自动调节作用会出现振荡，甚至会引起系统发散出现严重事故；B 太大，调节作用太弱，克服偏差能力就差，余差大。

I 表示调节器的积分调节作用。积分调节作用是根据偏差的大小和存在的时间，调节器发出信号去控制调节阀，使被调参数值进一步接近给定值，直到偏差消除。积分作用的目的是消除偏差。偏差不消除，积分作用就不停止。积分作用强弱用积分时间 T_i 来表示。T_i 选择短，积分作用强，反之则弱。积分时间的长短选择，对调节品质有很大影响：T_i 过长，积分作用不明显，偏差消除就慢，甚至偏差不会消除；T_i 过短，积分作用太强，调节过程振荡剧烈，系统稳定性降低。

D 表示调节器的微分调节作用。根据偏差的变化速率，提前给调节阀一个调节作用，这个调节作用就是微分作用。对于固定不变的偏差，不管其值多大，微分作用总是零。

微分作用的目的，是当系统受到外界干扰作用时，被控工艺参数还没有很大偏差时，就

能被调回来。达到调节快，动态偏差小，调节品质好的效果。

微分作用的大小用微分时间 T_d 来表示。T_d 长，微分作用就强，反之则弱。适当引入微分作用，能提高系统稳定性。但微分作用太强，不仅不会使系统稳定，反而会使系统振荡；微分作用太弱，调节作用不明显，对调节质量改善不明显。

总之 P、I、D 参数的选择大小要适当。这里不仅涉及操作者的操作经验和对仪表性能的了解，而且还涉及对全工艺系统的熟悉程度。

5. 自动调节系统

甲醛生产中的自动调节系统各厂不尽相同，有的多，有的少，有的厂家以气动仪表为主，有的则以电动仪表为主，甚至有的厂家采用智能调节仪表或 DCS 调节系统。但工艺流程基本相同，主要的调节回路也差不多，概括起来有以下几种：

a. 蒸发器液位定值调节回路；

b. 吸收塔液位定值调节回路；

c. 配料蒸汽流量定值调节回路；

d. 空气质量流量（或空气流量）定值调节回路；

e. 氧温-蒸温串级调节回路；

f. 有余热利用的装置时，还有氧化器骤冷段汽包液位调节回路；

g. 甲醛含量定值调节回路；

h. 安全生产联锁保护控制回路；

i. 系统蒸汽压力调节回路。

（1）蒸发器液位定值调节回路

① 意义。控制蒸发器液位，在甲醛生产中具有重要意义。液位过高，势必减小液位上方用于气/液分离的空间。严重时，甚至会导致气相带液，危及催化剂的性能。液位太低，则更危险，因为液位降低后蒸发器换热面积相应减小，甲醇蒸发量相应减少，从而导致氧醇比迅速上升，氧化反应更趋剧烈。蒸发器液位在允许的范围之内波动，也是希望波动幅度越小越好。这时，液位波动虽然不危及安全，但影响换热，虽然蒸发温度未发生变化，但蒸发量却在波动，从而会对氧温造成干扰。

② 测量变送器的选型与安装。蒸发器液位的测量，以浮筒式液位变送器为最合适。这是因为：

a. 测量范围小，往往只有 300mm 左右；

b. 液体中泥浆较多，选型不当易出现引压管堵塞；

c. 气相是空气和甲醇的混合物，温度又较低。若采用差压变送器，则气相引压管中的介质在不同的季节可能为液体，也可能为气体。采用浮筒式液位变送器，则上述情况亦不影响仪表工作。

变送器在安装中应特别注意的是下取压口位置的选择要适当。因为蒸发器内上升气流速度较高，如果取压口位置选择不当，动压头势必对测量结果产生干扰，严重时甚至无法测量。为了消除此动压头对测量的干扰，很多厂家增设了缓冲容器，如图 8-15 所示。

进入蒸发器的甲醇从缓冲容器加入，这就将蒸发器中的淤浆与仪表基本隔开，而且使浮球式液位报警器有一个合适的安装位置。

③ 液位自动调节系统　液位调节系统一般都选用进蒸发器甲醇流量为调节手段，调节

阀选用气闭式，调节器为正作用。调节阀无论是电动还是气动，一般都能得到满意的调节品质。

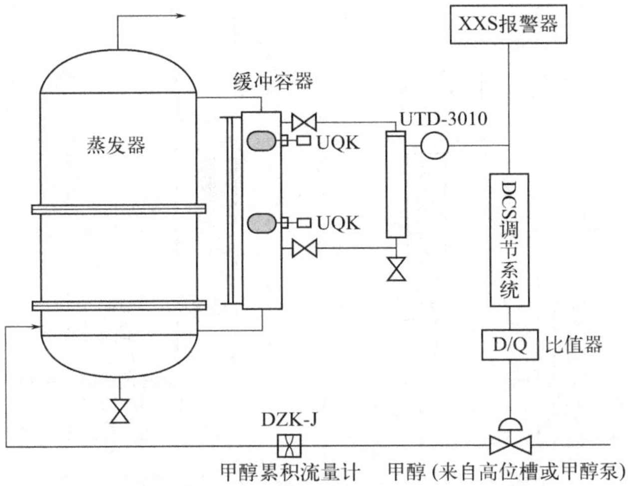

图 8-15 蒸发器液位定值调节回路示意图

④ 系统的可靠性 蒸发器液位调节与安全有着密切的关系。为了提高系统的可靠性，不少厂设计了相互独立的三套仪表分别对此液位进行监视与调节：a. 如现场磁翻板带变送器液位指示，既作现场指示，又作为仪表指标值调整的参考值；b. 双重的液位上、下限报警，UQK-01-B2C 防爆型浮球液位继电器可安装在缓冲容器侧面。当液面过高或过低时，继电器就会发出信号使闪光报警器报警。XMT-105 数字式指示调节仪与电信号连接，起到液位指示与报警输出功能。

(2) 吸收塔液位定值调节回路 吸收塔液位调节虽然不像蒸发器液位调节要求那么高，但对甲醛均衡生产是必要的。液位过高时，会引起气相进料管液封，液位过低，则引起泵抽空。变送器选型中主要应考虑的是变送器的耐腐蚀问题，选用插入式双法兰差压变送器较为合适。如果选用浮筒式液位变送器，则必须考虑保温，防止甲醛聚合的问题。

有的厂第二吸收塔和第一吸收塔安装在同一高度，则吸收塔的液位均需用仪表实现调节。调节参数均为液体排出量，调节阀可选用气闭式，阀体材质选用不锈钢。这样，调节器就只能为反作用。调节系统如图 8-16 所示。

(3) 配料蒸汽流量定值调节回路 配料蒸汽流量定值调节系统采用了 DDZ-Ⅲ型电动单元组合仪表，变送器采用旋涡流量计，调节阀选用气闭式，调节器作用方式为正作用，显示报警输出用 XMZ-105 数字显示调节仪，如图 8-17 所示。

(4) 空气质量流量定值调节回路

① 空气质量流量调节的意义。在甲醛生产过程中，进蒸发器（或直接进反应器）的空气是直接参与反应的。在甲醇过量的工艺中，此空气接近完全转化。所以，空气的质量流量决定着甲醛的产量。实践证明，在吸收塔加水量不变，配料蒸汽流量定值调节的情况下，空气质量流量的变化会引起产品中甲醛浓度的变化。不仅如此，在空气质量流量作上述变化的时候，空气、水蒸气和甲醇三元混合气的比例实际上也有相应的变化。因此，将三元混合气稳定在最佳比例，也需要对空气质量流量进行调节。

② 空气质量流量的测量 空气质量流量的测量方法有多种，现仅介绍使用较多的孔板

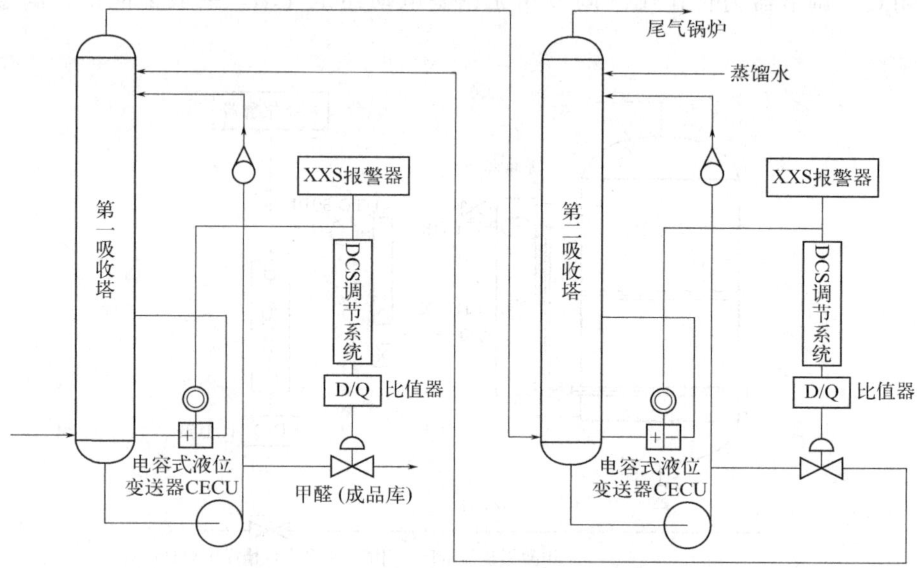

图 8-16　吸收塔液位定值调节回路示意图

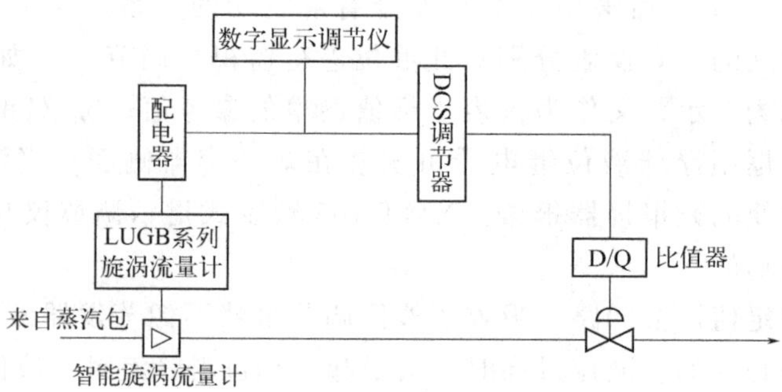

图 8-17　配料蒸汽流量定值调节回路示意图

流量计配温度压力补偿的方法。

孔板流量计的计量特性遵循基本方程式(8-26)：

$$M = C'\sqrt{\Delta P}\,\rho \tag{8-26}$$

式中　M——质量流量，kg/h；

ΔP——节流装置前后的压差，Pa；

ρ——实际工况下的被测介质密度，kg/m^3；

C'——由具体节流装置的结构、尺寸等参数确定的流量常数。

空气的密度受其温度和压力的影响较大，因而在甲醛生产中空气的温度和压力是不可避免要发生变化的．在开车初期，空气表压仅为 10～20kPa，但到后期会升到 40～50kPa，夏季和冬季空气温度不同，一天内（24h）空气温度也有较大差异。因此，在空气质量流量的测量中，要解决的困难问题是空气的密度测量。

好在甲醛生产中空气压力不高，可用理想气体方程计算其密度，即：

$$\rho = \rho_0 \times \frac{PT_0}{P_0T} \tag{8-27}$$

式中　P, P_0——空气的实际压力和设计压力（绝对值），MPa；

T, T_0——空气的实际温度和设计温度，K；

ρ_0——P_0 和 T_0 时所对应的空气密度，kg/m^3。

将式(8-27) 代入式(8-26) 得：

$$M = C\sqrt{\Delta P \frac{P}{T}} \tag{8-28}$$

其中：

$$C = C'\sqrt{P_0 \frac{T_0}{P_0}} \tag{8-29}$$

从式(8-28) 可知，用仪表分别测出 ΔP、P 和 T，然后进行计算就可得到空气的质量流量。这里除了要进行乘法、除法和开平方运算之外，还要将表面压力转换为绝对压力，温度转换为热力学温度，运算较烦琐。如果用模拟式仪表完成此项计算，则不仅麻烦，而且计算误差大。

采用微处理器或单片机为基础的智能仪表，则具有很强的计算功能。例如，在可编程序调节器中进行上述各项运算，都有现成的运算模块。

③ 空气质量流量定值调节系统　图 8-18 是可编程序调节器完成空气质量流量的计算和调节的系统。图中未画出输入变量的显示仪表。调节阀选用气闭式，调节器作用方式为反作用。可编程序调节器一般都带有故障诊断和后备手操。仪表发生故障时，其自诊断系统能及时发现其故障，并将控制系统切换到后备手操（保持故障前的阀位或设计所指定的阀位）。

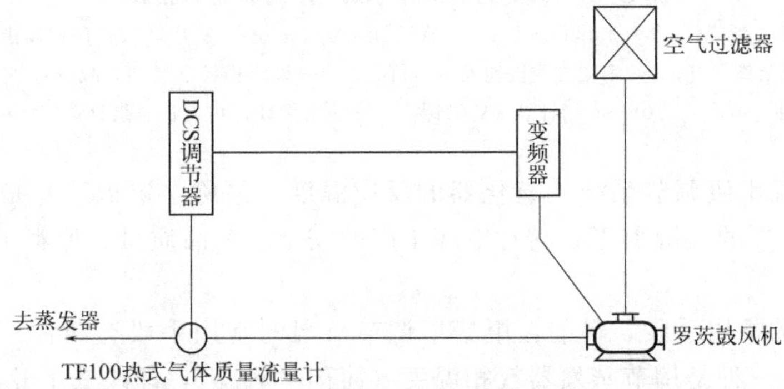

图 8-18　空气质量流量定值调节回路示意图

④ 可编程序调节器的操作　现在国内使用的可编程序调节器有多种，不同仪表厂的产品其面板及操作也不相同，但面板和操作的基本要素又是大致相仿的。图 8-19 是一个典型的 KMM 可编程序调节器的面板，其中 M、A 和 C 分别为手动方式、自动方式和串级方式按钮（带指示灯），⇧和⇩分别为手操增大和减小按钮；按一下 M 按钮，则 M 灯亮，表明控制系统处于“手动”方式，此时，按下按钮⇧或按钮⇩，指示阀位的“输出指针”就相应地上升或下降。△和▽为设定按钮，按下△或▽，指示设定值的“SP 指针”就作相应变化(当系统为串级系统时，此设定值为主回路设定值，“PV 指针”指示为主回路测量值)。在 PV 指针调节到需要值后按下 A 按钮，系统就无扰动切换到“自动”方式。对于串级调节系统，一般要求在“自动”方式下运行一段时间，待主参数稳定后再按下 C 按钮，系统就无扰动切换到“串级”方式。当然，此时若设定值还不是理想值，可通过△按钮或▽按钮予以

修正。在M、A和C三个方式之间，可从一种方式无扰动切换到其他两种方式中的任一种方式，可编程序调节器的具体功能可根据需要由编程决定，各个不同的调节系统，操作使用方法也略有差异，操作人员可根据系统的设计使用说明书进行操作。

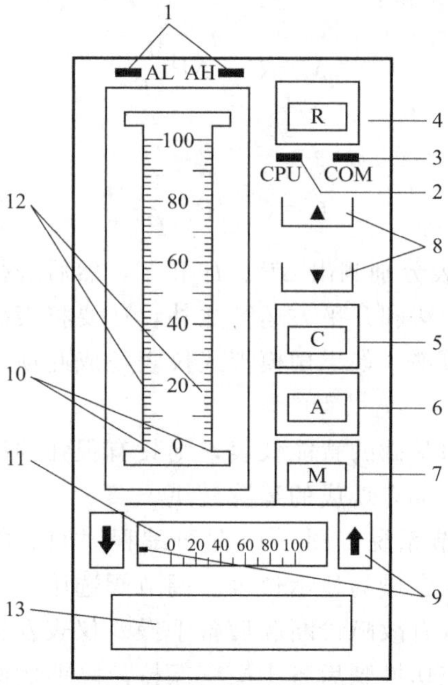

图 8-19　典型的KMM可编程序调节器的面板

1—报警灯；2—仪表异常指针灯；3—通讯指示灯；4—联锁灯和复位按钮；5—串联方式按钮及指示灯（计算机方式）；6—自动方式按钮及指示灯；7—手动方式按钮及指示灯；8—SP设定指针（增加，减少）；9—输出控制按钮（增加，减少）；10—SP指针及PV指针；11—输出指针；12—备忘指针；13—标记

（5）氧温-蒸温串级调节系统　氧化器的反应温度（简称“氧温”）是决定化学反应平衡的转化率和选择性的关键因素，它对甲醛生产的安全、产品质量、原料单耗以及催化剂寿命等都至关重要。

① 调节氧温的常用手段。目前，甲醛厂调节氧温的常用手段有两种：一种是调节进蒸发器空气流量；另一种是调节蒸发器气相温度（简称“氧温”，即改变甲醇蒸发量）。这两种方法的本质是相似的，都是改变进反应器的三元混合气比例。前一种方法是固定配料蒸汽流量，改变空气流量，相应的配合条件是蒸发温度恒定。这样，在空气流量变化时，甲醇流量（蒸发量）同时发生变化，因此三元混合气中的两元都在变化。而后者则是固定配料蒸汽流量和空气流量，仅改变甲醇流量（蒸发量）。这两种方法各有各的优点，同时也各有不足之处。前一种方法的优点是滞后时间短，氧温调节质量高，氧温的波动范围在±3℃以内。但存在如下缺点：a. 安全性差。由于滞后时间短，在有关仪表失灵时，氧温变化极快，此时如果操作人员不注意或处理得慢一些，容易酿成严重事故；b. 调节量大。例如为了将氧温调高，须将空气流量增大，但是空气量的增大会导致甲醇蒸发量也有所增大，而在甲醇过量的生产中，甲醇蒸发量的增大，导致氧温下降，从而部分抵消了空气流量调大的作用。其结果是为了使氧温稳定，空气流量变化范围很大，有可能造成对催化剂床层的机械冲击；c. 产品浓度和产量波动较大。这也是由空气调节量大引起的；d. 温度调节系统对蒸发器液

位调节系统干扰大。这是因为空气流量作为氧温调节手段，空气流量波动时，使蒸发器中的液体平均密度也跟着波动，从而导致液位变化；e. 制约产量或增大动力消耗。由于调节氧温不可避免要有一定数量的空气从风机的出口放空，这样在风机容量配合得紧凑的装置上，往往感到空气不够用。若增大风机容量，又会造成能耗升高，甚至富余浪费。与前一种方法相比，后一种方法具有恰好相反的特点；f. 比较安全；g. 对蒸发器液面无明显的干扰；h. 催化剂床层不受机械冲击。这是因为调节过程中，进反应器的流体无流速的突变；i. 成品浓度及产量较稳定；j. 风机容量的配置与温度调节无关。其缺点是响应不如前者快，因而调节品质不如前者。

② 氧温调节方式。氧温调节大多采用氧温-蒸温串级调节来实现。图 8-20 是由 DDZ-Ⅲ单元组合仪表组成的典型氧温调节系统。

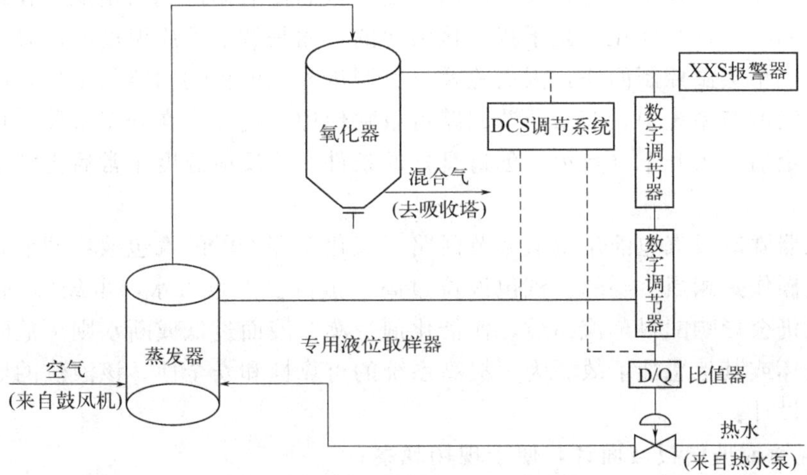

图 8-20　典型氧温调节系统

所谓串级调节系统，就是一个调节系统中包含两个调节器，而且前一个调节器的输出值作为后一个调节器的给定值。前一个调节器称为主调节器，后一个调节器称为副调节器。它有别于前面所述的单回路调节系统，是甲醛生产中较复杂调节系统常用的一种调节系统。如果是 DCS 系统可省去两个调节器，只需要软件组态即可，但控制原理是一样的。

③ 调节器“正-反”作用方式的选择。

a. 气动薄膜调节阀选用气闭式。当仪表电源或气源中断时，从安全角度出发，阀门全开，使蒸发器加热量增加，氧化器反应温度不致超温。

b. 必须先确定蒸温调节器“正-反”作用方式，因为氧温调节器“正-反”作用方式确定要待蒸温调节器“正-反”作用确定以后才能进行。

c. 蒸温调节器作用方式的确定。从前面的控制系统图分析，当蒸发温度高于给定值时，需减少蒸发器的加热量。由于调节阀已定为气闭式，因此这时调节器输出应增大。调节器测量信号上升，要求输出增大，所以确定调节器的作用方式应为“正”作用。

d. 氧温调节器作用方式的确定。在该串级调节系统中，当氧温上升（即氧温调节器测量信号上升）时，为了使氧温回到给定值，必须提高蒸温，即主调节器输出增大，使副调节器给定值提高。所以，氧温调节器的作用方式仍为“正”作用。

④ 氧温-蒸温串级调节系统的动作过程。在系统处于稳定状态下，氧温稳定在给定值附

近，蒸发器加热调节阀处于一定开度。但在某一时刻，由于某些干扰作用，系统稳定受到破坏，从而开始它的调节过程。

a. 干扰作用于蒸温控制回路。例如加热的水温升高，使蒸发温度有上升趋势，于是需要副调节器进行调节。这个调节过程与单回路调节过程基本相同，由于该调节作用的结果（调节阀关小些），蒸温逐渐向原给定值靠拢。与此同时，蒸发温度的升高也使氧化器反应温度出现下降趋势，从而使主调节器输出也发生变化，导致副调节器给定值减小。副调节器的测量值与给定值两方面变化加在一起，加速了克服干扰的调节过程，使氧温较快地回到给定值上来，这时调节阀稳定在新的开度上。

b. 干扰作用于氧化器。例如配料蒸汽波动或别的原因，使氧化器反应温度受干扰而偏离给定值，主调节器根据反应温度与给定值的偏差进行调节，其输出去改变副调节器的给定值，导致副调节器输出发生变化，改变阀门开度，从而使氧温回到给定值。在这个调节过程中蒸温是变化的，但这个变化不是干扰直接引起的，而是调节反应温度的需要。在串级回路中由于引入了一个蒸温控制回路，因而能及早克服进入蒸温控制回路的干扰，改善氧温调节品质。在此串级调节系统中，蒸温调节回路可单独使用。这样，在开车阶段，可通过仪表将蒸温稳定在给定值，为开车（点火）创造良好的条件。待反应温度正常后再将系统切换为串级调节。

（6）氧化器骤冷段汽包液位定值调节回路　氧化器骤冷段的汽包液位调节，对于甲醛安全生产和稳定操作是相当重要的。汽包液位过高，蒸汽会严重带水，虽经气/液分离器分去部分液滴，但仍会影响配料蒸汽品质，使催化剂受潮。液面过低或断水则更危险，会导致骤冷段内列管烧坏或其他恶性事故。为了提高系统的可靠性和安全性，该液位的监视与调节也常采用多重化设计：

① 装有视镜或玻璃板液面计，便于现场观察；

② 用仪表测量显示和自动调节；

③ 装有浮球上、下限报警与电动仪表上、下限报警装置。

DDZ-Ⅲ型电动单元组合仪表或DCS构成的汽包液位检测调节系统，见图8-21。

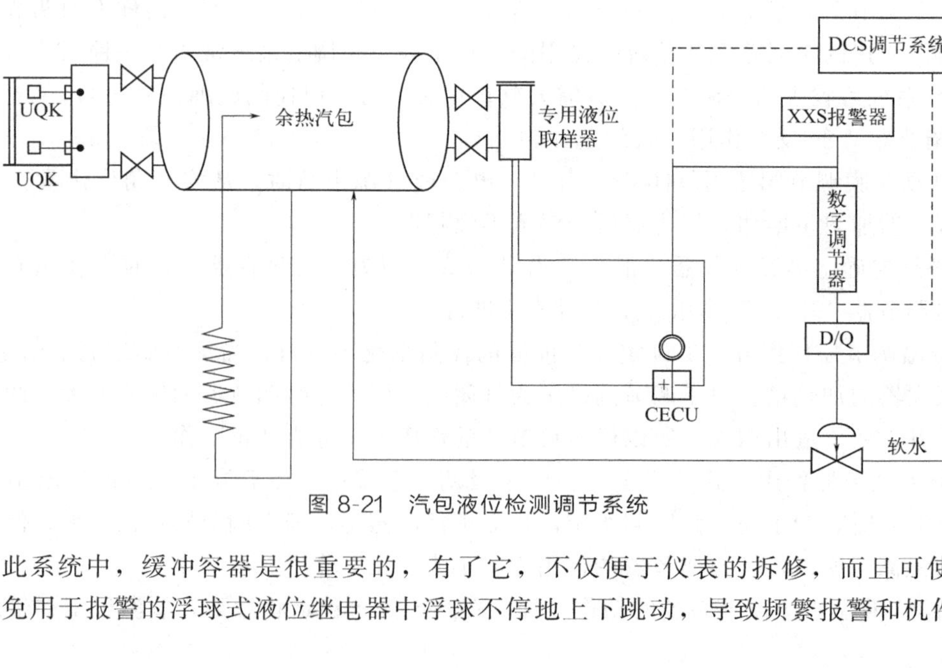

图8-21　汽包液位检测调节系统

在此系统中，缓冲容器是很重要的，有了它，不仅便于仪表的拆修，而且可使液位平稳，避免用于报警的浮球式液位继电器中浮球不停地上下跳动，导致频繁报警和机件磨损。

该自动调节系统的动作过程包括当汽包液位升高（假定高于给定值）时，变送器输出信号随之减小，液位指示仪示值下降，此信号同时馈入调节器，调节器将此信号与给定值比较，并对比较结果进行运算，输出电信号去电气转换器。由于调节器作用方式置于“正”，所以此时调节器输出反而减小，电气转换器输出气信号相应减小，调节阀关小，进水量减少，使液位上升趋缓或测量值趋近给定值。反之，当液位降低时，调节器发出信号使阀开大，液面回升，直到偏差消除，调节才停止。

注意：该系统仪表显示100%为低水位，显示0%为高水位。气动薄膜调节阀选用气开式，是为了气源发生故障时，保证不会使汽包液位过高而导致蒸汽严重带水。

（7）甲醛含量定值调节回路　甲醛含量是生产控制中的一个重要指标，为了实现自动控制甲醛含量，可以在一塔采出部位安装甲醛含量定值调节回路。定值调节回路由压力传感器（PA、PB）、温度传感器（TE）、密度含量在线分析仪、调节器、调节阀等组成。工作过程是：甲醛液体通过测量管时，压力传感器（PA、PB）和温度传感器（TE）将甲醛密度和含量微弱信号传输给MDY-B密度含量在线分析仪进行分析计算，并且现场显示甲醛密度、甲醛含量，同时输出4～20mA标准电流信号传输给调节器，调节器与给定值进行比例、积分、微分计算，然后输出控制信号传输给调节阀，调节阀的开度变化可以对吸收塔的加水量进行调节，如图8-22所示。生产中需要改变甲醛含量时，只要改变调节器的给定值就可以增加或减少甲醛含量。

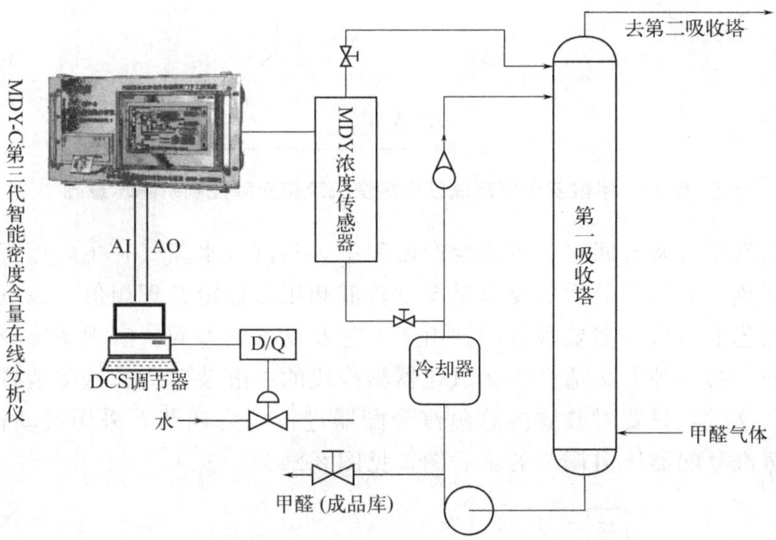

图8-22　甲醛含量定值调节系统示意图

（8）安全生产联锁保护控制回路　安全生产是每个甲醛生产企业不可忽略的一项工作，为了减少由于操作不当或设备故障引起的氧化器温度超限事故隐患，可以通过增加主动防御功能。实现方法是，将氧化器温度显示仪与空气放空阀联锁，一旦出现风量或氧化器温度越限时，空气放空阀会自动打开，或直接停止罗茨鼓风机，氧化器温度会下降，同时输出温度越限声光警示，达到安全保护目的。也可以选用带温度显示的数字手操器来取代氧温表，效果会更好。如果是带有风量放空阀的甲醛生产装置，控制对象为空气放空阀，如图8-23所示。如果是罗茨鼓风机带有变频器控制风量的甲醛生产装置，控制对象为罗茨鼓风机变频器，如图8-24所示。

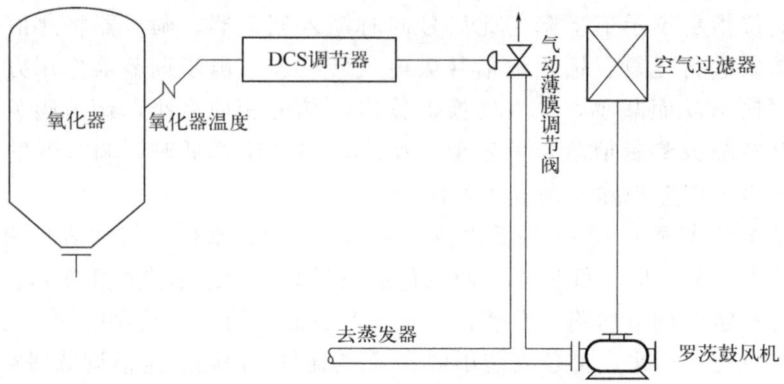

图 8-23　甲醛安全生产联锁保护空气流量放空控制系统示意图

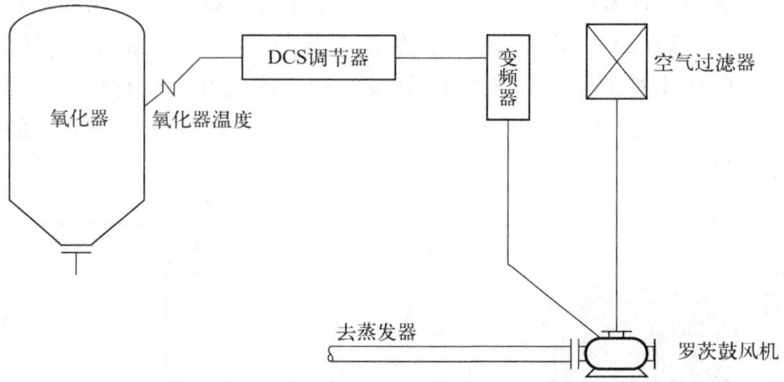

图 8-24　甲醛安全生产联锁保护空气流量变频控制系统示意图

(9) 系统蒸汽压力调节回路　甲醛生产流程中，蒸汽（水蒸气）主要用于配料、过热器加热和蒸发器加热。对蒸汽品质的要求是湿度较低和压力稳定在理想值。该蒸汽压力调节系统就是为满足工艺上的后一需要服务的。由于工艺及设备的差异，实现系统蒸汽压力调节的方法大致有两种：第一种方法适合于无氧化器骤冷段的甲醛装置。在这类装置上，水蒸气全部来自锅炉房。这时，只要对装置的总蒸汽分配器进行压力调节。采用气动仪表或 DCS 调节系统实现总蒸汽分配器压力调节的示意图，见图 8-25。

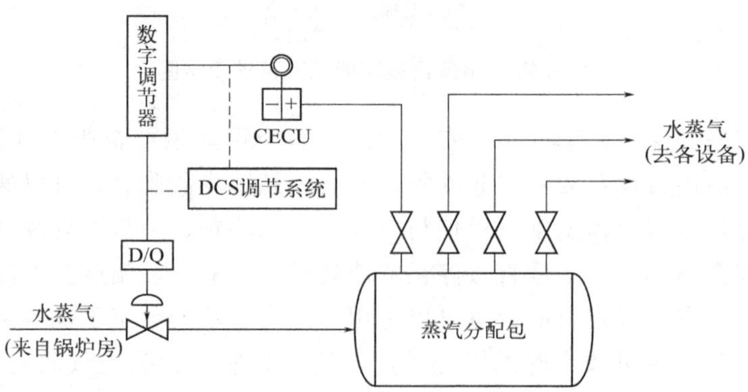

图 8-25　无氧化器骤冷段的系统蒸汽压力调节回路示意图

为了确保水蒸气的供应和安全方面的考虑，调节阀应选用气闭式，则调节器就为正作用。实现系统蒸汽压力调节的第二种方法适用于带骤冷段的甲醛装置。在这类装置上，骤冷段回收余热所产生的蒸汽往往自用有余，还需向外输出部分蒸汽。但在开车时，由于骤冷段尚未正常供汽，还必须引入锅炉房的水蒸气，而且在两路蒸汽来源互相切换时，也需要保持系统蒸汽压力的稳定，为了解决这个问题，有些厂采用了分程调节的方法。所谓分程调节就是由一台调节器的输出信号同时控制两台或两台以上的调节阀，各个调节阀分段响应来自调节器的信号。

采用DCS调节系统实现的蒸汽压力调节的示意图，见图8-26，被控对象为汽/液分离器。

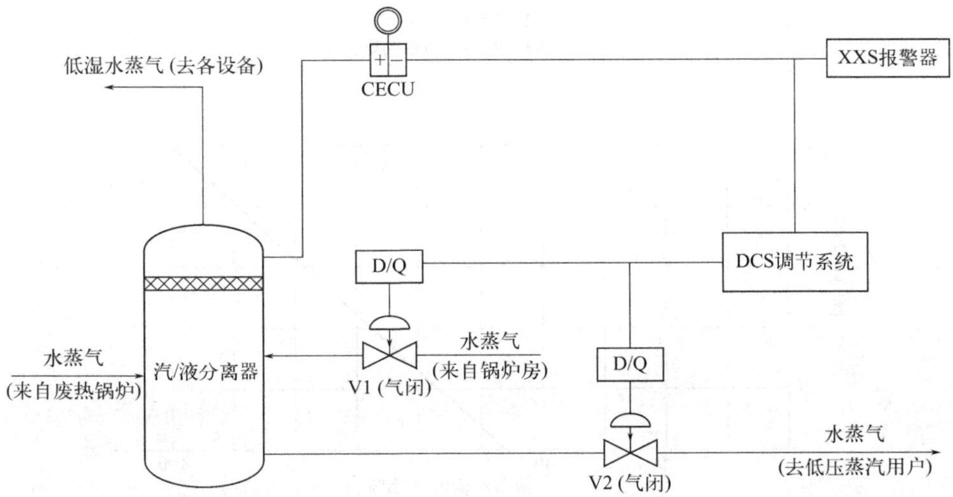

图8-26 带氧化器骤冷段且向外输出部分蒸汽的系统蒸汽压力调节回路示意图

图8-26中的压力变送器CECU用来将汽/液分离器的压力变送为统一的4～20mA信号。DCS调节系统除了用于调节之外，还具有记录、显示压力值和越限报警的作用。调节部分将测量值与给定值进行比较，其差值经PID运算后输出控制信号到两台调节阀V1和V2上。其中V1为反作用，V2为正作用。两台调节阀送入4～20mA的信号，阀门的应有开度为0～100％（气开式）或100％～0（气闭式），通过软件组态，调节阀的响应范围就可以实现下面的数值。调节器输出信号在0～50％之间变化时，V2的响应开度为100％～0；调节器输出信号在45％～100％之间变化时，V1的响应开度为0～100％。两台调节阀开度与调节器输出信号之间的对应关系如图8-27所示。其中，调节器输出信号在45％～50％之间变化时，两台调节阀均动作，即：未等进汽阀全部关死，出汽阀就打开少许，从而使两台阀在信号衔接处过渡平滑。

上述分程调节系统动作过程如下：在系统处于稳定状态时，汽/液分离器压力保持在给定值不变，调节器输出为一定值，两台调节阀处于一定开度。当干扰作用于该回路并使压力指示升高时，因为调节器为反作用，则调节器输出将减小，使进汽阀关小。若进汽阀已关死，则应逐渐开大出汽阀，最后使汽/液分离器的压力回到设定值上。

反之，当干扰作用于该回路使压力指示降低时，经过调节使出汽阀逐渐关小。若出汽阀已关死，则逐渐开大进汽阀使汽/液分离器压力回到设定值上。

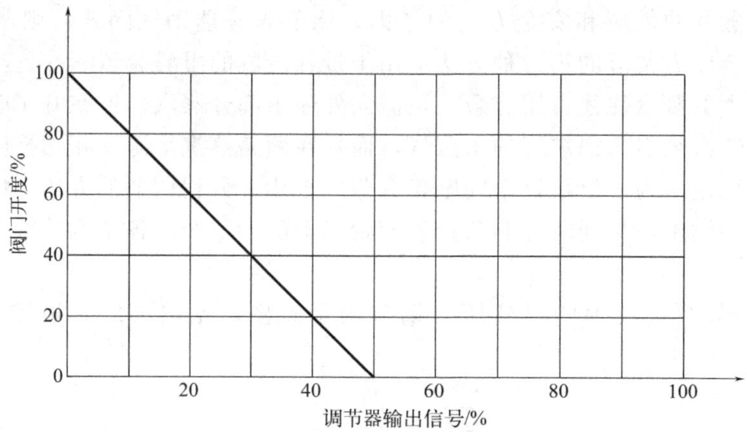

(a) V2阀开度与调节器输出关系图

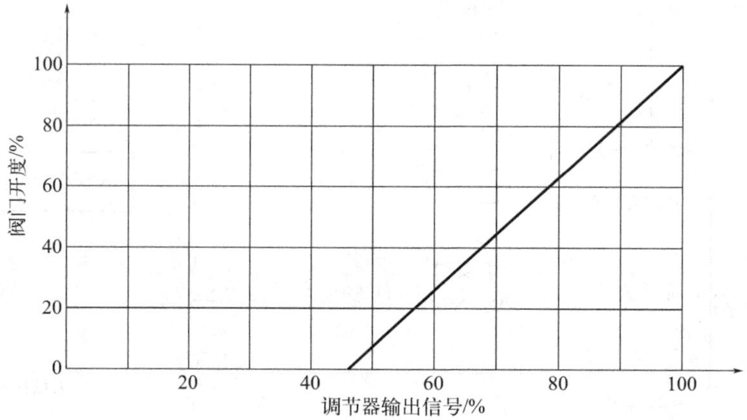

(b) V1阀开度与调节器输出关系图

图 8-27　V2 和 V1 阀开度与调节器输出关系图

第五节　检测控制仪表的操作和使用

1. 甲醛生产中仪表运行和操作应注意的问题

正确的操作来源于正确的判断，而作出正确的判断除了必须掌握一定的工艺、设备和仪表知识外，还必须在日常工作中做有心人，对工艺和仪表运转情况多观察、多分析、常学习。

（1）报警仪表

a. 每天接班时，按一下报警器的试验按钮，响铃和闪灯表明报警器正常。

b. 对每个液位报警点所对应的实际液位应做到心中有数，以便正确判断。

c. 对于少数几个重要的报警点，为防止报警失灵，应每 1～2 个月请仪表工检查一次报警回路。

（2）仪表示值正确性的判断

① 温度仪表正确性的判断。

a. 反应器温度。反应温度是甲醛生产中最重要的工艺参数：为了确保安全，一般都设置两套甚至三套独立的检测回路对反应温度进行监测。由于不同的检测回路中的测温元件在催化剂床层中的分布有差异，因此各检测点所显示的温度也会有些差别，但差别不应太大。操作中可以根据这一准则进行分析对照，作出判断，如发现差异太大，应通知仪表维修人员进行检查。有时因催化剂收缩，会将热电偶的工作端暴露在催化剂床层表面，引起温度示值降低；有时因热电偶整形不当导致偶丝折断，都会使示值相差很多。这些故障都得在更换催化剂时认真解决，处理稳妥。

b. 蒸发温度。蒸发温度的监测，一般也都设置两个甚至更多的相互独立的检测回路，它们的显示值也应基本一致。在开车阶段，对蒸温的精度要求较高，工艺人员总是担心蒸温仪表显示不准。有的工厂在蒸发器的备用测温套管内插一根 0.1℃分度的实验用玻璃温度计（0～50℃），为仪表测量值准确性提供了一种更为可信的参比值。建议选用数显温度变送器作为蒸发温度的监测，既可以满足现场温度的高精度观察，又可以实现远传信号到控制室的 DCS 系统进行集中控制。

c. 吸收系统温度。吸收系统有很多点温度显示，各点温度之间按流程的顺序应逐步递减，如出现反常应予检查。

② 液位仪表准确性的判断。甲醛流程中的各液位测量对象一般都装有玻璃管液面计、玻璃板液面计或视镜。对液位测量仪表的准确性产生怀疑时，可用上述手段进行对比，作出判断。

③ 压力仪表准确性的判断。压力仪表示值的准确性判断在各类仪表中是最容易的，因为工艺流程的每一段、每个设备一般都装有现场压力表，为示值对比提供了方便。在利用现场压力表进行示值对比时，应注意静压头对压力表示值的影响。例如测量水蒸气压力时，垂直高度为 2m 的引压管线，静压头能引起 0.02MPa 的误差。

④ 流量仪表准确性的判断。流量仪表准确性的判断难度较高。一般可以根据工艺上各有关参数同流量之间的关系和经验进行粗略分析和判断。在工艺允许短时关阀使流量降到零的个别对象（如甲醇流量和甲醛流量）时，可将切断阀短时关断，以校对流量计的零点。另外，在停车时，各流量计应普遍降到零，这是检查流量计零点的最好机会。

（3）示值的波动　示值的波动分两类，一是正常波动，二是异常波动。

① 常见的示值正常波动。

a. 自动平衡记录仪从一个平衡点到另一个平衡点运动的过程中，有 2 至 3 个半周的阻尼摇摆。

b. 汽包液位由于汽包中的水处于沸腾状态和蒸发器液位由于液体处于翻滚状态，它们的仪表显示值会出现一定的噪声干扰。

c. 各种流体的瞬时流量显示都会出现噪声干扰。

d. 安装在管道上的压力表，如果管道中流体流速较高，也会出现小幅度的噪声干扰。

e. 被测信号中噪声的存在，常使仪表示值不易观察，记录仪表的运动部件易磨损，记录线条太粗，记录笔易堵死。因此，噪声干扰必须设法减弱或消除。在工业仪表中，不管是电子式还是机械式仪表，大多带有阻尼电路或阻尼机构。有些仪表，阻尼时间常数是可调的，只要将其调整到合适的数值，就可使示值波动的幅度减小到允许值。如果仪表的阻尼时间常数已调到最大仍嫌噪声太大或个别仪表阻尼时间不可调，一般可在仪表外部增设电阻-电容或气阻-气容阻尼环节，直到满意为止。

f. 带自动调节的工艺参数，由于调节系统的客观规律所致，在调节过程中，被调参数总是存在一定幅度的衰减振荡，属于正常波动。但若调节器参数整定得不合适，被调参数会出现等幅振荡，这对于测量仪表来说属正常，但对调节器参数来说属不正常。

② 常见的示值异常波动。

a. 记录仪因灵敏度过高或阻尼特性不佳而出现的等幅振荡。这种振荡，频率较高，与调节系统振荡有明显的区别。

b. 多点记录仪达到新的平衡点后示值不稳，打印点离散严重，多由滑线电阻接触不良等因素所致。

c. 温度、液位等参数记录曲线出现阶梯形跳变。

d. 显示稳定参数的数字显示仪表跳码严重。

出现上述示值波动时，一般都应请仪表维修人员检查处理。

（4）仪表显示值的“超常稳定” 工艺参数稳定是化工生产的重要条件，但是生产过程中的各工艺参数不可能绝对稳定，因为各控制点每时每刻都会有干扰影响。即使是自动调节，在克服干扰的过程中，被调节参数也会有一些波动。如果较长时间内仪表显示值一点波动都没有，我们称之为“超常稳定”。由仪表引起的超常稳定具体表现和常见原因有：

a. 记录线条笔直，可能由于仪表丧失灵敏度或变差太大。毛病可能在电气部分，也可能在机械部分；

b. 各类动圈仪表显示值“超常稳定”，大多是由卡针引起的；

c. 色带指示仪显示值“超常稳定”，多因阻尼阀堵死或运动部件卡滞；

d. 电远传或气远传转子流量计显示值“超常稳定”，多因浮子卡滞；

e. 压力显示仪表“超常稳定”，多因引压管线或取压阀被堵；

f. 智能流量仪表现场或远传显示值“超常稳定”，多因管道有异物或运动部件卡滞。

发现上述情况，一般都应通知仪表维修人员检查处理。当然操作人员也可从工艺上调整，使被怀疑的参数有所变化，然后观察相应的仪表看是否仍旧纹丝不动，以便进一步作出判断。

（5）自动调节系统的操作

a. 副线板的操作气动副线板接在电气转换器后面。在关键的回路中之所以必要，是因为有了它在紧急的情况下可以将其切换到“手动”位置，确保生产安全。为了使这一应急手段灵敏有效，重要的一条是做好手动跟踪工作，即在“自动”操作时，经常保持手操输出接近自动输出。

b. 经常注意调节器偏差显示。当偏差较大时，一般应认为自动调节系统故障或性能不佳。此时，可将系统切换到手动，并通知仪表维修人员检查处理。

c. 多注意自动调节系统中的阀位。若已接近极限位置，应通知有关人员检查处理。

2. 系统“手动→自动”和“自动→手动”切换操作

自动调节系统“手动→自动”和“自动→手动”的操作是仪表的基本操作。如果操作不当，就有可能给系统造成干扰，影响生产。因此，应做到无扰动切换。切换有一定步骤。对不同类型的仪表及不同的调节方案则有不同的切换方法，现扼要介绍如下：

（1）由Ⅲ型仪表或可编程序调节器组成的调节系统 Ⅲ型仪表不论是电动的还是气动的，都具有手动←→自动双向无扰动切换功能。在“手动”时，自动调节输出自动跟踪手操输出；在“自动”时，手操输出自动跟踪自动调节输出。因此，“手动→自动”切换只需将切换开关从“手动”位置扳到“自动”位置即可，无需对针。可编程序调节器及其他数字调节器一般也具有双向无扰动切换功能，DCS 调节系统具有同样功能，只是操作不同。

（2）由电动Ⅱ型调节器所组成的调节系统　先假定调节系统带气动副线板，以图 8-19 表示的系统为例，操作步骤如下：

①“手动”→“自动”切换操作。

a. 将副线板开关置“手动”位置，操作副线板上定值器按钮，使被调参数稳定在理想值。此时，红针指示即为阀位。

b. 调节器开关置“手动”（或“硬手操”）位置，改变调节器上手操拨盘，使副线板上绿针与红针对齐，然后将副线板切换到“自动”位置。

c. 改变调节器上给定值拨盘，消除调节器偏差。

d. 将调节器从“手动”切换到“自动”。

②“自动”→“手动”切换操作。调整副线板上定值器按钮，使副线板上红针与绿针对齐，然后将副线板上切换开关扳到“手动”。实现从“自动”→“手动”的无扰动切换。

如果不带气动副线板，则在“手动”状态时，只需通过调节器上的手操拨盘进行手操。待被调参数稳定在理想值后，再消除调节器偏差，然后切换到“自动”。与此相似，从“自动”切换到“手动”，只需将“硬手操”拨盘的位置放到与自动输出相一致的位置（有的Ⅱ型调节器还带有“手动-自动输出检查按钮”，按下该按钮可检查手动输出与自动输出是否一致。若不一致，可调整手操拨盘，使其一致），然后将调节器上的切换开关扳到“自动”。

（3）由电动Ⅱ型仪表组成的串级调节系统　以图 8-20 所示的氧温-蒸温串级调节为例。切换前应检查下列各仪表的初始位置；氧温调节器、蒸温调节器、副线板均处于手动位置，氧温调节器应置于“正作用”“外给定”，蒸温调节器应置于“正作用”“外给定”。

a. 操作副线板上定值器旋钮，使氧温处于理想值。此时，副线板上红针指示即为阀位。

b. 改变蒸温调节器手操盘，使副线板绿针与红针对齐，然后将副线板的开关扳到“自动”位置。改变氧温调节器上的手操拨盘，使蒸温调节器消除偏差。改变氧温调节器上的给定值拨盘，使氧温调节器消除偏差。

c. 将蒸温调节器、氧温调节器由“手动”切换到“自动”。“自动”→“手动”的切换操作与前述的单回路调节一样，故不赘述。操作结束后，一般都要将两个调节器的切换开关扳到“手动”，为下一步“手动”→“自动”切换作准备。

第六节　JX-300XP 分散型甲醛综合控制系统（DCS）

1. 概述

计算机控制发展初期，控制计算机采用的是中、小型计算机，价格昂贵，为充分发挥其功能，对复杂生产对象的控制都是采用集中控制方式，一台计算机控制多个设备、多条回路，以便充分利用计算机。这种方式中计算机的可靠性对整个生产过程举足轻重，一旦计算机故障，对生产过程影响极大。如采用冗余技术，另外增加备用计算机，投资又太大。随着功能完善、价格低廉的微型机、微处理器的出现，可用分散在不同地点的若干台微型机分摊原先由一台中、小型计算机完成的控制与管理任务，并用数据通信技术把这些计算机互联，构成网络式计算机控制系统。这种系统具有网络分布结构，所以称为分散（分布）式控制系统（DCS），但在自动化行业中更多称其为集散控制系统，因为集散控制反映了分散控制系统的重要特点：操作管理功能的集中和控制功能的分散（集中管理，分散控制）。也就是说，整个生产过程中，由于生产过程复杂，设备分布广，其中各工序、各设备同时并行工作，且基本上是独立的，故系统很复杂，用分散控制代替集中控制，可避免传输误差及系统的复杂化。

DCS 实质上是利用计算机技术采用分散控制、集中操作（监视）、分级管理的设计思想，对工业企业的生产过程与生产管理进行优化，将生产过程的控制、监督、协调与各项生产经营管理工作融为一体，由 DCS 中各子系统协调有序地进行，从而实现控制管理一体化。它是由计算机技术、信号处理技术，测量控制技术、通信网络技术和人机接口技术等相互发展、渗透而产生的，具有通用性强、系统组态灵活、控制功能完善、数据处理方便、显示操作集中、人机界面友好、安装简单规范化、调试方便、运行安全可靠等特点。

DCS 能适应工业生产过程的各种需要，提高生产自动化水平和管理水平，提高产品质量，降低能源消耗和原材料消耗，提高劳动生产率，保证生产安全，促进工业技术发展，创造最佳经济效益和社会效益。

2. 系统的整体结构

DCS 系统的整体结构如图 8-28 所示。

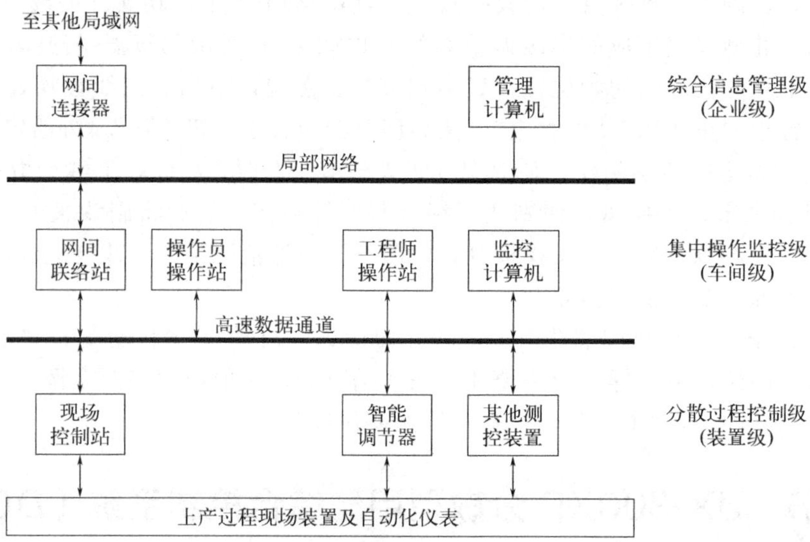

图 8-28　DCS 系统的整体结构示意图

DCS 功能自下而上分为分散过程控制级（装置级）、集中操作监控级（车间级）、综合信息管理级（企业级）等，每级由一台或数台计算机构成，各级之间通过通信总线相连。只有必要的信息才能送到上一级计算机或中央控制室，而绝大部分时间里各计算机都各自并行地就地工作。

分散过程控制级是 DCS 的基础，用于直接控制生产过程。由若干现场控制计算机（现场控制单元/站，或称工作站）构成，每一工作站分别完成对某个生产装置的数据采集、顺序控制或某一被控量的闭环控制等。该级收集的数据供监控级调用，各工作站接收监控级发送的信息，并依此而工作。可见该级基本上属于直接数字控制（DDC）系统形式，只是将

DDC 系统的职能由各工作站分别完成。由于工作任务由各站来完成，因此局部的故障不会影响整个系统的工作，从而避免了集中控制系统中“危险集中”的缺点。

集中操作监控级的任务是对生产过程进行监视和操作，对各个现场控制机的工作进行监督、协调和优化。该级根据生产管理级的技术要求，确定分散过程控制级的最优设定值。该级能全面反映各工作站的情况，提供充分的信息，故本级的操作人员可据此直接干预系统的运行。

综合信息管理级是整个系统的中枢，它根据监控级提供的信息及生产任务的要求，执行对全厂各生产管理部门的监督、协调和综合优化管理，主要包括编制全面反映整个系统工作情况的报表，审核控制方案，选择数学模型，制订最优控制策略，并对下一级下达命令，生产调度，计划管理，辅助决策，生产经营活动信息数据的统计综合分析等。

（1）系统主要设备和软件

① 现场控制站（CS）。它是系统中直接与现场打交道的输入/输出（I/O）处理单元，完成整个工业过程的实时监控功能。通过不同的硬件配置和软件设置，可构成不同功能的控制站，如过程控制站（PCS）、逻辑控制站（LCS）、数据采集站（DAS）。

② 操作员站（OS）。用于实现工艺过程监视、操作、记录等功能。

③ 工程师站（ES）。用于控制应用软件组态、系统监视、系统维护，还用于工艺数据的实时统计、性能运算、优化控制、通信转发等特殊功能。

④ 间接连接站（CIU）或通信管理站。用于实现 JX-300XP 分散型甲醛综合控制系统（简称 JX-300XP 系统）与其他计算机、各种智能控制设备（如变送器、调节阀）接口连接。

⑤ 组态软件。用于给 CS、OS、进行组态的专用软件，包括：系统组态、系统诊断、图形化组态等工具软件。

⑥ 实时监控软件。用于过程实时监视、操作、记录、打印、事故报警等功能的人机接口软件。

（2）系统的主要特点

① 高速、可靠、开放的通信网络 SCnetⅡ。采用 1∶1 冗余的工业以太网，可靠性高、纠错能力强控制系统的开放性和互连性。

② 分散、独立、功能强大的控制站。通信效率高：SCnetⅡ真正实现了控制站通过主控制卡、数据转发卡和相应的 I/O 卡件实现现场过程信号的采集、处理、控制等功能。

③ 多功能的协议转换接口。JX-300XP 系统中增加了与多种现场总线仪表、PLC 以及智能仪表通信互连的功能，已实现了 MODBUS、Host Link 等多种协议的网际互联，可方便地完成对它们的隔离配电、通信、修改组态等。

④ 全智能化设计。该系统均采用专用的微处理器负责卡件的控制、检测、运算、处理以及故障诊断等工作，在系统内部实现了全数字化的数据传输和数据处理。

⑤ 任意冗余配置。JX-300XP 控制站的电源、主控卡、数据转发卡和模拟量卡均可按不冗余或冗余的要求配置。

⑥ 简单、易用的组态手段和工具。组态软件用户界面友好、功能强大、操作方便。

⑦ 实时监控界面。丰富、实用、友好的实时监控界面。

⑧ 事件记录功能。JX-300XP 提供了功能强大的过程顺序事件记录、操作人员的操作记录、过程参数的报警记录等多种事件记录功能，并配以相应的事件存取、分析、打印、追忆等软件。

⑨ 与异构化系统的集成。网关卡 XP244 是通信接口单元的核心，它解决了 JX-300XP 系统与其他厂家智能设备的互联问题。

⑩ 安装、生产与维护。安装方便，维护简单，产品多元化、正规化。

（3）系统性能

① 工作环境。

a. 工作温度：0～50℃；

b. 存放温度：－40～70℃；

c. 工作湿度：10%～90%相对湿度（RH），无凝露；

d. 存放湿度：5%～95%RH，无凝露；

e. 大气压力：62～106kPa；

f. 振动（工作）：振动频率范围为 10～150Hz，允许的位移峰幅值为 0.075mm，加速度小于 $9.8m/s^2$。

② 电源性能。控制站：双路供电，220V.AC，允许电压波动范围±10%，50Hz，允许频率波动范围±5%，最大功率 800W，功率因数校正符合 IEC61000-3-2。操作员站、工程师站和多功能站：220V.AC，允许电压波动范围±10%，50Hz，允许频率波动范围±5%，最大功率 400W。

③ 接地电阻。在普通场合接地电阻不大于 4Ω，在变电所、电厂及有大型用电设备等场合接地电阻不大于 1Ω。

④ 运行速度。采样和控制周期：50ms～5.0s（逻辑控制），100ms～5.0s（回路控制）。双机切换时间：小于一个控制周期。双机冗余同步速度：1Mbps。

⑤ 电磁兼容性（EMC）。系统按照工业环境的通用抗扰性标准设计并经严格测试，抗干扰能力强，能满足各种恶劣电磁环境下的工作要求。

（4）控制站规模　JX-300XP 控制站内部以机笼为单位。机笼固定在机柜的多层机架上，每只机柜最多配置 5 只机笼，其中 1 只电源箱机笼、1 只主控制机笼以及 3 只 I/O 卡件机笼（可配置控制站各类卡件）。

卡件机笼根据内部所插卡件的型号分为两类：主控制机笼（配置了主控制卡）和 I/O 机笼（不配置主控制卡）。每类机笼最多可以安装 20 块卡件，即除了配置一对互为冗余的主控制卡和一对互为冗余的数据转发卡之外，还可以配置 16 块各类 I/O 卡件。主控制卡和数据转发卡必须安装在规定的位置。

一个控制站信号最大配置点数为：

a. AO 模出点数≤128/站；

b. AI 模入点数≤384（包括脉冲量）/站；

c. DI 开入点数≤1024/站；

d. DO 开出点数≤1024/站；

e. 控制回路：128 个/站（其中 BSC、CSC 之和最大不超过 64 个，常规控制回路不超过 64 个）；

f. 程序空间：4M bit FlashRAM；

g. 数据空间：4M bit SRAM；

h. 自定义 1 字节变量（虚拟开关量）≤2048（内部开关触点）；

i. 自定义 2 字节变量≤2048（int、sfloat）；

j. 自定义 4 字节变量≤512（10ng，float）；

k. 自定义 8 字节变量≤256（sum）；

l. 秒定时器（timers）256 个，分定时器（timerm）256 个。

注：BSC 为自定义单回路、CSC 为自定义串级回路。

每个机笼在数据转发卡槽位可配置互为冗余的两块数据转发卡。数据转发卡是每个机笼必配的卡件，是连接 I/O 和主控制卡的智能通道。如果数据转发卡件按非冗余方式配置，则数据转发卡件可插在这两个槽位的任何一个，空缺的一个槽位不可作为 I/O 槽位。

一块主控制卡最多能连接 16 块数据转发卡。在主控制卡冗余配置的情况下，两块互为冗余的主控制卡作一块主控制卡处理，最多也只能连接 16 块数据转发卡。

系统每个控制站规模适当的情况下，网络规模如下：

a. 15 个控制站或者 XP244 通信单元，即两者总和不可超过 15 个，这里指的控制站包括冗余控制站（如 2＃、3＃主控制卡构成一个控制站）和非冗余控制站（如 2＃主控制卡构成一个控制站）。

b. 32 个操作员站、工程师站以及其他功能的计算站点。

3. 通信网络

JX-300XP 集散控制系统的通信网络由信息管理网、过程控制网等构成。

由于集散控制系统中的通信网络担负着传递过程变量、控制命令、组态信息以及报警信息等任务，所以网络的结构形式、层次以及组成网络后所表现的灵活性、开放性、传输方式等方面的性能十分重要。

JX-300XP 系统为适应各种过程控制规模和现场要求，其通信系统对于不同结构依次分别采用了信息管理网、SCnetⅡ网络和 SBUS 总线。

信息管理网（ethernet）采用以太网用于工厂级的信息传送和管理，是实现全厂综合管理的信息通道。该网络通过在多功能 MFS 上安装双重网络接口（信息管理和过程控制网络）转接的方法，获取集散控制系统中过程参数和系统运行信息，同时向下传送上层管理计算机的调度指令和生产指导信息。

过程控制网络 SCnetⅡ是双高速冗余工业以太网。它直接连接了系统的控制站、操作员站、工程师站、通信接口单元等，是传送过程控制实时信息的通道，具有很高的实时性和可靠性。通过挂接网桥，SCnetⅡ可以与上层的信息管理网或其他厂家设备连接。

SBUS 总线分为两层，第一层为双重化总线 SBUS-S2。它是系统的现场总线，物理上位于控制站所管辖的 I/O 机笼之间，连接了主控制卡和数据转发卡，用于两者的信息交换。第二层为 SBUS-S1 网络，物理上位于各 I/O 机笼内，连接了数据转发卡和各块 I/O 卡件，用于它们之间的信息交换。主控制卡通过 SBUS 来管理分散于各个机笼内的 I/O 卡件。提供数据共享 OPC（用于过程控制的对象链接与嵌入）数据上传功能，可将生产中的重要安全数据上传至上层服务器，便于安全监视与管理。

4. DCS 的组态原则

（1）流程图的组态　流程图画面要求图形形象、比例恰当、布局合理、疏密有致、美观大方、操作简单，最好能一键出图。各个功能画面最好分页显示：比如氧化工段页面，吸收工段页面，罐区页面，联锁页面，报表记录页面等。很多厂家没有组态报表记录页面，但报表记录页面对于以后查询历史工艺数据、对比工艺参数，分析问题还是很方便的。关于联锁页面，应该画出非常明晰的逻辑关系：工艺参数值，联锁动作的设定值，联锁投、切开关，联锁状态，必要时显示动作结果等。设备、仪表位号命名应符合规范，设备和工艺参数要求尽量标注位号。鼠标放在位号上能够显示位号的注释。工艺参数与相关的传感器应该用虚线连接起来。机、泵、调节器等，应该在主画面上显示其开、停状态及手动、自动状态；调节器或调节阀应该在主画面上显示开度数据。有的人为了画面的简洁，调节器或阀门开度数据不放在主页上，只有点开弹出画面时才能看到，这会增加工人的操作频率，不够人性化。

（2）数据处理　一般来说，现场采集的开关量和模拟量原始数据大部分都需要进行处理。开关量数据一般要进行延时消抖处理，以消除机、泵设备因接触器辅助触点抖动而频繁误报跳车。模拟量数据处理分为小信号切除和数据滤波。除温度以外，其他如电流、电压模拟量信号都需要进行小信号近零、置零处理，以消除流量、液位、压力等参数在零点附近因传感器零点漂移产生的不回零现象。如果说小信号切除是为了让数据好看，那么数据滤波除了曲线好看以外，更重要的是可以提高自动调节回路的调节品质。数据滤波的目的：一是消除传感器受到外部电磁场干扰以及零点漂移和其他干扰引起的波动；二是消除信号的真实波动引起的不必要的调节动作。在自动调节系统中，液位作为被调参数比较普遍。汽包等对象受对象特性及工艺影响液位波动比较大，除了现场安装缓冲罐进行物理滤波以外，还需要进行数字滤波。特别是选用磁翻板液位变送器时，更有必要进行滤波处理。磁翻板传感器每十毫米左右一个干簧管，输出信号也是十毫米一个固定数据。当液位处于两个干簧管交界处时，液位经常在两个数据上来回跳动，造成调节器的输出和调节阀的来回动作，这种来回动作显然是不必要的，可以用滤波处理掉，以提高调节精度。

（3）算法组态　算法组态是DCS组态的核心，不同厂家的DCS特点不同。有的数据滤波、开方、小信号切除等功能是开放的，可以在流程图画面上数据点的弹出画面上修改，有的只能通过算法程序才能修改。必须通过算法程序才能修改滤波等参数时，也可以把滤波参数集中做在一个独立画面上，但要增加组态工作量。在调节回路中，也必须考虑调节器的输入参数故障或断线时的安全问题，一般需在调节器的输入信号故障或断线时将调节器自动切换到手动状态，以免造成自动状态下调节阀全关或全开，导致发生安全事故。

算法组态还要考虑一些人性化功能，以减轻劳动强度，提高操作精度：比如点火器启动后氧温达到一定温度后可以自动停止，且点火器启动后自动计时。罗茨鼓风机启动时，可让其以零或某一较低频率运行，以免短暂停车后快速复产，启动风机时频率处于停车前的高频状态，造成超温等事故。突然停电时，可以让某些调节阀全开或全关或处于某一合适的开度位置。比如用于调节蒸汽压力的放空阀，可以让其全关，以便保存蒸汽压力；配料蒸汽调节阀可以让其全关，避免氧温降低太快，这些细节组态对来电或发电后恢复生产有较大的好处。在装车或卸车后，罐区的液位、储量可自动计量，方便与进出库地磅数据对照，做好进出库管理。还可运用系统的流量数据（前提是流量数据要比较准，数据滤波、PID参数恰当），把氧醇比、三元气中的氧浓度、水醇比等数据都显示在画面上，方便快速调整到想要的三元气配比，对降低单耗，延长生产周期都有好处。

总之，自动控制系统如要发挥理想的功效，仪表的选型、组态和后来的参数整定都有很多细致的工作要做，只有做好细节，才能用得顺手。

5. 甲醛生产过程中常用的控制方案

(1) 液位控制方案　蒸发器液位、一、二塔液位等，都可以采用单回路控制方案。如果传感器、调节阀等选型及 PID 参数选择得恰当，一般都可以获得很好的调节效果。对于大型锅炉汽包液位的调节，一般采用三冲量调节，即锅炉进水量、出汽包蒸汽流量和汽包液位，效果还是很好的。甲醛系统汽包参数都不高，采用单回路调节也能获得理想的效果。

(2) 蒸汽压力控制方案　对于有外来蒸汽供给或自产蒸汽外供的系统，一般采用分程控制比较多。向内供汽情况下：当内部蒸汽压力低于给定值时，先逐渐关闭放空阀，压力还低时，再开外来蒸汽调节阀补汽；向外供汽情况下：当内部蒸汽压力高于给定值时，先打开外输蒸汽调节阀，压力还高时，再打开蒸汽放空调节阀稳压。如果是独立的系统，一般用单回路调节系统控制放空量就可以。蒸汽压力调节系统，一般 P、I、D 参数比较强，调节效果才比较好。

(3) 流量控制方案　三塔（二塔）加水流量，一般采用单回路调节系统。一塔采出流量可以和一塔液位构成串级调节系统，但因为采出流量的干扰因素较小，流量比较稳定，所以流量一般不进入调节系统，也能获得满意的调节效果。

甲醇上料流量与一塔采出流量相似，可以做成串级调节系统或单回路调节系统。在流量、液位串级调节系统中，流量的干扰通道和调节通道比较短，干扰来源多，干扰作用和调节作用时间常数小，干扰或调节作用快，一般用作内环（副环）；液位的干扰通道和调节通道比较长，干扰作用和调节作用时间常数大，液位对象的放大系数比较小，一般用作外环（主环）。

配料蒸汽流量的调节，有多种方案可选，比较常用的有：a. 因为蒸汽压力比较稳定，流量调节大多采用手动模式。b. 配料蒸汽流量比较准，且蒸汽压力不太稳定的话，可以采用以流量为被调参数的单回路调节系统，流量调节采用自动模式。

(4) 氧温及蒸温控制方案　由于氧温与氧醇比、水醇比有直接的关系，所以，氧温调节就是氧醇比和水醇比的调节。在工艺正常的情况下，氧醇比、水醇比已经处于较佳状态了，此时，如果氧温有波动，就说明氧醇比或水醇比有了变化。氧温调节方案就比较多，调节的目的就是要使氧醇比、水醇比回归到原来的最佳值状态。

在鼓泡式蒸发（蒸发塔蒸发）工艺中，氧温控制方案：

① 固定配料蒸汽流量，氧温高时提蒸温，氧温低时降蒸温　此方案在某些情况下，氧温波动稍大。

② 以氧温为被调参数，以配料蒸汽流量为调节参数构成单回路调节系统　氧温投自动时，氧温高于给定值，配料蒸汽流量加大，反之减小。在工艺比较稳定的情况下，氧温控制精度约为±1.5℃。配料蒸汽多，说明氧醇比高，此时应提高一点蒸温，使配料蒸汽量降低，氧醇比回归；配料蒸汽少，说明氧醇比低，此时应降低一点蒸温，使配料蒸汽量提高，氧醇比回归。此方案就是先稳住氧温，再用蒸温调氧醇比。该方案已经运行二十几年了，调节效果比较好。实施前有操作人员担心，这种调节对产品浓度有影响，实践证明这种担心是没有必要的。

③ 氧温、蒸温协调自动调节。在方案②中，氧温以配料蒸汽流量为调节参数，实现了氧温的自动调节，蒸温需要用手动调节。方案③在方案②氧温自动调节的前提下，蒸温调节回路以配料蒸汽流量为被调参数，以热源（热水或热甲醛）流量为调节参数，构成单回路调

节系统。调节过程是：氧温升高，配料蒸汽加大，配料蒸汽高于蒸温调节回路的给定值时，热源流量加大，蒸温升高，氧温降低，配料蒸汽减小回到给定值附近。当热源温度变化时，氧温、配料蒸汽也会变化，蒸温调节系统同样会把配料蒸汽拉回到给定值附近。需要改变氧醇比时，改变蒸温调节器中的给定值（配料蒸汽流量）即可。应当说明的是，在蒸温调节回路中，被调参数并不是蒸温，而是蒸汽流量。也就是利用氧醇比、氧温、蒸汽量之间的响应关系，以及氧温自动的前提实现的。当然，方案也可以再前进一步，在热源温度刚刚变化时，可以使蒸温调节输出改变，提前调节、稳住蒸发温度。这需要在组态算法时考虑，并且热源温度权重和配料蒸汽权重设置为可调。方案③比较适用，调节精度也好，能减轻操作人员的工作量。条件是配料蒸汽要安装一台高精度的涡街流量计，并且组态要做好恰当的数据处理。

④ 氧温、蒸温串级调节　串级调节中主环和副环的设置原则是：干扰频繁，调节通道短，调节通道放大系数大的被调参数作为内环；干扰少，调节通道长的被调参数作为外环。氧温、蒸温串级调节有多种方式，比如氧温-蒸温串级调节，或氧温、空气量串级调节等。在氧温、蒸温串级调节的系统中，因为蒸温变化幅度很小，所以蒸温直接作为被调参数有一定的难度。

在再沸器工艺中，如果空气流量的测量使用热式质量流量计，配料蒸汽和甲醇蒸汽流量的测量使用高精度的涡街流量计的话，可以采用串级、比值调节系统。这种调节系统需要设置合理的解耦参数，也就是要留一个自由度，以解决空气、甲醇、配料蒸汽流量持续往一个方向走的问题。有了这些流量传感器，也可以计算、显示氧醇比，水醇比，氧含量等参数。为负荷调整后，快速找到最佳工艺点提供依据。相对来说，在再沸器工艺中，氧醇比、水醇比、氧温的调节通道滞后小，反应快。但在自动调节过程中，也存在过度调节的风险，除了P、I、D 参数选择恰当以外，还必须要有一些安全限制措施。

6. 参数整定对调节精度的影响案例

系统组态完成后，在正常运行中，还需要对调节系统的 P、I、D 参数进行整定，自动调节过程才能稳定运行。下面通过实例来介绍一下，调节器的 P、I、D 参数设置以及调节阀口径（或流量系数 K_v）的选择对调节效果的影响。

图 8-29 是山东某厂的氧温记录曲线，DCS 用的是和利时的系统。从图 8-29 上看，氧温在小幅度地等幅振荡，范围大约±8℃。查看蒸发器液位记录曲线（图 8-30 右侧曲线），液位曲线以很小的幅度在周期性波动，再看蒸发器的上料流量记录曲线（图 8-30 左侧曲线），流量在做较大幅度的近似等幅波动。有些波动到谷底时，流量短暂地回零，说明调节阀或流量系数 K_v 选得过大，阀门经常处于开度很小的状态。用户为了稳定被调参数（蒸发器液位），调节器的 P、I 两个参数设置的作用太强，以至于当液位稍低于给定值时，因为调节器的输出作用较强，调节阀动作的幅度大，调节参数（流量）增加快；又因为对象蒸发器的容量大，时间常数 T 也大，放大系数 K_0 过小，滞后时间 τ 较长，致使液位回升过程时间较长；反之，当液位稍高于给定值时，流量又大幅度缩小，甚至回零。蒸发器进料流量快速增大和减小，虽然液位的波动可以很小，但是进料流量的大幅度变化，会造成蒸发器温度相应的周期性变化。其他条件不变时，进料量快速增大，会造成蒸温降低，氧醇比升高，氧温升高；反之，氧醇比降低，氧温降低。这就是氧温等幅振荡的原因。

图 8-31 是一塔采出流量曲线（左侧）和一塔液位曲线（右侧）。从流量曲线上看，流量

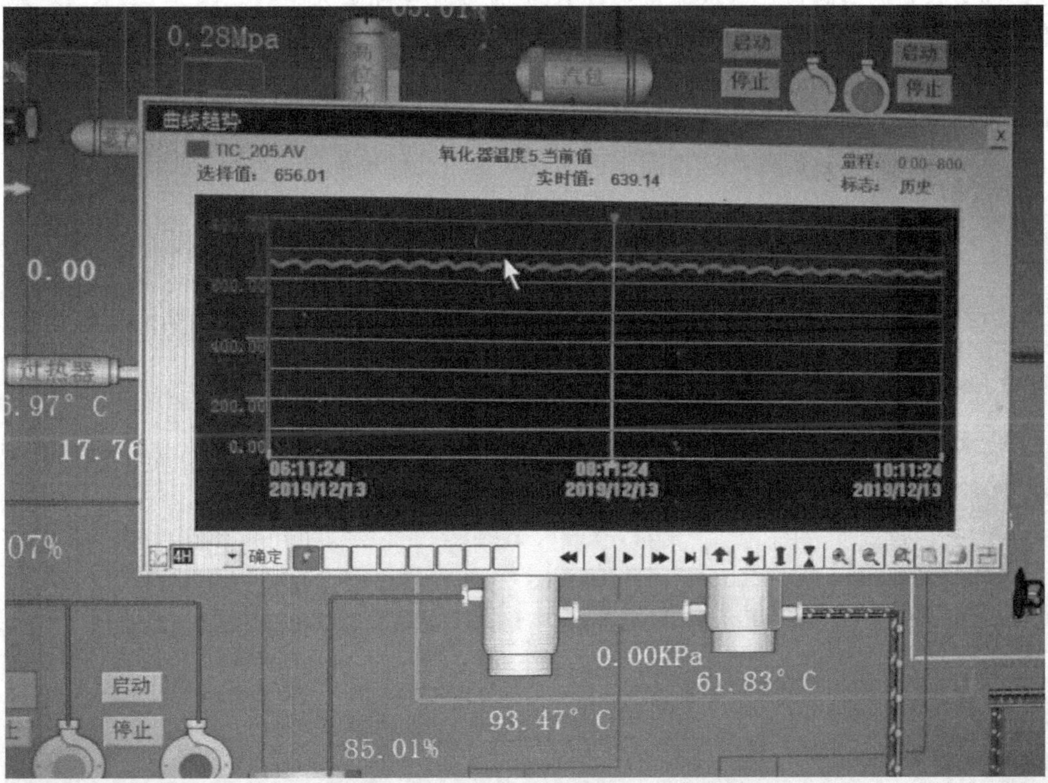

图 8-29　氧温记录曲线

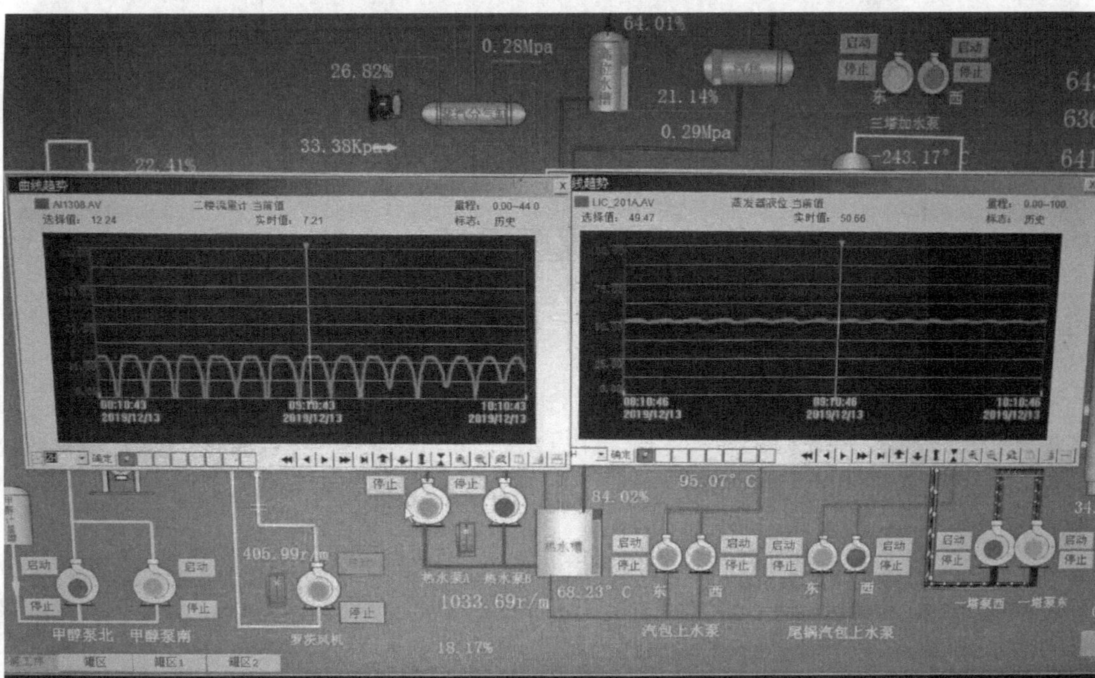

图 8-30　蒸发器上料流量曲线与蒸发器液位曲线

回零时间更长，调节阀口径（或流量系数 K_v）需要比实际更大一些。因为 P、I、D 参数整定得不好，液位曲线也在等幅振荡。有的朋友认为，在关注一塔液位时，只要保证一塔液位稳定了就行，流量波动大一点并无大碍。然而，这种观念是不对的。首先，这种波动，对于流量计量精度的影响是非常大的；其次，调节阀频繁地关死对调节阀阀座、阀芯的密封性和寿命也有很大的影响；最后，这种操作也不符合生产过程规范。

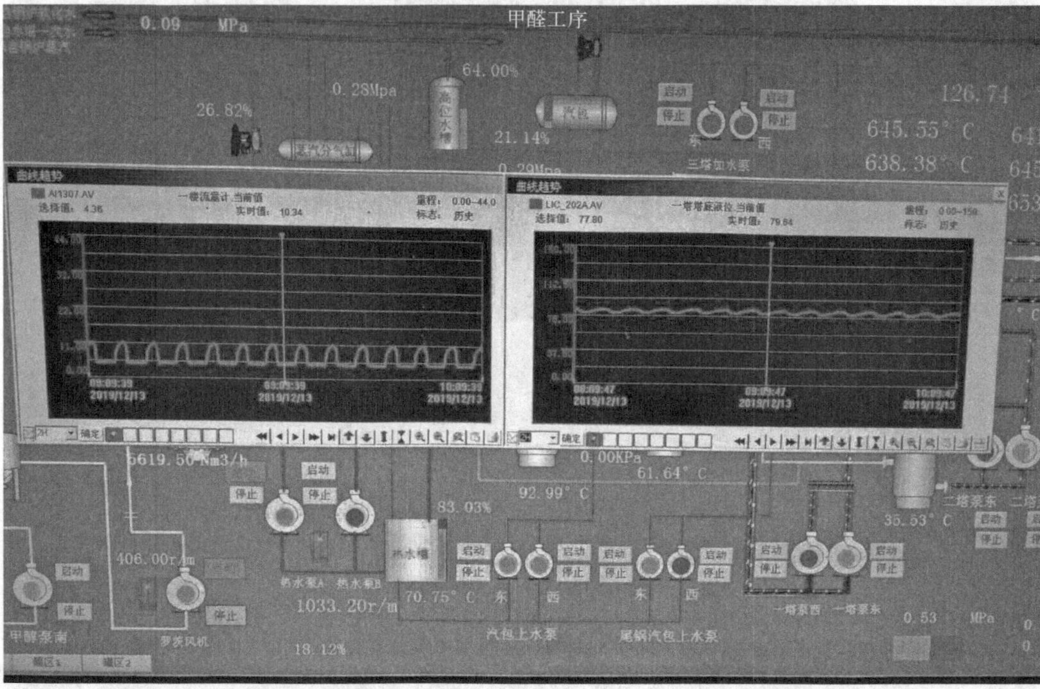

图 8-31　一塔甲醛采出流量曲线和一塔液位曲线

以上实例说明，系统要做到好用，除需要把握仪表的选型、安装、精心组态以外，P、I、D 参数的精心整定也是非常重要的一环。

第七节　安全仪表系统（SIS）

1. 概述

SIS 即安全仪表系统，是由传感器单元、逻辑控制单元、执行机构组成的能够行使一项或多项安全仪表功能（SIF）的仪表系统。在 GB/T 50770—2013《石油化工安全仪表系统设计规范》中规定了 SIS 设计的基本原则：SIS 独立于过程控制系统，可独立完成安全保护功能。

对于氧化工艺是否必须上 SIS，应该通过危险及可操作性分析（HAZOP）和保护层分析（LOPA）的结果来决定，分析报告将给出所需仪表的安全完整性等级，安全完整性等级从低到高依次为 SIL1、SIL2、SIL3、SIL4。

2. SIS 的主要特点

SIS 的主要特点如下：

① 具有一定的安全完整性等级；

② 具有较高的可用性和可维护性；

③ 容错性及多重冗余系统；

④ 全面的故障自诊断能力；

⑤ 响应速度快，达到毫秒级；

⑥ 具备精确的顺序事件记录功能。

3. SIS 与 DCS 的主要区别

SIS 与 DCS 的主要区别有：

① SIS 用于监视生产装置的运行状况，对出现的异常工况处理迅速，可使危害降到最低，使人员和设备处于安全状态；DCS 用于生产过程的连续测量、控制及操作管理，保证生产装置稳定运行。

② SIS 是“静态”系统，正常工况时，监视生产运行，系统输出不变，不对生产过程产生影响。非正常工况时，按照设计组态的功能进行逻辑运算，使生产装置联锁动作或安全停车；DCS 是“动态”的，始终对过程变量进行连续检测、运算和控制，确保生产过程的稳定进行，保证产品的质量和产量。

③ SIS 相比 DCS 安全性、可靠性、可用性的要求更严格。

4. SIS 的设计和组态原则

（1）可靠性原则　系统的可靠性是指在一定的时间间隔内，发生故障的概率。

（2）故障安全原则　任何因素致使 SIS 失效时，生产装置都应按照组态程序安全停车。为达到此目标，设计组态时必须按照以下要求。

① 现场开关仪表选用常闭接点，工艺正常时触点闭合，达到安全极限时触点断开并联锁动作。

② 电磁阀采用正常励磁，联锁未动作时电磁阀线圈带电，联锁动作时断电。

③ 送往电气配电室用来开/停电机的接点，用中间继电器隔离，其励磁电路应为故障安全型。

④ 作为控制装置，“故障安全”意味着当其自身出现故障而不是工艺或设备超过极限工作范围时，至少应该联锁动作。以便按预定的顺序安全停车（这对工艺和设备而言是安全的），进而通过硬件和软件的冗余和容错技术，在过程安全时间内检测到故障，自动执行纠错程序，排除故障。

（3）安全适应原则　安全仪表系统的设置必须根据工艺过程的运行规律，为工艺过程在正常运行和非正常运行时提供服务。正常时安全仪表系统不能影响过程运行，在工艺过程发生危险情况时安全仪表系统要发挥作用，保证工艺装置的安全。这就是系统设计的安全适应原则。

（4）独立原则　指整个 SIS 应独立于过程控制系统（如 DCS），以降低控制功能和安全功能同时失效的概率，使其不依附于过程控制系统就能独立完成自动保护联锁的安全功能。要求独立设置的单元应当有检测元件、执行元件、逻辑运算元件、通信设备。复杂的 SIS 应该合理分解为多个子系统，各个子系统应该相对独立，且分组设置后备手动功能。

（5）中间环节最少原则　一个回路中仪表越多可靠性越差，SIS 的中间环节应该是最少的。

（6）冗余原则　针对测量仪表：SIL1 级安全仪表功能，可采用单一测量仪表；SIL2 级安全仪表功能，宜采用冗余测量仪表；SIL3 级安全仪表功能，应采用冗余测量仪表；当要求高安全性时，应采用“或”逻辑结构；当要求高可用性时，应采用“与”逻辑结构；当安全性和可用性均需保障时，宜采用“三取二”逻辑结构。

针对最终元件：SIL1 级安全仪表功能，可采用单一控制阀；SIL2 级安全仪表功能，宜采用冗余控制阀；SIL3 级安全仪表功能，应采用冗余控制阀；可采用 1 台调节阀和 1 台切断阀，也可采用 2 台切断阀。控制阀的冗余设置并不表示冗余设置就对应安全完整性等级。不能冗余配置控制阀的场合，采用单一控制阀，但配套的电磁阀宜冗余配置。安全仪表系统的电磁阀应优先选用耐高温绝缘线圈（长期带电型，隔爆型）。在工艺过程正常运行时，电磁阀应励磁（带电）；在工艺过程非正常运行时，电磁阀非励磁（失电）。

针对逻辑控制器：SIL1 级安全仪表功能，宜采用冗余逻辑控制器；SIL2 级安全仪表功能，应采用冗余逻辑控制器；SIL3 级安全仪表功能，必须采用冗余逻辑控制器。安全仪表系统与基本过程控制系统通信接口应冗余配置，冗余通信接口应有诊断功能。

5. SIS 竣工验收资料

SIS 竣工验收资料包括：

① 工程竣工图（包括装置整套仪表自控设计图纸及竣工图）；

② 设计修改文件；

③ SIS 联锁保护系统安装及质量检查记录；

④ 电缆绝缘测试记录；

⑤ 接地电阻测试记录；

⑥ 仪表空气和导压管等吹扫、试压、试漏记录；

⑦ SIS 联锁保护系统和材料的合格证；

⑧ SIS 联锁保护系统校准和试验记录；

⑨ 回路试验和系统试验记录；

⑩ SIS 联锁保护系统交接清单；

⑪ 报警及联锁系统调试记录；

⑫ SIS 联锁保护系统组态记录；

⑬ SIS 联锁保护系统说明书。

附：安全术语（摘自 GB/T 50770—2013）。

① 安全仪表系统（safety instrumented system）。实现一个或多个安全仪表功能的仪表系统。

② 过程风险（process risk）。因非正常事件引起过程条件改变而产生的风险。

③ 安全生命周期（safety lifecycle）。从工程方案设计开始到所有安全仪表功能停止使用的全部时间。

④ 安全仪表功能（safety instrumented function）。为了防止、减少危险事件发生或保持过程安全状态，用测量仪表、逻辑控制器、最终元件以及相关软件等实现的安全保护功能或安全控制功能。

⑤ 安全完整性（safety integrity）。在规定的条件和时间内，安全仪表系统完成安全仪

表功能的平均概率。

⑥ 安全完整性等级（safety integrity level）。安全功能的等级，安全完整性等级由低到高为 SIL1～SIL4。

⑦ 危险失效（dangerous failure）。可能导致安全仪表系统处于潜在危险或丧失功能的失效。

⑧ 测量仪表（sensor）。SIS 的组成部分，用于测量过程变量的设备。

⑨ 逻辑控制器（logic solver）。SIS 的组成部分，用于测量过程变量的设备。

⑩ 最终元件（final element）。SIS 的组成部分，执行逻辑控制器指令或设定的动作，使过程达到安全状态的设备。

⑪ 基本过程控制系统（basic process control system）。相应过程测量以及其他相关设备、其他仪表，控制系统或操作员的输入信号，按过程控制规律、算法、方式，产生输出信号实现过程控制及其相关设备运行的系统。

⑫ 故障安全（failsafe）。安全仪表系统发生故障时，使被控制过程转入预定安全状态。

⑬ 冗余（redundancy）。采用独立执行同一个功能的两个或多个部件或系统，互为备用及切换。

⑭ 容错（fault tolerant）。在出现故障或错误时，功能单元仍继续执行规定功能的能力。

⑮ 触点（mechanical contact）。由到点的金属元件组成的机械式电气器件，在外界因素作用下可以改变接通或断开导电状态。

⑯ 接点（contact）。在外界因素作用下可以改变接通或断开导电状态的电气器件。

第八节　甲醛生产计量管理

1. 甲醛单耗考核在线计量

（1）甲醇进蒸发器的流量累积测量

① 首先对甲醇流量计进行选型，一般选用 Micro Motion 系列罗斯蒙特质量流量计或 DZK-J 智能温度补偿流量计。

② 确定流量范围和仪表口径，可根据生产装置大小确定，一般选流量范围为 0.2～15.83t/h，通径为 15～40mm 的流量计。

③ 仪表位置安装，甲醛生产装置一般都有甲醇高位槽和甲醇玻璃棉过滤器，DZK-J 智能温度补偿流量计可以安装在甲醇玻璃棉过滤器后至甲醇蒸发器前的管道上。对于尾气循环法的甲醛生产装置可将甲醇流量计安装在甲醇泵与甲醇加热蒸发系统的输送管道上，最好远传到操作室，便于随时观察。传感器安装时必须注意铭牌的流向切不可装反，建议传感器水平安装，前后应有一定直管段，前直管段长度应大于或等于所选传感器直径的 10 倍，后直管段长度应大于所选传感器直径的 5 倍。

（2）甲醛采出的流量累积测量

① 对甲醛流量计进行选型，一般选用 Micro Motion 系列罗斯蒙特质量流量计或 DZK-J 智能温度补偿流量计。

② 确定流量范围和仪表口径，可根据生产装置大小确定，一般选流量范围为 0.6～20t/h，通径为 15～40mm 的流量计。

③ 仪表安装，一般安装在甲醛成品中间罐与甲醛储罐的中间管道上，如果没有甲醛成品中间罐时，可直接安装在一塔甲醛采出与甲醛储罐的中间管道上，为了保证精度，在选流量计的流量范围时一定要和耐酸泵的流量范围相匹配。即：耐酸泵的额定流量应在流量计满量程的1/3～2/3较合适。传感器安装时必须注意铭牌的流向切不可装反，传感器可水平安装，建议传感器前后应有一定直管段，前直管段长度应大于所选传感器直径的10倍，后直管段长度应大于所选传感器直径的5倍。

（3）甲醇原料进厂计量和甲醛产品出厂计量　这是甲醛生产企业计量管理的一个重要环节，一般购有60t以上的地秤，采用称重法。但多数甲醛生产企业年终计算的产量往往与出厂称重法计量的产量有较大的出入，显然是计量误差或者是管理上出了漏洞。为了加强管理，堵塞漏洞，一些企业在甲醇原料进厂和甲醛产品出厂时，不仅要过地秤，而且要在卸甲醇泵的管道出口处至甲醇储罐之间安装DZK-J智能温度补偿流量计，对甲醇入库计量，同时在甲醛出厂总管上安装管道DZK-J智能温度补偿流量计或DZK-T智能定值灌装系统。只要有甲醛出厂装车，DZK-J智能温度补偿流量计就会客观地将流量累积下来，而且永远保存在流量计的微电脑芯片里，用户不可更改，为企业计量管理提供了依据。

确定流量范围和仪表口径时，可根据泵的相关数据确定，一般甲醛生产企业甲醇卸车泵和甲醛装车泵为通径65mm（流量为$50m^3/h$）的较多，可选通径65mm（流量为$7\sim70m^3/h$）的DZK-J-65智能温度补偿流量计较适合。也有个别甲醛生产企业是通径80mm或通径100mm的，选型方法与前面类似。

2. 设备的使用与维护

（1）安装要求　DZK-J智能温度补偿流量计的安装如图8-32所示，具体要求如下：

① 安装时，液体流量方向与流量计流向一致。

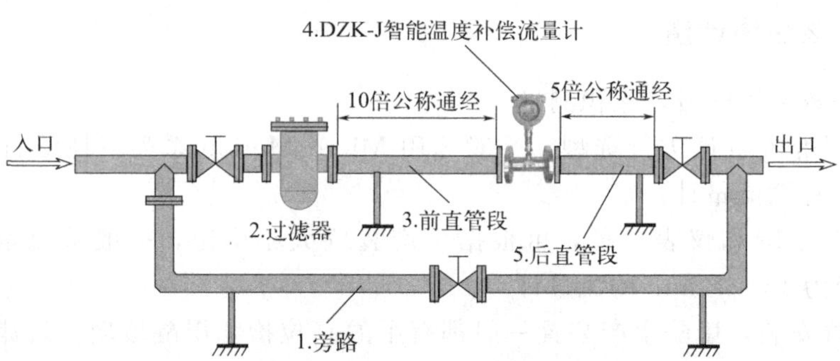

图8-32　DZK-J智能温度补偿流量计安装示意图

② 传感器可动部分的耐磨材料较脆，故在安装时应防止大的震动以防断裂。

③ 上游端应有≥10倍公称通径长度的直管段，下游端应有≥5倍公称通径长度的直管段。

④ 流量计安装位置应远离强烈震动源，如泵、其他震动源等，必要时采取减震措施。

⑤ 流量计应远离电场、磁场，或采取屏蔽措施，以避免外来干扰。

⑥ 为了检修方便，建议在流量计的安装处，安装旁通管道。

⑦ 流量计在露天安装时，请做好防水处理。

⑧ 当流体中含有杂质时，应加装过滤器，网目一般为20～60目。

⑨ 液体应充满管道，不得有气泡。

⑩ 在传感器安装前，用自来水冲一下，然后用口吹或手拨叶轮，使其快速旋转，观察液晶显示器有无流量显示，当有流量显示时再安装传感器。若无显示，应检查有关部分，排除故障。或与供应商联系解决。

3. 甲醇储罐质量与流量计对比计算方法

（1）甲醇储罐工况体积转换为标准体积计算　根据甲醇液体的性质表查得对应的甲醇体积温度膨胀系数 f，按下式计算甲醇的 20℃体积 V_{20}：

$$V_{20}=V_t[1-f(t-20)] \tag{8-30}$$

式中，V_{20} 为甲醇 20℃时的体积，m^3；V_t 为甲醇 t℃时的体积，m^3；f 为介质体积温度膨胀系数，$℃^{-1}$；t 为甲醇的实际温度，℃。

例如：有一罐甲醇，30℃体积为 $80m^3$，体积温度膨胀系数为 $0.0079℃^{-1}$，求这罐甲醇 20℃的在标准状况下的体积（标况体积）V_{20}。

$$V_{20}=80\times[1-0.0079\times(30-20)]=80\times(0.921)=73.68(m^3)$$

（2）甲醇储罐标准质量计算　根据甲醇液体的性质表查得对应的甲醇 20℃密度 ρ_{20}，按下式计算甲醇的质量 M：

$$M=V_t[1-f(t-20)](\rho_{20}-0.007) \tag{8-31}$$

式中，M 为质量，kg；V_t 为甲醇 t℃时的体积，m^3；f 为介质体积温度膨胀系数，$℃^{-1}$；t 为甲醇的实际温度，℃；ρ_{20} 为介质 20℃时的密度，g/cm^3。

例如：有一罐甲醇，30℃体积为 $80m^3$，体积温度膨胀系数为 $0.0079℃^{-1}$，20℃密度为 $0.7913g/cm^3$，求这罐甲醇 20℃的质量 M。

$$M=80\times[1-0.0079\times(30-20)]\times(0.7913-0.007)=57.79(t)$$

4. 甲醛储罐质量与流量计对比计算方法

（1）甲醛储罐工况体积转换为标准体积计算　根据甲醛液体的性质表查得对应的甲醛体积温度膨胀系数 f，按下式计算甲醛的 20℃体积 V_{20}：

$$V_{20}=V_t[1-f(t-20)] \tag{8-32}$$

式中，V_{20} 为甲醛 20℃时的体积，m^3；V_t 为甲醛 t℃时的体积，m^3；f 为介质体积温度膨胀系数，$℃^{-1}$；t 为甲醛的实际温度，℃。

例如：有一罐甲醛，50℃的体积为 $160m^3$，体积温度膨胀系数为 $0.00058℃^{-1}$，求这罐甲醛 20℃的标况体积 V_{20}。

$$V_{20}=160\times[1-0.00058\times(50-20)]=160\times(0.9826)=157.216(m^3)$$

（2）甲醛储罐标准质量计算　根据甲醛液体的性质得对应的甲醛 20℃密度 ρ_{20}，按下式计算甲醛的质量 M：

$$M=V_t[1-f(t-20)](\rho_{20}-0.007) \tag{8-33}$$

式中，M 为质量，kg；V_t 为甲醛 t℃时的体积，m^3；f 为介质体积温度膨胀系数，$℃^{-1}$；t 为甲醛的实际温度，℃；ρ_{20} 为介质 20℃时的密度，g/cm^3。

例如：有一罐甲醛，30℃时体积为 $160m^3$，体积温度膨胀系数为 $0.00058℃^{-1}$，20℃时的密度为 1.108g/cm^3，求这罐甲醛 20℃的质量 M。

M=160×[1－0.00058×(50－20)]×1.108＝160×(0.9826)×1.101＝173.09(kg)

注：① 立式储罐体积计算：体积（V）＝半径的平方×π×高。

② 误差计算方法：误差＝（流量计累积数－储罐标准质量）÷储罐标准质量×100。

5. 甲醇（甲醛）流量仪表的现场标定方法

（1）安装取样口　在流量计出口直管段后的位置安装一个与管道通径相应的阀门，在直管段后阀门前的上方安装一个 DN25 的球阀，球阀后装相应长度的不锈钢管，可视情况弯弯后再装橡胶软管。

（2）标定　在 500kg 台秤上面放 200kg 桶，每次称重不小于 100kg，称重三次取平均数，同时读取流量计累计数三次取平均数，进行比较，然后计算误差应≤±0.5%。误差计算方法：误差＝（流量计累计数三次取平均数－称重三次取平均数）÷称重三次取平均数×100

（3）注意事项　在开关球阀时要迅速全开或全关，确保流量计为满管液体，对流量计累计采取减底数的办法。

（4）误差修正　当实际流量与标准流量的误差较大时可用下式修正：

$$修正系数值（L）=L（旧系数）\times\frac{实际流量（仪表指示值）}{标准流量（称重量或标准容器量）} \tag{8-34}$$

修正系数值（L）的设置按说明书中参数设置操作即可。

6. 成品出厂批量自动装车系统

（1）DZK-B 防爆自动装车（顶装式带废气回收，见图 8-33）由储槽、输送泵、DZK-J 流量计、快速启停专用电动球阀、输送管道、DZK-B 防爆批量控制仪、防爆操作柱、上装式防溢防油静电控制器、防爆警示灯、控制软件等组成，针对于甲醛、乙醛、甲醇、乙醇、甲缩醛等液体的（上装或者底装式）体积和质量自动装车。

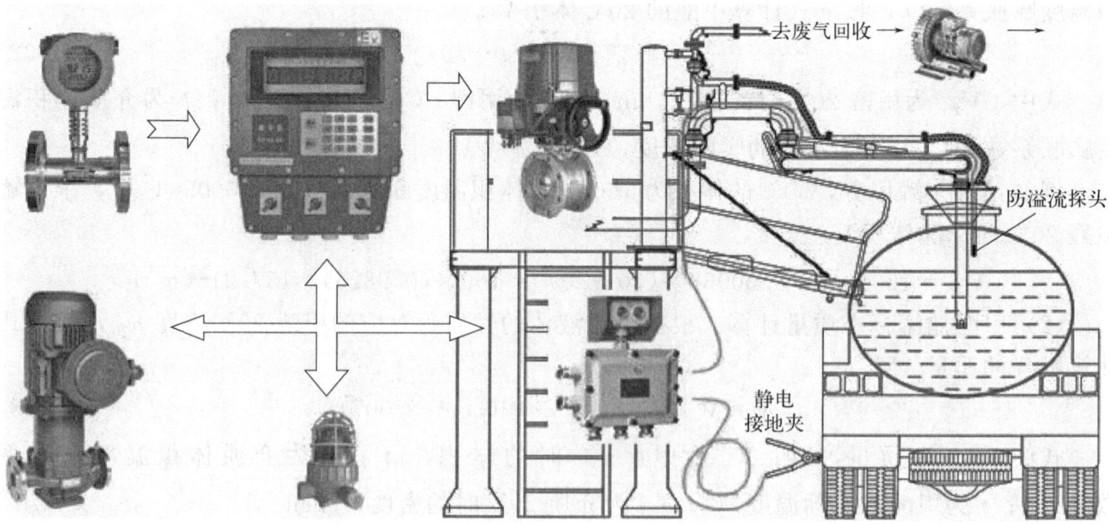

图 8-33　DZK-B 防爆自动装车（顶装式带废气回收）

(2) DZK-B防爆自动装车方案（底装式带废气回收，见图8-34）。

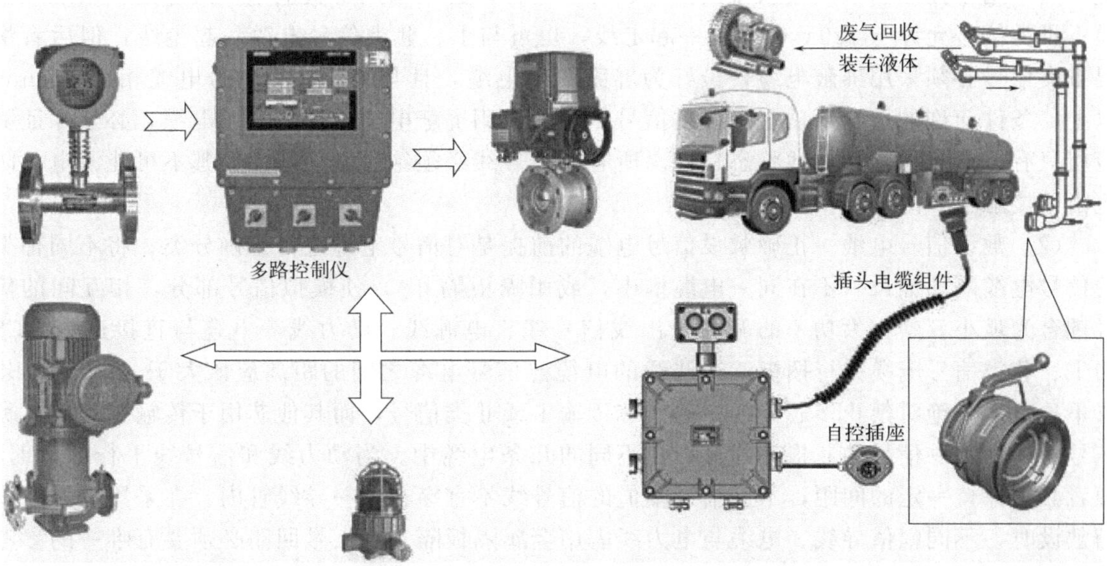

图8-34　DZK-B防爆自动装车（底装式带废气回收）

第九节　控制仪表抗干扰及应急停电措施

1. 仪表自身抗干扰措施

仪表及控制系统的可靠性设计是一项系统工程，它直接影响到甲醛工业生产装置是否安全、长周期稳定运行，而系统的抗干扰能力是关系到整个系统可靠运行的关键。

在硬件方面通常采取隔离、屏蔽、抑制、接地、双绞、滤波等技术实施完成。在软件方面，像数字滤波、数字处理等更多的抑制干扰的措施和方法得以应用，使仪表测控系统安全水平大大提高。

2. 传感信号电缆的敷设

(1) 信号分类　在仪表（或DCS）中常见的信号可以作如下分类：

Ⅰ类信号：热阻信号、热电偶信号、毫伏信号、应变信号等低电平信号。

Ⅱ类信号：0～5V、1～5V、4～20mA、0～10mA模拟量输入信号；4～20mA、0～10mA模拟量输出信号，电平型开关量输入信号；触点型开关量输入信号；脉冲量输入信号；24V.DC小于50mA的阻性负载的开关量输出信号。

Ⅲ类信号：20V～48V.DC感性负载或者电流大于50mA的阻性负载的开关量输出信号。

Ⅳ类信号：70V.AC或70V.AC开关量输出信号，此类信号的馈线可以视作电源线处理布线问题的解决方案。

其中，Ⅰ类信号很容易被干扰，Ⅱ类信号容易被干扰，而Ⅲ类和Ⅳ类信号在开关动作瞬间会成为强烈的干扰源，通过空间环境干扰附近的信号线。

对于Ⅰ类信号必须采用屏蔽电缆，最好是屏蔽双绞电缆；Ⅱ类信号尽可能采用屏蔽电缆，其中用于控制联锁的模入模出信号、开入信号，必须采用屏蔽电缆，最好是屏蔽双绞电缆；Ⅲ类信号允许与220V电源线一起走线，也可与Ⅰ、Ⅱ类信号电缆一起走线，但后者情况Ⅲ类信号必须采用屏蔽电缆，最好为屏蔽双绞电缆，且与Ⅰ、Ⅱ类信号电缆相距150mm以上。条件允许的情况下，Ⅰ～Ⅳ类信号尽可能采用屏蔽电缆或屏蔽双绞电缆，必须保证屏蔽层只有一点接地，且接地状态良好。所有的信号线必须绝缘性很好，使其不可能漏电，防止由于接触引入的干扰。

（2）敷设信号电缆　正确敷设信号电缆的前提是对信号电缆进行正确分类，将不同种类的信号电缆隔离铺设（不在同一电缆槽中，或用隔板隔开），使模拟信号部分，相互间的信号耦合为最小。禁止大功率的开关量出线信号线、电源线、动力线等电缆与直接进入DCS的Ⅰ、Ⅱ类信号电缆并行捆绑，这些线的电缆与信号电缆之间的距离应该大于600mm。建议单独走线。绝对禁止多芯电缆中部分芯传输Ⅰ或Ⅱ类信号，而其他芯用于传输Ⅲ类或Ⅳ类信号。严禁同一信号的几根芯线分布在不同的几条电缆中。当动力线和信号线平行敷设时，两者必须保持一定的间距，不同信号幅值的信号线不宜穿在同一导线管内。在采用金属汇线槽敷设时，不同幅值导线、电缆与电力线需用金属隔板隔开。信号回路必须要有唯一的参考地，屏蔽电缆遇到有可能产生传导干扰的场合，也要就地或者控制室唯一接地，防止形成“地环路”。仪表信号电缆与电力电缆交叉敷设时，宜成直角，与电力电缆平行敷设时，两者之间的最小距离应符合表8-5的规定：

表8-5　信号电缆和电力电缆平行敷设之间最小距离的确定　　单位：mm

电力电缆的工作电压与工作电流	信号电缆和电力电缆平行敷设的长度/m			
	＜100	＜250	＜500	＞500
125V,10A	50	100	200	1200
250V,50A	150	200	450	1200
200～400V,100A	200	450	600	1200
400～500V,200A	300	600	900	1200
3000～10000V,50A	600	900	1200	1200

（3）线缆敷设的防雷要求　年平均雷暴日超过40d/a的地区，控制系统线缆的敷设必须考虑有关的防雷措施。

（4）必须使用金属汇线桥架　采用金属或金属网屏蔽的汇线桥架时，应保证桥架间有良好的电气连接，并必须在桥架两端接地，如果桥架距离较长，应每隔30m设一个接地点，桥架的接地宜采用等电位连接，也允许就近与好接触的金属设施连接。

3. 屏蔽接地方法

一般情况下，控制系统需要两种接地：保护地和工作地（逻辑地、屏蔽地等）。对于装有安全栅防爆措施的系统，如化工行业所用的系统，还要求有本地安全接地。

保护地是为了防止设备外壳的静电荷积累，避免造成人身伤害而采取的保护措施。DCS所有的操作员机柜、现场控制站机柜、打印机、端子柜等均应接保护地。保护地应接至厂区电气专业接地网，接地电阻应小于4Ω。逻辑地，也叫机器逻辑地、主机电源地，是计算机内部的逻辑电平负端公共地，也是±5V等的电源输出地。如CPU的±5V、±12V的负端。

需要接入公共接地极。屏蔽地，也叫模拟地，它可以把现场信号传输时所受到的干扰屏蔽掉，以提高信号传输精度。DCS 中信号电缆的屏蔽层应做屏蔽接地。线缆屏蔽层必须一端接地，防止形成闭合回路干扰。铠装电缆的金属铠不应作为屏蔽保护接地，必须是铜丝网或镀铝屏蔽层接地，接入公共接地极。

4. 仪表安装环境的选择

安装在现场的仪表传感器外壳防护等级一般是 IP65，安装环境的主要要求是：

① 传感器应安装在干燥通风的地方，避免潮湿、容易积水受淹的场所，还应尽量避免阳光直射和雨水直接淋浇；

② 应尽可能避免安装在周围环境温度过高的地方。一体型结构的电磁流量计还受制于电子元器件环境温度，环境温度要求还要低些；

③ 安装传感器的管道上应无较强的漏电流，应尽可能地远离有强电磁场的设备，如大机电、大变压器等，以免引起电磁场干扰；

④ 安装传感器的管道或地面不应有强烈的震动，特别是一体型仪表；

⑤ 安装传感器的地点要考虑预留出工作人员现场维修的空间。

5. 仪表柜应急电源的选择

甲醛生产企业根据不同地区停电或事故规程的要求，在丧失机柜电源时，必须保证对于位于控制机柜中的部分仪表（或 DCS）提供应急电源供电，即在失去正常的电源供电后通过不间断电源设备（UPS）对仪表柜供电。在正常供电状态，仪表机柜所有的组件箱都由正常直流电源供电，应急直流电源作为正常直流电源的后备，UPS 的蓄电池处于浮充状态。一旦有电网停电或电源故障，UPS 的蓄电池放电，经 UPS 稳频稳压后输出给仪表机柜。如此一来，在停车后再开车的过程中仪表（或 DCS）不用重新启动，便于停车和开车的正常操作。

常见的 UPS 有深圳山特 UPS，其优点为在线式 UPS 零转换时间，当市电停电或复电时，UPS 在市电模式与电池模式之间的切换是完全没有转换时间的，有效保证了负载运行的可靠性。

参考文献

[1] 戴自庚，全国甲醛行业协作组．甲醛生产［M］．成都：电子科技大学出版社，1993.

[2] 胡汉才．单片机原理及接口技术［M］．北京：清华大学出版社，1997.

[3] 杨振江．智能仪器与采集系统中的新器件及应用［M］．西安：西安电子科技大学出版社，2002.

[4] 窦振中．PIC 系列单片机原理和程序设计［M］．北京：北京航空航天大学出版社，2001.

[5] 何立民．MCS-51 系列单片机应用系统设计［M］．北京：北京航空航天大学出版社，1993.

[6] 王森．仪表常用数据手册［M］．北京：化学工业出版社，2004.

[7] 高喜奎．在线分析系统工程技术［M］．北京：化学工业出版社，2014.

[8] 刘翠玲，黄建兵．集散控制系统［M］．北京：北京大学出版社，2006.

[9] 梁晓鸥．甲醛装置安全仪表系统设计［J］．化工设计通讯，2022，48（05）：148-150，165.

[10] 刘斌．浅谈甲醛罐液位计的选型与分析［J］．煤炭与化工，2021，44（06）：139-141.

第九章　产品标准

标准是为了在一定的范围内获得最佳秩序，经协商一致制定并由公认机构批准，共同使用的和重复使用的一种规范性文件。它以科学、技术和实践经验的综合成果为基础，经有关方面协商一致，由主管机关批准，以特定形式发布，作为共同遵守的准则和依据。

工业上应用的化工产品，都要求有一定的质量标准。制定产品的质量标准，其目的在于促使生产企业保证并提高质量，便于用户选购所需要的产品，并根据不同的质量规格，应用到不同要求的工业生产中去，以便做到物尽其用，避免物资浪费。此外，制定产品的质量标准，有利于国际贸易和技术交流。

工业甲醛溶液有不同的规格，甲醛含量一般在37%～55%（质量分数）。为适应不同用途的需要，不同国家、地区和企业的甲醛产品标准会有所不同。

我国已出现过的工业甲醛产品标准主要可分为企业标准、部颁标准、行业标准（或几家企业组合制定的联盟标准）、国家标准。我国工业甲醛产品从一开始就按照一定的标准进行生产和使用。

第一节　中国工业甲醛标准

1. 标准概况

我国工业甲醛产品标准的制定和实施是随着甲醛工业的建立和发展开始的，经历了一个从简单企业标准到不断修改制定出满足用户需求发展的高规格、多规格产品标准的过程，主要可归纳分为三个阶段。

（1）沿用苏联企业标准　20世纪50～70年代，主要为沿用苏联甲醛企业标准的时期。

1956年，由苏联专家指导在上海溶剂厂建成3000t/a甲醛生产装置，1957年以后吉林化学（简称吉化）公司化肥厂、北京化工三厂、天津有机合成厂相继建成以甲醇为原料的浮石银法甲醛生产装置，当时的甲醛产品标准都是延续苏联的甲醛标准制定的简单的企业标准，主要指标甲醛含量37%，甲醇含量7%～12%。

1973年2月，在吉林市召开“甲醛标准审定会”，有甲醛生产企业和相关部门20个单位40人参加会议，听取由吉化公司中心实验室和北京化工研究院共同起草制定的我国第一个甲醛质量标准（“工业甲醛-原化工部部颁标准”）的初步意见，后来该标准正式落地实施，原化工部赋予其标准编号为HG 2-750-79（见表9-1）。

（2）制定和采用国家标准　20世纪80～90年代末期，为制定和实施国家标准时期，它既体现了计划经济时期的规范化特点，也体现了开始以行业为主导制定标准的市场经济的特点。

1980年，根据中国甲醛行业发展的需要，当年的甲醛行业年会制定了甲醛暂行标准（见表9-2）。

1988年5月，由中国石油化工集团有限责任公司北京化工研究院和上海溶剂厂等单位共同起草制定的中华人民共和国工业甲醛溶液的国家标准，经原中华人民共和国化学工业部批准，并经国家标准局编号、发布，于1988年12月1日开始实施，标准编号为GB 9009—1988（见表9-3）。

1999年4月1日起，我国制定和施行工业甲醛溶液国家标准（GB/T 9009—1998）（至2012年6月废止，见表9-4）。

（3）制定和采用多规格标准　截至2011年，中国现行的甲醛国家标准只涵盖37%浓度规格的甲醛产品。而实际上随着我国经济的发展和环境保护标准的提升，甲醛衍生产品对甲醛的规格提出了不同的需求，特别是对于浓甲醛的需求已呈增加趋势，甲醛行业通过不断推广新技术与新工艺，很多企业已具备了生产浓甲醛的条件或早已开始生产浓甲醛产品。

进入21世纪，随着用户需求的发展，有些地区的甲醛企业在消费市场的要求和当地质量监督部门的支持下，开始试行44%浓度的甲醛联盟标准。有的企业根据用户的需要已在生产浓度为50%以上的产品。2008年5月21日，建滔（番禺）化工有限公司发布和实施了浓甲醛企业联盟标准（Q/JTHG 1—2008）。

还有的企业开始生产针对用户特定需求的特定产品，如果形成规模，也需要制定标准。因此，制定包括不同规格的浓甲醛在内的新的甲醛国家标准势在必行。

2009年，受国家标准委员会的委托，相关单位起草修改制定新的甲醛国家标准，该标准将涵盖37%～50%不同浓度规格的产品。2009年3月2日在北京召开新的国家标准修订第一次工作会，开始修改制定新标准。

2012年1月7日，中华人民共和国国家标准批准发布公告2011年第23号，公布了新的国家标准《工业甲醛溶液》，编号为GB/T 9009—2011（代替GB/T 9009—1998），新标准于2012年6月1日出版实施。

2. 甲醛旧标准

我国甲醛曾经使用过的旧标准分别见表9-1～表9-4。

表9-1　原化工部部颁工业甲醛标准（HG 2-750-79）

项目		指标	
		一级品	二级品
甲醛(以质量分数计,下同)/%		37.0±0.5	37.0±0.5
甲醇/%	≤	12	12
酸(以 HCOOH 计)/%	≤	0.04	0.08
铁/%	≤	0.0005	0.0005
灼烧残渣/%	≤	0.005	0.01

表9-2　1980年度全国甲醛行业会议制定的暂行标准

项目		指标		
		优等品	一级品	二级品
甲醛(以质量分数计,下同)/%		37.0±0.3	37.0±0.5	37.0±0.5
甲醇/%	≤	12	12	12
酸(以 HCOOH 计)/%	≤	0.03	0.04	0.08
铁/%	≤	0.0002(贮槽) 0.0005(桶装)	0.0005	0.0005
灼烧残渣/%	≤	0.005	0.005	0.01

表 9-3　工业甲醛溶液国家标准（GB 9009—1988）

项目		指标		
		优等品	一级品	合格品
色度，Hazen(铂-钴号)	≤	10		
甲醛(以质量分数计，下同)/%		37.0～37.4	36.7～37.4	36.5～37.4
甲醇/%	≤	12	12	12
酸(以 HCOOH 计)/%	≤	0.02	0.04	0.05
铁/%	≤	0.0001(贮槽) 0.0005(桶装)	0.0003(贮槽) 0.0010(桶装)	0.0005(贮槽) 0.0010(桶装)
灼烧残渣/%	≤	0.005	0.005	0.005

表 9-4　工业甲醛溶液国家标准（GB/T 9009—1998）

项目		指标		
		优等品	一级品	合格品
外观		清晰无悬浮物液体，低温时允许有白色浑浊		
密度，ρ_{20}/(g/cm^3)		1.075～1.114		
甲醛(以质量分数计，下同)/%		37.0～37.4	36.7～37.4	36.5～37.4
酸(以 HCOOH 计)/%	≤	0.02	0.04	0.05
色度，Hazen(铂-钴号)	≤	10		
铁/%	≤		0.0003(贮槽) 0.0010(桶装)	0.0005(贮槽) 0.0010(桶装)
甲醇/%	≤	供需双方协商		

3. 甲醛现行标准

我国现行甲醛标准有三个，即工业甲醛国家标准、试剂甲醛国家标准和浓甲醛企业联盟标准，标准的技术要求分别见表 9-5～表 9-7。

（1）工业甲醛国家标准（GB/T 9009—2011）

① 本标准按照 GB/T 1.1—2009 给出的规则起草，以代替 GB/T 9009—1998《工业甲醛溶液》，与 GB/T 9009—1998 相比，主要技术差异如下：

a. 增加了 50%级、44%级工业用甲醛溶液；

b. 取消了 37%级一等品规格；

c. 修改了密度的试验方法；

d. 修改了甲醛含量的试验方法；

e. 修改了甲醇含量的试验方法。

本标准使用重新起草法修改采用美国材料与试验协会标准 ASTM D2378：2007《规格标准 50%级未阻聚的甲醛及 37%级阻聚和未阻聚的甲醛》。本标准与 ASTM D2378：2007 相比在结构上有较多调整，标准附录 A 中列出了本标准章条编号与 ASTM D2378：2007 章条编号的对照一览表。

② 本标准与 ASTM D2378：2007 的技术性差异及其原因如下：

a. 增加了 44%级工业用甲醛，以满足市场的需要；

b. 指标分为优等品和合格品，这是依据我国有关工业产品的分等导则确定的；

c. 采用气相色谱法和查表法测定甲醇的含量，为满足不同等级产品的分析要求。

本标准由中国石油和化学工业协会提出。由全国化学标准化技术委员会有机化工分会（SAC/TC63/SC2）归口。

本标准所代替标准的历次版本发布情况为 GB 9009—1988，GB/T 9009—1998。

表 9-5　工业用甲醛溶液（GB/T 9009—2011）国家标准技术要求

项目	指标					
	50%		44%		37%	
	优等品	合格品	优等品	合格品	优等品	合格品
密度，ρ_{20}/(g/cm³)	1.147～1.152		1.125～1.135		1.075～1.114	
甲醛(以质量分数计，下同)/%	49.7～50.5	49.0～50.5	43.5～44.4	42.5～44.4	37.0～37.4	36.5～37.4
酸(以 HCOOH 计)/%　≤	0.05	0.07	0.02	0.05	0.02	0.05
色度，Hazen(铂-钴号)　≤	10	15	10	15	10	—
铁/%　≤	0.0001	0.0010	0.0001	0.0010	0.0001	0.0005
甲醇/%　≤	1.5	供需双方协商	2.0	供需双方协商	供需双方协商	

（2）化学试剂甲醛溶液国家标准（见表 9-6）

表 9-6　化学试剂甲醛溶液（GB/T 685—2013）

名称	分析纯	化学纯
含量(HCHO，以质量分数计，下同)/%	37.0～40.0	36.0～40.0
色度	≤10	≤20
灼烧残渣/%	≤0.003	≤0.005
酸度(以 H^+ 计)/(mmol/g)	≤0.005	≤0.005
氯化物(Cl^-)/%	≤0.0001	≤0.0003
硫酸盐(SO_4^{2-})/%	≤0.0004	≤0.001
铁(Fe)/%	≤0.0001	≤0.0003
铅(Pb)/%	≤0.0002	≤0.0005

（3）浓甲醛企业联盟标准　《高浓度工业甲醛溶液》联盟标准是等效采用美国材料与试验协会标准 ASTM D2378：1984（1993）《规格标准 50%级未阻聚的甲醛及 37%级阻聚和未阻聚的甲醛》中“50%级阻聚和未阻聚的甲醛”，参照 GB/T 9009—1988 进行修订而成的（见表 9-7）。

表 9-7　浓甲醛企业联盟标准（Q/JTHG 1—2008）

项目	指标		
	优等品	一等品	合格品
密度，ρ_{25}/(g/cm³)		1.125～1.135	
甲醛(以质量分数计，下同)/%	44.0～44.4	43.7～44.4	43.5～44.4
酸(以 HCOOH 计)/%　≤	0.02	0.04	0.05

续表

项目		指标		
		优等品	一等品	合格品
色度，Hazen(铂-钴号)	≤	10	—	—
铁/%	≤	0.0001	0.0003(槽装) 0.0010(桶装)	0.0005(槽装) 0.0010(桶装)
甲醇/%	≤	供需双方协商		

第二节　国外工业甲醛标准

全球主要甲醛生产商的甲醛工厂分布在亚洲、欧洲、南（北）美洲、非洲、大洋洲等几大洲的100多个国家和地区，尽管甲醛不适宜远程运输，但各国之间进出口贸易量也有将近30万吨，至于各国国内各企业间的买卖数量就更加巨大，制定和实施甲醛产品标准就很有必要。

目前，全球甲醛生产商的生产工艺和使用的工业甲醛产品标准不尽相同，有国家标准、行业标准、企业标准，但是主要规格的产品其技术要求基本是趋于一致的，宗旨是能够服从甲醛产品用户生产衍生产品的需要。现将美国、俄罗斯、日本、印度等的工业甲醛标准的主要技术要求介绍如下，供读者参考。

1. 美国标准

美国材料与试验协会（ASTM）分别于2002年和2007年对美国工业甲醛的标准做出轻微修订，修改内容包括：添加新的注释1（有关色度检验的）；添加试验色度方法D5386，2012年又对07版重新批准，标准号为ASTM D2378—07（2012），该标准于2021年撤销。目前最新标准号为ASTM D2378—22。

该标准是南北美洲的甲醛行业标准。至于甲醇含量，测定方法是ASTM D2380。由于过去十多年的环境保护法的收紧，37%甲醛内的甲醇含量是由买卖双方商定。50%甲醛溶液，甲醇含量一般是<1.0%，而不是1.5%的ASTM标准，技术要求见表9-8。

表9-8　美国工业甲醛溶液标准（ASTM D2378—22）

项目		50%级	37%级
密度，ρ_{20}/(g/cm^3)		1.1470～1.1520	1.0749～1.1139
甲醛(以质量分数计，下同)/%		49.75～50.5	37.0～37.4
酸(以HCOOH计)/%	≤	0.05	0.02
色度，Hazen(铂-钴号)	≤	10	10
铁/%	≤	0.0001	0.0001
甲醇/%	≤	1.5	供需双方协商

2. 俄罗斯标准

在苏联时代就设有甲醛国家标准，标准号为GOST 1625—89，到了后期俄罗斯一直没有跟进相关标准，有关业内人士认为，国家标准反而会限制发展和给生产企业与用户之间带来纠纷。直至2016年俄罗斯国家标准认证（GOST R）才发布了工业用甲醛标准，标准号为GOST 1625—2016，将工业甲醛溶液主要分为含甲醇和不含甲醇的两大类产品，技术要求见表9-9。

表9-9 俄罗斯工业甲醛溶液标准（GOST 1625—2016）

项目	指标		
	含甲醇		不含甲醇
	优等品	一等品	
外观	无色透明液体，允许有加热到40℃会消失的白色浑浊沉淀物。		
甲醛（以质量分数计，下同）/%	36.9～37.5	36.5～37.5	36.5～37.5
甲醇/%	4.0～8.0	4.0～8.0	≤1.0
酸（以HCOOH计）/% ≤	0.02	0.04	0.02
铁/% ≤	0.0001	0.0005	0.0001
灰分/% ≤	0.008	0.008	0.008

3. 日本标准

日本工业标准（JSA）是日本国家级标准中最重要、最权威的标准。由日本工业标准调查会（JISC）制定。日本工业甲醛标准于1969年发布，属于日本工业标准"K化学"项目下，标准号为JIS K 1502—1969，于1993年进行重新修订标准号为JIS K 1502—1993，该标准于2006年废止。

目前日本的甲醛标准只有试剂级别的，标准号为JIS K 8872—2008。技术要求见表9-10。

表9-10 日本试剂甲醛溶液标准（JIS K 8872—2008）

项目	规格
浓度/%	36.0～38.0
色度，Hazen（铂-钴号） ≤	10
密度，ρ_{20}/（g/cm^3）	1.085～1.100
灰分（以质量分数计，下同）/%	0.002
酸（以HCOOH计）/% ≤	0.04
氯化物/% ≤	0.0002
硫酸盐/% ≤	0.002
铜/% ≤	0.0002
铅/% ≤	0.0002
铁/% ≤	0.0002
甲醇/% ≤	5.0～10.0

4. 印度标准

印度标准学会（BIS）于1973年发布工业甲醛溶液规范，标准号为IS 3321—1973，至今没有更新，据2010年对印度业内人士的调查。印度的工业甲醛标准一般由企业制定，印度化学工业协会认可。印度工业甲醛溶液标准的技术要求见表9-11。

表 9-11 印度工业甲醛溶液标准（IS 3321—1973）

项目		规格
色度		无色透明
甲醛(以质量分数计,下同)/%		37.0±0.5
酸(以 HCOOH 计)/%	≤	0.05
灰分/%	≤	0.01
铁/%	≤	0.0002(非铁容器)、0.0010(铁容器)
甲醇/%		4～6

5. 肯尼亚标准

肯尼亚政府部门——肯尼亚标准局（KEBS）于 2013 年发布肯尼亚工业甲醛溶液标准，标准号为 KS 2436—2013（见表 9-12）。

表 9-12 肯尼亚工业甲醛溶液标准（KS 2436—2013）

项目		规格
甲醛浓度(以质量分数计,下同)/%		25～45
酸(以 HCOOH 计)/%	≤	0.05
灰分/%		0.01
醛含量(以 HCHO 计)		37.0±0.5
铁/%	≤	0.0002(非铁容器)、0.0010(含铁容器)
甲醇/%	≤	4～6

6. 其他国家标准

世界其他国家在不同时期也分别发布了本国的工业甲醛溶液相关标准（见表 9-13），以下只列出国别及发布的标准号，具体内容可根据标准号进行查询。

表 9-13 其他国家工业甲醛溶液标准

国家	发布机构	标准号
罗马尼亚	罗马尼亚标准(ASRO)	STAS 9757—1974
南斯拉夫	南斯拉夫联邦标准化协会(JUS)	JUS H. B8. 276—1983
土耳其	土耳其标准(TSE)	TS 4689—1986
印度尼西亚	印度尼西亚标准(SNI)	SNI 06-2569—1992
阿联酋	阿联酋标准化与计量局(ESMA)	UAE. S GSO 1131—2002
韩国	韩国标准(KATS)	KS M 1659—2008
泰国	泰国标准(TISI)	TIS 530—2014

参考文献

[1] 工业甲醛溶液：GB/T 9009—2011 [S].

[2] 化学试剂 甲醛溶液：GB/T 685—2013 [S].

第十章　甲醛生产分析

第一节　基础知识

1. 化工工业分析简述

化工工业分析是研究工业生产中的原料、辅助材料、中间产品和反应过程中变化的物料、最终产品、副产品，以及生产中排放的各种废物的化学组成的分析方法及有关理论的一门学科。

化工工业分析是分析化学在工业生产中的应用。具体任务是：在生产前对原、辅材料质量进行分析评定；在生产过程中通过系统分析、指导生产过程，实现生产的稳定正常运行，进一步降低消耗提高产品质量。在产品出厂之前，通过分析检验判定产品质量是否达到规定的质量标准。此外，通过对生产过程中产生的废水、废气进行分析，判定排放物组成是否能够实现达标排放等。

总而言之，化工工业分析对生产有着十分重要的意义与作用，是化工生产的“眼睛”。

2. 化工工业分析的分类

化工工业分析包括液态、固态和气态物质的测定。从对象方面讲，包括无机分析和有机分析；从样品的用量讲，有常量分析、半微量分析、微量分析和超微量分析；按生产过程的要求，可分为快速分析和标准分析，以及介于两者之间的标类分析；按分析任务和目的的不同，可分为例行分析和仲裁分析等。

(1) 无机分析和有机分析　无机分析的对象是无机物。无机物多数属于电介质，在水中或熔融状态下能电离成离子。因此通常情况下都是通过测定其离子或原子团来表示各组分的含量（%）。无机物多数能溶于水，所以无机分析能测定其水溶液中含量。

有机分析的对象是有机物。有机物多数属于非电解质，种类繁多，结构复杂，其分子内一般都含特殊的官能团。因此有机分析一般通过测定组成有机物的元素或官能团来确定各组分的含量（%）。此外，有机分析也常通过测定有机物的物理常数（如沸点、冰点、沸程等）来确定其组成。

(2) 常量、半微量、微量及超微量分析　常量、半微量、微量及超微量分析方法的试样用量如表 10-1 所示。

表 10-1　各分析的样品用量和体积

方法	样品用量/mg	试样体积/mL	方法	样品用量/mg	试样体积/mL
常量分析	>100	>10	微量分析	0.1～10	0.01～1
半微量分析	10～100	1～10	超微量分析	<0.1	<0.01

在实际应用中常采用常量与半微量分析，因上述两种分析方法对仪器的性能要求偏低，如使用普通的滴定分析器皿、分析天平等即可。而微量及超微量分析则需要使用昂贵的特殊仪器。

在化工生产分析中，也有按样品中被测组分相对含量的不同将分析方法进行分类的，如：被测组分含量在1%以上的主成分分析；含量在0.01%～1%之间的微量成分分析；含量小于0.01%的痕量成分分析。

(3) 标准分析、标类分析和快速分析　标准分析是十分准确可靠的分析方法，由国家科学技术委员会或有关主管业务部门审核、批准并作为法律公布施行的，简称“国标”或“部标”。标准分析对分析的各种条件和制度（如取样的方法和试剂规格与配制）都有严格规定。仲裁分析或要求准确度较高的分析，均应采用标准分析法。

标类分析是除标准分析法以外的其他准确测定方法的统称，也必须有较高的准确度。它是因化验室设备、条件以及测定人员的熟练情况等而设定的接近于标准分析法的同一类方法。

快速分析主要是讲求时效性，常用于生产过程控制分析，其准确度要求可略低一些。快速分析要求分析方法简单方便、省时可靠，要求分析人员有一定的测定经验和熟练的操作技能。

(4) 例行分析和仲裁分析　例行分析也叫常规分析，一般是指配合生产而进行的日常分析。为对生产过程进行有效控制，往往需要例行分析并迅速报出分析结果。这种例行分析称为快速分析或中控分析。

仲裁分析也叫裁判分析，是指不同单位对分析结果有争议时，要求用指定的方法进行准确的分析，以判断原分析结果的可靠性。仲裁分析是一种具有权威性的分析。

在实际工作中，分析方法应根据具体的分析对象、分析项目和分析要求来确定，综合考虑准确度、灵敏度、选择性和分析时间等因素，以选择适当的分析方法。

3. 化工工业分析过程

化工工业分析过程的步骤为：样品准备，分析阶段，分析结果处理。

(1) 样品准备　试样的采取是个十分重要的过程。在进行分析之前，首先要保证所取试样具有代表性，即试样的组成和被分析物料整体的平均组成一致。试样既要考虑物料的物理状态、贮存条件，也要考虑分析准确度的要求等因素。所以采样量、采样单元数和采样方法三个方面都是十分重要的因素。甲醛工业分析涉及的均是液体和气体的分析，下面介绍液体和气体物料采集方法。

① 液体的采集　液体的组成一般是比较均匀的，采样也比较容易，采样量可以较少。但是采样时也要考虑可能存在的任何不均匀性。在采样时要注意保持采样容器和采样用管道的清洁，在采样前应用被采取的物料冲洗；在采样过程中要避免物料组分发生任何变化。此外，取得的试样应保存在密闭的容器中。同时还应注意试样的贮存温度、时间等因素。

② 气体的采集　由于气体分子的扩散作用，物料组成都较为均匀，因而要取得具有代表性的气体试样，主要考虑取样时如何防止杂质的混入。

气体取样装置主要由取样探头、试样导出管和贮样器组成。最简单的取样装置是气袋或医用注射器。有时还需要备有流量计和抽气装置。

(2) 分析阶段　根据试样待测组分物理化学性质及分析要求的不同，采用不同的仪器进行分析，分析方法有化学分析法和仪器分析法。

化学分析法是以物质的化学反应为基础的分析方法，一般分为三类：

a. 称量分析法：是根据测定反应生成物的质量来测定被测组分含量的分析方法。

b. 滴定分析法：是根据化学反应中所消耗标准溶液的体积来测定被测组分含量的分析方法。

c. 气体分析法：是根据测定化学反应所产生气体的体积或气体经反应后的生成物的质量来测定被测组分含量的分析方法。

仪器分析法是以物质的物理性质或物理化学性质为基础，借助特殊的仪器测定被测物含量的分析方法。根据测定原理不同，仪器分析法可分为光学分析法、电化学分析法、色谱分析法、质谱分析法、X-射线分析法、核磁共振分析法等。

仪器分析法具有灵敏度高、分析速度快的特点，能测出含量极低的物质的含量，适用于微量或痕量成分分析和生产过程控制分析，能够完成许多化学分析方法难以完成的分析任务，是分析化学的重点发展方向。

(3) 分析结果处理　在定量分析中，要求测定结果具有一定准确度，但是客观上由于仪器自身及分析方法的误差、人为因素的影响，其测定结果也不尽相同，这说明误差是客观存在、不可避免的。在实际测定中要尽量采取措施减小误差，然后对所得数据进行归纳取舍等一系列分析处理，最终得出合理的结果。

4. 化工工业分析中常用的浓度单位表示法

(1) 百分浓度

质量-质量百分浓度（现称质量分数,%）

质量-体积百分浓度（现以 g/mL 表示）

体积-体积百分浓度（现称体积分数,%）

(2) 摩尔浓度　1 升溶液中含溶质的物质的量。

(3) 当量浓度　1 升溶液中含溶质的克当量。

(4) 滴定度　1 毫升滴定剂溶液相当于被测物质的质量。

(5) 物质的量浓度　1 升溶液中所含溶质的物质的量，单位为 mol/L。使用这一单位时必须标明基本单位。例如物质 B 的物质的量浓度表示为 $C(B)$，其基本单位不同，即使是同一瓶溶液，也有不同的量值。如同一瓶高锰酸钾标准溶液可由不同的“物质的量浓度”表示结果。

$C(KMnO_4)=1mol/L$　$C(1/3KMnO_4)=3mol/L$　$C(1/5KMnO_4)=5mol/L$

5. 甲醛生产分析检测常用仪器及设备

甲醛生产分析检测常用仪器及设备见表 10-2。

表 10-2　甲醛分析常用仪器设备清单

序号	名称	规格及型号	单位	数量	主要分析项目
1	坩埚	30/50mL	只	6/6	甲醛
2	古氏坩埚过滤器	30mL	只	1	水质
3	干燥器	240mm	只	1	甲醛、甲醇、水质

续表

序号	名称	规格及型号	单位	数量	主要分析项目
4	牛角匙		组	3	甲醛、甲醇、水质
5	液体石蜡	500mL	瓶	1	气体分析
6	胶管(输血)	6mm×9mm	米	30	甲醛、甲醇、水质
7	架盘天平	200g(马头牌)	台	1	甲醛、甲醇、水质
8	扁型称量瓶	40mm×25mm/30mm×25mm	只	6/6	甲醛
9	滴定台	(大理石)	套	2	甲醛、甲醇、水质
10	蝴蝶夹	460mm×640mm×45mm	只	2	甲醛、甲醇、水质
11	大口瓶	250/5000/10000mL	只	4/2/3	甲醛、甲醇、水质
12	烧杯	100/500/1000/2000mL	只	6/4/6/4	甲醛、甲醇、水质
13	变色硅胶		瓶	1	甲醛、甲醇、水质
14	凡士林	500g	瓶	1	甲醛、甲醇、水质
15	温度计	0～100℃	支	10	甲醛、甲醇、水质
		50～70℃(分度值 0.1℃)	支	2	甲醇
16	吸管、胖肚吸管	1/50mL	支	2/5	甲醛、甲醇、水质
17	移液管	1/2/5/10mL(分度值 0.1mL)	支	2/2/5/2	甲醛、甲醇、水质
18	洗耳球		只	2	甲醛、甲醇、水质
19	玻璃棒		根	10	甲醛、甲醇、水质
20	不锈钢托盘	30mm×40mm	只	1	甲醛、甲醇、水质
21	具塞比色管	50mL/6×1	组	2	甲醛、甲醇、水质
22	比色管架	50mL/6×1	只	2	甲醛、甲醇、水质
23	二联电炉	2×1000kW	只	1	
24	三角烧瓶	250/1000mL	只	10/6	甲醛、甲醇、水质
25	量筒	50/250/500mL	只	5/5/5	甲醛、甲醇、水质
26	定碘烧瓶	250/500mL	只	10/10	甲醛、甲醇、水质
27	白色滴瓶	60mL	只	10	甲醛、甲醇、水质
28	棕色滴瓶	60mL	只	10	甲醛、甲醇、水质
29	酸式滴定管	25/50mL(白色)	支	4/4	甲醛、甲醇、水质
30	碱式滴定管	10mL(分刻度为 0.05mL)/ 25mL(带聚四氟乙烯旋塞)	支	2/4	甲醛、甲醇、水质
	微量滴定管	5mL(分度值 0.02mL)	支	2	甲醛、甲醇、水质
31	密度计 (分度值) 0.0005g/cm^3	0.70～0.80/0.80～0.90	支	4/6	甲醛、甲醇、水质
		0.90～1.00/1.00～1.10	支	6/6	甲醛、甲醇、水质
		1.10～1.12	支	6	甲醛、甲醇、水质
32	不锈钢杯子	1000mL	只	1	甲醛、甲醇、水质
33	冲洗瓶	500mL	只	2	甲醛、甲醇、水质
34	电子天平秤	PL601-S(精度:万分之一)	台	1	甲醛、甲醇、水质
35	脱脂纱布		卷	2	甲醛、甲醇、水质
36	称量纸		合	2	甲醛、甲醇、水质

续表

序号	名称	规格及型号	单位	数量	主要分析项目
37	标签纸		台	2	甲醛、甲醇、水质
38	定性滤纸		台	2	甲醛、甲醇、水质
39	电热鼓风干燥箱	101A 型-2	台	1	甲醛、甲醇、水质
40	气相色谱仪	配火焰离子化检测器 数据处理机和记录仪	台	1	甲醛、甲醇、水质
41	微量注射器	10/100μL	支	2/2	甲醛、甲醇、水质
42	蒸馏烧瓶 冷凝器	100mL	套	1	甲醛、甲醇、水质
43	电磁搅拌器		台	1	甲醛、甲醇、水质
44	奥氏气体分析仪	1904 型	台	1	甲醛、甲醇、水质
45	真空泵	旋片式真空泵	台	1	甲醛、甲醇、水质
46	pH 计	测定 pH＝0～14	台	1	甲醛、甲醇、水质
47	烧杯夹、坩埚夹		把	1/1	甲醛、甲醇、水质
48	打孔器		套	1	甲醛、甲醇、水质
49	棕色容量瓶	25/100/1000mL	只	2/4/4	甲醛、甲醇、水质
50	分光光度计	723N/723PC 型	台	1	甲醛、甲醇、水质

注：分析仪器选购可根据各企业具体分析项目进行调整。

第二节　原料分析

1. 原料甲醇

原料甲醇技术要求按 GB/T 338—2011 标准执行。

2. 锅炉水质

锅炉水质应符合标准 GB/T 1576—2018 的要求（表 10-3）。

表 10-3　锅炉水质标准 GB/T 1576—2018

序号	项目	单位	给水	锅炉水
1	额定蒸汽压力	MPa	≤1.0	≤1.0
2	悬浮物	mg/L	≤5	—
3	总硬度	mmol/L	≤0.03	—
4	总碱度	mmol/L	—	6～26
5	pH(25℃)		≥7	10～12
6	溶解氧	mg/L	≤0.1	—
7	溶解固形物	mg/L	—	<400
8	含油量	mg/L	≤2	—
9	含铁物	mg/L	≤0.3	—

（1）锅炉水中悬浮固形物的测定　水样中被过滤材料分离出来的固形物称为悬浮固形物。本法采用孔径为3～4mm G_4 玻璃过滤器或铺有5mm的石棉层，30mL古氏坩埚过滤器作为过滤材料。

采用 G_4 玻璃过滤器过滤，先用硝酸洗涤，再用蒸馏水洗净后，置于105～110℃烘箱中烘干1h，然后放入干燥器内冷却至室温，称至恒重。若采用酸洗石棉层为过滤材料，将酸洗石棉均匀地铺平整个古氏坩埚底部，然后用蒸馏水洗涤，直至洗到液体透明为止，最后将古氏坩埚于105～110℃烘箱内烘1h，取出放入干燥器冷却，称至恒重。准备完成后，将玻璃过滤器（或铺有酸洗石棉层的古氏坩埚）安装在吸滤瓶上，启动真空泵。

取样：先取水样1000mL分析，若得到悬浮固形物的含量≤50mg/L，则取500mL再次分析。将水样徐徐注入玻璃过滤器中，最初滤出的200mL滤液，重复再过滤一次。若过滤后的水样仍有浑浊，应重新过滤。

过滤完毕后，用少量蒸馏水将计量水样的容器和玻璃过滤器清洗数次。将玻璃过滤器放入105～110℃烘箱中烘干1h，取出放入干燥器冷却至室温后称量。

按如下公式计算悬浮物的含量：

$$\rho_{XG}=\frac{G_1-G_2}{V}\times 1000\text{mg/L}$$

式中　ρ_{XG}——悬浮物含量，mg/L；

G_1——过滤器与悬浮物的总质量，mg；

G_2——过滤器的质量，mg；

V——水样的体积，mL。

（2）硬度的测定　在pH值为10±0.1的水样中，用铬黑T为指示剂，以乙二胺四乙酸二钠盐（简称EDTA）作为标准溶液滴定至蓝色为终点，根据消耗EDTA的体积，计算出水中的硬度。

硬度在0.5～5.0/5.0～10.0/10～20mmol/L时取100/50/25mL水样于250mL锥形瓶内；在锥形瓶中加入5mL氨-氯化铵缓冲溶液和2滴0.5%铬黑T指示剂。在不断摇动下用 $C(1/2\text{EDTA})=0.020\text{mol/L}$ 标准溶液滴定至酒红色变为蓝色为终点。

用EDTA消耗体积来计算水样中硬度YD。

若水中硬度在0.01～0.50mmol/L时，在100mL水样中加3mL氨-氯化铵液（或1mL硼砂缓冲溶液）及2滴0.5%铬黑T指示剂，在摇动情况下用 $C(1/2\text{EDTA})=0.001\text{mol/L}$ 标准溶液滴定至蓝色终点。

$$\text{YD}=\frac{C(1/2\text{EDTA})\times V(1/2\text{EDTA})}{V_s}\times 10^6\,\mu\text{mol/L}$$

式中　$C(1/2\text{EDTA})$——标准溶液浓度，mol/L；

$V(1/2\text{EDTA})$——滴定时所耗EDTA标准溶液的体积，mL；

V_s——水样体积，mL。

（3）碱度测定　水的碱度是指水中含有能接受氢离子的物质的含量，例如氢氧根、碳酸盐、重碳酸盐、磷酸盐、磷酸氢盐、硅酸盐、硅酸氢盐、亚硫酸盐、腐殖酸盐和氨等，都是水中常见的碱性物质。它们都能与酸进行反应，因此选用适宜的指示剂，以酸的标准溶液滴定便可测出水中的碱度。

碱度可分为酚酞碱度和全碱度二种。酚酞碱度是以酚酞作指示剂时所测出的量，其终点的 pH 值为 8.3，全碱度是以甲基橙作指示剂时测出的量，其终点的 pH 值为 4.2。若碱度很小时，全碱度宜以甲基红-亚甲基蓝作指示剂，其终点的 pH 值为 5.0。

① 试剂及配制

a. 1%酚酞指示剂（以乙醇为溶剂），配制方法见 GB/T 603—2023。

b. 0.1%甲基橙指示剂，配制方法见 GB/T 603—2023。

c. 甲基红-亚甲基蓝指示剂的配制：准确称取 0.125g 甲基红和 0.085g 亚甲基蓝，研磨均匀后溶于 100mL 95%乙醇中。

d. $C(1/2H_2SO_4)=0.10mol/L$、0.050mol/L、0.010mol/L 标准溶液配制。

e. 硫酸标准溶液的配制：

ⅰ. 量取 3mL 浓硫酸（密度 $1.84g/cm^3$），缓缓注入 1000mL 蒸馏水（或除盐水）中冷却，摇匀。

ⅱ. 称取 0.2g 无水碳酸钠于 270～300℃灼烧至恒重（精确到 0.0002g）的基准，溶于 50mL 水中，加 2 滴甲基红-亚甲基蓝指示剂，用待标定的 $C(1/2H_2SO_4)=0.1mol/L$ 标准溶液滴定至溶液由绿色变成紫色，同时应作空白试验。

ⅲ. 硫酸标准溶液的浓度按下式计算

$$C_{H^+}=\frac{m}{[V_{1(H^+)}-V_{2(H^+)}]\times 0.05299}mol/L$$

式中 m——无水碳酸钠的质量，g；

$V_{1(H^+)}$——滴定碳酸钠消耗硫酸标准溶液的体积，mL；

$V_{2(H^+)}$——空白试验消耗硫酸标准溶液的体积，mL；

0.05299——1mmol $1/2Na_2CO_3$ 的质量，g。

ⅳ. 用 $C(1/2NaOH)=0.1mol/L$ 标准溶液标定：量取 20.00mL 待标定的 0.1mol/L 硫酸（$1/2H_2SO_4$）标准溶液；加 60mL 不含二氧化碳的蒸馏水（或除盐水），加 2 滴 1%酚酞指示剂。用 0.1mol/L 氢氧化钠的标准溶液滴定至溶液呈粉红色。

硫酸标准溶液的浓度按下式计算：

$$C_{(H^+)}=\frac{V_{1(OH^-)}\times C_{(OH^-)}}{V_{(H^+)}}mol/L$$

式中 $V_{(H^+)}$——硫酸标准溶液的体积，mL；

$C_{(OH^-)}$——氢氧化钠标准溶液的浓度，mol/L；

$V_{1(OH^-)}$——消耗氢氧化钠标准溶液的体积，mL。

② 碱度测定

a. 锅炉水样的测量。取 100mL 透明水样注于锥形瓶中，加入 2～3 滴 1%酚酞指示剂，此时若溶液显红色，则用 $C(1/2H_2SO_4)=0.05mol/L$ 或等于 0.10mol/L 标准溶液滴定至恰好无色，记录消耗酸体积 V_1，然后再加 2 滴甲基橙指示剂。再用硫酸标准溶液滴定至溶液呈橙红色为止，记录耗酸体积 V_2。

b. 给水水样的测量。取 100mL 透明水样注于锥形瓶中，加入 2～3 滴 1%酚酞指示剂，此时溶液若显红色，则用微量滴定管以 $C(1/2H_2SO_4)=0.01mol/L$ 标准溶液滴定至恰好无色，记录耗酸体积 $V_1(1/2H_2SO_4)$，然后再加入 2 滴甲基红-亚甲基蓝指示剂，再用硫酸标准溶液滴定，溶液由绿色变为紫色，记录耗酸体积 $V_2(1/2H_2SO_4)$。

c. 若加酚酞指示剂后溶液不显色，可直接加甲基红-亚甲基蓝指示剂，用硫酸标准溶液滴定，记录耗酸体积 $V_2(1/2H_2SO_4)$。

d. 碱度的计算：

$$JD_{酚}=C(1/2H_2SO_4)\times V_1(1/2H_2SO_4)\times 10\text{mmol/L}$$

$$JD_{全}=C(1/2H_2SO_4)\times V_2(1/2H_2SO_4)\times 10\text{mmol/L}$$

式中 $C(1/2H_2SO_4)$——标准硫酸溶液浓度，mol/L；

$V_1(1/2H_2SO_4)$、$V_2(1/2H_2SO_4)$——第一次、第二次滴定所耗硫酸标准溶液的体积，mL。

(4) pH 值测定（电极法） 当 pH 电极与甘汞参比电极同时浸入溶液后，即组成测定电池对，其中 pH 电极的电位随溶液中氢离子的活动而变化，用高阻抗输入的毫伏计测量，即可获得水溶液中氢离子活度相对应的电极电位以 pH 值表示。

$$pH=pH'+\frac{\Delta E}{0.058}$$

式中 pH'——$\lg\alpha_{H^+}$；

ΔE——被测溶液与定位溶液的氢离子浓度相对应的电极电位差值，mV；

0.058——在 20℃时，当 pH−pH'=1 时，ΔE=58mV。

pH 计测定方法：

① 新电极或长时间干燥保存的电极，在使用前应将电极在蒸馏水中浸泡过夜，使其不对称地位趋于稳定。如急用可将电极浸泡在 0.1mol/L 盐酸中 1 小时，然后用蒸馏水反复冲洗干净。对于受污染的电极，可用四氯化碳或乙醚擦净电极的头部。若发现敏感膜外壁有微锈，可将电极浸泡在 5%～10%盐酸中除锈。

② pH 计按说明书的规定，开启 8 小时后进行调整，温度补偿以及满刻度校正等手续。

③ 用标准缓冲液定位 pH 值，误差控制在±0.05。

④ 将表恢复定位后电极和测试烧杯，反复用蒸馏水冲洗 2 次以上，再用被测水样冲洗 2 次以上，后用干净的滤纸轻轻将电极底部残留水滴吸去，然后将电极浸入被测溶液中，测量 pH 值。测定时温度不能超过 25℃。

⑤ 测定结束后，电极用蒸馏水反复冲洗干净，最后将 pH 电极浸泡在蒸馏水中备用。

(5) 溶解氧的测定（两瓶法） 在碱性溶液中，二价锰离子被水中溶解氧氧化成三价、四价锰离子。在酸性溶液中，三价、四价锰离子能将碘离子氧化成游离碘。以淀粉做指示剂，用硫代硫酸钠的滴定，根据其消耗量就能计算出水样中溶解氧的含量。

① 先将取样瓶、取样桶清洗干净，并冲洗取样管。然后将两个取样瓶放在取样桶内。在取样管上接一个玻璃三通，并在三通上连接两根厚壁胶管分别插入两个取样瓶底，调整水样流速为 700mL/min 左右。在水样液位超过取样瓶口 150mm 后，将取样管轻轻地由瓶中抽出。

② 立即在水面下往第 1 瓶中加入 1mL 氯化锰或硫酸锰溶液。

③ 往第 2 瓶的水样中加入 5mL 磷酸溶液（1+1）或硫酸溶液（1+1）。

④ 用滴定管往两瓶中加入 3mL 碱性碘化钾混合液，并将瓶塞盖紧。摇匀后放置水下。

⑤ 待沉淀物下沉后，打开瓶塞，在水面下向第 1 瓶内加 5mL 磷酸溶液（1+1）或硫酸溶液（1+1），向第 2 瓶中加入 1mL 氯化锰或硫酸锰溶液，将瓶塞盖好，立即摇匀。

⑥ 将水样溶液冷却到 15℃以下，各取出 200～250mL 溶液，分别注入两只 500mL 锥形瓶中。

⑦ 分别用硫代硫酸钠标准溶液滴定至浅黄色，加入 1mL 淀粉指示剂，继续滴定至蓝色消失为止。

⑧ 水样中溶解氧 P_{O_2} 按下式计算。

$$P_{O_2}=\frac{(V_1-V_2)\times 0.01\times 8-0.005}{V}\times 1000\text{mg/L}$$

式中　V_1——第 1 瓶水样滴定时，所消耗硫代硫酸钠标准溶液的体积，mL；

V_2——第 2 瓶水样滴定时，所消耗硫代硫酸钠标准溶液的体积，mL；

0.01——硫代硫酸钠（$Na_2S_2O_3$）标准溶液的浓度，mol/L；

8——1/4 氧气的摩尔质量，g/mol；

0.005——由试剂带入的溶解氧的校正系数；

V——滴定溶液的体积，mL。

（6）溶解度固形物的测定

① 取一定量已过滤充分摇匀的澄清水样（水样体积应使蒸干残留物的重量为 100mg 左右）于预先经烘干至恒重的蒸发皿中，在水浴锅上蒸干。

② 将蒸干的样品连同蒸发皿移入 105～110℃的烘箱中烘 2h。

③ 取出蒸发皿放在干燥器内冷却至室温，迅速称重。

④ 在相同条件下烘 0.5h，冷却后称量，如此反复操作直至恒重。

⑤ 溶解固形物的含量（P_{RG}）按下式计算

$$P_{RG}=\frac{G_1-G_2}{V}\times 1000\text{mg/L}$$

式中　G_1——蒸干残留物与蒸发皿的总质量，mg；

G_2——蒸发皿的质量，mg；

V——水样的体积，mL。

（7）油的测定（重量法）

① 取 5000～10000mL 水样，立即加入 5～10mL 硫酸铝溶液、摇匀，立即加入 5～10mL 碳酸钠溶液，充分摇匀，将水中分散的油粒凝聚沉淀，静置 12h 以上。待充分沉淀至瓶底后用虹吸管将上层澄清液吸走，然后在沉淀物中加入若干滴浓硫酸使沉淀分解，并将此酸化的溶液移入 500mL 的分液漏斗中。

② 取 100mL 四氯化碳倒入取样瓶中，充分清洗取样瓶壁上沾有的油渍，将此四氯化碳洗液移入分液漏斗内。

③ 充分摇匀并萃取酸化溶液中的油。静置，待分层完毕后，将底层四氯化碳用一张干的无灰滤纸过滤。过滤后的四氯化碳溶液移入一个 100～200mL 恒重的蒸发皿内，再用 10mL 四氯化碳淋洗分液漏斗及过滤纸，将清洗液一齐加入恒重的蒸发皿内。

④ 将蒸发皿放在水浴锅上，在通风橱内将四氯化碳蒸干，然后将蒸发皿放在 110℃±5℃的恒温箱内，烘干 2h 后在干燥器内冷却，并称至恒重。

⑤ 另取 110mL 四氯化碳放在恒重蒸发皿中，做空白试验。

水样中含油量（P_r）按下式计算。

$$P_r=\frac{(G_2-G_1)-(G_4-G_3)}{V}\times 1000\text{mg/L}$$

式中　G_1——测定水样时蒸发皿的质量，g；

G_2——蒸发皿与水样含油的总质量，g；

G_3——空白值时蒸发皿的质量，g；

G_4——蒸发皿与空白试验的总质量，g；

V——水样的体积，L。

（8）铁的测定　将水样中亚铁用过硫酸铵氧化成高价铁（Fe^{3+}），在 pH 值为 9～11 的条件下，Fe^{3+} 与磺基水杨酸生成黄色配合物。

① 铁标准溶液的配制

a. 称取 0.1000g 纯铁丝加入 50mL $C(HCl)=1mol/L$，加热全部溶解后，加少量过硫酸铵，煮沸数分钟，移入 1L 容量瓶中，用除盐水稀释至刻度，或称取 0.8634g 硫酸高铁铵 $[(NH_4)Fe(SO_4)_2 \cdot 12H_2O]$ 溶于 50mL $C(HCl)=1mol/L$ 中，待全溶后转入 1L 容量瓶中，用除盐水稀释至刻度，以重量法标定其浓度。

b. 铁标准溶液（1mL 含 10μg Fe）。取上述贮备液 100mL，注入 1L 容量瓶中，加入 50mL 1mol/L 盐酸（HCl）溶液，用除盐水稀释至刻度（表 10-4）。

表 10-4　铁标准溶液的配制

编号	1	2	3	4	5	6	7	8	9
铁标准溶液/mL	0	0.25	0.5	0.75	1.25	1.75	2.00	2.25	2.50
相当水样含铁量/(μg/L)	0	50	100	150	250	350	400	450	500

② 绘制工作曲线

取一组铁标准溶液于 50mL 比色管中，分别加入 1mL 浓盐酸，用除盐水稀释至约 40mL。加 4mL 磺基水杨酸溶液、摇匀，加浓氨水约 4mL，摇匀，使 pH 值达 10.7，用除盐水稀释至刻度，混匀后用分光光度计（波长为 425mm）和 30mm 的比色皿，以除盐水作参比，测定吸收度，将所测吸收度和相应的铁含量绘制曲线。

③ 水样测定

取样瓶用（1+1）盐酸洗涤后，再用除盐水清洗三次，然后于取样瓶中加入浓盐酸（每 500mL 水样加浓盐酸 2mL），直接取样。

量取 50mL 水样于 100～150mL 的烧杯内，加入 1mL 浓盐酸和约 10mg 过硫酸铵，煮沸浓缩至约 20mL，冷却后移至比色管中，并用少量除盐水清洗烧杯 2～3 次，洗液一起注入比色管中，但应使其总体积不大于 40mL。按绘制工作曲线的手续进行比色。在分光光度计上测定吸收度，根据测得的吸收度，查工作曲线即得水样中的铁含量。

第三节　中间控制分析

在甲醛生产中为了使工况随时保持最佳状态，必须要根据分析的数据及时调整工艺条件，为此应每隔 1～2 小时分析一次甲醛溶液含量、甲醇含量及酸度。每天（班）分析一次尾气、脱盐水和蒸发器平衡浓度，为生产调节提供依据。

1. 蒸发器平衡浓度测定方法

蒸发器平衡浓度测定很重要，尤其在开车点火前可以为正确控制氧醇比提供依据。在正常生产时，由于空气中水分被冷凝，甲醇中带入微量水分等都会使甲醇浓度下降，但下降到一定值之后，在蒸发压力、温度下，甲醇和水会一起蒸发出来，蒸发器内甲醇浓度能达到平衡状态。如果蒸发器平衡浓度不断下降，会导致氧温上升，系统平衡会被破坏，甚至会出现甲醛浓度不合格。造成平衡浓度下降的主要原因有：

① 原料甲醇含水量高；

② 蒸发器列管泄漏；

③ 空气湿度大或空气洗涤塔带水。

蒸发器平衡浓度测定方法：将甲醇倒入量筒内，用冷却水恒温至 15℃，把密度计（示范值 0.800～0.850）放在量筒内测量其密度，然后查表 10-5 就能得到平衡浓度。

表 10-5　甲醇溶液相对密度 d_4^{15}、平衡浓度对照表

甲醇相对密度	0.79577	0.79859	0.80143	0.80428	0.80713	0.80999	0.81285	0.81568
体积分数/%	100	99.35	98.70	98.04	97.37	96.70	96.02	95.33
质量分数/%	100	99.00	98.00	97.00	96.00	95.00	94.00	93.00
甲醇相对密度	0.81849	0.82124	0.82396	0.83742	0.85048	0.86300	0.87507	0.88662
体积分数/%	94.33	93.91	93.19	89.45	85.50	81.34	76.98	72.42
质量分数/%	92.00	91.00	90.00	85.00	80.00	75.00	70.00	65.00
甲醇相对密度	0.89781	0.90839	0.91852	0.92815	0.93720	0.94570	0.95366	0.96108
体积分数/%	67.69	62.78	57.71	52.49	47.11	41.59	35.95	30.19
质量分数/%	60.00	55.00	50.00	45.00	40.00	35.00	30.00	25.00

2. 甲醛密度的测定

参阅《工业用甲醛溶液》GB/T 9009—2011 之密度测定。

3. 甲醛浓度的测定

参阅《工业用甲醛溶液》GB/T 9009—2011 之甲醛含量的测定。

4. 酸度的测定

参阅《工业用甲醛溶液》GB/T 9009—2011 之酸度的测定。

5. 甲醇含量的测定

根据测得的甲醛含量和密度，在“工业甲醛溶液密度-甲醛含量-甲醇含量关系表”中就能查得甲醇含量。

也可以用近似公式进行计算，特别当生产甲醛浓度＞38.8%，相对密度＞1.117 的高浓度甲醛时可用下列公式计算出甲醇含量。

$$X_3=\frac{X_1\times100\times0.003+1.0017-d_{20}}{0.00253}\%$$

式中　X_3——甲醇含量，%；

X_1——甲醛浓度，%；

d_{20}——甲醛在 20℃时的相对密度。

6. 尾气分析

参阅第五节“尾气分析”。

7. 水质分析

参阅第二节“原料分析”之“锅炉水质”分析。

8. 仪器分析

甲醛生产的分析一般都按常规的检测方法进行，这些方法绝大多数是采用手动操作，分析时间长、偏差大、操作烦琐，而且消耗原料多，不能及时配合和指导生产。近几年来分析仪器比较流行，据有关资料介绍，采用分析仪器操作更加高效、准确且节省物料。例如锅炉水质分析推荐使用 HBD5W-Ca/Mg 型便携水质硬度检测仪。液体密度分析推荐使用 DH-300W 密度计，可测量 $0 \sim 2.2 g/cm^3$ 液体密度，精度可达 $0.001 g/cm^3$，并可与电脑或打印机连接。还有气相色谱仪分析尾气组成和自动滴定仪分析浓度和含量等等。这些分析仪器具有操作方便、误差小、速度快等优点，正逐步在生产中间控制中应用。

（1）甲醛浓度自动滴定仪分析　甲醛浓度分析是根据化学反应中所消耗标准溶液量来计算的，由于不同的操作人员对颜色的变化判断能力不同，再加上采用指示剂颜色来判断终点，会使结果呈现偏酸性或偏碱性。甲醛溶液的滴定不是等物质的量的反应，两次平行样结果重现性差，分析结果有一定的误差。这是方法本身带来的误差，是不可避免的。常量分析仪器比较简单，应用较为普遍，但是随着分析精度的提高及自动化联网的要求，传统分析方法已不能满足生产的需求。于是生产系统配用瑞士-梅特勒·托利多 DL5X 型自动滴定仪，测量精度能达到 0.1mV（pH＝0.002），并配有 PCmcia 记忆卡、数据保存、传输等功能，也可以直接与计算机、打印机连网。分析仪器虽然价高，尤其进口仪器价格更高，但分析结果快速、准确，是今后发展的主要方向。

① 分析的方法

a. 取 100mL 烧杯放在天平上，然后把天平归零。用吸管吸取 0.1g 左右的样品放入烧杯里称重，并将样品称量数据输入自动滴定仪。

b. 再向烧杯里加 50mL 蒸馏水和 20mL 1mol/L 的 Na_2SO_3，并由滴定仪的搅拌器搅拌均匀。

c. 把电极棒放进烧杯里，等 pH 值稳定之后，用 1mol/L 盐酸标准溶液进行滴定。

d. 当滴定完成时仪器自动列表，把数据填入报表内。

② 计算甲醛浓度 P（HCHO）

$$P(\text{HCHO})=(\text{Sa}/\text{Sw})\times 1\times \text{FT}\times 0.03003\times 100\%$$

式中　Sa——盐酸使用的体积；

Sw——样品的质量；

FT——1mol/L 盐酸的实际摩尔浓度；

0.03003——甲醛的摩尔质量。

③ 注意事项

a. 当甲醛浓度过高时样品会出现混浊的现象，为保证测量的准确性，必须将样品放入 80～90℃烘箱内加热，使之完全溶化。

b. 电极棒和搅拌转子要清洗干净，确保分析结果的准确性。

c. 当搅拌产生气泡时会影响电极棒检测速度和检测结果。

（2）甲酸含量自动滴定仪分析

① 分析方法

a. 取 100mL 的烧杯放在天平上，并将天平归零。取 0.2g 左右甲醛样品放入烧杯内称重，然后加 50mL 蒸馏水。

b. 将样品溶液加入自动滴定仪内，并把电极棒放入烧杯溶液内。

c. 当滴定仪的指示值稳定后，用 0.1mol/L 的 NaOH 标准溶液进行滴定。

d. 当滴定完成时仪器将自动列表，把数据填于表内。

② 计算甲酸含量 P(HCOOH)

$$P(\mathrm{HCOOH})=(\mathrm{Sa}/\mathrm{Sw})\times 0.1\times \mathrm{FT}\times 0.046\times 100\%$$

式中　Sa——NaOH 使用的体积；

Sw——样品的质量；

FT——0.1mol/L NaOH 的实际摩尔浓度；

0.046——甲酸的摩尔质量。

③ 注意事项

a. 搅拌样品时要充分又不能产生气泡。

b. 电极棒搅拌转子一定要清洗干净。

（3）采用自动滴定仪的优越性

a. 传统的分析方法是利用指示剂的颜色变化来判断终点。而自动滴定仪是利用电位变化来指示终点，消除了人为因素的误差，滴定终点是等当量点，提高了结果的准确性，因此一般只需做一次样即可。

b. 自动滴定仪采用指示电极监测化学反应的电位变化，并反馈给主机的信号，自动调节加液速度，直至找到化学反应电位的最大突跃即终点，不用人为控制加液速度。

c. 操作简单，使用方便，输入称量后的样品即可自动检测。

d. 密封性好，避免有毒物质外泄污染环境；迅速快捷，一般数十秒钟就可完成一次测定。

第四节　成品分析

工业甲醛溶液执行 GB/T 9009—2011 标准。

第五节　尾气分析

1. 甲醛尾气分析作用

甲醛尾气分析能起到以下作用：

a. 判断催化剂的转化率；

b. 判断各副反应的组成；

c. 判断氧醇比、水醇比是否合适；

d. 判断工艺条件、温度控制是否合适；

e. 为物料衡算提供依据。

2. 尾气分析常用仪器

尾气分析常用仪器有奥氏气体分析仪和气相色谱仪。奥氏气体分析仪结构简单、投资少、操作使用方便，是目前甲醛生产厂普遍使用的尾气分析仪。

尾气中甲酸，甲醛，甲醇含量较少，奥氏气体分析准确度要求又不高，所以尾气分析中甲酸，甲醛，甲醇的影响可以忽略。

（1）奥氏气体分析仪原理　尾气与某种特定的试剂充分接触，而这种试剂只能与混合气体中的某一种气体起反应而被定量吸收，而与其他组分不反应。可根据反应前后气体体积的变化来测定其某一组分的含量。

（2）气体吸收液的配制

① 35% KOH溶液　称取35.0g KOH固体于500mL烧杯中，加65mL蒸馏水，使其全部溶解即成。

② 焦性没食子酸的碱溶液　将5g焦性没食子酸溶于15mL蒸馏水中，再加35% KOH溶液80mL混合均匀即成。为防止吸收液被空气中的O_2氧化，装入吸收瓶中后应在吸收液上面覆盖一层液体石蜡。

③ 氯化亚铜-氨溶液　称取250g Cu_2Cl_2溶解于750mL蒸馏水中，再加200g Cu_2Cl_2待溶解后，迅速转到预先装有铜丝的试剂瓶中，至几乎充满，用橡皮塞塞紧。使用时，用此溶液体积的2倍，相对密度为0.9的氨水稀释即成。为了防止吸收液被空气中的O_2所氧化，也应在吸收液表面覆盖一层液体石蜡。

（3）CO_2含量的测定　用35% KOH溶液来吸收CO_2气体，其反应式：

$$2KOH + CO_2 \longrightarrow K_2CO_3 + H_2O$$

（4）O_2含量的测定　用焦性没食子酸的碱溶液来吸收氧气，其反应式：

$$C_6H_3(OH)_3 + 3KOH \longrightarrow C_6H_3(OK)_3 + 3H_2O$$

$$2C_6H_3(OK)_3 + 1/2O_2 \longrightarrow (OK)_3C_6H_2—C_6H_2(OK)_3 + H_2O$$

（5）CO含量的测定　用氯化亚铜-氨溶液吸收CO气体，其反应式为：

$$Cu_2Cl_2 + 2CO \longrightarrow Cu_2Cl_2 \cdot 2CO$$

$$Cu_2Cl_2 \cdot 2CO + 4NH_3 + 2H_2O \longrightarrow (Cu\text{-}COONH_4)_2 + 2NH_4Cl$$

亚铜盐类溶液和一氧化碳的化合物极不稳定，容易析出NH_3和CO。因此在分析时必须使其充分吸收，并在分析后用硫酸吸收NH_3。氯化亚铜-氨溶液能与CO_2、O_2作用，故在CO分析前必须首先除去CO_2和O_2。

（6）H_2和CH_4含量的测定　向测定完CO_2、O_2和CO之后的尾气中加入一定量的纯氧，然后用800～900℃的铂丝进行缓慢燃烧，记录燃烧前后体积的变化，再将剩余气体通过35% KOH溶液吸收燃烧生成的气体。根据体积变化，求得H_2和CH_4总量。其反应式：

$$2H_2 + O_2 \xrightarrow{燃烧} 2H_2O$$

$$CH_4 + 2O_2 \longrightarrow CO_2 + 2H_2O$$

$$CO_2 + 2KOH \longrightarrow K_2CO_3 + H_2O$$

第六节　空气中微量甲醛、甲醇的测定

空气中微量甲醛、甲醇测定的方法有很多：微量甲醛的测定有分光光度法、色谱法、电化学法和化学滴定法；微量甲醇的测定有溶剂解吸气相色谱法、热解吸气相色谱法、二氯丙醇变色酸分光光度法和直接进样气相色谱法。

1. 空气中微量甲醛的测定

分光光度法测定微量甲醛的主要方法有乙酰丙酮法，铬变酸法，酚试剂（MBTH）法、副品红法、AHMT 法等几种；色谱法主要有气相色谱法、高效液相色谱法、离子色谱法等，直接利用色谱法比较少，一般是和其他分析仪器连用，如 GC-MS/HPLC-UV；电化学法包括示波极谱法，吸附伏安法和哥腊衍生试剂法、荧光法、化学发光法；化学滴定法主要包括电位滴定法、碘量法及酸碱滴定法。其分析方法各有优缺点，其中酚试剂分光光度法具有操作简便、易控制、测定迅速、成本低等优点，故本文主要介绍酚试剂分光光度法测定。

（1）原理　酚试剂分光光度法是利用空气中的甲醛与酚试剂反应生成嗪，嗪在酸性溶液中被高价铁离子氧化形成蓝绿色化合物。根据颜色深浅，比色定量。

（2）仪器和设备　大型气泡吸收管：出气口内径为 1mm，出气口与管底的距离等于或小于 5mm。恒流采样器：流量范围 0～1mmHg（0～133132Pa），流量稳定可调，恒流误差小于 2%，采样前和采样后应用皂沫流量计校准采样系列流量，误差小于 5%。

7230 型可见光分光光度计：在波长为 630nm 处测定吸光度。

（3）试剂　本法中所用水均为重蒸馏水或去离子交换水；所用的试剂纯度为分析纯。

吸收液原液：称 0.125g 酚试剂［$C_6H_4SN(CH_3)C{=}NNH_2\cdot HCl$］，简称 MBTH，加水溶解定容于 250mL 容量瓶中，放冰箱中保存，可稳定 3 天。

吸收液：吸取吸收原液 5.00mL，加水定容于 100mL 容量瓶，即为吸收液。采样时，临时现配。

甲醛标准贮备溶液：取 0.7mL 含量 36%～38%甲醛溶液，放入 250mL 容量瓶中，加水稀释至刻度。此溶液 1mL 约相当于 1mg 甲醛。其准确含量用碘量法标定。

其他：1%硫酸铁铵溶液；0.05mol/L 碘溶液；1mol/L 氢氧化钠溶液；0.5mol/L 硫酸溶液；0.05mol/L 硫代硫酸钠标准溶液；0.5%淀粉溶液。

（4）采样　用一个内装 5mL 吸收液的大型气泡吸收管，以 0.5L/min 的流量，采气 10L，20min，并记录采样点的温度和大气压力。采样后样品在室温下应在 24h 内分析。

（5）标准曲线的绘制　取 5mL 干燥的容量瓶，用甲醛标准溶液按表 10-6 制备标准系列。

表 10-6　甲醛标准系列与样品吸光度

	标准溶液用量/mL								
	0	0.10	0.20	0.40	0.60	0.80	1.00	1.50	2.00
吸收液用量/mL	5.00	4.90	4.80	4.60	4.40	4.20	4.00	3.50	3.00
甲醛含量/(mg/m^3)	0	0.1269	0.2538	0.5077	0.7615	1.0154	1.2692	1.9038	2.5384
吸光度	0.036	0.092	0.131	0.223	0.349	0.450	0.521	0.747	0.996

在各管中，加入0.4mL 1%的硫酸铁铵溶液，摇匀，放置15min。用1cm比色皿，在波长630nm下，以水作参比，测定各管溶液的吸光度。以甲醛含量为横坐标，吸光度为纵坐标，绘制曲线，并计算回归线斜率倒数作为样品测定的计算因子 B_s（单位：μg/吸光度）。

（6）样品测定

采样后，将样品溶液全部转入比色管中，用少量吸收液洗吸收管，合并使总体积为5mL。按绘制标准曲线的操作步骤测定吸光度 A；在每批样品测定的同时，用5mL未采样的吸收液作试剂空白，测定试剂空白，测定试剂空白的吸光度 A_0。将采样体积按下式换算成标准状态下的采样体积：

$$V_0 = V_t \times [T_0/(273+t)] \times (P/P_0)$$

式中 V_0——标准状态下的采样体积，L；

V_t——采样体积，为采样流量与采样时间乘积，L；

t——采样点的气温，℃；

T_0——标准状态下的热力学温度，273K；

P——采样点大气压，kPa；

P_0——标准状态下的大气压，101kPa。

空气中的甲醛含量按下式计算：

$$C = (A - A_0) \times B_s / V_0$$

式中 C——空气中甲醛含量，mg/m^3；

A——样品溶液的吸光度；

A_0——空白溶液的吸光度；

B_s——由曲线得到的计算因子，μg/吸光度；

V_0——换算成标准状态下的采样体积，L。

2. 空气中微量甲醇的测定

空气中微量甲醇的测定，以直接进样气相色谱法为例进行介绍。

（1）材料

① 仪器　气相色谱仪：氢火焰离子化检测器，SP-502型；工作站：色谱工作站；注射器：100mL，50mL；微量注射器：1μL，1mL。

② 试剂　甲醇：色谱纯。

（2）方法与分析步骤

① 色谱柱　柱长2m，内径4mm，不锈钢柱，填充GDX-102固定相。柱温：170℃；检测室温度：190℃；汽化室温度：190℃；氢气流量：40mL/min；空气流量：450mL/min；氮气流量：40mL/min。

② 标准曲线的绘制　用微量注射器准确量取1.6mL的甲醇，注入100mL注射器中，配成1.25μg/mL浓度的标准气体，取1mL的甲醇标准气体，用清洁空气稀释成25mg/m³、50mg/m³、100mg/m³、250mg/m³的甲醇标准气体，取1mL进样，测量保留时间及峰高，每个浓度重复6次，记录保留时间，取峰面积的平均值，以甲醇的含量对峰面积的均值进行回归处理。

③ 采样　将100mL注射器取下塑料帽，在采样点现场抽取100mL空气，套上塑料帽并垂直放置，带回实验室。

④ 样品分析　对照实验：将 100mL 注射器（数量为样品总数的 1/10，至少为 1 支）取下塑料帽，抽取 100mL 清洁空气，与样品同时分析，作为对照，将样品与对照样品的注射器垂直放置，记录实验室的温度和压力，取 1mL 空气样品直接进样，用保留时间定性，峰面积定量。

（3）计算

$$X=C/V_0\times1000$$

式中　X——空气中甲醇的浓度，mg/m^3；

C——由标准曲线上查出的样品中甲醇的含量，μg；

V_0——根据实验室的温度和压力换算成标准状况下的样品体积，L。

为全面评价车间空气质量，应增加采样次数，平行测样取平均值。该法简便快速、准确度高，能广泛应用于车间空气中甲醇含量的测定。

附：常用分析仪器的使用和校正。

① 分析天平　分析天平是定量分析工作中最重要、最常用的精密称量仪器，其称量的准确度对分析的结果影响很大。因此，必须掌握分析天平的正确使用方法，并按规定对分析天平进行校正和检定。

分析天平有机械天平和电子天平两种，以杠杆原理构成的为机械天平，利用电磁力平衡原理，直接显示质量读数的为电子天平。

分析天平用于待测物质含量测定中的供试品、对照品的称量和滴定液的标定等。

药物分析实验室使用的分析天平的感量有 0.1mg、0.01mg 和 0.001mg 三种。

当取样量大于 100mg 时，选用感量为 0.1mg 的分析天平；当取样量为 100～10mg 时，选用感量为 0.01mg 的分析天平；当取样量小于 10mg 时，选用感量为 0.001mg 的分析天平。

使用分析天平称量的方法有减量法和增量法两种。

用减量法称量时，先将供试品放于称量瓶中，置于天平盘上，称得质量为 m_1。然后取出所需的供试品，再称得剩余供试品和称量瓶的质量为 m_2，两次称量之差，即 m_1-m_2，即为供试品的质量。使用减量法称量能连续称取若干份供试品，节省称量时间。

使用增量法称量时，先将容器置于天平盘上，称得质量为 m_1，再将供试品加入容器中，再称得质量为 m_2，两次质量之差 m_2-m_1，即为供试品的质量。需要称一定质量的供试品，常采用增量法。

分析天平应按计量部门规定，定期进行检定，并应有专人保管，负责维护保养。

② 玻璃量器　实验室常用的玻璃量器有移液管、容量瓶、滴定管、量筒和量杯等。

玻璃量器应定期进行校正。

玻璃量器的校正方法均是通过称量玻璃量器装入或流出水的质量 m，再根据该温度下水的密度 ρ，计算出量器的容积 V，$V=m/\rho$（mL）。V 与玻璃量器的标示容积比较，其误差应小于规定值。

a. 容量瓶。将供试品准确稀释至一定体积时，需使用容量瓶。

常用容量瓶的规格有：10mL，25mL，50mL，100mL，250mL，500mL，1000mL 等。

容量瓶应定期进行校正，校正的方法如下：将容量瓶洗净、晾干，在分析天平上称定重量，加水，使弯月面至容量瓶的标线处，再称定重量，两次称量的差即为瓶中水的重量，查出水在该温度下的密度，即可计算出容量瓶的容积。实际容积与标示容积之差应小于允差。

如一等的容量瓶 100mL 的允差为 0.10mL，50mL 的允差为 0.05mL，25mL 的允差为±0.03mL，均约为容积的千分之一。

校正容量瓶时应注意，在瓶颈内壁标线以上不能挂有水珠，否则会影响校正的结果。若挂有水珠，应用滤纸片轻轻吸去。

b. 移液管。准确移取一定体积的液体时，需使用移液管。

移液管应定期进行校正，校正的方法是：在洗净的移液管内吸入水并使弯月面恰在标线处，然后把水放入预先已称好重量的小锥形瓶中，盖好瓶塞，称重，计算放入水的重量。查出水在该温度下的密度，即可计算出移液管的容积，实际容积与标示容积之差应小于允差。如一等的移液管，100mL 的允差为±0.10mL，50mL 的允差为±0.08mL，25mL 的允差为±0.05mL。

c. 滴定管。容量分析时用来加入滴定液并测量加入滴定液体积的量器是滴定管。

滴定管的校正方法是：在洗净的滴定管中加入水，并调整至弯月面恰与刻度零位相切，由滴定管中放出 5mL 水，至已称好重量的小锥形瓶中，盖好瓶塞，称重，记录放出水的重量，根据该温度下水的密度，计算放出水的实际体积。用同样的方法称重，记录放出 10mL、15mL、20mL 等水的重量，并计算出滴定管各部分的实际体积。实际体积与标示体积之差应小于允差。如一等滴定管，5mL 的允差为±0.01mL，10mL 的允差为±0.02mL，25mL 的允差为±0.03mL，50mL 的允差为±0.05mL。

参考文献

[1] 石油产品试验用试剂溶液配制方法：SH/T 0079—1991 [S].

[2] 工业用甲醇：GB/T 338—2011 [S].

[3] 空气质量　甲醛的测定　乙酰丙酮分光光度法：GB/T 15516—1995 [S].

第十一章　甲醛产品贮存与运输

甲醛溶液属于《危险货物品名表》中的第8类腐蚀性物质，危险货物编号为83012，联合国（UN）《关于危险货物运输的建议书》中的危险货物编号为1198。工业甲醛的贮存与运输应严格执行《危险化学品安全管理条例》等国家有关法规的规定。

第一节　贮存方式与质量保证

1. 贮存方式

甲醛溶液的贮存与包装容器宜采用耐腐蚀材料。甲醛溶液一般用贮罐贮存。贮罐由碳钢、不锈钢制作。若用碳钢制造，防腐层易于脱落。一般采用过氯乙烯、环氧树脂漆等作防腐涂层。每隔2～3年重新涂刷一次，确保涂层完好。

2. 质量保证与技术措施

在长期贮运过程中，工业甲醛溶液常出现酸度增高、沉淀增多的现象，且贮存时间越长越明显，使产品质量下降。实验证明，这种变化的快慢主要取决于甲醛溶液的浓度和贮存温度，在35℃时，甲酸含量增加的速率为$(1.5\sim3)\times10^{-6}$/d，在65℃时则升为$(10\sim20)\times10^{-6}$/d。

为了防止和减少上述变化的发生，通常须根据不同的甲醛溶液浓度确定贮存温度、贮放时间以及添加阻聚剂的用量。贮运过程的质量保证主要是防止甲醛聚合与泛酸。

（1）防止甲醛聚合

甲醛易溶于水，形成甲二醇（$HO—CH_2—OH$），它不易挥发，在一定条件下缩合成二甲醛水合物（$HO—CH_2—O—CH_2—OH$），进一步缩合成分子量更大的多聚甲醛。聚合度$n<4$的多聚甲醛在常温下溶解于水，$n>10$者则溶解度很低，形成沉淀，影响使用。

① 甲醛溶液在贮存过程中产生聚合的影响因素是：

a. 甲醛溶液的贮存温度。

b. 甲醛溶液的浓度。

c. 甲醛溶液的pH值。

d. 甲醛溶液的甲醇含量。

e. 甲醛溶液的贮存时间。

② 防止甲醛溶液聚合的措施：甲醛溶液的温度只要高于出现沉淀的最低温度，就可防止聚合物沉淀。

表11-1列出了在1～3个月贮存期内不同的甲醛浓度、不同甲醇含量的工业甲醛溶液最低贮存温度。

表 11-1　工业甲醛溶液最低贮存温度（1～3 月）

甲醛浓度/%	甲醇含量/%	贮存温度/℃
30	—	7
37	<1	35
37	2	35
37	3	31.5
37	4	28
37	5	24
37	6	21
37	7	18(或 21)
37	8	16
37	10	7
37	12	6
45	<1	55
50	<1	65

贮罐内温度可采用一个加热系统控制，其中包括内置盘管或外置加热器。加热介质可用蒸汽或热水，热水相对更容易控制。该温度不能过高或过低，温度过高，会使甲酸量增高；温度过低，易形成多聚甲醛。因此，寻找到最佳的贮存温度显得尤为重要，经验做法参考如下：

ⅰ. 45%及以上浓度甲醛甲醇含量在 1%的甲醛溶液的储存温度（视保存时间）＝（浓度值＋5 至 15)℃，30%～45%浓度甲醛，北方地区需适当加热。30%以下甲醛一般不做加热措施。

ⅱ. 适当搅拌可以阻止甲醛溶液聚合，甲醛溶液的浓度越高，搅拌的重要性就越为突出。

ⅲ. 加强贮罐的保温，为了避免贮罐表面冷，使甲醛溶液温度降低，应对贮罐实施保温，特别不能忽视罐底的保温，保温材料一般采用矿物棉或玻璃棉，保温材料厚度取决于当地的气候条件。

ⅳ. 添加阻聚剂可以降低甲醛贮存温度和延长贮存时间，见图 11-1。

(2) 防止甲醛泛酸

甲醛产生泛酸的主要原因：一是甲醛溶液中的氧在铁离子的催化作用下氧化甲醛生成甲酸；二是甲醛自身的坎尼札罗反应生成甲酸。

防止泛酸，降低酸值的措施如下：

① 应尽量缩短甲醛水溶液的贮存时间。

② 提高甲醛产品质量，尽可能地降低酸值。

③ 采用不锈钢或其他防腐较好的贮槽，塑料桶或防腐铁桶贮运甲醛溶液成品，以免铁离子污染成品促使酸值增高。

④ 选择适宜的 pH 环境及最佳贮存温度。坎尼札罗反应在碱性条件下反应迅速，在酸性条件下则显得较为迟缓，贮存甲醛溶液最佳的 pH 值为 3.5～4.5。高温将会加剧该反应。根据经验，甲醛溶液的最佳贮存温度＝（浓度值＋5)℃。

⑤ 添加阻聚剂。使用阻聚剂使甲醛溶液能在更低的温度下贮存而减少多聚甲醛，更大限度地减少甲酸的形成。

⑥ 避免过度搅拌。甲醛在空气中被氧化也产生甲酸，过度搅拌会使更多的氧气进入溶液中，使生成的甲酸更多，故甲醛溶液贮存中应避免过度搅拌。

⑦ 及时去除已形成的多聚甲醛，因多聚甲醛的存在将加快甲酸的形成。

⑧ 及时降低产品中已升高的甲酸含量。甲酸本身对甲酸的形成具有自催化作用，当甲酸含量超过0.03%时，该作用就更加明显，必要时可用离子交换器来降低产品中的甲酸含量。

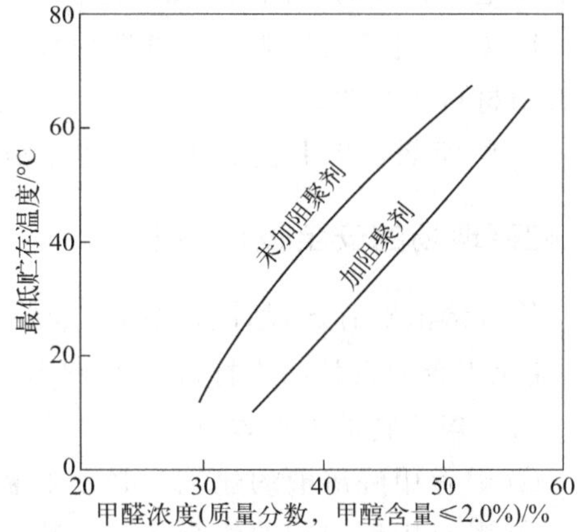

图 11-1 阻聚剂与甲醛最低贮存温度的关系

3. 甲醛溶液贮存的注意事项

（1）防止甲醛中毒

① 贮罐区必须安装有毒气体报警闪光灯，生产人员定时巡回安全检查。

② 甲醛贮罐区应确保通风良好。

③ 生产人员工作时，正确穿戴劳动防护用品。

④ 定期检定甲醛气体防护装置，若不符合要求应立即更换。

⑤ 为员工配备移动式有毒气体检测仪，以便他们定期检测是否存在泄漏情况。

（2）甲醛中毒的急救措施

眼睛——用大量水冲洗15min；皮肤——用流水或喷淋器冲洗，必要时就医；吸入——发现急性中毒情况时，应迅速将中毒者转移至新鲜空气处，并注射强心剂和给予输氧；误服——饮两杯清水或牛奶，随后用3%$NaHCO_3$溶液或1%硫代硫酸钠溶液洗胃，送入医院进行治疗。

（3）贮罐泄漏的应急处理

贮罐发生泄漏，在场人员应立即分工投入应急处理，终止液体的泄漏和扩散，对围堤和应急池中泄漏的物料进行回收处理，并协同医务现场救护中毒人员，组织未中毒人员撤离现场。

① 应急处理和控制措施具体方法

a. 抢救受害人员，组织无关人员撤离。组织应急处理人员佩戴自给正压式呼吸器，穿防静电工作服，准备应急处理。

b. 漏源控制。首先查明泄漏源，通过控制泄漏源来消除甲醛溶液的溢出或泄漏；根据泄漏严重程度，采取关闭有关阀门、停止入料作业、减负荷生产或停车处理等措施；对贮罐及管道发生的泄漏，采取安装临时堵漏卡等措施堵塞泄漏点，制止原料或成品的进一步泄漏。

c. 处理泄漏物。现场泄漏物要及时得到安全可靠处理，防止二次事故的发生。

② 泄漏物处置的主要方法

a. 围堰堵截：甲醛溶液易挥发，泄漏到地面上会四处蔓延扩散，要筑堤堵截或者引流到安全地点，及时关闭进出角阀。

b. 如果引发大量泄漏，可选用泵将泄漏出的物料收入容器内或槽车内。当泄漏量小时，用吸附材料等吸收。

c. 将泄漏物集中收集处置。防止泄漏物进入下水道、排水沟等限制性空间。

4. 贮存现场的安全设计参考

甲醛溶液贮存区设计应执行《建筑设计防火规范（2018 年版）》（GB 50016—2014）和《石油化工企业设计防火标准（2018 年版）》（GB 50160—2008）的有关规定。

（1）建筑物的安全设计

① 贮存甲醛溶液的建筑，必须安装避雷设施；

② 贮存甲醛溶液的建筑必须安装通风设备，库内温度在 8～40℃；

③ 贮存甲醛溶液建筑物内应根据仓库条件安装自动监测和火灾报警系统。

（2）贮罐区的安全设计

① 甲醛溶液贮罐规格：

a. 应根据贮存条件、贮存量和国家标准要求进行设计制造、使用。

b. 甲醛贮槽中安装加热设施。

c. 储存库内应配备取暖设施。采暖管道和设备的保温材料，必须采用非燃烧材料。

② 甲醛溶液为腐蚀液体，地面及围堰内壁需做防腐蚀涂料，以防止甲醛溶液泄漏时向地下渗漏。罐区内设置围堰，防止罐体泄漏，围堰的有效容量可为其中最大贮罐容量的一半。在罐区外建事故应急池，在罐区内建导流渠，甲醛溶液泄漏时做应急疏导。

（3）电器设备和泵房的安全设计

① 甲醛溶液贮存区域或建筑物内配电线路、灯具、火灾事故照明和疏散指示标志，符合防爆安全要求。

② 泵房要与罐区符合安全规范，电器设施根据防爆分区配备不同防爆等级。

（4）消防器材的配置

① 37％甲醛溶液为丙类腐蚀性液体，气体有爆炸危险，装置灭火器的最大距离为 12m，应按照《建筑灭火器配置设计规范》（GB 50140—2005）进行灭火器的类型选择和配置，罐区内每个配置点的灭火器不少于 2 具。

② 消防器材应设在防火堤或防护墙外，其数量应根据每个罐的设计流量经计算确定，但距离罐壁 15m 范围内的消防栓，不应计入该罐可使用的数量。

③ 罐区消防栓的设置应符合 GB 50974—2014 的相关要求。

第二节　包装与运输

1. 包装容器运输要求

甲醛溶液成品一般采用汽车槽车或防腐铁桶、塑料桶包装运输，也有采用专用火车槽车运输的。公路运输车辆应具备危险品货运资质，铁路运输的发站和到站分别应具有承运危险化学品甲醛溶液的资格。

2. 危险化学品包装要求

甲醛溶液成品在使用大桶包装时应检查：

（1）是否有残存的聚合物或其他杂质，若有必须清洗干净。

（2）防腐层是否脱落，有脱落处必须修补完好。

（3）是否渗漏，有损坏者不再使用。

（4）甲醛溶液标签和有毒、腐蚀标志张贴在明显处。

3. 车辆运输检查

（1）应与氧化剂、酸类、碱类物品分开运输，切忌同车运输。

（2）起运时包装要完整，装载应稳妥。

（3）运输时所用的槽（罐）车应有接地链，槽内可设孔隔板以减少震荡产生的静电。

（4）运输装置上必须有消防、紧急处置设施。

（5）装运该物品的车辆排气管必须配备阻火装置。

4. 运输装卸要求

（1）禁止使用易产生火花的机械设备和工具装卸。

（2）装卸运输人员，应佩戴相应的防护用品，做到轻装、轻卸。严禁摔、碰、撞、击、拖拉、倾倒和滚动，不得损毁包装容器，并注意标志，堆放稳妥。

（3）铁路运输时应严格依据中华人民共和国交通运输部《铁路危险货物运输安全监督管理规定》及相关配套标准中的危险货物配装要求执行。

5. 运输要求

（1）运输危险物品的车辆，必须保持安全车速，保持车距，严禁超车、超速和强行会车。

（2）运输过程中发生泄漏或渗漏，应立即停止运输进行应急处理。

（3）夏季应早晚运输，运输途中应防曝晒、雨淋，防高温。

（4）中途停留时应远离火种、热源、高温区并防止日光曝晒。

（5）公路运输时要按规定路线行驶，勿在居民区和人口稠密区停留。铁路运输时要禁止溜放。

（6）运输过程中要确保容器不泄漏、不倒塌、不坠落、不损坏。

（7）存储包装容器泄漏时，立即采取堵漏措施，对泄漏物品进行置换转移。

参考文献

[1] 戴自庚，全国甲醛行业协作组．甲醛生产［M］．成都：电子科技大学出版社，1993．

[2] 陈德波．易燃液体的危险特性与装卸、存储防范措施［J］．化工管理，2017（32）：2．

[3] 中华人民共和国住房和城乡建设部．石油化工企业设计防火标准（2018 年版）：GB 50160—2008［S］．北京：中国计划出版社，2009．

[4] 中华人民共和国国家质量监督检验检疫总局，中国国家标准化管理委员会．危险货物分类和品名编号：GB 6944—2012［S］．北京：中国标准出版社，2012．

第十二章　安全生产与管理

甲醛企业的生产管理应包含：安全生产管理、工艺和技术管理、产品质量管理等内容。在当今我国环境保护要求越来越严格的大环境下，安全生产与管理显得尤为重要，甲醛生产管理需要采用科学方法。在保证生产安全前提下，各环节的管理要实用，设备在安全运行条件下要追求低能耗、低噪声、低消耗等，这些都是甲醛生产企业的基本管理宗旨和追求目标。

第一节　甲醛安全生产的基本原则

1. 树立安全生产基本指导思想

安全生产工作应当以人为本，坚持人民至上、生命至上，把保护人民生命安全摆在首位，树立安全发展理念，坚持安全第一、预防为主、综合治理的方针，从源头上防范化解重大安全风险。必须建立健全全员安全生产责任制。

（1）生产必须安全，安全促进生产

"生产必须安全，安全促进生产"这一生产与安全的辩证关系，也是甲醛生产装置（企业）首先要遵循的基本方针。要实现生产必须安全，就必须树立"安全第一"的思想。要做到生产安全，就必须在甲醛装置建设时，严格按照国家有关危险化学品安全生产的法律法规进行设计，并在项目实施中落实设计中提出的各项安全措施，在硬件设施上提供安全保证，从源头起保护人员和设备的安全，且必须坚持不懈地进行下去。"安全第一"的思想是指生产与安全发生矛盾时，生产必须服从安全；"安全第一"的思想要求当事人严格自觉遵守安全生产的各项规章制度。

安全不是指单纯地为安全而安全，更不应该片面追求绝对安全而妨碍生产建设的发展，而是采取必要的安全保护措施和制度使之成为安全生产的保证和动力，以促进生产的发展。

（2）安全生产，人人有责

全员安全生产责任制必须落到实处。甲醛生产是一种连续作业的系统工程，各个环节和各个岗位之间有着紧密的联系且相互影响。各级指挥决策的失误，操作者在工作中的疏忽，以及检修和监督人员工作中的不慎都可能造成事故，甚至发生灾祸。因此，甲醛安全生产建设绝不是部分人的事，而是从事与甲醛生产有关工作的全体人员的事。

必须建立安全生产的各项规章管理制度和岗位责任制，每位员工必须从本岗位的安全工作做起；加强安全意识，做到人人重视安全，自觉执行各级安全生产责任制，个个自觉遵守国家各级政府部门的有关安全、环保、消防等法规，互相监督、检查，发现不安全的隐患，必须及时整改或消除。

（3）安全生产，重在预防

"防患于未然"是对安全生产很好的诠释，将被动变为主动，变事后处理为事前预防，是甲醛装置（企业）安全生产建设的又一重要基本原则。

“安全生产，重在预防”既体现了认真贯彻“三同时”（同时设计、同时施工、同时投入生产和使用）的安全原则，也体现了设计、施工时提高甲醛装置安全可靠性和必须抓好生产过程中安全管理基础工作的重要性，有利于企业不断提高识别、判断、预防和处理事故的能力。

（4）以人为本，生命至上

员工是社会和企业的财富。企业有保护好员工人身安全的义务。因此，甲醛装置内必须充分配备安全设施，保护员工的人身安全，员工自身也必须加强安全意识，作好自我保护。

2. 甲醛项目设计、施工必须符合国家相关规范

（1）甲醛生产装置设计应由有设计资质的单位承担。

（2）甲醛生产装置建设采用的国家相关规范主要有：

①《建设项目安全设施“三同时”监督管理办法》国家安全生产监督管理总局令第36号；

②《危险化学品安全管理条例》国务院令第344号；

③《危险化学品重大危险源辨识》GB 18218—2018；

④《工业企业总平面设计规范》GB 50187—2012；

⑤《石油化工企业设计防火标准（2018年版）》GB 50160—2008；

⑥《建筑设计防火规范（2018年版）》GB 50016—2014；

⑦《工业企业设计卫生标准》GBZ 1—2010；

⑧《建筑物防雷设计规范》GB 50057—2010；

⑨《爆炸和火灾危险环境电力装置设计规范》GB 50058—2014。

其他还有《建筑灭火器配置设计规范》GB 50140—2005、《生产设备安全卫生设计总则》GB 5083—2023、《爆炸危险环境电力装置设计规范》GB 50058—2014、《安全标志及其使用导则》GB 2894—2008等。

3. 配套建设安全、消防、环保设施并达到相应要求

甲醛作为化工产品和危险化学品，其生产装置建设必须委托有资质的评价机构进行安全条件论证、设立安全评价，竣工后进行安全验收评价；同时，委托有资质的评价机构进行环境影响评价。设计单位按照评价报告书提出的措施和相关部门的批复设计安全、环保设施，由施工单位根据设计进行施工，向安全、环保、消防等职能部门申请甲醛装置试运行，竣工验收后投入正式运行。安全、环保、消防设施的资金投入应达到国家规定的有关建设投资比例和年销售额比例的要求。

4. 建立一套与之配套且完善的管理体系

设置相关组织机构和建立健全相关安全卫生规章制度和操作规程，加强职工安全教育和操作培训，做到机构健全，责任明确，制度完善，岗位清楚，措施可行，实施到位。

第二节　原料和产品的火灾、爆炸危险特性

1. 易燃和可燃

化工原料和产品的燃烧特性主要是以闪点、燃点和自燃点来衡量。闪点越低，着火的危险性越大。通常按其闪点分为易燃液体和可燃液体两大类。闪点小于 45℃的属于易燃液体，闪点大于 45℃的属可燃液体。

甲醇的闪点为 12℃，所以甲醇属于易燃液体。甲醛溶液的闪点随甲醛浓度和甲醇含量的不同而异，工业甲醛水溶液的闪点见表 12-1。

表 12-1　工业甲醛水溶液的闪点

甲醛浓度/%	甲醇含量/%	闪点/℃
37.2	0.5	85
37.2	4.1	75
37.1	8.0	67
37.2	10.1	64
37.1	11.9	56

由于一般甲醛溶液中甲醇含量≤12%，其闪点＞45℃，所以工业甲醛水溶液属于可燃液体。

2. 易爆炸

甲醇、甲醛的蒸气都能与空气形成爆炸混合物。物质爆炸的危险性取决于该物质的爆炸下限和爆炸范围，爆炸下限越低或爆炸范围越宽，其爆炸危险性就越大。

甲醇的爆炸范围为 6%～36.5%，其下限为 6%；纯甲醛的爆炸范围为 7%～73%，其下限为 7%；一般甲醛尾气的爆炸范围为 7%～11%。

（1）对于银法工艺

甲醇-空气-水蒸气系统爆炸范围如图 12-1 所示。

由图 12-1 可知，在没有水蒸气存在时（通常点火阶段就是这种情况），甲醇的爆炸范围较宽，图中示出为 6%～40%。随着三元气体中加入水蒸气，爆炸范围在逐渐缩小，当水蒸气含量达到 40%时，三元气体的爆炸上下限重合，这时的爆炸范围为零。因此，水蒸气的存在，对保证甲醛安全生产是极为重要的。

银法工艺在正常生产中，氧醇比一般控制在 0.38～0.43，此值已超过甲醇的爆炸上限的氧醇比。为此，操作中在扩大氧醇比的同时，必须加入水蒸气等来缩小甲醇的爆炸范围，使生产仍在远离爆炸极限的安全范围内进行操作。

根据图 12-1 可以查出生产条件下的三元气体的位置，看是否已远离爆炸上限。

举例：某厂甲醛生产条件为空气量（标准状态）1000m^3/h，甲醇量 750kg/h，配料蒸汽量 500kg/h，通过计算与查图判断此工艺条件下生产是否安全可靠。

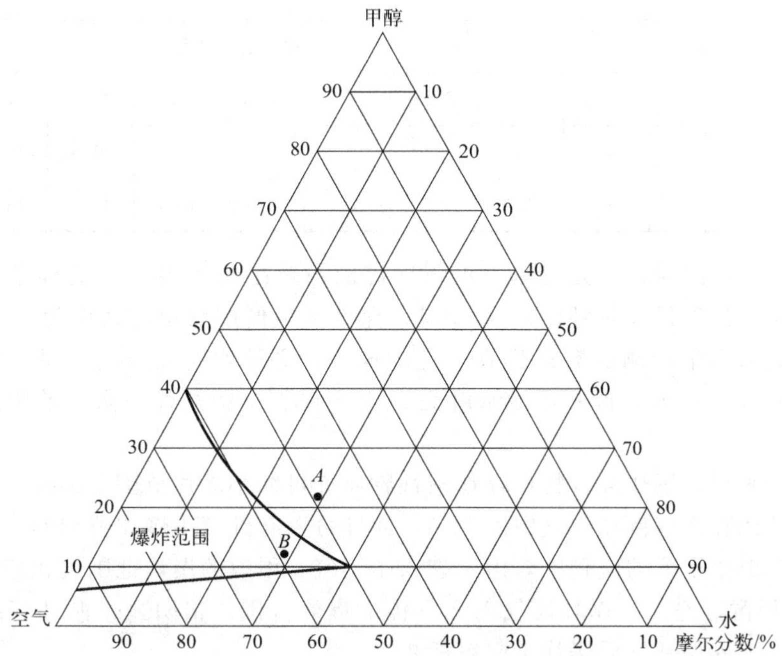

图 12-1　甲醇-空气-水蒸气系统爆炸极限

解：先求出三元气中各组分的摩尔质量：

$$空气摩尔质量=1000/22.4=44.64\text{kg/mol}$$

$$甲醇摩尔质量=750/32=23.44\text{kg/mol}$$

$$蒸汽摩尔质量=500/18=27.78\text{kg/mol}$$

三元气体中各组分的摩尔分数为：空气 46.57%，甲醇 24.45%，蒸汽 28.98%。

根据摩尔分数标出三元气体在图 12-1 中的位置 A。再标出蒸汽含量为 28.98%的爆炸上限 B 点，读出 B 点的三元气体摩尔分数为：空气 55.41%，甲醇 15.61%，水 28.98%。从图 12-1 中可明显看出，A 点与爆炸上限 B 点相距甚远：

$$A\ 点氧醇比=46.57\times0.21\div24.45=0.40$$

$$B\ 点氧醇比=55.41\times0.21\div15.61=0.75$$

水蒸气含量为 28.98%时，氧醇最大允许值为 0.75（图中 B 点），而在该给定条件下的 A 点，氧醇比为 0.40，远远小于 B 点的氧醇比，因而在该给定条件下操作是安全的。

将图 12-1 中的爆炸上限各点参数整理为表 12-2，便能明显看出，加入不同水蒸气量时的爆炸范围和允许最大氧醇比、允许的最低配料甲醇浓度。

表 12-2　甲醇-空气-水蒸气系统爆炸极限参数表

名称	单位	爆炸上限参数								
水蒸气含量	%	0	5	10	15	20	25	30	35	40
甲醇含量	%	40	34	29	25	21	18	15	12	9
空气含量	%	60	61	61	60	59	57	55	53	51
爆炸上限氧醇比	%	0.32	0.38	0.44	0.50	0.59	0.67	0.77	0.93	1.19

续表

名称	单位	爆炸上限参数								
甲醇配料浓度	%	100	92.4	83.8	74.8	65.1	56.1	47.1	37.9	28.6
爆炸上限	%	40	35.8	32.2	29.4	26.3	24.0	21.4	18.5	15.0
爆炸下限	%	6	6.7	7.6	8.5	9.5	10.7	12.0	13.4	15.0

银法工艺生产甲醛时，三元气体中水蒸气含量一般在30%左右。这种条件下爆炸上限氧醇比（即安全允许的最大氧醇比）为0.77，允许的最低配料甲醇浓度为47.1%，但应考虑到实验测定数值和生产测试数据都有一定的偏差，必须留有充分的余量。实际生产条件下，氧醇比为0.38～0.45，配料甲醇浓度为58%～65%，距爆炸极限参数很远，显然是安全可靠的。

从爆炸理论来说，爆炸混合物中存在惰性物质亦可缩小爆炸范围。因此，除水蒸气以外的其他惰性气体的存在（例如空气中的N_2），同样可以起到缩小爆炸范围的作用。例如，在用尾气循环法制取浓甲醛的流程中，由于掺入了尾气，甲醇的爆炸范围也相应缩小了。

图12-2为甲醇、空气、循环尾气三元气体的爆炸范围。很明显，循环气的作用没有水蒸气那么显著，加入循环气后爆炸下限有所扩大。

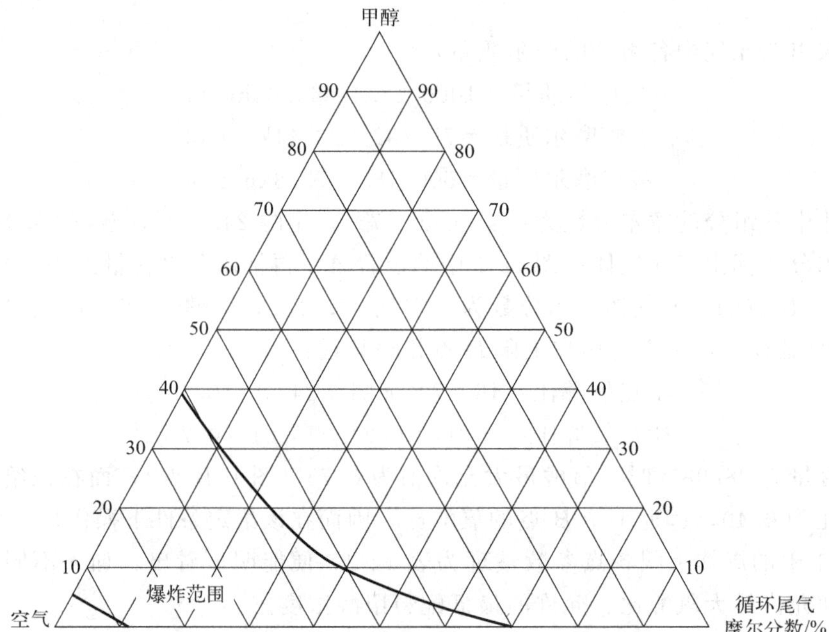

图12-2 甲醇、空气、循环尾气三元气体的爆炸范围

（2）对于铁钼法工艺

铁钼法工艺生产甲醛过程中由甲醇、氧气、氮气等构成的反应原料气，它的典型组成（体积分数）为：甲醇8.65%，一氧化碳0.7%，氧气10.89%，氮气78.14%，水1.71%。从物质的燃烧、爆炸危险性角度划分，铁钼法工艺生产甲醛过程中的原料气体可视为三类：

① 燃烧、爆炸危险物质：甲醇和一氧化碳。

② 助燃物质：氧气。

③ 惰性物质：氮气和水。由于一氧化碳和水的含量很低，因此，在研究爆炸浓度范围时，为使物系得以简化，可以甲醇、氧气、氮气为代表组分构成的三元体系来表征反应原料气体，如图 12-3 所示。

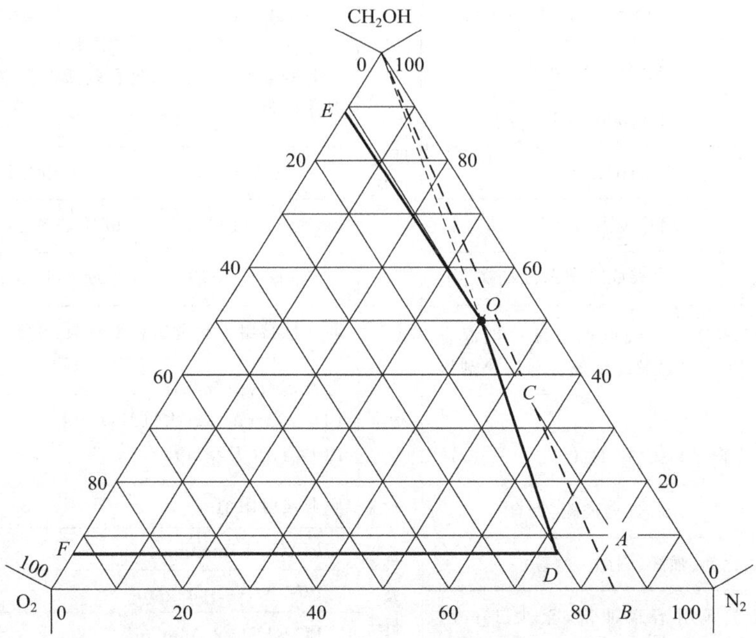

图 12-3 原料气（甲醇-氧气-氮气）的爆炸浓度区域图

在正三角形坐标系中，设定三角形的 3 个顶点的状态分别为甲醇、氧气和氮气。将甲醇的爆炸极限（上限、下限）和甲醇在空气中允许的最高氧含量数据所对应的状态点表示于该坐标系中，并用直线连接这些状态点（此系在缺乏更详尽数据情况下的一种简化处理），即可在正三角形坐标系中描绘出反应原料气体（甲醇-氧气-氮气）的爆炸浓度区域。

由图 12-3 可知，状态点“*C*”“*D*”“*E*”“*F*”“*O*”分别代表甲醇在空气中的爆炸上、下限，在氧气中的爆炸上、下限，以及在空气中允许的最高氧含量。由“*C*”“*D*”“*E*”“*F*”“*O*”所构成的区域则为反应原料气（甲醇-氧气-氮气）的爆炸范围。因此，在铁钼法甲醛工艺生产装置的设计和操作中应当绝对避免反应原料气的组成状态位于该爆炸区域，以确保生产装置的安全运行。

(3) 易挥发，易流动扩散

常温常压下纯甲醛为气体，它的沸点为－21℃；甲醇是液体，其沸点为 64.6℃，远低于水。甲醛水溶液和甲醇均为易挥发性液体，常温下的蒸气压较高容易挥发形成蒸气。同时甲醇、甲醛的黏度较低，渗透流动扩散性好。

(4) 产生静电

甲醇、甲醛在输送过程中与管壁摩擦或受震动、冲击，都会产生静电。当静电积累过多，电压增高时可能产生放电火花。

3. 原料和产品的危险性

由于甲醇、甲醛（指气体）具有易燃、易爆、易挥发、易产生静电和易流动扩散等特点，因此有较大的火灾、爆炸危险性，其中甲醇属一级易燃液体。工业甲醛则属可燃液体，其蒸气具有较大的火灾危险性，其液体流散会使人和动物中毒。

甲醛安全相关资料见表 12-3，甲醇安全相关资料见表 12-4。

表 12-3 甲醛安全数据表

CAS 50-00-0		RTECS 号:LP8925000	UN:1198		危编号:83012
中文名称		甲醛(37%)水溶液	理化性质	外观及性状:无色,具有刺激性和窒息性气体,商品为其水溶液	
英文名称		formaldehyde			
分子式		HCHO		熔点:-92℃	相对分子量:30.03
燃烧爆炸危险性	闪点:50℃	爆炸极限:7.0%～73%		沸点:-19.4℃	相对密度 空气:1.07
	自燃点:430℃	火灾危险类别:乙$_B$类		溶解度:混溶	相对密度 水:0.82
	危险特性:其蒸气与空气可形成爆炸性混合物。遇明火、高热能引起燃烧爆炸。与氧化剂接触猛烈反应		毒害性及健康危害	职业性接触毒物危害程度分级:Ⅱ级	
	燃烧(分解)产物:CO、CO_2、H_2O			毒性资料:中等毒性 LD_{50}:800mg/kg(大鼠经口) PLD:31g(人经口)	
	稳定性:稳定	聚合危险:聚合		职业接触限值	
	禁忌物:强氧化剂、强酸、强碱			MAC:0.5mg/m^3	
急救措施	皮肤接触:立即用清水冲洗,至少 15min。就医			PC-TWA:1.5mg/m^3	
	眼睛接触:立即用清水或生理盐水彻底冲洗至少 15min。就医			PC-STEL:2.5mg/m^3	
	吸入:将患者移至空气新鲜处,呼吸困难时输氧,必要时进行人工呼吸。就医			侵入途径:吸入,食入,皮肤及眼接触	
	食入:给饮大量水;常规洗胃;就医			健康危害:本品对黏膜、上呼吸道、眼睛和皮肤有强烈刺激性。接触其蒸气,引起结膜炎、角膜炎、鼻炎、支气管炎,重者发生喉痉挛、声门水肿和肺炎等。肺水肿较少见。对皮肤有原发性刺激和致敏作用,可致皮炎;浓溶液可引起皮肤凝固性坏死。口服灼伤口腔和消化道,可发生胃肠道穿孔,休克,肾和肝脏损害	
防护措施	呼吸系统防护:可能接触其蒸气时,建议佩戴自吸过滤式防毒面具(全面罩)。发生紧急事态进行抢救或撤离时,佩戴隔离式呼吸器		泄漏处理	须穿戴防护用具进入现场;排除一切火情隐患;现场通风;不得将泄漏物排入下水道,以免爆炸;安全前提下尽量堵漏;喷水减少泄漏物挥发;严禁容器进水;少量泄漏,使用砂土或其他不燃吸附剂吸收至容器内待处理;大量泄漏,围堤处理	
	眼睛防护:戴防护眼镜和面罩				
	其他:工作场所禁止吸烟、进食和饮水。定期进行肺功能检查。进入罐、限制性空间或高浓度区,须有人监护		储存	存于阴凉、通风的库房。远离火种、热源。库温不宜超过 30℃,冬季应保持库温不低于 10℃,包装要求密封,不可与空气接触。应与氧化、酸类、碱类物质分开存放,切忌混储。使用防爆开关,现场禁止使用易产生火花的机械设备和工具	
	身体防护:穿橡胶防护服,戴橡胶手套		运输	运输无需贴标签,航空、铁路限量运输	

注：RTECS 为化学物质毒性作用登记数据库；LD_{50} 为半数致死量；PLD 为可能致死剂量；MAC 为最高容许浓度；PC-TWA 为时间加权平均容许浓度；PC-STEL 为短时间接触容许浓度。

表 12-4　甲醇安全数据表

CAS:67-56-1	RTECS号:PC1400000	UN:1230	危编号:32058
中文名称	甲醇	理化性质	外观及性状:无色澄清、易挥发液体,有刺激性气味
英文名称	methanol		熔点:−97.8℃;相对分子量:32.04
分子式	CH_3OH		沸点:64.8℃;相对密度 空气:1.11
燃烧爆炸危险	闪点:11℃;爆炸极限:6.0%~36.5%		溶解度:混溶;相对密度 水:0.79
	自燃点:385℃;火灾危险类别:甲$_B$类	毒害性及健康危害	职业性接触毒物危害程度分级:Ⅲ级
	危险特性:易燃,易爆,其蒸气能与空气形成爆炸性混合物,遇明火、高热能引起燃烧爆炸;与铬酸、高氯酸、高氯酸铅反应剧烈,有爆炸危险。其蒸气比空气重,易扩散。遇明火会引着回燃		毒性资料: 人经口最低致死剂量(LDL_0):143mg/kg 人吸入最低中毒浓度(TDL_0):8600mg/m^3 人吸入最低中毒浓度(TDL_0):300×10^{-6} 大鼠经口半数致死剂量 LD_{50}:5628mg/kg 大鼠吸入半数致死浓度 LC_{50}:64000×10^{-6}/4h
	燃烧(分解)产物:CO、CO_2、H_2O		职业接触限值
	稳定性:稳定;聚合危险:无		MAC:50mg/m^3
	禁忌物:酸类、酸酐、强氧化剂、碱金属		PC-TWA:25mg/m^3
	灭火剂:干粉、二氧化碳、抗溶性泡沫		PC-STEL:50mg/m^3
急救措施	皮肤接触:用肥皂水或大量清水彻底冲洗,就医		侵入途径及健康危害
	眼接触:用大量清水或生理盐水冲洗 15min 以上,就医		侵入途径:吸入,食入,皮肤及眼接触
	吸入:将患者移至空气新鲜处,输氧,必要时进行人工呼吸		健康危害:低于 500×10^{-6},吸入会引起头痛、呕吐、鼻咽喉刺激、瞳孔放大、醉酒感、肌肉失调、多汗、支气管炎、惊厥;吸入过量则会导致僵木、痛性痉挛、怕光,甚至失明,病情恢复十分缓慢且不彻底;接触会使皮肤干裂、红肿,并对眼睛有刺激性;食入甲醇除吸入产生的症状外还会损伤肝、肾、心脏、神经,甚至致死
	食入:给饮 240~300mL 温水,用清水或 1%硫代硫酸钠溶液洗胃;就医		
防护措施	呼吸系统防护:佩戴过滤式防毒面具(半面罩)	泄漏处理	须穿戴防护用具进入现场;排除一切火情隐患;保持现场通风;用干砂、泥土等收集泄漏液,置于封闭容器内;不得将泄漏物排入下水道,以免扩大污染和引起爆炸
	眼睛防护:戴防护眼镜和面罩		
	身体防护:穿戴清洁完好的用橡胶制作的防静电工作服,戴橡胶手套等	储存	存于密闭容器内,置于凉爽、通风、隔热处;远离氧化剂,严禁烟火;使用无火花工具开闭容器
	其他:当症状显露时,进行肝功能、眼睛、视力检查。工作场所禁止吸烟、进食和饮水	运输	灌装时应注意流速(不超过 3m/s),且有接地装置,防止静电积聚;运输时,须贴"易燃液体、毒品"标签,航空、铁路限量运输

第三节　防火防爆

甲醇和甲醛气体具有易燃、易爆性和毒性，且工艺条件要求在高温和一定压力下进行，生产过程的主要危险性为燃烧、爆炸、中毒。为了有效防止这些物质的危害，从防止火灾、爆炸环境的形成入手，采取防范措施至关重要。

防火防爆是甲醛装置（企业）建设和安全生产中必须重视的重点问题。

1. 甲醛装置防火防爆措施

① 甲醛生产厂区内道路应环状布置；安全通道出入口不应少于两个，做到人、货分流，通道和出口应保持畅通。

② 甲醛生产工艺过程具有易燃、易爆的危险特点，工艺装置、设备、管道在满足生产要求的条件下，应按生产特点集中联合布置，采用露天、敞开式或半敞开式的建（构）筑物；装置内的门窗应向外开启。

③ 主装置、储罐区为火灾、爆炸危险区域范围，在防爆区域内选用防爆型电气设备、仪表及照明灯具；设置明显的警示标志，注明物料危险特性。

④ 有可燃气体泄漏的作业场所，必须设计良好的通风系统，保证作业场所的危险物质浓度不得超过有关规定，并设置可燃气体浓度报警仪器。

⑤ 具有火灾爆炸危险的生产设备和管道设置安全阀、爆破板、阻火器等防爆防泄压系统，对于输送可燃物料的并有可能产生火焰蔓延的放空管和管道之间应设置阻火器、水封等阻火设施。

⑥ 明火设备应集中布置在装置的边缘，应远离主装置内的生产设备及储槽（罐），并应布置在这类设备的下风一侧。

⑦ 露天设备、设施及建（构）筑物均应有可靠的防雷电保护措施，防雷电保护系统的设计应符合有关标准规范要求；对输送可燃物料的管道、设备采取可靠的静电接地措施，并控制流速。

⑧ 工艺装置内承重的钢框架、支架、裙座、钢管架以及建筑物的钢柱、钢梁等按规范要求采取覆盖耐火层等耐火保护措施，使涂有耐火层的钢结构的耐火极限满足规范要求。对火灾爆炸危险区域内可能受到火灾威胁的关键阀门、控制关键设备的仪表、电气电缆均采取有效的耐火保护措施。

⑨ 甲醇甲醛罐区设置围堤，以防止因各种可燃物料泄漏而引起的流淌火灾及二次危害。由于甲醇沸点低，应设计喷淋降温设施。

⑩ 甲醛生产工艺过程采用计算机控制，并考虑控制系统、计算机备用系统及计算机安全系统，确保发生事故时能正常操作。计算机控制室不得设置在主装置内，其设计应考虑其结构及设施，不致受到破坏或倒塌，并能实施紧急停车，减少事故的蔓延和扩大。

⑪ 甲醛生产工艺过程中有危险的反应过程，应设置必要的报警、自动控制及自动联锁停车的控制设施。在生产装置出现紧急情况或发生火灾爆炸事故时，设置必要的自动紧急停车措施。

2. 防火防爆生产管理

在甲醛生产过程中极易由于物料泄漏引发火灾、爆炸事故。发生火灾、爆炸有两个因素，即物料和激发能源，只要在生产过程中防止物料泄漏和激发能源，就可有效地防止火灾、爆炸事故的发生。为防止火灾、爆炸，建议采取下列措施：

（1）建立无泄漏管理制度

① 统计各种设备动静密封点，建立密封材料档案；

② 静密封点的泄漏率保持在 0.05%以下，动密封点泄漏率保持在 0.5%以下，设备完好率保持在 95%以上；

③ 定期对各密封点检修、检测，保持设备良好状态。

（2）各生产、输送、储存单元运行时，不准敲击，不准带压修理和紧固，不得超压。

（3）设备、管道和阀门等连接点进行泄漏检查时，可采用肥皂水或携带式可燃气体防爆检测仪，禁止使用明火。

（4）当物料发生大量泄漏或聚集时，应立即切断泄漏源，进行通风，停止可能发生火花的一切操作。

（5）新安装或大修后的系统必须作耐压试验、清洗和气密试验，符合有关的检验要求，才能投入使用。

（6）激发能源管理

① 应尽量避免在生产区域内动火，如果必须动火，应按动火规定办理动火许可证，并保持有效的安全间距；在输送、储存易燃物料的管道、设备上动火时，必须办理特殊动火许可证，达到符合动火条件的要求。

② 工程机动车、运输机动车、电瓶车等无阻火设施不允许进入生产区。

③ 各种转动机械均能因各种原因产生摩擦与撞击导致火花产生，必须加强各种转动机械的润滑管理、清垢管理。

④ 加强现场管理，禁止穿钉子鞋进入易燃易爆场所；不能随意在易燃易爆场所抛掷金属物件，撞击设备、管线。

⑤ 加强流动火源的管理，生产区严禁吸烟，防止明火和其他激发能源。

⑥ 禁止使用电炉、电钻、火炉、喷灯等一切产生明火、高温的工具与热物体，不得携带火种进入危险区域。

3. 甲醛工艺参数的严格控制

在甲醛生产中，正确控制各种工艺参数，防止超温和溢料、跑料等是防止火灾、爆炸事故的重要措施。

（1）严格控制反应温度

生产中必须严格控制反应温度。为此，必须严密注视影响反应温度的各种因素的变化情况并及时进行调节，切忌超温。在开车阶段，要控制升温速度，防止升温过快、过度。停车以后恢复开车，同样要注意这些问题。对运行中的设备，则要控制在规定的温升范围内，防止接近危险温度。

（2）严格控制压力

甲醛生产虽在常压下进行，但系统压力的变化将引起流量的变化，从而引起反应温度的变化，特别是当这种变化较大时，影响就更大。

（3）严格控制空气流量

在甲醛装置开车和生产过程中，空气流量的变化对反应温度的影响甚为敏感。因此，开车和生产中应严格控制空气流量，防止因空气流量提升太快、太猛而发生“超温事故”。同样，生产中还应控制配料蒸汽和甲醇的流量，防止因配料蒸汽和甲醇的大幅度减少而引起“超温现象”。为控制空气、配料蒸汽和甲醇的流量，要严密注意影响空气、配料蒸汽和甲醇的各种因素变化。当发生变化时，应随时予以调整，以保持流量的稳定。

第四节　电气安全

电气安全是指安全供电、安全用电，防止人员触电和设备损伤、损坏，避免造成事故。

触电是指人体触及带电体后，由于人体也是导电体，电流就会对人体造成伤害。其伤害主要表现为：对人体的热作用而引起的灼伤；对人体的化学作用使体内的液体被电解破坏；对人体的生理作用引起肌肉痉挛、疼痛乃至血压升高、心律不齐、心室颤动，最后会导致心脏停止跳动。因此，触电对人体的危害极大。

甲醛装置中有不少电气设备和设施，如电动机、点火器、电解设备、电炉及各种开关等，这些设备和设施的设计、安装和操作不当，会影响生产安全，造成人员触电等危害，因此必须引起相关人员的高度重视，在各环节把好电气安全关。

1. 安全供电和供电保证

（1）变配电系统的设计、安装应符合工艺和特定场所的要求，易燃易爆场所应选用防爆电气等。

（2）主装置区和储罐区域为防爆危险区，火灾等级为甲类，选用的电气、仪表严格按照《爆炸危险环境电力装置设计规范》GB 50058—2014 执行，防爆区内电气设备应选用防爆型，防爆材料应选择防腐型和防爆型。

（3）供电系统的设计应满足《供配电系统设计规范》GB 50052—2009 和《高压配电装置设计规范》DL/T 5352—2018 的要求。

（4）电气设备必须由具有国家指定机构的安全认证标志的厂商供应。

（5）停电造成重大危险后果的场所其供电电源应为一级负荷，必须按规定配备自动切换的双路供电电源；一级负荷中特别重要的负荷还应增设专门的应急电源。

2. 防触电对策措施

（1）采用可靠的保护接零（TN-S、TN-C-S、TN-C）或保护接地系统（TT、IT）。

（2）根据《剩余电流动作保护装置安装和运行》GB/T 13955—2017 的规定要求，在发生漏电断电时，会造成事故和重大经济损失的装置和场所（如控制室、配电室等处），安装报警式漏电保护器，实现漏电保护器的分级保护。

（3）当电气设备采用超过 24V 安全电压时应有防止直接接触带电体的保护措施。

（4）设置必要的屏护设施（如开关盒、母线护网、高压设备围栏、变配电设备遮栏等），将带电体与外界隔离，防止人体误入带电间隔。金属屏护装置必须接零或接地，屏护的设置应满足《机械安全 防护装置 固定式和活动式防护装置的设计与制造一般要求》GB/T 8196—2018 的规定。

（5）带电体或带电部位与地面、建筑物、人体、其他设备、带电体、管道间的安全距离应满足规范要求。

（6）照明电缆采用 36V 电压供电，检修照明采用 12V 手提灯。

3. 电气安全管理

误操作或操作不慎都会发生触电事故。因此，在生产过程中，坚持安全用电的原则，做好触电的预防工作。生产中应做到以下几点：

（1）非电工不准拆卸、修理电气设备和用具。

（2）采取绝缘方法来防止触及带电体。

（3）在检修现场和临时作业点采用24V、36V等安全电压来照明。

（4）在电动机发生异常震动、声响、焦味等情况时，应立即切断电源。

（5）不准用水冲洗电气设备。

（6）不准使用绝缘损害的电气设备。

（7）不准乱动电气设备及其开关。

4. 自动化安全控制

甲醛生产的原料、产品易燃、易爆，人员易中毒，设备易腐蚀，且生产过程具有连续性，生产过程控制应采用安全可靠的自动控制方案，最好选用集散控制系统（DCS），并配有信号报警和联锁控制等措施，确保装置能够正常运行和安全生产。有以下几点注意事项：

（1）温度、压力、流量、液位及调节阀等控制仪表应依据《爆炸危险环境电力装置设计规范》GB 50058—2014进行选型。

（2）恰当选择设备的信号、报警点，设备的运行监视应灵敏可靠。

（3）控制仪表的电源及气源供应相对稳定，须设有备用电源。

（4）电动仪表选型应采用本质安全型，接地必须符合有关防火、防爆规定要求。

（5）所选用的控制仪表，控制回路必须可靠，设备应定期检验，三证齐全。

（6）生产装置的控制室不得兼值班和休息室。

5. 防雷、防静电

（1）防雷

雷电极具破坏性，它可毁坏电气设备甚至导致火灾、爆炸、触电等重大事故。应按《建筑物防雷设计规范》GB 50057—2010配置防雷设施。一般采用经济有效的避雷针，其原理就是利用高出被保护物的突出地位，把雷引向自身，然后通过引下线和接地装置，把雷电流泄入大地，以保护人身和建（构）筑物及生产设备免受雷击。

① 防雷措施。建（构）筑物、露天装置、储罐应设置防雷设施。对于厂区建（构）筑物高度在15m及以上的均设防雷接地保护，采用避雷网结合局部避雷针的保护方式，防雷接地电阻均小于10Ω。

② 防雷设施管理。对防雷装置应定期检查，并做好防腐蚀工作，以防接地引下线腐蚀中断。防雷重点部位是甲醇、甲醛储罐和主装置。

（2）防静电

当绝缘体与绝缘体，或绝缘体与导体之间相互摩擦时，就会产生静电。甲醇、甲醛和尾气在管道内流动摩擦等也能产生静电。静电是一种常见的带电现象。静电虽然电量不大，但电压很高，会因放电而产生火花。因此，应按《石油化工静电接地设计规范》SH/T 3097—2017设法防止静电的危害。

① 防静电措施

a. 电气和管道设计中，对易燃易爆的工艺设备、管道和储存设施均作防静电接地处理。

b. 根据工艺操作和设备的具体特点，视情况分别采取控制流速（或搅拌速度）、防静电接地、配备静电消除器、设置静电消散区（如在缓冲容器内静置一定时间）、屏蔽、导电性涂料等措施消除静电产生或积聚。

c. 防雷接地线与防静电接地线应分别设置，单独接地。防静电接地电阻值不大于 100Ω。

d. 保证设备和管道内、外表面光滑平整、无棱角，容器内避免有细长导电突出物，防止管道内径的突变。

e. 在爆炸危险区的传动设备若必须使用皮带传动，应采用防静电皮带。

f. 工艺生产装置防静电设施的设计，应满足《防止静电事故通用导则》GB 12158—2006 的要求。

g. 改变灌注方式、降低流速：为了减少储罐顶部液体的冲击而产生的静电，通常将甲醇、甲醛回流管延伸至靠近罐底或有利于减少罐底部沉淀物搅动的部位。

② 防静电管理

a. 在爆炸危险场所的工作人员禁止穿戴化纤、丝绸衣物和带铁钉鞋掌的鞋，应穿戴防静电的工作服、鞋、手套。

b. 产生静电的数量与物料的流动速度有关，流动的速度越快，产生的静电荷越多，所以要控制甲醇和甲醛的流速，以限制静电的产生。

c. 延长静置时间：甲醇等液体注入储罐时会产生一定静电荷，随着时间的推移，液体内的电荷向器壁和液面集中，并慢慢消散。因此可用延长静置时间的办法来消除静电。

根据德国联邦物理技术研究院（P. T. B）经验得出安全流速计算公式（不同管径中允许的最大流速参见表 12-5）：

$$V=0.8\sqrt{\frac{1}{d}}$$

式中 V——平均流速，m/s；

d——管道直径，m。

表 12-5 不同管径中允许的最大流速

管径/mm	最大流速/(m/s)
25	5.1
50	3.6
100	2.5
200	1.8
400	1.3

注：甲醇、甲醛的流速一般控制在 3m/s 以内。

第五节 压力容器和尾气处理器安全

1. 压力容器

（1）压力容器的定义

按照我国《固定式压力容器安全技术监察规程》的规定，固定式压力容器是指安装在固定位置使用的压力容器（以下简称压力容器）。该规定适用范围如下：

① 工作压力大于或者等于0.1MPa（不含液体静压力，下同）。

② 内直径（非圆形截面指截面内边界最大几何尺寸）大于或等于150mm，且容积（V）大于或等于0.03m^3。

③ 盛装介质为气体、液化气体以及介质最高工作温度高于或者等于其标准沸点的液体。

（2）甲醛生产装置的压力容器

甲醛生产装置中的过热器、氧化器骤冷段、蒸汽包、尾气处理器属于压力容器。为防止压力容器发生意外和危害，除在设计、制造、安装中必须遵守压力容器的有关规定外，在使用时还应做好以下工作：

① 操作者应严格遵守操作规程。定时进行巡回检查，检查压力、温度、液位等是否在规定范围内，发现不正常应及时处理。

② 压力容器的安全附件（压力表、温度计、安全阀等）完好，灵敏可靠并对其实行定期检查校验。

③ 消除跑、冒、滴、漏现象，落实设备的维护保养工作，确保设备始终处于良好运行状态。

2. 尾气处理器

甲醛生产中的尾气处理器是以吸收塔尾气作燃料，带有蒸汽发生装置的设备，蒸汽用于生产或生活；尾气处理器操作、管理不当，容易发生事故，甚至爆炸，爆炸的破坏性很大。因此，必须重视尾气处理器的安全管理。

根据甲醛生产的实际经验，应重点做好如下工作：

① 严格执行安全操作规程，定期对尾气处理器进行检验，及时查清缺陷和隐患并予以纠正。

② 确保安全阀、压力表、温度计、水位表和水位报警器等安全附件的完好与灵敏，并定时、定期查验。

③ 保证水质符合锅炉给水的要求，并定期监控。

④ 定时进行尾气处理器、氧化器骤冷段和蒸汽包排污。

⑤ 严格防止尾气处理器出现“缺水”“满水”等不安全现象，所以必须有两个独立的显示液位系统和报警装置（包括氧化器骤冷段和蒸汽包都应采取此项措施）。

⑥ 尾气处理器点火时，应坚持先点火后送气的原则。

第六节　预防中毒

1. 防止甲醇、甲醛中毒的措施

（1）加强生产过程中设备与管道系统的管理维修，设备管道的各密封点进行经常的安全检查，发现泄漏及时消除，储罐和吸收塔均应设置在露天。主装置区、储罐区应设置有毒有害蒸气浓度检测仪，专人定时巡回检测，保证毒物浓度在国家相关标准以下。

（2）加强自然通风和机械排风，生产区应安装全面通风设施，及时输入新鲜空气。在有挥发甲醛、甲醇的部位，应安装排风设施。

（3）加强工人安全教育，严格按照安全操作规程进行操作；建立并落实安全检查制度，加强巡回安全检查。

（4）生产人员工作时，正确穿戴劳动防护用品；针对不同情况，使用各式防毒面具：

① 当毒物浓度低，操作时间短时，使用过滤式活性炭防毒面具。在使用过程中如发现头晕、呼吸困难或感到有气体味道时，应离开现场或更换新面具。

② 当空气中氧气不足，有毒气体浓度较高时，应使用长管式防毒面具。软管一般以15m左右为宜，管口要有过滤装置，除去空气中的灰尘，使用时空气进口一定要放在无毒的地方，要有专人看管，防止管口被堵或软管打折，气路被堵塞。长管式防毒面具适合检修设备时进入内部使用。

③ 使用隔离式氧呼吸器时，人呼吸的氧气来自呼吸器中的钢瓶，不受时间和毒物浓度的限制。使用的人必须身体健康且经过培训，使用时要有人监护。呼吸器的氧气瓶不得接触油类，防止氧气与油类发生化学变化产生燃烧，同时避免撞击钢瓶。

④ 作业人员应进行岗前体检，每年还应进行一次职业危害体检，体检结果记入“职工健康监护卡片”，不符合要求者，不得上岗。

⑤ 定期测定甲醛气体防护、甲醇防护、治理装置的技术效果，发现不符合国家卫生标准或排放标准时，要查明原因，及时解决。

⑥ 应有专人监督检查各防护装置的运行操作及备品备件的情况，发现问题应及时解决。

（5）委托有资质的单位定期进行职业危害因素检测，测定生产区域大气中甲醇、甲醛含量，出现含量超标时，查明原因，进行整改，保证生产区域大气中甲醇、甲醛含量在允许范围内。

2. 甲醇、甲醛中毒的急救措施

（1）发现急性中毒情况时，应迅速将中毒者转移至新鲜空气处，并注射强心剂和给予输氧。

（2）对口服中毒者应立即以3%$NaHCO_3$溶液或1%硫代硫酸钠溶液洗胃，并静脉注射3%$NaHCO_3$溶液及高渗葡萄糖和大量维生素C。

（3）神经系统症状严重者或有颅压升高表现者，需限制输液，可采用脱水疗法。

（4）将中毒者送职业病医院就诊。

（5）定期检查，加强病理监护。

第七节　人身防护和安全检修

1. 常规防护措施

（1）高速旋转或往复运动的机械零部件应设计可靠的防护设施、挡板或安全围栏。

（2）传动运输、皮带运输设备应按规定设计带有栏杆的安全走道和跨越走道，皮带轮、飞轮等传动件均设防护罩。

（3）为保障安全生产，在易发生机械伤害处及开关、按钮箱等位置设安全标志。

（4）高温设备和管道，在人体高度范围内加厚保温隔热层或设安全标志，以防烧伤和烫伤。

（5）埋设于建（构）筑物上的安装检修设备或运送物料用吊钩、吊梁等，设计时应考虑必要的安全系数，并在醒目处标出允许起吊的极限载荷量。

（6）在机械吊装作业时，应防止高空散落、碰撞而发生危险。

（7）具有坠落危险的场所、高度超过坠落基准面 2m 的操作平台要设供站立的平台和防坠落栏杆、安全盖板、防护板等。

（8）梯子、平台和易滑倒的操作通道地面应有防滑措施，梯子、平台和栏杆的设计，应按《机械安全 固定式直梯的安全设计规范》《固定式钢梯及平台安全要求 第 2 部分：钢斜梯》《固定式钢梯及平台安全要求 第 3 部分：工业防护栏杆及钢平台》等有关标准执行。

（9）每层平台的直梯口应有防操作人员坠落的措施，并设安全警示标志，相邻两层的直梯宜错开设置。

（10）为了防止高处作业事故的发生，应严格执行下列规定：

① 高处作业人员必须符合身体要求，同时必须正确穿戴个体防护用品（如安全带、安全鞋、安全帽、安全手套等）。

② 设置安全网、安全距离、安全信号和标志。

③ 遇 6 级以上（含 6 级）强风、大雪、雷雹等恶劣气候，露天场所不能进行高处作业。

④ 夜间进行高处作业，必须有足够照明。

⑤ 作业前，应严格检查登高用具的安全可靠性。

（11）在进行动火作业、高处作业、起重作业等危险性作业时应规范作业手续和操作规程。

（12）生产厂房、配电室应设防火门，并向外开。

2. 安全色和安全标志

（1）厂内交通道路应设置路牌、安全警告标志牌等设施，并定期进行维修保养，保持清晰。

（2）生产场所作业地点的紧急通道和紧急出口均应设置明显的标志和指示箭头。

（3）在有毒、缺氧、窒息、存在高空坠落等危险作业地点应在醒目处设置安全警示标志。

（4）阀门布置比较集中，易因误操作而引发事故时，应在阀门附近标明输送物质名称、符号或设明显标志。

（5）消防系统按规定要求涂红色或绿色。

（6）各类管道按《工业管道的基本识别色、识别符号和安全标识》GB 7231—2003、《安全色》GB 2893—2008 的要求涂刷相应的色标和明显的流向标志。

（7）母线护网、高压设备围栏、变配电设备遮栏等屏护设施上根据各自屏护对象特征设置相应警示标志。

（8）在高处作业时设置安全信号和标志。

3. 个人劳动防护

个人劳动防护除做好防毒工作外，还要注意个人的身体防护。

（1）头部防护

当存在有物件下落或因碰撞而引起危险的可能和高空作业时，应戴好安全帽（如检修、施工安装时）。

(2) 眼睛和面部防护

在灌装甲醛或有甲醇、甲醛等溅出的场合，应戴上防护眼镜或防毒面具，以保护眼睛和面部。

(3) 手部保护

在进行可能导致手部伤害的各种操作时，必须戴上合适的防护手套。处理（接触）甲醇、甲醛者，必须戴上塑胶类防渗水的手套；从事甲醇、甲醛分析者应使用皮肤防护油膏。

(4) 脚部保护

在处理甲醇、甲醛储罐或事故现场时或因碰撞、挤压会使脚部受伤时，必须穿防护胶鞋。

个人劳动防护用品必须选用取得国家指定机构颁发的特种劳动防护用品生产许可证的企业生产的产品，产品应具有安全鉴定证；还应定期检测、检验劳保用品，保持其安全可靠性。

4. 安全检修

甲醛装置的安全检修是甲醛生产中的又一项重要工作，包括以下几方面的内容。

(1) 安全动火

动火前必须办理安全动火证，并采取相关安全措施。

① 进行有效的隔离：在防爆区内动火前，需将动火设备和运行设备（或有甲醇、甲醛的系统）进行有效隔离，通常将相连管道脱开，并加盲板。

② 坚持清洗和置换：对有甲醇、甲醛的设备、管道在动火前，必须进行彻底的清除，并予以清洗和置换。

③ 必须进行动火分析：经清洗和置换后的设备、管道在动火前应进行检查和分析，其甲醇或甲醛的浓度<0.5%且在取样时间与动火作业开始之间的时间不得大于半小时。取样必须有代表性，分析数据准确可靠。连续作业已满两小时宜再分析。凡不符合要求的都应重新分析或置换至达到标准。

④ 敞开、通风，实时监护：凡有条件打开的设备人孔等必须打开。在室内动火时，必须加强自然通风。防爆区内动火时，现场必须有专人监护，并准备好足够的灭火器材。

(2) 安全入罐作业

凡进入甲醇、甲醛储罐和吸收塔内工作前，必须采取以下措施：

① 隔离：对与甲醇、甲醛相通的管道都应进行隔离，以防止意外；

② 清洗：进入与甲醇、甲醛相通的管道及设备中作业前，对这些设备应进行清洗，且清洗后罐体内含氧量应达到18%～21%，甲醇的浓度应小于3mg/m^3，甲醛的浓度应小于0.05mg/m^3；

③ 通风：为保持罐内有足够的氧气，须将设备的人孔等全部打开，加强自然通风，必要时可采用机械通风；

④ 监护：作业时应有专人进行监护，加强监测，发现异常时，立即停止作业；

⑤ 遇特殊情况：罐内没有达到清洗要求时，则在进入前必须采取相应的个人防护措施，如佩戴氧气面具等。

(3) 安全起重

安全起重必须采取以下措施：

① 根据起重物件的形状，找出重心部位和脆弱部位，确定捆绑、挂钩方法和正确的起吊方法，起重中应加强检查和保护；

② 仔细检查和准备好起重工具，发现异常应予以修理或更换；

③ 执行起重作业时应遵循“十不吊”的原则：超负荷不吊；斜拉不吊；捆绑不牢、不稳不吊；指挥信号不明不吊；重物边缘锋利，无防护措施不吊；吊物上站人不吊；埋在地下的构件不吊；安全装置失灵不吊；光线阴暗看不清吊物不吊；重物超过人头不吊。

第八节　甲醛生产过程管理

1. 机构设置与职责

依据国家对危险化学品生产企业管理要求，甲醛企业的组织机构可参考如下（各企业可根据实际情况和需要合并或兼职设置，但是职责不应减少）：安全生产管理部、技术部、质检部、设备部、甲醛车间、销售部、运输部、维修部。

严格执行国家安全生产制度，开车、正常生产、停车、检修、原料卸车、成品装车、运输各过程按《中华人民共和国安全生产法》要求监督管理，不断完善甲醛企业安全生产硬件条件和管理标准化文件、安全检查考核制度，保障工人的安全操作和身心健康。

(1) 安全生产管理部职责　全权负责企业的安全生产、维修、环境保护、职业卫生健康管理，落实周期性法定检查项目的各项内容。起草和编制企业综合管理的规章制度，包括安全生产岗位责任制度、重大危险源管理办法及巡检制度、企业值班制度等；负责义务消防队和抢险组织的管理工作；规范外来车辆和外来人员的安全管理；组织企业人员开展安全培训和救援演练；管理资格操作证，做好安全会议记录、文件、档案、资料的管理工作；编制事故应急预案，同时设立24h应急值班电话。负责登记发放动火作业证、高空作业证、临时用电作业证，并安排专人现场监督。开展事故分析工作，实施班组安全活动考核等安全标准化管理工作。

(2) 技术部职责　负责技术文件、设备图纸、标准文件、设备使用说明书的管理，编制化学品安全技术说明书及产品安全标签、工艺文件及操作规程，制定技改方案，开展生产工艺研究、催化剂反应分析、生产单耗统计工作，组织车间人员岗前培训及技能考核，监管生产设备辅助设施，编制检修计划并做好原始记录的存档管理。

(3) 质检部职责　对原料及产品质量进行跟踪记录，开展车间生产过程的检验分析工作，管理药品，填写出厂化验报告单。

2. 工艺和技术管理

甲醛生产过程的中心是工艺管理，即选择最佳的工艺流程和工艺控制参数，减少副反应生成，从而保证产品优质、低耗，充分发挥生产能力，以获得良好的经济效益。主要做法有：

(1) 运用科学管理方法和正确试验设计、回归分析、管理图、最优化方法等，寻求最佳的工艺条件。

(2) 制订严格的工艺操作规程、分析规程和安全技术规程，使化工生产严格遵循已定的工作标准进行。

（3）认真执行干部、工人培训制度，操作者必须取得合格证，才能正式工作。

（4）在关键岗位建立管理点，发现问题及时解决，实行预防性管理。

甲醛工艺技术管理是生产过程工艺管理与企业技术管理的综合内容。因生产连续性特点，工艺管理是一种连续性适时监控管理。例如，根据氧化反应成品收率、循环吸收、塔顶加水量、成品指标、生产技术单耗分析，对氧化工序前的三元或四元气配比做出适当调整。遇设备故障或出现隐患，需要进行技术分析，制定停车检修计划，拟定检修可实施性技术方案；氧醇比、水醇比是关键物料配比应跟踪的工艺管理参数，它们与装置的差异、催化剂活性能力、生产天数、日产量、原料气纯度紧密相关，车间负责人或技术部应针对本企业的甲醛生产各阶段进行工艺分析和技术管理，描绘出反应器的负荷收率曲线、催化剂负荷阻力曲线、负荷单耗曲线或图表，方便日后进行量化生产技术指导和工艺管理；假如发现一塔底部的甲醛含量不够，二塔入一塔流量逐步下降，可能是氧化器骤冷段或热水循环段（冷却段）发生泄漏的一种信号，也可能是催化剂反应问题。有时通过单纯的工艺调整已不能维持正常生产，需要运用综合技术管理与技术分析判断是否能继续维持生产，还是必须停车经过检修后再恢复生产，这需要车间负责人与技术部共同研究决定。

3. 设备管理

企业为了保证生产设备正常安全运行，保持其技术状况完好并不断改善和提高企业装备素质，需要根据企业情况编制一些规定和章程。一般应包括：设备管理体制及机构设置的规定，设备固定资产管理制度，设备前期管理制度，设备改造、更新管理制度，进口设备、重点设备管理制度，设备检修计划管理制度，设备检修技术管理制度，设备管理与维修的财务管理制度，设备统计、考核制度，设备事故管理制度，压力容器等特殊设备管理制度，设备的使用、操作、维护和检修规程，润滑管理规范，备件管理办法等。

设备管理制度要定出管理标准，主要包括：设备选择与评价标准，包括设备寿命标准、设备经济使用标准、设备投资回收期标准、设备租赁标准等；设备分类及编号标准，包括设备分类标准、设备代号标准、设备编码标准及设备技术档案标准等；设备使用、保养与维修标准，包括设备利用指标、设备保养规程、设备检查规程、设备维修规程等。

依据设备登记册名录，判断设备是周期检定类还是需要进行二级保养检修，然后做出计划并择机进行送检与维护。每台设备应悬挂设备标志牌，标注设备名称、技术特性、规格数据、介质名称、负责人等内容。

（1）非标准设备

甲醛生产的非标准设备，指不是按照国家颁布的统一的行业标准和规格制造的设备，而是根据生产工艺的需要，自行设计制造的设备，且外观或性能不在国家设备产品目录内。

甲醛生产过程所使用的非标准设备包括甲醇过滤器、阻火过滤器、汽水分离过滤器、蒸发器、热水槽、过热器、氧化器、汽包、吸收塔及卧式冷却器等。非标准设备的管理主要是对它们的定期维护和检修。例如：

① 过滤器类可在每年秋季彻底清洁一次，若有玻璃丝棉类的过滤物换新一次，其他过滤芯用清水冲洗干净。阻火过滤器清洁后，需要开风机吹干水分才能投入生产使用。

② 空气过滤器停车时及时维护并更换过滤棉、工业过滤布，连续运行超过两个月可以中途换掉外层过滤布。应注意过滤布外层必须封口，若有漏缝会形成空气过滤短路通道，降低过滤性能，影响空气质量纯度。

③ 蒸发器每次停车时，可以将剩余甲醇导入废醇罐，用清水冲刷蒸发器内积存的灰泥；热水循环管道、加热列管内脏物可启用热水泵冲出，方法是将蒸发器热水管上口法兰拆下，开泵后将出水口敞开直排。当热水槽缺水时及时加入清水，有条件时搅拌清理槽内泥垢，打开排污阀放掉污水后反复几次，直至见清底为止。

④ 氧化器的保养，主要是清理列管内壁的积炭。把不锈钢毛刷焊接在长条细螺纹钢条上，在用清水冲刷的同时，用钢刷通透列管内壁（出口法兰拆开，出水直排）。

⑤ 废锅汽包内壁、管道每两年维护一次，主要清除汽包的淤泥和垢块。

⑥ 过热器、卧式冷却器可以每年或隔年清洁一次，用长杆不锈钢毛刷通透，除去污垢即可。

⑦ 吸收塔一般仅对塔底的沉积物进行清洗，并非规定必须计划维护。

（2）标准设备

标准设备指在类型、规格、性能、尺寸、制图、公差和配合、技术文件编号与代号、技术语言、计量单位以及所用材料与工艺设备等，都按统一标准制造出来的机械设备。甲醛生产系统配置的风机、水泵、板式换热器、凉水塔等，均属于标准设备。标准设备的管理主要是为了使设备长周期、安全、达标运行，为此需制定针对设备定期保养、检修等方面的一系列规定，并采取保障规定落实的措施。例如：

① 鼓风机轴头、泵头及电机每半年注一次黄油；

② 风机油箱油位维护在 2/5～3/5 油窗高度；

③ 电机轴承每年需要新上一遍黄油；

④ 凉水塔的维护，包括通风扇轴承、塔内填料和塔内异物清理，在日常运行中需要加强巡查管理。

⑤ 甲醇卸车泵、甲醇打料泵、甲醇送料泵应保障在无泄漏状态下安全运行。静电导除、甲醇和甲醛装卸时，槽罐车必须有静电导除连接措施。

⑥ 甲醛气体回收、甲醛装车时，槽罐入口要有甲醛气体回收罩，利用引风机对挥发甲醛气体进行回收。

⑦ 甲醛循环泵、甲醛装车泵的泄漏易产生强烈的刺激性气味，影响环境空气和作业人员的身体健康。检修时，必须严把质量关，认真对待并及时更换密封部件，检修后须试转确认无问题再交付投用。

⑧ 也可以通过对循环池投放一定比例的酸性药液，开泵循环处理金属薄板波纹槽内的水垢。为了防止结垢，冷却水的出口温度控制在 55℃以下，一塔底部温度以不超过 70℃为宜。

（3）计量器具和压力容器管理

天平属于法定计量器具，压力表和安全泄压阀是需要参加周期性检定的仪表、安全装置，要确保在有效期内使用。呼吸阀为储罐安全配置的内外气体交换自动压力控制阀，每年应主动拆下试验呼吸动作是否灵活，对弹簧有污泥锈迹的需要做好清洁再装回。尾气燃烧器属于压力容器受检设备，每年的入冬前必须在检修前做好安排，打开汽包对锅炉列管、汽包内壁、管道彻底清除淤泥和垢块，并邀请锅检所来人做出安全技术鉴定，索取检定报告。玻璃密度计每批购入时，需要分选标记，其误差为正负一格。将零误差的标记为标准密度计，其他的在使用时需要及时补偿一格或半格。

（4）电气控制及相关设备维护

配电柜、开关柜、操作台是电气控制设备，仅需除尘维护。变频器每年至少两次除尘保养；轴流风扇三年更换一次；直流高压电容器每五年更换一次，若不定期更换可能会因电容量下降，易产生欠电压过流保护停止工作。

（5）现场监控仪表管理

传感器、变送器、一次压力表、温度表、液位计、液位控制器分布在车间设备管道上，仪表电工为专业负责人，生产班长为巡查责任人，每次交接班后，都需要亲自巡视一遍，以保障带班安全。

（6）过程控制计算机设备

DCS生产过程控制系统的工控机、UPS电源、直流电源、信号线缆在每次停车恢复生产前，需要检查确认，方法是切断全部电源，再重新分别接通电源一一试之；信号电缆有虚接的一定在开车前处置好，避免在生产中进行带电作业而引发安全隐患或造成停产。

每次停车，都应检查一遍工控机、UPS电源的内置风扇是否有异常声响或不转的风扇，发现问题及时换新。工控机有3～4个风扇，电源风扇1个，前面左罩后通风扇1个，主板CPU风扇1个，显卡风扇1个。

（7）安全联锁报警装置维护

可燃气体探头、烟雾传感器探头、摄像头的维护指清除灰尘和处理污垢。尤其是可燃气体探头的防爆罩是一张不锈钢丝网，长时间使用后会被灰尘和水汽粘住，造成探测灵敏度下降，应每年春季清洁一次，探头每半年更换一次。

每年春季检修时，需对生产安全监控系统与联锁报警紧急停车功能进行一次模拟超限联动试操作。

（8）辅助设施

上水、软化水、下水、循环水设施，沉降池，专用尾气炉是甲醛生产配套的辅助设施、设备。根据这些设施设备的自身结构，制定检查周期和保养维护计划。为了保障工艺水的水质，每次停车应处理上水、软化水槽底，将其清洗干净。

循环水设施不应使用铁槽，避免铁锈对循环水水质的影响。

（9）化验室器皿仪器设备

① 化验室内的干燥箱、密度计、温度计、分析天平、玻璃器皿及药品应制定维护周期表。

② 干燥箱的内部要维持清洁，电源、风扇开关面板锁紧并固定牢靠，防止脱落发生触电事故。

③ 密度计、温度计的管理目的是保障操作使用准确性，首先应将标准的保存一套，供之后校对比较用。实际使用的密度计、温度计根据比对误差，每次将误差值补偿后作为真实值填写到记录表或参与计算用。

④ TG628A分析天平维护方法。由屏幕、第二反光镜、第一反光镜、凸透镜、刻度胶片、凹透镜和光源灯泡组成光路系统。灯泡光线经凹透镜汇聚平行光向前投射，投射到倒挂的刻度胶片（－10mg～0～＋10mg）上，经过成像被凸透镜放大投射在第一反光镜（平面镜），又被第一反光镜反射到第二反光镜再反射到麻面玻璃视窗里面，由此在屏幕上就看到了标尺。

它的光路系统与幻灯机是一个原理，前后移动视窗屏幕后的凸透镜就能调节清晰度，反复前后位移到最佳清晰位置上，紧固上右侧螺丝。

a. 恢复屏幕亮度

ⅰ. 先用酒精棉棒擦净第二反光镜上的表面灰尘，第二反光镜位于视窗屏幕后方，显然，擦拭后可提升屏幕亮度约20%。

ⅱ. 然后擦拭位于视窗屏幕内下方的第一反光镜，它由于难以直接观察到，要盯着屏幕，两手上下左右耐心擦拭，直至对亮度满意为止，这样又可提升约20%的亮度。

ⅲ. 倒挂的刻度胶片前后都粘附了大量灰尘，年头越长积灰越厚。由于长杆是悬臂挂着的很难用力擦，擦拭中一定要小心，不可用力过猛。去除刻度胶片上灰尘，可直接提高60%的亮度效果。

在擦拭刻度胶片时，会影响视窗屏幕上的刻度成像清晰度。发现屏幕模糊后需要再次对成像清晰度作一次精确调节。

b. 零点恢复。调试、清洁整个过程结束后，必须对天平零点归位调校。当偏向一方无法校正时，可能是挂刻度胶片的悬臂杆在天平中间的架子上位移偏离了基座点，小心归位后，再进行归零调校。对于挂环掉落套住悬臂左杆，或两环交叉绞连的情况，必须小心摘除归位，保证零点正负位置。

c. 经过上述过程的TG628A精密天平，亮度和清晰度完好如新，距其1m人眼能够轻松看清屏幕上的刻度，极大地减轻了眼眶的视觉疲劳程度。

d. 一般甲醛企业地处开阔地，风沙大灰尘多，人造板厂或制胶车间也面临粉尘侵害，微小的灰尘很容易进入天平玻璃箱内。找到影响亮度的原因后，每年春秋清洁两次。

e. 玻璃器皿及药品管理。玻璃器皿应配齐备足，放置玻璃器皿的操作台要平稳，若使用木桌一定要坚固。接样、冷水降温、测试、倒样需要小心操作，避免磕碰金属管件。

f. 硫酸药液配制使用后4～5d应重新标定，或加以补偿修正量后继续使用。

(10) 催化剂室仪器设施设备

每次使用前例行检查烘箱、干燥箱设备，箱内尽可能清洁，仪表温度传感器指示正常，发现温升途中有跳跃式现象，存在虚接或仪表电路接触不良故障，及时排除。起动干燥箱风机时，若闻有铁锈味道，应打开盖板清理电炉丝脱落的铁锈灰尘，避免吹落到银碗内。

直流电源柜每半年检查一次直流输出端子接触性能，发现金属端子处颜色发深、铜导线端头过热存在接触不良或搭接导电面积过小隐患，应作处理解决后再投入使用。

电解槽的阴阳极板是最容易出现电气连接问题的位置，建议采用不锈钢大垫片和铜接线鼻连接，减少铜锈量的产生，延长使用寿命。

分筛及器具器皿，建议使用电解银丝块进行人工搓粒，这样可以缓解分筛网丝的断格。其他操作工具，禁止接触与催化剂有关的工作对象，严格遵守催化剂室操作规程和岗位职责条例。

做好催化剂出入库过秤检验登记管理，回收旧银也要过秤检验，除炭、酸洗干燥后分别过秤登记，记录每次催化剂的损耗量。

(11) 储罐维护与巡检

甲醛储罐、中间罐每年进行一次内防腐维护。甲醇储罐外壁每年的春季做好清洁和粉刷一遍银粉，目的是增强抗辐射能力，减少甲醇挥发。

加强对液位计或液位管的日常值班巡检，防止滴漏发生。高位报警控制器确保动作可靠，防止冒顶事故。

根据重大危险源管理要求，对于甲醇、甲醛储罐应建立例行巡检制度，填写值班记录。

（12）阀门管线的维护

管道、阀门也要实行值班长巡视制度，特别是保障阀门无泄漏状态是安全生产的重要一环。

甲醛阀门因介质含甲酸带腐蚀性，停车检修时要每个阀从全开到全闭或全关到全开检查一遍，然后归原位。发现关不严或失控阀门立即换新。

水阀门、蒸汽阀门常见关不严、螺杆腐蚀脱口失控，能自行维修的进行修复，否则换新。气动阀、电动阀的压接螺丝可能因管道震动松口，特别是新安装的调节阀应注意运行一段时间后用扳手紧固一次。电动阀的电气执行机构机盖会因机械振动带动紧固螺丝松动，应加强周期性维护。

蒸汽管道、水管道、原料管道、甲醛管道、尾气管线因输送的介质不同，会有汽蚀、腐蚀或砂眼穿壁等情况的发生。生产中有堵漏打卡的应急处理办法，但是停产必须换管处理。

关键、重点的设备、管道设立管理人、责任人制度，实行定人、定点、定时的现场巡检签到制度。

（13）安全隐患监督

企业安全管理应高度重视车间库房电气开关、灯具、线缆接头、电焊机接地线、临时用电设备、高空作业安全设施、气瓶安全等，针对这些内容分别制定巡检和安全操作规程。

车间动火作业严格执行动火作业申请批复制度，并设专人监督。禁止电焊机接地线乱搭管线，就近搭接比长线远距离接地更安全有效；乙炔瓶和氧气瓶要间距 5m，与动火点间距 10m。

临时用电设备的电缆绝缘性能保证良好，拉线不得过力。接插座应接触可靠，不能松脱打火。接用电动工具的电源插座必须配接漏电保护器方可使用。

（14）防雷接地保护

由机柜接地汇流排、DCS 操作站壳体接地、就地仪表盘接地、储罐接地、避雷塔、避雷针、设备地线构成甲醛企业场院保护地网。其中，接地支线导线截面积 $1\sim2.5mm^2$；接地分干线导线截面积 $4\sim25mm^2$；接地总干线导线截面积 $16\sim100mm^2$。

接地体可以用 $\phi57mm\times3.5mm$ 的镀锌钢管，入地 2.5m。镀锌管头焊有不锈钢钎坠，管尾与接地引线点焊牢靠。

4. 原料与成品管理

（1）原料消耗投料

建立甲醛生产投料簿，每个班在接班时记录上甲醇领料质量（吨），交班时填写成品甲醛采出质量（吨），依据实际消耗的原料，计算出甲醇单耗。

投料分析管理是指氧化反应工艺段投料配比分析和吸收段末级塔顶加水量之间的关系，及成品含醇量指标在据单耗因素中所占比例的技术分析和原料消耗工艺总结，为后来生产降低单耗提供工艺调整的参考依据。

采用 JQ-2011 版本的 DCS 控制系统，为此专门设计了氧醇比、水醇比、配料浓度、投料浓度监测数据，极大方便了值班人员的跟踪运行。同时每小时还能自动生成生产参数记录表，可打印输出供分析管理使用。

（2）原料出入库

依据危险化学品库房管理规定，出入库实行两人监管制。原料甲醇入库、甲醇领料由仓库管理员与车间值班长一同监管，班长负责阀门，开停泵操作，仓库管理员负责数量验收和确认，最后两人共同签字。

对于原料产品的质量确认，由当班化验员取样分析，并将结果填写到甲醛生产记录表中或甲醇质量检验报告上。

(3) 原料挥发控制

原料储罐、甲醇计量槽一般都设置在室外，受环境温度和太阳光辐射，极易挥发造成大气污染和增加企业原料成本。不少企业采取保温、遮光、喷淋等措施降低挥发。然而在甲醇槽车卸车和储罐向计量槽领料的过程中，由于液体液位上升，容器上部气体受压缩排挤出呼吸阀外，导致大量甲醇气体流失，造成空气污染和原料浪费。建议采取原料气回收工艺，通过自动化检测手段，自动回送到蒸发系统，既经济又环保。

(4) 成品出入库

成品甲醛入库，也由仓库管理员与车间值班长一同监管，班长负责本班产量报数，仓库管理员负责数量验收和确认，最后两人在甲醛出入库登记簿上共同签字。班长另外填写班产量报表，上报公司。每日白班下班与夜班交接前，仓库管理员应统计当日销售部门发货的实际甲醛质量（吨），并填写到甲醛出入库登记簿上，班长确认并签字。甲醛成品出厂时，当班化验员随车取样并对各项指标进行化验，之后将化验单交与销售部门。

(5) 成品库挥发控制

成品储罐、甲醛计量槽设置在室内外的都有，设计在室外的一般需要保温处理，以防冬季气温低时甲醛聚合。无论甲醛储罐如何设置，罐顶的呼吸阀总会有甲醛气体挥发出来，如在室内储罐，库房必须通过排风扇强制通风，以减少成品库甲醛气体对出入库操作的管理人员造成的身体伤害。由于甲醛液体储存温度较高，挥发量很大，车间生产采出的甲醛进入储罐时，罐顶呼吸阀处，因液体液位上升，顶部甲醛气体受压缩而被排挤出罐外，致使大量甲醛气体流失，造成空气污染和成品浪费。可以采取甲醛气回收工艺，通过自动化检测手段，回送到车间末级吸收系统，经水喷淋液化吸收，再逐级导入一塔，转化为液体甲醛，实现环保式清洁甲醛生产管理。

(6) 生产日报表

各班报本班的产量及甲醇消耗量，上级管理部门负责日生产报表的统计计算。为做到成品计量准确，可以加装成品质量流量计，也可以通过 JQ-2011 甲醛生产 DCS 系统的甲醛生产记录表自动累积班产量和甲醇消耗量，日产量、日消耗量也能自动生成。没有上述条件的甲醛企业，可以通过测量储罐液位高度差方法获得本班实际产量或甲醇用量。这里需要罐体容积精确。由于每层钢板厚度不同，每层储罐液位所对应的真实容积不同，需要标注明确。另外储罐内应设有温度指示仪表，便于修正甲醛或甲醇液体的工况密度。无论实施哪种方法，只要计量精准，车间管理数据与实物误差可控制在±0.1%之内。

5. 能源管理

甲醛生产的能源管理，是指根据本企业情况制定出适合本企业的节能降耗方案，并在日常贯彻实施。

(1) 能源管理要点

甲醛企业的能源管理要点如下：

① 贯彻国家有关节能管理的方针、政策和法律、法规。

② 提出年度节能工作计划、节能中长期规划。

③ 制定、修订节能管理制度或实施细则。

④ 提出节能考核指标和考核办法。

⑤ 评估主要耗能设备、节能新技术、节能产品的市场准入，确保符合节能标准。

⑥ 推广应用节能新技术、新工艺、新设备、新材料。

⑦ 根据节能工作规划、节能新技术推广计划和节能管理工作需要，协助做好节能培训工作。

⑧ 负责编制年度能源监测、能源审计计划，并组织实施。

⑨ 能源计量管理。

⑩ 能源统计管理。

(2) 节能减排数据统计与技改规划

在过去十年间，中国的甲醛企业技术进步可以说是突飞猛进，但是各企业在同样产能的装置上，能源利用和水、电、汽消耗大不一样。实际上，通过科学分配，甲醛企业消耗的水、电、汽可以实现显著的节能减排，并创造可观的经济效益。我国甲醛企业的37%甲醛能耗比较，见表12-6。

表 12-6 我国甲醛企业① 的 37%甲醛能耗比较

能耗项目	传统银法			尾气循环法	
	高耗企业	一般企业	低耗企业	优秀企业	一般企业
水	22.4t	1.1t	<1t	1.5t	1.6t
电	30kW·h	22kW·h	18kW·h	26kW·h	28kW·h
汽	550kg	400kg	357kg	500kg	600kg
甲醇	470kg	455kg	437kg	432kg	450kg

① 原广州溶剂厂。

从表12-6中可以看出，甲醛企业在能源消耗上就有很大改进余地。通过进一步挖掘，利用车间富余的能量转换，还能获得其他技术改造后的节能减排效果。

我国已有最新发明专利公告了一种“节能型甲醛生产工艺流程”，该专利声称可节水95%，节汽30%，节电99%，节约甲醇1%，还减少了污染物排放，是一项高效节能减排型甲醛生产新工艺。因此，在能源管理上企业要定期做好能源统计，制定技术改造规划，不断降低消耗和节约能源。

(3) 余热利用

烟气余热、余热锅炉软化水和冷凝水回用，一塔甲醛热能蒸发甲醇，板式换热器出水取暖或采用本工艺热能对甲醛储罐加热都是余热可利用方案。

(4) 催化剂的转化能力

优质海绵银催化剂已达到200t/kg的甲醇反应生成甲醛的转换能力，结晶银能达到300t/kg的转换能力。先进企业有的实现了连续6～8个月的生产周期，无论是减少开车次数还是节省催化剂，都可为甲醛企业的节能减排提供一定保障。

(5) 尾气利用

除采用尾气循环法新工艺利用了部分尾气外，大量尾气中的可燃物质，一般通过燃烧产生蒸汽才有价值。但是，由于甲醛企业所处地理位置的局限，或周边没有外供蒸汽可用的单位，产生的蒸汽既浪费了电能又消耗了水资源，除非本企业有需要蒸汽的下游产品才能实现尾气能源的增值。

目前，釜液和尾气发电机组的问世，给甲醛企业带来极大的福音。釜液和尾气发电不仅可以解决甲醛企业自身用电，还可外供其他单位，重新成为甲醛生产装置节能降耗增效的可行措施。

(6) 尾气回收

尾气中含有19%左右的 H_2，西南化工研究设计院开发成功的甲醛尾气变压吸附制氢技术，已在某些单位投入运行，其工艺为：在1.8～2.0MPa压力下，用5A分子筛作为氢的吸附剂，对少量 CH_2O 等杂质则用活性炭吸附处理。氢的回收率可达65%以上，其纯度可达99.9%以上。

6. 几种常用统计方法

在应用全面质量管理基本工作程序——PDCA四个循环阶段，八个步骤来解决质量问题时，需要收集和整理生产数据，并用科学的方法进行系统的分析。最常用的七种统计方法是排列图、因果图、直方图、分层法、相关图、控制图及统计分析表。这套方法是以数理统计为理论基础，不仅科学可靠，而且比较直观。

工艺管理、质量管理涉及的因素多种多样，在寻找到确定的相关因素后，常采用平均值法整理数据，以此表示该因素数值大小与结果的因果关系。在现代甲醛生产中，由于计算机应用日益普及，可以简单地采用小时数据日平均值、日数据月平均值和月数据年度统计方法；而在管理分析时收集整理数据有分层法、统计调查分析法；用于查找主要因素的有排列图法、因果分析图法；用于生产工序控制和研究产品质量波动与因素相关联的有直方图法、管理图法和相关图法。

(1) 排列图法

为阐释排列图法（又称帕累托图法）这一统计方法的实际应用，现以某甲醛企业为例开展说明。该企业的成品非优等品率80%，具体数据详见表12-7。

表12-7 某企业2010年一季度甲醛非优等品排列表

项目	非优品/t	比率/%	累计百分比/%
酸度	44	55	55
甲醛含量	20	25	80
铁含量	12	15	95
其它	4	5	100
合计	80	100	

(2) 因果分析图法

因果分析图，又称质量因素分析图，是以质量特征为出发点，基于设备、环境、工艺、原料以及人员等因素展开分析，绘制成供讨论的图表，查找导致质量问题的原因。在绘制过程中，需将关键和主要的原因因素呈现在图上，按照从大到小、由粗至细的顺序，逐步深入剖析，直至分析透彻。若讨论过程中，大家认为还有其他应考虑的因素，可随时补充添加，直至确定能够采取可控措施解决问题。

措施实施并取得成效后，还需运用排列图表等工具检验实际应用效果，以科学数据作为支撑。若存在不足之处，则应持续改进，不断完善质量控制体系。

第九节　全面质量管理

1. 概述

全面质量管理（TQM）就是一个企业以质量为中心，以全员参与为基础，目的在于通过让用户满意和本企业所有成员及社会受益而达到长期成功的管理途径。

全面质量管理的基本方法可以概括为四句话十八字，即“一个过程，四个阶段，八个步骤，数理统计方法”。

一个过程：企业管理是一个过程。企业在不同时间内，应完成不同的工作任务。企业的每项生产经营活动，都有一个产生、形成、实施和验证的过程。

四个阶段：根据管理是一个过程的理论，美国统计学家戴明把它运用到质量管理中来，总结出“计划（plan）、执行（do）、检查（check）、处理（act）”四阶段的循环方式，简称 PDCA 循环，又称“戴明循环”。

八个步骤：为了解决和改进质量问题，PDCA 循环中的四个阶段还可以具体划分为八个步骤。

（1）P 计划阶段

① 分析现状，找出存在的质量问题；

② 分析产生质量问题的各种原因或影响因素；

③ 找出影响质量的主要因素；

④ 针对影响质量的主要因素，提出计划，制定措施。

（2）D 执行阶段

执行计划，落实措施。

（3）C 检查阶段

检查计划的实施情况。

（4）A 处理阶段

① 总结经验，巩固成绩，工作结果标准化；

② 提出尚未解决的问题，转入下一个循环。

2. 要素、特征、观点

（1）要素　全面质量管理的五大要素是人员（Man）、机器设备（Machine）、材料（Material）、方法（Method）、环境（Environment），简称 4M1E。

（2）三个特征

① 全员参加的质量管理。要求全部员工，无论高层管理者还是普通办公职员或一线工人，都要参与质量改进活动。全员参与是全面质量管理的主要原则之一。

② 全过程的质量管理。全过程的质量管理要求在市场调研、产品的选型、研究试验、设计、原料采购、制造、检验、储运、销售、安装、使用和维修等各个环节都把好质量关。其中，产品的设计过程是全面质量管理的起点，原料采购、生产、检验过程是实现产品质量的关键环节；而产品的质量最终在市场销售、售后服务的过程中得到评判与认可。

③ 全面的质量管理。全面的质量管理是用全面的方法管理全面的质量。全面的方法包括科学的管理、数理统计、现代电子技术、通信技术。全面的质量包括产品质量、工作质量、工程质量和服务质量。

(3) 四个观点

① 用户第一的观点，并将用户的概念扩充到企业内部，即下道工序就是上道工序的用户，不将问题留给用户。

② 预防的观点，即在设计和加工过程中以预防为主为核心，变管结果为管不良因素，消除质量隐患。

③ 定量分析的观点，只有定量化才能获得质量控制的最佳效果。

④ 以工作质量为重点的观点，因为产品质量和服务均取决于工作质量。

3. 基本工作程序

甲醛生产企业在应用全面质量管理方法时，每一项工作都可以使用P、D、C、A基本工作程序。具体内容如下：

① 计划阶段（P）：主要内容是通过市场调查、用户访问、国家计划指示等，摸清用户对产品质量的要求，确定质量政策、质量目标和质量计划等。

② 执行阶段（D）：实施P阶段所规定的内容，如根据质量标准进行产品设计、试制、试验以及计划执行前的人员培训。

③ 检查阶段（C）：在计划执行过程中或执行之后，检查执行情况，是否符合计划的预期结果。

④ 处理阶段（A）：根据检查结果，采取相应的措施。

可以通过以班组、工段、技术组、科室、部门等单位成立质量管理（QC）小组的办法，对工作中的不同问题按照PDCA循环的方法开展活动，解决问题，不断提高工作质量，使企业以优质的产品和服务占领和扩大市场，获得最大的经济效益。

第十节　质量管理标准化

1. 概述

1986年，国际标准化组织ISO把全面质量管理的内容和要求进行了标准化，并于1987年3月正式颁布了ISO9000系列标准，这是全面质量管理发展的第三个阶段。

ISO在发布ISO9000系列标准的同时提出了一个“第三方认证”的制度。其主要精神是：一个企业的产品质量，如果通过权威的质量认证机构的“第三方认证”，证明达到了ISO9000标准的要求，即可取得ISO9000的认证证书。而这一证书，在全世界都视为有效。也就是说，一个企业取得了ISO9000证书，其产品就成了国际上“信得过”的产品。这对提高产品质量和企业声誉，增强企业参加国际竞争的能力，无疑起到了极大的推动作用。因此，该系列标准发布以后，全世界掀起了一个贯彻和认证的大潮流。目前，已有180多个国家和地区采用了该标准，全世界有480万个企业取得了认证证书。

ISO9000系列标准包括五个部分：ISO9000、ISO9001、ISO9002、ISO9003和ISO9004。其中，ISO9000标准是ISO9000系列标准的选用导则，它主要阐述几个质量术语基本概念之间的关系、质量体系环境的特点、质量体系国际标准的分类、在质量管理中质量体系国际标准的应用以及合同环境中质量体系国际标准的应用。除 ISO9000 之外的其他四个标准可以分为两个大类：ISO9001～ISO9003 标准是在合同环境下用以指导企业质量管理的标准；ISO9004 标准是在非合同环境下用以指导企业质量管理的标准。

我国企业产品的质量管理已从全面质量管理向质量管理标准化看齐，普遍参考并执行 ISO9001—2015 质量管理认证体系，即 GB/T 19001—2016《质量管理体系 要求》标准，简称 QMS。

2. 实施 ISO9000 标准的意义

（1）强化品质管理，提高企业效益；

（2）促使企业质量管理走上规范化、程序化、法制化的轨道；

（3）提高企业的生产水平、管理水平和文化水平；

（4）降低质量成本，提高企业利润；

（5）满足客户要求，赢得用户信赖，扩大市场份额；

（6）取得国内外市场通行证；

（7）提高企业知名度和声誉；

（8）逐步使全员素质发生质变；

（9）合法有效地避免产品责任。

3. 全面质量管理和质量管理标准化的关系

全面质量管理（TQM）和质量管理标准化（ISO9000 系列标准）都是质量管理体系。

（1）两者共同点

① 管理理论和统计理论基础一致。两者均认为产品质量形成于产品全过程，都要求质量体系贯穿于质量形成的全过程；在实现方法上，两者都使用了 PDCA 质量循环运行模式。

② 都要求对质量实施系统化的管理，都强调“一把手”对质量的管理。

③ 最终目的都是为了提高产品质量，满足顾客的需要，都强调任何一个过程都可以不断改进，不断完善。

（2）两者不同点

① 期间目标不一致。TQM 的目标是改变现状。其作业只限于一次，目标实现后，管理活动也就结束了，下一次计划管理活动，虽然是在上一次计划管理活动的结果的基础上进行的，但绝不是重复与上次相同的作业。而 ISO9000 质量管理活动的目标是维持标准现状。其目标值为定值。其管理活动是重复相同的方法和作业，使实际工作结果与标准值的偏差量尽量减少。

② 工作中心不同，TQM 是以人为中心，ISO9000 是以标准为中心。

③ 两者执行标准及检查方式不同，TQM 实施的是自我约束的管理体制，其检查方主要是企业内部人员，检查方法是考核和评价（方针目标讲评，QC 小组成果发布等）。ISO9000 系列标准是国际公认的质量管理体系标准，它是供世界各国共同遵守的准则。贯彻该标准强调的是由公正的第三方对质量体系进行认证，并接受认证机构的监督和检查。

4. 如何实施 TQM 和 QMS

我国甲醛生产企业在管理方面发展很不平衡，各企业要根据自己的现状和发展需要，在学习和了解有关全面质量管理（TQM）和质量管理认证体系（QMS）的基础上，从基础管理做起不断提高管理水平。

甲醛生产企业的质量管理，可以从基础工作项目做起，例如，首先应对生产出来的成品实施质量跟踪，为售后甲醛质量追溯提供切实可行的依据。一种方法是人工出入库管理，在成品储罐库对各储罐建立产品质量管理卡，记录每小时成品入罐时段的各项技术指标。出库时，对每天出库的产品，依据质量跟踪卡和客户管理登记簿，记载各项技术数据指标。另一种是借助 DCS 系统的上位机，自动实现对甲醇储罐和甲醛储罐群的介质液位及品质进行实时管理，不仅能动态记录液位信息，还能在液位超限的情况下自动报警。

第十一节　甲醛生产过程的安全管理

甲醛生产过的原料甲醇其闪点为 12℃，是属于易燃液体，产品工业甲醛溶液的闪点随甲醛浓度和甲醇含量的变化有所不同，一般在 75～85℃，是属于可燃液体。因此更需要重视安全生产，防患于未然，需要提高装置的安全可靠性和抓好安全生产的基础工作，不断提高识别、判断、预防和处理事故的能力。

1. 生产装置的安全

甲醇、甲醛的蒸汽都能与空气形成爆炸混合物，甲醇的爆炸范围为 6%～36.5%，纯甲醛的爆炸范围为 7%～73%，因此在工艺设计中就要考虑如何保证装置的安全生产。为使甲醇能安全地进行氧化和脱氢反应，就需要选择爆炸极限之外进行，铁钼法选择在爆炸范围的下限进行，而银法工艺就是选择在爆炸范围的上限，即甲醇过量。在正常生产中氧醇比一般需控制在 0.38～0.43，而此值已在甲醇的爆炸范围之内生产，为了达到装置生产的安全可靠，就需要特别处理，根据在原料气中添加了水蒸气或尾气等惰性气体，可以缩小甲醇的爆炸范围，从资料中看当水蒸气含量达到 40%时，三元气体的爆炸上下限重合，此时的爆炸范围为零。因此甲醛生产一般选用加入水蒸气等惰性气体来缩小甲醇的爆炸范围，从而使得甲醇浓度能远离爆炸范围。水蒸气的添加量一般选择为配料甲醇浓度 58%～65%，这样就能距爆炸极限参数很远，达到安全可靠的目的。如果选用加入甲醛生产的尾气同样也能达到缩小甲醇的爆炸范围，还能减少系统中水的添加量，从而提高甲醛水溶液中的甲醛浓度，达到生产高浓度甲醛的目的。

在甲醛生产和开车过程中需要防范回火，回火的根本原因是混合气体的流速低于甲醇燃烧速度造成的，在设计中即要考虑系统阻力又要考虑氧化器内甲醇的燃烧速度，如果氧化器的直径过大在开车过程就容易发生回火。

对于甲醛生产是传统的工艺路线，即是空气进入甲醇蒸发器，然后在蒸发器后引入配料蒸汽，经过热器、过滤器、阻火器，然后进入氧化反应器，最后通过水吸收制得合格的甲醛水溶液。由于在生产中蒸发器顶部的二元混合气是在甲醇爆炸范围之内，当出现鼓风机跳车等事故，就有可能存在回火现象，如火焰回到蒸发器内，就会发生爆炸，为此在工艺管道中引入配料蒸汽和增设了阻火器，以确保生产装置的安全性。

在仪表调节阀的选择上以保证生产的安全，如配料蒸汽选用气闭阀，控制空气放空的调节阀选用气闭等，同时设置空气流量与氧化器温度的联锁。

2. 开车过程安全控制要素

在开车过程要进行容器和管道的置换，在氧醇比稳定在选取范围内时，开始对反应器进行吹洗操作，即将打开氧化器的正路，关闭副线，用甲醇-空气二元混合气置换反应器空间，其目的就是把反应器内的空气吹走，使进入反应器的原料气组成符合点火时的氧醇比吹洗时间5～10分钟，吹洗后，再次确认反应条件准确稳定后，就可开启点火器电源进行点火开车。

甲醇在银催化剂的作用下的氧化反应在常温时也能进行反应，但反应温度低时反应速度缓慢，随着温度的上升，反应速度会呈上升，而脱氢反应需要在481.6℃以上才能进行，且反应温度低时副反应多，甲醛生产的反应温度一般需要600～660℃，为了使反应温度快速到生产控制温度，在开车过程中需要进行一个点火过程。由于一般在点火过程中是不加入配料蒸汽，因此为了确保安全生产，在点火之前就需控制好甲醇蒸发器的温度。因温度一定时，甲醇气体的分压就一定，甲醇在二元气混合气中的含量也就一定了。为使点火时远离爆炸上限，并保证升温过程能快速上升，且不会发生超温，就需要根据甲醇浓度，控制好蒸发器的温度，在计算上可根据：$V_{甲醇}/V_{空气}+V_{甲醇}=0.06～0.365$ 和氧醇比进行计算，我厂一般甲醇平衡浓度95%，系统压力0.07MPa，蒸发器温度控制在49℃左右进行点火，在点火后，温度快速上升到300～500℃后熄火，然后通过调节蒸发器温度和空气流量，使得反应温度平衡地达到指标之内。在调节上不能过快，如蒸发器温度下降速度快，就有可能导致甲醇蒸发量骤减引起回火。

在开车过程中点火升温速度较快，如果仪表在此时出现故障，操作员工处理能力不足时或不熟练时，极有可能出现超温，因此在开车前的准备工作中就需要对仪表认真进行检核，确保开车顺利进行。

3. 工艺参数的安全控制

（1）严格控制反应温度

生产中应严格控制反应温度。必须严密注视影响反应温度的各种因素的变化情况并及时进行调节，切忌超温。在银法生产中要防止配料蒸汽的突然中断或大幅度减少。在停车以后恢复开车时，同样要注意这些问题。对运行中的设备，则要控制在规定的温升范围内，防止接近危险温度。密切关注各处的温度变化，通过温度的变化可从另一方面发现生产中的不正常现象，如锅炉缺水等。

（2）严格控制压力

甲醛生产虽在常压下进行，但系统压力变化将引起流量的变化，从而引起反应温度的变化，特别当系统压力突然下降使得气体流速低于甲醇燃烧速度，就会产生回火。

（3）严格控制量

空气流量的变化对反应温度的影响较大，而且这种影响甚为敏感。防止因流量提升太快、太猛而发生“超温事故”。同样，生产中还应严格控制配料蒸汽和甲醇的流量，防止因配料蒸汽和甲醇的大幅度减少而引起超温。为控制空气、配料蒸汽和甲醇流量，要严密注意影响空气、配料蒸汽和甲醇流量的各种因素的变化。当发生变化时，及时予以调整，以保持各物料流量的稳定。

(4) 严格控制好液位

蒸发器液位过低时，就会使得甲醇蒸发量不足，发生超温现象。在蒸发器液位低时，氧化器温度还处于指标之内时，补充蒸发器内甲醇时一定要缓慢进行，如果甲醇量添加过大，就会造成蒸发器温度大幅下降，甲醇蒸发器下降，而出现超温。吸收塔液位过高就会造成系统压力上升，容易引起超温、跳车等事故。不然尾气锅炉和废热锅炉，如液位控制不好就容易出现干锅，可能引发事故，造成不必要的损失。

4. 安全控制措施

(1) 防火防爆措施

甲醛生产过程中的明火主要有电加热、燃烧等明火和其他火源，一般甲醛生产区域内设有电炉等加热设备和尾气锅炉，此类设备与防火防爆区应有一定的安全距离，并应远离可能泄漏的甲醇、甲醛的区域。

(2) 检修用明火管理

① 在有甲醇、甲醛物料的场所，严格控制动火作业，如因生产需要时，必须做好隔离、置换等安全措施，在允许的条件下必须将要检修的设备或管线下移至远离易燃易爆的安全地点进行动火。

② 对输送、储存甲酸、甲醇物料的设备、管线需进行检修动火时，必须将有关系统进行彻底处理，用惰性气体吹扫置换；或用清水冲洗置换，并经分析合格后方可动火。

③ 当检修系统动火时，必须将与甲醇、甲醛设备及管线相连的管道拆下断开或加堵盲板隔离。

④ 不能利用与生产设备有联系的金属构体为电焊地线，以防止接触不良，产生电火花。

(3) 其他火源控制

① 要防止易燃物料与高温设备、管道表面接触，不准在高温管道和设备上烘烤衣物或放置可燃物品。

② 在生产区域内严禁吸烟。

③ 避免摩擦与撞击产生火花和达到危险温度（>80℃）。

④ 消除电气火花和危险温度　电气火花和危险温度是引起火灾的重要原因。根据甲醛生产装置中危险区域的状况，对装置内的电气动力设备、仪器仪表、照明装置和电气线路等，分别采用防爆、封闭、隔离等措施，并要加强巡回检查，防止电气设备因过热产生高温而引起火灾、爆炸事故。

5. 氧化器超温预防措施

(1) 设置风量定量调节与放空阀串联装置的自控调节装置（风机变频调节）；

(2) 为保证总蒸汽压力稳定，自产蒸汽和外供蒸汽管路均应备有自控仪表和阀门来串联调节；

(3) 蒸发加热后的冷凝水排放，一般不用疏水器而改用截止阀连续排放回收为好。

6. 静电的预防

(1) 接地是消除静电危害的最常见措施，车间的金属设备和管路应当接地，设备和管道的法兰应在螺栓处另加导电良好的金属片（铜或铂）来消除静电。

（2）控制物料流速产生静电的量与物料流动的速度有关，流动的速度越大，产生的静电荷就越多，所以要控制甲醇、甲醛的流速。控制流速可参照德国P. T. B经验得出的安全流速公式。

$$v=0.8(1/d)\times 0.5$$

式中，v为平均流速，m/s；d为管道直径，m。

（3）延长静电时间甲醛、甲醇注入贮槽时会产生一定的静电荷。液体中的电荷可向器壁和液面聚集并逐渐消散。完成这一过程需一定的时间。因此可采取适当增加静电时间的办法来消除静电。

（4）改进灌注方式从贮槽顶部灌注甲醇、甲醛时由于液体的冲击而产生静电。为防止或减少这类静电的产生，应将甲醇、甲醛输液管延伸至靠近底部的位置。

参考文献

[1] 周忠虎．甲醛生产过程的安全管理［C］//2008年中国甲醛行业协会年会暨国内外技术交流会报告集．

[2] 周万德，朱铨寿，何幸，等．甲醛安全生产与环境保护［M］．北京：化学工业出版社，2009．

第十三章　环境保护与节能减排

甲醛生产的环境保护工作的任务，就是要消除生产过程对环境的危害，实现变废为宝，化害为利的文明生产过程。甲醛工业生产中，产生的污染环境的主要污染源有废气、废水、废渣和噪声。

第一节　污染源和途径

1. 废气

甲醛生产的废气主要为吸收塔尾气，为集中排放废气。其次是无组织排放的甲醇和甲醛气体。

(1) 吸收塔尾气

银法甲醛生产过程中产生的尾气从吸收末塔顶部放空，约含 20%的 H_2、3%的 CO_2、0.2%的 CO 和 N_2，及少量的甲醛、甲醇、甲烷。

铁钼法甲醛生产过程中产生的尾气主要含有 2%～2.5%的 CO、0.05%～0.1%的 CO_2 和 N_2。

甲醛生产过程中产生的尾气应处理后达标排放，若不经过处理就排入大气，会形成一定程度的环境污染。

(2) 甲醛和甲醇蒸气

产品甲醛和原料甲醇的沸点均较低，分别为－19.4℃和 64.8℃，挥发性较强，易挥发成气体。在气温较高的情况下，尤其是在太阳直接曝晒下，甲醛和甲醇储槽内的液体有少部分蒸发成蒸气排入大气，会造成对大气的污染。

(3) 生产、装卸过程中的跑、冒、滴、漏

甲醛生产过程中，由于设备机泵缺乏维护保养、装置陈旧和安装缺陷等都会产生跑、冒、滴、漏现象；原料的卸货、产品的装载可能导致泄漏，泄漏的甲醛、甲醇都极易挥发形成蒸气，逸散到大气中污染空气。

2. 废水

甲醛生产过程中产生的废水：①清洗设备和地面的废水；②分析残液；③甲醇蒸发器残液；④除垢废水；⑤催化剂制造过程中产生的含酸和其他有机物废水。

3. 废渣

在甲醛生产和贮存过程中其有可能产生聚合形成聚甲醛，若不处理和利用，便形成废渣。

4. 噪声

甲醛生产过程中，噪声主要来源于鼓风机、机泵等转动设备，以及甲醛装置产生的余热蒸汽向外排放时产生的噪声。

第二节　环境保护

在甲醛生产过程中落实污染防治和环境保护工作，首先要对管理人员和岗位工人做好培训，使管理人员重视污染的防治和保护环境，并且懂得如何采取措施治理污染和保护环境。具体的防治工作：做好废气处理、废水处理、废渣处理、降低噪声，做好环境监测和绿化。

1. 管理人员的培训

企业环境保护和职业健康管理人员（环保机构人员）应在相关部门和单位进行专业培训。培训单位和内容大体如下：

（1）于给排水设计部门或相关设计部门学习污水处理工艺和废气、烟尘治理工艺基础理论，使环保管理人员对企业的设备、工艺流程、处理技术等有一定理论知识；

（2）于环境监测专业部门学习水质、大气监测规范和分析技术；

（3）岗位职工必须进行职业道德、环境保护、劳动卫生、安全生产等法规教育，使他们具备高尚的职业道德和精湛的业务水平。

2. 废气处理

一般工业废气的治理方法有五种：冷凝法、燃烧法、催化转化法、吸收法和吸附法。

对于甲醛生产和储存中蒸发量的控制，一般采用冷凝法，即用冷却水喷洒甲醛储罐，使储罐内的甲醛温度下降，减少蒸发量；另一种较好方法是吸收法，用水吸收挥发的甲醛，将吸收后的水用作生产工艺用水，既解决了甲醛挥发污染环境问题，又加以回收利用，可降低甲醛的物耗。

甲醛装置甲醇、甲醛废气排放与其在环境空气中的最高允许浓度见表 13-1。

表 13-1　甲醇、甲醛排放与在空气中的最高允许浓度　　单位：mg/m^3

物质名称	GB 31572—2015	GB 31571—2015
甲醇	50	50
甲醛	5	5
非甲烷总烃	60	60

3. 废水处理

废水中通常含有多种有毒、有害和有用的物质，如果不经过处理就直接排入污水管网或江河，不仅会污染水源，而且还会造成浪费。

在工业废水处理中，常用生化需氧量（BOD）和化学需氧量（COD）来表示水的污染程度或净化程度。BOD 是指在规定条件下，水中有机物和无机物在生物氧化作用下所消耗的溶解氧的质量，一般规定条件是 5 天时间，故用 BOD_5 表示。COD 是指在规定条件下，用氧化剂处理水样时，在水样中溶解性或悬浮性物质所消耗的该氧化剂的量，计算时折合为氧的质量。

（1）甲醛生产过程的废水处理

① 废水排放管理必须加强设备和工艺管理，尽量减少跑、冒、滴、漏，减少设备清洗和地面冲洗；甲醛吸收塔的循环泵容易泄漏甲醛水溶液，一般采用内冷式机械密封泵，以减少泄漏。冲洗装置地面后的废水送入收集池。

② 甲醛生产中形成的中控分析的残液和成品分析残液集中起来送入收集池；应用先进检验设备和技术，可使分析残液大幅减少。

③ 设备清洗应首先用水进行循环清洗，洗液可用作甲醛的吸收液。不能用作吸收液的废液，应将其送入收集池，以免直接排污造成污染。

④ 甲醇蒸发器内的残液加以回收利用，直接进行无害处理，杜绝对外排放，甲醇蒸发器底部的残液放出后集中进行蒸馏，回收其中的甲醇。这种回收甲醇既可作为甲醛生产的原料，也可作为配制甲醛阻聚剂的溶剂，还可作为甲醛开车时的燃料。

⑤ 为防止污染和浪费，废电解液不能随便废弃，应回收利用，进行无害化处理；对于一般设备除垢所产生的残液，可先用碱中和，然后排入收集池。

有条件的企业可将收集池中的废水经简单生化处理并达到三级排放标准后送入当地排污管网，由当地的污水处理系统完成后续处理工作；否则，必须自建污水处理站，达到排放标准后方可排入当地水系。典型的废水处理工艺流程见图 13-1。

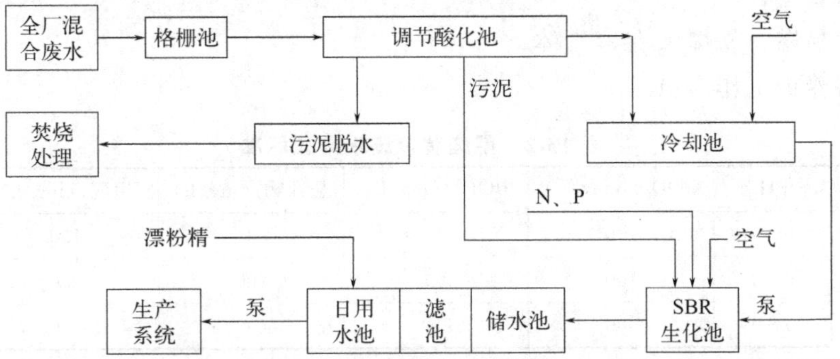

图 13-1　典型废水处理工艺流程示意图

（2）工艺简述

各车间的生产废水在厂内汇流混合后，流入污水处理站格栅池去除漂浮物，再流入调节酸化池进行厌氧处理。在厌氧产酸菌的作用下，废水中的大部分有机物被分解成小分子有机物，有毒物质被部分降解，并调节水质使其均匀，然后用泵打入冷却池喷淋，鼓风冷却，使废水水温降至38℃以下，冷却后废水用泵送至 SBR（序列间歇式活性污泥法的简称）生化池进行生化处理，按进水—曝气—沉淀—排水—闲置 5 个工序运行，废水经 SBR 生化池处理沉淀后，上清液排入储水池，最后经滤池过滤，再加入漂粉精杀菌，经回用泵送至生产冷却系统回用后外排。

功能表述如下。

① 预处理：主要是格栅池，其作用为去除漂浮物，并兼作沉淀池使用。

② 调节酸化池：此构筑物设于 SBR 生化池下面，内放置有铁刨花填料，由于进水呈弱酸性，生成部分亚铁盐，以改善 SBR 生化池内污泥的沉降性能，同时调节水质。废水在此

经过近一天的停留后，大分子有机物质被厌氧菌分解成有机小分子，有毒有害物质被厌氧菌部分分解，减轻了后续处理的难度。

③ SBR生化池：甲醛废水是比较复杂的有机废水，除有一定浓度的COD_{Cr}、BOD_5值和较高的可生化性（$BOD_5/COD_{Cr}>0.3mg/L$）外，其废水中SS（固体悬浮物的缩写）浓度较低，并含有毒有害物质，N、P含量较低。因此，为去除较高浓度的甲醛物质，除补充适当N、P营养元素外，要提高溶解氧（DO）浓度，并控制在2～4mg/L，以提高活性污泥的活性。在停止曝气进入沉淀阶段，当DO浓度偏高时，有利于丝状菌生长，造成污泥颗粒较松，沉降性能不好。因此，在反应中适当投加絮凝剂硫酸亚铁（投加量8～14mg/L），以改善沉降性能，同时也可在整个反应过程中抑制污泥膨胀现象。

（3）运行程序

本活性污泥采用接种培菌，完成驯化过程。SBR生化池的运行包含进水、曝气、沉淀、排水（排泥）及闲置五个阶段。工作周期11h（其中进水1h，曝气7.5h，沉淀1h，排水1h，闲置0.5h）。

（4）处理结果

水质稳定，SBR剩余污泥数量少，未出现污泥膨胀现象，去除率均在90%以上；各项指标均达到国家二级标准，接近国家一级标准。

银法甲醛工业废水排入污水管网时，除应符合表13-2的排放指标外，还应符合下列要求：

① 水温≤40℃；

② 不阻塞管道；

③ 不产生易燃、易爆和有毒气体；

④ 不伤害养护工作人员。

表13-2 甲醛装置废水排放标准

项目	pH	COD_{Cr}/(mg/L)	BOD_5/(mg/L)	悬浮物/(mg/L)	甲醛/(mg/L)	Ag/(mg/L)
一级标准	6～9	100	30	70	1.0	0.5
二级标准	6～9	150	60	200	2.0	0.5
三级标准	6～9	500	300	400	5.0	0.5

注：Ag为车间排口处含量。

4. 噪声防治

一类不希望有的、由不同频率和不同强度无规律组合在一起的声音称为噪声。噪声与工业"三废"一样是一种危害人类的公害。当人们长期在强噪声环境中工作时，内耳器官会发生器质性病变，不仅会导致耳聋，而且还可能引起多种疾病，例如头痛、脑胀、昏晕、耳鸣、多梦、失眠、心慌和全身疲乏无力等神经系统紊乱疾病。不仅如此，噪声还可能对消化系统和心血管系统产生不利影响。

（1）噪声标准

表13-3为工业企业厂界环境噪声排放标准。

表13-3 工业企业厂界环境噪声排放标准（GB 12348—2008） 单位：dB（A）

类别	昼间	夜间
0	50	40

续表

类别	昼间	夜间
1	55	45
2	60	50
3	65	55
4	70	55

注：甲醛企业采用2类别标准，即昼间＜60dB（A）；夜间＜50dB（A）。

（2）噪声控制方法

凡是有噪声的工厂都要采取有效的噪声控制措施，使之达到所在区域环保标准。对于甲醛生产系统来讲，噪声的主要来源是鼓风机、泵组、备用发电机等传动设备。

减少噪声采取的一般方法：选择低噪声低转速设备；单独设立一个隔音房间；在鼓风机的进出口管道上加消音器；正确安装鼓风机，例如与轴承间的连轴节要对准；在噪声较大的房间墙壁上装吸音器材和隔音门窗等；在蒸汽排放口安装蒸汽消音器等。这些措施可有效减少噪声，达到降低环境噪声污染，保护环境的目的。

5. 废渣处理

由于甲醛在低温下容易聚合，所以在甲醛装置内或甲醛储罐的底部会有一定量的多聚甲醛沉渣。这些聚合甲醛如不及时清除，会影响储罐的储存量和甲醛的质量。

针对吸收塔等处的聚甲醛，一般在停车时先用热水溶解，对于热水不能溶解的聚甲醛可加氨水溶解，使其转变成乌洛托品等产品加以利用。

处理甲醛储罐内的聚甲醛时，停车后打开甲醛储罐的人孔或顶盖，将多聚甲醛取出。对取出的多聚甲醛进行加热处理，能够溶解出一部分甲醛溶液。剩余热水不能溶解的聚甲醛可加氨水溶解，使其转变成乌洛托品等产品加以利用。

6. 环境监测

（1）按照环境监测技术规范要求，在排气筒上设置有机废气监测孔，定期对废气排放口和厂界无组织排放监控点进行监测，以确保外排废气达到规定的排放标准要求。监测项目为：甲醇、甲醛。监测时段为上、下半年各一次。

（2）对厂界噪声进行监测，每年一次。

（3）对废水总排口进行监测，每年一次，监测项目：SS、pH、COD_{Cr}、甲醛等。

7. 绿化

绿化在保护和改善环境、防止污染方面有其特殊的作用。绿化具有较好的调温、调湿、吸灰、除尘、改善小气候、净化空气、减弱噪声等功能。新建装置应增加绿化面积以改善工厂的环境，并达到国家规定的绿化面积要求。装置区绿化以草坪为主，其间种少量灌木，以形成良好的生产、工作环境。

8. 减排

（1）降低 CO_2 排放

甲醛生产过程中 CO_2 排放量为 3.2%～4%，影响 CO_2 排放量高低的主要因素有催化剂质量、催化剂的使用方法、系统清洁程度和工艺条件选择等。

降低甲醛生产尾气中 CO_2 的措施和方案：①选用催化能力强、机械强度高、表面积大、通过性能好、阻力小的优质催化剂；②根据每一个生产企业、每一套生产装置的特点，合理、正确、适当地使用催化剂；③切实做好从原料源头开始的系统内部清洁，做好所有物料的过滤甚至是蒸馏、水洗，使系统内清洁保持常态，以保持催化剂的催化能力和延长使用寿命；④做好工艺条件选择，走出追求高反应温度获得高转化率的认识误区。反应温度的高低对尾气中 CO_2 含量高低影响非常直接，在常规反应温度下可有 0.3%～0.6%甚至更大的差值。目前，采用低反应温度甲醇循环法工艺是降低反应温度并获得较好的有效转化率可行方案之一。

（2）减少无组织排放

甲醛生产、储存过程中的无组织排放是一个往往容易被人忽视的问题，它既带来环境问题，也带来安全隐患和物料浪费。

无组织排放，主要是指在生产组织过程中，由于管理意识、客观条件、设施能力达不到要求而导致的排放。它们主要有两种状态存在，一是肉眼直观可见的跑冒滴漏等现象，二是储罐在进出料作业时和常温静止储存下的自然蒸发，它们的排放量因生产环境和状态各不相同。

甲醇和甲醛气相温度越高，其在气相中的含量越高，气体的压力表象也越大。在常温下经储罐顶的安全呼吸阀、液位标志拉线孔，进料、出料“大呼吸”工作损耗和静止状态下“小呼吸”的储存损耗等渠道，向大气中排放着相当量的气相甲醇和气相甲醛。有调查显示，甲醇年储存蒸发损失量约为平均日储量的1%，甲醛日储存蒸发损失量约为储量的0.095%，甲醇年储存蒸发损失量按年周转20次计算约为储罐量的2.5%，甲醛年储存蒸发损失量则更大。为减少这部分的无组织排放可采取以下措施。

① 要减少无组织排放，首先要提高管理意识，不要把跑冒滴漏等无组织排放仅作为一个微不足道的经济损失，应把它作为环境问题、安全问题来对待。改进设施能力，改善客观条件，做好装置维护保养和对设备设施进行必要的改进。

② 采用“封闭式甲醛生产工艺流程”（发明专利 CN200910163764.1）。它是甲醛化工生产的一种新型工艺，其发明方案是将传统甲醇原料储罐和甲醛成品储罐顶部排出的气体不再通过呼吸阀向空气中排放，而是通过管道收集后返回主生产系统继续转换为甲醛成品。这种新工艺流程保证企业内所有作业流程单元全封闭、无泄漏，既环保又可获得高的甲醛企业生产得率。

③ 内浮顶储罐主要由罐体、内浮盘、密封装置、导向和防转装置、静电导出设施、通气孔、高液位报警器等组成。为避免浮顶漏损沉没，多采用带有环形隔舱的内浮顶，或采用双盘式内浮顶以增加浮盘的浮力及安全性（后者还起隔热作用）。内浮顶储罐与固定顶储罐相比有以下特点：

a. 内浮盘直接与液面接触，液相无挥发空间，从而减少挥发损失 85%～90%。

b. 液面没有气相空间，减轻了罐体（罐壁与罐顶）的腐蚀，延长了储罐的寿命。

c. 液面覆盖内浮盘，使储液与空气隔离，大大地减少了空气的污染和着火爆炸的危险。

④ 在结构上可取消呼吸阀、阻火器等附件。

无组织排放的减少是持续的，它不仅带来节能上的持续经济效益，同时在持续减少环境污染、大幅度降低火灾隐患、提升安全保障等级等方面，均有不可忽视的积极作用。

（3）废水收集处理与利用

甲醛生产过程，是一个低能耗、低排放生产过程，一般不主动、持续、大量产生废水。所产生的废水主要是清洗设备和现场的废水、分析化验的废液残液、甲醇蒸发器内的残液、催化剂制作过程中产生的废水。

① 甲醛生产装置的废水收集。甲醛生产企业应遵循清污分流、回收处理、充分利用的原则，对发生事故产生的废水事先做好设计利用方案和措施。

为了出现事故等特殊情况下造成的含甲醇、甲醛等废水能及时收集、处理、利用，可在甲醛生产车间四周、中间计量罐围堰和储罐区围堰的四周设计修建废水收集沟，安装管道、三通，通过阀门控制，以便正常情况下将雨水引入地下排水管网，发生事故时废水能切换引入事故应急池储存。

分析残液、甲醇蒸发器内残液经蒸馏回收甲醇后、除垢产生的残液经碱中和后及其他废水直接进入废水处理池。

通过以上措施做到了清污分流，利用废水储存设施防止废水外排。

② 含甲醛废水的一般处理方法。一般含甲醛废水主要处理方法根据废水中有无酚的存在分为两种：①含酚的甲醛废水可以用缩合法、氧化法、混凝法等来处理；②不含酚的甲醛废水处理方法主要有氧化法、吹脱法、生物处理法、石灰法、缩合法等。

芬顿（Fenton）试剂是 Fe^{2+} 和 H_2O_2 共同组成的氧化体系，H_2O_2 在 Fe^{2+} 和紫外光的催化作用下通过链式反应产生氧化性极强的羟基自由基，是一种很强的氧化体系。与目前研究的湿氧化技术，如 H_2SO_4-H_2O_2、H_2SO_4-HNO_3 体系相比，具有较大的优势。目前该技术的应用和研究主要集中在环保领域中难降解有机废物的处理与处置。

因甲醛易溶于水，沸点低且易挥发，在对高浓度甲醛废水进行蒸汽吹脱法预处理时，蒸汽加热搅拌吹脱一次甲醛的去除率达 96%。吹脱挥发出来的甲醛气体经回收后，可作为生产原料，亦可在锅炉中焚烧，作为其热源。

也可将甲醛废水经雾化器雾化后，喷洒在刚从锅炉出来的炉渣上，甲醛废水遇高温和氧后，会立即裂解为二氧化碳和水蒸气，接着通过集气罩、排气筒，最终排入大气。而所剩的微量甲醛，可经多孔炉渣吸附。对甲醛含量为 25000mg/L 的废水进行处理后，甲醛的处理率也在 96%以上。

甲醛浓度为 60～120mg/L 的废水用 SBR 工艺处理时，考虑到 N、P 含量较低，因此需要适当增加 N、P 营养元素。除此之外还要提高 DO（溶解氧）浓度，使 DO 浓度控制在 2～4mg/L，以提高活性污泥的活性。但当停止曝气进入沉淀阶段时，在 DO 浓度偏高时沉降性能不好。因此，在反应中适当投加絮凝剂硫酸亚铁（8～14mg/L），以改善沉降性能，同时，也可在整个反应中抑制污泥膨胀现象发生。处理后的甲醛浓度小于 1.7mg/L。

通常废水经处理后，甲醛浓度已很低，可达到排放标准，但还应将收集处理的废水，再经过过滤除去杂质，泵入凉水塔作循环水的补充，这样就可以做到甲醛生产过程无废水排放。

第三节　稀甲醛浓缩

1. 稀甲醛的物料特性

在工业生产中，稀甲醛的来源常为甲醛的浓缩工艺、含甲醛组分的吸收工艺以及以甲醛为原料合成其他产品时，精制过程分离回收出来的稀甲醛。稀甲醛一般含量 10%～23%（质量分数）。

由甲醛与水生产的甲醛水溶液，是一种共聚物的混合物，主要是由甲二醇 $CH_2(OH)_2$、聚亚甲基二醇 $HO(CH_2)_nOH$ 和半缩醛 $HO(CH_2O)_{n-1}H$ 组成的复杂平衡的混合物，游离的甲醛单体很少。在较低浓度的甲醛水溶液中单体的浓度小于 0.04%（质量分数），在较高的甲醛水溶液中单体甲醛的含量也不超过 0.1%（质量分数）。

当温度增高或者溶液中的甲醛浓度降低时，低聚合度的甲醛聚合物，将转化为甲二醇。

坎尼扎罗反应 $2CH_2O+H_2O \longrightarrow HCOOH+CH_3OH$ 在甲醛水溶液中一直存在，甲醛水溶液呈酸性。

2. 稀甲醛的处理方案

由于甲醛水溶液的复杂性，稀甲醛在工业上的再利用，有不同的处理方案。

方案一：工厂有着商品甲醛出售量，优选方案是装置生产浓甲醛（质量分数≥50%），稀甲醛与浓甲醛调配成商品甲醛；

方案二：稀甲醛中的甲醇含量较高，并且同时再利用，优选方案是生产甲缩醛；

方案三：稀甲醛用于生产乌洛托品；

方案四：加压浓缩得到中浓度甲醛。

稀甲醛浓缩方案中，加压浓缩一般属于类精馏体系，从塔顶得到中浓度甲醛，塔底排放掉废水，如图 13-2 所示。虽然负压浓缩在液相可以得到中浓度醛，但是气相中的稀甲醛仍是问题，并且甲醛浓度越低，负压浓缩的经济性越有问题。

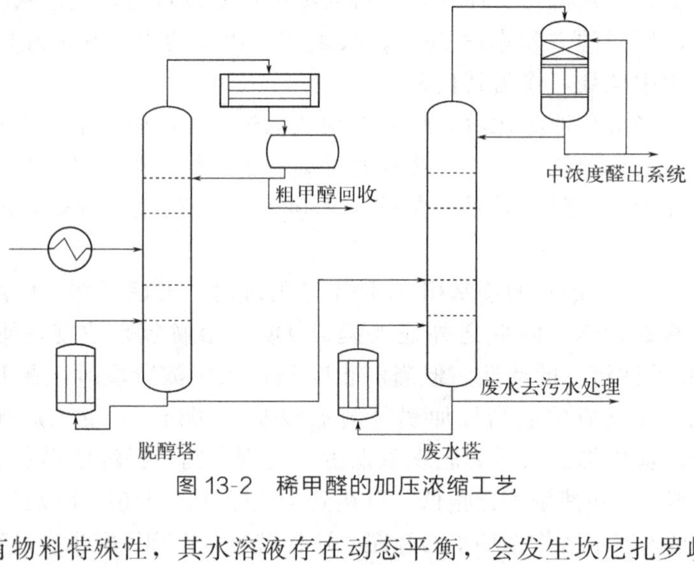

图 13-2　稀甲醛的加压浓缩工艺

由于甲醛具有物料特殊性，其水溶液存在动态平衡，会发生坎尼扎罗歧化反应，体系中含有自由醛，这几项的共同作用，致使甲醛在蒸馏时呈现出复杂的特性。

3. 加压浓缩工艺的能耗

加压浓缩稀甲醛需要的能量较大，而且加压浓缩时随着塔顶浓度的增加，能耗进一步增大。工业一般塔顶得到 40%～45%浓度的甲醛。为了合理利用能量，针对稀甲醛的加压塔顶热量一般有两种方案：一种是对脱甲醇塔底部输入热量，另一种是产生蒸汽供其他用户使用。

4. 加压浓缩工艺的设备

堵塞问题：由于甲醛蒸馏的特殊性，脱甲醇塔与加压浓缩塔顶部的甲醛在换热设备处均存在堵塞现象。解决方案：可以采用温水冷却、喷淋吸收再冷却的方法。

腐蚀问题：甲醛的坎尼扎罗反应随着温度的升高而加剧，而甲酸的腐蚀性也随温度的升高而增长，所以工业上用于加压浓缩稀醛的塔釜设备，采用SS317L、SS2205、锆材等耐腐蚀的材料制造。

第四节　银法工艺制取脲醛预缩液（UFC）新技术

当前，我国甲醛行业中生产甲醛主要是以银法生产工艺为主，投资成本低，产品浓度在37%～52%，产品主要用于人造板胶黏剂。37%浓度甲醛在生产胶黏剂时能得到固体含量50%左右的产品，如使用于刨花板或其他要求高固体含量胶黏剂时，则需要进行真空脱水，脱水废液再进行处理，会产生不少生产成本。用浓度48%以上甲醛生产胶黏剂则可以不脱水，但由于高浓度甲醛容易聚合，贮存需要保温，远距离运输比较困难，一般会采用槽罐车保温的措施防止在运输过程中的聚合问题，这样运输成本也会增加。

在国外用于生产胶黏剂的原料大多使用脲醛预缩液（UFC），UFC产品以铁钼法甲醛生产工艺来制取。UFC是由高浓度甲醛与尿素在一定条件下反应生成的一种多组分、低分子量的预聚混合物液体。含量达到85%（UFC-85）。由于UFC具有特别好的耐寒稳定性，在运输中不需要保温，且在生产刨花板胶时不需要脱水，所以是解决运输保温和脱水问题的一种很好的方案。同时，用UFC制胶反应速率平稳，反应容易控制，能制造出胶接性能好、游离甲醛含量低的低摩尔比树脂，而且UFC合成UF比传统的脱水UF固化反应活性高，固化时间短，有利于提高胶黏剂的品质。

铁钼法生产工艺能生产UFC-85，但是铁钼法投资费用高，国内生产装置比较少。目前，国内有厂家可以采用银法工艺制取UFC-85的技术，并且取得了一定的进展。

1. UFC产品的性能与特点

UFC的主要化学成分经测定为二羟甲脲、三羟甲脲和常规脲醛树脂合成条件下根本不可能生成的四羟甲脲的混合物。由于合成条件的不同，其中的各组分的相对含量也是不确定的，为区别因甲醛、尿素含量不同而产生的不同型号UFC，分别在UFC代码的后面加缀－65、－70、－85等不同的含量，见表13-4。

表 13-4　目前国内脲醛预缩液指标

产品名称	甲醛含量/%	尿素含量/%	固含量/%
UFC-65	46	19	65
UFC-70	50	20	70
UFC-85	60	25	85

2. UFC-65产品的特点优势

将UFC-65同37%～50%的甲醛比较有以下几点明显的优点。

（1）UFC-65耐寒稳定性特别好，经查询资料它可在－30～－40℃的条件下保存两年不变质，从而根本上解决了我国北方地区冬季运输和储存的难题。UFC65在零下四十几摄氏度条件下会发生冻结现象，但升温后其性能不受影响。

（2）制胶过程中不用脱水故不排放废水。如用37%的甲醛制胶，每生产1t刨花板胶需脱水排放150kg左右废水。这种废水里含有甲醛和甲醇，如不经过处理直接排放会对环境造成污染。随着环保力度的加大，没有废水的产生是一个十分重要的技术进步。用UFC-65制胶，因胶液中甲醛含量高，制胶过程中不需要脱水，最终的固含量达65%以上，从根本上解决了制胶过程中的废水污染问题，节约了污水处理的费用。

（3）简化了制胶工艺，提高了劳动生产力。制胶是一个甲醛和尿素在一个特定的条件下缓慢反应生成一种多组分低分子量的混合液体过程。本来这个反应过程在反应釜中完成。根据生产经验制备一釜30～50t的刨花板脲醛胶需7～8.5h（应用48%醛）和10～11h（应用37%醛）。应用UFC-65替代甲醛制胶，甲醛和尿素前期的反应已在甲醛吸收系统内完成，在制备脲醛胶的成品过程中可缩短30%以上的制胶时间。显著提高了设备使用率和劳动生产率，降低了制胶生产成本。

（4）无论采取UFC-62胶合板的胶，还是采用UFC-65制取刨花板的胶都不用脱水，节约了水、电、汽的消耗。

（5）降低了运输成本。如本来需运输3万吨的37%甲醛现在只需运输2.3万吨的UFC-65。减少了运输量，并转化为非危化品运输。

（6）用UFC-65制胶，反应过程中放热量少、反应速度平稳，制出的醛树脂胶贮存期长，粘接性能好，提高了人造板质量。粗略估算每生产1t胶可降低成本150元以上。

3. 银法制取UFC-65的工艺

（1）工艺的关键是制取高含量的甲醛溶液。UFC-65所需甲醛溶液含量至少在53%以上。这么高的甲醛含量可采取尾气循环，减少配料蒸汽，减少塔顶加水等办法来达到。同时也可改良催化剂的转化率和选择性减少氧化反应、增加脱氢反应和降低氧醇比。改良后的催化剂能有效抑制羰基铁在其表面的分解而造成的沉积，起到抑制生成CO和CO_2的反应，同时使副反应生成水减少；同时由于降低了氧醇比，配料蒸汽加入量也相应减少。

（2）加入尿素需缓慢进行，以确保它和甲醛有一个合适的稳定的化学反应条件和时间，同时必须控制好反应温度和pH值，才能保证反应顺利完成。

（3）在制胶过程中不产生废水污染。用37%工业甲醛制胶，每生产1t环保刨花板脲醛胶要产生150kg的废水。

（4）按此条件生产UFC，与单纯的尾气循环法制取高浓度甲醛相比，每吨甲醛多产出蒸汽100～150kg。

4. 国内银法甲醛生产UFC工艺特点

（1）工艺过程中降低氧化反应温度，一方面减少副反应物的生成，另一方面较低的工作温度对提高设备的强度是非常有益的，可提高设备的使用寿命。但是反应温度的降低会对甲醇完全反应有一定影响，产品中的甲醇含量较传统的工艺相比会有所增加。

（2）为了解决产品中甲醇含量增加的问题，在该工艺中对工艺路线和甲醇蒸发器进行了全新设计，一般产品中甲醇含量可控制在0.5%～0.6%（甲醛含量37%）。

(3) 由于副反应的减少产品单耗降低，可达到 440～442kg/t（甲醛含量 37%）。工艺用设备的改进，给助剂的使用提供了必要的条件。在工艺设计中增加了助剂加入口，通过助剂的使用产品单耗可继续降低到 430～435kg/t。这将是银法生产的重大突破，与铁钼法单耗基本接近，但银法投资远低于铁钼法。

(4) 结合当前国内甲醛、制胶行业的实际情况，完全用 UFC 生产胶黏剂的时机还不成熟，但用 UFC 制胶终将成为大的趋势。为了切合当前实际，该工艺装置中设计有 2 个产品的出料：

① 37%～55%甲醛溶液出料；

② UFC-60～UFC85 出料口。

可在生产过程中同时得到 2 种产品。生产中调节产品的生产量十分灵活和便利。

(5) 四元过滤器的新结构设计，可以避免由于开停车气体冷凝液对过滤材料的损伤，而且在更换过滤材料时十分方便。

(6) 新工艺与传统工艺的比较（仅生产甲醛，UFC 除外）见表 13-5。

表 13-5　新工艺与传统工艺的比较（仅生产甲醛，UFC 除外）

项目	新工艺	传统工艺
单耗(37%)/(kg/t)	440～442	443～445
助剂使用后单耗(37%)/(kg/t)	430～435	目前的甲醛蒸发器(中央循环管式、组合式)不适合使用
氧化器副产蒸汽(0.25MPa，扣除系统自用蒸汽)/(kg/t)	300～350	200～250
电耗 50%/(kW/t)	22～28	32～35
反应温度/℃	625～630	640

(7) 卧式锅炉与传统尾气炉产气比较见表 13-6。

表 13-6　卧式锅炉与传统尾气炉产气比较

项目		卧式锅炉	传统尾气炉	备注
点火操作方式		全自动化	人工操作	
安全性		安全	不安全,易产生爆燃对操作人员造成伤害	
开停车尾气排放		零排放	未经处理直接排放,污染环境	
热效率		85%	约 70%	
产汽量(1.0MPa)/(kg/t)		约 470	约 350	
价值/(元/吨)	蒸汽按 200 元/吨计	94	70	−24
	蒸汽按 160 元/吨计	75.2	56	−19.2
电耗/[kW/t(蒸汽)]		3.6	1.4	+2.2
造价/万元(按 12 万吨/年计)		185	建议用户采购 60	
年蒸汽产值/万元	蒸汽按 200 元/吨计	1128	936	−192
	蒸汽按 200 元/吨计	902.4	748.8	−153.6

注：1. 虽然卧式锅炉一次性投资较大，但扣除软水成本（蒸汽按 200 元/吨计），在 14 个月内可收回投资，以后每年可增加收入约 163 万元。

2. 蒸汽按 160 元/吨计，在 18 个月内可收回投资，以后每年可增加收入约 124.6 万元。

第五节 热冷交换系统

随着工业的发展，我国水电资源供应非常紧张，节电节水被称为是水、煤、石油和天然气之外的“第五能源”，而我国各类工业过程和设备中涉及的系统耗能高的现象十分严重，相同的负荷，往往得比国外多消耗几倍的能量。工业生产中冷却用水占 70%以上，冷却用水直接排放会造成热污染以及经济和资源浪费。目前节电节水已成为我国的一项基本国策。热冷交换系统就是冷却水重复利用的关键系统之一；另外，电荒和水环保也促进了热冷交换系统的研究和应用。

1. 热冷交换系统简介

热冷交换系统是以水的蒸发潜热为基础，通过空气的流动使与热流体接触的水蒸发吸收热量，从而使热流体降温冷却的过程。热冷交换系统是由传统的水冷系统（凉水塔＋换热器）改进而来，其操作原理与其基本相同，但相对于水冷系统而言，热冷交换系统省去冷却水在换热器中显热传递阶段，使冷凝温度更接近空气的湿球温度，可比水冷系统低 3～5℃，可大大降低功耗，减少系统的循环水用量。热冷交换系统的循环水用量只有水冷系统的三分之一左右。

热冷交换系统主要由换热器、水循环系统及风机三部分组成，结构如图 13-3 所示。传热部分的换热器是一个蛇形管组，装在一个立式箱体内，箱体的底部为水盘。

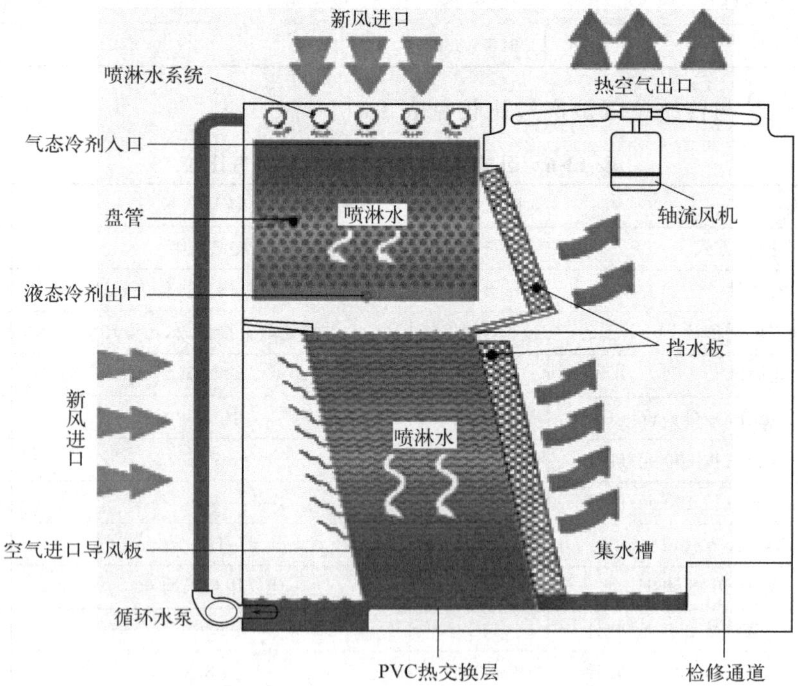

图 13-3 热冷交换系统工作原理图

（1）换热器 热冷交换系统一般用光管，但随着对换热管的不断研究，出现了椭圆管、异滴形管、波纹管和交变曲面波纹管等新型高效盘管。

(2) 风机　热冷交换系统有吸风式和送风式两种，吸风式的风机装在箱体顶上，优点是箱体内维持负压，水的蒸发温度比较低，但风机处于潮湿气流中，容易引起腐蚀。

(3) 喷淋水管和喷嘴　喷淋水的水量配置和均匀布水对热冷交换系统盘管的换热效果有很大影响。根据经验，喷淋水量以能全部润湿盘管表面、形成连续的水膜为最佳，以获得最大的传热系数，并减少水垢。

(4) 挡水板　挡水板将热湿空气中带的水滴挡住，减少水的吹散损失，一般一个高效挡水板能控制水的损失率为水循环总量0.002%～0.2%。

2. 热冷交换系统与甲醛工业生产的关系

我国的甲醛生产主要采用银催化剂的“甲醇过量法”，也称“银催化剂法”。银法甲醛的生产装置主要由三部分组成：原料气化、氧化脱氢反应和吸收冷却。其工艺流程简图如图13-4所示。其中吸收冷却系统与热冷交换系统的关系最为密切。吸收冷却一般是双塔流程：反应气体进入一吸塔底部，与吸收介质（来自二吸塔底部）逆流接触，吸收约90%的甲醛产物，剩余气体进入二吸塔底部，与吸收介质（补充新鲜水）逆流接触，吸收剩余甲醛产物，剩余气体（H_2、N_2、CO、CO_2等）去尾气锅炉；甲醛产品（一般为37%的甲醛水溶液）从一吸塔塔底抽出；同时一吸塔、二吸塔塔底均有一股物料经冷却后回流，以便于进行吸收操作。

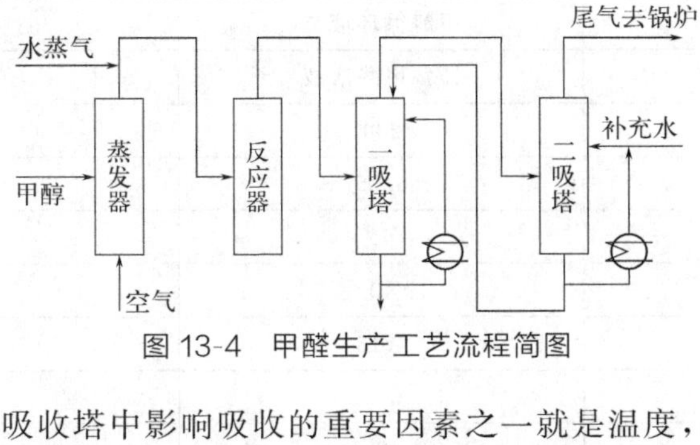

图13-4　甲醛生产工艺流程简图

在甲醛的生产中，吸收塔中影响吸收的重要因素之一就是温度，温度越低，吸收效果越好。一吸塔塔底液体为37%的甲醛水溶液，低于35℃时容易聚合，故回流温度控制在40℃左右。二吸塔要吸收剩余甲醛，约为10%甲醛水溶液，在条件允许的情况下尽可能降低温度，有利于降低尾气中甲醛的含量，尽可能多地吸收甲醛；根据我国气候条件及工程上经济性的考虑，回流温度控制在35℃以下。现阶段甲醛生产中主要采用传统的水冷系统对回流物料进行操作，但从经济效益及节能减排的角度考虑，应采用本文介绍的热冷交换系统进行操作。热冷交换系统较传统的水冷系统的优点如下：

(1) 甲醛的吸收工艺流程要求二吸塔的回流温度越低越好，温度越低，甲醛的吸收越充分，热冷交换系统比传统的水冷系统低3～5℃；

(2) 循环水量小，管路损失少，节能节水。热冷交换系统的循环水量约为传统水冷系统的1/2，管路短，阻力损失及跑冒滴漏少。

3. 热冷交换系统与传统水冷系统的对比

以5万t/a银法甲醛装置为例，其设计要求如下。

(a) 甲醛循环液：37%，进口65℃，出口40℃，流量200m^3/h；

(b) 甲醛循环液：5%，进口 48℃，出口 35℃，流量 $100m^3/h$。

常规板式换热器冷却塔方案见表 13-7。

表 13-7　常规板式换热器带冷却塔方案

项目	甲醛循环液 A	甲醛循环液 B
工质	37%甲醛溶液	5%甲醛溶液
流量/(m^3/h)	200	100
进口温度/℃	65	48
出口温度/℃	40	35
热负荷/kW	4713	1510
板式换热器面积/m^2	200	100
换热部件材质	304	304
冷却塔型号	9℃温差，流量 $600m^3/h$	
冷却塔风机功率/kW	13	
冷却水循环泵参数	$300m^3/h$，扬程 20～24m，功率 37kW，两用一备	

采用复合型甲醛冷却器对方案进行优化后，见表 13-8。

表 13-8　优化方案

项目	甲醛循环液 A	甲醛循环液 B
工质	37%甲醛溶液	5%甲醛溶液
流量/(m^3/h)	200	100
工作压力/MPa	0.25	0.2
进口温度/℃	65	48
出口温度/℃	40	35
热负荷/kW	4713	1510
换热管材质	304	304
风机台数	2	1
风机总功率/kW	22	7.5
水泵台数	1 开 1 备	1 开 1 备
水泵总功率/kW	7.5	3.0
设备总功率/kW	29.5	10.5
最大耗水量/(m^3/h)	6.60	2.12
工艺介质降压	均不超过 40kPa	

(1) 设备投资方案对比

① 常规水冷系统（凉水塔＋板式换热器）设备投资方案见表 13-9。

表 13-9　常规水冷系统（凉水塔＋板式换热器）设备投资方案

设备	台数	备注
板式换热器	3	①塔换热器用 2 台，换热面积为 $150m^2$ 左右，②塔换热器 1 台，换热面积为 $120m^2$ 左右
冷却设备	1	冷却塔循环流量在 $600m^3/h$ 左右

续表

设备	台数	备注
凉水塔循环水泵	3	两开一备
冷却系统补水泵	2	一开一备
循环水泵、补水泵配电柜	1	
其他		
合计总投资:43万元		

② 热冷交换系统设备投资方案见表13-10。

表13-10　热冷交换系统设备投资方案

设备	台数	备注
热冷交换系统	1	一塔二塔共用
补水泵	2	一开一备
合计总投资:75万元		

(2) 节能方案对比

① 常规水冷系统（凉水塔+板式换热器）节能方案见表13-11。

表13-11　常规水冷系统（凉水塔+板式换热器）节能方案

设备	年耗电/(kW·h)	运行费用/元
冷却塔循环泵(功率37kW)	296000	192400
循环系统补水泵(功率1.5kW)	12000	7800
风机(功率13kW)	104000	67600
冷却塔补水(5t/h,40000t)		40000
合计		307800

注：年工作时间按8000h计，电单价按0.65kW·h计，以下同。

② 热冷交换系统节能方案见表13-12。

表13-12　热冷交换系统节能方案

设备	年耗电/(kW·h)	运行费用/元
热冷交换系统	208000	135200
补水泵(功率1.1kW)	8800	5720
热冷交换系统补水(2.5t/h,20000t)		20000
合计		160920

注：采用热冷交换系统到冬季可实现无水干运行，即热冷交换系统中水泵及补水泵可停运，停运具体时间由当地气候条件确定，大致在45天左右，节省费用2万元左右。

综合以上对比，对于5万t/a甲醛生产线采用热冷交换系统，虽然设备一次性投资增加32万元左右，但运行费用每年可减少约16万元，两年后即可收回投资差额，以后每年节省运行费用16万元左右，可提高企业的盈利水平，为甲醛生产企业增加效益。

4. 前景展望

根据我国“十四五”绿色化工发展规划，要抓好产业结构优化、行业技术改造、企业节能管理等 3 个方面的工作。热冷交换系统作为新型设备，不但可完全替代传统的水冷系统，同时对提高甲醛产品收率、降低单位国内生产总值能源消耗和单位工业增加值用水量均有明显作用，符合国家经济发展的方向，能增强甲醛生产企业的市场竞争力。

对于我国热冷交换系统的发展，应着重探索热冷交换系统的原理和设计思想，结合我国国情引进先进的理论与制造技术，在较短的时间内达到较高的发展水平。生产、科研和应用的企事业单位相互合作，共同设计开发出新型热冷交换系统，对我国热冷交换系统的发展与应用大有好处。

参考文献

[1] 戴自庚，全国甲醛行业协作组．甲醛生产［M］．成都：电子科技大学出版社，1993.

[2] 中国甲醛行业协会．中国甲醛行业“十二五”发展指导意见［J］．甲醛与甲醇，2011（12）．

[3] 杨金欧，严燕平．甲醛生产中反应热充分利用的介绍［C］//2010 年中国甲醛行业协会年会暨国内外技术交流会报告集．

[4] 李彦祥，杨家鑫．甲醛生产中能源综合利用及节能减排［C］//2008 年中国甲醛行业协会年会暨国内外技术交流会报告集．

[5] 曾令中，李彦祥．甲醛尾气利用综述［C］//2009 年中国甲醛行业协会年会暨国内外技术交流会报告集．

[6] 李洪伟，陈效存．节能减排型甲醛设备系统的研究［C］//2011 年中国甲醛行业协会年会暨国内外技术交流会报告集．

[7] 景玉国．甲醛尾气用于中小氮肥厂醇氨联产经济效益分析［C］//2009 年中国甲醛行业协会年会暨国内外技术交流会报告集．

[8] 李峰．热冷交换系统在甲醛工业中的应用［C］//2011 年中国甲醛行业协会年会暨国内外技术交流会报告集．

[9] 何幸．浅述甲醛生产的废水处理［C］//2010 年中国甲醛行业协会年会暨国内外技术交流会报告集．

[10] 徐富，李学尧，李靖，等．高浓度甲醛废水处理技术的应用和推广［C］//2009 年中国甲醛行业协会年会暨国内外技术交流会报告集．

[11] 杭州天创净水设备有限公司．膜分离技术在处理甲醛废水上的应用［C］//2010 年中国甲醛行业协会年会暨国内外技术交流会报告集．

[12] 马雷，周荣丰．甲醛废水的处理方法［J］．环境，2006（z1）：173-175.

[13] 贺召平．化工厂节能知识［M］．北京：化学工业出版社，2003.

[14] 焦叙来，张海娟．甲醛生产装置大气环境风险分析与管理建议［J］．广州化工，2022，50（08）：149-152.

[15] 汪志鹏，胡文婷．银法和铁钼法甲醛生产装置职业危害比较［J］．化工管理，2021，（28）：69-70.

附录　气体的爆炸极限及爆炸极限计算

附表 1　常见气体的爆炸极限

气体名称	化学分子式	下限(以体积分数计,下同)/%	上限/%
乙烷	C_2H_6	3.0	15.5
乙醇	C_2H_5OH	3.4	19
乙烯	C_2H_4	2.8	32
氢气	H_2	4.0	75
硫化氢	H_2S	4.3	45
甲烷	CH_4	5.0	15
甲醇	CH_3OH	5.5	44
丙烷	C_3H_8	2.2	9.5
甲苯	$C_6H_5CH_3$	1.2	7
二甲苯	$C_6H_4(CH_3)_2$	1.0	7.6
乙炔	C_2H_2	1.5	100
氨气	NH_3	15	30.2
苯	C_6H_6	1.2	8
丁烷	C_4H_{10}	1.9	8.5
一氧化碳	CO	12.5	74
丙烯	C_3H_6	2.4	10.3
丙酮	CH_3COCH_3	2.3	13
苯乙烯	$C_6H_5CHCH_2$	1.1	8.0

比较认可的爆炸极限计算方法有两种。

(1) 莱·夏特尔定律　对于两种或多种可燃蒸气混合物，如果已知每种可燃气的爆炸极限，那么根据莱·夏特尔定律，可以算出与空气相混合的气体的爆炸极限。用 P_n 表示一种可燃气在混合物中的体积分数，则混合可燃气爆炸下限：

$$LEL=(P_1+P_2+\cdots+P_n)/(P_1/LEL_1+P_2/LEL_2+\cdots+P_n/LEL_n)$$

混合可燃气爆炸上限：

$$UEL=(P_1+P_2+\cdots+P_n)/(P_1/UEL_1+P_2/UEL_2+\cdots+P_n/UEL_n)$$

此定律一直被证明是有效的。

（2）理·查特里公式　理·查特里认为，复杂组成的可燃气体或蒸气混合的爆炸极限，可根据各组分已知的爆炸极限按下式求之（该式适用于各组分间不反应、燃烧时无催化作用的可燃气体混合物）：

$$L_m=100/(V_1/L_1+V_2/L_2+\cdots+V_n/L_n)$$

式中　L_m——混合气体爆炸极限，%；

L_1、L_2、…、L_n——混合气体中各组分的爆炸极限，%；

V_1、V_2、…、V_n——各组分在混合气体中的体积分数，%。